石油和化工行业“十四五”规划教材

YIQI FENXI JIAOCHENG

仪器分析教程

（第三版）

朱鹏飞 主编

化学工业出版社
·北京·

内容简介

《仪器分析教程》（第三版）对紫外-可见分光光度法、红外光谱法、原子吸收光谱法、气相色谱法、高效液相色谱法、电化学分析法等常用的仪器分析方法作了较为详细的论述；并从实用出发，介绍了原子发射光谱法、分子发光分析法、核磁共振波谱法、质谱法；同时对紫外-可见漫反射光谱法、拉曼光谱法、流动注射分析法、热分析法、X 射线衍射法、电子能谱法、电子顺磁共振波谱法、透射电镜、扫描电镜、原子力显微镜、太赫兹时域光谱法等分析方法进行了简单介绍。本书加强了样品的前处理技术、实验条件的优选、分析干扰的抑制、实验数据的处理等方面的内容，并介绍了一些较新的研究成果、应用技术和分析方法，适当拓宽了知识面。

《仪器分析教程》（第三版）可作为高等院校化学、化工、环境、材料、碳储、地质、轻工、医药、冶金、农林等专业的本科生教材，也可供研究生、教师、科研人员和分析工作者参考。

图书在版编目（CIP）数据

仪器分析教程 / 朱鹏飞主编. -- 3 版. 北京 ：化学工业出版社，2025. 12. --（石油和化工行业“十四五”规划教材）. -- ISBN 978-7-122-49372-9

Ⅰ. O657

中国国家版本馆 CIP 数据核字第 2025KW9719 号

责任编辑：宋林青　刘志茹　　　文字编辑：胡艺艺
责任校对：李雨函　　　　　　　装帧设计：史利平

出版发行：化学工业出版社
（北京市东城区青年湖南街 13 号　邮政编码 100011）
印　　装：三河市航远印刷有限公司
787mm×1092mm　1/16　印张 19¼　字数 497 千字
2025 年 12 月北京第 3 版第 1 次印刷

购书咨询：010-64518888　　　售后服务：010-64518899
网　　址：http：//www. cip. com. cn
凡购买本书，如有缺损质量问题，本社销售中心负责调换。

定　　价：49.80 元

第三版前言

《仪器分析教程》第二版于 2016 年 9 月出版发行，历时 9 年多，多次印刷。其间被评为 2018 年中国石油和化学工业优秀出版物奖（教材奖）一等奖、 2022 年中国石油和化工教育教学优秀教材奖一等奖，入选石油和化工行业“十四五”规划教材，并为多所高校选用，受到广大同行的支持与好评。 9 年来，随着科学技术的飞速发展，仪器分析技术呈现出诸多令人瞩目的新趋势。分析仪器正朝着高精度、高灵敏度、高自动化和智能化的方向发展，新型仪器以及新的仪器分析方法不断涌现，仪器分析的应用领域也不断拓展，其重要性日益突出，学科交叉属性更加显著，使得仪器分析不仅成为分析化学的主体和学生掌握现代分析技术的关键课程，更是培养学生科学思维、实践能力和创新精神的重要载体。此外，国家对教育领域大规模设备更新项目的实施，也显著促进了高校仪器设备的更新换代。在以上形势下，有必要对本书进行再次修订。

本书第三版主要对绪论、紫外-可见分光光度法、红外和拉曼光谱法、原子吸收和原子荧光光谱法、原子发射光谱法、分子发光分析法、核磁共振波谱法、质谱法等进行了较大的修订。对其他各章也进行了不同程度的修订。修订时，编者在继承第二版教材架构、优点和特色的基础上，去冗余、删陈旧、保经典、重发展，合理编排知识体系，既保持了仪器分析内容的系统性，又突出了仪器分析发展的新颖性。同时，在部分章节以仪器的发展历程、仪器技术攻坚案例以及国产仪器取得的显著成就为载体，树立了分析仪器的创新是知识创新的前提与基础的思想，有利于培养兼具社会责任感、使命感和科学家精神的新时代分析化学人才。

第三版的第1、2、3、4、9章由朱鹏飞修订，第5、11章由刘梅修订，第6章由刘梅、刘一丁修订，第7、8章由朱鹏飞、刘一丁修订，第10、12章由朱鹏飞、刘梅修订，第13、14章由刘新月修订。全书由朱鹏飞统稿。原主编陈集教授因已退休多年，年事已高，故不继续担任本书主编。但陈集教授教学经验丰富，在仪器分析领域造诣较高，对本书贡献较大，本次修订特邀请他担任本书主审。

本书的修订得到了中国化工教育协会、西南石油大学教务处和化学化工学院的大力支持。化学工业出版社对本书的编辑和出版做了大量细致的工作，在此表示感谢。同时，本书的修订还参阅了部分网络资料以及青岛青源峰达太赫兹科技有限公司提供的部分资料，在此一并感谢这些资料信息的提供者！由衷感谢本书参考文献的作者以及一直关心和支持本书出版的朋友们。

本书配有某些仪器的操作视频和部分习题参考答案，读者购买正版图书扫封底二维码后可免费获取。使用本书作教材的一线教师可向出版社另行免费索取课件：songlq75@126.com。

由于编者水平有限，书中疏漏和不妥之处在所难免，恳请读者批评指正。

编者

2025 年 5 月

目录

第5章 原子发射光谱法 111

第6章 分子发光分析法 128

第7章 核磁共振波谱法 139

第8章 质谱法 156

第9章 气相色谱法 173

第10章 高效液相色谱法 221

第11章 电化学分析法 244

第 1 章　绪论

课件

1.1　什么是仪器分析

仪器分析属于分析化学，分析化学是化学的一部分，化学是研究物质的组成、结构、性质、反应变化的规律及其应用的科学。世间万物中，化学无处不在，它与每个人的生活紧密相联，和社会的发展进步息息相关，它是一门非常重要的、实用的、创造性的科学。

分析化学是发展和运用各种方法来获取物质的化学组成和结构的信息、测定有关成分的含量，并探讨相应理论的一门学科。分析化学要利用化学、物理、数学、信息科学、生物学等领域的知识，去破解所研究的样品中隐含的信息，从而告诉人们有关物质世界组成的真理。分析化学是化学最重要的分支之一，没有它的支撑，化学的发展将寸步难行。

分析化学包括化学分析和仪器分析两大部分。以化学反应为基础的分析方法叫作化学分析；以测量物质的物理性质或物理化学性质为基础，使用特殊仪器的分析方法叫作仪器分析。

出现于 20 世纪初的仪器分析，打破了仅仅由滴定分析与重量分析组成的经典分析化学的格局，使分析化学发生了巨大的变革。之后，借助于科学技术领域中不断涌现的新成果，仪器分析也得以不断创新和进步。20 世纪 70 年代后，电子计算机的应用、信息时代的来临，为仪器分析的发展带来了新的契机；人们在对化学、生命科学、医学、环境科学、材料科学、能源科学、地球科学等领域的探索和研究中，在社会生产的高速发展中，对分析化学提出了越来越高的要求，同时也为仪器分析的发展提供了巨大的动力和空间。今天，人们已经认识到只有采用先进的仪器分析方法，才能够直接迅速地获得研究对象的更加广泛、更加全面、更加详尽、更加细微、更加可靠的组成、含量与结构等方面的信息。

1.2　仪器分析的重要性

仪器分析的重要性在于它的实用性。在科学研究方面，借助仪器分析手段可以更深入地研究物质的组成、结构、形貌、性质以及化学反应规律和反应机理，进而发现新的物质或新的化学反应和合成方法，为新材料的研制提供科学指引；在食品安全检测方面，通过仪器分析，可以快速检测出食品中的有害物质，如地沟油、苏丹红、塑化剂、微塑料、三聚氰胺、农兽药残留、重金属等，确保食品安全；在环境监测方面，通过仪器分析，可以检测出空气、水体和土壤中的污染物，为环境保护和治理提供数据和信息支持；在生命科学领域，仪器分析可以帮助科学家解析生命过程的微观机制，为生命现象的探索提供有力支撑；在疾病预防与医药卫生领域，仪器分析能在短时间内确定病毒类型、提供患者生理指标等大量信息，为攻克疾病和临床诊断提供参考；在刑事侦探方面，借助仪器分析手段，可以对犯罪现场的物证进行分析和检测，以此获取犯罪现场的相关信息，为警察破案和司法公正提供重要支持；在工业生产方面，仪器分析可以检测产品的成分和性能指标，确保产品质量。此外，仪器分析还可以为自然资源开发、能源清洁利用及碳捕集、利用与封存等领域提供重要的技术支持，从而为人类更好地开发利用自然资源和促进社会、生态、经济可持续发展提供强有力的保障。

当前，全球每天都在进行数以亿计的分析测定，这些分析与人们的生活、社会的发展以及国家的安危紧密相连。从常量分析到微量、痕量及超痕量分析，从总体分析到状态、价态、结构、微区、薄层、表面等纵深分析，从静态分析到动态分析，从破坏试样分析到无损分析、活体分析，从离线分析到在线分析、原位分析，从采样分析到遥感遥测分析，从人工分析到自动连续分析等，都有仪器分析的用武之地。

由于新的仪器、新的技术、新的方法、新的理论正不断出现和完善，分析化学已经发展成为一门集化学、物理学、数学、电子学、生物学、化学计量学、计算机科学等多种学科相互渗透、交叉融合的综合性科学。而仪器分析在分析化学中所占的比重越来越大，它的应用日益广泛、重要性日益突出，已经成为衡量一个国家科技水平和国力强弱的重要标志之一。

今天，对于化学、化工及其相关领域中的科技工作者来说，常用的仪器分析方法的基本原理和实验技术已经成为一种必不可少的基础知识和基本能力。仪器分析的重要意义不仅在于推动科学研究、保障人类健康、保护环境资源和促进经济发展等方面，更在于可以帮助人们认识新事物、揭示未知的微观世界，为现代科学注入生命力。随着科学技术的不断发展和人类社会的不断进步，仪器分析将在未来发挥更加重要的作用。

1.3 仪器分析的分类

由于物质的物理或物理化学性质众多，因此仪器分析法也多种多样，而且每一种方法又往往自成体系，具有各自的基本理论、工作原理、仪器及操作方法，并且新的仪器分析方法还在不断地产生、发展和完善，但是根据其基本原理，常用的仪器分析方法通常可以归结为以下几大类。

① 光学分析法　建立在物质对光的发射、吸收、散射、衍射、偏振等性质的基础上的分析方法，称为光学分析法。比如紫外-可见分光光度法、红外光谱法、拉曼光谱法、发射光谱法、原子吸收光谱法、分子发光分析法、核磁共振波谱法、电子顺磁共振波谱法、旋光法、X 射线衍射法、光电子能谱法、电子显微镜法、太赫兹时域光谱法等。

② 电化学分析法　建立在物质的电阻、电导、电位、电流、电量等电化学性质基础上的分析方法，称为电化学分析法。比如电导分析法、电位分析法、电解和库仑分析法以及极谱和伏安分析法等。

③ 色谱分析法　这是一类基于混合物中各组分在做相对运动的互不相溶的两相（固定相与流动相）间反复分配而分离的分析方法。按照流动相和固定相状态的不同，色谱法又可分为气相色谱法、液相色谱法、超临界流体色谱法和薄层色谱法等。色谱法是现代仪器分析中重要的分离分析方法。

④ 其他仪器分析法　除了上述三大类以外，还有一些利用某种特殊的物理或化学性质来进行分析的方法，譬如在流体中的物理和化学的非平衡动态条件下进行测定的流动注射分析法；利用物体的热性质进行分析的热分析法；利用放射性同位素的性质进行分析的放射化学分析法；根据在磁场中入射正离子按其质荷比的大小而分离的性质进行分析的质谱法；等等。质谱与色谱、光谱等技术的联用近年来已成为仪器分析的一个重要发展方向。

此外，也可以按照分析对象的特点，将仪器分析分为原子或离子分析方法、分子分析方法、表面和界面分析方法、分离分析方法等。

1.4 仪器分析的主要特点

尽管仪器分析方法的种类繁多，但是它们也有一定的共性。比如都要涉及三个基本问题——分析对象、分析仪器和分析方法；其分析过程通常都包括五个基本环节，即样品的采集、样品的预处理、仪器的校正、样品的测量或表征、分析数据的处理。

采集的样品必须具有代表性，不能在采集过程中被污染，也不应造成组分的损失。在许多情况下，试样必须进行预处理，以便消除干扰、富集待测组分，而常用的预处理方法与化学分析法类似，比如消解、掩蔽、萃取、分馏、离子交换、沉淀等。所以仪器分析离不开化学知识，化学分析是仪器分析的基础。

仪器分析大多是相对测量的方法，需要用标准物质来对仪器进行校正，用标准样品与待测样品进行比较，从而获得测定的结果。而标准物质又通常要用化学分析方法来进行标定。

要测量物质的物理性质或物理化学性质往往需要专门的仪器，操作者必须搞懂仪器的工作原理，了解仪器的基本结构、操作方法、测试条件等。在初次使用前必须充分熟悉仪器的说明书，严格按规定操作，以免损坏仪器。仪器分析测量的一般过程通常是：产生一个与试样相关的物理信号（比如光、电、声、热、磁等信号）；通过适当的传感器，将信号转换为易于传输、放大、显示或记录的信号（如电信号）；用放大器对微弱的信号进行放大，然后显示、记录；最后对记录的数据进行分析处理，得到测定结果。

本书将介绍一些最常用的仪器分析方法。这些方法的共同优点是灵敏度高、选择性好、分析速度快、试样用量小、操作简便。但是仪器分析也有一些局限性，比如：仪器分析的相对误差一般在1%以上，对于含量>1%的常量组分分析不如化学分析法准确，而对于含量在1%～0.01%的微量组分和含量<0.01%的痕量组分分析则比化学分析法准确得多；仪器通常比较复杂，价格较昂贵，维护费用较高；某些仪器对工作环境要求较高。

在学习仪器分析的时候，应该弄懂每一种方法的基本原理，掌握有关的基本概念和基本方法，了解仪器的基本结构、操作方法和测试条件；同时，还要注意了解和比较每一种方法的适用范围、优缺点、局限性以及产生测定误差的原因；此外，各种仪器分析数据处理方法也是必须重点掌握的内容。

仪器分析是和实验结合非常紧密的一门课程。学习者应珍惜实验机会，认真预习，理解实验原理，清楚实验步骤；在实验中细心观察，敢于质疑、勤于思考，结合理论，手脑并用，努力提高自己提出问题、分析问题和解决问题的能力，培养和提高自己的科学素质、创新意识和获取知识的能力，主动适应我国新质生产力发展对创新型人才的需求。

1.5 仪器分析的发展趋势

随着高新科学技术的发展和社会生产的需要，仪器分析以其优异的性能在第三次变革中得到了迅猛发展，并奠定了它在分析化学中的主导地位，纵观其发展趋势，可归纳为以下几个方面。

① 灵敏度越来越高，分析速度越来越快　例如，采用了红外激光光源及其他新技术的红外光谱仪，将可检测样品量从原有的毫克级降至纳克级，检测灵敏度显著提升。最新的X射线荧光光谱仪的连续分析速度也大为提高，在快速定性分析中，全扫描可在3 min内完成。

② 自动化和智能化程度越来越高　随着计算机应用的普及以及信息技术和人工智能技

术的快速发展，由计算机控制的自动化、智能化的分析仪器大量涌现。例如，自动化实验室机器人集群已实现 7×24 h 连续检测，日处理样品量突破万份；智能化的仪器能够通过内置算法自动优化分析条件，极大地提高分析效率和准确性。

③ 向微型化与便携化方向迈进　随着微机电系统（MEMS）技术的发展，仪器分析设备正朝着微型化和便携化的方向发展。例如，便携式光谱仪、微型质谱仪等设备的出现，使得现场快速检测成为可能。这些微型化、便携式仪器在环境监测、食品安全快速检测、野外考古等领域具有重要应用价值。

④ 各种仪器分析方法互相渗透和联用　结合各种仪器分析方法的特长，将不同分析仪器联用，使各仪器的优越性能得到充分发挥。例如，将具有高效分离能力的色谱与具有良好定性功能的质谱、红外光谱、核磁共振联用后出现的色谱-质谱联用仪、色谱-红外光谱联用仪、色谱-核磁共振联用仪发展迅速，对复杂混合样品的分离和检测能力大为增强，拓宽了原有仪器的使用范围。

⑤ 向绿色化方向转型　在人们环保意识日益增强的背景下，仪器分析技术也在朝着绿色化方向发展，强调减少试剂的使用、降低能耗和减少废弃物的产生。例如，采用超临界流体替代传统有机溶剂，在天然产物分离中可以减少 95% 的废液产生；水相合成量子点作为新型荧光探针，既能保持优异的光学性能又能避免重金属的污染；微波辅助萃取技术使样品前处理能耗可降低 80%，实现高效低碳分析。

总之，在当今这个快速发展的时代，新理论、新技术和新方法层出不穷，新的仪器分析方法也在不断地涌现，仪器分析蓬勃发展，充满了活力，已成为现代分析化学的重要支柱。

●思考题及习题

1. 什么叫仪器分析？仪器分析与化学分析有何区别与联系？
2. 仪器分析主要有哪些分析方法？请用图或表的形式进行归纳。
3. 简述仪器分析的主要特点。
4. 仪器分析过程通常包括哪几个基本环节？
5. 简述仪器分析的发展趋势。

第 2 章　紫外-可见分光光度法

课件

2.1　概述

可见分光光度操作方法

双光束紫外-可见分光光度计操作方法

早在 19 世纪 30～40 年代，人们就发现可以通过比较有色物质溶液颜色深度来确定它们的含量，这就是比色法（colorimetry）。1860 年，德国物理学家本生（B. Bunsen）和克希霍夫（G. Kirchhoof）合作设计了世界上第一台光谱仪，并用这台仪器系统地研究了各物质产生的光谱，开创了现代分子光谱技术。1918 年，美国国家标准局研制出了世界第一台简单的紫外-可见分光光度计；1941 年，第二次世界大战期间对维生素检测的需求促使了第一台商品化紫外-可见分光光度计 Beckman DU 在美国的诞生；之后又陆续出现了各式各样的光电比色计和分光光度计，并发展了以物质对光的选择性吸收为基础的分光光度法（吸收光谱法）。今天，分光光度法已成为测定物质含量、确定物质组成和结构的重要分析方法，其光源也从可见光区扩展到紫外、红外光区和其他更广泛的电磁波谱区。紫外-可见分光光度法（ultraviolet-visible spectrophotometry）是一种基于物质分子对紫外-可见光区（通常为 190～800 nm）的电磁辐射产生选择性吸收而建立起来的一种实现对物质进行定性鉴别、定量分析及结构初步推断的一种分子光谱分析方法。其中，用紫外光源（通常为 190～200 nm）测定无色物质的方法称为紫外分光光度法；用可见光源（通常为 400～800 nm）测定有色物质的方法称为可见分光光度法。分光光度法是基于光与物质之间的相互作用的分析方法，因此，应该首先了解光的基本性质。

2.1.1　光的物理特性

光是一种电磁辐射，它具有波动性和微粒性。光的衍射、干涉、偏振、反射、折射、散射等性质体现了它的波动性；而光与物质的相互作用，比如光的吸收、光电效应等则体现了它的微粒性。

光速（c）与光的波长（λ）、频率（ν）及波数（$\bar{\nu}$）之间的关系为：

$$c=\lambda\nu=\nu/\bar{\nu} \tag{2.1}$$

式中，光速为 2.998×10^{10} cm·s^{-1}；波长指光波在一个振动周期内传播的距离，其常用单位为 m、cm、μm、nm 等；频率为单位时间内电磁振动的次数，为光波的周期的倒数，其单位为 Hz（或 s^{-1}）；波数为波长的倒数，是每厘米内光波的振动次数，其常用单位为 cm^{-1}。

每一个光子所具有的能量 E 与波长、频率及波数之间的关系为：

$$E=h\nu=hc/\lambda=hc\bar{\nu} \tag{2.2}$$

式中，h 为普朗克常数，其值为 6.626×10^{-34} J·s 或 4.135×10^{-15} eV·s。

由式(2.2) 可知，光子所具有的能量与光的频率成正比，与光的波长成反比；当辐射光的频率或波长一定时，光子的能量也就确定了，频率越高或波长越短，光子的能量就越高。需要特别指出的是，光子的能量与光线的强弱无关，光强度与光子的数量有关，光子数越多，则光强度越大。

各种电磁辐射依据其波长的不同，可分为下列的波谱区（见表2.1）。

表2.1 电磁波谱区

电磁波	γ射线	X射线	紫外线	可见光	红外线	微波	射频
波长(λ)	0.001～0.01 nm	0.01～10 nm	10～400 nm	400～800 nm	0.80～1000 μm	0.1～30 cm	>30 cm

在电磁波谱区中，紫外-可见光区又可细分为10～200 nm的远紫外光区、200～400 nm的近紫外光区、400～800 nm的可见光区。其中，由于大气在远紫外光区有吸收，所以在远紫外光区的测量必须在真空条件下进行，故又称为真空紫外光区。由于受实验技术的限制，目前对远紫外光区的吸收光谱研究得很少。近紫外光区又称石英紫外区，对结构研究非常重要。

2.1.2 光的选择性吸收与物质颜色的关系

（1）单色光和复合光

颜色是人眼的基本视觉特征之一，不同波长的可见光会使人眼产生不同颜色的感觉。因此在早期的光电比色法中，人们将只有一种颜色的光，如红光、蓝光、黄光等称为单色光，而将两种以上颜色的混合光称为复合光。由于现代仪器分析中还常常使用人眼不能感知的各种无色的电磁波，因此所谓单色光或复合光已经有了更广泛的含义：单色光是指波长范围很窄的光，而复合光是指波长范围较宽的光。光的波长范围越窄，其单色性就越好。但是目前人们还无法获得理论上的具有同一波长的“单色光”。

（2）光色互补关系

1666年，科学家牛顿（I. Newton）让一束太阳光通过玻璃三棱镜后投射到屏幕上，得到了按照红、橙、黄、绿、蓝、靛、紫的顺序排列的光谱，证实了所谓白光实际上是由上述各种颜色的光组成的。如果将上述的各种色光按照一定比例相混合，就能获得白光。进一步研究表明，两种适当颜色的光以一定比例混合也能成为白光，人们把这两种色光叫作互补色光，把光的这两种颜色称为互补色。比如黄色与蓝色互补、紫色与黄绿色互补、红色与蓝绿色互补等。

（3）物质的颜色

不同的物质具有不同颜色，这使得世界充满了绚丽的色彩。在日光下，纯水、乙醇、硫酸溶液都是无色透明的，这说明它们几乎不吸收日光；原油、墨汁是黑色的，说明它们吸收了全部可见光；如果物质对日光中的各种波长的光都产生一定程度的吸收，则该物质呈现灰色；硫氰酸铁溶液显橙红色，说明它吸收了日光中绿蓝色的光而让其他色光通过；硫酸铜溶液之所以显蓝色，是因为它吸收了蓝色的互补色黄色光。由此可见，物质呈现不同的颜色，是它对不同波长的光选择性吸收的结果，显示出的颜色与吸收光的颜色为互补色。

物质的颜色与其吸收光的颜色之间的互补关系见表2.2。

表2.2 物质颜色与吸收光颜色的互补关系

物质颜色	吸收光颜色及波长/nm		物质颜色	吸收光颜色及波长/nm	
黄绿	紫	400～440	紫	黄绿	560～580
黄	蓝	440～480	蓝	黄	580～600
橙	绿蓝	480～490	绿蓝	橙	600～650
红	蓝绿	490～500	蓝绿	红	650～800
紫红	绿	500～560			

（4）“选择性吸收”的实质

为什么物质会对光产生选择性吸收呢？这是因为构成物质的分子、原子或离子具有确定的组成和结构，因此具有一系列不连续的量子化的特征能级，当它们受到光的照射时，如果某种光子的能量（$h\nu$）恰好等于某两个特征能级之差，该光子的能量便可能会转移到该物质上，即该物质会吸收该光子，并从能量较低的状态（通常为基态）跃迁至能量较高的状态——激发态。

$$\mathrm{M}(\text{基态})+h\nu \longrightarrow \mathrm{M}^{*}(\text{激发态})$$

激发态不稳定，通常会在 10^{-8} s 左右以光、热、荧光或磷光等形式释放出所吸收的能量而回到基态。

这说明，物质只能吸收能量等于其特征能级差的光，不同物质的组成、结构不同，它们所对应的量子化的特征能级差也不相同，因此所能吸收的光的颜色或波长也不相同，这就是物质对光的选择性吸收的实质。

2.1.3 紫外-可见分光光度法的特点

紫外-可见分光光度法广泛应用于物质的定量和定性分析，它具有以下的特点。

① 灵敏度较高。被测组分的最低可测浓度可达 $10^{-5}\sim10^{-6}$ mol·L^{-1}；若采用萃取可见分光光度法，则最低可测浓度可达 $10^{-7}\sim10^{-9}$ mol·L^{-1}。

②准确度好。对于微量组分的测定，其相对误差在±5%以内。

③设备简单，操作简便，分析快速，易于使用和推广。

④应用广泛。可以用于测定大多数无机元素和许多有机化合物。此外，它还被广泛应用于食品、制药、环境和化学等领域的质量控制、研究和开发中，用于准确快速地测定物质成分和浓度。

⑤局限性。对常量组分的分析误差略大于化学分析法，对痕量或超痕量组分的分析则显得灵敏度稍低。

2.2 光吸收的基本定律——朗伯-比尔定律

光吸收的基本定律是指定量描述物质对光的吸收程度与吸收光程之间关系的朗伯定律和光的吸收程度与溶液浓度之间关系的比尔定律，以及上述两个定律的结合——朗伯-比尔定律。这些定律都是实验规律的总结，也能由理论推导而证明。

2.2.1 朗伯定律

如图 2.1 所示，当用一束平行的单色光照射厚度为 b(cm) 的有色溶液时，溶液对光的吸收程度与溶液厚度（即吸收光程）之间有什么关系呢？

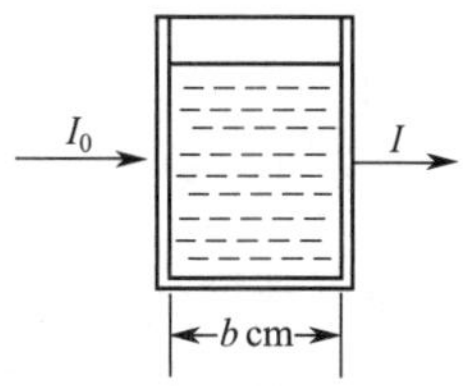

图 2.1 溶液对单色光的吸收

I_0—入射光强度；I—透过光强度

1760 年，科学家朗伯（J. H. Lambert）总结了物质浓度不变时的吸光实验的规律后指出，当一束单色光通过浓度一定的溶液时，溶液对光的吸收程度与溶液厚度成正比。这便是朗伯定律，其数学表达式如下：

$$A=\lg\frac{I_0}{I}=k_1 b \qquad (2.3)$$

式中，A 为吸光度，表示光被吸收的程度；I_0 为入射光强度；I 为透过光强度；b 为溶液厚度，cm；k_1 为比例常数。

2.2.2 比尔定律

如果让液层厚度 b 固定不变，而改变溶液浓度 c，那么浓度和吸光度之间有什么关系呢？1852 年，科学家比尔（A. Beer）总结了多种无机盐水溶液对红光的吸收实验的规律后指出：当一束单色光通过厚度一定的有色溶液时，溶液的吸光度与溶液的浓度成正比。这便是比尔定律，其数学表达式为：

$$A=\lg \frac{I_0}{I}=k_2 c \tag{2.4}$$

式中，c 为溶液中吸光物质的浓度；k_2 为比例常数。

2.2.3 朗伯-比尔定律

（1）表达形式

把朗伯定律和比尔定律合并起来，便得到朗伯-比尔定律。它可表述为：当一束平行单色光通过单一均匀的、非散射的吸光物质溶液时，溶液的吸光度与溶液浓度和厚度的乘积成正比。

这是一条非常重要的、支配物质对各种电磁辐射吸收的基本定律，它不仅适用于溶液对光的吸收，也适用于气体或固体对光的吸收。它是光度分析法定量的基本依据，它的数学表达式为：

$$A=\lg \frac{I_0}{I}=abc \tag{2.5}$$

式中，a 叫吸光系数，当浓度 c 的单位为 $g \cdot L^{-1}$，液层厚度 b 的单位为 cm 时，其单位为 $L \cdot g^{-1} \cdot cm^{-1}$，它在一定的实验条件下为一常数；吸光度 A 是量纲为 1 的量，有时也将其称为消光度（E）或光密度（D）。

如果溶液浓度 c 的单位取 $mol \cdot L^{-1}$，则吸光系数改称为摩尔吸光系数，用 ε 表示，其单位为 $L \cdot mol^{-1} \cdot cm^{-1}$。此时朗伯-比尔定律有另一种表达式：

$$A=\varepsilon bc \tag{2.6}$$

在实际工作中，有时也用透光率（T，又称透光度）来表示单色光进入溶液后的透过程度。透光率为透过光强度（I）与入射光强度（I_0）之比，因此也叫透射比，即

$$T=\frac{I}{I_0}\times 100\% \tag{2.7}$$

$$A=\lg \frac{I_0}{I}=-\lg T \tag{2.8}$$

（2）摩尔吸光系数的特点

ε 是吸光物质在特定波长、溶剂和温度条件下的一个特征常数，它在数值上等于 $1\ mol \cdot L^{-1}$ 的吸光物质在 1 cm 长的吸收光程中的吸光度，因此可以作为吸光物质吸光能力强弱的量度；ε 越大，吸光物质的吸光能力越强，测定方法的灵敏度就越高。ε 与吸光物质本身的特性有关，在相同条件下，同一种吸光物质的 ε 相同，因此，ε 也是定性鉴定物质的结构参数之一。

怎样测定摩尔吸光系数呢？一般先配制一个浓度适当的溶液，测量出其吸光度，然后用式(2.6) 计算出 ε。严格地讲，这是以吸光物质的总浓度来代替其平衡浓度，所以计算出的结果应称为“表观摩尔吸光系数”。

（3）ε 与吸光系数 a 的关系

根据 ε 与 a 的定义，可以直接推导出二者的关系为：

$$\varepsilon=Ma \tag{2.9}$$

式中，M 为吸光物质的摩尔质量，$g \cdot mol^{-1}$。

例 2-1 在紫外-可见分光光度法中，某吸光物质理论上能达到的最大 ε 为 2.6×10^5 $L \cdot mol^{-1} \cdot cm^{-1}$，若 $b = 1$ cm，仪器上能读出的最低 $A = 0.010$，用该方法能测出该吸光物质的浓度下限是多少？

解：由朗伯-比尔定律得：

$$c_{下} = \frac{A}{\varepsilon_{max} \times b} = \frac{0.010}{2.6 \times 10^5 \times 1} = 3.8 \times 10^{-8} (mol \cdot L^{-1})$$

答：用该方法能测出该吸光物质的浓度下限是 3.8×10^{-8} $mol \cdot L^{-1}$。

(4) 吸光度的加和性

在实际工作中，不少试样溶液中含有多种吸光物质，它们的吸光特性有什么规律呢？实验表明，在多组分共存的溶液体系中，如果各种吸光组分的浓度都比较低，就可以忽略它们之间的相互作用，这时体系的总吸光度等于各组分单独存在时的吸光度之和，这叫作吸光度的加和性，即

$$A_{总} = A_1 + A_2 + A_3 + \cdots + A_n = \varepsilon_1 bc_1 + \varepsilon_2 bc_2 + \varepsilon_3 bc_3 + \cdots + \varepsilon_n bc_n \quad (2.10)$$

应用：校正干扰，例如在进行光度分析时，若试剂或溶剂有吸收，可从所测的总吸光度中扣除；测定多组分混合物。

2.2.4 偏离比尔定律的因素

根据朗伯-比尔定律，对于同一种物质，当液层厚度一定时，吸光度与浓度之间的关系应该是一条经过直角坐标原点的直线，称为校准曲线，又称标准曲线。但在实际工作中，标准曲线却会发生一定程度的弯曲，如图 2.2。即在一定范围内，待测组分吸光度与其浓度不成正比，这种现象叫作偏离比尔定律，它会使分析结果产生误差。哪些原因会引起实验结果偏离比尔定律呢？主要有以下三个原因。

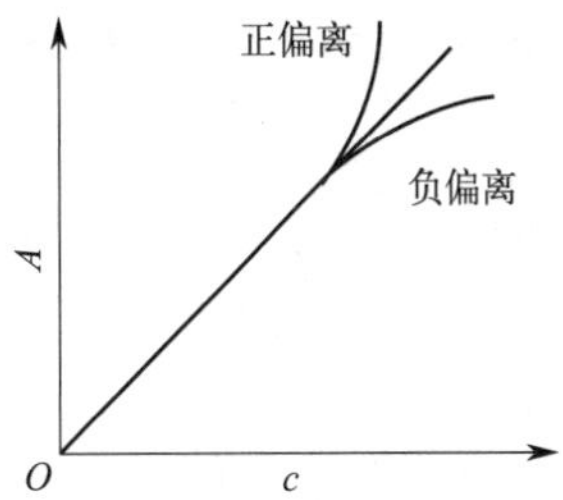

图 2.2　比尔定律的偏离

① 浓度过高引起的偏离　比尔定律成立的条件之一是吸光粒子相互独立，互不干扰。当溶液浓度较低时（$c < 0.01$ $mol \cdot L^{-1}$），吸光粒子之间相距较远，彼此作用较弱，故能很好地服从比尔定律。然而在高浓度时，吸光粒子数目大大增加，它们之间的距离缩短，相互影响增强，吸光能力减弱，从而引起标准曲线向下弯曲。此外，如果溶液中存在高浓度的强电解质，在其电场的影响下，即使待测组分浓度不太高，也会引起对比尔定律的明显偏离。同时，浓度过高也会使透过光太弱，而检测器无法准确地测得强度太小的信号，这时仪器上显示的吸光度值是不准确的，并且常常偏小。

控制标准曲线的浓度范围，采用示差法（见 2.6.2 节）等，可以克服这种偏离。

② 化学因素引起的偏离　待测溶液往往是由待测组分、共存组分、溶剂和各种试剂组成的一个复杂的化学体系，当条件改变时，可能会引起吸光物质发生相应的变化，比如离解、化合、缔合、配合、互变异构等，从而改变吸光物质的浓度，导致对比尔定律的偏离。

例如，在 $K_2Cr_2O_7$ 溶液的最大吸收波长（450 nm）处测定其标准系列的吸光度，就会发现标准曲线要向上弯曲，其原因何在呢？

$K_2Cr_2O_7$ 在溶液中有如下的化学平衡：

$$\underset{(橙黄)}{Cr_2O_7^{2-}} + H_2O \rightleftharpoons \underset{(黄)}{2HCrO_4^-} \rightleftharpoons \underset{(黄)}{2CrO_4^{2-}} + 2H^+ \quad (2.11)$$

可以看出，随着水量的增加，$K_2Cr_2O_7$ 溶液总浓度降低，平衡向右移动，即 $Cr_2O_7^{2-}$

的平衡浓度降低，$Cr_2O_7^{2-}$ 占总浓度的比例减小，单位体积溶液产生的吸光度下降；反之，当水量减少时，$Cr_2O_7^{2-}$ 占总浓度的比例增大，单位体积溶液产生的吸光度升高，这样就导致了标准曲线向上弯曲。如果使各溶液都保持在低 pH 值的条件下，当溶液浓度改变时，吸光物质 $Cr_2O_7^{2-}$ 占总浓度的比例会保持不变，从而不再偏离比尔定律。

化学因素引起的偏离比较复杂，必须分析具体情况，采取相应措施来加以纠正。

③ 仪器因素（非单色光）引起的偏离　仪器性能会影响光源稳定性以及入射光的单色性等。严格地讲，比尔定律仅适用于波长范围很窄的单色光，如果仪器所提供的入射光的波长范围较宽，且在不同波长处待测组分的吸光能力不同，就会引起对比尔定律的偏离。若将入射光波长选在吸收曲线较平坦处，特别是选在最大吸收波长处时，待测组分在入射光束的各个波长下的吸光能力基本相同，就不会引起偏离。

此外，如果入射光为非平行光时也会导致对比尔定律的偏离。

除了上述三点之外，当待测溶液为不均匀体系时，会因为散射光和反射光引起对比尔定律的偏离。

2.3 化合物的紫外-可见吸收光谱

2.3.1 分子的能级组成和紫外-可见吸收光谱

紫外-可见吸收光谱属于分子光谱的范畴。物质的分子总是处于不断地运动之中，其运动状态主要有四种：使分子从空间的一个位置移动到另一个位置的平动、分子中价电子的运动、分子内的原子在其平衡位置附近的振动以及分子本身绕其重心的转动。每一种运动状态都具有一定的能量，属于一定的能级。

分子的平动能级是连续的、非量子化的，它与吸收光谱无关。分子中的电子运动、振动和转动都属于分子内部的运动，它们所对应的能级都是不连续的、量子化的。

能量最低的能级状态叫基态，通常基态的稳定性最高；能量高于基态的能级状态叫激发态。当适当频率的光照射处于基态的原子或分子且光子所具有的能量正好等于某激发态与基态的能级差时，光子的能量将向该原子或分子转移，使其由基态能级跃迁至激发态能级，同时产生吸收光谱。

分子的价电子的激发态与基态能级之差 ΔE_e 为 1～20 eV。利用普朗克（Planck）方程，可以求出其对应吸收光的波长范围为 62～1240 nm，主要位于紫外和可见光区以及少量近红外区。

分子的振动能级差 ΔE_v 约为 ΔE_e 的 1/10，一般在 0.05～1 eV，其对应的吸收光波长为 1.24～25 μm，属于近红外和中红外区。

分子的转动能级差 ΔE_r 为 ΔE_v 的 1/10～1/100，它所对应的吸收光的波长范围在中红外、远红外和微波区。

分子发生电子能级跃迁的同时，必然会伴随着振动能级和转动能级的跃迁，它们相互叠加的结果使得到的电子光谱中的谱线间隔大大缩小，甚至几乎连在一起，形成所谓的带状光谱。

如果对某一吸光物质进行波长扫描，便可得到该物质的吸收光谱（吸收曲线），如果吸收波长位于紫外-可见光区，则为紫外-可见吸收光谱。尽管紫外-可见吸收光谱通常比较简单，但其中的峰位、峰强、峰形和峰数也能提供物质分子结构的某些重要信息。

吸收光谱的测量方法是：配制一个浓度适当的待测组分溶液，改变分光光度计的入射光波长，测出在每一波长下溶液的吸光度，然后以波长（λ）为横坐标、吸光度（A）为纵坐标作图，便能得到吸收曲线。档次较高的分光光度计能够对样品溶液进行自动波长扫描，从而迅速得到它的吸收光谱。

图 2.3 和图 2.4 分别是高锰酸钾溶液和亚甲基蓝溶液的吸收光谱。可以看出：①物质对光的吸收能力随光的波长而改变；吸收最强处所对应的波长叫最大吸收波长（λ_{max}），在该波长处测定，分析灵敏度最高。②同一物质不同浓度的吸收光谱形状相似，λ_{max} 相同，浓度越高，吸光度越大。③不同物质的吸收光谱的形状不同。吸收光谱提供了物质微观结构的重要信息，是物质定性分析的依据。

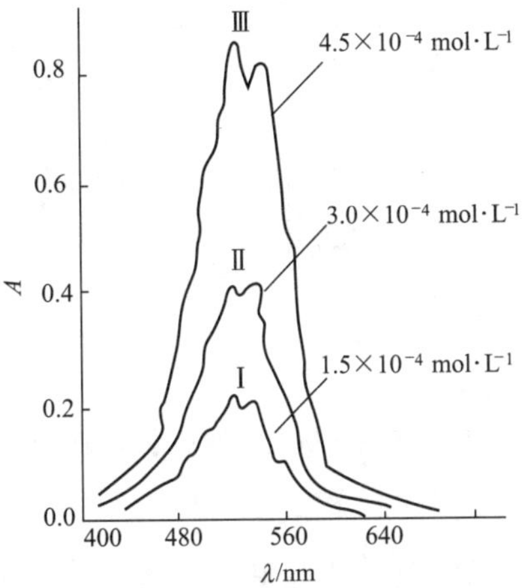

图 2.3 高锰酸钾溶液的吸收光谱

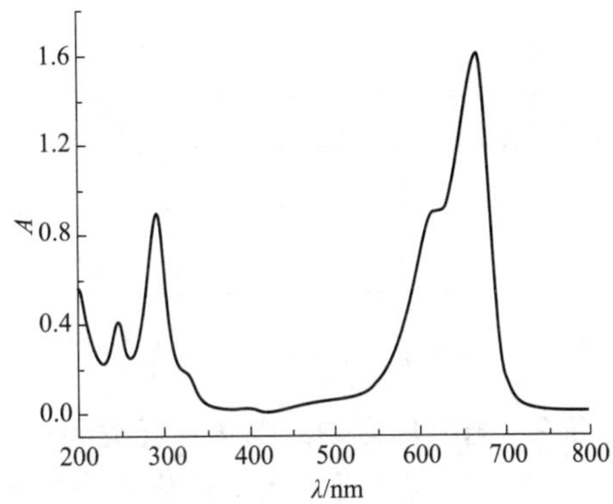

图 2.4 亚甲基蓝的紫外-可见吸收光谱

2.3.2 分子中价电子跃迁的类型

物质分子的紫外光谱主要由价电子能级跃迁引起，根据分子轨道理论，价电子跃迁主要有以下六种类型：$\sigma \to \sigma^*$ 跃迁、$\pi \to \pi^*$ 跃迁、$n \to \sigma^*$ 跃迁、$n \to \pi^*$ 跃迁、电荷转移引起 $p \to d$ 跃迁以及配位体场跃迁（$d \to d$ 跃迁和 $f \to f$ 跃迁）。不同化合物会产生不同的电子跃迁类型。

2.3.2.1 有机化合物的价电子跃迁类型

有机化合物的价电子主要有 σ 电子、π 电子和 n 电子三种，因此其分子轨道可能有 σ 和 π 成键轨道、n（非键）轨道、σ^* 和 π^* 反键轨道。这几种轨道能级高低的次序通常为 $\sigma^* > \pi^* > n > \pi > \sigma$。当分子受到适当频率的光照射时，处于较低能级的电子会跃迁到较高能级产生如图 2.5 所示的跃迁类型。各种电子跃迁所处的波长范围及强度见图 2.6。

① $\sigma \to \sigma^*$ 跃迁　含有 σ 键的化合物都能产生 $\sigma \to \sigma^*$ 跃迁，它所需要的能量最大，吸收光波长最短，通常位于 200 nm 以下的真空紫外区，但它吸收强度很大。

② $n \to \sigma^*$ 跃迁　含有 O、N、S、P、卤素等杂原子的饱和有机化合物都可能产生 $n \to \sigma^*$ 跃迁，所需的能量小于 $\sigma \to \sigma^*$ 跃迁，对应的吸收光波长在 200 nm 左右，含 O、N 等较小半径杂原子时位于 170～180 nm，而含 S、I 等较大半径杂原子时则位于 220～250 nm。$n \to \sigma^*$ 跃迁的 ε_{max} 一般不高（10^2～10^3 $L \cdot mol^{-1} \cdot cm^{-1}$）。

③ $\pi \to \pi^*$ 跃迁　含有双键的化合物进行 $\pi \to \pi^*$ 需要的能量低于 $\sigma \to \sigma^*$ 跃迁。孤立双键的 $\pi \to \pi^*$ 跃迁所对应的吸收波长为 160～190 nm；共轭非封闭系统中 $\pi \to \pi^*$ 跃迁产生的吸收带称为 K 带，其特征是吸收很强，通常其 ε_{max} 较大（$\geqslant 10^4$ $L \cdot mol^{-1} \cdot cm^{-1}$），吸收波长 > 210 nm，随着共轭链的增长，吸收带红移，甚至能够进入可见光区。$\pi \to \pi^*$ 跃迁为允许跃迁。

④ $n \to \pi^*$ 跃迁　当分子中的 π 键或 π 键的邻键上有上述杂原子时，就能产生 $n \to \pi^*$ 跃

迁，它所需的能量最低，对应的吸收光波长最长，一般大于 260 nm，有时还可能进入可见光区。但 $n \to \pi^*$ 跃迁是禁阻跃迁，其吸收很弱（$\varepsilon_{max} < 10^2\ L \cdot mol^{-1} \cdot cm^{-1}$），所产生的弱吸收带叫 R 带。

⑤ 电荷转移跃迁　当分子具有电子给予体和与其相邻的电子接收体时，在适当频率的光的照射下，就可能发生电荷由前者向后者转移的跃迁，产生相应的电荷转移吸收光谱。现用 D-A 表示能进行分子内电荷转移的化合物，其中 D 为电子给予体，A 为电子接收体，则电荷转移跃迁可表示为：$D\text{-}A \xrightarrow{h\nu} D^+\ A^-$。

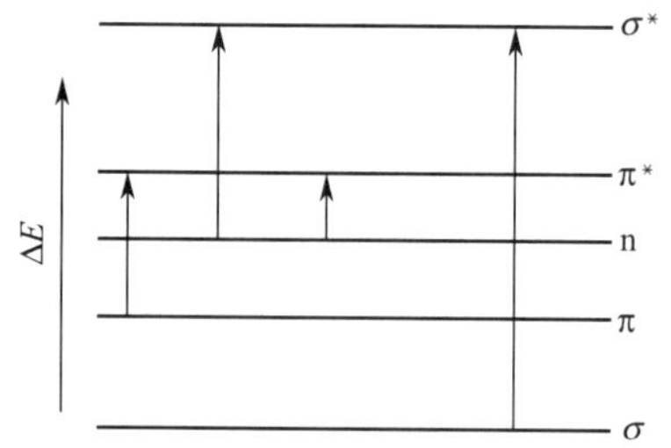

图 2.5　分子电子能级跃迁示意图

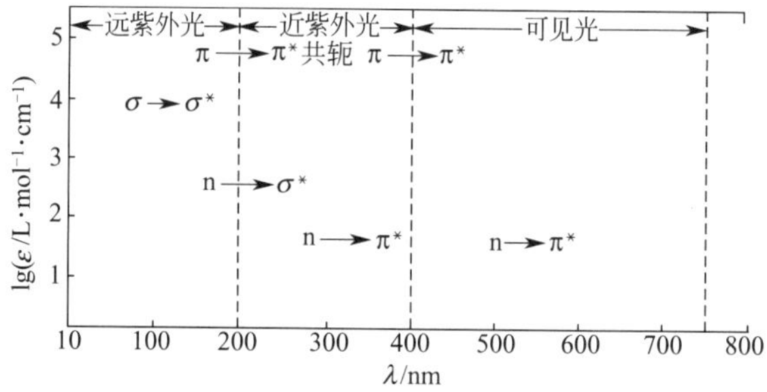

图 2.6　各种电子跃迁所处的波长范围及强度

2.3.2.2　无机化合物的电子跃迁类型

① 电荷转移跃迁　当无机化合物分子中同时存在电子给予体和电子接收体时，在适当频率的光的作用下，也会产生电荷转移的跃迁，同时形成紫外-可见吸收光谱。例如，在酸性介质中，Fe^{3+} 与 SCN^- 配合而生成 $[Fe(SCN)_5]^{2-}$ 配离子的反应就会产生电荷转移跃迁：

$$Fe^{3+}\text{-}SCN^- \xrightarrow{h\nu} Fe^{2+}\text{-}SCN\ \text{（血红色）}$$

电荷转移跃迁的跃迁概率较高，对光的吸收比较强烈，ε_{max} 通常在 $10^4\ L \cdot mol^{-1} \cdot cm^{-1}$ 左右。

② 配合物中心离子的 d-d 电子跃迁　d-d 跃迁吸收带主要出现在可见光区和紫外区，还有少数出现在近红外区。这种跃迁需在配位体的配位场作用下才可能发生，所以又叫配位场跃迁，它属于禁阻跃迁，吸收很弱（$\varepsilon_{max} < 10^2\ L \cdot mol^{-1} \cdot cm^{-1}$），可用于研究配合物结构及配位理论。

③ f-f 电子跃迁　这种跃迁只发生于具有未充满 f 轨道的镧系（4f）和锕系（5f）元素的离子中，当它们吸收适当频率的光时，就会出现 f 电子从基态至激发态的跃迁，产生线状的吸收光谱。由于 f 轨道被全充满的外层轨道屏蔽，所以 f-f 电子跃迁产生的吸收光谱很少受到溶剂和配位体的影响。

2.3.3　常用术语

（1）生色团和助色团

生色团并非一定有颜色，是指分子中能吸收紫外或可见光的基团，助色团则是与生色团相连时，能增强生色团生色能力的基团。

生色团通常含有不饱和键，如 π 键。常见的生色团有：偶氮基（—N═N—）、对醌基、硝基（$—NO_2$）、亚硝基（—N═O）、羰基（>C═O）、硫羰基（>S═O）、苯基（C_6H_5—）、乙炔基（—C≡C—）、氰基（—C≡N）等。

助色团通常是某些含有孤对电子的杂原子基团或烷基，它们本身在紫外及可见光区没有吸收，但当它们与生色团相连时，会发生 n-π 共轭作用，使生色团的最大吸收波长向长波方向移动，且吸收强度增大，增强生色团的生色能力。常见的助色团有：烷基、—Cl、—Br、羟基（—OH）、烷氧基（—OR）、氨基（$—NH_2$、—NHR、$—NR_2$）和巯基（—SH）等。

总的来说，生色团和助色团在有机化合物的颜色和光谱性质中起着重要作用。生色团决定了化合物能否吸收特定波长的光，而助色团则通过与生色团的相互作用，进一步调控和优化化合物的光谱性质。

（2）红移与蓝移

由取代基或溶剂效应使化合物的吸收峰波长向长波方向的移动称为红移。如某些有机化合物经过取代反应，引入含有孤对电子的基团（如—OH、—OR、$—NH_2$、—SH、—Cl、—Br、—SR、$—NR_2$）后，其吸收峰将发生红移。这些使某化合物吸收峰发生红移的基团称为向红基团。此外，溶剂的极性改变或分子的共轭程度增大也可能引起红移。

由取代基或溶剂效应使化合物的吸收峰波长向短波方向的移动称为蓝移或紫移。比如在某些生色团（如羰基）的碳原子一端引入一些取代基（如$—CH_3$、$—CH_2CH_3$、$—OCOCH_3$）后，其吸收峰将发生蓝移。这些使某化合物吸收峰发生蓝移的基团称为向蓝基团。同时，对应共轭程度更小的分子，其紫外-可见吸收光谱可能会出现蓝移。

红移和蓝移现象在紫外-可见吸收光谱图中具有重要的应用价值，可以帮助研究者了解化合物的结构变化以及溶剂效应等信息。

（3）增色与减色效应

化合物的最大吸收峰的摩尔吸光系数（ε_{max}）增加时称为增色效应，反之称为减色效应。

2.3.4 溶剂对紫外-可见吸收光谱的影响

溶剂对紫外-可见吸收光谱的影响比较复杂。紫外-可见吸收光谱的形状、最大吸收波长和吸收强度常因所用溶剂种类的变化而不同。

2.3.4.1 常用溶剂

紫外-可见吸收光谱测定通常是将样品配制成溶液后进行的，常用溶剂及其极限波长见表 2.3。所谓极限波长是指溶剂产生吸收的光的波长的极限，当大于此波长时溶剂不产生吸收，而当小于此波长时溶剂就会产生明显的吸收。

表 2.3 紫外-可见吸收光谱测定的常用溶剂及其极限波长

溶剂	水	正己烷	正庚烷	环己烷	甲醇	乙醇	乙醚	丙酮	氯仿	乙酸	四氯化碳	苯
极限波长/nm	210	210	210	210	210	210	220	330	245	250	265	280

2.3.4.2 溶剂效应

① 溶剂极性对光谱吸收峰的影响　溶剂极性的强弱会影响吸收峰的波长、强度和形状，对于不同的化合物，其影响的程度各不相同。其规律是：增加溶剂极性，可使化合物的 $\pi \rightarrow \pi^*$ 跃迁吸收峰红移，而使 $n \rightarrow \pi^*$ 跃迁吸收峰蓝移。溶剂极性对异亚丙基丙酮［$CH_3COCH=C(CH_3)_2$］的 $\pi \rightarrow \pi^*$ 跃迁和 $n \rightarrow \pi^*$ 跃迁吸收峰的影响见表 2.4。

表 2.4 溶剂极性对异亚丙基丙酮吸收峰的影响

溶剂	正己烷	乙醚	氯仿	甲醇	水
$\lambda_{max}(\pi \rightarrow \pi^*)$/nm	230	230	238	238	244
$\lambda_{max}(n \rightarrow \pi^*)$/nm	329	326	315	312	305

② 溶剂对光谱形状的影响　有的化合物（如对称四嗪）在气态下或在非极性溶剂中测定时，其光谱中有转动和振动能级跃迁所产生的精细结构小峰出现；但是在极性溶剂中，分子的转动、振动受阻，精细结构小峰减弱或消失，吸收光谱形状会发生明显的变化（图 2.7）。

③ 溶液 pH 对光谱的影响　在测定酸性或碱性化合物时，溶液的 pH 对其吸收光谱有明显的影响。例如，pH 在 7 左右，苯酚有两个吸收带 211 nm（$\varepsilon \approx 6200\ L \cdot mol^{-1} \cdot cm^{-1}$）和 270 nm（$\varepsilon \approx 1400\ L \cdot mol^{-1} \cdot cm^{-1}$），而在 pH 为 13 的碱性介质中，苯酚形成苯酚盐阴离子，两吸收带将红移至 235 nm（$\varepsilon \approx 9400\ L \cdot mol^{-1} \cdot cm^{-1}$）和 287 nm（$\varepsilon \approx 2600\ L \cdot mol^{-1} \cdot cm^{-1}$），且强度增大（图 2.8）。

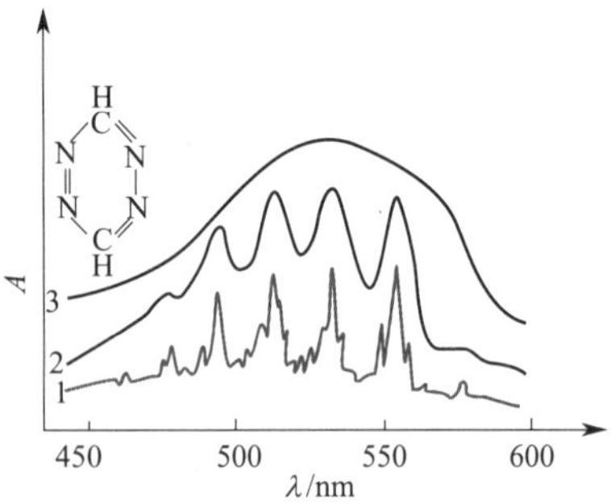

图 2.7　对称四嗪的紫外吸收光谱

1—在气态中；2—在环己烷中；3—在水中

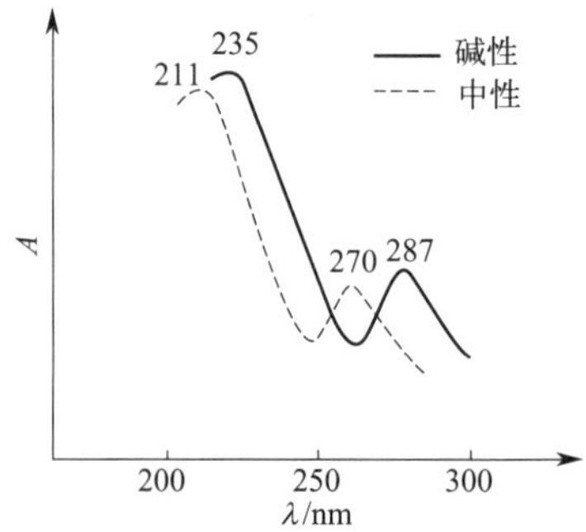

图 2.8　溶液 pH 对苯酚紫外吸收光谱的影响

2.3.5　无机化合物的紫外吸收光谱

在一定条件下，许多金属离子和非金属离子都能产生紫外吸收光谱，除镧系和锕系元素外，大多数无机化合物的紫外光谱都比较简单，很少有精细结构小峰，仅呈现 1～2 个较宽的吸收带。例如，NO_3^- 水溶液仅在 210 nm 左右产生一个宽峰；Fe^{3+} 和 SO_4^{2-} 形成的配合物的最大吸收波长为 300 nm；Se 的浓硫酸溶液的最大吸收波长为 350 nm；Hg、V、Co、Nb 等金属离子与 SCN^- 生成的配合物在紫外区能产生明显的吸收等，因此可以用紫外分光光度法定量测定这些无机离子。

2.3.6　有机化合物的紫外吸收光谱

2.3.6.1　无共轭双键的有机化合物的紫外光谱

无共轭双键的有机化合物的强吸收峰通常位于远紫外区，若含有某些杂原子时，其弱吸收峰能出现在近紫外区。

比如，饱和烷烃只能产生 $\sigma \rightarrow \sigma^*$ 跃迁的强吸收带，其 $\lambda_{max} < 200$ nm。

含杂原子的饱和化合物能产生 $\sigma \rightarrow \sigma^*$ 跃迁和 $n \rightarrow \sigma^*$ 跃迁，后者对应的吸收峰接近或达到近紫外区，但强度一般不太高。例如在己烷中，CH_3OH 的 $\lambda_{max} = 177$ nm（$\varepsilon \approx 200\ L \cdot mol^{-1} \cdot cm^{-1}$）、$CH_3I$ 的 $\lambda_{max} = 257$ nm（$\varepsilon \approx 378\ L \cdot mol^{-1} \cdot cm^{-1}$）、$C_2H_5—S—C_2H_5$ 的 $\lambda_{max} = 194$ nm（$\varepsilon \approx 4600\ L \cdot mol^{-1} \cdot cm^{-1}$）等。

孤立烯烃可产生 $\sigma \rightarrow \sigma^*$、$\pi \rightarrow \pi^*$ 跃迁，其吸收带的 λ_{max} 均小于 200 nm。当烯氢被烷基取代时，吸收波长红移；当烯氢被杂原子取代时，产生 p-π 共轭效应，使 $\pi \rightarrow \pi^*$ 跃迁吸收红移，甚至可能进入近紫外区。例如：

	$CH_2{=}CH_2$	$CH_3CH_2{=}CH_2$	$CH_2{=}CHOCH_3$	$CH_2{=}CHSCH_3$
λ_{max}	165 nm	178 nm	196 nm	228 nm

孤立炔烃可产生 $\sigma\rightarrow\sigma^*$、$\pi\rightarrow\pi^*$ 跃迁，比如乙炔（HC≡CH）气体有强吸收带 $\lambda_{max}=173$ nm，烷基取代后产生红移。炔类化合物在 220 nm 处还有一弱吸收带（$\varepsilon\approx100\ L\cdot mol^{-1}\cdot cm^{-1}$）。

孤立羰基化合物的羰基产生的 $\sigma\rightarrow\sigma^*$ 跃迁、$n\rightarrow\sigma^*$ 跃迁、$\pi\rightarrow\pi^*$ 跃迁吸收峰位于远紫外区，只有 $n\rightarrow\pi^*$ 跃迁（270～310 nm，$\varepsilon<100\ L\cdot mol^{-1}\cdot cm^{-1}$）的弱吸收带出现在近紫外区，在结构鉴定上具有一定意义。羰基化合物的羰基碳上的取代基为助色团时，其 R 带将会蓝移，同时其 $\pi\rightarrow\pi^*$ 跃迁吸收带红移。

2.3.6.2 含共轭烯键的有机化合物的紫外光谱

含共轭烯键的有机化合物的 $\pi\rightarrow\pi^*$ 跃迁吸收带都出现在近紫外区，甚至可见光区，并且强度较大，其 λ_{max} 随着共轭体系的增长而红移。当共轭体系中的 H 被各种基团取代后，其 λ_{max} 发生有规律的变化。

（1）共轭二、三、四烯及其衍生物 K 带 λ_{max} 的计算

最简单的共轭烯烃 1,3-丁二烯的 λ_{max} 为 217 nm（$\varepsilon=2\times10^4\ L\cdot mol^{-1}\cdot cm^{-1}$）。以 1,3-丁二烯为基础，根据取代基的类别、数目、位置，运用表 2.5 所示的 Woodward-Fieser 规则，可以推算出共轭二、三、四烯及其衍生物的 λ_{max}。

表 2.5 Woodward-Fieser 规则

母体	λ_{max} 基本值/ nm
开链共轭双烯	217
异环共轭双烯	214(228)①
同环共轭双烯	253(241)①
取代状况	**λ_{max} 增加值/ nm**
扩展共轭双键	30
环外双键	5
共轭双键上的取代基	
(1)—OCOR 或—OCOAr	0
(2)—OR	6
(3)—R	5
(4)—SR	30
(5)—NR_1R_2	60
(6)—Cl、—Br	5

① 六元环——括号外数据，五元、七元环——括号内数据。

在使用 Woodward-Fieser 规则进行计算时，应注意以下几点。

① 异环共轭双烯是指共轭双烯母体中的两个双键分别在两个稠连的环内。

② 同环共轭双烯是指共轭双烯母体中的两个双键都在同一个环内。

③ 当有多个可供选择的双烯母体时，应优先选择 λ_{max} 大的作为母体。

④ 环外双键是指该双键的一个碳原子在环上，另一个碳原子在此环的环外的双键。

⑤“扩展双键”是指在双烯母体基础上增加的共轭双键。

⑥ 交叉共轭体系只能选取分叉中一边的共轭双键，另一边的双键不算扩展双键，其上的取代基也不计增加值。

⑦ 整个共轭链上的所有取代基及所有环外双键均应计算增加值。

⑧ 本规则不适用于芳烃。

例 2-2 计算 $H_2C{=}C(CH_3){-}CH{=}CH(OCH_3)$ 的 λ_{max}。

解： 开链共轭双烯母体　217

烷基取代　+5

烷氧基取代　+6

λ_{max} 计算值　228 nm

实测值　227 nm

例 2-3 计算 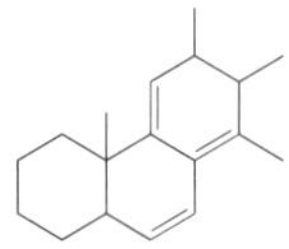 的 λ_{max}。

解： 同环二烯母体　253

烷基取代（5×5）　+25

环外双键（2×5）　+10

λ_{max} 计算值　288 nm

实测值　285 nm

Woodward-Fieser 规则对很多共轭烯烃都是适用的，但对于某些环的张力或空间位阻效应较大的分子，可能会产生较大的误差。在共轭烯的 λ_{max} 计算中，溶剂的影响不大，可以忽略不计。

（2）共轭五烯以上的共轭多烯 K 带 λ_{max} 及 ε_{max} 的计算

共轭五烯以上的共轭多烯 K 带的 λ_{max} 和 ε_{max} 可由 Fieser 和 Kuhn 所提出的经验公式来计算（溶剂为己烷）：

$$\lambda_{max}=114+5M+N(48.0-1.7N)-16.5R-10R' \tag{2.12}$$

$$\varepsilon_{max}=1.74N\times10^4 \tag{2.13}$$

式中，M 为共轭体系上的取代烷基数；N 为共轭双键数；R 为共轭体系上的具有环内双键的环数；R'为共轭体系上的具有环外双键的环数。

（3）α,β-不饱和羰基化合物 K 带 λ_{max} 的计算

一般而言，α,β-不饱和羰基化合物 K 带的 $\lambda_{max}\geqslant$218 nm、$\varepsilon_{max}\geqslant10^4$ L·mol^{-1}·cm^{-1}。随着共轭体系上的取代基类型和位置的不同以及溶剂极性的不同，其 λ_{max} 的大小有所变化。Woodward 等人分析了大量实验数据，总结出了计算其 λ_{max} 的规则，见表 2.6。

表 2.6　α,β-不饱和羰基化合物 K 带 λ_{max} 计算规则（95%乙醇溶液）

母体	λ_{max} 基本值/ nm
醛类	207
五元环烯酮	202
开链或六元以上环烯酮	215
羧酸或酯类	
①α、β 位无烷基取代	193
②α 或 β 位单烷基取代	208
③α,β 或 β,β 位双烷基取代	217
④α,β,β 位三烷基取代	225
注：②～④不再计相应位置烷基取代增加值	

取代状况	λ_{max} 增加值/ nm			
扩展共轭双键	30			
同环共轭双烯	39			
环外双键、五元及七元环环内双键	5			
共轭体系上的取代基	α	β	γ	δ 及以上
(1)烷基或环烷基(—R)	10	12	18	18
(2)羟基(—OH)	35	30	50	50
(3)烷氧基(—OR)	35	30	17	31
(4)酰氧基(—O—C(=O)—R)	6	6	6	6

续表

共轭体系上的取代基	α	β	γ	δ及以上
(5)卤素(—Cl)	15	12		
(—Br)	25	30		
(6)氨基(—NRR′)(括号内为酸或酯增加值)		95(70)		
(7)烷硫基(—SR)		80		

溶剂	λ_{max} 校正值/nm	溶剂	λ_{max} 校正值/nm
水	+8	1,4-二氧六环	−5
甲醇	0	乙醚	−7
氯仿	−1	正己烷或环己烷	−11

注：环上的羰基不作为环外双键。

α,β-不饱和羰基化合物中醛、酮共轭链上碳原子定位为 $-\overset{\delta}{C}{=}\overset{\gamma}{C}-\overset{\beta}{C}{=}\overset{\alpha}{C}-C{=}O$；酸、酯共轭链上碳原子定位为 $-\overset{\delta}{C}{=}\overset{\gamma}{C}-\overset{\beta}{C}{=}\overset{\alpha}{C}-\overset{O}{\overset{\|}{C}}-OR(H)$；共轭体系的母体为 $\overset{(\beta)}{C}{=}\overset{(\alpha)}{C}-C{=}O$。

例 2-4 计算下列化合物K带的 λ_{max}。

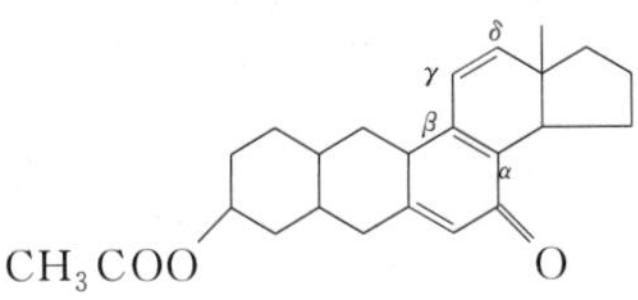

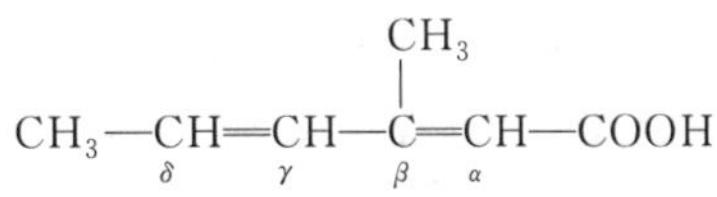

解： 母体：六元环烯酮	215	母体：β位单烷基取代羧酸	208
扩展双键 (1)	+30	扩展双键 (1)	+30
同环双烯 (1)	+39	烷基：δ (1)	+18
烷基 α (1)+10 β (1)+12 δ (1)+18		λ_{max} 计算值	256 nm
λ_{max} 实测值 327 nm 计算值 324 nm		实测值	254 nm

(4) α,β-不饱和酰胺的紫外吸收带

α,β-不饱和酰胺K带的 λ_{max} 位于200 nm左右（$\varepsilon \approx 8000\ L \cdot mol^{-1} \cdot cm^{-1}$），比相应的不饱酸、酯小，α,β-不饱和内酰胺除了上述吸收带外，在240～250 nm还有第二个较弱的吸收带（$\varepsilon \approx 1000\ L \cdot mol^{-1} \cdot cm^{-1}$）。

2.3.6.3 芳香化合物的紫外光谱

① 苯的紫外光谱　芳香族化合物的紫外特征吸收带主要有E带和B带。其中E带是由苯环的封闭共轭系统 $\pi \rightarrow \pi^*$ 跃迁产生的；B带（又称为苯吸收带）是由 $\pi \rightarrow \pi^*$ 跃迁和苯环的骨架振动重叠产生的。苯是最简单的芳香族化合物，有三个吸收带（E_1 带、E_2 带和B带），如图2.9所示。苯的 E_1 带 λ_{max} 约为184 nm，吸收很强（$\varepsilon > 10^4\ L \cdot mol^{-1} \cdot cm^{-1}$）；$E_2$ 带 λ_{max} 约为204 nm，中等强度（$\varepsilon \approx 10^3\ L \cdot mol^{-1} \cdot cm^{-1}$）；B带 λ_{max} 在254 nm左右，吸收较弱（$\varepsilon \approx 250\ L \cdot mol^{-1} \cdot cm^{-1}$），为苯的特征吸收带，在气态或非极性溶剂中测试时，它会显现若干尖锐而清晰的精细结构小峰，但在极性溶剂中它的精细结构将减弱或消失。

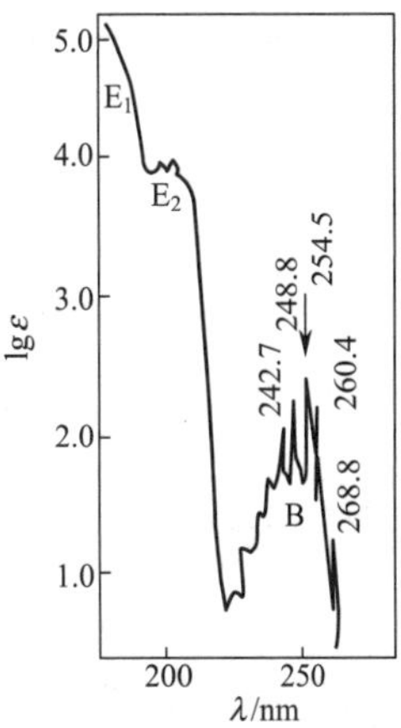

图2.9　苯在环己烷中的紫外吸收光谱

② 单取代苯的紫外光谱　当苯环上有取代基时，其E带和B带均会产生红移、增色，且精细结构减弱或消失（氟取代例外）。烷

基取代影响较小，仅使 E 带、B 带红移几纳米。通常，助色团的推电子能力越强，取代后的影响越大。例如，—Cl、—OH、烷氧基等助色团取代，使苯吸收带红移 10 nm 左右，而—NH_2 取代可使各吸收带红移约 26 nm。生色团取代可使 E_2 带、B 带红移数十纳米，且强度增大；其吸电子能力越强，影响越大，有时甚至出现 E_2 带掩盖 B 带的情况。

③ 二取代苯的紫外光谱　在二取代苯中，取代基的类型（即推电子基或吸电子基）和位置不同，对吸收带波长和强度的影响也不同。一般规律如下：当两个不同类型的取代基处于苯环的对位时，能产生协同作用，使 λ_{max} 显著红移，红移值远大于二者单独取代时的红移值之和；当两个不同类型的取代基处于苯环的间位或邻位时，λ_{max} 的红移值接近于二者单独取代时的红移值之和；当两个取代基的类型相同时，二取代苯 λ_{max} 的红移值约等于二者单独取代时红移值中的较大者。

④ 苯甲酰基衍生物 E_2 带（或 K 带）λ_{max}^{EtOH} 的计算——Scott 规则　该类化合物可表示为 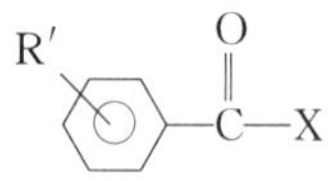，其中 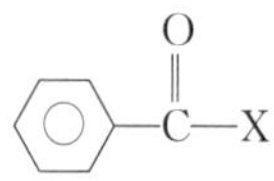 为母体，X 可以为多种基团，如烷基、—H、—OH、—OR 等；—R′为苯环上的助色团取代基。Scott 规则见表 2.7。

表 2.7　计算 R′—C_6H_4—COX 的 λ_{max}（E_2 带）的 Scott 规则（乙醇溶剂）

母体中 X	λ_{max} 基本值/nm		
H	250		
烷基或环烷基(R)	246		
—OH 或—OR	230		
	R′增加值/nm		
取代基 R′	邻位[①]	间位	对位
烷基或环烷基	+3	+3	+10
—OH，—OCH_3，—OR	+7	+7	+25
—O^-	+11	+20	+78[②]
—Cl	0	0	+10
—Br	+2	+2	+15
—NH_2	+13	+13	+58
—$NHCOCH_3$	+20	+20	+45
—$N(CH_3)_2$	+20	+20	+85

① 当羰基与苯环共轭受阻时，计算值误差增大。

② 若共轭受阻此值将明显减小。

例 2-5　求下列各化合物的 λ_{max}^{EtOH}。

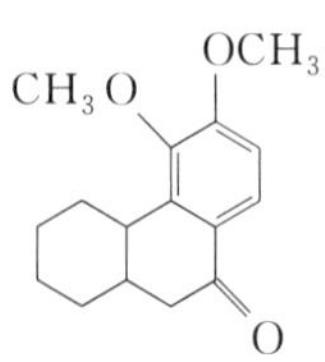

基值（X=R）	246
邻—烷基取代	3
间—OCH_3 取代	7
对—OCH_3 取代	25
λ_{max} 计算值	281 nm
实测值	278 nm

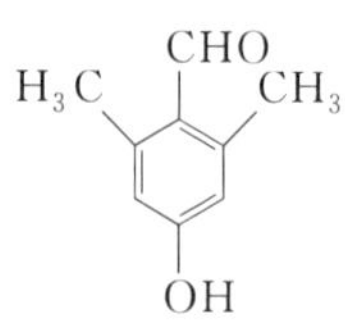

基值（X=H）	250
邻—CH_3 取代（2×3）	6
对—OH 取代	25
λ_{max} 计算值	281 nm

⑤ 其他芳香化合物　联苯类化合物和稠环芳烃也有与苯类似的三个吸收带，随着苯环数的增多，共轭体系扩展，各吸收带红移，当苯环数增至四个时，吸收带进入可见光区，强度也有所增加。呋喃、噻吩、吡咯等五元杂芳环化合物的吸收光谱与环戊二烯相似，而六元杂芳环化合物的紫外光谱与苯相似。稠杂芳环化合物的紫外光谱与对应的稠环芳烃相似，它们的 E 带（K 带）和 B 带与苯相比均发生显著红移，且吸收强度增加。

2.4 紫外-可见分光光度计

在仪器分析中，了解仪器的基本结构，掌握仪器的工作原理，是正确使用仪器、取得可靠测量数据的前提。紫外-可见分光光度计是基于紫外-可见分光光度法原理，利用物质分子对紫外-可见光谱区的辐射吸收来进行分析的一种分析仪器。目前，紫外-可见分光光度计的型号虽然繁多，但就其基本结构而言，均是由光源、单色器、吸收池、检测器和信号显示系统五部分组成，其结构框图如下：

光源 → 单色器 → 吸收池 → 检测器 → 信号显示系统

其工作原理是：由光源发射出的复合光经单色器后输出选定波长的单色光，该单色光通过装有待测溶液的吸收池时，被部分吸收，透过光由检测器转变为电信号，然后被放大，并由信号显示系统显示出与待测组分相对应的吸光度或透光率值。下面介绍仪器的基本组成。

2.4.1 紫外-可见分光光度计的基本组成

2.4.1.1 光源

光源是提供入射光的装置，主要作用是提供能量激发待测分子，使待测分子产生光吸收。对光源的基本要求是能够发射足够强度而且稳定的连续光谱，此外要求辐射能量随波长没有明显变化。为了使光辐射稳定，要求灯电压必须非常稳定，因此高质量的稳压电源是必不可少的。

分光光度计常用的光源有两类：热辐射光源和气体放电光源。热辐射光源主要有钨灯和卤钨灯，能发射波长范围为 320～2500 nm 的连续光谱，常用作可见分光光度计的光源。气体放电光源主要有氢灯、氘灯，能分别发射波长范围为 150～400 nm 和 190～400 nm 的紫外连续光谱。由于氘灯发光强度大，稳定性好，因此近年来紫外光源多用氘灯。

由于同种光源不能同时产生紫外光和可见光，因此，紫外-可见分光光度计需要同时安装两种光源，两者在波长扫描过程中自动切换。

2.4.1.2 单色器

单色器又称为分光系统，是将来自光源的复合光分解为可供选择的单色光的装置，它是分光光度计的核心部件。棱镜或光栅是单色器的主要部件，通常单色器还包括狭缝、反射镜和透镜。单色器的性能直接影响着出射光的纯度，从而对测定的灵敏度、选择性及标准曲线的线性范围产生影响。

① 棱镜式单色器　其原理如图 2.10 所示。由光源发射出的复合光穿过入射狭缝，经反射镜 1、准直透镜后，准直为平行光束，并以一定角度照射到棱镜上，在棱镜的两界面上，不同波长的光以不同的折射率发生折射，形成了按波长顺序排列的光谱，这种现象叫色散。色散后的光由反射镜反射到聚焦透镜，被聚焦于出射狭缝。转动反射镜 2 即可在出射狭缝后得到所需波长的单色光。单色光的纯度取决于棱镜的色散率和出射狭缝的宽度，色散率越高、出射狭缝越窄，其纯度越高；但狭缝太窄，会使输出光强度太弱，而于分析不利。光学玻璃棱镜对于 360～

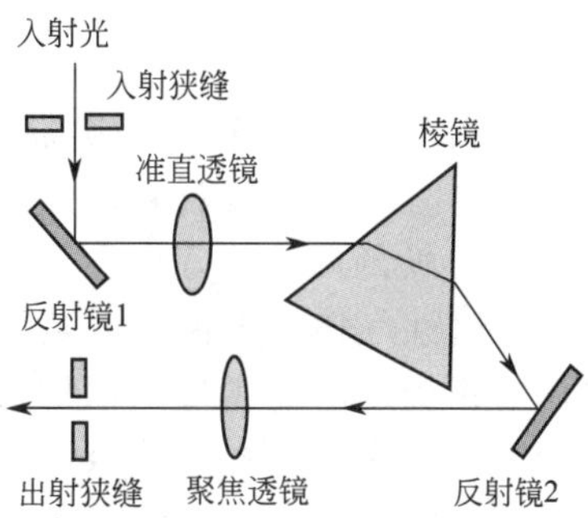

图 2.10　棱镜式单色器

1000 nm 波长的光色散较大，故适合于可见分光光度计。

② 光栅式单色器　其性能优于棱镜式单色器，将在原子吸收和原子荧光光谱法一章介绍。

2.4.1.3　吸收池

吸收池又叫比色皿，是用来盛装待测溶液的装置，通常由无色、透明、耐腐蚀的光学玻璃或石英玻璃制成，前者会吸收紫外光故仅能用于可见光区，后者既可以用于可见光区，也可以用于紫外光区。吸收池形状一般为方形，其光程长度有 0.5 cm、1 cm、2 cm、3 cm、5 cm、10 cm 等，最常用的是 1 cm 的吸收池。吸收池材料及其光学特性、光程长度的精确性对吸光度的测量都会产生直接影响，因此，在分析测定中，同一套吸收池的性能要尽可能保持一致，操作时要注意保持其透光面洁净。

2.4.1.4　检测器

检测器是将光强度信号转变为电信号进而放大的装置。最常用的光电转换元件有光电池、光电管、光电倍增管、光敏电阻、光电二极管阵列等。

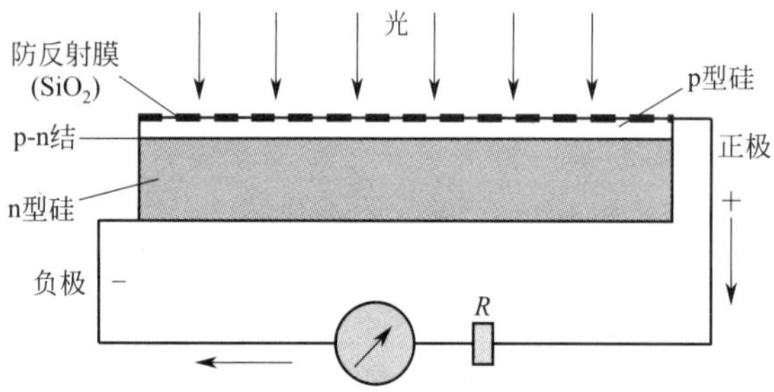

图 2.11　硅光电池的结构示意

① 硅光电池　p/n 型硅光电池的结构如图 2.11 所示。它是在用磷掺杂的 n 型硅片的表面再用硼掺杂，生成了一个很薄的 p 型硅层，进而在 n 区和 p 区的接触面上形成了一个 p-n 结。n 区的电子会向 p 区扩散，p 区的空穴会向 n 区扩散，当达到动态平衡时，在电池内形成了一个由 n 区指向 p 区的内电场。该电场阻止电子或空穴的进一步扩散，成为了所谓的“阻挡层”。当某些波长的光通过防反射膜和 p 区薄层照射到 p-n 结时，能激发出光生电子-空穴对。在内电场的作用下，p 区的光生电子会被拉向 n 区，而 n 区的光生空穴则会移向 p 区，使得 n 区聚积了负电荷而带负电，p 区聚积了正电荷而带正电，即在 n 区和 p 区之间出现了电位差。从 p 区和 n 区引出的导线分别是电池的正、负极。若用导线将两电极和负载连接起来，外电路中就有由 p 区流经负载再到 n 区的光生电流通过。在一定条件下，光生电流的大小与入射光的强度成正比。若将外电路断开，就可以测出电池的光生电动势。

如今，硅光电池已经广泛地应用于分光光度计上，其光谱敏感范围为 300～1200 nm，对 700～800 nm 的红光最灵敏；它的响应速度快，能用于高频光脉冲信号的光电转换。此外，受光面大的硅光电池还是绿色环保的太阳能发电装置。

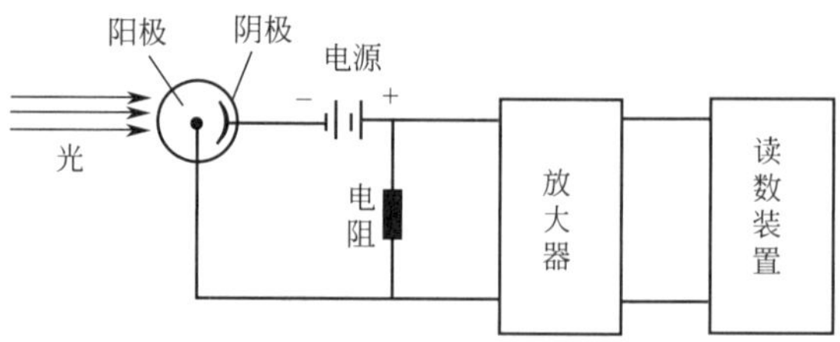

图 2.12　光电管及其电路示意图

② 光电管　如图 2.12，光电管是一种真空二极管，管内装有半圆筒形的阴极，阴极内侧有一层光敏材料，棒状的金属阳极靠近阴极的内侧，管内抽成真空，或充入少量惰性气体。阳极通过负载电阻接至电源的正极，阴极则接至电源的负极。当适当频率的光照射光敏阴极时，阴极材料因外光电效应而发射出的光电子将射向电压更高的阳极，于是外电路中便有电流通过。在一定范围内，入射光强度与光电流大小成正

比。当光电流流经负载电阻（10^6～10^{11} Ω）时，在电阻两端产生电压降，此电信号由放大器放大，然后由读数装置显示。光电管的光谱敏感范围较宽而平坦，使用不同的阴极光敏材料，其光谱敏感范围也不相同。氧铯阴极对可见光和红外光特别灵敏，锑铯阴极对波长625 nm 以下的光较敏感，而镓砷阴极则会对可见光和紫外光产生明显的响应。

光电管的响应时间很短，一般在 10^{-8} s 以下，因此它可以检测快速光脉冲信号。它的使用寿命很长，性能稳定，通常用于比较高档的分光光度计中。

③ 光电二极管阵列（photodiode array，PDA） PDA 检测器的结构如图 2.13 所示，它是在掺杂的半导体硅片上制成的很多排列紧密的光电二极管阵列，n 型硅层是这些光电二极管的共同电极，它们的另一个电极 p 型硅区则被绝缘材料 SiO_2 隔开而相互独立。将这些光电二极管阵列的 p-n 结反向偏置而产生了耗尽层，其电导几乎为零。当光线照射到二极管阵列的 n 区时，光电二极管的电导将随光辐射功率的增大而增大；一个 PDA 可包含数百至数千个光电二极管，接收光波长覆盖范围达 190～900 nm，响应时间极短。

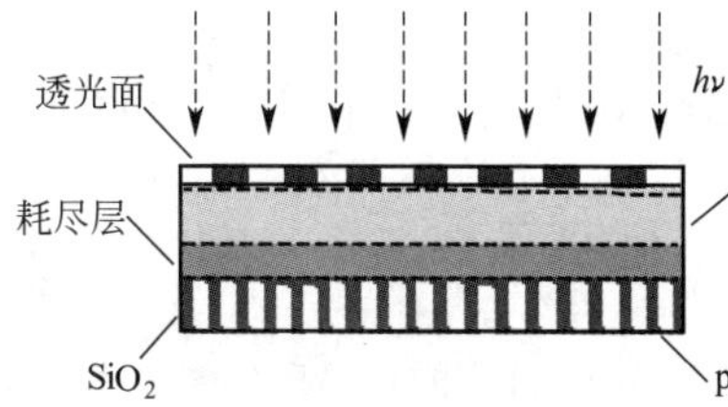

图 2.13　光电二极管阵列检测器结构示意图

④ 光电倍增管　最灵敏的光电转换元件之一，其灵敏度比光电管高数百倍，常用于较高档的仪器中。光电倍增管的结构和工作原理将在原子吸收与原子荧光光谱法一章中介绍。

近年，电荷耦合检测器（CCD）和电荷注入检测器（CID）等新型检测器也已应用于紫外-可见分光光度计中。

2.4.1.5　信号显示系统

该系统的作用是放大信号并将该信号以适当的方式显示或记录下来。20 世纪 70 年代前后的通用型分光光度计普遍采用磁电式微安表头作为读数装置。该表头面板上有吸光度 A 和透光率 T（%）两种刻度，当放大器输出的与待测溶液对应的电信号进入微安表头时，将驱使表头的指针转动至刻度盘的某一位置上，从而可以直接读出该溶液的吸光度或透光率。

近年来，分光光度计一般采用数字显示装置，可方便、准确地直接读出吸光度或透光率的数值，而较高档的分光光度计通常带有液晶或发光二极管（LED）显示屏，其显示更加清晰和稳定。当前，很多型号的紫外-可见分光光度计还可以将测量得到的图片或数据直接用 U 盘导出或通过连接蓝牙发送至用户。

2.4.2　紫外-可见分光光度计的类型

目前，市场上销售的紫外-可见分光光度计类型较多，根据仪器结构可分为单光束分光光度计、双光束分光光度计和双波长分光光度计三种，其中单光束分光光度计和双光束分光光度计属于单波长分光光度计。

2.4.2.1　单光束分光光度计

① 通用型分光光度计　国产 721 型分光光度计是一种典型的通用型单光束分光光度计，其组成结构如图 2.14 所示，由光源发射出的复合光经单色器后得到选定波长的单色光，通过拉动样品池架拉杆，使单色光轮流通过参比池和样品池，从而完成对待测溶液吸光度的测定。国产 722 型、721A 型等仪器的组成结构与 721 型类似，最大的特点是采用数字显示器取代了微安表头。

7230 型分光光度计作了进一步改进，它采用了溴钨灯作为光源，用平面光栅作为色散元件，用单板机进行条件控制和数据处理，配有 0.5～10 cm 的比色皿，能进行暗电流和亮电流的自调，可定时测量、定时打印，用硅光电池作为光电转换元件，波长范围为 330～900 nm，读数装置为数字显示器等，其性能更加优越。我国还生产了多款带有微机的分光光度计，它们在测量精度、稳定性、波长范围、条件选择和数据处理等方面都有长足的进步。

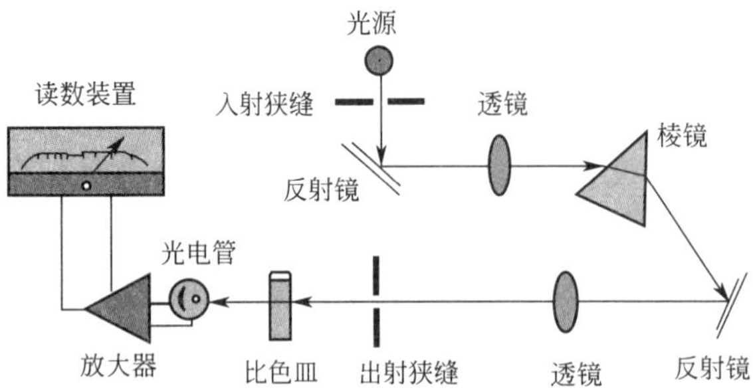

图 2.14　721 型分光光度计结构示意图

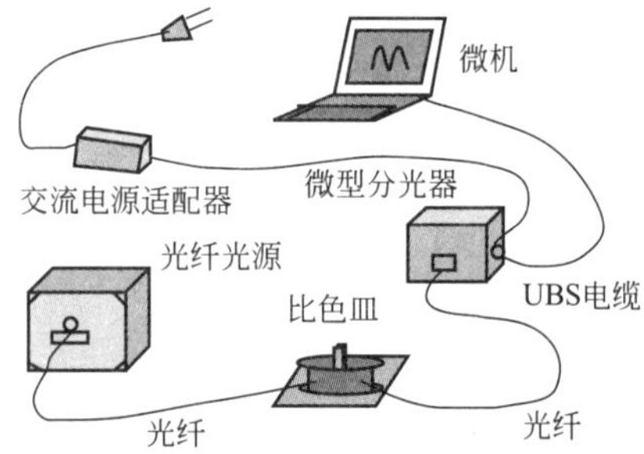

图 2.15　光纤分光光度计示意图

② 光纤分光光度计　结构见图 2.15，光源提供的复合光由光纤传输至装有试液的比色皿，透过光由另一根光纤输送至微型分光器，经过其中的入射狭缝、准直凹面镜、衍射光栅、聚焦凹面镜后，形成按波长顺序排列的光谱，并照射位于焦面上的光电二极管阵列检测器，进行光电转换，由微机控制测量条件和处理吸收信号，交流电源适配器为仪器提供适当的工作电压。

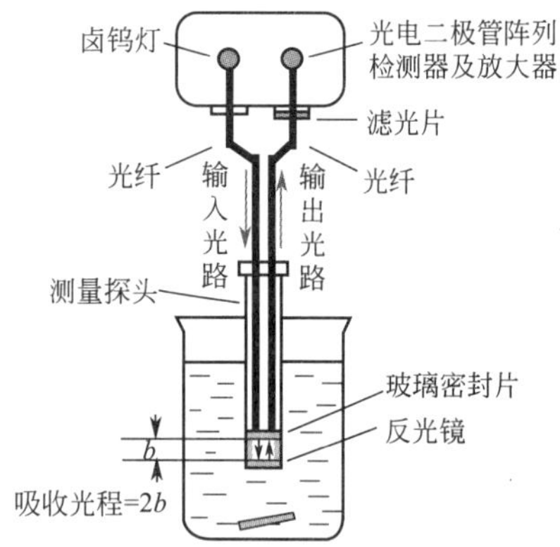

图 2.16　光纤探头式光度计示意图

③ 光纤探头式光度计　如图 2.16 所示，卤钨灯发射出的复合光由输入光路光纤输送到测量探头的下端，穿过玻璃密封片、进入待测溶液；然后由反光镜向上反射，再次经过溶液，穿过玻璃密封片，进入输出光路光纤，并被输送至干涉滤光片，滤过光由光电二极管转变为电信号，再被放大、显示。探头在溶液中的吸收光程可在 0.1～10 cm 内调节。该仪器操作简便，可直接将探头插入待测溶液中进行原位测定，而不受外界光线的干扰。

上述仪器都是单光束分光光度计，即从光源开始到检测器为止只有一条光路，如图 2.17(a) 所示。

2.4.2.2　双光束分光光度计

双光束分光光度计的基本光路见图 2.17(b)，其光源发射出的复合光经单色器后得到选定波长的单色光，由斩波器将其转变成两束交替出现的强度相等的单色光，分别通过参比池和样品池，再经另一斩波器后，先后交替进入检测器检测，最后由读数装置显示两束光产生的吸光度之差或透光率之差。双光束分光光度计的稳定性和其他综合性能比单光束型的要好得多，但其价格为后者的 10～20 倍。

2.4.2.3　双波长分光光度计

图 2.17(c) 为双波长分光光度计的基本光路示意图，由光源发射出的复合光被分成强度相等的两束光，分别经过两个光栅式单色器后，得到波长分别为 λ_1 和 λ_2 的两束单色光。借助于旋转的斩波器的调制，两束光以一定的时间间隔交替照射装有试液的吸收池，透过光经检测器的光电转换及电子放大和控制系统的工作，在液晶或 LED 显示屏上显示出试液在波长 λ_1 和 λ_2 处的透光率差 ΔT 或吸光度差 ΔA。双波长分光光度计的结构最复杂，性能最

佳，但价格也最高。

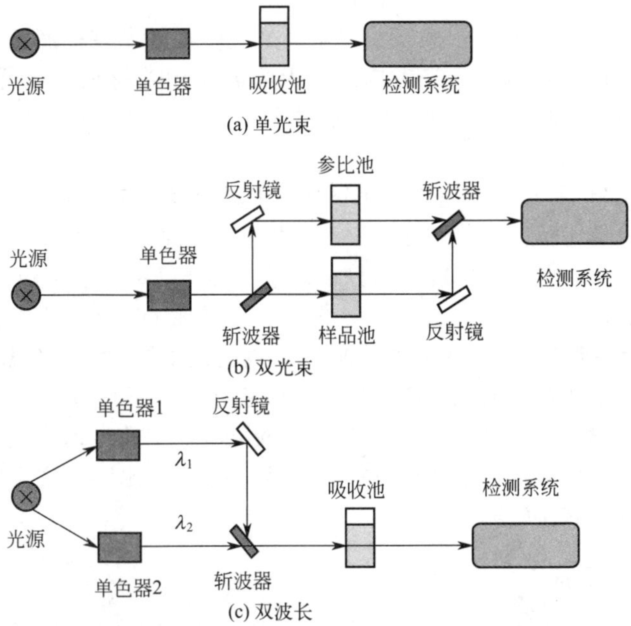

图 2.17　单光束、双光束、双波长分光光度计基本光路的比较

2.5　分析方法的建立

紫外-可见分光光度法中的可见分光光度法是建立在比色分析基础上的，它的前提是试液具有可见的颜色。然而在实际工作中，除了少数待测组分本身有鲜明的颜色外，绝大部分待测组分是无色的或在低浓度下几乎不显颜色。这时如果要用可见分光光度法来分析，就必须首先将待测组分转变为有色化合物，然后再进行测定。将待测组分转变为有色化合物的反应叫显色反应。能与待测组分生成有色化合物的试剂叫显色剂。

为了获得准确度高、重现性好的分析结果，在对样品进行分析测定前必须建立可靠的分析方法，包括选择适宜的显色反应和显色条件，采取恰当的方法处理样品和消除干扰，选择最佳入射光波长，选择适当的参比溶液，确定吸光度的读数范围，确定方法的精密度、准确度和检出限等。

2.5.1　显色反应的选择

常见的显色反应主要有氧化还原反应、配合反应、缩合反应、重氮化偶合反应等。同一种待测组分往往能与多种显色剂反应生成不同显色物。通常应优先选择灵敏度高、选择性好、干扰小、显色快、稳定性好的显色反应。

① 显色反应的灵敏度　由于摩尔吸光系数（ε）反映了单位吸收光程下、单位浓度的显色物吸光能力的大小，因此它是衡量显色反应灵敏度高低的重要标志。ε 愈大，显色反应就愈灵敏，能测定的待测组分的浓度下限就愈低。一般要求显色物的 ε 为 $10^3 \sim 10^5\ L \cdot mol^{-1} \cdot cm^{-1}$，当 $\varepsilon > 10^4\ L \cdot mol^{-1} \cdot cm^{-1}$时，该显色反应的灵敏度就比较高了。

② 显色反应的选择性　如果显色剂除了能使待测组分显色外，还能使样品中的其他共存组分显色，这样就会干扰待测组分的测定。因此应优先选用选择性好的显色反应，此时所

用的显色剂最好只与待测组分或少数几种其他组分发生显色反应。若共存组分明显干扰显色，就必须设法消除干扰，或另选干扰很小的显色反应。

③ 显色剂无干扰吸收　很多显色剂自身就有颜色，如果条件控制不当，就会干扰测定。显色剂和显色物的颜色差别越大，二者的最大吸收波长相差越远，显色剂的干扰吸收就越小，测定结果就越准确。两种有色物质最大吸收波长之差叫“对比度”，通常要求显色剂与显色物的对比度 $\Delta\lambda \geqslant 60$ nm。

④ 显色反应的稳定性　可见吸光光度分析要求显色反应具有较高的稳定性，即待测组分能通过显色反应定量地转化为组成恒定、化学性质稳定的显色物，在测量过程中它的吸光度值才能保持不变，从而得到精确度高的分析结果。怎样确定显色反应的稳定性呢？可配制一个待测组分的溶液，使其发生显色反应，然后在不同时间（t）测定其吸光度（A），作 A-t 关系曲线（稳定性曲线），若 A 达最大值后曲线变化平缓，则显色反应的稳定性好；反之，则稳定性差。稳定性差的显色反应很难用于比色分析。

⑤ 显色反应的速度　在比色分析中，显色快的反应能在数秒内完成，形成最大吸光度；而另一些反应的显色过程却长达十分钟以上。通常，速度快的显色反应更有利于比色分析，但是显色快、褪色也快的反应除外。

2.5.2 显色条件的选择

显色反应会受到许多因素的影响，比如显色剂用量、溶液 pH 值、各种试剂（如氧化剂、还原剂、干扰抑制剂等）用量、反应温度、反应时间、干扰情况等，这些因素可能影响显色物颜色的深浅和稳定。因此，要获得可靠的测定结果，就必须了解影响显色反应的因素，然后通过实验来选择最佳的显色条件。

2.5.2.1 显色剂用量

待测组分 M 与显色剂 R 反应生成显色物可简单地表示为：

$$M + R \rightleftharpoons MR$$

可以看出，增加 R 的用量，有利于 MR 的生成。但是 R 本身也会产生一定吸收，其用量太大会增大测定的空白值，也可能引发一些干扰反应；同时过量的显色剂也会增加分析成本。

可以用实验来确定显色剂用量：固定待测组分浓度和其他实验条件，取用不同量的显色剂，分别显色并测定其吸光度，绘制吸光度 A 与显色剂用量 c_R（或 V_R）关系曲线（见图 2.18），然后选择曲线平坦部分所对应的显色剂用量为最佳用量。

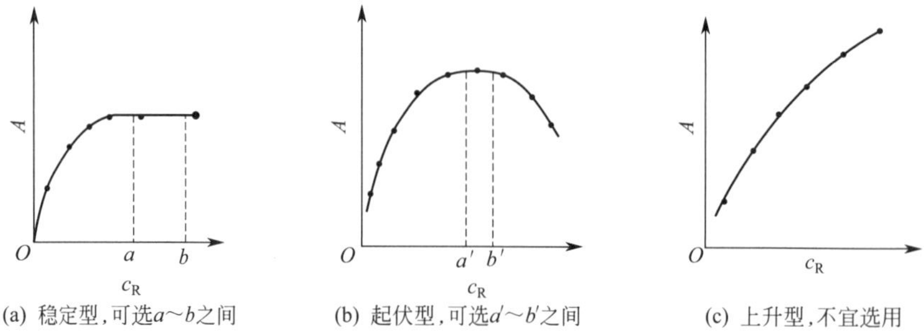

(a) 稳定型，可选 $a \sim b$ 之间　(b) 起伏型，可选 $a' \sim b'$ 之间　(c) 上升型，不宜选用

图 2.18　吸光度与显色剂用量关系曲线

2.5.2.2 溶液 pH 值

溶液 pH 值是包括显色反应在内的许多化学反应的重要条件之一，它既能影响显色剂的

浓度和颜色，也能影响待测离子的存在状态，还会影响某些显色物的组成。

很多显色剂属于有机弱酸，在溶液中有如下的离解平衡：

$$HR \rightleftharpoons H^+ + R^-$$

它的酸式(HR) 和碱式(R^-) 通常有不同的颜色，当溶液 pH 值改变时，酸式和碱式的平衡浓度要随之改变，引起溶液颜色的变化，从而影响测定结果；同时，其碱式常常是与待测组分配合的形式，碱式浓度的大小也会影响显色物的生成。

溶液 pH 值也会影响待测金属离子的存在状态。当 pH 值很低时，大部分金属元素以离子态存在；随着 pH 值升高，金属离子开始逐渐转化为其羟基配离子、碱式盐直至氢氧化物沉淀。显然，这些水解反应不利于显色反应的进行。

对于一些逐级配合的显色反应，在不同 pH 值条件下其配合比不同，生成物的颜色也不同。这时必须精确控制溶液酸度，才可能获得准确的分析结果。

怎样确定显色反应的 pH 值条件呢？可配制一系列待测组分浓度、显色剂用量和其他实验条件固定而只改变 pH 值的溶液，分别显色后测得其对应的吸光度，然后作如图 2.19 所示的 A-pH 值关系曲线，选择曲线中较平坦部分（$a \sim b$）所对应的 pH 值作为显色反应的酸度范围。在实际工作中，通常是加入适当的缓冲溶液来使待测溶液保持在适宜的 pH 值条件下。

2.5.2.3 显色时间

各种显色反应的反应速率各有不同，其产物的稳定性也可能不同，因此应选取一个适当的显色时间，使测得的吸光度值稳定可靠。通常是取一待测组分溶液，在确定的显色条件下显色，测定显色物在某波长下的吸光度（A）随时间（t）变化的曲线（见图 2.20)，选择曲线平坦部分（$a \sim b$）所对应的时间作为显色时间。

2.5.2.4 显色温度

显色反应最好能在室温下显色测定，但有些显色反应在室温下进行缓慢，需要加热才能加快显色反应速率。此外，某些显色反应产物在加热条件下会分解。因此，对于需要加热完成的显色反应，一般通过实验来选择显色反应的适宜温度。具体做法是：固定其他显色条件不变，仅仅改变显色温度，作不同温度下的 A-t 关系曲线，如图 2.21 所示。选择显色较快、褪色较慢且吸光度较大的那条曲线所对应的温度作为显色反应的最佳温度。

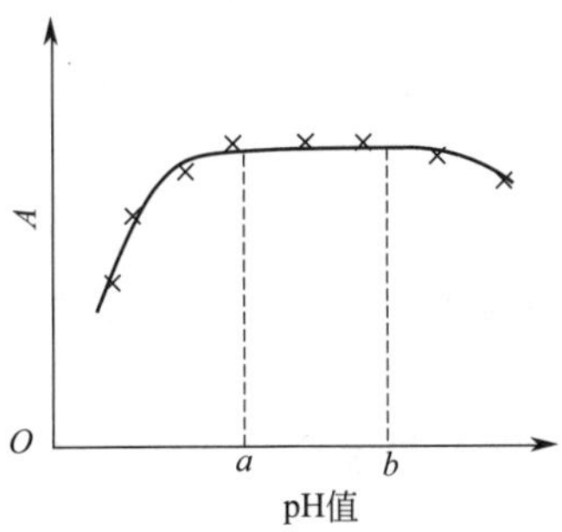

图 2.19　A-pH 值关系曲线

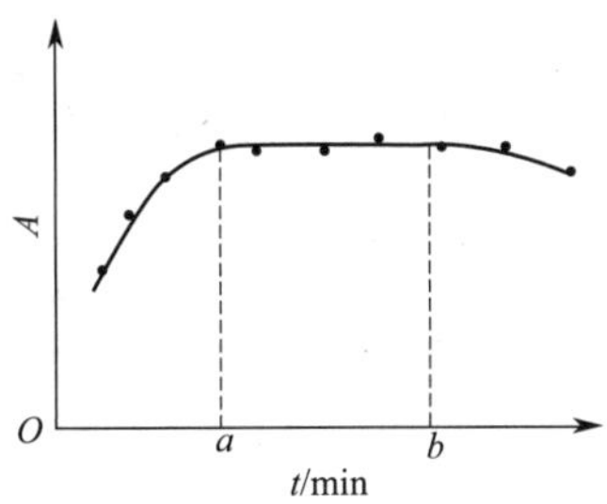

图 2.20　A-t 关系曲线

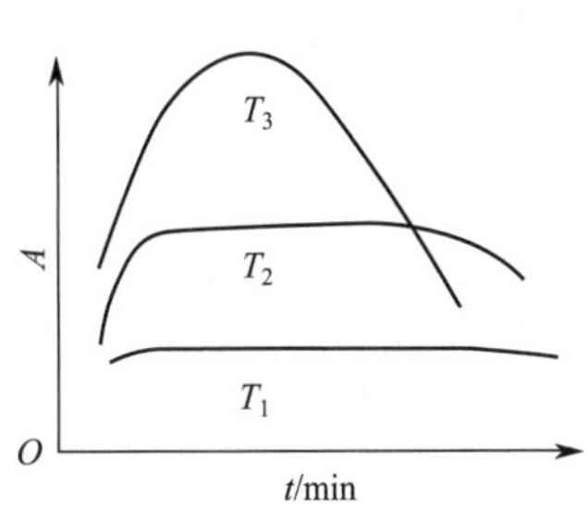

图 2.21　不同温度下的 A-t 关系曲线

温度 $T_3 > T_2 > T_1$

2.5.2.5 溶剂

改变溶剂的成分，有时会改善显色效果。因为加入不同极性的溶剂后，将改变显色剂和显色物的溶解性，影响它们在溶液中的离解平衡，从而导致显色时间、颜色等的变化。例如，在 $Fe(SCN)_3$ 溶液中加入丙酮后，其颜色会明显加深；用偶氮氯膦Ⅲ测定 Ca^{2+}，加入乙醇可使吸光度显著增加；用氯代磺酚测定水溶液中的铌，显色时间长达数小时，但加入丙酮后则可使显色时间缩短至 30 min。

此外，在选择显色条件时，其他试剂的加入量、试剂的加入顺序、干扰的抑制等也应该予以考虑。

2.5.2.6 选择最佳条件的方法

① 孤立变量法　上述选择最佳条件的方法叫“单因素变动法”或“孤立变量法”。它是在影响试验结果的各种因素中，先改变某一种因素（即对该因素确定几个不同的水平），而固定其余因素不变（即对其余因素只确定一个水平），进行试验，得到结果，从中选出该因素的适宜条件；然后改变第二种因素，同时固定已选好的上一因素和其余因素的水平，进行试验，得到结果，又从中选出第二种因素的适宜条件；以此类推，依次求出各种因素的适宜条件，作为方法的总的适宜条件。这种方式比较简单，然而当因素之间存在着交互效应时，即某些因素对结果的影响与另一些因素的水平高低有关时，这种方式选出的适宜条件就不一定是最佳条件。要得到最佳条件就必须大大增加试验的次数。

② 正交试验法　在多因素试验中，要想得到真正的最佳条件，必须进行各种因素的每一种水平的全面搭配的试验，并综合分析试验结果。但是这样做要消耗大量人力、物力和时间。例如，对于 4 因素 3 水平的试验，要做 $3^4=81$ 次；而对于 8 因素 7 水平的试验，则要做 $7^8=5764801$ 次，才能获得全面的信息，这显然是不现实的。怎样合理地设计试验，既能尽量减少试验次数，又能最大限度地获得有用的信息，找出最佳的试验条件呢?

正交试验是解决此问题的科学方法之一。它在试验前借助于正交表来合理地设计试验方案，在试验后经过简单的运算，对试验结果进行正确的分析，就能凭借较少的试验分清诸多因素在某一事项中的主次作用和水平的优劣，从而找出最佳条件，然后由实践检验和确定。若运用正交试验法，在上述二例中，只需分别做 9 次和 49 次试验即可。

正交表是由数学家制定的一种规格化的表，是在处理多因素试验时，利用“均衡分散”和“整齐可比”两条正交性原理，将合理搭配的多种因素及其水平列成的表。根据初步的单因素变动试验的结果，来确定正交试验的因素和水平，从有关数理统计的书籍中直接查找和应用相关的正交试验表，设计出具体的试验方案，这样就能从大量试验点中选取少数代表性强的点，用尽可能少的试验次数，获取尽可能多而全面的有用信息。

2.5.3 显色剂

显色剂种类繁多，但可分为无机显色剂和有机显色剂两大类。

2.5.3.1 无机显色剂

大多数无机显色剂的显色灵敏度和选择性不太高，生成的显色物不太稳定，所以应用不多。目前仍在应用的主要有硫氰酸盐（如 KSCN），可测定 Fe(Ⅲ)、Mo(Ⅴ)、W(Ⅴ)、Nb(Ⅴ)、Re(Ⅴ) 等；钼酸铵 $(NH_4)_2MoO_4$，可测定 Si(Ⅳ)、P(Ⅴ)、V(Ⅴ)、W(Ⅴ,Ⅵ) 等；过氧化氢 (H_2O_2)，可测定 Ti(Ⅳ)、V(Ⅴ)、Nb(Ⅴ) 等。

2.5.3.2 有机显色剂

有机显色剂应用广泛，种类很多，一般都属于螯合剂。其生成的显色物稳定性好、颜色深，显色灵敏度高，选择性较好，特别适宜于萃取分光光度法。

金属离子与有机显色剂发生配合反应时，二者之间形成了新的共价键或配位键，使分子的电子能级发生变化，体系能量降低，吸收峰红移，并引起溶液颜色的改变。例如在 pH＝3～9 的条件下，邻菲罗啉（即 1,10-邻二氮杂菲）与 Fe^{2+} 反应后，生成了橙红色的配合物：

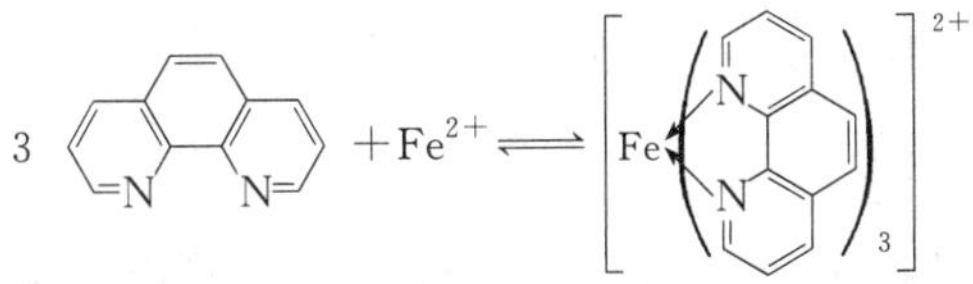

邻菲罗啉　　　　邻菲罗啉铁
（无色）　　　　（橙红色）

有机显色剂种类繁多，下面简单介绍几类常用显色剂。

（1）偶氮类显色剂

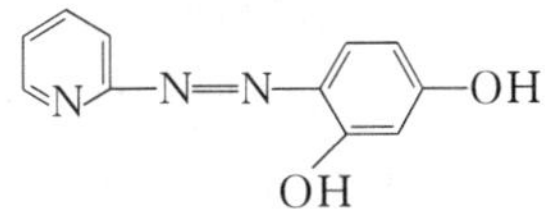

（PAR）

这类显色剂的特点是其分子中一定含有偶氮基（—N═N—），且偶氮基两端均连有芳环，芳环上还有易与金属离子配位的取代基。比如，显色剂 4-(2-吡啶偶氮)间苯二酚（即 PAR）的结构如右所示，当 pH<7 时它能与 Ag、Hg、Ga、U、Nb、V、Sb 等多种金属元素的离子反应，生成 1∶1 或 1∶2 的红色或紫红色螯合物：

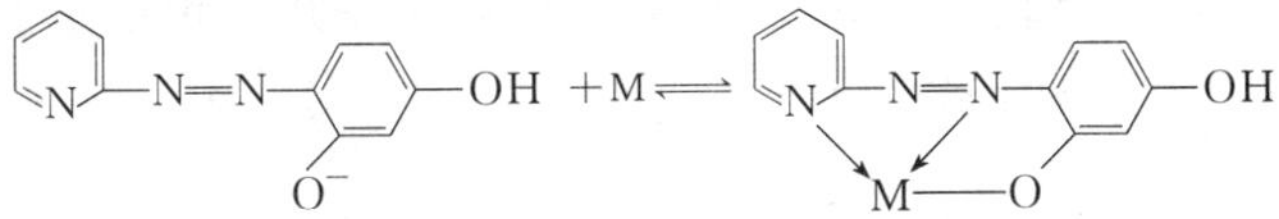

（PAR）

（2）三苯甲烷类显色剂

这类显色剂分子中都含有三苯甲烷的主结构。例如，能与多种金属离子生成有色配合物的铬天青 S 和结晶紫的结构如下所示。孔雀绿、甲基紫、灿烂绿、罗丹明 B 等也都属于三苯甲烷类显色剂。

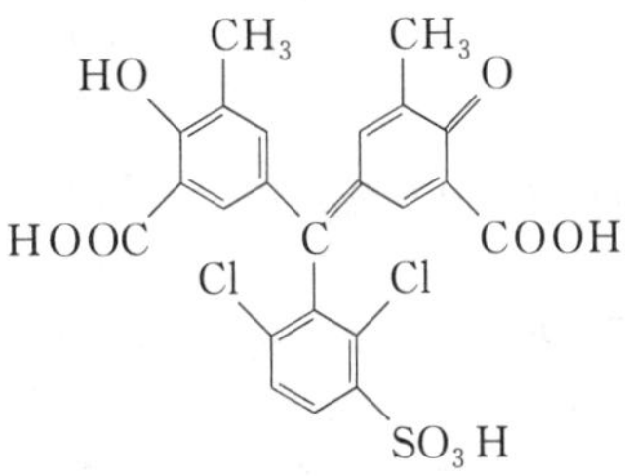

（铬天青 S）

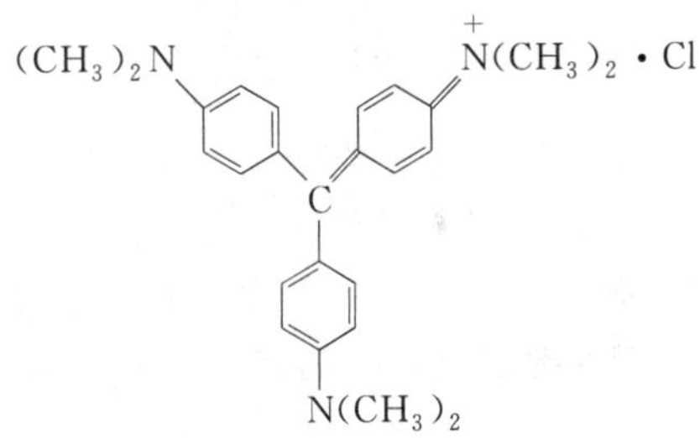

（结晶紫）

（3）含硫显色剂

双硫腙和二硫代乙酰胺的结构式如下，它们是典型的含硫显色剂。

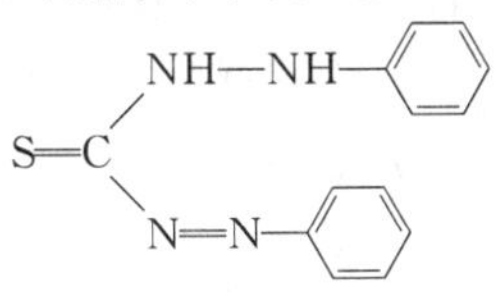

（双硫腙）

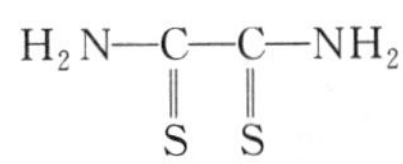

（二硫代乙酰胺）

前者常用于测定 Cu^{2+}、Pb^{2+}、Hg^{2+}、Cd^{2+}、Zn^{2+} 等，后者可与二价铜生成墨绿色的配合物。此外铜试剂、二硫酚、硫脲等都属于含硫显色剂。

（4）NN 型螯合显色剂

此类显色剂中有常用于测 Ni^{4+} 等的丁二酮肟和测 Fe^{2+} 等的邻菲罗啉，它们的结构式如下：

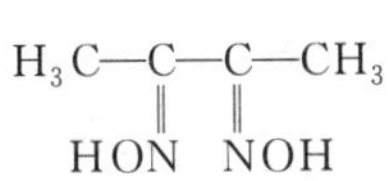

（丁二酮肟）

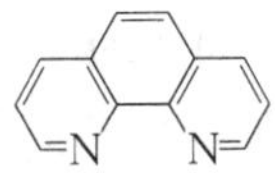

（邻菲罗啉）

除了以上几类显色剂外，还有多种其他类型的显色剂可供选用。发展高灵敏度和高选择性的显色剂，是当前分光光度分析中十分活跃的研究领域之一。

2.5.4 共存组分干扰的消除

可见分光光度法中的干扰主要来自共存组分，其表现形式为：①共存组分本身有色；②共存组分能与显色剂生成有色化合物；③共存组分能与显色剂生成无色化合物；④共存组分能与待测组分生成无色化合物。前两种情况会导致吸光度增大，产生正误差；后两种情况会引起吸光度减小，产生负误差。可针对不同情况采取下列消除干扰的措施。

① 控制反应条件　通过控制显色反应的条件，能使待测组分显色而干扰组分不显色，从而消除干扰。比如用双硫腙测 Hg^{2+} 时，Co^{2+}、Cu^{2+}、Zn^{2+}、Sn^{2+}、Pb^{2+}、Bi^{3+} 等离子均能显色而干扰测定，但若在 $0.5\ mol\cdot L^{-1}\ H_2SO_4$ 介质中测定，则上述离子都不与显色剂作用。

② 掩蔽　加入掩蔽剂使干扰组分转化为无色的产物或不参与显色的产物，是消除干扰的常用方法。例如，用丁二酮肟测镍时，可以用柠檬酸掩蔽干扰离子 Fe^{3+}；用 KSCN 测 Mo(Ⅳ) 时，先加入 $SnCl_2$ 将干扰离子 Fe^{3+} 还原成 Fe^{2+} 后，将不再与 KSCN 显色而干扰测定。

③ 分离　这是常用的消除干扰的有效方法，包括萃取、沉淀、离子交换、色谱分离等。这些方法既能消除干扰，又能富集待测组分，提高分析灵敏度。比如，在痕量分析中常常采用萃取分光光度法，它在水相中使待测组分显色，然后加入少量适当的有机溶剂，将显色物萃取于有机相中测定，可使干扰大大减小，灵敏度显著提高。

此外，选取适当的入射光波长，选用恰当的参比溶液，也能够消除某些干扰。

2.5.5 光度测量条件的选择

事实上，可见分光光度法主要涉及待测组分的显色和显色物的测定两个方面的问题，第一个问题包括上述的显色剂、显色反应、显色条件等的优选；第二个问题涉及选择适当的入射光波长、参比溶液、吸光度读数范围等，这些光度测量条件也会直接影响分析结果。

2.5.5.1 入射光波长的选择

吸收曲线是选择入射光波长的依据。在无干扰组分吸收的前提条件下，为了提高分析的灵敏度和准确度，通常选择最大吸收波长（λ_{max}）为测定的入射光波长。若干扰组分在待测组分的 λ_{max} 处有明显吸收时，则可在吸收曲线上另选干扰组分吸收很弱而待测组分吸收较强的波长为测定波长，同时该波长也最好选在吸收曲线比较平坦的部位。当 λ_{max} 处的吸收峰比较尖锐时，则在满足分析灵敏度的前提条件下，一般选择吸收峰稍低，峰形比较平坦的次强峰或肩峰所对应的波长进行测定，以避免偏离比尔定律。

2.5.5.2 参比溶液的选择

在实际测定中，除了待测组分产生吸收（A_x）外，还有光的反射、散射和非待测组分（包括溶剂）产生的干扰吸收（$A_{干扰}$），如图 2.22 所示。根据吸光度的加合性，样品的吸光度 $A_{样品}=A_x+A_{干扰}$。如果不扣除干扰吸收的影响，所测得的吸光度值就不能反映出待测组分的真实浓度。怎样使所测得的吸光度仅仅与溶液中待测组分的浓度有关呢？这就需要选择适当的参比溶液。选择参比溶液的原则是：让参比溶液与待测试液具有相同的干扰因素，以使试液的吸光度值尽可能真实地反映出待测组分的浓度。

参比溶液的使用，依据仪器类型不同稍有差异。对于单光路仪器，可先将参比溶液置于光路中，调节仪器透光率为 100%（或吸光度为零），此时相当于已扣除干扰吸收；然后拉动拉杆，再将样品溶液置于光路中，此时吸光度读数即为待测组分的吸光度 A_x（图 2.23）。

对于双光路仪器，可以将两个装有参比溶液的比色皿，一个置于参比光路中，另一个置于测定光路中，然后进行“调零”（吸光度测定时为“调零”，光谱扫描时为“基线调零”）操作，完成后将测定光路中的参比溶液取出（参比光路的溶液保留），再将装有样品的溶液置于测定光路中，此时的吸光度读数即为待测组分的吸光度值 A_x。

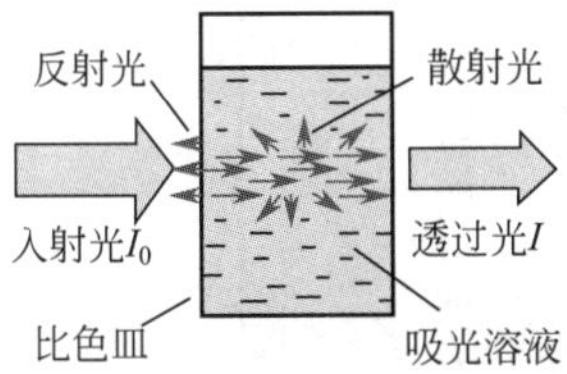

图 2.22　光通过比色皿中溶液示意图

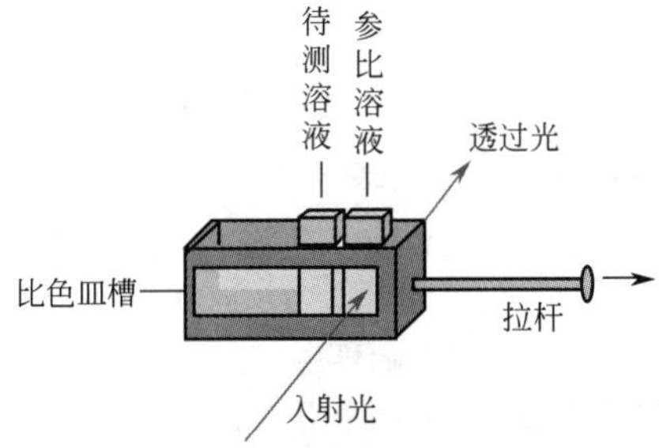

图 2.23　参比溶液的调零作用

在实际工作中，需视具体情况选择合适的参比溶液来消除干扰，具体做法如下：

① 溶剂参比　当样品组成较简单，待测试液、显色剂和其他试剂在测定波长处无明显吸收时，可选用纯溶剂作参比溶液。

② 试剂参比　若显色剂和其他试剂在测定波长处有吸收，此时可在溶剂中加入与样品溶液中相同含量的显色剂和其他试剂作为参比溶液，这种参比溶液叫作试剂参比，又称“空白溶液”。

③ 样品参比　若样品溶液组分较复杂，样品中其他共存离子在测定波长下有吸收但与显色剂不发生显色反应，且显色剂和其他试剂在测定波长处无明显吸收，这时可按与显色反应相同的条件处理样品，用不加显色剂的试液作为参比溶液。

④ 平行操作参比　当样品溶液、显色剂和其他试剂在测定波长处有吸收，可先用掩蔽剂将样品中的待测组分掩蔽，然后再加入显色剂和其他试剂，并以此溶液作为参比溶液。

2.5.5.3　吸光度读数范围的选择

在分光光度法中，测量数值读测的不准确也是误差的主要来源。如图 2.24 所示，分光光度计通常有透光率 T 和吸光度 A 两种读数，其中 $T=I/I_0$，为均匀刻度，而 A 与 T 呈负对数关系，故 A 为高端密、低端疏的非均匀刻度。当用仪器对透光率 T 进行测量时，会产生一定的读测误差 ΔT；由于 A 的刻度的非均匀性，同样的 ΔT 在标尺的不同位置所引起的吸光度的读测误差 ΔA 是各不相同的；由于 A 与浓度 c 成正比，因此同样的读测误差 ΔT 在标尺的不同位置所引起的浓度测定的绝对误差 Δc 和相对误差 $\Delta c/c$ 也是各不相同的。欲减小由读测误差所引起的浓度测定的相对误差，就应该找出在标尺的不同位置读测 T、A 而引起的浓度测定的相对误差的变化规律。

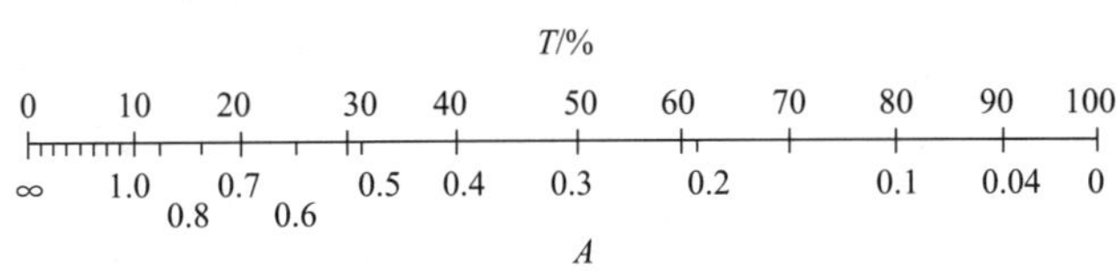

图 2.24　分光光度计的刻度标尺

设溶液服从朗伯-比尔定律，即有 $-\lg T=\varepsilon bc$，将此式微分得：$-\mathrm{d}\lg T=\varepsilon b\mathrm{d}c$

$$-\mathrm{d}\lg T=-0.434\mathrm{d}\ln T=\frac{-0.434}{T}\mathrm{d}T \quad 故 \quad -0.434\mathrm{d}T/T=\varepsilon b\mathrm{d}c$$

后式比前式得：

$$\frac{\mathrm{d}c}{c}=\frac{0.434}{T\lg T}\mathrm{d}T \tag{2.14}$$

以有限值的增量形式表示为：

$$\frac{\Delta c}{c}=\frac{0.434\Delta T}{T\lg T} \tag{2.15}$$

式中，$\Delta c/c$ 为浓度测定的相对误差；ΔT 为用透光率表示的读测误差，为±0.2%～±1%。

若透光率的读测误差 $\Delta T=0.5\%$，取不同的 T 值代入式(2.15) 中，计算出对应的 $\Delta c/c$，然后作 $\Delta c/c$-T 关系曲线，如图 2.25 所示。从图中可知，浓度测定的相对误差与透光率的读数范围有关，当透光率 T 为 10%～70%时，即吸光度为 1.0～0.15 时，$\Delta c/c$ 比较小，为 1.4%～2.2%。要使浓度测定的相对误差 $\Delta c/c$ 最小，应令式(2.14) 的导数为零，可求出 $T=0.368$ 或 $A=0.434$。当测量的吸光度过高或过低时，产生的 $\Delta c/c$ 都会很大，因而普通分光光度法不适用于高含量或极低含量物质的测定。在测量时应根据仪器型号选择适宜的读数范围。各种型号仪器的适宜读数范围略有差别，比如 72 型的吸光度读数范围为 0.1～0.65，721 型为 0.1～0.8。

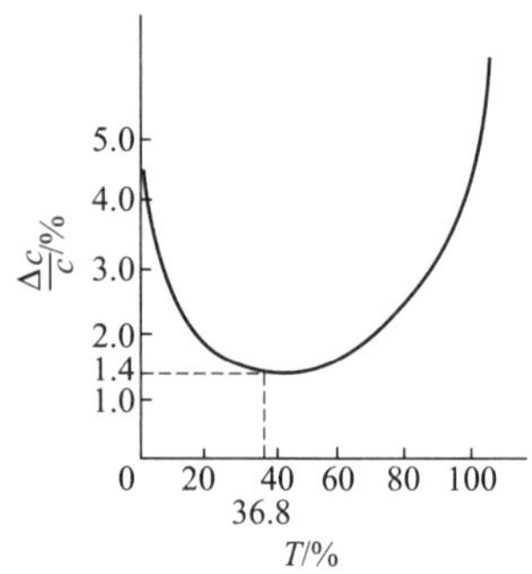

图 2.25　$\Delta c/c$-T 关系曲线

采取改变比色皿厚度或改变试液浓度的办法，可以满足读数范围的要求。

2.6　紫外-可见分光光度法的应用

紫外-可见分光光度法主要应用于物质的定性和定量分析，也可用于研究化学平衡及确定配合物的组成等。

2.6.1　定性分析

因无机化合物的定性分析比较复杂，包括元素分析、组成分析、形态分析及价态分析等，紫外-可见分光光度在这些方面的应用并不见长。在有机化合物的定性分析中，由于紫外吸收光谱谱带稀少，谱图通常比较简单，特征性不强，使该方法的应用受到一定限制。该方法主要用于含有杂原子、共轭体系以及苯环的有机化合物的定性分析和骨架结构推断。

2.6.1.1　定性分析方法

紫外-可见分光光度法定性分析的方法主要有下列两种：①吸收光谱比较法，即将未知物的 UV 谱图与标准谱图进行比较，若两者数据或谱图相同，则表明未知物与标准样品可能是同一物质，或二者的分子具有相同的共轭体系骨架。②计算值与实测值比较法，即利用经验规则，计算最大吸收波长或摩尔吸光系数，然后与实测值相比较。

2.6.1.2　定性分析的一般程序

利用紫外-可见分光光度法进行有机化合物定性分析的主要依据是化合物的吸收光谱特征，如吸收曲线的形状、吸收峰的数目、吸收峰的位置（最大吸收波长）和吸收峰的强度（摩尔吸光系数）等。其中，吸收峰的位置和强度是有机化合物定性鉴定的主要参数。

定性鉴定的一般程序如下：

① 将试样尽可能提纯，以除去干扰杂质。

② 选择适当的测试条件，获取试样的吸收光谱图，基于其吸收光谱特征，依据下面的一般规律进行初步推断，缩小范围。

a. 若在 200 nm 以上无吸收峰，则可能为饱和烷烃 R 及其衍生物（饱和）、孤立烯烃等；若在 220～280 nm 无吸收，可推断化合物不含苯环、共轭双键、醛基、羰基、溴和碘等基团（饱和脂肪族溴化物在 200～210 nm 有吸收）。

b. 若在 210～250 nm 内有强吸收带（$\varepsilon \geqslant 10^4$ $L \cdot mol^{-1} \cdot cm^{-1}$），则该化合物可能含有 2 个共轭双键；若在 260～350 nm 内有强吸收带，则含有 3～4 个共轭双键。

c. 若在 270～350 nm 内有弱吸收带（$\varepsilon < 100$ $L \cdot mol^{-1} \cdot cm^{-1}$），且在 200 nm 以上再无其他吸收峰，则该化合物具有能产生 n-π^* 跃迁的孤立双键，如 C ═O、C ═C—O—、C ═C—N 等。

d. 若在 200～250 nm 内有强吸收带（$\varepsilon = 10^3 \sim 10^4$ $L \cdot mol^{-1} \cdot cm^{-1}$），在 250 nm 以上有一中等强度的吸收带（$\varepsilon = 10^2 \sim 10^3$ $L \cdot mol^{-1} \cdot cm^{-1}$），且具有振动精细结构，则该化合物具有芳香结构。

e. 若谱图中出现多处吸收峰，有的峰甚至出现在可见光区，则该化合物可能具有长链共轭体系或多环芳香体系。

③ 将试样与标准物质的吸收光谱图进行比较。当浓度和溶剂相同时，若它们的吸收光谱特征等同（包括吸收曲线形状、吸收峰数目、最大吸收波长和摩尔吸光系数等），则可以认为它们是同一种化合物。如果为了进一步确证，还可更换一种溶剂进行测定再比较。此外，也可借助萨特勒（Sadtler）标准图谱库或电子光谱数据等进行比较鉴定。

总之，由于紫外-可见吸收光谱能提供的信息通常有限，仅通过紫外-可见吸收光谱的数据来鉴定有机化合物的结构是比较困难的。但对于共轭体系、苯环或杂原子基团的识别，它又有独到之处。在实际应用中，紫外-可见吸收光谱通常作为一种辅助手段，与红外光谱、核磁共振波谱和质谱配合，取长补短，对有机化合物的结构最终做出正确的解析。例如，五元环酮和羧酸酯的红外特征吸收都在 1740 cm^{-1} 附近，但前者在 210 nm 以上有紫外吸收，从而可以轻易将二者区别开。

2.6.1.3 其他应用

（1）纯度检查

如果样品和杂质的紫外吸收带位置和强度不同，就可比较它们的紫外吸收光谱来判断样品是否被杂质污染。

（2）推测化合物的共轭体系结构

例如，α-紫罗兰酮在 228 nm（$\varepsilon = 1.4 \times 10^4$ $L \cdot mol^{-1} \cdot cm^{-1}$）处有吸收，$\beta$-紫罗兰酮在 296 nm（$\varepsilon = 1.1 \times 10^4$ $L \cdot mol^{-1} \cdot cm^{-1}$）处有吸收，通过经验公式的计算，可以确定下列结构式分别对应于哪种紫罗兰酮。

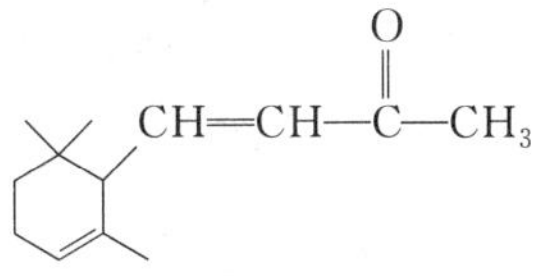

(A)

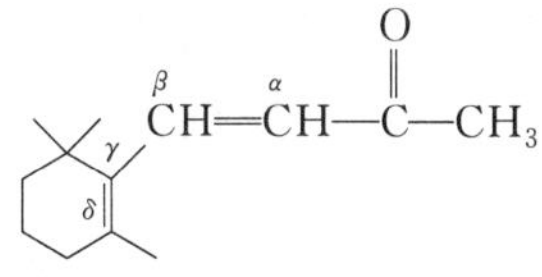

(B)

按照 α,β-不饱和酮的 λ_{max} 估算规则，(A)式 $\lambda_{max} = 215 + 12 = 227$ nm，(B)式 $\lambda_{max} = 215 + 30 + 3 \times 18 = 299$ nm。故 (A)式为 α-紫罗兰酮，(B)式为 β-紫罗兰酮。(B)式有扩展双键，故 λ_{max} 较 (A)式有显著红移；但由于 (B)式中环己烯上两个甲基的空间位阻，使侧链烯键难以与环烯完全共平面，减弱了共轭作用，故其吸收强度较 (A)式小。

(3) 确定化合物的构型或构象

① 顺反异构体的确定　由于空间位阻的影响，含烯共轭有机化合物的顺式(*cis*)异构体比反式(*trans*)异构体的 λ_{max} 和 ε_{max} 更小。因为顺式结构的取代基在烯键的同一侧，相互靠近，会产生空间位阻，影响了共轭双键的共平面性，降低了共轭程度，导致 λ_{max} 蓝移，ε_{max} 减小。例如：

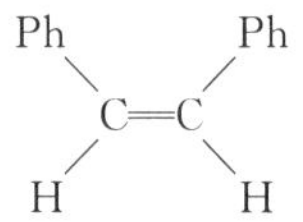

λ_{max} 280 nm(ε 1.05×10^4 $L\cdot mol^{-1}\cdot cm^{-1}$)

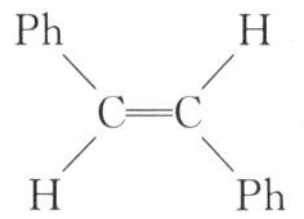

λ_{max} 295.6 nm (ε 2.9×10^4 $L\cdot mol^{-1}\cdot cm^{-1}$)

② 互变异构体的判别　例如，异亚丙基丙酮 (a) 有异构体 (b)：

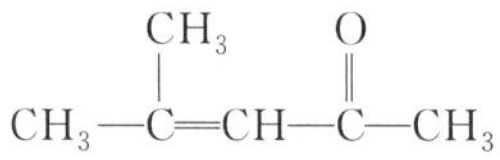

(a)

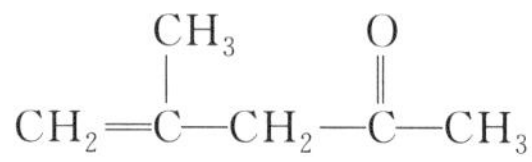

(b)

(a) 的羰基能与烯键形成 π-π 共轭，故在 235 nm 处有强吸收 (ε 1.2×10^4 $L\cdot mol^{-1}\cdot cm^{-1}$)，而 (b) 的烯键不能与羰基共轭，因此在 210 nm 以上无强吸收带，用紫外光谱能轻易地区分二者。

(4) 利用跨环效应研究非共轭分子

事实上，并非只有含 π-π 共轭体系的分子才能在近紫外区产生强吸收带，当分子中的两个非共轭基团（二生色团或生色团与杂原子助色团）位于某种适当的环状体系中时，它们的分子轨道间仍能相互作用，致使其吸收带和吸收强度改变，这种 π 电子在环中越位发生作用的现象叫跨环效应 (transannular effect)。例如二环庚二烯 (a) 分子中有两个非共轭 C═C，其谱图似乎应与仅有孤立双键的二环庚烯 (b) 相同，但事实上却相差甚远。这是由于 (a) 中两个双键平行，空间位置有利于相互作用，产生 π 式重叠的跨环效应，使吸收带红移、增色。

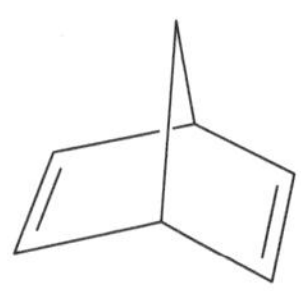

(a)　λ_{max}^{EtOH}/nm　205　214　220　230（肩峰）

ε_{max}　2100　1480　870　200

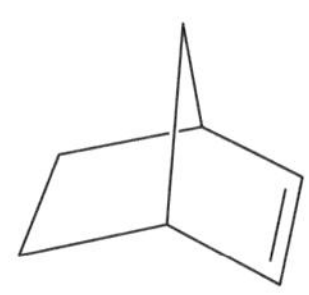

(b)　λ_{max}^{EtOH}/nm　197

ε_{max}　7600

如果非共轭羰基与乙烯基或 S、N 原子处于适当的环状化合物中，它们的 π 轨道或 n 轨道也可能相互重叠，产生跨环效应，出现类似于共轭体系的吸收带（但强度要弱一些）。

紫外-可见分光光度法还可以用来研究药物的分子结构和药物作用的机理，研究聚合反应的过程和机理，测定某些具有特殊官能团的聚合物的分子量及分子量分布，测定共聚物中某种单体的含量，等等。

2.6.2 定量分析

2.6.2.1 单组分定量分析方法

单组分是指样品溶液中只含有一种组分，或者在多组分样品溶液中待测组分的吸收峰与其他共存组分的吸收峰无重叠。其定量分析方法包括单点校正法、标准曲线法等。

（1）单点校正法

仪器分析通常采用相对测量的方法定量，即用待测组分的标准溶液与未知试样在相同条件下测定，然后比较其结果，从而得到未知试样中待测组分的含量。

只用一个标准溶液与未知试样进行比较的定量方法叫作单点校正法。可选取待测组分的最大吸收波长为入射光波长，若比色皿厚度为 b(cm)、标准溶液的浓度为 c_s 时，测得其吸光度为 A_s；在相同条件下，测得浓度为 c_x 的未知试样的吸光度为 A_x。根据朗伯-比尔定律，可得：

$$A_s=\varepsilon bc_s \qquad A_x=\varepsilon bc_x$$

二式相比得：

$$A_x/A_s=c_x/c_s \qquad c_x=c_sA_x/A_s$$

单点校正法不需要测量摩尔吸光系数，简单、快速，但只有测定的浓度在与吸光度成线性关系的范围内，并且 c_s 与 c_x 的浓度接近时，才能得到较为正确的结果，否则可能会产生较大的误差。

（2）标准曲线法

为了减少测定结果的误差，可采用多点校正的标准曲线法：首先根据未知试样的大致浓度范围和方法的线性范围，配制 3 个以上的浓度递增的待测组分的标准溶液，组成一个标准系列：

$$c_1, c_2, c_3, \cdots, c_n$$

分别在相同的条件下测量出其对应的吸光度：

$$A_1, A_2, A_3, \cdots, A_n$$

再以 A 为纵坐标、c 为横坐标作图（包括描点、配线），因 $A=abc$，故可配得一条通过原点的直线；各坐标点应大致均匀地分布于直线及其紧邻的上、下方，这条直线称为标准曲线，又称校正曲线或工作曲线，如图 2.26 所示。

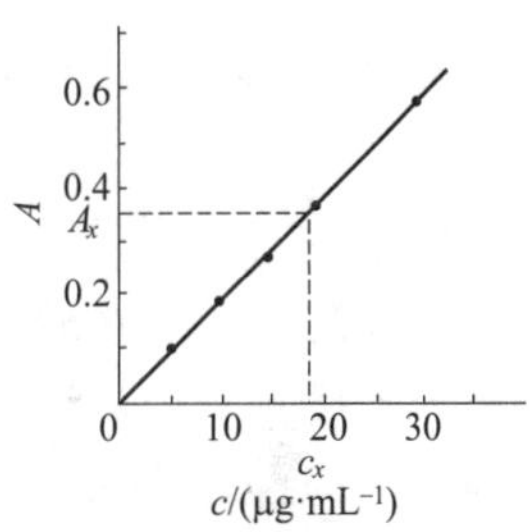

图 2.26 标准曲线

然后，在相同的实验条件下，测得未知试样的吸光度 A_x，从标准曲线上查出与 A_x 对应的待测组分的浓度 c_x。通常，该浓度还需进一步换算为原始样品的浓度。

由于标准曲线法采用了不同浓度的标准溶液进行多点校正，故能抵消测定中所产生的系统误差；同时，测定中的偶然误差也能在描点、配线时被部分抵消。因此，标准曲线法比单点校正法的准确度更高。

标准曲线以往大多采用坐标纸进行手工绘制，不可避免地会存在人为的主观误差；同时，从标准曲线上查找试样的浓度（或质量）时也会产生一定的估计误差；如果试样数量很多，逐一查对其浓度也比较麻烦。为了克服上述缺点，如今大多通过计算机软件如 Excel、Origin 等绘制标准曲线，并可利用软件内嵌的线性拟合程序（最小二乘法）获得标准曲线的一元线性回归方程，然后将试样的观测值代入回归方程，便可计算出试样中待测组分的含量。

标准曲线法适用于样品数量较多且浓度范围相对接近的情况，例如产品质量检验等。应用该方法需注意以下几点：①所配制标准溶液的浓度应在与吸光度成线性关系的范围内。②标准溶液应与试样溶液组成相近，测试条件相同。③配制 3 个以上不同浓度的标准溶液。④标准曲线应经常重复检查，当工作条件变化（如更换标准溶液、更换光源、仪器维修等）时，需要重新测绘标准曲线。

例 2-6 取 6 个 50 mL 的容量瓶，分别按照下表所列的体积加入浓度为 2.50 μg·mL^{-1} 的 Pb^{2+} 标准溶液，显色后用纯水稀释至刻度，用 2 cm 比色皿在其最大吸收波长处测得标准系列的吸光度见下表。

$V_{标液}$/mL	0.00	1.00	2.00	3.00	4.00	6.00
A	0.000	0.144	0.291	0.427	0.579	0.864

称取含 Pb 土样 0.507 g，处理后制成 100 mL 土样溶液，从中吸取 2.00 mL 置于第 7 个 50 mL 容量瓶中，显色定容后用同样的方法测得其吸光度 A_x=0.685，求土样中 Pb 的质量分数。

解：根据标准溶液浓度和体积，换算出每个容量瓶中 Pb 的质量，对应变量列表如下：

m_{Pb}/μg	0.00	2.50	5.00	7.50	10.00	15.00
A	0.000	0.144	0.291	0.427	0.579	0.864

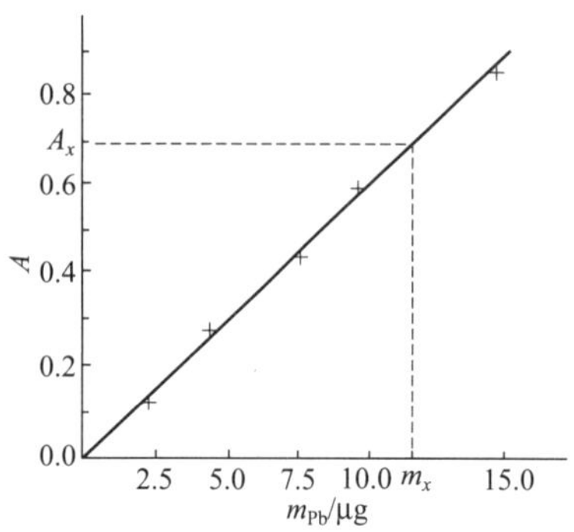

因为 $A=abc=abm/V$，而每瓶待测溶液的体积 V 相同，比色皿厚度 b 一致，故溶液吸光度与待测组分质量 m 成正比。用质量代替浓度作图，能使计算更为简便。利用上表的对应变量数据在直角坐标系中描点，然后兼顾各坐标点配线，得到如右的 A-m_{Pb} 关系曲线。

在 A 轴上确定 A_x=0.685 的位置，然后从标准曲线上查出 A_x

所对应的待测组分的质量：m_x=12.1 μg

此即为 2.00 mL 土样溶液中 Pb 的质量。

故 100 mL 土样溶液中 Pb 的质量为

$$12.1\times100/2.00=605(\mu g)=6.05\times10^{-4}(g)$$

土样中 Pb 的质量分数为

$$w_{Pb}=(m_{Pb}/m_{土})\times100\%=(6.05\times10^{-4}/0.507)\times100\%=0.119\%$$

2.6.2.2 多组分定量分析方法

如果溶液中存在着两个以上的待测组分，采用分光光度法可以不经分离分别选择适当的波长而直接对它们进行定量分析。当共存组分的吸收光谱互不干扰时［图 2.27(a)］，可以分别在它们各自的最大吸收波长处进行测定，然后利用朗伯-比尔定律计算出其浓度。当共存组分的吸收光谱有部分重叠［图 2.27(b)］或相互重叠［图 2.27(c)］时，可分别选取两个测定波长 λ_1 和 λ_2，在此两波长下，x 和 y 的吸光度差值应比较大。在 λ_1 处测得吸光度 A_1，在 λ_2 处测得吸光度 A_2，根据吸光度的加和性原理，可得二元一次联立方程组，计算出各组分的浓度。

$$\begin{cases}A_1=\varepsilon_{x1}bc_x\\A_2=\varepsilon_{x2}bc_x+\varepsilon_{y2}bc_y\end{cases} \quad 或 \quad \begin{cases}A_1=\varepsilon_{x1}bc_x+\varepsilon_{y1}bc_y\\A_2=\varepsilon_{x2}bc_x+\varepsilon_{y2}bc_y\end{cases}$$

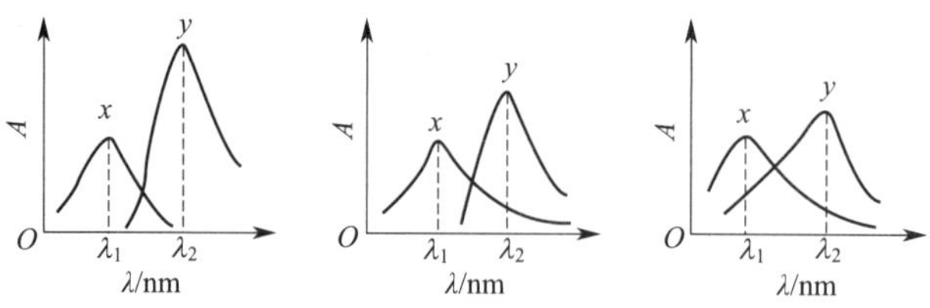

(a) 不重叠　(b) 部分重叠　(c) 相互重叠

图 2.27　二组分混合物的吸收曲线

式中，c_x 和 c_y 分别为溶液中 x 和 y 的浓度；ε_{x1} 和 ε_{y1} 分别为 x 和 y 在波长 λ_1 处的摩尔吸光系数；ε_{x2} 和 ε_{y2} 分别为 x 和 y 在波长 λ_2 处的摩尔吸光系数。上述摩尔吸光系数可分别测定 x 和 y 的纯溶液，然后用朗伯-比尔定律求得。解此联立方程组，便可求得 c_x 和 c_y。

如果溶液中有多个共存组分，亦可采用同样方法，解一个多元一次联立方程组，便可分别求出其中每一个组分的浓度。

2.6.2.3 高吸光度示差法

用紫外-可见分光光度法测定微量组分通常能得到满意的结果。但是在测定高含量组分时，标准曲线就会向下弯曲而偏离比尔定律，加之其吸光度值高，读测误差引起的浓度测定的相对误差大，故使测定的准确度大大降低。用高吸光度示差法可以克服这一缺点。

从理论上讲，示差法可分为高吸光度法、低吸光度法和最精确法三类。由于后两类受仪器条件限制，下面只讨论测定高含量组分的高吸光度法。

设试液浓度为 c_x，用一个浓度略低于 c_x 的标准溶液 c_s 作参比溶液调零，即调吸光度为零或透光率为100%，然后测得试液的吸光度 A_r。根据参比溶液的原理，此时试液中所包含的参比溶液浓度 c_s 的那部分对测定结果的影响已被扣除，故 A_r 实际上是浓度为 c_x-c_s 的溶液的吸光度值。由朗伯-比尔定律可得：

$$A_r=\varepsilon b(c_x-c_s)=\varepsilon b\Delta c \tag{2.16}$$

另一方面，如果用普通法（即参比溶液为不含待测组分的空白溶液）测定浓度为 c_x 和 c_s 的溶液，可测得相应的吸光度为 A_x 和 A_s（或透光率为 T_x 和 T_s），则有：

$$A_x=\varepsilon bc_x \quad A_s=\varepsilon bc_s$$

故：

$$A_x-A_s=\varepsilon b(c_x-c_s)=A_r \tag{2.17}$$

比较式(2.16)与式(2.17)，可以得到如下结论：由示差法测得的试液吸光度 A_r 等于用普通法测得的试液吸光度和参比溶液吸光度之差；A_r 是相对吸光度，它与试液和参比溶液的浓度差成正比。这就是示差法定量的依据。可以看出，示差法与普通法的根本区别是参比溶液不同，前者用待测组分的标准溶液作参比溶液，而后者用空白溶液作参比溶液。

为了提高测定的准确度，可采用示差标准曲线法：用浓度为 c_s 的待测组分的标准溶液作参比溶液，另配制浓度大于 c_s 的待测组分标准系列，然后以 c_s 调零，测出标准系列的相对吸光度值，绘制 A_r-Δc 关系曲线；再测出待测试液的相对吸光度，并从标准曲线上查出对应的 Δc_x，则待测试液的浓度 $c_x=c_s+\Delta c_x$。

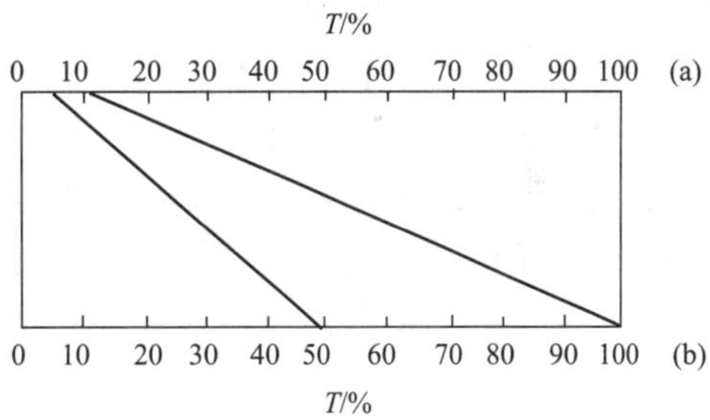

图 2.28 示差法标尺扩展原理

(a) 普通法；(b) 示差法

用示差法测量高浓度溶液的吸光度，可以扩展仪器标尺，减小测量误差。如图 2.28 所示，如果用普通法测得浓度为 c_x 的试液的透光率 T_x 为5%（$A_x=1.30$），此时的读测误差引起的 $\Delta c/c$ 很大；设用普通法测得浓度为 c_s 的参比溶液的透光率 T_s 为10%，当改用示差法时，以此溶液为参比调透光率为100%，这相当于将仪器的透光率标尺扩展了10倍（100%/10%=10），此时试液的透光率也相应扩展10倍到 $T_r=50\%$（$A_r=0.301$），落入了适宜的读数范围内，从而提高了测定的准确度。如果参比溶液选择适当，示差法测定浓度的相对误差可减小到±0.1%左右，达到滴定法或重量法的水平。

例 2-7 用双硫腙分光光度法测定试液中的锌，入射光波长为520 nm，用1 cm比色皿，以空白溶液作参比时，浓度为 6.70×10^{-5} mol·L^{-1}的 Zn^{2+} 标准溶液的吸光度为0.671；若改用此标准溶液作参比，测得试液的吸光度为0.429，求：(1) 试液的浓度；(2) 透光率标尺扩展的倍数。

解：(1) 用普通法时，标准溶液的吸光度 $A_s=0.671=\varepsilon bc$

待测组分的摩尔吸光系数　$\varepsilon=0.671\div(1\times6.70\times10^{-5})=1.00\times10^4(L\cdot mol^{-1}\cdot cm^{-1})$

改用示差法后，试液的吸光度为　$A_r=0.429=\varepsilon b\Delta c$

故　$\Delta c=c_x-c_s=0.429\div(1.00\times10^4\times1)=4.29\times10^{-5}(mol\cdot L^{-1})$

试液浓度　$c_x=\Delta c+c_s=4.29\times10^{-5}+6.70\times10^{-5}=1.10\times10^{-4}\ (mol\cdot L^{-1})$

(2) 用普通法时，试液透光率　$-\lg T_x=\varepsilon bc_x=1.00\times10^4\times1\times1.10\times10^{-4}=1.10$

故　$T_x=7.94\%$

改用示差法后，试液吸光度　$A_r=0.429=-\lg T_r$　故 $T_r=37.24\%$

透光率标尺扩展的倍数　$T_r/T_x=37.24/7.94=4.69$(倍)

值得注意的是，示差法要求仪器要能在较大范围内改变入射光的强度，或可调节放大器的放大倍数，这样才能在用高浓度标准溶液作参比时完成调零（即 $T_s=100\%$或 $A_s=0$）操作。

2.6.2.4　双波长分光光度法

单波长分光光度法的测定必须使用参比溶液，以消除由比色皿、溶剂或基体对光的反射、散射或吸收所带来的误差。此外，对于浑浊试样或其他背景吸收较大的试样（如生物组织液），由于基体复杂和化学不均匀性，通常很难找到与之匹配的参比溶液来消除这种影响。为了解决该问题，近年来，发展了双波长分光光度法。

双波长分光光度法所用的仪器结构如图 2.17(c) 所示，它只用一个比色皿，直接测定试液在波长 λ_1 和 λ_2 处的吸光度，并以其中一个波长（如 λ_1）处试液的吸光度作为参比，其仪器显示的测定结果是试液在波长 λ_2 和 λ_1 处的吸光度差 ΔA。

由朗伯-比尔定律可得：　$$\Delta A=A_2-A_1=(\varepsilon_2-\varepsilon_1)bc \tag{2.18}$$

即两波长吸光度之差 ΔA 与待测组分浓度 c 成正比。这就是此方法定量分析的理论依据。

双波长分光光度法以试液本身作为参比溶液，不需另配参比溶液，且只用一个比色皿，因此提高了分析测定的准确度。

在双波长分光光度法中，通过选择适当的波长 λ_1、λ_2，能很好地消除共存组分的干扰或浑浊物的影响，可以不加分离地分别测定溶液中的两种组分。如图 2.29 所示，试液中有共存组分 x、y，曲线 x 和曲线 y 分别为纯 x 和纯 y 溶液的吸收曲线，曲线 z 为组分 x 和组分 y 混合后的曲线。设 x 为干扰组分，y 为待测组分，二者在两个波长处的吸光度差分别为 ΔA_x 和 ΔA_y，则该体系在两个波长处的总吸光度差 ΔA_{x+y}(ΔA) 为：

$$\Delta A_{x+y}=\Delta A_x+\Delta A_y \tag{2.19}$$

选取曲线 x 上吸光度相等的两点所对应的波长 λ_1 和 λ_2 进行测定，此时测得试液中 x 的 $\Delta A_x=\Delta A_{x\lambda2}-\Delta A_{x\lambda1}=0$，故待测组分 y 的 ΔA_y 的测定不会受到 x 存在的影响，故有：

$$\Delta A=\Delta A_y=(\varepsilon_{y\lambda2}-\varepsilon_{y\lambda1})bc_y \tag{2.20}$$

即测得的吸光度差 ΔA 只与待测组分 y 的浓度成线性关系，从而可求出 c_y。若设 y 为干扰组分，也可以采用同样的方法测出 c_x。

由上述过程可知，双波长分光光度法的关键在于两个波长的选择。对于共存组分有吸收干扰的情况，通常采用等吸收法（让干扰组分在所选两波长处具有相同的吸光度）选择参比波长和测定波长。对于共存组分无吸收干扰的情况，在选择参比波长和测量波长时，应保证在两波长处具有一致的背景。此外，在选定的两个波长处，待测组分的吸光度还应具有足够大的差值，以保证测定有更高的灵敏度。例如，在图 2.30 所示的高浊试液吸收曲线中，如果选取波长 λ_1 为浊度基准，而取待测组分的最大吸收波长 λ_2 为另一测定波长，这时仪器测得的两个波长下的吸光度之差（ΔA）便能自动扣除浊度背景的影响，体现了高浊试样中待测组分的真实吸收。

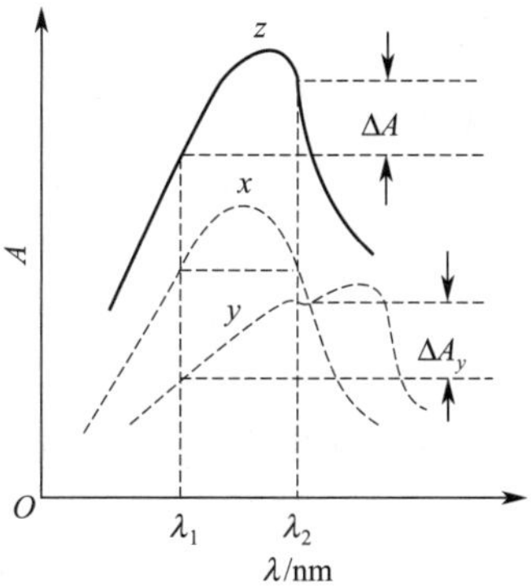

图 2.29 混合组分 x 、y 的双波长测定

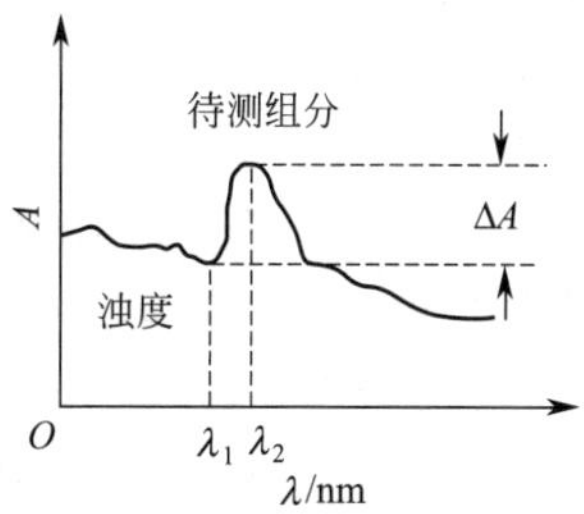

图 2.30 直接测定高浊度溶液中的待测组分

用双波长分光光度计，可以固定一波长作为参比，用另一波长扫描，便能直接得到待测组分的吸收曲线。在化学反应动力学研究中，可以固定两种不同波长分别测定反应物或产物的吸光度差值随时间而变化的情况，有利于推导出适当的速率方程。

2.6.2.5 导数分光光度法

导数分光光度法是基于光吸收对波长求导所形成的光谱进行定性或定量的分析方法，与普通紫外-可见分光光度法相比，导数分光光度法能显著提高光谱分辨率从而提高其分析的选择性，可以解决干扰物质与被测物质光谱重叠，消除胶体和悬浮物散射以及背景吸收的影响，适用于多组分的同时测定。

将朗伯-比尔定律表达式 $A=\lg\dfrac{I_0}{I}=\varepsilon bc$ 改写为指数形式

$$I=10^{-\varepsilon bc}I_0 \tag{2.21}$$

对波长 λ 求一阶导数，得

$$\frac{\mathrm{d}I}{\mathrm{d}\lambda}=10^{-\varepsilon bc}\frac{\mathrm{d}I_0}{\mathrm{d}\lambda}-10^{-\varepsilon bc}I_0bc\frac{\mathrm{d}\varepsilon}{\mathrm{d}\lambda} \tag{2.22}$$

控制仪器条件使入射光强度在整个波长范围内保持恒定，即 $\mathrm{d}I_0/\mathrm{d}\lambda=0$，则

$$\frac{\mathrm{d}I}{\mathrm{d}\lambda}=-Ibc\frac{\mathrm{d}\varepsilon}{\mathrm{d}\lambda} \tag{2.23}$$

这时，导数信号与浓度成正比，其测定的灵敏度与 $\mathrm{d}\varepsilon/\mathrm{d}\lambda$ 有关。将测定波长选在吸收曲线拐点处进行测量（$\mathrm{d}\varepsilon/\mathrm{d}\lambda$ 在此处存在极值）可得到最高灵敏度。

将 $\mathrm{d}I/\mathrm{d}\lambda$ 继续进行二阶、三阶求导，可得

$$\frac{\mathrm{d}^2I}{\mathrm{d}\lambda^2}=Ib^2c^2\left(\frac{\mathrm{d}\varepsilon}{\mathrm{d}\lambda}\right)^2-Ibc\frac{\mathrm{d}^2\varepsilon}{\mathrm{d}\lambda^2} \tag{2.24}$$

$$\frac{\mathrm{d}^3I}{\mathrm{d}\lambda^3}=-Ib^3c^3\left(\frac{\mathrm{d}\varepsilon}{\mathrm{d}\lambda}\right)^3+3b^2c^2\frac{\mathrm{d}\varepsilon}{\mathrm{d}\lambda}\times\frac{\mathrm{d}^2\varepsilon}{\mathrm{d}\lambda^2}-Ibc\frac{\mathrm{d}^3\varepsilon}{\mathrm{d}\lambda^3} \tag{2.25}$$

由二阶导数式(2.24) 可知，当一阶导数 $\mathrm{d}\varepsilon/\mathrm{d}\lambda=0$ 时，二阶导数信号与浓度成正比，即

$$\frac{\mathrm{d}^2I}{\mathrm{d}\lambda^2}=-Ibc\frac{\mathrm{d}^2\varepsilon}{\mathrm{d}\lambda^2} \tag{2.26}$$

将测定波长选在吸收峰顶附近（$\mathrm{d}\varepsilon/\mathrm{d}\lambda=0$，$\mathrm{d}^2\varepsilon/\mathrm{d}\lambda^2$ 有极值）测量可得到最高灵敏度。

同理，对于三阶导数式(2.25)，当一阶导数 $\mathrm{d}\varepsilon/\mathrm{d}\lambda=0$ 时，三阶导数信号与浓度成正比，即

$$\frac{d^3 I}{d\lambda^3} = -Ibc\ \frac{d^3 \varepsilon}{d\lambda^3} \tag{2.27}$$

这时可在具有水平正切线或曲率半径最小的肩峰处选择波长进行测量。更高阶导数的情况与此类同。

导数光谱可以通过人工作图法或双波长分光光度计扫描再加以处理获得。图 2.31 为某物质的吸收光谱（零阶导数光谱）及其 1～4 阶导数光谱。由图可见，随着导数阶次增加，峰的数目增加，谱带变得更加尖锐，分辨率提高。

用导数分光光度法进行定量分析时，需要从导数光谱中获取导数值，常用的测量方法有以下三种，如图 2.32 所示。

① 切线法　作相邻两个峰（极大或极小）的公切线，然后测量中间极值至切线的距离 h_a。此方法可应用于线性背景干扰的试样的测定。

② 峰谷法　测量两相邻峰值（极大或极小）间的距离 h_b。此方法多应用于多组分的定量分析。

③ 峰零法　测量峰到基线之间的距离 h_c。此方法适用于导数光谱对称的情况。

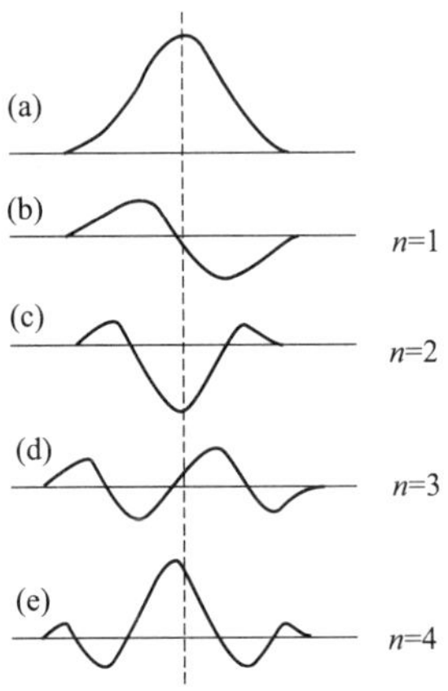

图 2.31　吸收光谱（a）及其 1～4 阶导数光谱（b）～（e）

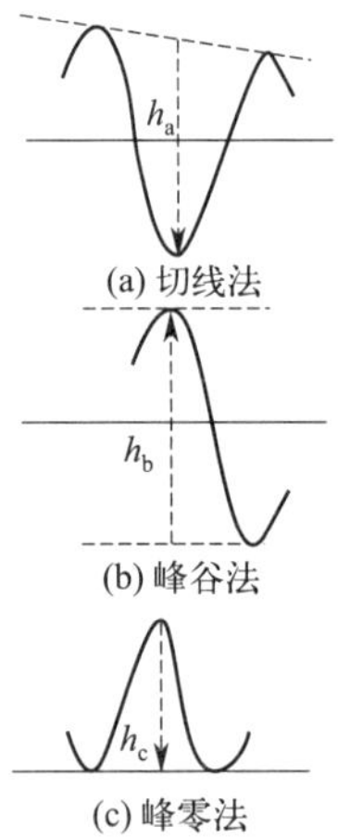

图 2.32　导数光谱导数值的测定法

2.6.2.6　动力学分光光度法

如果有一速率较慢的化学反应，在催化剂的存在下，其反应速率将会加快，其中有色的反应物或产物的浓度变化可以由分光光度法进行测定，从而进一步求出痕量催化剂的浓度。动力学分光光度法就是利用反应速率与反应物、产物、催化剂浓度之间的定量关系，通过测量吸光度从而对被测组分进行定量分析的一种方法。它灵敏度高、选择性好、简便快速，适宜于某些痕量元素分析。

下面以测定某反应体系中的催化剂浓度为例，介绍动力学分光光度法的基本原理及其测定方法。

（1）基本原理

设一个在催化剂 C 作用下的显色反应为：$a\mathrm{A} + b\mathrm{B} \xrightarrow{\text{催化剂 C}} e\mathrm{E} + f\mathrm{F}$

若产物 F 有较深的颜色，由反应速度方程可推导出 F 的浓度 c_F 与催化剂浓度 c_C、反应时间 t 之间的关系：

$$c_F = k_1 c_C t \tag{2.28}$$

测定 F 的吸光度，在符合比尔定律的浓度范围内，有 $A = k_2 c_F$，代入上式，令 $k_1 k_2 = K$，则：

$$A = K c_C t \tag{2.29}$$

此式说明，在一定条件下，显色物的吸光度与催化剂浓度和显色时间的乘积成正比。

（2）测定方法

① 固定浓度法　固定 c_F，控制反应，使 F 的吸光度 A 为一定值，则 c_C 与 t 成反比：

$$c_C = \frac{A}{K} \times \frac{1}{t} \tag{2.30}$$

故可配制催化剂的标准系列，绘制 $1/t$-c_C 标准曲线，在同样条件下，测出试样吸光度为定值时的反应时间，进而从标准曲线上查出与其对应的 c_C 值。

② 固定时间法　配制 c_C 标准系列，分别参与同样的催化反应，固定反应时间不变，则有：

$$c_C = \frac{1}{Kt} \times A \tag{2.31}$$

此催化剂浓度与吸光度成正比，故可用 A-c_C 标准曲线法求出试样中催化剂的含量。

（3）应用示例

Ce^{4+} 与 Hg_2^{2+} 的氧化还原反应如下：

$$2Ce^{4+}(\text{黄色}) + Hg_2^{2+} = 2Hg^{2+} + 2Ce^{3+}(\text{无色})$$

此反应速率很慢，但如果有微量的 Au^{3+} 存在，反应速率将大大增加，Ce^{4+} 的黄色消退的速率与 Au^{3+} 的浓度成正比，因此可采用固定浓度法或固定时间法测定试样中金的含量。该方法的灵敏度很高，可测出试样中低至 $10^{-7}\%$ 的 Au^{3+} 含量，已成功地运用于寻找金矿。

2.6.2.7　固相分光光度法

当前，普通分光光度法因灵敏度较低而无法适应越来越多的痕量分析任务。若采取溶剂萃取、吸附、共沉淀、浮选等分离浓缩技术，虽然可以提高分析灵敏度，但其操作过程较麻烦，耗时较多。而固相分光光度法则可能缓和这一矛盾。固相分光光度法采用固体物质作载体提取待测组分，集分离、富集和显色为一体，从而简化了分析操作，提高了分析灵敏度，节约了分析时间。根据载体的不同，固相分光光度法可分为树脂法、泡沫塑料法、滤纸法、凝胶法、萘相法和聚氯乙烯膜法等。它使用廉价的可见分光光度计对某些痕量组分的测定，已能达到诸如原子吸收仪、高效液相色谱仪等昂贵仪器才能达到的分析灵敏度。同时，该方法还有试剂用量少、分析成本低、对环境污染较小的优点。

2.6.2.8　其他应用

（1）酸碱离解常数的测定

紫外-可见分光光度法特别适合于研究弱酸弱碱的离解平衡，设 HL 为一元弱酸，其离解平衡为：

$$[HL] \rightleftharpoons H^+ + [L^-]$$

式中，[HL]、$[L^-]$ 分别为其酸式和碱式的平衡浓度。一元弱酸的总浓度 $c = [HL] + [L^-]$。

先配制一系列总浓度不变、pH 值递变的溶液。根据化学平衡的原理，当 pH 值低到一定程度后，溶液中一元弱酸全部以酸式 HL 存在；当 pH 值高到一定程度后，溶液中一元弱酸全部以碱式 L^- 存在；在 pH 值适中的溶液中，酸式与碱式共存。选取酸式或碱式的最大吸收波长为入射光波长，用 1 cm 比色皿测定每一溶液的吸光度。根据吸光度的加和性，有：

$$A = \varepsilon_{HL}[HL] + \varepsilon_{L^-}[L^-]$$

引入分布系数　$\delta_1=\frac{[H^+]}{[H^+]+K_a}=[HL]/c$　　$\delta_0=\frac{K_a}{[H^+]+K_a}=[L^-]/c$

则：
$$A=\varepsilon_{HL}\frac{[H^+]\ c}{[H^+]\ +K_a}+\varepsilon_{L^-}\frac{K_a c}{[H^+]\ +K_a} \tag{2.32}$$

当 pH 值足够低时，酸式的平衡浓度等于总浓度，故有：
$$A_{HL}=\varepsilon_{HL}c \tag{2.33}$$

当 pH 值足够高时，碱式的平衡浓度等于总浓度，故有：
$$A_{L^-}=\varepsilon_{L^-}c \tag{2.34}$$

将式(2.33)、式(2.34)代入式(2.32)中可得：$A=\frac{A_{HL}[H^+]+A_{L^-}K_a}{[H^+]+K_a}$

即：
$$K_a=\frac{A_{HL}-A}{A-A_{L^-}}[H^+]$$

取负对数得：
$$pK_a=pH-\lg\frac{A_{HL}-A}{A-A_{L^-}} \tag{2.35}$$

此式为测定一元弱酸离解常数的基本公式。将实验数据代入此式，直接求出 pK_a 的方法叫代数法；用实验数据作图，从图中查出 pK_a 的方法叫图解法。通常后者比前者更准确。

一种图解法是根据实验数据作 $\lg\frac{A_{HL}-A}{A-A_{L^-}}$-pH 值关系曲线，如图 2.33 所示。显然 pK_a 等于 pH=0 时的 $-\lg\frac{A_{HL}-A}{A-A_{L^-}}$ 值或者 $\lg\frac{A_{HL}-A}{A-A_{L^-}}=0$ 时的 pH 值。

另一图解法是用实验数据作 A-pH 值关系曲线，如图 2.34 所示，在该曲线的中点处所对应的 $A=\frac{A_{HL}+A_{L^-}}{2}$，$pH=pK_a$。

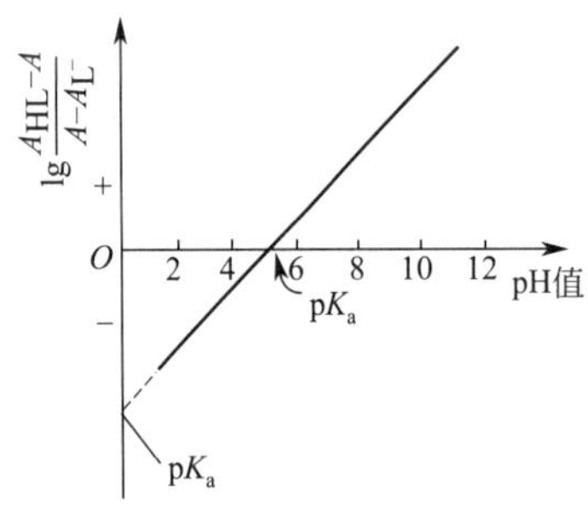

图 2.33　$\lg\frac{A_{HL}-A}{A-A_{L^-}}$-pH 值关系曲线

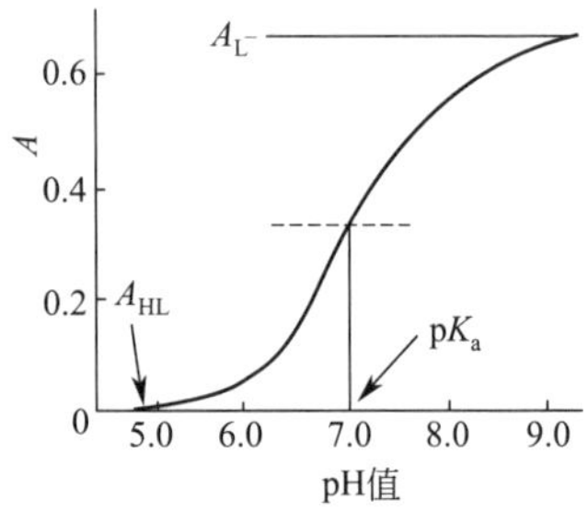

图 2.34　A-pH 值关系曲线

(2) 配合物组成及稳定常数的测定

如果化学反应能生成稳定的有色配合物，就可以用分光光度法测定该配合物的组成和稳定常数。采用的方法有：摩尔比法、连续变量法、斜率比法、平衡移动法等。下面仅介绍常用的摩尔比法。除了有色配合物应比较稳定外，该方法还要求在测定波长处，中心离子 M 与配位体 L 均不产生明显吸收。

① 配合物组成的确定　首先配制一系列不同摩尔比（c_L/c_M）的标准溶液，其中 c_M 固

定不变，而 c_L 逐步增大；显色后以空白溶液为参比，测定各个溶液的吸光度，然后作 A-c_L/c_M 关系曲线，如图 2.35 所示。可以推测，当 c_L/c_M 比较低时，M 仅部分配合，吸光度较低；随着 c_L/c_M 的增加，溶液中有色配合物的浓度逐步增大，A 亦随之上升；当 M 被全部配合后，c_L/c_M 继续增大也不会使 A 进一步升高，于是曲线会产生一个转折点。如果转折点不敏锐，说明配合物有一定程度的离解，这时可运用外推法在转折点两边作曲线的切线，两切线的交点所对应的 c_L/c_M 值 n 便是配合物的组成比。即若交点对应的 $c_L/c_M=n$，则配合比 M∶L＝1∶n。若 n 不为整数，则可取近似的整数值。

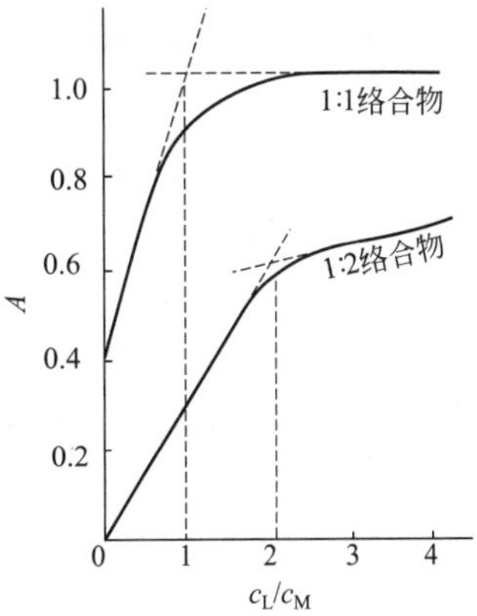

图 2.35　A-c_L/c_M 关系曲线

② 配合物稳定常数的测定　假设由上述方法已确定了配合物的配合比为 1∶n，则有配合平衡：

$$M+nL \rightleftharpoons ML_n \qquad K_{稳}=\frac{[ML_n]}{[M][L]^n} \tag{2.36}$$

由物料平衡，得　$c_M=[M]+[ML_n]$　　$c_L=[L]+n[ML_n]$

在配合物 ML_n 的最大吸收波长处，用 1 cm 比色皿，分别测定 c_L/c_M 不同的各个溶液的吸光度；作 A-c_L/c_M 关系曲线，在曲线转折点后 M 已被完全配合处取一点，查出对应的吸光度 A_0，如果忽略配合物的离解，此时配合物的浓度近似等于 c_M。

故有　$A_0=\varepsilon[ML_n]=\varepsilon c_M$　　$\varepsilon=A_0/c_M$

在 A-c_L/c_M 曲线的转折点前取一点（此点 M 未完全配合），查出其对应的 A 和 c_L/c_M，计算出该点处配合物的平衡浓度

$$[ML_n]=A/\varepsilon$$

将此平衡浓度和该点对应的 c_L、c_M 代入物料平衡关系式，便可分别求出溶液中金属离子和配体的平衡浓度 [M] 和 [L]，再将各种平衡浓度值代入式(2.36)，便可求出 $K_{稳}$。

(3) 摩尔质量的测定

含有相同生色团的同系物具有几乎相同的摩尔吸光系数，如果将它们取相同质量配制成相同体积的溶液，则摩尔质量小者，生色团所占比例大，吸光度大，反之吸光度小。可基于该原则来测定有机化合物的摩尔质量。

根据朗伯-比尔定律，化合物的摩尔质量与其摩尔吸光系数 ε、吸光度 A、质量 m、液层厚度 b 及溶液体积 V 之间存在以下关系：

$$M_r=\frac{\varepsilon mb}{VA} \tag{2.37}$$

对于在紫外-可见光区无吸收的化合物，可通过与生色团的衍生化反应，使之转变成有吸收的化合物。由于衍生物与生色团的 ε 相近，根据式(2.37) 也可求出其摩尔质量。

2.7 简易快速比色法

对那些需要快速获得测量结果且对测量精度要求不高的场合，采用简易快速比色法是不错的选择。该方法包括目视比色法、快速显色法、检气管法、检液管法和试纸比色法等。

2.7.1 目视比色法

目视比色法是利用被测溶液本身的颜色或加入试剂后呈现的颜色，用眼睛观察比较溶液

颜色深浅，从而确定溶液中被测物质浓度的方法。

如图 2.36 所示，该方法使用一套规格相同的比色管，规格有 5 mL、10 mL、25 mL、50 mL、100 mL 等。首先依次取不同体积的待测组分标准溶液分别加入各比色管中，再加入包括显色剂在内的各种试剂，用纯水稀释至刻度，摇匀显色后，便形成了一套颜色逐渐加深的标准色列；另取一定体积的待测试液于另一比色管中（如图中的 x），在相同条件下显色，并稀释至刻度；然后将各比色管放置于白瓷板（或白纸）上，由管口垂直向下观察各溶液颜色的深浅，若试液与标准色列中某溶液的颜色深度接近，表明这两支比色管中溶液的浓度接近；若被测试液的颜色深度介于相邻两个标准溶液之间，表明试液浓度介于这两个标准溶液浓度之间。对于稳定成熟的分析项目，有时也可用塑料色列或纸色列代替标准溶液色列。

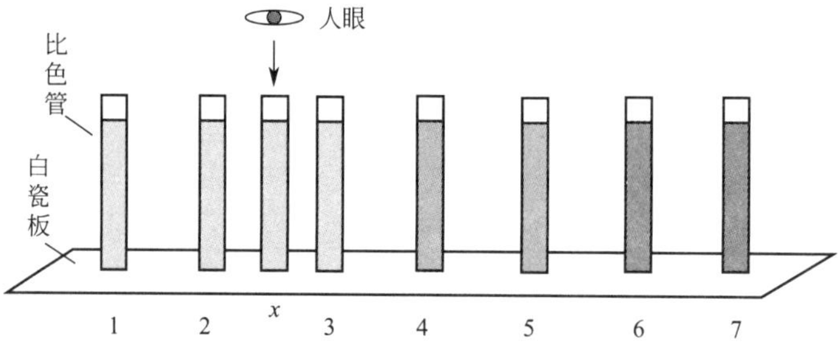

图 2.36　目视比色法示意图

目视比色法设备简单、操作简便，灵敏度高，但靠人的眼睛来观察颜色的深度，有主观误差，因而准确度较差，常用于要求不高，且需较快获得结果的场合。例如环境监测中对各种工业废水浊度和色度的测定、油气田注水站对回注水中铁离子和 SO_4^{2-} 的测定等都常常采用目视比色法。

2.7.2　快速显色法

为了满足某些快速分析的需要，可以将一些成熟稳定的显色反应所用的各种试剂规格化，事先分装在塑料小瓶中，分析时再依次滴加到待测溶液中去，待显色后直接与标准色列比较定量。例如，在酸性介质中，Fe^{2+} 与 2,2′-联吡啶能生成稳定的深红色配合物：

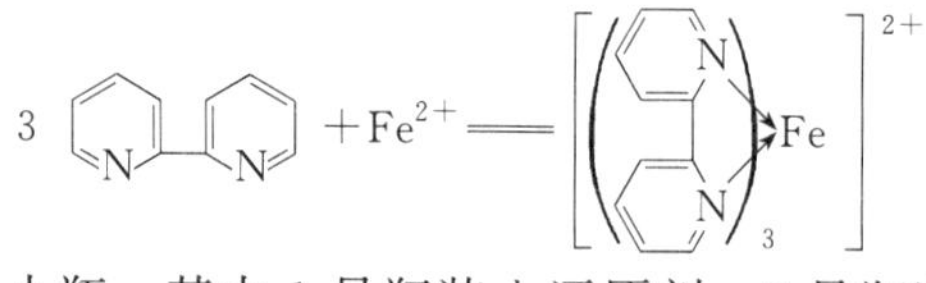

可取 3 个 10 mL 塑料小瓶，其中 1 号瓶装入还原剂，2 号瓶装入缓冲剂，3 号瓶装入显色剂 2,2′-联吡啶。分析时，先将 5 mL 具塞比色管用待测水样淌洗几次，再将水样倒入至刻度；若测总铁含量，可先挤压 1 号瓶滴入 3 滴还原剂，盖好比色管塞，摇匀；再加入 2 号瓶中的缓冲剂 3 滴，摇匀；最后加入 3 号瓶中的显色剂 3 滴，摇匀，放置 10 min 显色。然后将比色管置于白色塑料板上，目视比较试液与纸标准色列颜色，直接估算出总铁含量。

若不加 1 号试剂，其余步骤同上，可测得 Fe^{2+} 浓度；将总铁浓度减去 Fe^{2+} 浓度，便可得 Fe^{3+} 浓度。如果显色后用光电比色计或分光光度计测定，可得到更准确的分析结果。

2.7.3　检气管法

用检气管法可以快速确定空气中某些气体的含量，比如大气中的 SO_2 和 NH_3、室内家具逸出的甲醛、石油钻采过程中逸出的 H_2S 等。

常用检气管如图 2.37 所示，它是一根内装适当填充剂且两端较细的玻璃管（长 120～180 mm，内径约 2.5 mm）。填充剂由载体和指示剂组成，有时还需加入少量防变质、防干扰的保护剂。载体常选用具有吸附性能的硅胶、素瓷、氧化铝或石英等固体颗粒，其粒度应较均匀（比如 60～80 目等），使用前需进行活化处理；指示剂是一些能与待测组分发生显色反应的物质，要求其显色灵敏度高、选择性好。比如，测 H_2S 可用醋酸铅和氯化钡；测 SO_2 可用亚硝基铁氰化钠、氯化锌和乌洛托品；测 NH_3 常用百里酚蓝、乙醇和硫酸等。

图 2.37　直读式检气管示意图

将指示剂和其他试剂配制成溶液，搅匀后加入载体，搅拌，使载体表面均匀地吸附一层试剂，然后用蒸发或减压蒸发法除去溶剂，获得干燥松散的填充剂颗粒。把填充剂紧密均匀地装入干净的玻璃管内，用玻璃棉塞上两端，在氧化焰上快速熔封，便制成了检气管。

使用检气管前应先将两端封口磨掉，按图 2.38 的方式连接好抽气装置（如 100 mL 注射器），定量抽入空气，其中的待测气体和指示剂反应显色，比如上述的 H_2S 管由白色变为褐色、SO_2 管由棕黄色变为红色、氨管由红色变为黄色等。根据变色的柱长与事先标定的浓度标尺或标准浓度表进行对比，直接读出待测气体浓度，既方便又比较准确。

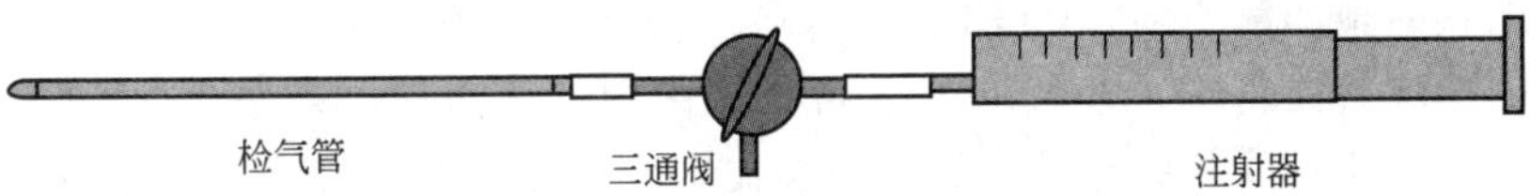

图 2.38　检气管抽气装置

用类似的方法也可制备检液管，其原理与检气管相同，所不同的是检液管用于测定溶液中的某些组分，比如油田水中的 S^{2-}、Fe^{2+}、Fe^{3+} 等。

2.7.4　试纸比色法

选用适当试剂浸泡处理滤纸，然后干燥备用。当溶液中的待测组分与试纸上的显色剂接触时，发生显色反应而显色，与标准色列比较，便能求得待测组分的含量。这种方法与人们常用的 pH 试纸相类似，使用非常方便。目前已有多种测定溶液中离子或化合物的试纸供人们选用，例如，测定 H_2S、S^{2-}、Hg^{2+}、Pb^{2+}、Mn^{2+} 等的试纸，以及测定尿糖、尿蛋白和血液、唾液中多项生化指标的试纸等。

2.8　紫外-可见漫反射光谱法

尽管紫外-可见分光光度法性能优异、性价比高，但是却无法解决诸如块状固体、粉末、乳浊液和悬浊液等非溶液样品的直接分析测定问题，而用紫外-可见漫反射光谱法（UV-Vis diffuse reflective spectrum）能较好地解决这一难题。

2.8.1　漫反射光谱的产生

如果用一束紫外-可见光照射不透明的粉末状样品，则光和样品相互作用后会产生光的反射、吸收、透射、衍射等现象。其中光的反射包括镜面反射与漫反射两种类型。

镜面反射符合"入射角等于反射角"的反射定律，只发生在样品表面微粒的外表面，光未进入样品表面内即被反射出去，因此它不能携带样品表面内的结构和组成的信息，不能用于样品的定性和定量分析。

而漫反射光则是入射光进入样品表面后，经过表面内微粒的部分吸收、折射、衍射和多次反射后，再从表面内射出的杂散光。它已经与样品表面内的分子发生了相互作用，因此携带了丰富的样品表面结构、组成和含量的信息。通过测定样品表面的漫反射光的特性参数随波长变化的曲线，便可得到样品表面的漫反射光谱，对其处理和解析，就能获取样品的表面信息。

2.8.2 漫反射光的特性参数

（1）漫反射率 R'_∞ 和漫反射吸光度 A

漫反射光的强度不仅与样品对光的吸收程度有关，而且与样品的物理状态所决定的散射有关，它与样品组分含量的关系不符合比尔定律。

研究表明，厚度足够大的漫反射体的绝对漫反射率 R_∞ 等于漫反射光强度 J 与入射光强度 I 之比，即

$$R_\infty=\frac{J}{I} \tag{2.38}$$

由于它难以准确测定，所以在实际应用中一般都采用相对漫反射率 R'_∞（简称漫反射率）。R'_∞ 是样品与标准参比物质的绝对漫反射率之比。

白色粉末状的聚四氟乙烯（PTFE）、MgO、$BaSO_4$、$MgCO_3$、CaF_2、SiO_2、Al_2O_3 等材料是常用的标准参比物质，它们在紫外-可见光区内的绝对漫反射率 $R_\infty \approx 1$。通常将某种粒度适当的标准参比物质制成标准白板作为参比，便可在仪器上直接测出样品相对于标准白板的相对漫反射率 R'_∞，它与样品中的组分浓度不成线性关系。

参照紫外-可见分光光度法，可以定义漫反射吸光度 $A=-\lg R'_\infty$。当散射系数 S 保持不变，样品的粒度适当，透射光、镜面反射光以及仪器等对光谱特性的影响可以忽略等条件都满足时，以下关系式成立

$$A=a+bc \tag{2.39}$$

式中，a、b 都是常数。

此式表明，漫反射吸光度 A 与样品浓度 c 成线性关系，因此它可以作为漫反射光谱定性和定量分析的一个特性参数。

（2）漫反射光谱的库贝尔卡-芒克函数

在讨论漫反射光谱的特性参数时，如果用足够厚的样品层来消除透射光的影响、用仪器检测环境和条件的设置来消除镜面反射光的影响之后，就只需考虑样品对光的吸收与散射这两个因素了。漫反射体对光的吸收系数 K 取决于其自身的化学组成和分子结构，而漫反射体对光的散射系数 S 则是由其颗粒形状、大小、粒度范围、疏密程度等物理因素所决定的。

在漫反射光谱中，目前得到普遍承认的光的吸收与散射关系的表达式是库贝尔卡（Kubelka）-芒克（Munk）方程。对于无限厚、不透明的样品，此方程可表达为：

$$\frac{(1-R'_\infty)^2}{2R'_\infty}=\frac{K}{S} \tag{2.40}$$

令 K-M 函数（减免函数）

$$f(R'_\infty)=\frac{(1-R'_\infty)^2}{2R'_\infty}$$

则 K-M 函数可表达为

$$f(R'_\infty)=\frac{K}{S} \tag{2.41}$$

在一定条件下，可以将 S 近似地看成是与波长无关的常数，此时

$$f(R'_{\infty})=\frac{K}{S}=bc \tag{2.42}$$

式中，b 为与样品摩尔吸光系数及光程等有关的常数；c 为样品组分的浓度。即 K-M 函数与样品浓度成正比。

K-M 函数和吸收系数 K 都是漫反射光谱定性和定量分析的特性参数。

2.8.3 紫外-可见漫反射光谱法的实验技术

（1）仪器

在紫外-可见分光光度计的基础上增加一个叫积分球的辅助设备，便可以进行紫外-可见漫反射光谱分析了。积分球是一个内壁涂有白色氧化镁或硫酸钡等漫反射材料的空腔球体，进入积分球的光经过内壁涂层多次反射后，在内壁形成非常均匀的照度，因此在内壁上每一点处的反射光都携带着相同的入射光的信号特征。在积分球壁上开有一个或几个窗孔，作为进光窗孔和照射样品板、标准白板以及把光导入检测器的窗孔。适当设计这些窗孔的位置，可以使镜面反射光的影响最小，从而只输出样品板或标准白板接收入射光后所发出的漫反射光，检测器将接收到的光信号转变为电信号，处理后即可得到以波长为横坐标、漫反射特性参数为纵坐标的漫反射光谱。

目前已有多家公司生产的各种型号的紫外-可见漫反射光谱仪，包括傅里叶变换紫外-可见漫反射光谱仪可供选用。紫外-可见漫反射光纤光谱快速检测系统的结构示意如图 2.39 所示。光源发出的光经光纤传输到积分球内，照射到样品上，经过样品吸收、衍射、散射和多次反射后，返回到样品表面的漫反射光在积分球内形成均匀的照度，再由光纤导入电感耦合检测器，将漫反射光信号转换为电信号，输入给电脑处理后，便得到紫外-可见漫反射光谱。

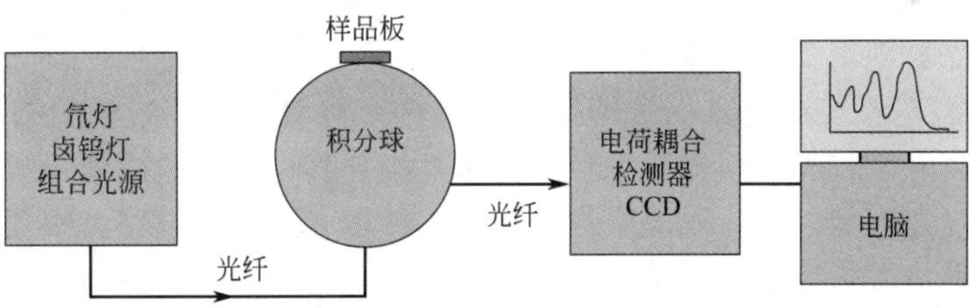

图 2.39 紫外-可见漫反射光纤光谱快速检测系统示意图

（2）标准白板和样品的制备

标准白板的制备技术会影响其反射率，从而影响测量的可靠性。因此标准参比物质的质量和粒度的大小、压片时压力的大小、白板表面的平整度等都需注意。

如果样品是具有一定平面的片状或块状固体，只需将样品放在积分球的样品窗孔一边，将标准白板放在参比窗孔一边，便可测量样品的漫反射光谱。

对于粉末样品，有三种制备方法。一种是将粉末轻轻倒入漫反射样品池中，该样品池为具有直径约 30 mm、深 3～5 mm 凹穴的塑料或有机玻璃板，用光滑的平头玻棒压平、压紧，然后将样品池放在样品窗孔一边即可。另一种方法是将粉末样品放入直径为 25～30 mm 的压模中压成片后测量。此外，还可采用石英玻璃夹片样品池制样。

如果粉末样品的吸收太强，可向其中加入在测量波长范围内无吸收的 MgO、$BaSO_4$ 等标准参比物质粉末进行稀释。如果样品粉末的粒度太大，不易压紧，亦可加些 MgO 等粉末

再压。如果样品量很少，可先用 MgO 等粉末将样品池填满、压平，再在上面均匀地撒上样品粉末，然后用玻棒轻轻碾压平整后测量。

值得注意的是，样品和稀释剂或吸附剂粒度的大小、压制样品时压力的轻重、压片表面的平整度、样品的干燥程度等，都可能影响漫反射光谱的形状和强度。

2.8.4 紫外-可见漫反射光谱法的应用

当前，漫反射光谱法在越来越多的领域内得到了越来越广泛的应用。很多样品，如奶油、果酱、粮食、农药、化妆品、纸张、布、印刷品、陶瓷器、玻璃、催化剂、药品、矿物、黏土、颜料、染料等都可以用漫反射光谱法进行定性、定量分析。

（1）对固态样品的表征

紫外-可见漫反射光谱是纳米材料表征的基本手段之一。很多无机或有机纳米材料都具有特征的紫外-可见漫反射光谱，经掺杂或其他处理后，其光谱会发生某些改变，譬如吸收带波长和形状的变化、吸收带的重叠与分开、新峰的出现或旧峰的消失等。这些变化正是材料组成和结构变化的反映。

例如，通过分析微量过渡金属元素掺杂的 TiO_2、ZnO 等纳米材料漫反射光谱的变化，有助于制备高活性光催化剂。

在制备化工、环保等领域广泛使用的多相催化剂时，运用紫外-可见漫反射光谱法可以更方便地优选配方，优化成型、焙烧等制备条件和工艺。还可以通过紫外漫反射光谱了解催化剂与载体之间发生了什么作用，形成了什么物质，活性中心可能的组成、结构和活性的高低，催化剂酸性中心的酸性强弱，等等。

紫外-可见漫反射光谱是研究固体表面吸附现象的重要方法之一。固体的表面吸附可分为物理吸附和化学吸附两种。若发生物理吸附，被吸附分子与吸附剂分子之间以范德华力的方式相结合，往往会引起被吸附分子的变形或极性的改变，这时其漫反射光谱会出现谱带的位移。而化学吸附则因为被吸附分子与吸附剂表面形成了化学键，发生了分子结构的改变，从而会在漫反射光谱中出现新的吸收带。

此外，紫外-可见漫反射光谱也被用于研究防热涂料和防紫外涂料的制备和性能，天然纤维的韧性与强度，染料和颜料光致褪色的规律及改善其稳定性的措施，塑料制品的性能与添加剂种类、用量之间的关系，固固反应的设计、过程和机理，玻璃、陶瓷的成分与性能的关系，文物的无损分析与鉴定，等等。

（2）在定量分析中的应用

在一定条件下，漫反射样品的 K-M 函数和漫反射吸光度 A 都与其浓度成线性关系，因此，称取不同质量待测组分的标准物质，用适当的标准参比物质稀释，配制成不同浓度的标准样品，然后用相同的标准参比物质作参比，在紫外-可见漫反射仪上对标准样品进行波长扫描，可测得其相对漫反射率对波长的关系曲线，即漫反射光谱。亦可根据前面所述的关系式，将其转化为漫反射吸光度或 K-M 函数对波长的关系曲线。选择最大吸收所对应的波长作为定量测定波长，拟合出吸收对浓度关系的标准曲线，在相同条件下测得试样中待测组分的吸收值，便可从标准曲线上查出与之对应的试样中待测组分的浓度值。

漫反射光谱定量分析方法发展很快，每年都有很多新的应用成果报道。例如，在药物分析中，紫外漫反射光谱除了用于片剂、乳剂的质量控制及稳定性的研究之外，还可根据药片的漫反射率来确定药剂的浓度和降解速度，这比经典的萃取分析法更加简便和快捷。

用薄层色谱将混合物分离，然后取下各组分的色谱斑点，用紫外-可见漫反射光谱法测定。这种方法已广泛应用于染料、氨基酸、抗生素、维生素、激素、食品添加剂、农药等的分离和定性定量分析。

采用固相萃取-漫反射光谱法测定溶液中痕量重金属离子的浓度，是一种高效、快速、低成本、较准确的方法。首先用有机显色剂与水样中的重金属离子反应，生成有色配合物，然后加入适当的表面活性剂以提高固相萃取效率；再以混合纤维素酯膜为滤膜进行固相萃取，使重金属离子有色配合物富集到滤膜上。将滤膜避光干燥后直接在紫外-可见漫反射光谱仪上进行测试，得到有色配合物的紫外-可见漫反射光谱。然后用标准曲线法可以测定水样中痕量铅、镉、汞、铬等重金属离子的含量。

利用紫外-可见漫反射光纤光谱快速检验系统能够对维生素、抗生素等药品进行方便、快速的定量分析。

近年，紫外-可见漫反射光谱越来越多地受到人们的关注，它的应用面也日益广泛。但是，由于影响漫反射光谱的因素很多，如果不能准确控制，将会产生较大的定量分析误差。与紫外-可见吸收光谱一样，漫反射光谱的峰数通常较少，加之其应用研究起步较晚，化合物的标准谱图不多，因此不能单独、直接、可靠地确定样品的结构。有时，较多的干扰因素还会使谱图的解析困难。不过，随着研究的深入和科技的进步，紫外-可见漫反射光谱法将会更加成熟和完善。

●思考题及习题

参考答案

1. 可见光的波长范围是______nm，近紫外光和远紫外光的波长范围分别是______nm。

2. 为什么物质呈现各种颜色？高锰酸钾溶液和硫酸铜溶液分别吸收了日光中的什么光？

3. 摩尔吸光系数与__________有关。

A. 比色皿厚度　　B. 溶液浓度　　C. 溶液种类　　D. 入射光波长

4. 在符合朗伯-比尔定律的范围内，溶液的浓度、最大吸收波长、吸光度三者的关系是________。

A. 增加、增加、增加　　B. 增加、不变、减小

C. 增加、不变、增加　　D. 减小、增加、减小

5. 用双硫腙比色法测定浓度为 1.60 $mg \cdot L^{-1}$ 的 Pb^{2+} 溶液时，在 520 nm 处，用 1 cm 比色皿测得其 $T=72.0\%$，该显色物的 ε 为______$L \cdot mol^{-1} \cdot cm^{-1}$。($M_{Pb}=207.2$)

A. 9.30×10^3　　B. 9.30×10^4　　C. 1.85×10^4　　D. 1.85×10^3

6. 取 5.00 $\mu g \cdot mL^{-1}$ Cu^{2+} 标准溶液 5.10 mL 于 50 mL 容量瓶中，与双环己酮草酰二腙显色后，用纯水稀释至刻度，用 2 cm 比色皿测得其透光率为 50.5%，求显色物的吸光系数和摩尔吸光系数。若改用 3 cm 比色皿，测得的透光率为多少？($M_{Cu}=63.54$)

7. 取 10.0 $mg \cdot L^{-1}$ 的某元素标准溶液 4.00 mL 置于 100 mL 容量瓶内，用邻菲罗啉法显色生成红色配合物，稀释至刻度后，在波长 510 nm 处，用 3 cm 比色皿测定溶液吸光度为 0.381，已知其 $\varepsilon=1.61\times10^4$ $L \cdot mol^{-1} \cdot cm^{-1}$，求该元素的摩尔质量。

8. 偏离比尔定律的原因有哪些？怎样避免在分析时偏离比尔定律？

9. 如何测得某物质的紫外-可见吸收光谱？它有何作用？

10. 在石油化工生产中，常利用紫外-可见分光光度法监测柴油中的芳烃含量。某柴油样品在 254 nm 处有最大吸收，这主要归因于________跃迁。该方法对芳烃有响应的根本原因是芳烃分子结构中存在________。

A. $\sigma\rightarrow\sigma^*$；C—C 单键　　B. $\pi\rightarrow\pi^*$；共轭双键体系

C. $n\rightarrow\sigma^*$；含杂原子的饱和基团　　D. $n\rightarrow\pi^*$；羰基（C=O）结构

11. 什么是生色团和助色团？什么是红移和蓝移？什么是增色效应和减色效应？

12. 某化合物在乙醇中的 λ_{max}=307 nm，将它溶解在己烷中后，λ_{max} 变为 305 nm，该吸收是由什么跃迁引起的？为什么？

13. $(CH_3)_3N$ 在碱性条件下测得 λ_{max}=227 nm（ε=900 $L \cdot mol^{-1} \cdot cm^{-1}$）。该吸收带由什么跃迁产生？若在酸性介质中测定，该吸收峰会怎样变化？为什么？

14. 能否用紫外吸收光谱区分下列各组化合物？请说明理由。

（1） CH_2═CH—CH_3　　CH_2═CH—CH_2—CH═CH_2　　CH_2═CH—CH═CH_2

（2） 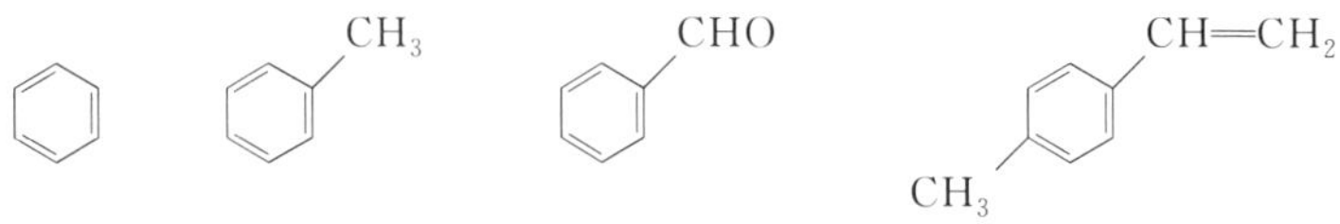

15. 苯甲醛能发生几种类型的电子跃迁？在近紫外区有几种吸收带？

16. 计算下列化合物的 λ_{max}^{hexane}：

（1） 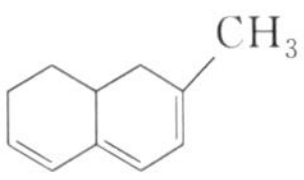

（2） 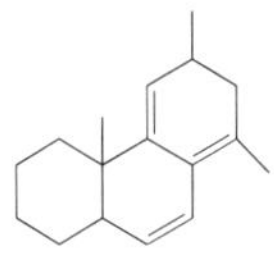
（3） 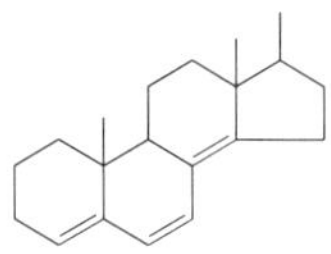

17. 计算下列化合物的 λ_{max}^{EtOH}：

（1） 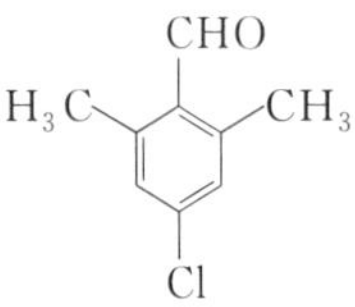

（2） 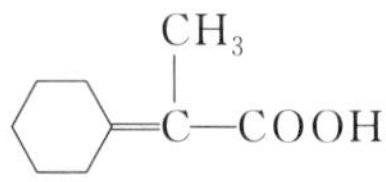

（3） 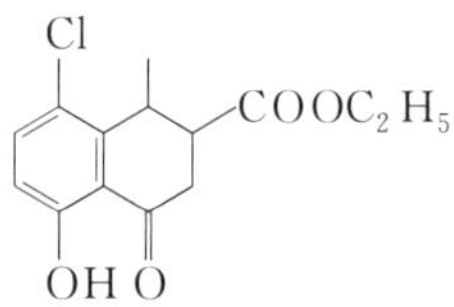

18. 某化合物的可能结构为如下，测得其紫外光谱 λ_{max}^{EtOH}=352 nm，请确定其结构。

（1） 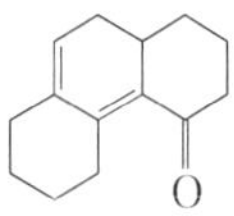

（2） 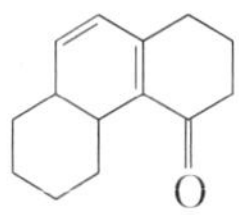

19. 双波长分光光度计和单波长分光光度计的主要区别是________。

A. 光源个数　　B. 单色器个数　　C. 吸收池个数　　D. 单色器和吸收池个数

20. 下述说法正确的是________。

A. 棱镜的色散作用是基于光的折射原理

B. 使用光电二极管阵列检测器的仪器信噪比高，不需要出射狭缝，检测灵敏度高

C. 光电管的响应时间很短，稳定性很好

D. 同一规格的比色皿都是完全相同的

21. 简述紫外-可见分光光度计的工作原理及主要部件。

22. 紫外-可见分光光度计从光路上可以分为哪几类？各有何特点？

23. 在紫外-可见分光光度法测定中，选择参比溶液的原则是什么？普通法与示差法的根本区别是什么？

24. 测定金属钴中的微量锰时，在酸性溶液中用 KIO_4 将锰氧化为 MnO_4^- 进行比色测定，若用高锰酸钾配制标准系列，在测定标准系列及试样时应选用什么作参比溶液？

25. 准确称取 $NH_4Fe(SO_4)_2 \cdot 12H_2O$ 0.2160 g，配制成 500 mL Fe 标准溶液，取不同体积标准溶液于 50 mL 容量瓶中，定量加入还原剂、缓冲剂和显色剂，用纯水稀释至刻度，显色后测定其吸光度，结果如下表：

Fe 标准溶液 V/mL	0.00	2.00	4.00	6.00	8.00	10.00
吸光度 A	0.000	0.165	0.321	0.479	0.630	0.788

另取含铁试液 5.00 mL，稀释至 250 mL，取稀释液 2.00 mL 于 50 mL 容量瓶中，用与标准溶液相同的方法显色，并用纯水稀释至刻度，测得其吸光度为 0.501。请用标准曲线法求试液中的铁含量（$mg\cdot L^{-1}$）。[$M_{NH_4Fe(SO_4)_2\cdot 12H_2O}=482.2$，$M_{Fe}=55.85$]

26. 用邻菲罗啉分光光度法测定试样中的铁，入射光波长为 510 nm，用 1 cm 比色皿，以空白溶液为参比时，测得浓度为 8.00×10^{-5} $mol\cdot L^{-1}$ 的 Fe^{2+} 标准溶液吸光度 $A_s=0.720$；现改用该标准溶液作参比，测得试液的吸光度为 0.365。求：(1) 试液的浓度 Cx；(2) 透光度标尺扩展的倍数。

27. 试样的含镍量约为 0.15%，溶解后生成二乙酰二肟镍配合物，已知该配合物在 470 nm 处的 $\varepsilon=1.30\times10^4$ $L\cdot mol^{-1}\cdot cm^{-1}$，将其稀释至 100 mL，用 1 cm 比色皿测其吸光度，求：(1) 为使吸光度测量引起的浓度测定的相对误差最小，应当称取多少克试样？(2) 如果仪器适宜的吸光度读数范围为 0.100～0.800，则测定溶液中镍的浓度范围应为多少？（$M_{Ni}=58.69$）

28. 钴和镍的配合物有如下数据；

λ/nm	510	656
$\varepsilon_{Co}/(L\cdot mol^{-1}\cdot cm^{-1})$	3.64×10^4	1.24×10^3
$\varepsilon_{Ni}/(L\cdot mol^{-1}\cdot cm^{-1})$	5.52×10^3	1.75×10^4

将 0.376 g 土壤样品溶解后定容至 50 mL。取 25 mL 试液进行处理，以除去干扰元素，显色后定容至 50 mL，用 1 cm 吸收池在 510 nm 和 656 nm 处分别测得吸光度为 0.467 和 0.374。计算土壤样品中钴和镍的质量分数。（$M_{Co}=58.93$，$M_{Ni}=58.69$）

29. 某指示剂 HR 的总浓度为 1.50×10^4 $mol\cdot L^{-1}$，在不同 pH 值条件下，用 1 cm 比色皿在 505 nm 处测得其吸光度如下：

pH 值	0.90	1.15	3.04	3.50	4.02	4.90	5.55
A	0.891	0.891	0.685	0.529	0.378	0.262	0.262

试用代数法和图解法求该指示剂的 pK_a 值。

30. Zn^{2+} 与 R^- 反应生成有色配合物，现固定 Zn^{2+} 浓度为 2.00×10^{-4} $mol\cdot L^{-1}$，改变 R^- 的浓度，显色后分别用 1 cm 比色皿在 535 nm 处测得其吸光度如下表：

$c_{R^-}/(mol\cdot L^{-1})$	0.500×10^{-4}	0.750×10^{-4}	1.00×10^{-4}	2.00×10^{-4}	2.50×10^{-4}	3.00×10^{-4}	3.50×10^{-4}	4.00×10^{-4}
A	0.112	0.161	0.216	0.378	0.447	0.462	0.471	0.471

求：(1) 配合物的化学式；(2) 配合物的 ε_{535}；(3) 配合物的 $K_{稳}$。

31. 用苦味酸（$M=229$）与未知胺反应，生成 1∶1 加成化合物，该化合物的 95%乙醇溶液在波长 380 nm 处的 $\varepsilon=1.35\times10^4$ $L\cdot mol^{-1}\cdot cm^{-1}$，现称取该化合物 0.0151 g，准确配制成 1 L 95%乙醇溶液，在 380 nm 处用 1 cm 比色皿测得的吸光度 $A=0.402$，求未知胺的摩尔质量。

32. 常温下指示剂 HIn 的 $K_a=5.4\times10^{-7}$。若该指示剂总浓度为 5.00×10^{-4} $mol\cdot L^{-1}$，用 1 cm 比色皿在强酸或强碱介质中测得其吸光度随波长变化的数据如下：

λ/nm	A		λ/nm	A	
	pH=1.00	pH=13.00		pH=1.00	pH=13.00
440	0.401	0.067	480	0.453	0.050
470	0.447	0.050	485	0.454	0.052

续表

λ/nm	A		λ/nm	A	
	pH=1.00	pH=13.00		pH=1.00	pH=13.00
490	0.452	0.054	600	0.226	0.764
505	0.443	0.073	615	0.195	0.816
535	0.390	0.170	625	0.176	0.823
555	0.342	0.342	635	0.160	0.816
570	0.303	0.515	650	0.137	0.763
585	0.250	0.712	680	0.097	0.588

(1) 指示剂的酸式是什么颜色？在酸性介质中测定时应选什么颜色的滤光片？在强碱性介质中测定时应选什么波长？(2) 绘制指示剂酸式和碱式离子的吸收曲线（在同一坐标系中）。(3) 当用 2 cm 比色皿在 590 nm 处，测量强碱性介质中指示剂浓度为 1.00×10^{-4} mol·L^{-1}的溶液时，吸光度为多少？(4) 若溶液在 485 nm 处，用 1 cm 比色皿测得吸光度为 0.309，此时溶液 pH 值为多少？若在 555 nm 处测定，此溶液吸光度是多少？(5) 在什么波长处测定指示剂的吸光度与 pH 值无关？为什么？

33. 与普通紫外-可见分光光度法相比，导数分光光度法有何优势？其定量测量方法有哪几种？

34. 粉末样品的紫外-可见漫反射光谱是怎样产生的？它携带了样品表面的什么信息？

35. 什么是漫反射率 R'_{∞}？什么是漫反射吸光度 A？二者有什么关系？漫反射吸光度与一般吸光度有何区别？

36. 漫反射体对光的吸收系数 K 和散射系数 S 是由什么因素决定的？写出 K-M 函数的表达式并说明该函数的意义。

37. 在漫反射光谱仪中，积分球有什么作用？

38. 在制备标准白板和样品板时要注意哪些问题？

第 3 章　红外和拉曼光谱法

课件

红外光谱法（infrared spectrometry，IR）是基于物质对红外光的特征吸收而建立起来的一种光谱分析方法。拉曼光谱法（Raman spectroscopy）是基于印度科学家拉曼（C. V. Raman）所发现的拉曼散射效应，对与入射光频率不同的散射光谱进行分析以得到分子振动、转动方面信息，并应用于分子结构研究的一种分析方法。红外光谱和拉曼光谱均能反映分子的振动和转动特征，二者同属于分子振动-转动光谱，并且两种方法具有很强的互补性，是研究分子结构的重要分析方法，因此本书将这两部分内容合在一章。本章重点讨论红外光谱法，并对拉曼光谱法作简要介绍。

红外光谱仪操作方法

3.1　红外光谱法概述

早在 1800 年，英国物理学家赫歇尔（F. W. Herschel）在研究太阳光谱中不同色光照射温度的高低时就发现了红外光，但受制于当时的检测技术，直至 20 世纪初，人们才开始比较系统地研究红外光谱，并发现红外吸收光谱与分子基团的关系。20 世纪 30 年代，人们开始研制红外光谱仪。20 世纪 40 年代，商品化红外光谱仪投入应用，开启了有机化合物结构鉴定的新篇章。20 世纪 50 年代，越来越多的人投入到红外光谱研究工作中，并开始收集红外光谱标准谱图。此后，红外光谱历经了棱镜红外光谱、光栅红外光谱和傅里叶变换红外光谱（FTIR）等发展阶段，并积累了十几万张红外标准谱图，使红外光谱成为有机化合物结构分析十分成熟且重要的常用分析手段之一。

3.1.1　红外光谱区的划分

红外光是介于可见光与微波之间的电磁波，它的波长范围为 0.80～1000 μm，由于红外光的能量小于紫外-可见光，当红外光照射样品时，其能量不足以引起分子中电子能级的跃迁，而只能引起分子振动和转动能级的跃迁，故红外光谱又称为分子振动-转动光谱（振转光谱）。根据实验技术及应用不同，习惯上又将红外光谱区细分为近红外区、中红外区和远红外区，如表 3.1 所示。由于大多数物质分子产生的振动光谱主要集中在中红外区，且中红外光谱仪最为成熟、简单，并积累了大量该区的标准谱图数据，因此中红外区是目前研究和应用最多的区域，通常说的红外光谱即是指中红外光谱。

表 3.1　红外光谱区的划分

区域	$\lambda/\mu m$	$\bar{\nu}/cm^{-1}$	能级跃迁类型
近红外区	0.80～2.5	12500～4000	O—H、N—H 及 C—H 键的倍频吸收
中红外区	2.5～25	4000～400	分子振动、伴随转动
远红外区	25～1000	400～10	分子转动

3.1.2　红外光谱图的表示方法

红外光谱图就是用波长连续变化的红外线照射样品时，所得到的透光率（T）或吸光度

(A) 对入射光波长 λ(μm) 或波数 $\bar{\nu}$(cm^{-1}) 的关系曲线。通常，纵坐标用 T 或 A 表示，横坐标用 λ(μm) 或 $\bar{\nu}$(cm^{-1}) 表示。图 3.1 为苯乙烯的红外光谱。

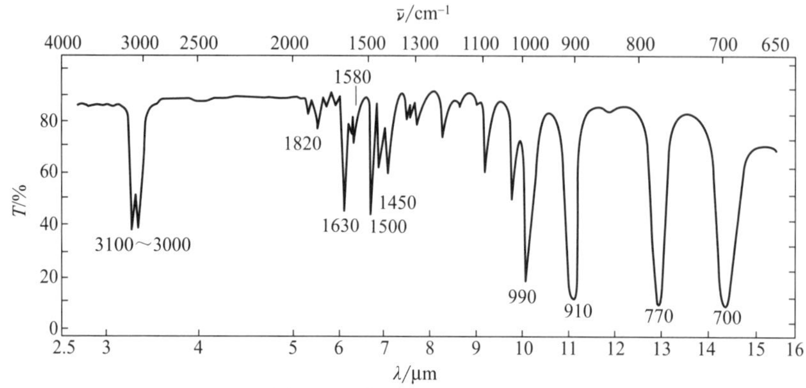

图 3.1 苯乙烯的红外光谱

红外光谱与紫外-可见吸收光谱一样，都属于分子吸收光谱，并呈现出带状结构。红外吸收峰的位置、强度、形状和个数反映了分子结构的特点，可以用来鉴定未知化合物的结构或确定其化学基团；而吸收峰的强度与分子组成或其化学基团的含量有关，因而可以进行定量分析和纯度鉴定。

3.1.3 红外光谱法的特点

红外光谱法是一种重要的仪器分析方法，其主要优点如下：

① 特征性强 除光学异构体及长链烷烃同系物外，几乎没有两个化合物具有相同的红外光谱，使其在鉴别分子结构与官能团信息方面非常有利。

② 信息丰富 红外光谱提供的数据包含丰富的信息，除了可以进行定性和定量分析外，还可以通过红外光谱计算化学键的力常数、键长、键角等物理常数。

③ 操作简便 制样过程简单，仪器操作方便，测定速度快，重复性好。

④ 样品用量少 所需样品量极少，仅需毫克级甚至微克级的样品。

⑤ 应用范围广 可用于绝大多数有机化合物及部分无机化合物的分析，且不受物质物理状态限制，支持固态、液态和气态样品多形态分析。

红外光谱法的不足主要有：

① 水溶液体系检测受限 水分会产生强吸收干扰。

② 无法检测某些物质 如非红外活性物质、红外光谱相同的光学异构体、红外光谱相似的长链正构烷烃等。

③ 对复杂、混合体系解析困难 对于复杂化合物的结构测定，通常需要配合紫外、质谱和核磁共振波谱等方法，才能推断出准确的结构；对于混合物，其光谱叠加会导致峰归属模糊，需结合仪器联用技术和其他分析方法才能得出准确的解析结果。

④ 定量分析能力弱 吸收峰强度受分子偶极矩变化、样品均匀性等因素影响，定量精度低于紫外-可见分光光度法或色谱法。

3.2 红外光谱的基本原理

3.2.1 分子产生红外光谱的条件

红外光谱是由分子吸收红外辐射引起分子振动能级的跃迁而产生的，但并非所有的振动能级跃迁都会吸收红外光，产生红外光谱。分子产生红外光谱必须同时满足以下两个条件：

① 红外辐射的能量刚好等于分子振动能级跃迁所需的能量。

② 分子在振动时，必须伴随有偶极矩的变化。

分子由于构成它的原子的电负性不同而显示不同的极性，偶极矩是表征分子极性大小的一个参数，其大小等于正负电荷中心的距离与电荷量的乘积。分子红外吸收光谱是偶极矩诱导的，只有偶极矩发生变化的振动形式，才能吸收与其振动具有相同频率的红外光的能量，产生相应的吸收峰。这种能产生偶极矩变化的振动叫红外活性振动。若在振动过程中分子的偶极矩不发生变化，这种振动叫非红外活性振动，它不能产生红外吸收峰。对于单质或同核双原子分子的振动，其偶极矩变化为零，为非红外活性。对于多原子分子，若分子有对称中心，使分子失去对称中心的振动是红外活性的，而对称中心仍保持的振动为非红外活性的。CO_2 分子是中心对称分子，虽然其永久偶极矩为零，但当它在做不对称振动时，一个氧原子移向碳原子，另一个氧原子却背离碳原子运动，其电荷分布将发生周期性的变化，使正负电荷中心不重合，产生了瞬间偶极矩变化，故有红外活性，会产生红外吸收。而 CO_2 分子的对称振动，2 个氧原子同时离开或移向碳原子，2 个键产生的瞬间偶极矩大小相等，方向相反，分子的正负电荷中心重合，整体而言，偶极矩没有变化，始终为零，所以该振动不产生红外吸收。

3.2.2 红外吸收峰的位置

分子的红外光谱通常是由分子中各基团和化学键的振动能级及转动能级跃迁所引起的，故又叫振转光谱。用“小球弹簧模型”模拟分子的振动，由胡克（Hooke）定律可以推导出双原子分子或基团的伸缩振动波数 $\bar{\nu}(\mathrm{cm^{-1}})$、化学键的力常数 $K(\mathrm{N \cdot cm^{-1}})$ 与两原子的摩尔质量（M_A、M_B）之间的关系为：

$$\bar{\nu}=1302\sqrt{K/\frac{M_A M_B}{M_A+M_B}} \tag{3.1}$$

波数为波长的倒数，是每厘米长度中所含光波的数目，单位为 $\mathrm{cm^{-1}}$。波长与波数的关系为：

$$\bar{\nu}\ (\mathrm{cm^{-1}})=\frac{1}{\lambda}\ (\mathrm{cm})=\frac{10^4}{\lambda}\ (\mu\mathrm{m}) \tag{3.2}$$

波长、频率、波数和光速 c 之间的关系为：

$$\nu=\frac{c}{\lambda}=c\bar{\nu} \tag{3.3}$$

例 3-1 已知 C═C 键的力常数 $K=9.6\ \mathrm{N \cdot cm^{-1}}$，求 C═C 键的伸缩振动的频率。

解： 由式(3.3) 知，基团的振动频率与波数成正比，因此波数的高低也反映了频率的大小。

$$\bar{\nu}_{C=C}=1302\sqrt{9.6/\frac{12.011^2}{2\times 12.011}}=1646\ (\mathrm{cm^{-1}})$$

分子的振动能级是量子化的，振动能级差的大小与分子的结构密切相关。如图 3.2 所示，当分子吸收一定频率的红外辐射后，从振动能级基态跃迁至第一激发态时，产生的吸收峰叫作基频峰，它所对应的振动频率等于它所吸收的红外线的频率。从振动能级基态跃迁至第二激发态、

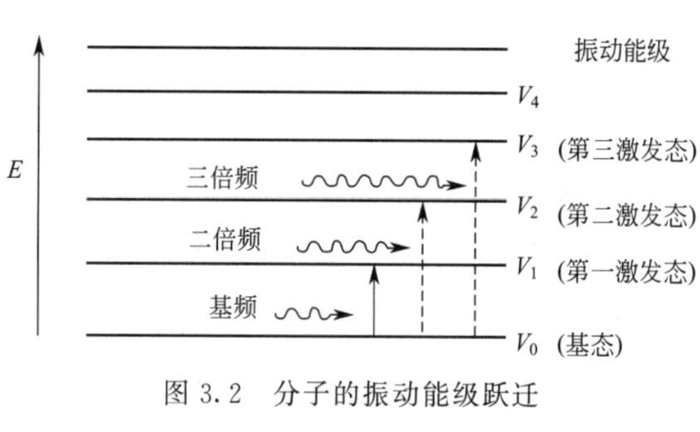

图 3.2 分子的振动能级跃迁

第三激发态等所产生的吸收峰，分别称为二倍频峰、三倍频峰等。实际上，倍频峰的振动频率总是比基频峰频率的整倍数略低一点。倍频峰的强度比基频峰的弱得多，而且三倍频以上的峰因其强度极弱而难以直接测出。

红外光谱中还会产生合频峰或差频峰，它们分别对应两个或多个基频之和或之差。合频峰、差频峰又叫组频峰，其强度也很弱，一般不易辨认。

有时人们又将倍频峰、合频峰和差频峰统称为泛频峰，泛频峰都是弱峰。

3.2.3 分子的基本振动类型和红外吸收峰的数目

红外光谱中往往有多个吸收峰，通常每一个主要的吸收峰都对应了一种基本振动的形式，都有它自己的特征振动频率。

多原子分子的基本振动有两大类型，即伸缩振动（stretching vibration）和弯曲振动（bending vibration），前者用 ν 表示，后者用 δ 表示。

伸缩振动是指成键原子沿键轴方向伸缩，使键长发生周期性变化的振动，其键角保持不变。当分子中原子数≥3 时，其伸缩振动还可以分为对称伸缩振动（ν_s）和不对称伸缩振动（ν_{as}）两种。前者表示在振动时各键同时伸长或缩短；后者表示在振动时，某些键伸长的同时，另一些键缩短。通常 ν_{as} 的频率高于 ν_s 的频率。

进行弯曲振动时，基团的键角发生周期性的变化，而其键长保持不变。由于弯曲振动的力常数比伸缩振动的小，故其对应的吸收峰通常出现在较低频端。弯曲振动又可分为面内弯曲振动和面外弯曲振动两种形式，而面内弯曲振动又分为剪式振动（δ_s）和面内摇摆（ρ）两类，面外弯曲振动又分为面外摇摆（ω）和扭曲振动（τ）两类。

亚甲基（—CH_2）的各种振动形式如图 3.3 所示。

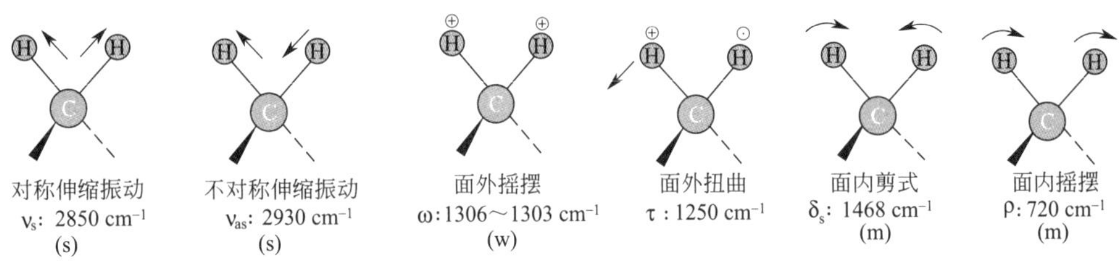

图 3.3 亚甲基的各种振动形式

多原子分子中含有的各种基团或化学键可能产生多种基本振动形式，每一种基本振动形式都可能产生一个红外吸收峰。然而实际上，红外谱图上的峰数往往少于基本振动数目，其主要原因是：其中的非红外活性振动并不产生红外吸收峰；频率完全相同的振动简并成一个吸收峰；宽而强的吸收峰会掩盖邻近的窄而弱的吸收峰；频率在仪器频率范围之外的峰和强度太弱的峰仪器都不能显示。但是，有时红外光谱中也会增加某些非基频振动的吸收峰，比如倍频峰、组频峰、振动偶合峰等。

3.2.4 红外吸收峰的强度

红外吸收峰的强度比紫外-可见吸收峰的弱得多，其强度一般按摩尔吸光系数 ε 的大小划分为很强（vs）、强（s）、中（m）、弱峰（w）、很弱（vw）五个等级，如表 3.2 所示。

表 3.2 红外光谱区的划分

峰强度	vs	s	m	w	vw
$\varepsilon/(L\cdot mol^{-1}\cdot cm^{-1})$	>200	75～200	25～75	5～25	<5

在红外定性分析中，峰强度通常是指各峰的相对强度，主要取决于振动时分子偶极矩变化的大小。偶极矩变化越大，吸收峰就越强。

分子振动时偶极矩的变化主要由以下几个因素决定。a. 分子中的键连原子电负性相差越大，振动时偶极矩变化就越大，其伸缩振动所引起的吸收峰就越强。例如，O—H＞C—H＞C—O。b. 同一基团的不同振动形式会使分子产生不同的偶极矩变化，从而产生不同强度的吸收峰。c. 结构完全对称的分子，若振动过程中其偶极矩始终为零，就不会产生相应的吸收峰。d. 当分子形成氢键后，偶极矩增大，吸收峰强度增加，且谱带变宽。此外，样品浓度的大小、分子中某种振动单元数量的多少、振动的偶合、分子中偶极矩大的基团对邻近基团的影响等，都会引起吸收峰强度的改变。

3.2.5 影响峰位的因素

3.2.5.1 分子内部因素对峰位的影响

由于分子内部结构的差异和分子外部条件的不同，使得不同化合物中的同一官能团所产生的红外吸收峰并不总是固定在某一频率上，而是在一定的频率范围内波动。

① 诱导效应（I 效应，induction effect） 由于分子中的电负性取代基的静电诱导作用，使键的极性变化，改变了键的力常数，进而改变了化学键或官能团的特征吸收频率，这种现象叫诱导效应。例如，当一个电负性较强的基团与羰基碳相连时，其静电诱导作用将使羰基氧原子上的电子云向双键转移，导致羰基极性减小，双键强度增加，伸缩振动频率上升。

化合物

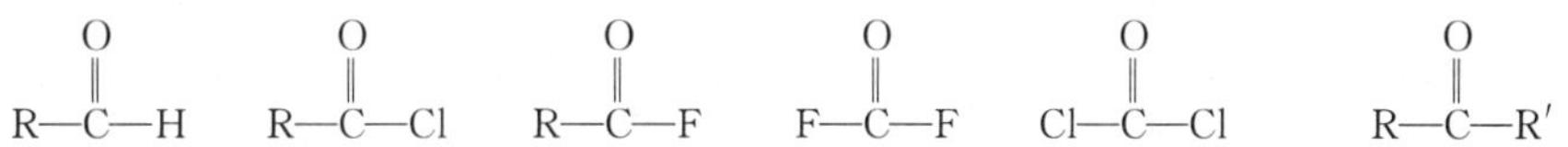

$\bar{\nu}_{C=O}/cm^{-1}$ 1731 1800 1920 1928 1828 1715

严格地说，上述化合物的 $\bar{\nu}_{C=O}$ 同时还会受到共轭效应的影响。

② 共轭效应（C 效应，conjugation effect） 分子中形成 π-π 共轭或 p-π 共轭而引起的某些键的振动频率和强度改变的现象叫共轭效应。例如：

孤立烯：$\bar{\nu}_{C=C}$ 1680～1620 cm^{-1}　　1,3-丁二烯：$\bar{\nu}_{C=C}$（共轭）1600 cm^{-1} 左右。

当含有孤对电子的杂原子与 π 键上的原子相连接时，由于 p-π 共轭效应与亲电诱导效应的共同作用，使 π 键伸缩振动频率可能减小或增大。例如，下列化合物的 $\bar{\nu}_{C=O}$ 变化：

化合物

$\bar{\nu}_{C=O}/cm^{-1}$ 1710～1725 1650～1690 约 1800 约 1735

因此对酰胺来说，共轭效应的影响超过了诱导效应，使羰基的双键性减弱，吸收频率降低；而对于酰氯来说，诱导效应的影响超过了共轭效应，故使 $\bar{\nu}_{C=O}$ 上升。

③ 场效应（F 效应，field effect） 分子内的邻近基团通过空间偶极场作用，使电子云分布改变、振动频率变化的现象叫场效应。

例如，二氯丙酮的两种构象：

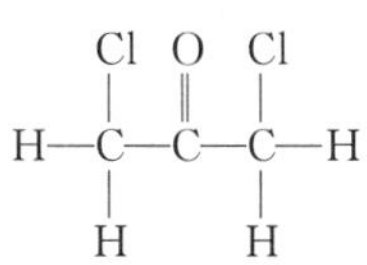 $\bar{\nu}_{C=O}$ 1755 cm^{-1}　　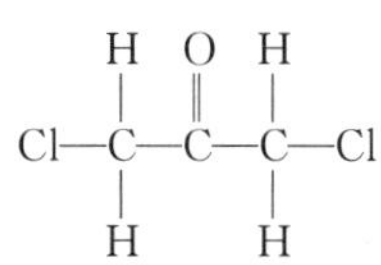 $\bar{\nu}_{C=O}$ 1728 cm^{-1}

前者的两个氯原子与羰基氧的空间位置靠近，二者的偶极场负负相斥，使羰基氧原子上的电子云向双键转移，减小了键的极性，增大了力常数，使 $\bar{\nu}_{C=O}$ 较大，而后者氯原子远离羰

基，二者间的偶极场作用可以忽略，故其 $\bar{\nu}_{C=O}$ 较低。

④ 空间位阻效应　是指分子中各基团空间位置的阻碍作用，使分子的几何形状发生变化，从而改变了正常的电子效应或杂化状态，导致了谱带位移的现象。例如，在下列几个化合物中，随着羰基邻近位置上取代基的增多，空间位阻增大，使羰基双键与环烯双键的共平面性变差，二者的共轭程度减弱，$\bar{\nu}_{C=O}$ 升高。

化合物	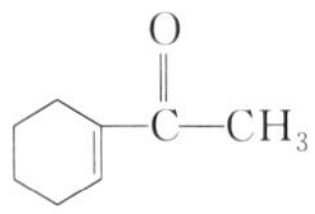	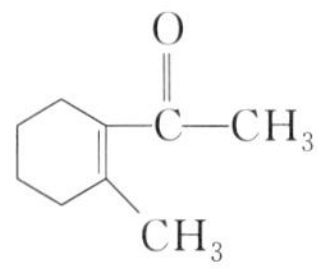	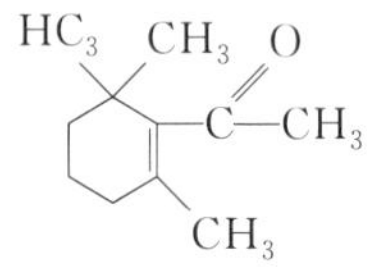
$\bar{\nu}_{C=O}/cm^{-1}$	1663	1686	1693

⑤ 环张力效应　当形成环状分子时，必须改变原来正常的键角而产生键的弯曲，于是就存在着抵抗弯曲的张力，随着环的缩小，键角减小，键的弯曲程度随之增大，环的张力也逐渐增加，这使得环内双键被减弱，$\bar{\nu}_{C=C}$ 降低，$\bar{\nu}_{=C-H}$ 升高，而使得环外双键、环上羰基被加强，$\bar{\nu}_{C=C}$ 升高。例如：

化合物	环己烯	环戊烯	环丁烯	环丙烯
$\bar{\nu}_{C=C}/cm^{-1}$	1646	1611	1566	1541
$\bar{\nu}_{C-H}/cm^{-1}$	3017	3045	3060	3076
化合物	环己酮	环戊酮	环丁酮	
$\bar{\nu}_{C=O}/cm^{-1}$	1716	1745	1781	

⑥氢键效应（hydrogen bond effect）　形成氢键 X—H⋯Y 后，会同时影响给氢体和受氢体的电子云分布，使振动频率下降，吸收强度明显增加。例如：

游离羧酸　$\bar{\nu}_{O-H}$　$3520\ cm^{-1}$（较窄）　$\bar{\nu}_{C=O}$　约 $1770\ cm^{-1}$

缔合羧酸（二聚体）　$\bar{\nu}_{O-H}$　$3300\sim2500\ cm^{-1}$（宽、强）　$\bar{\nu}_{C=O}$　约 $1710\ cm^{-1}$

⑦ 振动偶合效应和费米（Fermi）共振　当两个频率相同或相近的基团在分子中靠得很近时，它们之间可能产生振动偶合作用，使吸收峰裂分为两个，一个高于原来的频率，一个低于原来的频率，这种现象叫振动偶合效应。

例如，丙二烯的两个双键的振动偶合，产生了 $1960\ cm^{-1}$ 和 $1070\ cm^{-1}$ 处的裂分吸收峰。

异丙基和叔丁基的几个相邻甲基产生面内弯曲振动的偶合作用，使 $1380\ cm^{-1}$ 吸收峰分别裂分为 $1385\ cm^{-1}$、$1375\ cm^{-1}$ 和 $1395\ cm^{-1}$、$1365\ cm^{-1}$ 两组峰。

当某一振动的倍频或组频位于另一强的基频峰附近时，由于相互间强烈的振动偶合作用，使原来很弱的泛频峰强化（或出现裂分双峰），这种特殊的振动偶合称为费米共振。例如，醛基的 C—H 伸缩振动基频与 C—H 弯曲振动倍频接近，产生费米共振，在 $2840\ cm^{-1}$、$2720\ cm^{-1}$ 左右产生两个中等强度的吸收峰，这是鉴定醛的特征吸收峰。

⑧ 互变异构　如果分子有互变异构现象发生，吸收峰将发生位移。例如，乙酰乙酸乙酯有酮式和烯醇式的互变异构，产生不同的吸收峰：

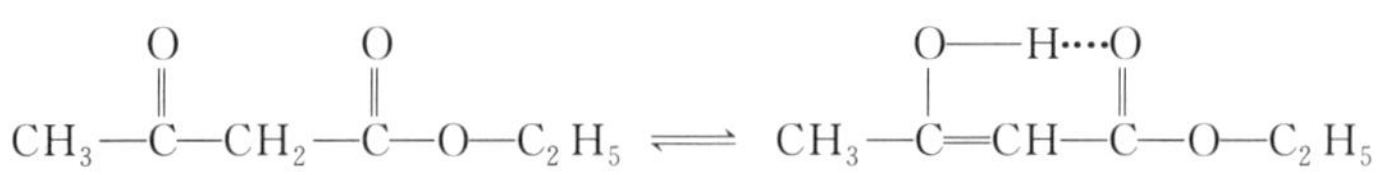

$\bar{\nu}_{C=O}$　$1738\ cm^{-1}$　　　　$\bar{\nu}_{C=O}$　$1650\ cm^{-1}$

$1717\ cm^{-1}$　　　　$\bar{\nu}_{O-H}$　$3000\ cm^{-1}$

此外，跨环效应（transannular effect）等也能引起相应基团或化学键的振动频率的改变。

3.2.5.2 外部因素对峰位的影响

通常，同一种物质的分子在不同的物理状态下进行测试、溶剂极性的不同、溶液浓度和温度的改变、红外光谱仪类型的差异等外部条件都可能使溶质的红外光谱发生变化。在解析红外光谱时，也必须考虑这些外部因素对峰位的影响。

3.3 红外光谱仪

红外光谱仪主要有色散型和傅里叶变换型两种类型。早期的红外光谱仪都是色散型，其中，以棱镜和光栅为色散元件的红外光谱仪分别称为第一代和第二代红外光谱仪，其扫描速度慢，测定灵敏度、分辨率和准确度都较低，使其在许多方面的应用受到限制。20 世纪 70 年代出现了基于干涉调频分光的傅里叶变换红外光谱仪（FTIR）被称为第三代红外光谱仪，其各种性能均得到极大提升。经过几十年的发展，如今它已取代色散型红外光谱仪成为红外光谱仪的主导产品。

3.3.1 傅里叶变换红外光谱仪

傅里叶变换红外光谱仪没有色散元件，主要由光源（硅碳棒、高压汞灯）、迈克尔逊干涉仪、检测器（热释电检测器、汞镉碲光电检测器）和计算机等组成。它的核心部件是迈克尔逊干涉仪。如图 3.4 所示，光源发出的红外辐射，经干涉仪转变成干涉光，通过试样后得到含试样结构信息的干涉图，由计算机采集，经过快速傅里叶变换，得到透光率或吸光度随波数或频率变化的红外光谱图。

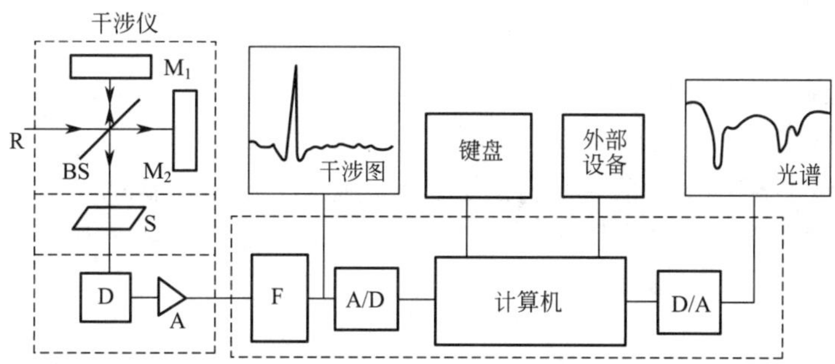

图 3.4 傅里叶变换红外光谱仪工作原理

R—红外光源；M_1—定镜；M_2—动镜；BS—光束分裂器；S—试样；
D—检测器；A—放大器；F—滤光器；A/D—模数转换器；D/A—数模转换器

傅里叶变换红外光谱仪具有以下优点：扫描速度快，可在 1 s 内获得红外光谱，可用于对快速反应的跟踪分析，也便于和色谱等分析仪器联用；分辨率高，可达 0.1～0.005 cm^{-1}；灵敏度高，检出限可达 10^{-12}～10^{-9} g，可以用于超痕量分析；波数测量精度高，可达 0.01 cm^{-1}；光谱范围宽，可达 10000～10 cm^{-1}。

随着科学技术的不断进步和创新，如今的傅里叶变换红外光谱仪已经发展成为一种功能强大、操作简便、高效快速的分析仪器，为科学研究提供了有力的支持。相信在未来，红外光谱仪还将继续发挥更加重要的作用。

3.3.2 红外吸收光谱分析法对试样的要求

红外光谱法可以用于分析气体、液体和固体样品，但试样一般需符合以下要求：

① 试样应为单一组分的纯物质。试样的纯度应大于99%或符合商业规格，这样才便于与纯化合物的标准光谱对照。应在测定前预先用分馏、萃取、重结晶、区域熔融或色谱法对组分试样进行分离提纯，否则各组分光谱互相重叠，难以解析。

② 试样应干燥，不含游离水。水分的存在不但会侵蚀吸收池的盐窗，而且会产生强烈的红外吸收峰，干扰样品中羟基峰的观察甚至使得样品的红外吸收峰变形。

③ 试样的浓度和厚度应适当，以使光谱中的大多数吸收峰的透光率处于10%～80%范围内为宜。

3.3.3 制样方法

化合物的红外吸收峰强度、形状会因样品的制备方法不同而发生一些变化，因此在对试样进行红外光谱测试时，试样的制备是关键。必须根据试样的状态、性质、分析目的、仪器性能等选择一种最合适的制样方法。

红外制样方法要根据试样的状态而异。

(1) 气体试样

气体试样一般使用如图3.5所示的气体池进行测定。其长度可以选择，一般长5～10 cm，容积50～150 mL，用玻璃或金属制成圆筒，其两端粘有透红外光的NaCl或KBr窗片。圆筒两边装有2个活塞，供气体进出。测样时，先将气体池抽成真空，再充入一定压力的气体样品。为消除水蒸气对样品谱图的干扰，使用后的气体池应用干燥的氮气吹洗以保持干燥。

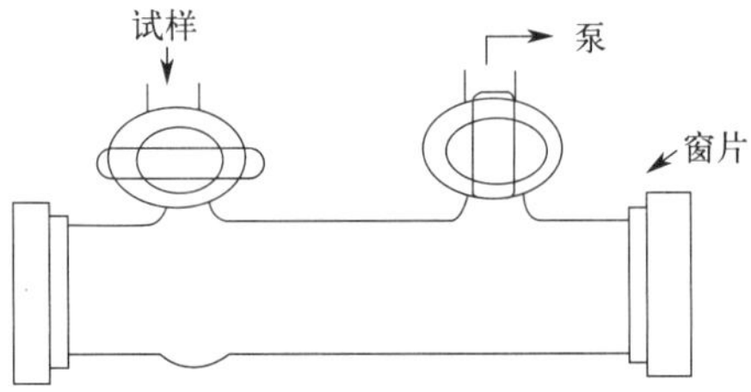

图3.5 气体池

(2) 液体试样

① 液膜法 把1～2滴试样滴在一块盐片上，用另一块盐片将其夹住，形成一层薄的液膜，用专用螺栓固定后放入样品室进行测定。此法适用于沸点较高的试样。测定时需注意防止气泡混入，螺栓不能拧得过紧以免盐片破裂。使用后需立即拆除，在红外灯下用少许滑石粉加入几滴无水乙醇磨光其表面，用镜头纸擦干后，再滴加1～2滴无水乙醇洗净，用红外灯烘干后置于干燥器中备用。

黏度大的液体试样可以直接涂在一块盐片上测定。

② 液体池法 低沸点易挥发的试样应注入封闭的吸收池中测定，液层厚度为0.01～1 mm。某些红外吸收很强的液体可配制成10%（质量分数）左右的溶液，然后注入吸收池中测定。配制溶液应考虑溶剂本身应无吸收干扰。常用的试剂有CCl_4（适用于4000～1350 cm^{-1}）和CS_2（适用于1350～650 cm^{-1}）。需注意的是吸收池两侧一般是用NaCl或KBr等晶体做成窗片，盐窗片是水溶性的，不能测定水溶液。吸收池使用后应注入能溶解样品的溶剂进行浸泡，最后用干燥的空气或氮气吹干。

③ 水溶液的简易测定法 由于水会腐蚀盐片，因此一般水溶液不能进行红外光谱测定。利用聚乙烯薄膜是水溶液红外光谱测定的一种简易方法，在金属管上铺一层聚乙烯薄膜，其上压入一橡胶圈。滴下水溶液后，再盖上一层聚乙烯薄膜，用另一橡胶圈固定后测定。需注意的是，采用此方法测水溶液时，聚乙烯、水及重水都会有红外吸收。

(3) 固体试样

① 压片法 将1～2 mg干燥的固体试样与200 mg干燥的光谱纯KBr于玛瑙研钵中研磨均匀，置于模具中压成透明薄片后进行测定。压片法是固体试样最常用的制样方法，但对

于不稳定的固体化合物，如易发生分解、异构化、升华等变化的化合物则不宜使用该方法制样。

② 石蜡糊法　将干燥处理后的试样研细，与液体石蜡或全氟代烃混合调成糊状，夹在两块盐片之间形成液膜进行测定。液体石蜡适用于 1300～400 cm^{-1}，全氟代烃适用于 4000～1300 cm^{-1}。由于石蜡是高碳数饱和烷烃，因此该方法不宜用于测定饱和烷烃。

③ 薄膜法　对于熔点低、熔融后不分解的物质，可将其在高温下熔融后压制成膜，直接涂在盐片上进行测定。对于大多数高分子化合物，可将其溶解在低沸点易挥发的溶剂中，再将溶液分布在成膜介质（玻璃、塑料、金属板）上，待溶剂挥发后形成试样膜。将制成的试样膜剥下后，夹在两个盐片之间进行测定。

④ 溶液法　将固体试样在合适的溶剂中溶解配制成 5%（质量分数）左右的溶液，注入液体吸收池中进行测定。

3.3.4　其他测定方法和联用技术

随着傅里叶变换红外光谱仪的普及使用，一些附件和联用技术也得到了快速发展，并适用于不同样品的表征，进一步扩大了红外光谱技术的应用范围。

（1）衰减全反射法

衰减全反射（ATR）法基于全反射原理，如图 3.6，当红外光以大于临界角通过高折射率晶体（如 ZnSe、金刚石）时，与紧贴晶体表面的样品发生接触。光在晶体内部发生多次反射，形成衰减波与样品表层（0.5～5 μm）相互作用，样品吸收特定波长后，反射光强度变化被检测，形成光谱。使用 ATR 附件时需确保样品与晶体紧密接触。

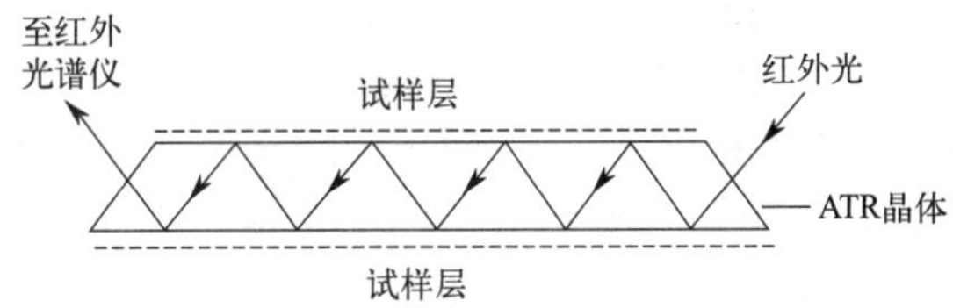

图 3.6　ATR 法示意图

ATR 具有制样方便、不破坏样品表面形态等优点，可测定薄膜、粉末、柔软材料（如橡胶）、凝胶或生物体组织，广泛用于表面化学分析（如涂层、污染物检测）、原位反应监测（如溶液聚合）和生物医学样本快速检测。

（2）漫反射法

漫反射法（DRI）又称粉末反射法。红外光照射粉末样品时发生漫反射，收集散射光信号。通常将样品与 KBr 混合稀释，减少镜面反射干扰，再通过 Kubelka-Munk 函数转换数据为吸收光谱。

DRI 适合松散粉末或难压片的颗粒样品（如催化剂、药物粉末），无须压片，但需均匀分散以减小颗粒尺寸影响。对强吸收样品需优化稀释比例。多用于多孔材料、固体催化剂表面吸附研究、矿物分析及不均匀混合物的定性/半定量分析。

（3）红外光声光谱法

光声光谱（PAS）是一种成熟的吸收光谱技术。将样品放入充满不吸收入射光气体的密闭光声池内，用入射光脉冲照射时，样品分子吸收光能从基态跃迁至某种激发态，然后将光能转变成热能，引起气体压力变化而产生声波的现象叫作光声效应。微音器将声音信号转换为电信号，再由放大器放大，并作为入射光波长的函数由记录仪记录下来，便得到了光声光谱。傅里叶变换红外光声光谱（FTIR-PAS）仪采用光声池、前置放大器代替傅里叶变换红外光谱仪的检测器，将试样置于光声池中，基于光声效应，通过检测样品吸收光能后产生的声波信号实现分析。

FTIR-PAS 的检测灵敏度高，对不透明固体、液体和气体进行定量分析时，检出限可低至 10^{-9} 数量级。FTIR-PAS 用的是声音检测器，对被样品反射或散射的辐射无响应，因此特别适宜于测定高散射性样品。在光学上不透明的固体通常有明显的光声效应，因此，光声光谱几乎可以测定任何固体，包括高度不透明的固体，如深色催化剂、煤样、橡胶、高聚物等难以制样的试样，不允许加工处理的试样。用激光光声光谱还能对痕量大气污染物进行遥感遥测，也能对人体科学、医学、药物学方面进行卓有成效的研究。

（4）显微-傅里叶红外光谱技术

显微-傅里叶红外光谱（Mic-FTIR）技术将傅里叶变换红外光谱仪的化学信息获取能力与显微镜的空间分辨能力结合起来，形成红外成像技术，可用于研究非均相体系的形态结构，实现微区和微量成分分析。Mic-FTIR 技术具有灵敏度高、制样方法简便等优点。与薄片切片机等并用，Mic-FTIR 技术可以进行微小部分的结构解析。空间分辨率可达 10 μm 甚至亚微米级（使用同步辐射光源），检出限可达皮克（pg）级，焦平面阵列（FPA）探测器的使用可实现快速成像，并推动高通量分析。如今，Mic-FTIR 在材料科学领域已用于高分子材料相态分布、复合材料界面分析；在生物医学方面，已用于单细胞或组织切片中蛋白质、脂类的分布等研究。

（5）气相色谱-傅里叶红外光谱联用技术

气相色谱-傅里叶红外光谱联用技术（GC-FTIR）将气相色谱的分离能力与红外光谱的定性分析能力相结合，是一种有效的分离和鉴定相结合的分析方法，是分析多组分低沸点有机试样的有效手段。GC-FTIR 最关键的部位是 GC 和 FTIR 的接口，接口通常采用与色谱流出气体相适应的流通型气体吸收小池，称为“光管”。一方面光管不断接收 GC 馏分，另一方面 FTIR 同步跟踪扫描以检测光管中的 GC 馏分。采集到的数据经过计算机处理可以获得与气相色谱-质谱（GC-MS）类似的重建色谱图（如总吸收度图、Gram-Schmidt 图），进而可以得到色谱图中每一个谱峰的红外光谱图，与红外谱图库检索结合，可增强其定性能力。近年来，GC-FTIR 在对分子特征官能团的鉴定和复杂混合物中同分异构体的鉴定方面得到了广泛应用。

3.4 化合物的红外光谱

3.4.1 有机化合物的红外光谱

有机化合物的红外光谱中通常有许多吸收峰，这些峰的位置（波数）、强度和形状与有机化合物的分子结构密切相关，各种基团的不同振动形式所产生的吸收峰，总是出现在一定的波数范围内。为了解析谱图的方便，可根据各基团吸收带的特征，按照波数高低的顺序，将中红外区（4000～400 cm^{-1}）分为如下的七个区段。

3.4.1.1 O—H、N—H 伸缩振动区（3700～3200 cm^{-1}）

羟基、氨基的伸缩振动吸收峰通常位于中红外区的最高频端，其规律如表 3.3 所示。

表 3.3 不同类型的 ν_{O-H}、ν_{N-H} 频率范围

基团类型		$\bar{\nu}/cm^{-1}$	特点	说明
醇、酚 ν_{O-H}	游离	3700～3500	s(尖锐)	在非极性的稀溶液中或气态时
	缔合	3450～3200	vs(较宽)	纯的固态或液态
羧酸 ν_{O-H}	游离	3520 左右	vs(较窄)	气态或非极性稀溶液中
	缔合	3300～2500	vs(很宽)	一般为二聚体或多聚体，与 ν_{C-H} 重叠

续表

基团类型		$\bar{\nu}/cm^{-1}$	特点	说明
胺 ν_{N-H}	游离	3500～3300	w，m(略尖)	比 ν_{O-H} 弱，伯胺为双峰(ν_{as} 和 ν_s)，仲胺和亚胺都只显单峰，而叔胺不显峰
	缔合	3500～3100	w，m(略尖)	
酰胺 ν_{N-H}	伯酰胺	3450～3225	s(略宽)	伯酰胺为双峰(ν_{as} 和 ν_s)；仲酰胺为单峰，但在 3070 cm^{-1} 处有一弱吸收峰，估计是 δ_{N-H} 的倍频峰；叔酰胺无吸收峰
		3330	s(略宽)	
	仲酰胺	3070	w	

3.4.1.2 Y—H 伸缩振动区（3300～2400 cm^{-1}）（Y= C、S、B、P 等）

C—H 键是有机化合物中最常见化学键，它的伸缩振动频率较高，位于 3000 cm^{-1} 左右。通常，除醛以外，不饱和 C—H 伸缩振动波数均在 3000 cm^{-1} 以上；除环丙烷以外，饱和 C—H 伸缩振动波数均在 3000 cm^{-1} 以下。其规律见表 3.4。

3.4.1.3 三键及累积双键伸缩振动区（2400～1950 cm^{-1}）

该区（见表 3.5）主要有炔类化合物产生的 $\nu_{C\equiv C}$ 和腈类化合物产生的 $\nu_{C\equiv N}$ 吸收尖峰，其波数均在 2200 cm^{-1} 左右，并随取代基的不同而有所波动。此外，累积双键的 ν_{as} 在 2275～1900 cm^{-1}，吸收较强，而其 ν_s 在 1400～1100 cm^{-1}，吸收很弱，二者相距甚远。

表 3.4 Y—H 伸缩振动区不同基团的频率范围

基团类型		$\bar{\nu}/cm^{-1}$	特点	说明
ν_{C-H}	炔	约 3310	vs(尖锐)	有时可能 ν_{O-H}、ν_{N-H} 相互重叠或掩盖
	烯	3120～3000	m(尖锐)	末端烯氢的 $\nu_{=C-H}$ 高于其他烯氢
	芳环	3100～3000	m(尖锐)	因仪器分辨率不同，可能出现 1～3 个尖锐峰
	环丙烷	约 3090 或 3000	vs(双峰)	随着环的增大，ν_{C-H} 降至 3000 cm^{-1} 以下
	甲基	2960，2870	vs(双峰)	$\nu_{as}>\nu_s$
	亚甲基	2930，2850	vs(双峰)	$\nu_{as}>\nu_s$
	次甲基	2890	w	常被甲基、亚甲基吸收峰掩盖
	醛	2840，2720	m，w(双峰)	ν_{C-H} 与 δ_{C-H} 的倍频费米共振产生，位置较固定
ν_{S-H}		2590～2250	w(尖锐)	ν_{S-H} 吸收峰在液态和稀溶液中变化不大
ν_{P-H}		2450～2280	s	ν_{P-H} 通常产生较强的吸收峰
ν_{B-H}		2640～2220	vs(双峰)	硼盐的吸收峰位于 2500～2220 cm^{-1}

表 3.5 三键伸缩振动的频率范围

基团类型		$\bar{\nu}/cm^{-1}$	特点	说明
$\nu_{C\equiv C}$	R—C≡C—H	2200～2100	m，v(尖)	双取代频率比单取代的高；结构对称性越差，吸收越强，完全对称的 $\nu_{C\equiv C}$ 无吸收峰。C≡C 与羰基共轭时，$\nu_{C\equiv C}$ 吸收峰变得很弱
	R—C≡C—R′	2260～2190	m，v，w(尖)	
	R—C≡C—R	无吸收		
$\nu_{C\equiv N}$	R—C≡N	2270～2220	m，s(尖)	短链小分子腈以及脂环腈、氨基腈等的吸收峰较强，而 α 位卤素取代腈的吸收峰变得很弱，芳腈等脂肪腈的频率略低
	Ar—C≡N	2240～2200	s，m(尖)	
$\nu_{-N^+\equiv C^-}$		2200～2100	s	

3.4.1.4 羰基伸缩振动区（1900～1500 cm^{-1}）

羰基的偶极矩大，吸收强烈，通常是 IR 谱图中的特征性明显的最强峰。$\nu_{C=O}$ 的频率随分子中邻近基团的不同而变动，溶剂极性也产生一定影响。各种羰基化合物的 $\nu_{C=O}$ 频率范围及特征见表 3.6。

表 3.6　羰基化合物 $\nu_{C=O}$ 的频率范围

羰基类型	$\bar{\nu}$/cm^{-1}	特点	说明
饱和脂肪醛 α,β-不饱和脂肪醛 芳香醛	1740～1720 1705～1680 1715～1690	vs vs vs	①$\nu_{C=O}$ 吸收峰强度大，但通常较窄，极少与其他峰重叠，易于辨认 ②π-π 共轭效应或 p-π 共轭效应使 $\nu_{C=O}$ 频率略有下降，亲电诱导效应使 $\nu_{C=O}$ 频率略有上升。两种效应的综合作用影响了吸收峰位置 ③脂环酮类化合物或环内酯类化合物，随着环的变小，环张力增大，$\nu_{C=O}$ 吸收向高频方向移动 ④大多数饱和酯 $\nu_{C=O}$ 位于 1735 cm^{-1} 附近，为强吸收峰。羰基形成氢键或与 π 键共轭，使 $\nu_{C=O}$ 频率降低，但强度不变；若酯的烷氧基变为烯氧基（—O—CH=CH$_2$），$\nu_{C=O}$ 吸收峰向高波数移动 ⑤酰卤上的卤原子，产生诱导效应，使 $\nu_{C=O}$ 频率明显升高，并且有时会产生部分重叠的双峰 ⑥酸酐有两个由氧原子连接的羰基，其 ν_{as}、ν_s 两吸收峰部分重叠，相距约 60 cm^{-1}。非环状酸酐高频峰比低频峰略强，而环状酸酐低频峰比高频峰强。环状酸酐 $\nu_{C=O}$ 吸收频率比非环状酸酐高数十个波数，而共轭酸酐比同类非共轭酸酐 $\nu_{C=O}$ 吸收频率略低 ⑦酰胺的 p-π 共轭影响大于 N 的诱导效应，故其 $\nu_{C=O}$ 频率较低，伯酰胺 $\nu_{C=O}$ 与 δ_{NH_2} 靠近，部分重叠或合为一宽峰；仲酰胺 $\nu_{C=O}$ 与 δ_{NH}、ν_{C-N} 靠近，产生两个上部分开，下部重叠的峰；叔酰胺通常只产生一个明显的 $\nu_{C=O}$ 峰 ⑧游离羧酸 $\nu_{C=O}$ 频率较高，但羧酸常常以二聚体的形式存在，其 $\nu_{C=O}$ 移向低频；与极性溶剂形成分子间氢键，使 $\nu_{C=O}$ 频率降低 ⑨羧酸形成盐后，两个碳氧键平均化，产生较宽的 ν_{as} 峰和较窄的 ν_s 峰
饱和脂肪酮 α,β-不饱和脂肪酮 α-卤代酮 芳香酮 四元环脂酮 五元环脂酮 六元环脂酮	1725～1705 1685～1665 1745～1725 1700～1680 1800～1750 1780～1700 1760～1680	vs vs vs vs vs vs vs	
链酯 五元环内酯 六及七元环内酯	1745～1720 1780～1750 1750～1730	vs vs vs	
酰卤	1820～1740	vs	
酸酐（ν_{as}） （ν_s）	1860～1800 1800～1740	vs vs	
酰胺（游离） （缔合）	1700～1660 1660～1640	vs vs	
羧酸（游离） （缔合）	1780～1760 1725～1700	vs vs	
羧酸盐（ν_{as}） （ν_s）	1620～1540 1450～1400	vs s	

3.4.1.5　双键伸缩振动区（1690～1500 cm^{-1}）

包括常见的 C=C、C=N、N=N、N=O 等基团的伸缩振动、芳环的骨架振动、N—H 弯曲振动等吸收峰。此区段的主要吸收峰见表 3.7。

表 3.7　双键伸缩振动区内的主要吸收峰

基团类型		$\bar{\nu}$/cm^{-1}	特点	说明
芳环骨架振动		1620～1450	2～4 个峰	①芳环骨架 $\nu_{C=C}$ 有四个吸收峰，位于 1600 cm^{-1}、1580 cm^{-1}、1500 cm^{-1}、1450 cm^{-1} 附近，其中 1500 cm^{-1} 和 1600 cm^{-1} 处吸收较强，稠环芳烃 $\nu_{C=C}$ 吸收位置变化更大 ②若分子结构完全对称的烯，无 $\nu_{C=C}$ 吸收峰，对称性越差，吸收越强，但比 $\nu_{C=O}$ 弱 ③共轭作用使 $\nu_{C=C}$ 吸收强度提高，频率下降，共轭双烯有双峰，约为 1650 cm^{-1}、1600 cm^{-1}，后者为特征峰；共轭三烯与双烯相差不大，但有时 1650 cm^{-1} 峰变为小肩峰；共轭多烯在 1650～1580 cm^{-1} 产生一个宽峰
烯	$\nu_{C=C}$	1680～1620	峰强不定	
亚胺化合物	$\nu_{C=N}$	1690～1640	s	
偶氮化合物	$\nu_{N=N}$	1630～1575		
硝基化合物	$\nu_{NO_2,as}$	1615～1510	s	
	$\nu_{NO_2,s}$	1390～1320	s	
胺	δ_{N-H}	1650～1580	m，w	

3.4.1.6　C—H 面内弯曲振动及 C—Y 伸缩振动区（Y 为 C、O、N、卤素）（1500～1000 cm^{-1}）

该区内各种基团的振动形式和频率见表 3.8，主要有 $\delta_{C-H(面内)}$、ν_{C-O}、ν_{C-N}、ν_{C-C}、$\nu_{C-卤}$ 等的吸收峰。

表 3.8　C—H 面内弯曲振动及 C—Y 伸缩振动区的主要吸收峰

基团振动类型	$\tilde{\nu}/cm^{-1}$	特点	说明
甲基 δ_{as} 及亚甲基 $\delta_{剪}$ 甲基 δ_s 异丙基 δ 叔丁基 δ	约 1460 约 1380 1385,1375 1395,1365	m,特征 m,特征 m,等强双峰 m,前弱后强	①—CH_3 的不对称面内弯曲振动和—CH_2—的剪式振动吸收峰位于 1460 cm^{-1} 附近,—CH_3 的对称面内弯曲振动吸收峰位于 1380 cm^{-1} 附近,此二峰为甲基、亚甲基的特征峰 ②ν_{C-C} 吸收一般较弱,但酮类化合物 ν_{C-C} 的吸收较强,产生一至几个峰(1300～1100 cm^{-1}),脂肪酮位于低端,芳香酮位于高端 ③ν_{C-O} 吸收峰位于 1300～1000 cm^{-1},为该区域内的最强峰。由于与其他振动产生强烈偶合,故峰位变动较大,醇、酚、酯、酸酐、酸等均含有其他特征吸收带,而此吸收带为脂肪醚的唯一特征吸收带 ④有机卤化物中与卤原子直接相连的—CH_2—的面外摇摆振动变为强峰,出现在 1250 cm^{-1} 左右;ν_{C-F} 为强峰,位于 1400～1100 cm^{-1},—CF_3 位于高端,—CF 位于低端 ⑤$\nu_{C=S}$ 为强吸收峰,位于 1230～1050 cm^{-1};砜 $\nu_{O=S=O}$ 的 ν_{as}、ν_s 分别在 1340～1290 cm^{-1} 和 1165～1120 cm^{-1},亚砜 $\nu_{S=O}$ 在 1070～1030 cm^{-1},位置较恒定,强度大
酮 $\nu_{C-C(O)-C}$	1300～1100	s(尖窄)	
醇 ν_{C-O}	1200～1000	vs(宽)	
酚 ν_{C-O} (双峰)	1300～1200 1200～1130	vs(宽) vs(宽)	
醚 ν_{C-O}	1275～1060	vs(较宽)	
酯 ν_{C-O} 羧酸 ν_{C-O} 酸酐 ν_{C-O-C}	1300～1000 1250 左右 1250～1000	vs(宽) vs(宽) vs(宽)	
胺 ν_{C-N} 非共轭胺 芳香胺	1360～1020 1220～1022 1360～1020	 w s	

3.4.1.7 低频弯曲振动区（1000～600 cm^{-1}）

此区域有烯氢和芳氢的面外弯曲振动、氨基的面外弯曲振动、亚甲基的面内摇摆振动等。

① 烯氢的面外弯曲振动吸收　烯氢面外弯曲振动吸收峰的特点见表 3.9。

② 芳氢的面外弯曲振动吸收　芳环 C—H 面外弯曲振动可出现 1～3 个强吸收峰，位于 900～650 cm^{-1} 的范围内，其波数随取代基位置和数目而变，因此可由芳氢的面外弯曲振动吸收峰来判断苯环的取代状况。其特点见表 3.10。

表 3.9　烯氢的面外弯曲振动（δ_{C-H}，1000～670 cm^{-1}）

烯烃类型	$\tilde{\nu}/cm^{-1}$	特点	说明
$RHC=CH_2$ (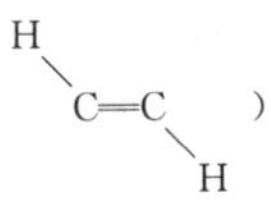)	995～985	s	乙烯($CH_2=CH_2$)的 $\delta_{=C-H(面外)}$ 约为 950 cm^{-1},随取代基位置的不同,振动频率有所改变,取代基种类亦会影响其振动频率,例如,$ROCH=CH_2$ 的频率为 962 cm^{-1} 和 810 cm^{-1},$CH_2=CHCOOR$的频率为 990 cm^{-1} 和 960 cm^{-1} 顺式为 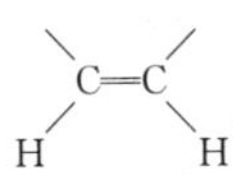,反式为 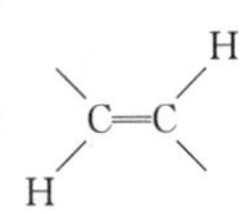 有时在 1820 cm^{-1} 附近会出现 $\delta_{=CH_2(面外)}$ 的倍频峰,该峰很弱,但对 $>C=CH_2$ 结构鉴定有意义
(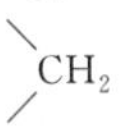)	915～905	s	
$R^1R^2C=CH_2$	895～885	s	
$R^1HC=CHR_2$			
顺式	730～675	m	
反式	980～965	s	
$R^1R^2C=CHR_3$	840～790	s	

表 3.10　芳环的 C—H 面外弯曲振动［$\delta_{Ar-H(面外)}$，900～650 cm^{-1}］

类型	特点	类型	特点
苯	670 cm^{-1}(s)	邻二取代苯(四个邻 H)	单峰:约 750 cm^{-1}(vs)
一取代苯(五个邻 H)	双峰:约 750 cm^{-1}(vs),约 700 cm^{-1}(s)	间二取代苯(三个邻 H) (一个孤 H)	双峰约 780 cm^{-1}(vs),约 700 cm^{-1}(m,s) 单峰:约 880 cm^{-1}(m)
对二取代苯(二个邻 H)	单峰:约 830 cm^{-1}(s)		

续表

类型	特点	类型	特点
1,2,3-三取代苯(三个邻 H)	双峰:约 770 cm^{-1}(vs),约 725 cm^{-1}(vs)	1,2,4-三取代苯(一个孤 H)及(二个邻 H)	单峰:约 880 cm^{-1}(m) 单峰:约 810 cm^{-1}(s)
1,3,5-三取代苯(三个孤 H)	双峰:约 835 cm^{-1}(s),约 700 cm^{-1}(s)	1,2,3,4-四取代苯 1,2,3,5-四取代苯	单峰:约 805 cm^{-1}(s) 单峰:约 845 cm^{-1}(s)
五取代苯(一个孤 H)	单峰:约 880 cm^{-1}(s)	1,2,4,5-四取代苯	单峰:约 860 cm^{-1}(s)

注：此规律也适用于稠环芳烃及杂芳环化合物，但并接的芳核及杂原子应作为环上取代基看待。

芳氢 $\delta_{Ar-H(面外)}$ 的倍频与合频（即泛频）吸收带位于 2000～1650 cm^{-1}，为一组多个很弱吸收峰，其形状与苯环取代状况有关，可作为确定取代苯的辅助手段。

③ 1000～600 cm^{-1} 区间的其他振动基团　当分子中—CH_2—≥3 时，在 725 cm^{-1} 附近有 $\delta_{CH_2(面内摇摆)}$ 产生的吸收峰（w，m）。胺类及酰胺在 910～600 cm^{-1} 范围内有 $\delta_{NH(面外)}$ 的一宽而强的吸收带。羧酸 $\delta_{O-H(面外)}$ 吸收带位于 930 cm^{-1} 左右（m，较宽）。缔合醇羟基 $\delta_{O-H(面外)}$ 吸收峰在 650 cm^{-1} 附近（宽）。脂肪酰氯在 800～650 cm^{-1} 处有 ν_{C-Cl}（m）、在 1000～900 cm^{-1} 处有羰基 ν_{C-C}（s）两吸收带。炔烃 $\delta_{\equiv C-H(面外)}$ 位于 665～625 cm^{-1}（强、宽），其倍频吸收带出现在 1375～1225 cm^{-1}（w、宽）。有机硅化合物在此区域内可产生多个强吸收带，如 δ_{Si-H} 950～800 cm^{-1}（s）、$\delta_{Si-CH_2(面内)}$ 及 ν_{Si-C}860～700 cm^{-1}（s）（可能为单峰、双峰或多重峰）、ν_{Si-Cl} 约 625 cm^{-1}（s）等。

3.4.2 无机化合物的红外光谱

无机化合物的红外光谱通常比较简单，其特征基团的振动往往在 4000～400 cm^{-1} 内只出现几个峰，而 M—X 伸缩振动、晶体的晶格振动等则位于 400 cm^{-1} 以下。无机化合物的晶体构成、水合状况、配位状况等在红外光谱中都能得到体现，因此红外光谱法在无机和配位化学的基础研究、矿物研究、催化剂研究等领域中得到了广泛的应用。

解析无机化合物的红外光谱图，着重分析阴离子团的振动频率。因为无机化合物在中红外区的光谱主要是由阴离子的伸缩振动和弯曲振动引起的，它的吸收谱带位置与阳离子关系较小。通常，当阳离子的原子序数增大时，阴离子的吸收峰将向低波数方向做微小的位移。

由于无机化合物可能和溴化钾、氯化钠之间发生离子交换作用，因此其样品制备与有机化合物有所不同。用溴化钾压片法或将其涂于氯化钠盐片上都不太好，最好用石蜡糊法。

某些无机基团的红外吸收峰的特点见表 3.11。

表 3.11　某些无机基团的红外吸收峰的特点

基团及振动形式		波数/cm^{-1} 及特点	基团及振动形式		波数/cm^{-1} 及特点
硝酸盐	ν_{NO_2}	约 1360,s,宽,1 至数个峰	碳酸盐	$\nu_{CO_3^{2-},as}$	约 1410,s,宽
	ν_{NO}	约 1040,vw,尖		$\nu_{CO_3^{2-},s}$	约 1060,s
	$\delta_{NO_3^-(面外)}$	约 825,w,尖		$\delta_{CO_3^{2-}(面外)}$	约 870,较弱,尖
	δ_{NO_2}	约 720,w,较宽,1～2 峰		$\delta_{CO_3^{2-}(面内)}$	约 700,较弱,尖
	泛频峰	约 1760,较弱,尖	液体水	ν_{as} 及 ν_s	3600～3000
硫酸盐	$\nu_{SO_4^{2-}}$	1200～1100,s,宽		$\delta_{O-H(面内)}$	约 1650,较弱
	$\delta_{SO_4^{2-}}$	680～600 较弱,尖		$\delta_{O-H(面外)}$	990～400,较弱,宽

续表

基团及振动形式		波数/cm^{-1} 及特点	基团及振动形式		波数/cm^{-1} 及特点
NaOH	ν_{O-H}	约 3637,s	矿物结构水	ν_{as} 及 ν_s	3750～2000,s
$Mg(OH)_2$	ν_{O-H}	约 3700,s		δ_{O-H}	1300～400,较弱
$Ca(OH)_2$	ν_{O-H}	约 3650,s	结晶水	ν_{as} 及 ν_s	3660～2800,s
				δ_{O-H}	1690～1590,较弱
$Al(OH)_3$	ν_{O-H}	约 3420,s			

3.5 红外光谱分析与应用

红外光谱法的应用广泛，不仅可以用于已知化合物的定性鉴定和未知化合物的结构分析，还可以用于定性分析和化学反应机理研究等。

3.5.1 红外光谱的定性分析

红外光谱定性分析也叫作红外谱图的解析，它包括官能团定性和结构分析两部分。根据各种基团特征峰的位置，结合影响峰位变化的原因，以及这些吸收峰的强度、形状、大小、数目等，指认出这些峰是由哪种官能团的何种振动形式所产生的，同时观察其相关峰是否存在，然后确定其归属，叫作官能团定性。在官能团定性的基础上，再进一步分析谱图中各种谱带之间的相互关系，并结合其他谱图所提供的信息或化合物的理化性质，确定化合物的结构式或立体结构，叫作结构分析。

3.5.1.1 已知化合物及其纯度的定性鉴定

如果已知化合物的结构明确，仅要求用红外光谱来检验它是否为所期待的化合物，通常采用对照品对比法进行鉴定。在相同条件下对待测试样和对照品分别进行红外光谱扫描，将得到的两张谱图直接进行对照，如果二者的红外吸收光谱图在吸收峰位置、强度和峰形上都相同，则表明此二者是同一物质。反之，则说明二者不是同一物质或试样中含有杂质。此方法可以消除不同仪器和测定条件造成的误差，但必须要找到相应的对照品。

此外，还可以采用标准谱图对比法。在与标准谱图相同的测定条件下对待测试样进行红外光谱扫描，再与标准谱图对比，根据是否一致即可定性。此方法不需要对照品，但必须要有待测物质的标准谱图，且不同仪器和测定条件的差异难以完全消除。

常见的标准谱图库有：Sadtler 谱图库、Aldrich 红外谱图库、Sigma Fourier 红外谱图库、Spectral Database for Organic Compounds (SDBS)。应用最多的是 Sadtler 谱图库，它收集了二十多万张红外光谱图，并且每年都会增补一些新的谱图；该谱图备有多种索引，如分子式索引、化合物名称索引、化合物分类索引和分子量索引等，而且还可以同时检索紫外、核磁共振氢谱和碳谱的标准谱图。

3.5.1.2 未知化合物的结构分析

对未知化合物进行结构分析，是红外光谱定性分析的一个重要用途，其主要流程如下。

① 了解样品基本情况和谱图的测试方法　首先应了解样品的来源和制备方法；测定样品的物理常数，如熔点、沸点、溶解度、折射率、旋光率等作为定性的旁证；估计其可能是哪一类化合物。由于同一样品用不同方法测得的谱图会有一定的差异，所以还应该了解谱图的测试方法。

② 计算不饱和度　通常由元素分析和质谱分析等方法可以确定化合物的分子量和分子

式。由分子式能计算出样品分子的不饱和度（unsaturation number，UN 或 Ω）。不饱和度表示有机分子中碳原子的不饱和程度，也叫缺氢度。与相应的饱和分子相比，每缺 2 个 H，就相当于 1 个不饱和度。因此，一个环有 1 个不饱和度，一个双键有 1 个不饱和度，而一个三键则有 2 个不饱和度。Ω 的计算公式如下：

$$\Omega=\frac{3n_5+2n_4+n_3-n_1+2}{2} \tag{3.4}$$

式中，n_5 为分子中 5 价原子的数目；n_4 为分子中 4 价原子的数目；n_3 为分子中 3 价原子的数目；n_1 为分子中 1 价原子的数目。

例 3-2 计算苯、$CHCl_3$、$C_{10}H_{12}O_2$ 等分子的不饱和度。

解： 苯的 $\Omega=(2\times6-6+2)/2=4$，因此，如果分子的 $\Omega\geqslant4$，则该分子可能含有苯环结构。$CHCl_3$ 的 $\Omega=(2\times1-4+2)/2=0$，为饱和分子。$C_{10}H_{12}O_2$ 的 $\Omega=(2\times10-12+2)/2=5$，该分子可能有一个苯环和一个双键。

③ 确定所含的化学键和基团　在解析红外谱图时，先从特征区（4000～1300 cm^{-1}）中最强谱带入手，结合经验规律推测未知物可能含有的基团，判断不可能含有的基团，再通过指纹区（1300～400 cm^{-1}）的谱带进一步验证，查找出可能含有基团的相关峰。只有特征峰和相关峰同时存在时，才能基本确认该基团的存在。

④ 提出化合物的可能结构　确定了化合物可能含有的各个基团后，可以进而推测它们的组合方式。各个基团的不同的连接方式和不同的空间位置通常会在红外光谱中得到反映，如形成氢键、共轭体系、诱导作用等会使基团的特征频率发生位移。根据以上推测，结合分子中各种基团相互影响的规律，确定连接方式，提出化合物可能的结构式。

⑤ 与标准谱图对照　将所推断出的分子结构与标准谱图对照（测试条件需相同），排除与谱图相矛盾的结构式，确定样品分子的结构。若无标准谱图可查，则可用已知的标准试样在相同条件下扫描来对照。

⑥ 配合其他分析方法综合解析　尽管标准谱图集和计算机谱图库能提供许多有意义的结构信息，但红外光谱的解析还是带有较多的经验性和灵活性。尤其是对于复杂的化合物，仅仅由红外光谱确定其结构是困难的，通常需要结合其他谱图，如紫外吸收光谱、质谱、核磁共振波谱等进行综合解析，才能得出可靠的结论。

3.5.2 红外光谱解析举例

例 3-3 某化合物的分子式为 C_8H_{16}，其 IR 谱如下，试推断其可能的结构。

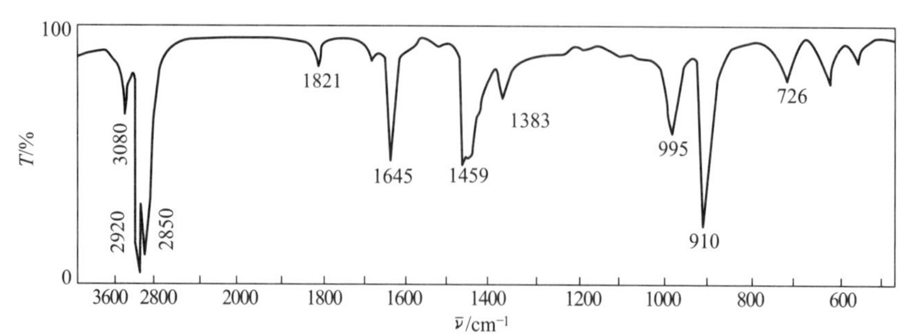

解： 由分子式计算 $\Omega=(2\times8-16+2)/2=1$，估计该化合物有一个双键或一个环。

在 3080 cm^{-1} 处有一中强峰，说明存在与不饱和碳氢相连的氢，因此，该化合物应该为烯。在 1645 cm^{-1} 处还有 $\nu_{C=C}$ 吸收，进一步证实了烯基的存在。

2920 cm^{-1}、2850 cm^{-1} 处的强吸收峰为 CH_3 和 CH_2 的 $\nu_{C—H(as)}$ 和 $\nu_{C—H(s)}$ 吸收峰。1459 cm^{-1} 处为 CH_3 的 δ_{as} 和 CH_2 的 $\delta_{剪}$ 吸收峰，1383 cm^{-1} 处为 CH_3 的 δ_s 吸收峰，1459 cm^{-1} 处的吸收峰明显强于 1383 cm^{-1} 处的吸收峰，说明 CH_2 数目远大于 CH_3 数目，可推测该化合物为一长链烃。726 cm^{-1} 处有 $\delta_{CH_2(面内摇摆)}$ 产生的吸收峰进一步说明长链烃的存在。995 cm^{-1}、910 cm^{-1} 的 $\delta_{C—H}$ 吸收峰及 1821 cm^{-1} 的 $\delta_{=CH_2(面外)}$ 倍频峰，说明该化合物有端乙烯基。

综上所述，该化合物的可能结构是 $CH_2═CH—(CH_2)_5—CH_3$。

对照谱图作进一步验证，各吸收峰与结构式中的相应基团的振动频率相符，结构式中各元素原子个数与分子式相符，结构式的 $\Omega=1$，与计算值相同。因此可以确定该化合物为 1-辛烯。

例 3-4 某化合物的分子式为 C_7H_9N，其 IR 谱如下，试推断其可能的结构。

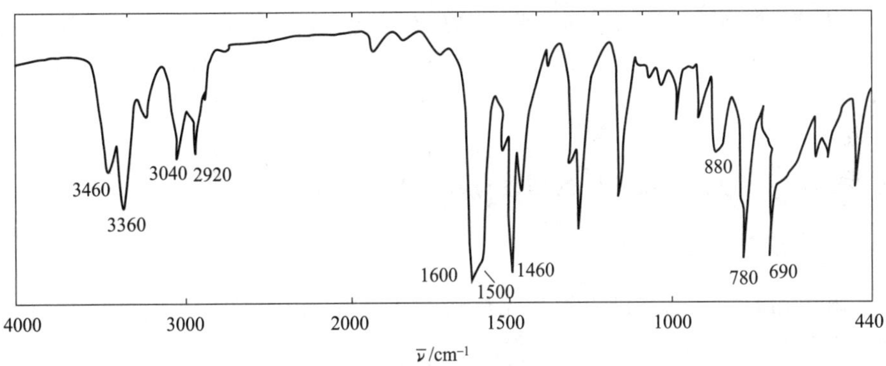

解： 由分子式计算 $\Omega=(2\times7+1-9+2)/2=4$，估计该化合物有一个苯环。

特征区 1600 cm^{-1}、1500 cm^{-1} 处的最强吸收峰，对应于苯环的骨架振动；特征区 3460 cm^{-1}、3360 cm^{-1} 处的次强吸收峰，对应于伯氨基的 N—H 伸缩振动，说明有$—NH_2$存在；特征区 3040 cm^{-1} 处的中强吸收峰，为芳氢的 C—H 伸缩振动，可以确定分子中有苯环结构；特征区 2920 cm^{-1} 处的吸收峰为饱和的 C—H 伸缩振动，1460 cm^{-1} 处为甲基的 δ_{as} 吸收，故能肯定$—CH_3$ 的存在；指纹区 880 cm^{-1}、780 cm^{-1} 和 690 cm^{-1} 处的峰是间二取代苯芳氢面外弯曲振动吸收，故可认定该化合物为间二取代苯。综上所述，该化合物的可能结构是 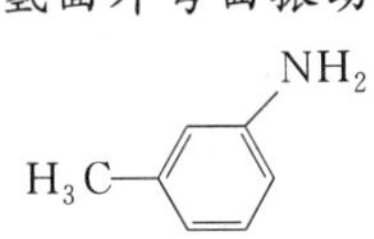

。对照谱图作进一步验证，各吸收峰与结构式中的相应基团的振动频率相符，结构式中各元素原子个数与分子式相符，结构式的 $\Omega=4$，与计算值相同。因此可以确定该化合物为间甲基苯胺。

例 3-5 分子式为 $C_4H_9O_3N$ 的化合物的红外光谱如下，请推测其可能的结构。

解： 计算不饱和度：若 N 为 3 价，$\Omega_1=(2\times4+1-9+2)/2=1$；若 N 为 5 价，$\Omega_2=(3\times1+2\times4-9+2)/2=2$。

谱图中 3307 cm^{-1} 左右的强宽吸收带为醇羟基的 $\nu_{O—H(缔合)}$ 特征吸收峰，1050 cm^{-1} 处的强吸收峰应为伯醇 $\nu_{C—O}$ 所产生，因此该化合物为一伯醇类化合物。在 1545 cm^{-1} 和 1366 cm^{-1} 处有两个强吸收峰，分别对应于硝基的 $\nu_{NO_2(as)}$ 和 $\nu_{NO_2(s)}$，说明该化合物含有硝基，其不饱和度正好为 2。在 3200～3000 cm^{-1} 和 1800～1600 cm^{-1} 无吸收带，说明此化合物无烯键、羰基等结构。2961～2852 cm^{-1} 附近的吸收带由甲基、亚甲基的 $\nu_{C—H}$ 产生，1463 cm^{-1} 和

1381 cm^{-1} ［与硝基 $\nu_{NO_2(s)}$ 峰重叠］处为 $\delta_{C-H(面内)}$ 吸收峰，证实了甲基、亚甲基的存在。在 1381 cm^{-1} 处未发生峰的裂分，故不应有异丙基或叔丁基的结构。

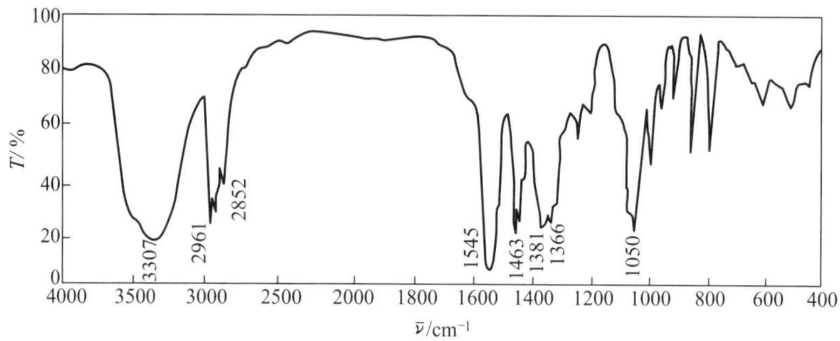

综上所述，该化合物有以下结构单元：$CH_2—OH$、NO_2、CH_3。由分子式减去上述结构单元，可得剩余结构单元 CH_2CH，将它们组合成可能的结构式：

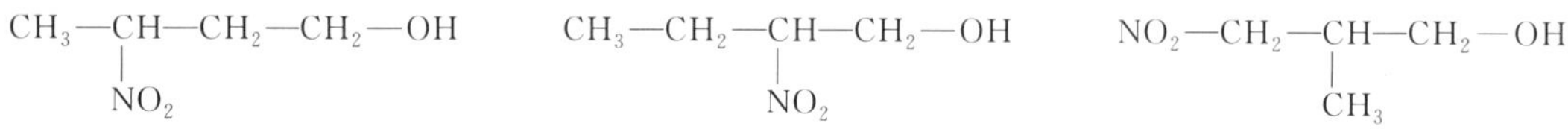

（A）　　　　（B）　　　　（C）

对照标准红外谱图，可以确定该化合物的结构式应为（B）。

3.5.3 红外光谱的定量分析

气体、液体和固体样品都可用红外光谱法进行定量分析。它的理论依据是朗伯-比尔定律。通常应在谱图中选取待测组分强度较大、干扰较小的吸收峰作为测定的对象，然后用基线法来求其吸光度。如图 3.7 所示，选 1752 cm^{-1} 处的峰为测定对象，假设背景吸收（基线）在峰的两侧不变，则该峰的吸光度

$$A=\lg(T_0/T_1)=\lg(85.3/15.8)=0.732$$

可用单点校正法或标准曲线法定量。应注意试样和标准的处理方法必须严格一致。

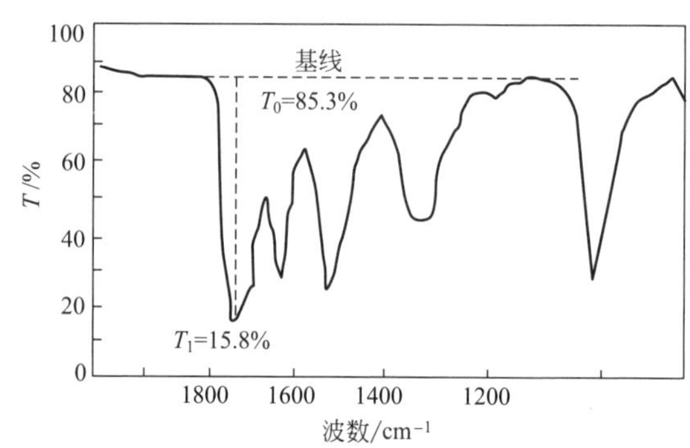

图 3.7 用基线法求吸光度示意图

红外光谱定量分析的灵敏度较低，测量误差也较大，因此红外光谱定量分析远不如紫外-可见分光光度法定量分析应用广泛。

3.5.4 红外光谱的应用

红外光谱的应用面非常广泛，在地质勘探、石油工业、石化工业、纺织工业、日化工业、农业和食品工业、生物学和生物化学、材料科学、法庭科学、环境科学、气象学、能源科学技术等许多领域中都有它的用武之地。

例如：在石油工业中，可利用红外光谱定性和定量研究生油母质干酪根的结构、类型以及在地质演变过程中的变化，评价生烃潜力，确定有机质的成熟度；研究各种处理剂的结构特点和作用机理。在石化工业中，利用红外光谱进行汽油辛烷值和柴油十六烷值的预测、测定润滑油的碳分布和环分布、进行润滑油添加剂的分析和润滑脂的分析等。

红外光谱也是多相催化研究的重要手段之一。它可以提供许多有关吸附态的信息，了解

催化剂的表面活性中心，研究催化剂的晶化过程和晶化程度，鉴定催化剂表面酸性中心的类型、含量和强度，确定催化剂骨架元素比和催化剂中离子定位、移动和价态等。

在生物、医学和药学中，可以用 GC-FTIR 联用技术对生物体液中的药物、麻醉剂、兴奋剂及其代谢产物进行分析，对血、尿样品中的氨基甲酸酯类农药进行准确测定，探索动脉粥样硬化的形成过程和机理；还可用 FTIR 简便快速地对细菌进行分类和鉴别，研究蛋白质、核酸等生物大分子的结构，研究细胞和组织等复杂体系，进行肿瘤早期诊断和其他多种疾病的临床医学辅助诊断，评价各种制剂剂型，研究多晶型药物的晶型与药效的关系，区分药物同分异构体，研究药物合成中化学反应的历程，评价反应产物的纯度及质量等。此外，红外光谱作为药物鉴定的依据之一，结合其他波谱分析还可以确定未知药物的化学结构。

3.6 拉曼光谱法简介

拉曼光谱法是一种研究来自样品表面的非弹性散射光的频率与分子结构之间关系的光谱分析方法。该方法利用光子对共价结合分子的非弹性散射来识别官能团、结晶度以及应力和应变，所产生的拉曼光谱实际上是物质分子的振动和转动光谱，反映了物质的指纹信息。

3.6.1 基本原理

1928 年，印度物理学家 C. V. Raman 发现了拉曼效应，并由此而荣获诺贝尔物理学奖。

当光源发射的光照射到样品上时，除被吸收的光之外，绝大部分光沿着入射方向穿过样品，只有极少部分改变方向而成为散射光。如果散射光的波长与入射光波长相同，这种散射叫瑞利（Rayleigh）散射；如果散射光的波长发生了改变，这种散射就叫作拉曼（Raman）散射，其相对于入射光频率的改变量叫作拉曼位移（$\Delta\nu$）。拉曼散射仅占全部散射光的千分之一至万分之一。对于同一物质，拉曼位移与入射光频率无关，而与样品分子的振动能级有关，是表征分子振-转能级的特征物理量。$\Delta\nu$ 的能量变化值对应于分子的振动能级的能量差。因此同一振动形式的拉曼位移频率和红外吸收频率是相等的。对于不同物质，$\Delta\nu$ 不同。拉曼散射光的强度与入射光强度及待测组分浓度成正比。

用一定波长的激光照射样品分子，将产生的拉曼散射光检测出来，便可得到散射光强度与 $\Delta\nu$ 的关系曲线——拉曼光谱。利用拉曼光谱，可对物质进行定性、定量分析和结构分析。

当分子的振动引起极化率改变时便会产生拉曼散射，这种振动叫拉曼活性振动。极化率无改变的振动称为拉曼非活性振动，它不会产生拉曼光谱。

红外吸收频率和拉曼位移的频率都等于分子振动频率，但是在进行红外活性振动时，分子的偶极矩要发生变化；而在进行拉曼活性振动时，分子的极化率要发生改变。极性基团振动时偶极矩变化较大，故能产生较强的红外吸收。反之，非极性基团的红外吸收较弱，但它们会产生较强的拉曼活性振动，用拉曼光谱分析效果更好。具有对称中心的分子的红外活性和拉曼活性是互补的，而很多不具有对称中心的分子的红外活性与拉曼活性是并存的，但是二者的强度大小有所不同。只有极少数分子的某些振动形式对于红外光谱和拉曼光谱来说都是非活性的。

拉曼光谱的波数范围一般是 4000～40 cm^{-1}，在红外光谱难以测定的低频数区，仍然能得到很多有用的结构信息。因此，某些低波数的弯曲振动和重原子的伸缩振动，以及分子晶体中晶格的振动，在拉曼光谱中均能得到明确的表达。

3.6.2 拉曼光谱和红外光谱的区别

拉曼光谱和红外光谱都属于分子振动光谱，都是研究分子结构的重要手段，但是二者的产生机理、光谱图、仪器装置以及光谱应用等存在明显差别。

① 从产生机理看，拉曼光谱是基于分子对入射光（激光）的散射产生的，散射峰的强度取决于分子振动时极化率的变化大小；红外光谱是基于分子对红外光的吸收产生的，其吸收峰强度取决于分子振动时的偶极矩变化大小。若分子在振动中既有偶极的变化又有极化率的变化，则红外光谱和拉曼光谱中将同时出现谱带。拉曼光谱为散射光谱，红外光谱为吸收光谱。

② 从光谱图上看，分子中某一基团的拉曼光谱峰的位置和红外光谱峰的位置虽然相同，其横坐标单位也都是用波数表示，但拉曼光谱的横坐标表示的是拉曼位移，其数值是入射光波数与拉曼散射光波数之差。拉曼光谱的谱带清晰，比红外光谱简单。红外光谱中很弱的C—C 骨架振动是最强的拉曼谱带，能体现有机分子的骨架特征。环状化合物的对称伸缩振动具有很强的拉曼谱带，即红外吸收弱或无吸收的基团在拉曼光谱中有强峰。反之，拉曼光谱中散射峰弱的基团其红外吸收峰强。

③ 在仪器装置方面，拉曼光谱仪所用的光源一般为高强度激光（如 532 nm、785 nm），光学器件和样品池材料一般为光学玻璃或石英玻璃，检测器常用光电倍增管、二极管阵列等（需滤除瑞利散射）；而傅里叶变换红外光谱仪光源一般用硅碳棒、高压汞灯，光学器件和样品池一般采用盐材料，检测器常用热检测器，如氘化硫酸三甘肽（DTGS）检测器。

④ 在应用范围方面，拉曼光谱适合非极性但易极化的体系及分子对称结构分析（如—C═C—C═C—、—N═N—、—S—S—、C—C 骨架、石墨烯、碳纳米管等），可以得到分子的对称振动信息；由于水在拉曼光谱中仅产生无干扰的弱吸收带，故拉曼光谱还可以用于水溶液样品的研究，尤其适宜于测定生物样品；同时拉曼光谱既能直接测定固态样品，也可直接测定安瓿瓶中或毛细管中的样品。红外光谱适合极性基团检测和常规有机化合物的结构表征，但不能得到分子的对称振动信息；此外，由于水分子本身对红外有强烈吸收，要求样品中不能含有游离水。

总之，拉曼光谱与红外光谱是互补技术，实际应用中需根据样品性质、目标基团和分析需求综合选择。理解两者差异有助于优化实验设计，高效获取分子结构信息。

3.6.3 拉曼光谱仪

拉曼光谱仪是一种基于拉曼散射效应的分析仪器，通过检测光与物质相互作用后发生的非弹性散射光（拉曼散射光），获取分子振动、转动信息，进而分析物质的结构和成分。拉曼光谱仪分为色散型和傅里叶变换型两类。色散型拉曼光谱仪以光栅作为分光系统，其光谱波数的重现性和精度较差；使用狭缝限制了光通量大小，导致其信噪比不高；数据采集采用逐点扫描，所需时间长。而傅里叶变换激光拉曼光谱仪的出现使上述问题迎刃而解。

傅里叶变换激光拉曼光谱仪由激光光源、试样池、迈克尔逊干涉仪、滤光器、检测器及数据记录显示系统等组成，如图 3.8 所示。与色散型拉曼光谱仪不同的是，傅里叶变换激光拉曼光谱仪采用 Nd-YAG（掺钕钇铝石榴石）激光器代替了可见激光，发射波长为 1.064 μm 的近红外激光，由于能量较低，可有效避免荧光对拉曼光谱的干扰；采用迈克尔逊干涉仪代替了光栅单色器，使其具有测量速度快、分辨率高、波数精度高、信噪比高等优点；采用介质膜滤光片构成光学过滤系统，有效降低了干涉仪内瑞利散射光的相对水平；采用对近红外有灵敏效应的 Ge 二极管和 InGaAs 探测器。其工作原理是从激光器发出的光被试样散射后，经过迈克尔逊干涉仪，得到散射光的干涉波，进入检测器后获得时域信号，再通过计算机的快速傅里叶变换，得到拉曼散射线强度随拉曼位移变化的谱图，即常规的拉曼光谱图。

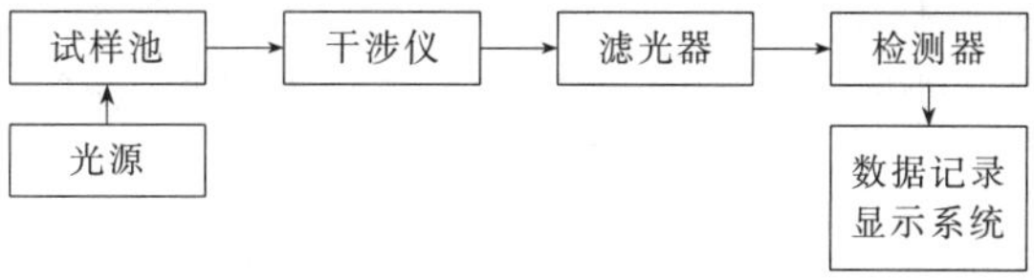

图 3.8　傅里叶变换激光拉曼光谱仪结构示意图

3.6.4　拉曼光谱法的应用

拉曼光谱法具有非破坏性、高分辨率、适应固态/液态样品等特点，使其广泛应用于无机物、有机物及生物样品的分析。

（1）无机物分析

拉曼光谱对晶体结构敏感，常用于无机物的物相鉴别。例如，在晶体结构鉴定方面，二氧化钛（TiO_2）的锐钛矿与金红石相的特征拉曼峰分别约为 144 cm^{-1} 和 447 cm^{-1}，据此可快速区分其晶体结构。在掺杂效应分析方面，半导体材料（如 Al 掺杂 ZnO）的晶格畸变可通过拉曼散射峰的峰位偏移和半峰宽的变化来表征。在矿物鉴别方面，地质样品中不同碳酸盐（如方解石或文石）中 CO_3^{2-} 的振动模式差异显著，据此可鉴别矿物中碳酸盐的主要成分。此外，金属-有机键的振动通常出现在 100～700 cm^{-1}，多为拉曼活性，金属-氧键也为拉曼活性，且水在拉曼光谱中可以作为溶剂，因此对无机物的研究拉曼光谱比红外光谱更有优势。并且拉曼光谱还可以用于水体中硝酸盐（特征峰约为 1048 cm^{-1}）含量检测，检出限可达 10^{-6} 级，为环境监测提供有效数据。在合金成分分析方面，不锈钢中 Cr 与 Ni 比例可通过其拉曼特征峰强度比进行定量分析。

（2）有机物分析

与红外光谱一样，拉曼光谱对官能团识别也具有高特异性，并且拉曼散射频率和红外特征吸收频率一般是对应的，也可以用于有机分子结构解析。与红外光谱相比，拉曼光谱更适合测定有机化合物的骨架结构，并能方便地区分各种异构体。例如，烯烃的双键伸缩振动，在红外光谱中通常为弱吸收峰或无吸收峰，但在拉曼光谱中则呈现为强吸收峰（约 1600 cm^{-1}）。又如，环烷烃衍生物在 700～1200 cm^{-1} 有一个很强的拉曼特征谱带，是环的全对称性（呼吸）振动引起的，这种振动形式是形成环状骨架的所有键同时发生伸缩振动，其谱带位置随着环的增大而减小，如环丙烷为 1190 cm^{-1}、环辛烷为 700 cm^{-1}，该振动在红外光谱中通常为弱吸收峰甚至无吸收峰。此外，异构体的空间排列差异导致分子振动模式（如键伸缩、弯曲）不同，拉曼光谱通过检测这些振动信号可以区分异构体。例如，邻、间、对二甲苯苯环上两个甲基的取代位置不同，采用拉曼光谱可明确区分三种异构体：在环振动模式方面，对二甲苯因高度对称，其环呼吸振动（约 1000 cm^{-1}）强度显著高于邻、间位异构体；在 C—H 弯曲振动拉曼峰方面，邻二甲苯在约 450 cm^{-1} 处出现独特的强峰，间二甲苯则在约 780 cm^{-1} 处有特征峰。除此之外，拉曼光谱还可以用于聚合物结晶度分析、酯化反应监测、药物中活性成分分析、汽油中苯系物测定等方面。

（3）生物样品分析

大多数生物样品，如蛋白质、核酸、多糖、脂质等多处于水溶液环境中，研究它们在水溶液中的分子组成、结构、构象以及分子间的相互作用等对于了解生物大分子的结构与性能之间的关系至关重要。如前所述，水在拉曼光谱中仅产生无干扰的弱吸收带，采用拉曼光谱可以在更接近自然状态下研究生物大分子的结构、变化以及生物大分子间的相互作用。例如，生物膜中蛋白质与脂质的相互作用、脂类与生物膜的相互作用等。再如，在细胞成分识别方面，借助拉曼光谱检测癌细胞中核酸（约 785 cm^{-1}）与脂类（约 1440 cm^{-1}）的信号强度，可用于病理诊断。在病原体检测方面，通过对病毒包膜蛋白的拉曼特征峰识别可实现快速鉴别流感病毒。

3.6.5 其他拉曼光谱法

近年发展的表面增强拉曼光谱技术（surface enhanced Raman spectroscopy，SERS）、高温拉曼光谱技术、激光共振拉曼光谱技术、共聚焦显微拉曼光谱技术、拉曼光谱与其他仪器联用技术、光纤耦合拉曼光谱技术、三级光栅拉曼光谱技术等，使拉曼光谱法步入了一个迅速发展的新时期，它的检测灵敏度、稳定性和空间分辨率等性能均有显著的提高，其在纳米材料表征、活体实时监测、原位分析等领域的应用潜力得到进一步释放，已成为跨学科研究的重要工具。如今，拉曼光谱法已经在有机化学、高分子化学、生物化学、材料科学、无机化学、表面科学、环境科学、医学和药物学等领域内得到了越来越广泛的应用。

●思考题及习题

1. 红外吸收产生的条件是什么？是否所有的分子都会产生红外光谱？为什么？

2. 计算脂肪酮中 C=O 伸缩振动基频吸收峰的峰位（cm^{-1}），$K_{C=O}=11.72\ N\cdot cm^{-1}$。

3. $\nu_{C=O}$ 与 $\nu_{C=C}$ 红外吸收频率在什么范围内？哪个峰强些？为什么？

4. 不同化合物中同一官能团的红外吸收峰并不总是在某一固定频率，请简述影响官能团红外吸收峰位置的主要因素。

5. 解释红外吸收峰数目比理论计算的振动自由度少的原因。

6. 傅里叶变换红外光谱仪与紫外-可见分光光度计在仪器基本结构上有何异同？

7. 红外光谱测试时对试样有何要求？对于固体试样主要有哪些制样方法？

8. 什么是光声效应？光声光谱有什么特点？它在材料科学中有什么用处？

9. 显微傅里叶红外光谱技术有何特点？主要用于哪些领域？

10. 是否可用红外光谱区分下列各组化合物？请说明原因。

（1）$CH_3CH_2CH_2OH$ 与 $CH_3CH_2OCH_3$

（2）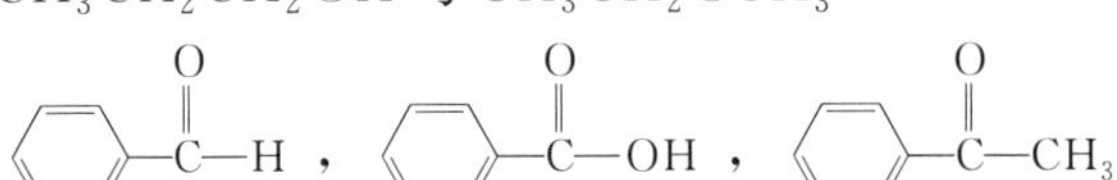

11. 醇类化合物的 ν_{O-H} 频率随其浓度的增加而怎样变化？为什么？其吸收强度有何变化？为什么？

12. 试用红外光谱区分下列各组物质：

（1）C_6H_5CHO 和 $C_6H_5CONH_2$　　（2）$C_6H_5C\equiv N$ 和 $C_6H_5C\equiv CH$

13. 某化合物分子式为 $C_9H_{10}O$，其红外光谱主要吸收峰为 3080 cm^{-1}、3040 cm^{-1}、2960 cm^{-1}、2920 cm^{-1}、1690 cm^{-1}(s)、1600 cm^{-1}、1580 cm^{-1}、1500 cm^{-1}、1465 cm^{-1}、1370 cm^{-1}、750 cm^{-1}、690 cm^{-1}，试推导其可能的结构。

14. 拉曼光谱的主要特点是什么？

15. 什么是拉曼散射？什么是拉曼活性振动？试比较拉曼活性和红外活性。

16. 请以列表的方式简要比较拉曼光谱与红外光谱的产生机理、谱图、仪器装置以及用途。

17. 某化合物的分子式为 C_8H_6，其红外光谱如下，试推导其可能的结构。

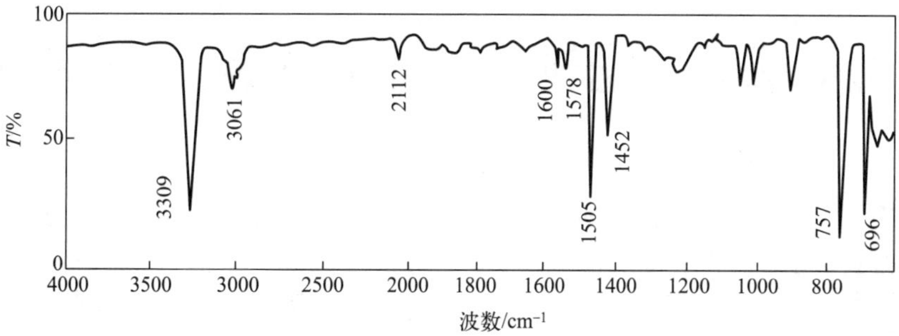

18. 某化合物的分子式为 C_6H_{12}，其红外光谱如下，试推导其可能的结构。

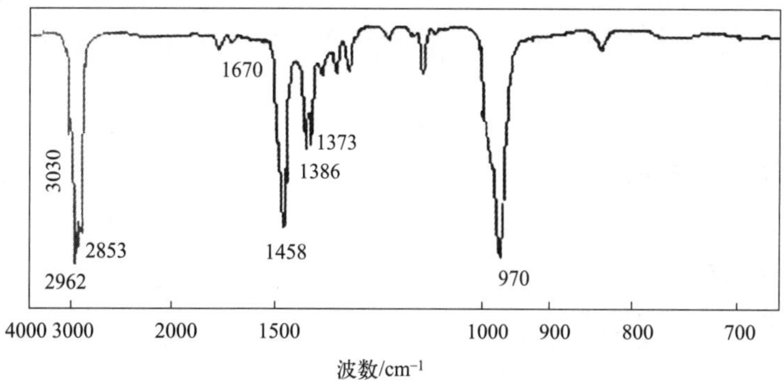

19. 分子式为 C_8H_7N 的化合物的红外光谱如下，试推导其结构。

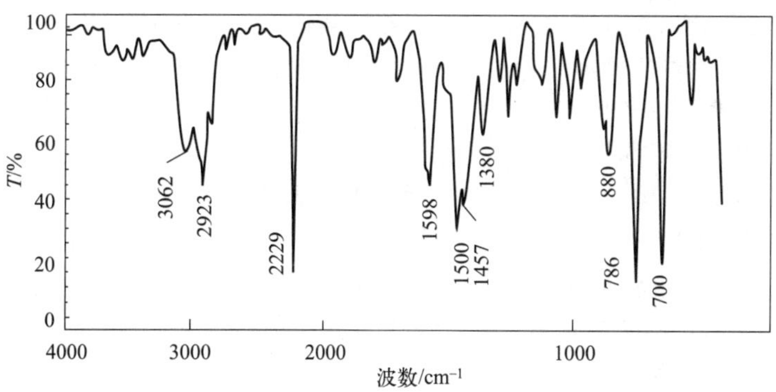

20. 某化合物的分子式为 $C_5H_8O_2$，其红外光谱如下，试推导其结构。

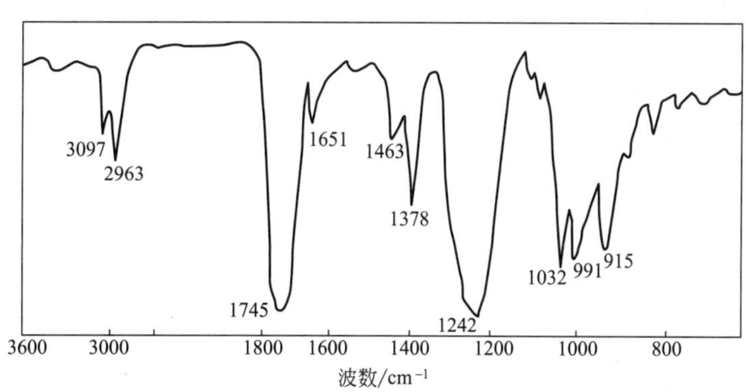

课件

第 4 章　原子吸收和原子荧光光谱法

原子吸收分光光度计的使用方法

原子吸收光谱法（atomic absorption spectrometry，AAS），又称原子吸收分光光度法，是基于试样中待测元素的基态原子对其特征谱线的吸收强度而建立起来的一种元素定量分析方法。该方法创立于 20 世纪 50 年代后期，随着商品化仪器的出现与仪器技术的不断发展，现已成为检测试样中金属元素含量常用的方法之一。此外，在原子光谱中，由于火焰原子吸收光谱仪与原子荧光光谱仪在结构上有许多相似之处，因此将原子荧光光谱法也放在本章作简要介绍。

4.1　原子吸收光谱法概述

4.1.1　原子吸收现象

1802 年，英国科学家渥朗斯顿（W. H. Wollasten）在利用分光镜研究太阳的光谱时，发现连续光谱中出现了无法解释的 D 暗线。1820 年，布鲁斯特（D. Brewster）提出这些暗线是由于太阳外围的大气圈对部分太阳光的吸收而产生的。1860 年，德国科学家本生（R. Bunson）和克希霍夫（G. Kirchhoff）在利用本生灯和分光镜研究金属的火焰光谱时，发现钠原子蒸气发射出的光通过温度较低的钠原子蒸气时，就会产生钠谱线的吸收，并且吸收谱线的位置正好和太阳光谱中的 D 暗线重合，从而用实验的手段证实了太阳光谱中的 D 暗线正是太阳大气圈中的钠原子对太阳光谱中的钠辐射产生吸收的结果。这是人类第一次认识到原子吸收现象。

直到 1955 年，澳大利亚物理学家瓦尔西（A. Walsh）发表的论文《原子吸收光谱分析法在分析化学中的应用》中才提出利用原子吸收现象对某些金属进行分析，并设计出第一台火焰原子吸收光谱仪，为原子吸收光谱法的快速发展奠定了基础。20 世纪 60 年代初，以石墨炉为原子化器的原子吸收光谱仪商品化仪器问世。此后，原子吸收光谱法得到迅速发展，目前已成为一种比较完善的重要分析方法。

4.1.2　原子吸收光谱法的特点

① 检出限低，灵敏度高。火焰原子吸收法的相对检出限为 $10^{-6} \sim 10^{-9}$ $\mu g \cdot mL^{-1}$，而高温石墨炉法的绝对检出限可达 $10^{-10} \sim 10^{-14}$ g。

② 选择性好。原子吸收法是一种高选择性的分析方法，其干扰较其他许多仪器分析或化学分析方法都要小得多，或易于克服得多。

③ 准确度高。对于微量或痕量组分的分析，火焰法的相对误差为 1%～3%，石墨炉法的相对误差为 3%～15%。

④ 测定元素多。使用原子吸收光谱法，能够测定 70 多种元素，包括大部分金属元素和部分非金属元素，这是其他许多分析方法无法比拟的。

⑤ 操作方便，分析速度快。

⑥ 适用范围广。原子吸收法既可以作常量分析，又可作微量及痕量分析；既可用于科

学研究，也可用于生产监测。它已广泛用于冶金、地质、环保、石油化工、医药卫生、农林、公安、食品、轻工等各个领域。

⑦ 不足之处。每测定一种元素都要换上该元素的灯，还要改变某些操作条件，这给操作带来不便；对于某些易生成难熔氧化物的元素，测定的灵敏度还不太高；对于某些非金属元素的测定尚存在一定的困难。不过，这些问题目前已在研究解决之中。

4.2 原子吸收光谱法的基本原理

原子吸收光谱法的基本原理是：从光源发射出的具有待测元素的特征谱线的光，通过试样蒸气时，被蒸气中待测元素的基态原子所吸收，由发射光被减弱的程度来求得试样中待测组分的含量。

4.2.1 共振线、吸收线和特征谱线

原子的核外电子以一定的规律在不同的轨道中运动，每一轨道都具有确定的能量，称为原子能级。当核外电子排布具有最低能级时，原子的能量状态叫基态，基态是稳定的状态。

当处于基态的原子吸收一定能量的光子而跃迁到较高的能级上时，原子的能量状态叫激发态。基态原子被激发的过程，也就是原子吸收的过程。

激发态的能量较高，很不稳定，在 $10^{-7} \sim 10^{-8}$ s 的时间内，电子又会自发地从高能级跃迁回到低能级，同时向各个方向辐射出一定能量的光子。这一过程也就是原子发射过程。基态原子被激发所吸收的能量，等于相应激发态原子跃迁回到基态所释放出的能量，此能量等于原子两个能级的能量差：

$$\Delta E = E_{\mathrm{j}} - E_0 = h\nu = hc/\lambda \tag{4.1}$$

原子被外界能量激发时，最外层电子可能跃迁至不同能级，因而原子有不同的激发态，能量最低的激发态称为第一激发态。电子从基态跃迁到第一激发态需要吸收一定频率的光，这一吸收谱线称为共振吸收线。电子从第一激发态跃迁回到基态时，要发射出一定频率的光，这种发射谱线称为共振发射线。共振发射线和共振吸收线都简称共振线。对大多数元素来说，共振跃迁最易发生，因此，共振线通常是元素的灵敏线。从广义上讲，凡是能通过直接电磁辐射而回到基态的受激原子的能级都称为共振能级，在共振能级和基态能级之间跃迁而产生的发射线或吸收线都属于共振线。

各种元素的原子结构和外层电子的排布不同，它们的原子能级具有各自的特征性，因此，其共振线的波长也各不相同，元素的共振线也就是元素的特征谱线。这些特征谱线一般位于紫外和可见光区。原子吸收光谱分析就是利用待测元素的基态原子蒸气对其特征谱线的吸收来进行的。

4.2.2 原子吸收和原子蒸气厚度的关系

如图 4.1 所示，从光源发出的频率为 ν、强度为 $I_{0\nu}$ 的特征谱线，通过厚度为 L 的原子蒸气时，被部分吸收，若透过光强度为 I_ν，则有

$$I_\nu = I_{0\nu} \mathrm{e}^{-K_\nu L} \tag{4.2}$$

式中，K_ν 为原子蒸气对频率为 ν 的谱线的吸收系数，它与原子种类、浓度、辐射频率、温度、压力等条件有关。

由式(4.2) 可得出由原子蒸气所产生的吸光度与蒸气厚度的关系

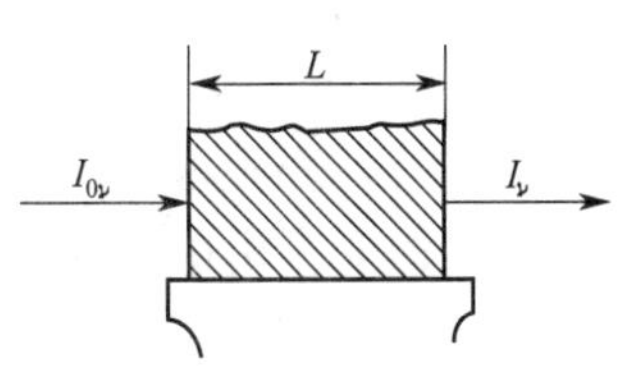

图 4.1 原子吸收示意图

$$A=\lg\frac{I_{0\nu}}{I_{\nu}}=0.434K_{\nu}L \tag{4.3}$$

显然，这二者之间的关系服从于朗伯定律，即在一定条件下，吸光度与蒸气厚度成正比。

4.2.3 吸收线的轮廓与变宽

在决定采用什么方法来测定原子吸收之前，还必须知道原子吸收的频率范围，这要涉及吸收线的轮廓问题。

4.2.3.1 吸收线的轮廓

原子的吸收和发射是其外层电子在一定的能级间跃迁的结果，而原子的能级是量子化的，即二能级差 $\Delta E=h\nu$。这似乎表明每一条特征谱线都是一条几何意义上的细线。然而事实上每一条谱线都有一定的宽度。换句话说，在一个比较窄的频率范围内存在着不同程度的吸收和发射。

如果发射强度为 $I_{0\nu}$ 的连续光谱通过原子蒸气时，就能得到如图 4.2 所示的吸收谱线，可以看出，它在频率为 ν_0 处的透过光强度最小，吸收程度最大，这一频率叫“中心频率”，略大或略小于此频率的光，原子吸收都要弱些，离 ν_0 较远的光，则几乎不被原子吸收。

这说明，在一定范围内，透过光的强度 I_ν 将随入射光的频率 ν 而改变。因此，吸收系数也会随着入射光频率而改变。这也表明，原子吸收谱线具有一定宽度和形状，通常被称为吸收线的轮廓，可以用如图 4.3 所示的 K_ν-ν 关系曲线来表示。在中心频率 ν_0 处，吸收系数有极大值 K_0，称为峰值吸收系数。在峰值吸收系数的 1/2 处，吸收线轮廓上两点间的频率（或波长）差叫作吸收线的半宽度 $\Delta\nu$（或 $\Delta\lambda$）。中心频率和半宽度是表征吸收线轮廓的两个重要参数。$\Delta\nu$ 越大，吸收线越宽，对原子吸收分析越不利，因为干扰谱线会趁机而入，并被大量吸收，带来分析误差，同时使分析灵敏度下降。

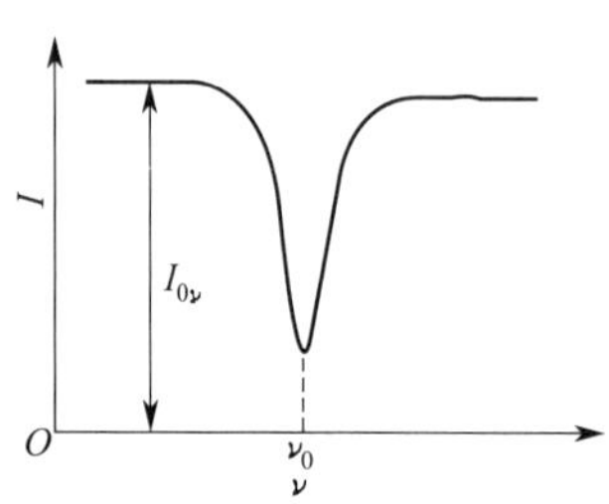

图 4.2 透过光强度与频率的关系

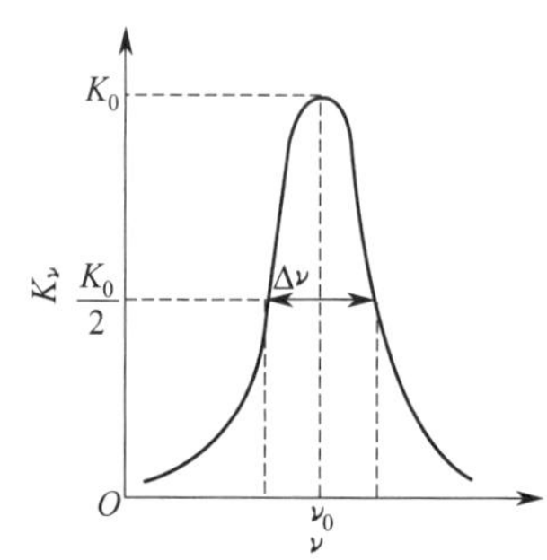

图 4.3 原子吸收线的轮廓

4.2.3.2 吸收线的变宽

谱线变宽的原因很多，主要有原子内部因素引起的自然宽度和外部因素引起的多普勒变宽、碰撞变宽、压力变宽、场变宽等。

① 自然宽度 $\Delta\nu_N$ 这是指无外界条件影响时谱线所具有的宽度。它与激发态原子的有限寿命有关，寿命越短，谱线越宽。吸收线的自然宽度一般约为 10^{-5} nm 数量级。与其他因素引起的变宽相比，自然宽度要小得多，因此可忽视不计。

② 多普勒变宽 $\Delta\nu_D$ 在原子化器中，气态的原子总是处于无序的热运动状态，其速度和方向都是杂乱无章的，有的原子跑向光源，有的原子背离光源。如果和光源相对静止的基态原子吸收的中心频率为 ν_0，那么根据多普勒效应，跑向光源的原子就会“觉得”光源发

出的光的频率略有增加，它所吸收的光的频率就会略低于 ν_0；反之，背离光源的原子所吸收的光的频率就会略高于 ν_0，于是检测器便接收到许多频率略有差异的光，引起了吸收谱线的总体变宽。这叫作多普勒变宽或热变宽，它由下式决定：

$$\Delta\nu_D = 7.16 \times 10^{-7} \nu_0 \sqrt{T/M} \tag{4.4}$$

式中，ν_0 为吸收谱线的中心频率；T 为体系的热力学温度；M 为吸光原子的原子量。

显然，原子的原子量越小，原子蒸气的温度越高，$\Delta\nu_D$ 就越大。对于大多数元素来说，在原子吸收分析的条件下，$\Delta\nu_D$ 约为 10^{-3} nm 数量级，它是谱线变宽的主要原因。

③ 碰撞变宽　蒸气中的吸光原子与其他原子或分子相互碰撞时，会发生能量交换而使激发态原子的寿命缩短，导致谱线变宽。当吸光原子与异种元素的原子或分子相碰撞时所引起的谱线变宽叫洛伦兹变宽，用 $\Delta\nu_L$ 表示。与此同时，还会引起谱线中心频率的频移和谱线的非对称化。$\Delta\nu_L$ 随着其他元素的原子或分子的蒸气浓度的增加而增大，当浓度很高时，$\Delta\nu_L$ 与 $\Delta\nu_D$ 具有相同的数量级。

④ 压力变宽　当吸光原子与同种元素原子相碰撞时所引起的谱线变宽叫赫尔兹马克变宽，又称为压力变宽，以 $\Delta\nu_H$ 表示。$\Delta\nu_H$ 随试样原子蒸气浓度的增加而增加，在原子吸收测定的条件下，试样原子蒸气的浓度都比较小，所以 $\Delta\nu_H$ 完全可以忽略不计。

此外，蒸气外部的电场和磁场所引起的谱线变宽分别称为斯塔克变宽和塞曼变宽，但这两种场变宽很小，通常不予考虑。当蒸气中异种元素原子或分子的浓度不高时，吸收线变宽主要由多普勒变宽决定。总的来说，原子吸收线轮廓的半宽度为 $10^{-3} \sim 10^{-2}$ nm。

4.2.4　高温中基态原子和激发态原子的分配

原子吸收分析是利用待测元素的基态原子蒸气对该元素的特征谱线的吸收而进行的，然而一般的样品通常都是以气、固、液三种形式的分子状态而存在的，要使其转变成待测原子的蒸气，就必须提供足够的能量，使其分子键断裂。采用温度较高的火焰或电热便能达到这一目的。然而在这种高温的环境中，生成的基态原子是否会被激发呢？基态原子与激发态原子的比例有多大呢？待测元素的基态原子数与总原子数的关系是怎样的呢？

物理学的研究证明，在处于热力学平衡状态的原子蒸气中，激发态原子数和基态原子数、激发能、温度之间的关系服从于玻尔兹曼方程式：

$$\frac{N_j}{N_0} = \frac{P_j}{P_0} e^{-\frac{E_j - E_0}{KT}} \tag{4.5}$$

式中，N_j 为激发态原子数；N_0 为基态原子数；P_j 为激发态统计权重；P_0 为基态统计权重；K 为玻尔兹曼常数；T 为体系的热力学温度；E_j、E_0 分别为激发态和基态能级。

对于共振线来说，$E_0 = 0$，若谱线波长确定，P_j、P_0 和 E_j 值都是已知值，故 N_j/N_0 值仅随原子蒸气温度 T 而变化，表 4.1 列出了不同温度下几种元素共振线的 N_j/N_0 值。

表 4.1　不同温度下几种元素共振线的 N_j/N_0 值

共振线/nm	$\frac{P_j}{P_0}$	激发能/eV	不同 T 下的 N_j/N_0			
			2000 K	2500 K	3000 K	4000 K
Cs 852.11	2	1.455	4.31×10^{-4}	2.33×10^{-3}	7.19×10^{-3}	2.98×10^{-2}
Na 589.0	2	2.104	0.99×10^{-5}	1.44×10^{-4}	5.83×10^{-4}	4.44×10^{-3}
Ca 422.67	3	2.932	1.22×10^{-7}	3.67×10^{-6}	3.55×10^{-5}	6.03×10^{-6}
Cu 324.75	2	3.817	4.82×10^{-10}	4.0×10^{-8}	6.65×10^{-7}	
Zn 213.9	3	5.795	7.45×10^{-15}	6.22×10^{-12}	5.50×10^{-10}	1.48×10^{-7}

可以看出：①温度升高，N_j/N_0 值增大，基态原子数减少；②在同一温度下，共振线的波长越长，激发能越小，N_j/N_0 值越大；③在原子化的温度下（$T \leqslant 3000$ K），绝大多数元素共振线的 $N_j/N_0 < 1\%$。因此，在原子吸收分析中，基态原子占整个原子蒸气的绝大多数，激发态原子很少，可以用基态原子数 N_0 来代表待测元素的气态原子总数。

4.2.5 原子吸收测量方法

一般地说，不可能直接测量出原子蒸气中的基态原子数目 N_0，但是可以找出 N_0 与其他因素之间的关系，从而间接求出 N_0 的大小。

4.2.5.1 积分吸收和基态原子数的关系

如前所述，原子吸收谱线具有一定的宽度，形成了吸收线的轮廓，如果将吸收线的轮廓下面的整个面积积分，就能得到各频率处的吸收系数的总和——积分吸收系数，简称积分吸收。从理论上可以证明，积分吸收与基态原子数之间有如下关系：

$$\int_{-\infty}^{\infty} K_\nu \mathrm{d}\nu = \frac{\pi e^2}{mc} N_0 f \tag{4.6}$$

式中，e 为电子电荷；m 为电子质量；c 为光速；N_0 为单位体积原子蒸气中的基态原子数；f 为振子强度，可代表分析线的灵敏度，f 大则分析线的灵敏度高，在一定条件下，对于特定元素的特定波长而言，f 为一常数。

由此可见，积分吸收和单位体积原子蒸气中的基态原子数成正比，因此只要能测出积分吸收，就可以确定基态原子数，进而求出待测元素的浓度。

然而要准确地求出积分吸收，就必须对半宽度为 $10^{-3} \sim 10^{-2}$ nm 的吸收线的轮廓进行精确扫描，准确地测量出实际的吸收线轮廓下面的整个面积，而目前从技术上来说，这是难以达到的。因此，不可能用积分吸收的测量来进行原子吸收的定量分析。

4.2.5.2 瓦尔西峰值吸收和定量公式

1955 年，瓦尔西（A. Walsh）提出，在原子吸收分析的条件下，吸收线宽度主要由多普勒变宽决定，经过严格的论理推导，可以得到积分吸收和峰值吸收系数 K_0 的关系为

$$\int K_\nu \mathrm{d}\nu = \frac{1}{2}\sqrt{\frac{\pi}{\ln 2}} K_0 \Delta\nu_D = \frac{\pi e^2}{mc} N_0 f$$

于是

$$K_0 = \frac{2\sqrt{\pi \ln 2}}{\Delta\nu_D} \frac{e^2}{mc} N_0 f \tag{4.7}$$

而当原子化温度恒定时，多普勒变宽 $\Delta\nu_D$ 为常数。将式(4.7) 中的所有常数合并为 a，则有

$$K_0 = aN_0 \tag{4.8}$$

此式说明，在一定条件下，单位体积原子蒸气中的基态原子数与峰值吸收系数成正比。这样就可以用峰值吸收的测量来代替积分吸收的测量，从而使原子吸收测定成为可能。

所谓峰值吸收是指在 K_0 附近很窄的频率范围内所产生的吸收，如图 4.4 所示的 ν_1 和 ν_2 所包围的面积。

为了测得峰值吸收，光源必须满足以下条件：

① 发射线和吸收线的中心频率相重合；

② 发射线的半宽度比吸收线的窄得多（1/5～1/10）。

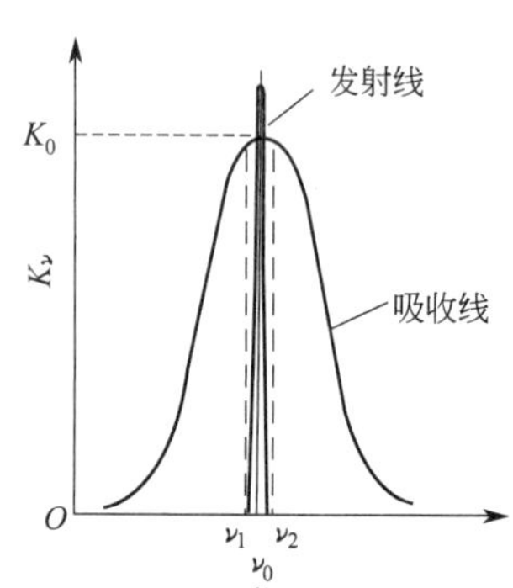

图 4.4　峰值吸收示意图

这种光源叫作锐线光源，空心阴极灯就是一种常用的锐线光源。它能发射出半宽度很窄的待测元素的特征谱线，该发射线与吸收线的中心频率正好重合，并且发射线的光谱区间正好

位于峰值吸收系数所对应的中心频率两侧的一个狭小范围之内，这时测得的便是峰值吸收。

在实际工作中，并不需要直接求出 K_0。由于采用了锐线光源，故可用 K_0 代替式(4.3)中的 K_ν，即有

$$A=0.434K_0L \tag{4.9}$$

将式(4.8) 代入上式，得 $A=0.434aN_0L$

对于特定的仪器而言，原子蒸气的宽度 L 为确定值，故可令常数 $k=0.434aL$，由于在原子化的条件下，单位体积蒸气中待测原子总数 $N\approx N_0$，因此

$$A=kN \tag{4.10}$$

实验证明，当原子化条件适当且稳定时，试样中待测元素的浓度 c 和 N 成正比，这样便能得到原子吸收分析的定量关系式：

$$A=k'c \tag{4.11}$$

式中，k'为在一定条件下的总常数。

此式说明，在一定条件下，待测元素的浓度和其吸光度的关系符合比尔定律。因此只要用仪器测得试样的吸光度 A，就能求出其中待测元素的浓度。

4.3 原子吸收光谱仪

原子吸收光谱仪由光源、原子化系统、分光系统和检测系统四大部分组成，其基本结构与普通的紫外-可见分光光度计基本相同，只是用锐线光源代替了连续光源、用原子化系统代替了吸收池，并将分光系统置于原子化系统之后。

原子吸收光谱法分析过程如图 4.5 所示，试样中待测元素在原子化系统中转变为气态的基态原子并吸收由锐线光源发射出的待测元素的特征谱线，分光系统将吸收后的特征谱线与原子化器中产生的新的干扰辐射分离，检测系统将特征谱线强度信号转变为电信号，并由读数装置显示出与待测元素相对应的吸光度或透光率值。下面介绍仪器的基本组成。

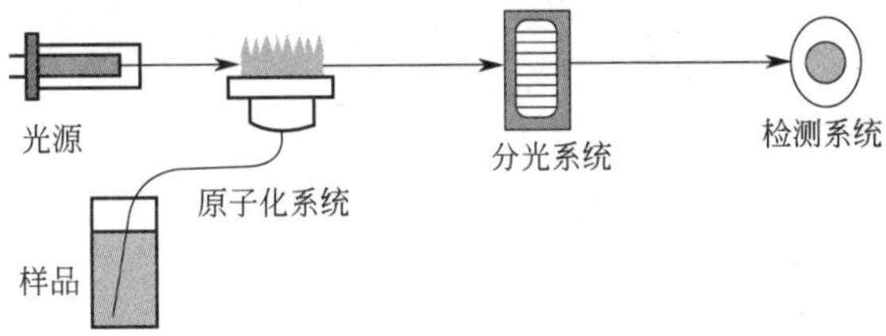

图 4.5 原子吸收光谱法分析过程示意图

4.3.1 光源

光源的作用是发射供吸收测量用的待测元素的特征谱线。如前所述，为了测得待测元素的峰值吸收，原子吸收光谱仪必须使用锐线光源。要求光源发射的特征谱线半宽度很窄，强度大而稳定，光谱纯度高，背景发射小，且操作简便，使用寿命长。符合以上要求的锐线光源有空心阴极灯、高频无极放电灯、蒸气放电灯、可调激光器等，目前最常用的是空心阴极灯（hollow cathode lamp，HCL）。

空心阴极灯的结构如图 4.6 所示，它有一管状的玻璃外壳；阴极为空心杯状结构，阴极材料通常为待测元素的纯金属或合金；阳极为钨、镍等耐高温且化学惰性的金属；灯内还有陶瓷绝缘支架和云母屏蔽片，阴极腔对面是用光学玻璃（可见光区）或石英玻璃（紫外区）

制成的透光窗口；灯内充有一定压力的惰性气体氖或氩；电极由管脚引出。

当在空心阴极灯的两电极之间施加适当电压时，在外电场的作用下，电子将从阴极内壁高速射向阳极，途中与惰性气体原子碰撞而使其电离，惰性气体正离子在电场的作用下快速撞击阴极，使阴极表面的金属原子溅射出来；这些原子再与电子、惰性气体原子或离子发生碰撞而被激发，当这些激发态的原子跃迁回到基态时，就会发射出阴极材料的特征谱线，同时灯的阴极区也要产生惰性气体的辉光。

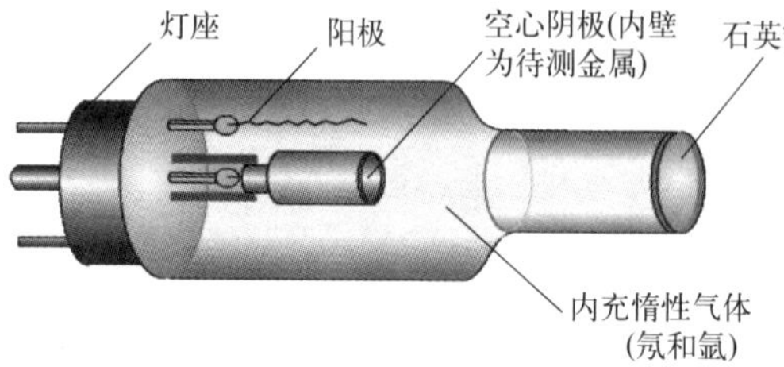

图 4.6　空心阴极灯结构示意图

空心阴极灯的主要操作条件为灯电流。增大灯电流可以增大辐射光强度，有利于提高测定灵敏度，但如果灯电流太大，阴极区温度太高，溅射出来的原子密度太大，会产生自吸效应，即在光源内存在的同种元素的基态原子对发射线产生吸收的现象。其结果是使发射线强度减弱，谱线变宽。严重的自吸效应会使一条发射线变成两条，这种现象称为自蚀。因此，灯电流应大小适当，不能超过“最大灯电流”指标，一般应在保证灵敏度和稳定性的情况下，选用较低的灯电流。

空心阴极灯的缺点是每测一种元素，必须要换上相应元素的灯。目前已有将阴极材料改为多种金属元素的合金而制得的多元素空心阴极灯，能发射出多种元素的特征谱线，但是部分谱线可能相互干扰。近年来出现的新型原子吸收光谱仪将多个灯置于旋转灯架上，可按测定需要对灯进行快速旋转切换。

4.3.2 原子化系统

原子化系统的作用是提供能量，使试样中的待测元素转变为其基态原子蒸气，即原子化，它的性能直接影响分析灵敏度和准确度。使样品原子化的方法有火焰原子化法和无火焰原子化法两类。

4.3.2.1 火焰原子化器

目前广泛使用的火焰原子化器是如图 4.7 所示的预混合型火焰原子化器，它由雾化器、雾化室和燃烧器三部分组成。

（1）雾化器

雾化器的作用是将试液变成细微的雾粒，以便在火焰中产生更多的待测元素的基态原子。如图 4.8 所示，雾化器由同轴喷管、节流管、撞击球、吸液毛细管等组成。当助燃气体高速通过同轴喷管的外管与内管口构成的环形间隙时，根据伯努利原理，在此处形成了一个压力低于大气压的负压区。同轴喷管的内管与毛细管相连，毛细管的另一端插入试液，这时，试液被大气压压入毛细管内，提升至喷管嘴喷出，并被气流撕裂为细小液粒，经节流管后冲向撞击球，被进一步分散成细微雾粒。节流管能限制气流膨胀，减慢流速，改善雾粒分布面积，提高雾化率。调节撞击球的位置，也可在一定程度上提高雾化率。

雾化器的提升量是指单位时间进入雾化器的试液量。改变毛细管内径或调节助燃气流速均能改变提升量的大小，进而影响雾化效率。一般水溶液提升量为数毫升每分钟。

单位时间进入火焰的雾粒量与提升量之比叫雾化率，提高雾化率可以提高原子化效率和分析灵敏度。雾化器的结构、试液的物理性质和组成、气体压力、温度等因素都会影响雾化率的大小。

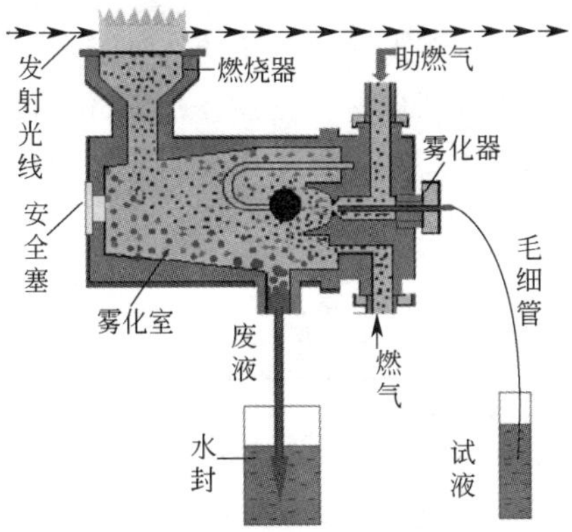

图 4.7 预混合型火焰原子化器结构示意图

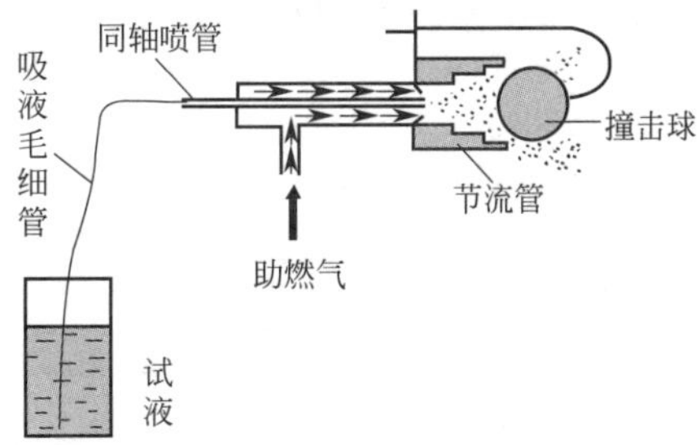

图 4.8 雾化器结构示意图

国内研制的玻璃高效雾化器能明显提高仪器的雾化率、灵敏度和稳定性。

(2) 雾化室

雾化室即预混合室，常用不锈钢或聚四氟乙烯制成。为圆筒形，内壁有一定锥度，下面有废液出口，上端可插入燃烧器。雾化室的作用是使细微雾粒与燃气、助燃气混合均匀后再进入火焰，以提高火焰温度，减少火焰的扰动，提高原子化效率。同时，较大的液粒能在雾化室内壁凝聚成液体，从废液口排出，避免了它们在火焰中蒸发而消耗能量。

废液必须流畅，一旦堵塞，将会产生记忆效应，严重影响测定结果的准确度。所谓记忆效应，是指前次测量对后次测量产生的影响。此外，不同元素的记忆效应不同，原子化器设计不合理，或原子化条件不适当，都可能产生较大的记忆效应。值得注意的是，废液管的出口必须插入水中，进行水封，以防止气体由废液管出口逸出，造成安全隐患。

(3) 燃烧器

燃烧器的作用是形成稳定的火焰，使待测组分的气溶胶在火焰中原子化。它由不锈钢制成，其上面有细长的缝口，下面呈圆筒形，能紧紧地插入雾化室的上端，混合气溶胶从燃烧器缝口流出，点燃后便形成了火焰。

根据缝口的不同，燃烧器可分为单缝型和三缝型两类。最常用的单缝型燃烧器又可分为长缝型（100 mm×0.5 mm）和短缝型（50 mm×0.4 mm）两种，前者用于空气-乙炔焰，后者用于氧化亚氮-乙炔焰。三缝型燃烧器的火焰更稳定，还原气氛更浓，更有利于原子化。

在燃烧器上火焰的不同部位，产生的原子化效果不同。旋转燃烧器高度旋钮，可以改变燃烧器高度，使特征发射线通过火焰中基态原子浓度最高的区域，以提高测定灵敏度。调整燃烧器角度，可以改变特征发射线通过火焰的光程，进而改变吸光度的大小。

(4) 火焰

在预混合型火焰原子化器中，燃气和助燃气混合均匀后被点燃而形成的火焰叫作层流型火焰。它的作用是使待测组分转变成基态原子。试液雾粒在火焰中经历了水分蒸发、干燥、熔化、挥发、解离、还原、激发、化合等复杂的物理化学过程，产生了大量的基态原子、少量的激发原子以及离子和分子等。不同的待测元素对火焰有不同的要求。在选择火焰时，首先应了解各种火焰的特性。

火焰的重要特性是火焰温度和燃烧速度。火焰温度主要取决于火焰类型和燃气、助燃气的流量，温度过高或过低都不利于产生更多的基态原子。一般易挥发或电离电位较低的元素，如碱金属、碱土金属、Sn、Pb、Zn、Cd 等，宜选用温度较低的火焰；而易于生成难解离氧化物的元素，如 V、Ta、Ti、Zr、Mo、W、Al 等，则可用高温火焰。

燃烧速度是指单位时间内燃烧传播的距离（$cm \cdot s^{-1}$），它影响火焰的安全性和稳定性。燃烧速度太大的火焰安全性差。为了获得稳定的火焰，混合气的供气速度一般应大于燃烧速度。但供气速度太大，会使火焰离开燃烧器缝口，甚至熄灭；供气速度太小，则可能使火焰从缝口向供气管内传播，产生危险的“回火”。

几种火焰的特性见表 4.2，其中应用最多的是空气-乙炔焰和氧化亚氮-乙炔焰。

表 4.2 几种层流火焰在常压下的特性

燃气	助燃气	在室温下的着火极限 $V_{燃}$/%		着火温度/K	最高燃烧速度/($cm \cdot s^{-1}$)	最高火焰温度/K	
		下限	上限			计算值	实测值
氢气	空气	4.0	75	803	310	2375	2313
	氧气	4.0	95	723	1400	3083	2933
乙炔	空气	2.5	80	623	158	2523	2500
	氧气	2.0	95	608	1140	3341	3160
	氧化亚氮	2.2	67		160	3152	2990
甲烷	空气	5.3	15	918	45	2222	2148
	氧气	5.1	61	918	450	3010	2950

注：着火极限是指燃烧刚能开始并形成火焰时混合气体中燃气所占的体积分数。

① 空气-乙炔（C_2H_2）焰　其使用方便，安全稳定，透明度高，噪声小，温度可达 2300 ℃，可测定 35 种以上的元素。但它对波长<230 nm 的谱线有明显的吸收，且由于它的温度不太高，故对于易生成难解离氧化物的元素测定灵敏度很低。

按照燃气与助燃气比例（燃助比）的不同，空气-乙炔焰可分为化学计量焰、贫燃焰和富燃焰三类。

化学计量焰是大致按照燃气和助燃气的化学反应的计量关系供气的火焰，呈蓝色，它的温度较高（可达 2500 ℃），干扰小，稳定性好，背景低，适合于多种元素的测定。

贫燃焰是燃助比小于化学计量比的火焰。由于燃气不足，大量未反应的冷助燃气带走了热量，使火焰温度降低，火焰的半分解产物少，还原气氛低，适合于测定氧化物易分解和易电离的元素，如碱金属、贵金属（Ag、Au、Pt）等。该火焰呈蓝色，高度较低。

富燃焰是燃助比大于化学计量比的火焰。由于燃气过量，燃烧不完全，产生了大量的半分解产物，如 CN、CH、C 等，故还原气氛浓，其温度略低于化学计量焰，呈亮白色，火焰高度较高。富燃焰适合于易形成难解离氧化物的元素，如 Mo、Cr、Al、Be、Si 和稀土元素等的测量。其噪声大、背景强、干扰较多，不如化学计量焰稳定。

通常燃气由专用乙炔钢瓶提供。这种钢瓶内装有活性炭和丙酮，在 1.2 MPa 下，1 体积丙酮可溶解 300 体积的乙炔，在使用时，当乙炔压力下降至 0.5 MPa 时，瓶内的丙酮会流进火焰，造成火焰不稳定，增大噪声，此时应重新充入乙炔后再用。

无油空气压缩机将空气加压至 0.2 MPa 左右，经过滤、除水后作为助燃气使用，要求其压力和流量稳定。

② 氧化亚氮（笑气，N_2O）-乙炔焰　为高温火焰，温度可达 3000 ℃左右。其还原性强，燃烧速度较低，原子化效率较高，能将许多电离电位较高的元素和易生成难熔氧化物的元素原子化。这种高温火焰不仅能测定 70 多种元素，还能消除某些元素的化学干扰。

笑气-乙炔焰的条件控制比空气-乙炔焰的严格得多，即使略微偏离最佳条件，也会明显降低测定灵敏度。在操作时，必须先点燃空气-乙炔焰，再缓慢加大乙炔流量，使火焰呈黄亮色，然后迅速转动开关，将“空气”转换为“笑气”。熄灭火焰时，应迅速将“笑气”转换为“空气”，使火焰转变为空气-乙炔焰，然后再关闭乙炔，熄灭火焰。

氧化亚氮-乙炔焰在某些光谱区间有强烈的火焰发射，会影响测定的精度。增强光源中特征谱线的强度能减少火焰发射的影响。这种火焰的另一个缺点是能使碱金属、碱土金属等许多元素电离，产生明显的电离干扰。加入消电离剂（如 K 盐、Cs 盐等）可抑制此干扰。

此外，氧屏蔽空气-乙炔焰也是一种高温火焰。在其燃烧器缝口周围的小孔中通入氧气流，能将乙炔焰与大气隔开，温度可达 2700 ℃左右，有较强的还原性和稳定性，可测定易生成难熔氧化物的元素。配合有机增感剂还能大大提高这种火焰的测定灵敏度。

火焰原子化器简单实用、操作方便、性能稳定，得到了广泛的应用。其主要缺点是原子化效率低，分析灵敏度欠佳。这是因为一方面它的雾化率仅为 5%～20%，加之燃气、助燃气的高度稀释作用，以及气体在高温下的膨胀效应，使得火焰中待测元素原子浓度很低；另一方面，火焰中的活性组分与待测元素相互作用产生的化学干扰也会降低待测元素原子的浓度；同时，火焰中气流的上升和扩散，使得待测元素原子在吸收区内停留时间仅为 10^{-3} s 左右，这必然会影响对特征谱线的吸收。火焰原子化器的另一个缺点是进样量较大，并且只能分析液体试样，针对这些缺点，人们又进行了新的探索。

4.3.2.2 无火焰原子化器——高温石墨炉

为了克服火焰原子化器的缺点，1959 年，苏联里沃夫（L′ vov）教授首先提出了石墨坩埚原子化法。在此基础上，1967 年，美国人马斯曼（Massmann）制造出了第一台商品化的高温石墨炉。该装置由电源、石墨管和炉体三部分组成，它的工作原理是利用电能将石墨管加热至 3000 ℃左右，使其中的试样原子化。高温石墨炉的结构见图 4.9。

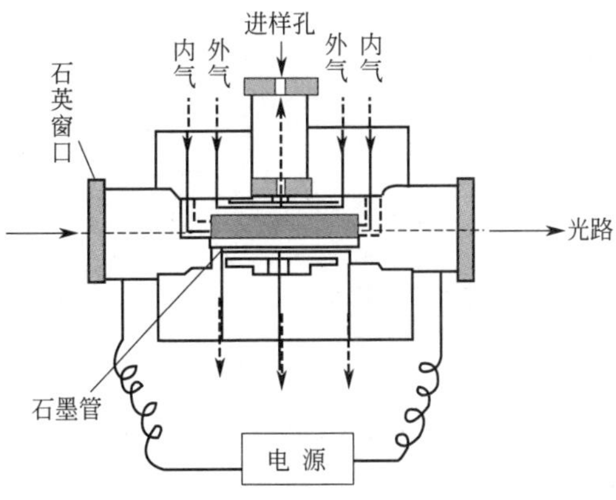

图 4.9　高温石墨炉结构示意图

① 电源　为提供电能加热石墨管的装置。通常采用低电压（8～25 V）、大电流（250～500 A）的加热方式，要求能迅速准确地改变电流的大小，保证石墨管按预定的方式升温。

② 石墨管　管长 18～28 mm，内径 2～8 mm，中间有一直径约 2 mm 的小孔，用于注入样品和通过保护气体。液体进样量为 1～100 μL，固体进样量为 0.1～10 mg。石墨管必须经过特殊的热解处理，在其管壁涂敷热解石墨。热解石墨管的纯度高，升华温度高达 3700 ℃，导热性好，结构致密均匀，能防止待测元素原子蒸气穿过管壁而逸散；其抗氧化能力强，使用寿命长。

③ 炉体　由石墨管座、进样孔、内外保护气路、石英窗口、循环水冷却套、电源插座等组成。保护气体为惰性的 Ar 或 N_2。由于温度高于 2600 ℃时，石墨管会与 N_2 反应，因此 N_2 不宜用于高温分析。在外气路中，惰性气体在石墨管外流动，以保护石墨管不被烧毁；在内气路中惰性气体从石墨管两端流入，再从中心小孔流出，既能保护石墨管内壁，又能有效地除去在干燥和灰化过程中产生的基体蒸气，防止基态原子氧化，消除基体成分对原子吸收测定的干扰。循环水冷却套可以保证在加热石墨管时，炉体温度不超过 60～80 ℃；停止加热后，在 20～30 s 内，炉体便能迅速冷却至室温。

④ 试样测定　用高温石墨炉测定时，需进行干燥、灰化、原子化、净化四个程序升温过程。干燥的目的是蒸发除去试液中的溶剂，避免高温溅射损失，故温度应在溶剂沸点左

右，对于水溶液，温度约为 100 ℃，时间约数十秒。灰化是为了除去试样中的有机物或低沸点无机物，以减小基体干扰，通常升温至 200～1800 ℃，恒温数十秒。原子化的目的是使试样中的待测元素转变为基态原子蒸气，要求在 1 s 内升温至 2000～3000 ℃，恒温数秒，进行原子吸收测定。在原子化过程中，应停止向内气路通入惰气，以延长原子在吸收区内的平均停留时间，避免降低原子蒸气浓度。这时，原子蒸气从入射光通道中扩散出去，并产生一个峰形的吸收信号。基态原子在光束中滞留时间约为 1 s，是火焰法的 1000 倍左右，这有利于提高分析灵敏度。净化是为了除去分析后的残留物，消除记忆效应，为下一次分析作准备，通常将石墨管升温至 3000～3400 ℃，空烧数秒即可。

⑤ 优缺点　高温石墨炉的主要优点是原子化效率高，灵敏度比火焰法高 4～5 个数量级，检出限可达 10^{-12}～10^{-14} g；化学干扰较小；能测定元素多，包括易生成难解离化合物的元素和某些特征谱线波长小于 200 nm 的非金属元素（如 I、P、S 等）；进样量少，可直接分析固体及黏稠试样；操作安全。其缺点是设备复杂、昂贵，操作不如火焰法简便，测定精度比火焰法差，有时记忆效应较突出，由杂散光引起的背景干扰较大等。

4.3.2.3　冷原子吸收法测汞

金属汞以及汞化物都是剧毒物质。汞在室温下呈液态，它的蒸气压很高，而汞原子蒸气对 253.7 nm 的特征谱线吸收强烈。因此可将含汞试样进行适当的预处理，使其中的汞转变为汞蒸气，然后用氮气将汞蒸气带入吸收池内参与吸收测定。冷原子吸收测汞仪的工作流程见图 4.10。

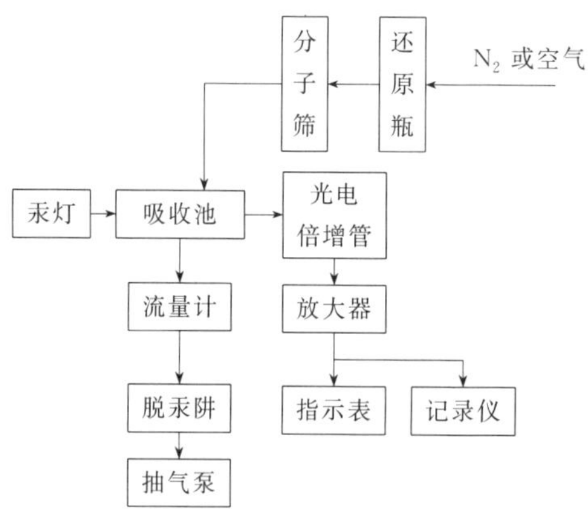

图 4.10　冷原子吸收测汞仪工作流程图

测定动物肉、内脏器官等生物组织中的汞时，可将试样消化后与螯合剂等反应，生成汞螯合物，再加热使之分解，然后将产生的汞蒸气导入吸收池测定。测定水样及动物尿、血等液体试样中的汞，可先将汞转化为 Hg^{2+}，再与还原剂 $SnCl_2$ 反应生成金属汞，用载气将汞蒸气吹入吸收池测定。测定空气中的微量汞，可通过金膜微粒富集管抽取空气，汞与金生成金汞齐，加热后金汞齐分解而释放出汞蒸气，由载气带入吸收池测定。

4.3.2.4　氢化物原子化法

属于低温原子化法，常用于测定 Ge、Sn、Pb、As、Sb、Bi、Se、Te 等元素。这些元素的共振线都接近或位于烃火焰能产生吸收的远紫外区，因此火焰本身会严重干扰测定。若改用其他谱线，测定灵敏度将大大降低。但是这些元素在强还原剂 $NaBH_4$（或 KBH_4）和酸性介质中，能被还原成熔点及沸点低、挥发性强的气态氢化物，例如：

$$AsCl_3 + 4KBH_4 + HCl + 8H_2O \longrightarrow AsH_3\uparrow + 4KCl + 4HBO_2 + 13H_2\uparrow$$

用氮气或氩气将生成的氢化物驱出，并带入由火焰或电热丝加热至数百摄氏度的石英吸收管内，氢化物瞬间就会被原子化。简易氢化物原子化装置如图 4.11 所示。

该方法的优点是生成的氢化物容易与母液分离，因此选择性高、干扰少；分离的同时也能富集，因此待测组分的原子蒸气浓度大；加之无火焰吸收干扰，可以用最灵敏的共振线测定，故灵敏度比火焰法高 3 个数量级左右。但该方法的精度较火焰法差，校正曲线的线性范围较窄，同时，氢化物的毒性很强，操作一定要注意安全，必须在通风橱内进行。

目前市售的流动注射氢化物发生器具有较高的自动化程度，只需按一下启动键，就可完

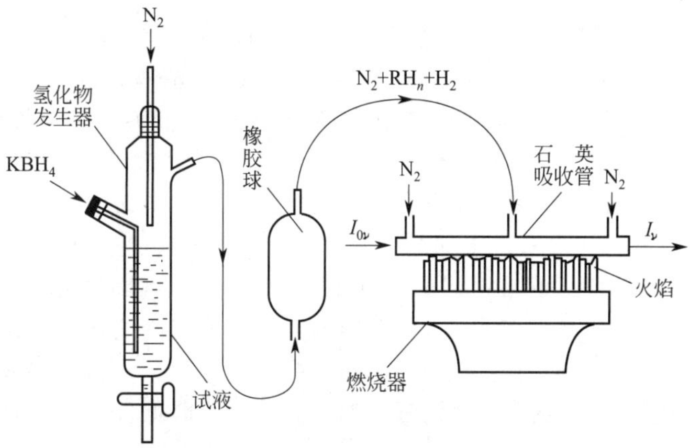

图 4.11 简易氢化物原子化装置示意图

成进样、测定、清洗的全过程；其灵敏度高、稳定性好、效率高、进样量少（一次分析约 2 mL)、操作简便，能与火焰法快速切换，并可与各种型号的原子吸收分光光度计相匹配。

除了上述使待测组分原子化的方法之外，还有钽舟原子化法、阴极溅射原子化法、电极放电原子化法、等离子体原子化法、激光原子化法、粉末燃烧原子化法等，但目前应用最广泛的仍然是火焰原子化法和高温石墨炉法。

4.3.3 单色器（分光系统）

4.3.3.1 单色器的作用和结构

单色器的作用是将待测元素的共振线与邻近的干扰谱线分开。它的核心元件是平面闪耀衍射光栅，此外，还有透镜、凹面镜、狭缝等元件。图 4.12 是分光系统的结构示意图。原子化器两边的凸透镜 1、2 组成外光路，其作用是使光源发出的光恰好通过原子蒸气，再聚焦于入射狭缝。入射狭缝、凹面镜、光栅和出射狭缝等组成了内光路。进入入射狭缝的光线被凹面镜反射准直成平行光束照射到光栅上，经光栅衍射分光后再由凹面镜聚焦于出射狭缝处。转动光栅，可以使不同波长的光依次从出射狭缝中射出，光栅与波长刻度盘相连，可直接显示出射光线的波长。原子吸收光谱仪的波长范围通常为 190～900 nm。

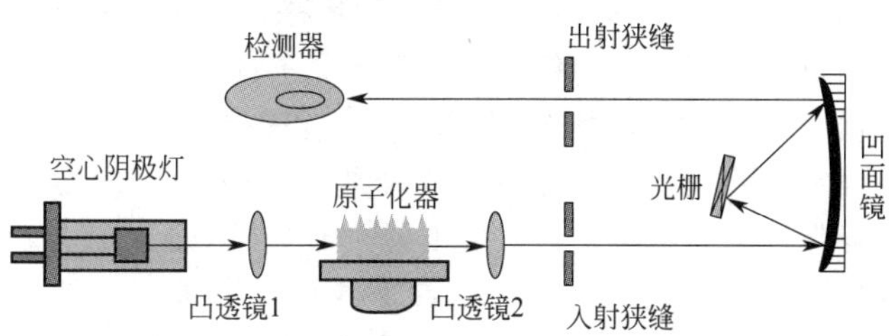

图 4.12 原子吸收光谱仪分光系统示意图

4.3.3.2 单色器的性能指标

单色器的性能由色散率、分辨率和集光本领决定。

① 色散率　线色散率是指色散元件将相邻单位波长差的两条谱线分开后投射到焦面上的距离（Δx）的大小，常用它的倒数——倒线色散率（D）来表征单色器的色散能力。

$$D=\Delta\lambda/\Delta x \tag{4.12}$$

式中，$\Delta\lambda$ 为两相邻谱线的波长差，nm；Δx 的单位为 mm，故 D 的单位为 $nm \cdot mm^{-1}$。光栅刻痕越密，则线色散率越大，倒线色散率越小，单色器将邻近谱线分开的能力越强。一般仪器光栅刻痕为 600～2880 条 · mm^{-1}，D 为 1.5～3.0 $nm \cdot mm^{-1}$。

② 分辨率（R） 它表示单色器能清楚地分辨紧邻谱线的能力。当两条等强度的谱线中一条的最大值刚好落在另一条的最小值处时，则可认为这两条谱线刚好能分辨，它们的平均波长（λ）与波长差（$\Delta\lambda$）之比就是理论分辨率。但在实际工作中，通常根据对很密的谱线组的分辨能力来确定单色器的分辨率，比如用镍三线（232.0 nm、231.6 nm、231.1 nm）或汞三线（265.20 nm、265.37 nm、265.50 nm）的分辨情况来判断实际分辨率的大小。若能分开镍三线，则实际分辨率可达 0.4 nm；若能分开汞三线，则实际分辨率可达 0.1 nm。

色散元件的色散率是影响单色器分辨率的重要因素。分辨率还与狭缝大小有关，如图 4.13 所示，随着狭缝宽度 S 的增加，镍三线变宽，分辨率降低。

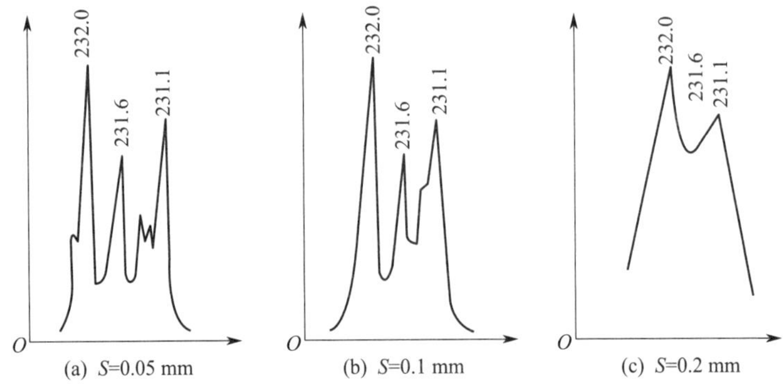

图 4.13 狭缝宽度对镍三线分辨情况的影响

③ 集光本领 它反映了单位强度入射光通过单色器后的出射光强度的大小。为了便于测量，要求单色器既具有一定的分辨率，能将特征谱线与干扰谱线分开，又具有相当的集光本领，使出射光有足够的强度。因此，当光源强度一定时，就应当选择适当的光谱通带来满足这一要求。所谓光谱通带是指通过单色器出射狭缝的光束的光谱区间宽度，用 W(nm) 来表示，它由倒线色散率 D($nm \cdot mm^{-1}$) 和狭缝宽度 S(mm) 决定：

$$W = DS \tag{4.13}$$

仪器的 D 一般为定值，故只能通过调节狭缝宽度来改变光谱通带。增大 S，则 W 变宽，集光本领增强，出射光强度增大，但分辨率降低，干扰辐射增强，吸光度下降，工作曲线下弯，会产生较大误差；减小 S，则 W 变窄，干扰辐射减小，但集光本领亦减小，出射光强度减弱，为满足测定需要只好调大灯电流以增加光源强度或增大检测器的增益，这会引起发射线变宽或检测器噪声增大，测定灵敏度下降，甚至无法正常测量。因此，选择狭缝宽度应兼顾仪器的色散性能和干扰辐射的状况：若仪器的 D 较小，表明分光能力强，则可适当增大 S，反之则减小 S；若干扰谱线与特征谱线相距较近，背景发射较强，则应减小 S，反之则增大 S。根据具体情况调节狭缝宽度，就可以获得适当的分辨率、光谱通带和集光本领。

4.3.4 检测系统

检测系统是将分光系统的出射光信号转变为电信号，进而放大、显示的装置。它由检测器、放大器、对数变换器、显示装置等组成。

4.3.4.1 检测器

检测器的作用是将单色器微弱的出射光信号转变为电信号。通常采用光电转换效率高、信噪比大、线性关系好的光电倍增管作检测器，其工作原理如图 4.14 所示。光电倍增管的外壳为玻璃材料，管内抽成真空，并装有一个光敏阴极 K、一个阳极 A 和多个倍增电极（dynode）。数百至一千伏的高压电源的负极接阴极，正极通过电阻 R 接阳极，正负电极之间有 $R_1 \sim R_5$ 等若干分压电阻，依次连接于各倍增电极，使得各倍增电极电压逐渐上升。当从单色器中射出的光线照射到光敏阴极时，光敏材料产生外光电效应而发射出光电子。第一倍增电极电压高于阴极，于是光电子加速撞击于其上，使其发射出更多的二次电子；二次电子被电压更高的第二倍增电极吸引，快速撞击于第二倍增电极上，倍增出更多的三次电子……这样，经过多个倍增电极后，射向电压最高的阳极的光电子数已是阴极产生的光电子数的 $10^5 \sim 10^8$ 倍。光电流通过负载电阻 R 产生相应的电压降，由隔直电容 C 将信号送入放大器放大。

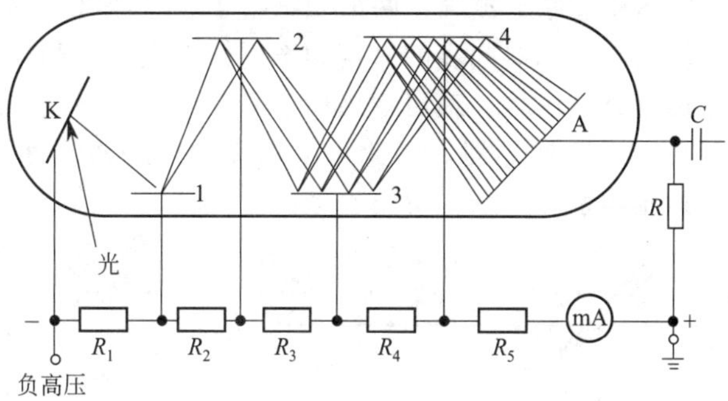

图 4.14　光电倍增管工作原理示意图

K—光敏阴极；A—阳极；1～4—打拿极；

R,$R_1 \sim R_5$—电阻；C—电容

阴极负高压的大小与光电倍增管的光电转换效率密切相关，升高负高压，光电转换效率提高，仪器输出信号增强；反之，则输出信号减弱。因此在原子吸收分析中，往往会通过对负高压的调节，来改变仪器的“增益”，达到仪器“空白调零”（即调透光率为 100%或吸光度为零）的目的。需要注意的是，如果负高压过高，就会增大光电倍增管的暗电流和输出噪声，使仪器不能稳定工作。

长时间连续工作、光信号过强、阴极负高压过高都会引起光电倍增管的灵敏度下降，产生疲劳现象。因此在分析中应防止非信号光或过强的光信号进入检测器，不使用过高的负高压。光电倍增管对波长 190～900 nm 的光都能产生良好的响应。

4.3.4.2 放大器、对数变换器和显示装置

放大器的作用是将光电倍增管输出的电信号进一步放大。一般选用信噪比高、选频效果好的集成化的同步检波放大器，因为它与光源方波信号同步，故可以减少光源信号频率漂移造成的不良影响。

由于检测器检测到的光强度并不直接与浓度成线性关系，因此需将光信号经对数变换器处理后，才能提供给显示装置。

在显示装置里，信号主要以吸光度或透光率方式显示，也可以转换成浓度经数字显示器或计算机显示出来。近年来，越来越多的原子吸收光谱仪用计算机控制操作参数，具有自动调零、自动校准、积分读数、曲线校正等功能，并由计算机快速贮存和处理测定数据、绘制标准曲线、给出分析结果。

4.3.5 原子吸收光谱仪的类型及发展现状

4.3.5.1 单道单光束型原子吸收光谱仪

上面以单道单光束型原子吸收光谱仪为例，讨论了仪器的四大基本系统。所谓单道单光束型是指仪器只有一个光源，发射一束经过原子化器的光，只有一个单色器、一个检测器，其光路系统如图 4.12 所示。这种仪器结构简单、性能稳定、操作方便，价格低廉，应用最广泛，属于通用型仪器。它的缺点是不能消除光源波动引起的基线漂移，从而引起测定误差，可以通过充分预热仪器，在测量时经常校正仪器零点来加以克服。

4.3.5.2 单道双光束型原子吸收光谱仪

单道双光束型原子吸收光谱仪的光路系统见图 4.15。空心阴极灯发出一束光照射在半透明半反射的旋转切光器 1 上而被分成相同的两束光：样品光束（S 束）通过原子蒸气产生吸收，参比光束（R 束）不经过原子蒸气，两束光相会于切光器 2。在切光器 2 的作用下交替进入单色器，于是便得到与切光器同步的一定频率的样品光脉冲和参比光脉冲。检测系统将接收到的光脉冲信号转变成电信号，最后输出的信号是两束光强度比或吸光度之差。由于两束光来自同一光源，共用一个检测器，因此可以消除光源和检测器不稳定引起的基线漂移，测定准确度高。但其光学系统复杂，价格也较高。

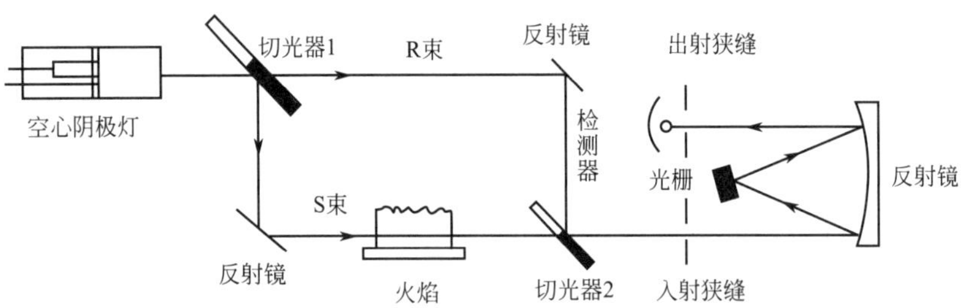

图 4.15　单道双光束型原子吸收光谱仪光学系统

4.3.5.3 原子吸收光谱仪发展现状与趋势

近年来，由多元素灯组合光源、中阶梯光栅与棱镜组合的分光系统、固态半导体检测器如电荷耦合器件（CCD）、电荷注入器件（DID）、光电二极管阵列（PDA）等，以及计算机组成的原子吸收光谱仪已基本上满足多元素同时测定的要求。

当前，国产原子吸收光谱仪在技术突破（如光学降噪、智能校准、自动化、微型化）和成本控制上取得进展，逐步打破国际垄断。原子吸收光谱与气相色谱、液相色谱、离子色谱、流动注射法等的联用技术得到了迅速发展，不仅使复杂混合物的快速分离分析、元素的价态和化学形态分析成为可能，同时也扩展了原子吸收分析的应用范围，提高了灵敏度，降低了检出限，减小了基体效应和其他干扰，提高了分析测定的准确度。同时，为适应野外检测和现场快速分析，便携式原子吸收光谱仪成为研发热点。未来，智能化、便携化与多技术融合将重塑行业格局，而国产仪器的崛起将为全球市场注入新活力。

4.4 定量分析方法

由 4.2.5 知，在原子吸收光程和操作条件不变的情况下，在一定的浓度范围内，试样的吸光度与待测组分浓度成正比：$A=k'c$。据此可得到单点校正法、标准曲线法、标准加入法、浓度直读法等定量方法。

4.4.1 单点校正法

单点校正法即配制一个待测组分的标准溶液，与未知试样溶液在相同的原子化条件下测得各自的吸光度，利用 $A=k'c$ 的关系对二者进行比较，从而求出未知试样溶液的浓度。尽管单点校正法简单方便，但是如果标准溶液与未知试样的浓度相差较大，就可能会产生较大的误差。

4.4.2 标准曲线法

这是最简单、最常用的方法，与紫外-可见分光光度法一章中所介绍的方法相似，即先配制标准系列，并在原子吸收光谱仪上测出其相应吸光度值，然后作吸光度-浓度（或质量）关系曲线（标准曲线），将在相同条件下测得的试样吸光度值从标准曲线上查找出对应的浓度（或质量）值，最后再计算出原始试样中待测组分的浓度（或含量）。

标准曲线法适用于组成简单或共存元素不干扰的试样，可以用于同类大批量试样的测定。为保证测定的准确度，应采用相同的方法处理标准溶液和试样溶液，使其组成尽可能相同；在整个测定过程中操作条件要始终保持一致，每次测定前还需对标准曲线进行校正。

4.4.3 标准加入法

标准曲线法一个明显的缺点是在测定复杂样品时，存在着较大的误差。这是因为被分析溶液中除了待测组分之外还存在着其他成分——基体，配制的标准系列的基体一般都比较简单，当试样溶液的基体比较复杂时，二者的基体对溶液吸光度值的影响会有显著不同。如果用测得的试液吸光值到标准曲线上去查其对应的浓度（或质量），必然会产生较大的误差。这种由试样和标准之间的基体差异而引起测定误差的现象叫作基体效应。为了消除基体效应，就应设法让试样溶液与标准溶液的基体尽可能一致，于是便出现了基本上能达到此目的的测定方法——标准加入法。

4.4.3.1 单加法

取 a、b 两个容积为 V（mL）的容量瓶，分别加入等体积的试样溶液，再向 b 瓶加入一定量的标准溶液，然后分别向 a、b 两瓶中加入相同量的其他试剂，并用纯水稀释至刻度。分别测定它们的吸光度值。设加入的试样溶液中含待测元素 m_x（μg），则稀释后 a 瓶溶液浓度为 m_x/V（$\mu g \cdot mL^{-1}$），测得其吸光度为 A_x；若所加的标准溶液中待测元素的含量为 m_0，则 b 瓶中待测元素的含量为 m_0+m_x，稀释后 b 瓶溶液浓度为$(m_0+m_x)/V$，测得其吸光度为 A，根据 $A=k'c$，有

a 瓶： $A_x=k'm_x/V$　　　　b 瓶： $A_x=k'(m_0+m_x)/V$

二式相比得：

$$m_x=\frac{A_x}{A-A_x}m_0 \tag{4.14}$$

经过换算便可求得试样中待测组分的浓度。

单加法必须在吸光度与浓度成线性的范围内使用，且加标量最好与试样量相当。

例 4-1 取含铬废水 5.00 mL，稀释至 100 mL，分别取 10.0 mL 置于两个 50.0 mL 容量瓶中，并向其中一瓶加入浓度为 0.100 $\mu g \cdot mL^{-1}$ 的铬标准溶液 5.00 mL，然后分别向两瓶中加入 pH 调节剂和干扰抑制剂，用纯水稀释至刻度，在原子吸收光谱仪上用空白溶液喷雾调零后，测得其吸光度分别为 0.312 和 0.487，求废水中的铬浓度。

解： 加标量 $m_0=0.100\times5.00=0.500(\mu g)$

试样中铬质量 $m_x=\dfrac{A_x}{A-A_x}m_0=\dfrac{0.312}{0.487-0.312}\times 0.500=0.891(\mu g)$

废水中的铬浓度 $c_{铬}=\dfrac{m_x}{V_{取}}\times\dfrac{100}{5.00}=\dfrac{0.891}{10.0}\times\dfrac{100}{5.00}=1.782(\mu g\cdot mL^{-1})$

4.4.3.2 复加法（标准加入曲线法）

采用复加法可以减小测定误差。取 4 份（或更多份）等量试样溶液置于 4 个体积为 V(mL) 的容量瓶中，再依次加入 0、1、2、4 份标准溶液，分别加入等量其他试剂后，用纯水稀释至刻度，然后分别测定其吸光度。设所加的试样溶液中含待测元素 $m_x(\mu g)$，每份标准溶液含待测元素 $m_0(\mu g)$，则稀释后的溶液浓度依次为 m_x/V、$(m_x+m_0)/V$、$(m_x+2m_0)/V$、$(m_x+4m_0)/V$，测得其吸光度依次为 A_x、A_1、A_2、A_3。由于溶液体积相等，故 A 与含量 m 成正比。

作吸光度-加标量关系曲线见图 4.16。将该直线向下外推至与横轴相交，交点至原点的长度便是 m_x。经过换算，便可求出试样中待测元素的浓度。

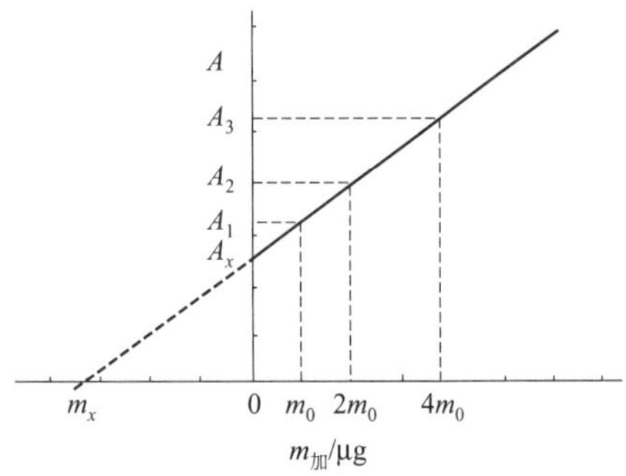

图 4.16 标准加入曲线法（复加法）

使用复加法应注意以下几点：①该方法必须在浓度与吸光度成线性关系的范围内使用。②加标量应适当。若太多，不利于克服基体效应；若太少，则加标曲线斜率过小，向下外推后会引起较大的估读误差。一般应使标准溶液中的 m_0 约等于每份试样溶液中的待测元素含量的 1/2。③此方法能较好地克服基体效应，但不能消除背景吸收的干扰。

例 4-2 取自来水样 10.0 mL，用纯水定容为 50.0 mL 后，分别吸取 6.00 mL 加入 5 个 25.00 mL 容量瓶中，然后再分别加入干扰抑制剂 1.00 mL 和浓度为 10.0 $\mu g\cdot mL^{-1}$的镁标准溶液，并用纯水稀释至刻度。在原子吸收光谱仪上用空白溶液喷雾调零，测定各溶液的吸光度，加标体积和对应数据见下表。求自来水中镁的浓度。

编号	1	2	3	4	5
加标体积/mL	0.00	1.00	2.00	3.00	4.00
吸光度 A	0.172	0.257	0.345	0.430	0.518

解：将加标量和对应的吸光度值列表如下：

加标量 /μg	0.00	10.0	20.0	30.0	40.0
吸光度 A	0.172	0.257	0.345	0.430	0.518

根据表中数据，作 A-$m_{加}$ 关系曲线如右。将曲线向下外推至与横轴相交，得到交点所对应的镁含量：

$$m_x=20.0\ \mu g$$

此值即为 6.00 mL 稀释自来水中的镁含量。

故自来水中的镁浓度为：

$c_{Mg}=(20.0/6.00)\times 50.0\div 10.0=16.7(\mu g\cdot mL^{-1})$

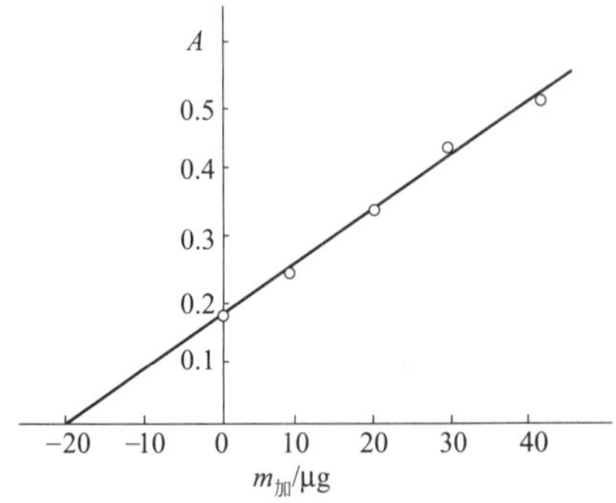

4.4.4 浓度直读法

如果已知待测试液的浓度范围较窄，基体不复杂，或者基体虽然复杂，但能配制出基体与其大致相同的标准溶液，那么，在浓度与吸光度成线性关系的情况下，可以运用仪器的“标尺扩展”功能，进行浓度直读测定。例如，用空白溶液喷雾调零后，测得浓度为 $5.10\times10^{-2}\ mg\cdot L^{-1}$ 的标准溶液的吸光度为 0.325，利用“标尺扩展”旋钮将吸光度校准至 0.510，然后马上喷入待测试液，若其吸光度为 0.468，则可直接读出该试液浓度为 $4.68\times10^{-2}\ mg\cdot L^{-1}$。

这种方法无须计算，也不必绘制标准曲线，但其误差略大。让试液和标液的浓度尽量接近，测定时用标液反复校准，保持仪器的工作条件稳定等，能够减少测定误差。

4.5 干扰及其抑制方法

由于原子吸收测量使用空心阴极灯所发射的是待测元素的特征谱线，而样品产生的待测元素的基态原子也只选择性地吸收这些特征谱线，所以原子吸收分析的干扰比其他很多方法都要小得多。但是，如果条件控制不当，它也可能产生较大的甚至严重的干扰。原子吸收分析的干扰共有四类：化学干扰、光谱干扰、电离干扰和物理干扰。

4.5.1 化学干扰

化学干扰是指待测元素在溶液或蒸气中与其他组分发生化学反应，生成难解离化合物，从而使基态原子数减少，吸收减弱的现象。化学干扰是原子吸收分析中的主要干扰。例如，在火焰中，Al、Si、B、Ti、Be 等元素都容易生成难熔氧化物；Al 和 Mg、Ca 能分别生成难熔化合物 $MgAl_2O_4$ 和 $3CaO\cdot5Al_2O_3$；Ca 与 PO_4^{3-}、SO_4^{2-} 易生成难解离的 $Ca_2P_2O_7$ 和 $CaSO_4$ 等。这些化合物的生成会干扰有关元素的测定。

化学干扰是一种选择性干扰，可根据具体情况选用适当的方法来抑制化学干扰。

① 化学分离　用蒸馏、萃取、离子交换、色谱分析、吸附、沉淀等方法将待测元素和干扰组分分开，既能消除干扰，又能富集待测元素，提高分析灵敏度。

② 使用高温火焰　当火焰温度高于难熔化合物的沸点时，这些化合物便会汽化、分解，并释放出待测元素的基态原子。例如，在空气-乙炔焰中，PO_4^{3-} 和 SO_4^{2-} 对 Ca、Al 和 Mg 的测定会因生成难熔化合物而产生严重干扰；但是在笑气-乙炔焰中，这些干扰均被消除，甚至干扰组分浓度比待测元素大得多时，也不会产生任何干扰。

③ 加入释放剂　释放剂能与干扰组分生成稳定的化合物，从而将待测组分释放出来。例如，测定 Ca 时，可用 Sr 盐或 La 盐作释放剂，因为 Sr^{2+} 或 La^{3+} 能与干扰成分 PO_4^{3-} 生成更稳定难熔的化合物，从而将 Ca 释放出来。又如，在空气-C_2H_2 火焰中，Sr 比 Mg 更易与 Al 生成难熔化合物，故测 Mg 时加入 Sr 盐，就可以释放出 Mg，从而消除了 Al 的干扰。释放剂的加入量必须通过实验来确定。常用的释放剂有 $LaCl_3$、$Sr(NO_3)_2$ 等。

④ 加入保护剂　在溶液中，保护剂能与待测元素生成稳定的络合物，阻止了干扰组分与待测元素的反应；但在火焰中，生成的络合物又极易分解，从而有利于待测元素的原子化。例如，加入 EDTA，可以消除 PO_4^{3-}、SO_4^{2-}、F^-、I^- 等对测定 Pb 的干扰，也能消除 B、Se、Te、Si、Al、SO_4^{2-}、PO_4^{3-} 等对测定 Ca、Mg 的干扰，就是因为 EDTA 与 Pb、Ca、Mg 等生成了稳定的配合物，保护了这些待测元素，避免了它们与干扰元素反应生成难熔化合物。加入保护剂，有时还能提高分析灵敏度。常用的保护剂还有 8-羟基喹啉、乙二醇、葡萄糖、氯化铵、乙酰丙酮等。有时同时使用保护剂和释放剂，这有可能增加消除干扰的效果。

⑤ 加入缓冲剂　在待测试样与标样中都加入过量干扰组分，使干扰效应达到“饱和”

点而稳定，不再随干扰组分量的变化而明显变化。例如，用笑气-乙炔焰测 Ti 时，若铝浓度大于 200 mg·L^{-1}，其干扰便趋于稳定，在测定时就易于扣除它的影响。加入缓冲剂的做法会显著降低分析灵敏度，除非万不得已，一般都不宜采用。

⑥ 加入基体改进剂　在石墨炉法中，加入基体改进剂可以使待测元素转变成更难挥发的化合物，或者使干扰组分转变成容易挥发的化合物。比如，Se 在 300～400 ℃时便开始挥发，如果加入 Ni 盐，反应后生成 NiSe，灰化温度可提高至 1200 ℃，这样既有利于将干扰组分在灰化阶段除去，又不会造成 Se 的损失。又如，NaCl 对测 Cd 有干扰，加入基体改进剂 NH_4NO_3，使其转变为易挥发的 NH_4Cl 和 $NaNO_3$，在灰化阶段便可除去。

⑦ 采用标准加入法　这时由于试样与加标试样的基体基本相同，所以在比较测定结果时能够将干扰因素部分扣除。

4.5.2 电离干扰

这是一种由于自由原子在高温中电离成不能吸收分析线的离子而产生的干扰效应，其结果使基态原子数减少，吸光度降低，灵敏度下降。通常，碱金属、碱土金属等电离电位≤6 eV 的元素在火焰中容易电离。原子化温度越高，自由原子的电离度就越大，电离干扰就越严重。电离干扰还与原子化器中待测元素原子的总浓度有关，总浓度增加，电离度减小，单位浓度待测元素产生的吸光度值增大。因此，存在电离干扰时，标准曲线要向上弯曲。

消除电离干扰的有效方法是在试液中加入大量的消电离剂——Li、Na、K、Cs 等碱金属盐，由于它们的电离电位低，在高温中很易电离而产生大量自由电子，从而抑制了待测元素原子的电离。例如，测定 Be 时，加入 0.2% KCl，便能有效抑制 Be 的电离。此外，适当降低原子化器的温度也能减小电离干扰，但温度过低不利于原子化。

4.5.3 光谱干扰

光谱干扰是与光谱发射和吸收有关的干扰，它包括以下几种干扰类型。

4.5.3.1 光谱通带内有多条参与吸收的发射线

在理想情况下，光谱带内只应有一条待测元素的共振发射线作为分析线，但对于原子结构较复杂的元素来说，在分析线的近邻还会出现几条其他发射线，而且这些谱线都要参与原子吸收。由于分析线的吸收系数要大于其他谱线，因此这种干扰会使测定的吸光度值偏低。消除这种干扰的办法是减小狭缝宽度或另选分析线。但需要注意的是，减小狭缝宽度会降低信噪比，另选分析线会降低灵敏度。

4.5.3.2 光谱通带内有非吸收的发射线

这些不能被待测元素基态原子吸收的发射线通常是由空心阴极灯阴极内的杂质元素发射产生的，其干扰的结果也将引起吸光度值的减小。消除干扰的办法是：①减小狭缝宽度；②另选分析线；③另换高质量的空心阴极灯。

4.5.3.3 空心阴极灯有连续背景发射

这种干扰是由灯内杂质气体分子、阴极氧化物等所产生的带状光谱引起的，它也会使待测元素的吸光度值减小。消除此干扰的办法是定期对灯通电除气、换灯或另选分析线。

4.5.3.4 吸收线重叠

当待测元素的分析线与干扰元素的吸收线重叠或部分重叠时，试样中的干扰元素就会参与对分析线的吸收，使吸光度值偏大。但是这种情况并不普遍，表 4.3 列出了一些共存元素吸收线重叠而引起干扰的例子。消除这种干扰的方法是分离干扰元素或另选分析线。

表 4.3　吸收线重叠干扰的例子

元素	分析线(干扰线)/nm	元素	干扰线(分析线)/nm
Al	308.215	V	308.211
Sb	217.023	Pb	216.999
Sb	231.147	Ni	231.097
Cd	228.802	As	228.812
Ca	422.673	Ge	422.657
Co	252.136	In	252.137
Cu	324.754	Eu	324.753
Fe	271.903	Pt	271.904
Ga	403.298	Mn	403.307
Hg	253.652	Co	253.649
Si	250.690	V	250.690
Zn	213.856	Fe	213.859

4.5.3.5　分子吸收和光散射（背景吸收）

（1）分子吸收

分子吸收指在原子化过程中生成的气体分子、氧化物、氢氧化物或盐类等分子对分析线的吸收，是一种特殊的光谱干扰。分子吸收为带状光谱，它在一个比较宽的波长范围内都会产生吸收，因此又叫背景吸收，其结果使样品吸光度偏大。比如，烃火焰 230 nm 以下有明显吸收，火焰中 OH、CH、CO 等基团或分子也会产生吸收带构成背景干扰。

H_2SO_4 和 H_3PO_4 在 250 nm 以下的光谱区间有很强的分子吸收带，因此用这两种酸处理样品时需要慎重。硝酸、盐酸的分子吸收很小，故常用于处理样品。

在空气-乙炔火焰中测定 Ba 时，试样中共存的 Ca 可生成 $Ca(OH)_2$ 分子，在 530～560 nm 处产生很强的分子吸收带，从而干扰 Ba 对分析线 553.6 nm 的吸收测定。在石墨炉中，NaCl 在 200 nm 和 230 nm 左右，NaI 在 225 nm、250 nm 和 345 nm 左右产生明显的分子吸收带；如果元素的分析线在上述光谱区间内，这些强而宽的分子吸收带就会产生严重背景吸收干扰。

（2）光散射

光散射指通过原子蒸气的待测元素的特征谱线被蒸气中的固体微粒散射而偏离光路的现象，其结果使检测器的接收信号减弱，吸光度增大。光散射产生的直接效果与分子吸收相同，故属于背景吸收干扰，也是一种宽频带吸收。

石墨炉法的背景吸收比火焰法的高得多，波长愈短，背景吸收愈大，有时背景吸收甚至会成为重要的误差来源。

（3）背景吸收的校正

消除背景吸收干扰的常用方法是校正背景，此外，也可针对具体情况，改用其他火焰或另选分析线等。下面简要介绍几种校正背景的方法。

① 氘灯背景校正法　又称连续光源背景校正法，氘灯是一种连续光源，其较强的辐射在 190～350 nm，大多数元素的特征谱线都在此区间。如图 4.17 所示，用氘灯作光源时所测得的是背景吸收值，其中待测元素原子的吸收线半宽度非常窄，因此可以忽略不计。而用空心阴灯作光源时，它发射出的待测元素的特征谱线是强度足够高的锐线，所测得的是待测元素的原子吸收与背景吸收的总

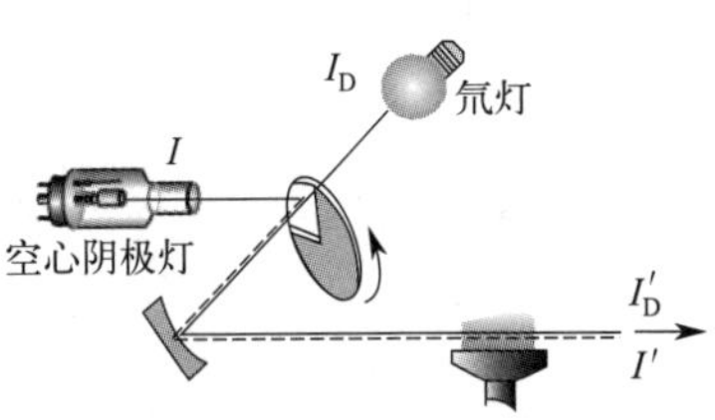

图 4.17　氘灯校正背景原理示意图

和，用总吸收减去氘灯测得的背景吸收，便可得到校正了背景值的原子吸收。校正时，要求两束光的中心重合，否则会影响校正效果。通常具有氘灯校正背景装置的仪器都能自动校正背景，但其校正能力较弱（可校正 $A=1\sim1.2$ 的背景吸收）。

② 邻近非吸收线背景校正法　不是待测元素原子发射的所有谱线都能被其基态原子所吸收，事实是，吸收线比发射线少得多。因此，可以选用一条邻近的非吸收线测出背景吸收值，而用分析线测出总吸收值，用后者减去前者，便可得到校正了背景的原子吸收值。例如，Ca 的共振线在 422.67 nm 附近有非吸收线 430.40 nm，可在 422.67 nm 处测定总吸收，而在 430.40 nm 处测得背景吸收，两者之差便是 Ca 原子吸收。但是这种校正方法需要转换波长，测定两次，重复操作的差异会带来较大的测定误差。

③ 塞曼效应背景校正法　在磁场的作用下，原子发射线或吸收线会裂分成几条偏振化的谱线，这种现象叫塞曼效应。利用塞曼效应校正背景的原子吸收光谱仪对各光谱区间内的背景吸收均能校正，甚至能扣除 $A=2.0$ 左右的背景值，也可以消除光谱通带内的某些干扰吸收线的影响。但是外加磁铁使仪器更昂贵；偏光元件使光辐射能量损失，降低了分析灵敏度。若磁场加于原子化器，待测元素浓度增高时，有可能使背景扣除不准和标准曲线向下弯曲。

④ 史密斯-海夫约（Smith-Hieftje）背景校正法　这是一种利用空心阴极灯的自蚀效应来校正背景的方法，为典型的化害为利的实例。在灯电流较低时，空心阴极灯发射半宽度很窄的锐线，可测出原子吸收与背景吸收的总和；而当灯电流很高时，发射线因自蚀效应而变成两条分开的谱线。这两条谱线位于待测元素原子吸收线的两边，故只能测出背景吸收。灯电流较低时与灯电流很高时测出的吸光度值之差，便是扣除了背景的原子吸收。该校正法所需装置简单，具有良好的背景校正能力，但其灵敏度比氘灯型仪器低。

除了上述方法外，有时采用基体改进剂也有一定的消除背景吸收干扰的效果。

4.5.4 物理干扰

试样在转移、蒸发和原子化的过程中，由其物理性质（如黏度、表面张力、密度、温度、浓度等）的变化而引起的原子吸收强度改变的现象叫物理干扰。例如，在火焰原子化法中，试液的黏度、表面张力、助燃气压力、毛细管管径与管长和弯曲程度、毛细管浸入深度等因素的变化都会影响试液提升量，进而改变雾化率和原子化效率；试样中高浓度的基体物质在火焰中的蒸发和解离，不仅要消耗火焰能量，降低火焰温度，还可能包裹待测元素，其结果也会降低原子化效率；高盐试液中的盐类容易凝聚在燃烧器缝口，造成缝口变窄和局部堵塞，从而改变火焰形状和吸收光程，影响原子吸收等。在石墨炉法中，进样量和进样位置都会影响吸收强度；保护气体的流速会影响基态原子在吸收区内的滞留时间；不同的基体成分在灰化阶段使待测元素产生不同的共挥发损失等，这些都属于物理干扰。

物理干扰是非选择性干扰，对试样中各元素的影响基本相似。消除物理干扰的常用方法是配制与待测试样基体类似的标样或采用标准加入法，同时，在测定过程中严格重复每次测定的条件和方式等。此外，针对不同的干扰起因，还可采用相应办法，例如，若基体浓度过高，则可适当稀释；若为高盐溶液，则应随时清洗燃烧器缝口；若有共挥发损失，则可采用基体改进剂等。

4.5.5 有机溶剂的影响

采用火焰原子吸收法时，如果待测元素的浓度不太低，可将制备好的试液直接喷入火焰测定。但是当待测元素含量很低、仪器的灵敏度不够时，就必须先将待测元素富集后再测定。即首先用萃取剂与待测组分生成电中性的疏水性配合物，然后用体积较小的有机溶剂将其萃取至有机相，再将有机相喷入火焰中测定。这种方法叫作萃取原子吸收光谱法，它集分离与富集于一体，有很高的选择性和灵敏度。有机溶剂与水的性质差别很大，它必然会影响雾化过程和火焰的燃烧过程；同时，有机溶剂是可燃的，喷入后应适当调小燃气流量。

由于卤代烃、苯、环己烷、正庚烷、石油醚等有机溶剂燃烧时容易产生较多的细微炭粒，并且自身的吸收较强，因此在萃取时不宜采用。酮类燃烧完全，火焰稳定、自身吸收小，是最适宜的有机溶剂，其中应用最多的是甲基异丁基酮（MIBK）。

有时，在水溶液试样中加入适量的与水有一定互溶能力的有机溶剂，如丙酮、甲醇、乙醇、异丁醇等，也能提高测定的灵敏度。因为这时有机溶剂起到了加速蒸发、降低火焰温度衰减、提高雾化率的作用。但是也应考虑到某些有机溶剂的分解产物可能会引起发射或吸收干扰，其不完全燃烧产生的细微炭粒会对入射光造成散射损失等。

4.6 灵敏度和检出限

灵敏度和检出限是原子吸收光谱仪重要的性能指标，也是选择分析方法的基本依据之一。

4.6.1 灵敏度

4.6.1.1 相对灵敏度和绝对灵敏度

原子吸收光谱法规定灵敏度（sensitivity）为校正曲线的斜率。火焰法以溶液进样，测得的吸光度值与溶液浓度有关，故灵敏度可表达为 $S_c = \mathrm{d}A/\mathrm{d}c$，这叫作相对灵敏度。

石墨炉法测得的吸光度值与加入石墨管内的待测元素的质量有关，因此灵敏度可表示为 $S_m = \mathrm{d}A/\mathrm{d}m$，这称为绝对灵敏度。可以看出，$S_c$ 或 S_m 越大，待测元素的灵敏度就越高。

4.6.1.2 特征浓度和特征含量

在原子吸收分析的实际工作中，为了更方便地反映和比较不同元素灵敏度的高低，普遍采用“1%吸收灵敏度”——特征浓度或特征含量来表征灵敏度的高低。

（1）特征浓度（characteristic concentration）

火焰原子化法规定：能产生1%吸收的待测元素的浓度叫特征浓度，用 c_{c} 表示。所谓1%的吸收，是指原子吸收后的透过光为入射光的99%，故它所对应的吸光度为：

$$A' = \lg\frac{100}{99} = 0.0044 = k'c_{\mathrm{c}}$$

式中，k'为吸收系数。

由于仪器上无法准确读出0.0044的吸光度值，因此可配制浓度为 c 的待测元素的标准溶液，并且 c 比 c_{c}(μg·mL^{-1}/1%）略高，测得其吸光度为 A，则有：

$$A = k'c$$

将此式与上式相比，可得：

$$c_{\mathrm{c}} = \frac{0.0044c}{A} \tag{4.15}$$

式中，标液 c 的单位为 μg·mL^{-1}。要求测试前仪器应预热 30 min 左右，待运行正常后，在选择好的最佳条件下进行测试，不能利用“标尺扩展”和“曲线校直”等功能。

（2）特征含量（characteristic content）

对石墨炉法来说，可用特征含量 m_{c}(g/1%）来表征灵敏度的高低。特征含量是指能产生 1%吸收的待测元素的质量，其计算公式为：

$$m_{\mathrm{c}}=\frac{0.0044cV}{A} \tag{4.16}$$

式中，c 为标液浓度，单位为 $g \cdot mL^{-1}$；V 为标液进样体积，单位为 mL；A 为标液吸光度。

灵敏度的高低与待测元素的性质、仪器性能和操作条件等因素有关，当待测元素确定之后，调整好仪器的工作状态，选用最佳的工作条件，提高原子化效率是提高灵敏度，降低特征浓度或特征含量的有效途径。此外，采用萃取原子吸收光谱法、加入适当的有机溶剂等也能提高分析测定的灵敏度。

4.6.2 检出限

灵敏度、特征浓度和特征含量只是反映一定量的待测元素在仪器上产生的吸收信号的大小，它们与仪器本身的噪声无关。然而在涉及很低浓度或含量的测定时，就必须同时考虑仪器的灵敏性和检测能力，而它们与噪声大小密切相关。

所谓噪声，是指在无待测元素的输入信号时，仪器自身所产生的输出信号。噪声越小，仪器性能越稳定。这时才能确保在待测元素产生的吸收信号不被噪声信号淹没的情况下，测定出浓度或含量更低的待测组分。

检出限（limit of detection）是仪器分析中的一个重要概念，它将仪器的灵敏性、检测能力与噪声联系起来，并明确了测定的可靠程度。检出限的定义为：在适当的置信度下，能够被仪器检测出的待测元素的最小浓度或最小质量。

在原子吸收光谱法中规定，检出限是指在测定误差呈正态分布的情况下，置信度为 99.7%时，能够被检测出的待测元素的最小浓度或最小质量。这时，待测元素产生的吸收信号是空白样品或接近空白的样品连续 10 次以上测定值的标准偏差的 3 倍。该标准偏差主要体现了仪器噪声信号的波动，也叫作噪声电平。

① 相对检出限 D_c（$\mu g \cdot mL^{-1}$） 它适用于火焰原子吸收法。由于空白溶液的吸光度值太小，无法读出，故一般配制一个浓度 $c \approx 5 \sim 10D_c$ 的待测组分的标准溶液，平行测定 10 次以上，然后用下式计算噪声信号标准偏差 S_{b}：

$$S_{\mathrm{b}}=\sqrt{\frac{\sum(A_i-\overline{A})^2}{n-1}} \tag{4.17}$$

式中，A_i 为单次测定的吸光度；n 为平行测定次数；$\overline{A}$ 为 n 次测定的平均吸光度。

根据检出限的定义，有 $A'=k'D_c=3S_{\mathrm{b}}$，另 $\overline{A}=k'c$，二式相比得：

$$D_c=\frac{3S_{\mathrm{b}}c}{\overline{A}} \tag{4.18}$$

② 绝对检出限 D_m（g） 它适用于高温石墨炉法，其计算公式为：

$$D_m=\frac{3S_{\mathrm{b}}cV}{\overline{A}} \tag{4.19}$$

式中，c 为标液浓度，$g \cdot mL^{-1}$；V 为进样体积，mL；S_{b}、$\overline{A}$ 意义同上。

③ 检出限的测定 测定检出限时，仪器的“标尺扩展”应扩至最大倍数，并且要让仪器保持最佳的稳定的工作状态。因此稳定电源电压，选用高质量的空心阴极灯、低噪声检测器和稳定性好的放大系统，控制适宜的工作条件等，是降低噪声、提高测定精密度，减少检出限的有效措施。

4.7 样品的处理

大量事实证明，在用原子吸收法等现代仪器分析手段对实际样品进行分析测定时，误差的主要来源往往不是仪器本身或测定过程，而是样品的前处理过程。因此，分析工作者应该具备一些样品处理的知识和能力。这是保证分析结果准确可靠的关键之一。

在进行样品的前处理时，一定要防止沾污样品，也要避免待测组分的损失。因此必须关注与样品处理直接相关的容器、实验用水、试剂等方面的问题，同时也应该了解和掌握样品处理的常用方法，以及标准样配制时的注意事项。

4.7.1 容器的选用

对于原子吸收法之类灵敏度很高的仪器分析而言，容器的质量可能会对分析结果产生一定的影响。

在选用容器时，必须考虑容器材料的溶出性、吸附性和透气性等对溶液的影响。例如，质量较差的玻璃瓶可能溶出 Na、K、Si、Fe、Mn、Zn、Pb 等元素，而某些塑料瓶可能溶出少量有机化合物；Hg^{2+}、Ag^{+} 等离子可能被玻璃表面吸附，而塑料表面则容易吸附某些有机物；由于塑料瓶的透气性，某些小分子挥发性组分可能在长期放置过程中渗透损失等。上述情况的发生通常又与存放温度、溶液 pH 值、浓度、时间等因素有关。

一般地说，含有机物质的溶液宜选用质量好的硬质玻璃瓶盛装，并要避免与塑料或胶木盖等直接接触；而含无机物质的溶液可选用聚乙烯塑料瓶或优质硬质玻璃瓶；对于痕量金属的原子吸收分析，最好选用高质量的聚乙烯塑料瓶盛装溶液。

溶液浓度越低，受器壁吸附影响越大，因此标准贮备溶液的浓度一般都很高（$10^3\ mg\cdot L^{-1}$左右)，临用时才取出稀释。样品溶液不宜长期放置，以防在放置过程中发生吸附、沉淀现象或发生其他反应，从而改变待测组分的含量和形态。在原子吸收分析中，各种金属离子的溶液通常需用盐酸或硝酸调至 pH=1～2 保存。用于其他分析的样品溶液也应在规定的酸度下保存。采用低温冷藏（5 ℃左右）或冷冻（−18～−22 ℃)，避光和避免暴露于空气中，能抑制微生物活动，减缓物理挥发和化学反应。在盛装溶液之前，容器还必须用规定的方法反复清洗干净。

4.7.2 分析实验用水

纯水是分析工作中用量最大的试剂，其质量直接影响分析结果的可靠性，待测组分含量越低，对分析用水的要求就越高。用可见分光光度法或原子吸收光谱法对常量或微量组分进行分析时，用处理合格的去离子水或蒸馏水即能得到满意的结果。但是如果用石墨炉法进行痕量或超痕量组分的分析，则必须用高纯度的二次蒸馏水或亚沸蒸馏水，否则会使分析结果产生较大误差。分析实验用纯水分级见表 4.4。

表 4.4 纯水分级

级别	电阻率(25℃)/(mΩ·cm)	制水设备	用　途
特	>16	混合床离子交换柱，0.45 μm 滤膜，亚沸蒸馏器	配制标准水样
1	10～16	混合床离子交换柱，石英蒸馏器	配制分析超痕量(10^{-9})级物质用的试液

续表

级别	电阻率(25℃)/(mΩ·cm)	制水设备	用　途
2	2～10	双级复合床或混合床离子交换柱	配制分析痕量(10^{-9}～10^{-6})级物质用的试液
3	0.5～2	单级复合床离子交换柱	配制分析 10^{-6} 级以上含量物质用的试液
4	<0.5	金属或玻璃蒸馏器	配制测定有机物(如COD、BOD_5)等用的试液

4.7.3 试剂

在原子吸收分析中，试剂不纯也是产生误差的重要原因之一。然而试剂的纯度越高，价格越贵，因此对试剂的纯度应有合理的要求，既不会造成不可接受的误差，也不会过多地增大分析成本。通常，用来配制标准溶液的试剂，由于用量少，待测组分在溶液中浓度很低，共存的杂质的浓度更低，故用分析纯试剂即可。但是，对于用量大的试剂，例如溶解试样的酸、碱，光谱缓冲剂，电离抑制剂，释放剂，保护剂，基体改进剂，增敏剂，萃取剂以及配制标准样品的基体物质等，则必须是高纯度的，尤其不能含有待测元素，否则将引入大量杂质和待测元素，使分析工作完全失去意义。

一般的硝酸、盐酸和氨水中都含有较多的杂质，若不符合要求，可蒸馏精制。提纯纯度不够的盐类可采用重结晶法、沉淀法、萃取法、区域熔化法、离子交换法与吸附法等。

试剂由高到低的纯度依次为：保证试剂（G. R.）、分析纯试剂（A. R.）、化学纯试剂（C. P.）、实验试剂（L. R.）。所谓高纯试剂通常不是指主体含量高，而是指某些杂质含量极低，能满足某些特殊要求的试剂。比如 HNO_3 的 3 种保证试剂，其主体含量分别为 85%、65%和 99.5%，每种都给出了相应杂质的最高含量。因此，不能仅仅依据试剂纯度等级来选用试剂，而应根据标签或证书给出的主体和杂质含量来确定是否符合要求。在进行重要的痕量分析时，最好用可靠的方法来检验试剂的关键数据，不要盲目轻信标签，必要时应自己动手提纯试剂。

4.7.4 样品处理的常用方法

原子吸收分析一般都需将样品制成溶液后测定。如果待测元素浓度太高，可用适当溶剂稀释后测定；如果待测元素浓度很低或同时基体成分浓度较高，则应首先富集或分离富集待测组分，然后再进行测定。

4.7.4.1 常用的分离富集方法简介

① 蒸发法　当溶液中待测元素和干扰组分含量都很低时，可将其加热，使水分缓慢蒸发，达到浓缩待测元素的目的。蒸发时要防止灰尘或其他杂质掉入溶液中；若待测元素为金属离子，则应将溶液酸化后蒸发，以免金属元素附着于器壁上而造成损失。

② 冷冻浓缩法　让试样溶液部分冷冻结冰，然后将冰从溶液中取出。这时，试样中的可溶性物质仍然保留在溶液中，从而起到浓缩富集的作用。这一方法的优点是在浓缩过程中，可溶组分的价态、状态不会改变，同时由于不加入试剂、不加热煮沸，试液处于低温封闭环境中，所以基本上不会产生沾污和损失。

③ 挥发法　将待测组分转化为易挥发的物质，然后加热或用惰性气体将它从溶液中驱出，从而达到分离的目的。例如，用冷原子吸收法测汞时，先用 $SnCl_2$ 将 Hg^{2+} 还原为易挥发的金属汞，再通入 N_2 将汞蒸气带出并送入吸收池中测定。

④ 共沉淀法　加入沉淀剂，在溶液中生成一种沉淀物质，让待测组分与沉淀物质一起析出。例如，欲分离富集含铜溶液中的微量铝，可向溶液中加入适量 Fe^{3+} 和氨水，生成的

$Fe(OH)_3$ 沉淀可作为担体，将微量的 $Al(OH)_3$ 转入沉淀中一起析出，与溶液中的 $[Cu(NH_3)_4]^{2+}$ 配离子分离。

⑤ 液-液萃取法　加入萃取剂，与待测组分反应生成电中性的疏水性物质，然后用有机溶剂将其萃取至有机相内，从而达到分离富集的目的。

⑥ 离子交换法　在一定条件下，用离子交换树脂选择性地吸附溶液中的某些待测离子，使其与基体分离，然后再用适当溶剂将其从树脂上洗脱下来测定。

⑦ 气浮法　将水样控制在一定条件下，加入适当的表面活性剂，搅匀，再向水中通入大量直径为 0.1～0.5 mm 的空气或氧气泡。表面活性剂分子容易被吸附到气泡的气-液界面上，其非极性端指向气相，极性端指向水相。这时，溶液中的离子或极性分子将通过物理或化学作用与表面活性剂的极性端相连接，并随气泡上升到液面，形成泡沫层，从而与母液分离。此方法能分离富集水样中的多种金属离子和阴离子。

⑧ 液膜萃取法　用浸透了不溶于水的有机溶剂的多孔聚四氟乙烯薄膜将水溶液分隔成被萃取相和萃取相。被萃取相与流动的水样溶液相连，水样溶液中的待分离的离子与加入的某些试剂反应而生成中性分子，这些中性分子能扩散到有机液膜中，然后再进入萃取相。控制萃取相的化学条件，可以使进入其中的中性分子立即分解为离子，从而无法再返回到有机液膜中去，这样就达到了分离富集的目的。该方法可用于金属离子、有机胺、有机酸碱等的分离富集。

此外，在仪器分析中常用的分离富集方法还有蒸馏法、吸附法、电沉淀法、电泳法、电渗析法、膜分离法等。

4.7.4.2　固体样品的处理

首先要保证采集的固体样品具有代表性和不被污染，然后对其进行均匀化处理：对于硬质样品，可采用碾压、研磨、粉化、捣碎等手段；对于软质或半软质样品，可采用切碎、剪切、绞碎、掺和、浸化等方式。

使样品完全转化为溶液的常用方法是溶解法、消化法和熔融法。溶解法是直接用水、酸或碱溶液将样品溶解。传统的消化法分为湿式消解法和干式灰化法。前者是将样品置于强酸或混合强酸中加热，其目的是破坏样品中的有机物，溶解样品中的无机物，使各种形态的待测组分转化为单一的高价态，以利于分析测定；后者可使样品在马弗炉中于 400～800 ℃下灰化，也可使样品在氧化燃烧瓶内、氧弹内或高频电场激发氧中灰化，将灰化产物溶于硝酸熔液，然后测定。对于液体样品中的悬浮颗粒或有碍分析测定的有机成分（如油类、脂肪、类脂等），也需要进行分离和消化处理。对于不能消化分解的一些无机化合物，如中性氧化物和某些矿石等，可以用酸熔法、碱熔法或半熔法处理，使其转变为可溶性的盐类，然后用稀酸或水溶解。

如果需要分析测定固体样品中的某些成分，如有机物或痕量金属有机化合物，那么首先应将这些成分提取出来，再做进一步的处理和分析。提取的方法有固-液萃取法、振荡浸提法、索氏提取法、超临界流体萃取法、亚临界萃取法、加速溶剂萃取法、微波辅助萃取法、超声波辅助萃取法等。需要进行元素形态分析的样品，不能使用强酸消化法，除了可用上述提取方法外，还可根据情况采用碱抽提法或酶催化水解法。

已经均匀化和粉末化的固体样品，也可与水或其他溶剂充分混匀，调成浆状，在高温石墨炉中直接进样分析。

4.7.4.3　气体样品的处理

漂浮于气体样品中的金属元素往往含量极低、粒径极小，需要通过长时间大流量采样，才能将其富集于滤膜上或采样管中。然后用酸液浸溶或作消化处理，制成溶液测定。例如，将大气中的痕量金属元素采集于过氯乙烯滤膜上，用热稀硝酸处理滤膜或先在少量硫酸存在下，于 400 ℃灰化滤膜后，再用硝酸处理，使待测金属元素定量转入溶液中，用原子吸收光谱法能测定其中的 Cu、Zn、Cd、Cr、Mn、Fe、Ni、Be 等多种元素。

4.7.4.4 几种样品处理新方法简介

为了满足痕量分析、形态分析等提出的新要求，近年来发展了一些高效的样品处理的新方法，如微波辅助技术、超声波辅助技术、超临界流体萃取技术、亚临界水萃取技术等，目前，这些技术已得到越来越多的应用。

（1）微波辅助技术

微波技术早已广泛地应用于人们的生产、科研和生活之中。当前，在分析化学中，微波辅助技术也是重要的样品处理方法之一。

微波是频率为 $3\times10^2\sim3\times10^5$ MHz 的电磁波，介于红外线与无线电波之间，其中最常用的频率为（2450±13）MHz。微波在传输过程中遇到不同的物质时，会产生吸收、反射和穿透三种情况。

金属、合金等大多数良导体基本上不吸收微波，而要反射微波；玻璃、塑料、陶瓷等绝缘体对微波吸收较少，可穿透并部分反射微波；而水和其他极性溶剂、酸性物质以及被处理的样品等，能够吸收、穿透和少量反射微波，这些物质称为有耗介质。

介质被微波加热有离子传导和偶极子转动两种机理。所谓离子传导机理是指溶液中的离子在电磁场作用下的导电移动，形成电流，由于介质对离子流的阻碍，从而产生了热效应。所谓偶极子转动机理是指极性分子中的正负电荷中心所形成的偶极子，在 2450 MHz 的微波场中，由于电磁作用，被迫以 4.9×10^9 次·s^{-1} 的速度快速转动，而溶液中各种分子的相互作用和运动，会阻碍偶极子的转动，于是产生了类似摩擦的热效应，使体系温度上升。

在微波场中，介质的加热主要取决于电场强度、微波频率，以及介质的性质、形状和大小等。

微波从介质表面到介质内部功率衰减到 $1/e$ 处距表面的距离称为穿透深度 D_p，它由下式决定：

$$D_p \approx \frac{\lambda_0 \varepsilon'}{2\pi\varepsilon''} = \frac{\lambda_0}{2\pi\tan\delta} \tag{4.20}$$

式中，λ_0 为微波波长；ε'为介质的介电常数；ε''为介质损失因子；$\tan\delta$ 为介质的耗散因子。可以看出，当微波波长一定时，介质介电常数越大、损失因子越小，则穿透深度越大。

介质在微波场中升温速度由下式决定：

$$\frac{\delta T}{\delta t} = \frac{K\varepsilon'' f E_{rms}^2}{\rho C_p} \tag{4.21}$$

式中，K 为常数；E_{rms} 为电场强度；f 为微波频率；ρ 为介质密度；C_p 为介质热容。提高电场强度或微波频率，能加快升温速度。但电场强度过高，电极间将出现击穿现象；若频率过高，波长太短，则穿透深度将大大减小，亦不能有效加热介质。介质损失因子越大，密度和热容越小，升温速度就越快。

传统加热是以热传导、热辐射等方式由外向里逐渐地加热，而微波加热是微波能量同时作用于所有的介质分子，使整个物料的内外同时被加热，因而加热均匀，升温速度很快。

在分析化学中，微波辅助技术有以下几种。

① 直接用微波将固体样品烘干、有机质烤出、灰化、熔融和灼烧残渣等。

② 微波辅助萃取。在微波场中，物料的损失因子、微波频率、电场强度、介质特性等决定了穿透深度和加热速度。微波辅助萃取就是利用微波的加热特性，选择适当的有机溶剂

和微波参数，使固体、半固体或液体样品中的目标成分被有效地加热，既有利于目标成分与基体物质的分离，又不会发生分解的萃取方法。与传统的萃取法相比，微波辅助萃取的萃取效率高，有机溶剂用量仅为传统方法的 1/10～1/5，耗用时间仅为传统方法的几十分之一，消耗能量也比传统方法低得多。若采用低功率聚焦微波技术，就能更好地、选择性地从样品中提取目标成分和进行金属元素的形态分析。

③ 微波辅助消解。试液中的各种离子、化合物、强酸在微波的作用下会产生大量热能，引起强的热对流，使试样与酸的接触面不断更新，从而加速试样的消解。目前此技术已成功地应用于元素总量的测定以及废水中化学需氧量（COD）测定等方面。

（2）超声波辅助技术

频率高于 2×10^4 Hz 的声波不能引起人的声感，故叫作超声波。超声波的频率甚至可高达 10^{11} Hz。频率较高的超声波能近似作直线传播，穿透性好，在固体和液体中传播时衰减很小；超声波因能量集中而引起媒质的剧烈振动，并引发许多特殊的效应，如激震波、液体空化作用、热作用、化学作用和生物作用等。超声波的传播特性与媒质的性质密切相关。

用超声波处理样品，并不是使样品分子极化，而是利用其空化作用，使液体内的小气泡逐渐变大至共振尺寸而发生强烈共振：气泡迅速膨胀，又迅速压缩爆裂；在膨胀时，由于摩擦而产生电荷；在压缩爆裂时，在相界面处产生高温、高压、放电、发光等现象，从而增强了样品分子的溶解能力和反应能力。当超声波作用于液固界面时，超声能迅速转变为热能，产生局部高温，甚至能引起样品的电离。频率越高的超声波，其热效应越显著。

超声波对非均相化学体系的作用效果比对均相化学体系更好，因为超声波可促进乳化及相间的质热传递。适当频率的超声波可以加速样品分散，增大样品与萃取溶剂的接触面积，提高传质速率，促使目标物质快速转入溶剂中，从而提高萃取效率。比如用传统萃取法需要数十分钟至数小时才能完成的萃取过程，用超声波辅助萃取法仅数分钟即可完成。超声波辅助萃取安全、方便、价廉、快速，可自动批量萃取。其缺点是萃取效率与搅动力度、溶剂的黏度、蒸气压、溶解气体的浓度等因素有关，而其中某些因素难以准确控制。

（3）超临界流体萃取（SFE）技术

所谓超临界流体是指在超过临界温度和临界压力状态下的流体。处于临界温度之上的气体，无论施加多高的压力都不能液化，但这时产生的超临界流体兼有气、液两重性，其密度接近液体，而黏度和扩散系数又与气体相似，故能迅速渗入固体样品中去。SFE 就是利用超临界条件下流体的特殊性能而进行的萃取分离方法。

由于 CO_2 的临界温度低（31.3 ℃），临界压力不太高（7.38 MPa），易提纯，毒性、活性低，价廉，故常用 CO_2 作超临界流体。此外，乙烯、乙烷、丙烯、丙烷、氨、氧化亚氮等都可以作超临界流体。

超临界流体对样品中的有机物、有机金属化合物的萃取能力，主要取决于该化合物在超临界流体中的溶解度、它与基体成分结合的强弱以及样品的粒度等。一般而言，被萃取成分与样品基体之间结合得越弱，就越容易进入超临界流体中；样品粒度越小，被萃取成分到达超临界流体相内的扩散路径就越短，萃取就越迅速、越完全。

超临界流体的主要参数是温度和压力。在临界点附近，只要温度和压力有微小的变化，超临界流体的密度就会明显改变，进而导致其溶解能力的显著变化。因此，只要精确控制压力和温度，就能按需要改变超临界流体的密度和溶解能力，得到类似精馏的效果，使溶质逐一分离。同时，改变压力和温度，也很容易实现萃取后的溶质与溶剂的分离。超临界萃取装置包括高压系统、回流系统、萃取塔等。需优化控制的参数有流体密度、压力、温度、速度和萃取时间等。

超临界萃取的主要优点是传质速度快，穿透能力强，选择性好，萃取效率高，操作温度低，不破坏被萃取成分的结构或形态，无溶剂残留，无有机溶剂污染，等等。其主要缺点是需在高压下操作，且仪器价格较高。

(4) 亚临界水萃取（SWE）技术

这是一种利用在不同温度和压力条件下的液态水作为溶剂，萃取固体或半固体样品中的有机物或有机金属化合物的方法。其原理是随着温度的升高，水的极性会逐渐降低，于是可以在不太高的温度下用水萃取极性有机化合物；在高温加压的条件下，利用保持液态的水萃取弱极性或非极性的有机化合物。SWE 的萃取效率与萃取温度和目标成分极性大小有关，压力的影响不大。目标成分的极性越弱，萃取温度就越高。

例如，酚类化合物的有效萃取温度为 50～100 ℃，而一些极性较弱的有机物则需要在 250 ℃的高温下萃取。此方法不破坏被萃取物质，不污染环境，萃取成本低，萃取效率高，因此有较好的应用前景。

4.7.5 标准样品的配制

原子吸收光谱法是相对测量的方法，需要将待测试样与标准样品的测定值相比较，才能求出试样中待测元素的含量。由于通过国家权威机构认定的标准物质价格昂贵、种类较少，因此在大量的实际工作中，主要依靠操作者自己配制标准样品。

标准样品与待测试样的基体组成要尽可能一致，以利于消除基体效应的影响。例如，在火焰原子化法中，溶液的含盐量会明显影响雾粒形成和蒸发速度，因此，当待测试样含盐量≥0.1%时，就应使标准样品中也有等量的相同盐类，这样，二者的雾化和蒸发状况才能基本相同；当使用石墨炉法时，样品中痕量待测元素与基体成分的质量比对测定灵敏度、检出限以及干扰程度均有影响，因此，对于样品和标样中的含盐量均应加以控制。一般希望待测元素与基体元素的含量比$\geq 10^{-7}$，若比值太小，就应先与基体分离，然后再测定。

各种元素的标准溶液一般用其适当的盐类来配制，也可用其纯的金属丝、棒、片溶解于适当的溶剂中。注意在溶解之前需将金属表面磨光，并用酸溶液除去氧化层。不能使用海绵状或粉末状金属来配制标准溶液，因为其表面上的氧化物或杂质往往难以除去。

标准溶液的浓度下限取决于检出限，浓度上限则取决于线性范围；既要保证每一浓度都能可靠地测定，又要使其高端不发生明显弯曲，标液的吸光度值最好为 0.1～0.8。在配制非水标准溶液时，既可直接将金属有机化合物（如金属环烷酸盐等）溶于适当的有机溶剂中，也可将水溶液中的金属离子转变为适当配合物，再用有机溶剂将其萃取至有机相中，其浓度可通过测定水相中的含量来间接标定。最适宜的有机溶剂是 C_6 或 C_7 的脂肪酯或酮、C_{10} 的烷烃等。由于芳烃、卤代烃等化合物有毒，且燃烧时易产生浓烟，干扰测定，故不宜作为溶剂。甲醇、乙醇、丙酮、乙醚和低分子量的烃类容易挥发，也不适合作溶剂。

4.8 测定条件的选择和测定结果的评价

4.8.1 测定条件的选择

在进行原子吸收分光光度分析时，必须选择如下所述的多项测定条件，这些测定条件是否恰当，将会直接影响分析测定的灵敏度、检出限、精密度、准确度和重现性。

4.8.1.1 分析线的选择

对于大多数元素来说，可选择吸收最强的共振线作为分析线，以提高分析的灵敏度。但是如果对该共振线干扰严重，则只好改用灵敏度较低的谱线，其后果是分析灵敏度将大幅度降低。当待测元素浓度很高时，也可选用灵敏度较低的谱线，使测定的吸光度值不至于太高而超出标准曲线的线性范围。图 4.18 中列出各种元素的分析线和原子化火焰。

Li 670.8 1.2	Be 234.9 1+,3											B 249.7 3					
Na 589.0 589.6 1,2	Mg 285.2 1+											Al 309.3 1+,3	Si 251.6 1+,3				
K 766.5 1+,2	Ca 422.7 1	Sc 391.2 3	Ti 364.3 3	V 318.4 3	Cr 357.9 1+	Mn 279.5 1,2	Fe 248.3 1	Co 240.7 1	Ni 232.0 1,2	Cu 324.8 1,2	Zn 213.9 2	Ga 287.4 1	Ge 265.2 3	As 193.7 1	Se 196.0 1		
Rb 780.0 1,2	Sr 460.7 1+	Y 407.7 3	Zr 360.1 3	Nb 405.9 3	Mo 313.3 1+		Ru 349.9 1	Rh 343.5 1,2	Pd 244.8 247.6 1,2	Ag 328.1 2	Cd 228.8 2	In 303.9 1,2	Sn 286.3 224.6 1	Sb 217.6 1,2	Te 214.3 1		
Ca 852.1 1	Ba 553.6 1+,3	La 392.8 3	Hf 307.2 3	Ta 271.5 3	W 400.8 3	Re 316.0 3		Ir 264.0 1	Pt 265.9 1.2	Au 242.8 1+,2	Hg 185.0 253.7 0,1,2	Tl 377.6 276.6 1,2	Pb 217.0 283.3 1,2	Bi 223.1 1,2			
					Pr 495.1 3	Nd 463.4 3		Sm 429.7 3	Eu 459.4 3	Gd 368.4 3	Tb 432.6 3	Dy 421.2 3	Ho 410.3 3	Er 400.8 3	Tm 410.6 3	Yb 398.8 3	Lu 331.2 3
						U 351.4 3											

图 4.18 周期表中能用原子吸收光谱法测定的元素

元素符号下面的数字为分析用的波长（nm），最低一排数字表示火焰的类别：
0—冷原子化法；1—空气-乙炔火焰；1+—富燃空气-乙炔火焰；2—空气-丙烷焰或空气-天然气焰；
3—氧化亚氮-乙炔焰。大部分元素均可用石墨炉法进行分析

4.8.1.2 空心阴极灯灯电流的选择

测定前，空心阴极需要预热 30 min。选择灯电流之前必须调整好灯的位置，使灯的发射光正好穿过燃烧器缝口上方，进入单色器的入射狭缝中。若灯电流过小，则发射光强度弱，测定灵敏度低；若灯电流过大，则会产生自吸甚至自蚀效应，使谱线变宽，不利于吸收，同时仪器噪声增大，稳定性变差，灯寿命缩短。因此，在保证发射足够强的稳定的特征谱线的情况下，应尽量选择较低的灯电流，通常控制在额定灯电流的 40%～60%。

4.8.1.3 原子化条件的选择

通常可根据待测元素的性质、含量和干扰的情况来选用不同的原子化方法。

① 火焰原子化法 不同类型的火焰能够提供不同的原子化温度和还原氛围。应用最广泛的火焰类型是空气-乙炔焰，但对于容易生成难熔氧化物的元素，则应选用高温火焰，如笑气-乙炔焰。同一组成的火焰，若改变其燃助比，可以得到三种不同的火焰，即贫燃焰、化学计量焰和富燃焰，它们的温度不同，还原气氛不同，因此适宜的原子化对象也不同，如 4.3.2 部分所述。在操作中要根据具体情况，选择适当的燃助比，以获得最佳的原子化效果。

试液提升量会影响雾化率和火焰温度，因此选择适当的提升量，能提高原子化效率和分析灵敏度。改变助燃气的流量或毛细管的内径是改变提升量的常用方法。

在火焰中，不同元素的原子蒸气的空间分布各不相同，并随火焰条件的改变而变化，因此调节燃烧器高度，使空心阴极灯发射出的光束正好穿过火焰中原子蒸气密度最大的部位，就能获得最高的测定灵敏度。改变燃烧器角度，可以改变吸收光程，进而改变吸光度值的大

小。当光线刚好平行穿过燃烧器缝口的上方时，吸收光程最长，吸光度值最大。

② 高温石墨炉法　对于痕量元素、易生成难解离化合物的元素以及特征谱线在真空紫外区的元素的分析，应该首选高温石墨炉法。该方法的关键是要根据试样的特点选择适当的干燥、灰化、原子化和净化的温度，以及升温速率和恒温时间。由室温升至干燥温度以及由干燥温度升至灰化温度的升温速率一般不宜太高，采取“斜坡升温”方式，以免引起样品的溅射。而由灰化温度升至原子化温度则应非常迅速，宜采取“阶梯升温”方式，使原子化在0.1 s内完成，以产生高浓度的基态原子蒸气，提高测定灵敏度。

此外，在石墨炉法中，选择合适的进样量也有助于获得可靠的测定效果。

4.8.1.4　狭缝宽度的选择

如4.3.3部分所述，调节狭缝宽度能改变光谱通带的大小和分辨率的高低，进而影响测定灵敏度和干扰状况。一般地说，仪器的倒线色散率较小，且分析线附近无干扰谱线（如测碱金属及碱土金属）时，可选择较大的狭缝宽度；反之（如测过渡金属及稀土金属），宜选择较小的狭缝宽度。

4.8.1.5　检测系统负高压的选择

检测系统负高压对仪器灵敏度和稳定性影响显著。若负高压太低，虽然可通过增大灯电流调零，但检测器的光电转换效率下降，测定灵敏度降低；若负高压太高，检测器噪声增大，稳定性变差，产生“疲劳现象”，甚至缩短其使用寿命。因此，应在保证测定灵敏度的前提下，选择较小的负高压，通常选择的负高压为最大负高压的1/3～2/3。

4.8.2　测定结果的评价

建立一种分析测定方法，必须评价它的可靠性和重现性。通常应该确定分析测定的准确度和精密度。

4.8.2.1　分析方法的准确度

① 绝对误差和相对误差　权威机构颁发的标准样品的保证值（μ）可以认为是真值，如果测定值为 x，则测定的准确度可用绝对误差 E 或相对误差 RE 来表示：

$$E=x-\mu \tag{4.22}$$

$$\mathrm{RE}=\frac{x-\mu}{\mu}\times 100\% \tag{4.23}$$

② 加标回收率　当试样中待测组分真值无法确定时，一般可用加标回收率 P 来表示分析方法的准确度：

$$P=\frac{\text{加标试样测定值}-\text{试样测定值}}{\text{加标量}}\times 100\% \tag{4.24}$$

式中，加标试样测定值是指在待测试样中加入已知量的标准溶液后的测定值。对于比较准确的测定结果，P 应在100%左右，但微量和痕量分析的 P 值范围可适度放宽。

应该注意的是，用加标回收率 P 反映测定结果的准确度存在着一定的局限性。有时试样中的某些干扰因素使待测组分的测定结果产生了恒定的正的或负的系统误差，但它们对加标部分的影响却不一定能显示出来，这时得到的 P 仍然可能是好的。此外，加入的标准与试样中的待测组分在价态和形态上的差异、加标量的大小等均会影响 P 的大小。因此，即使加标回收率令人满意，也不能完全肯定测定结果的准确度无问题；但如果加标回收率太差，则可肯定测定的准确度很差。

加标量最好与试样中的待测元素含量相当，一般不要超过待测元素含量的2倍，并且试样加标后的待测元素总含量不应超过测定上限，总测定值应在方法的线性范围之内。此外，标准溶液的浓度宜高些，加标体积宜小些。

为了使评价更可靠，也可做多个加标回收实验，积累 10 个以上的回收率数据，求出平均回收率和回收率的标准偏差。

例 4-3 现取含铅水样两份各 4.00 mL 置于 a、b 两个 50 mL 容量瓶内，向 b 瓶中加入浓度为 20.0 $\mu g \cdot mL^{-1}$ 铅标准溶液 2.00 mL，然后都加入 1.00 mL 干扰抑制剂，用纯水稀释至刻度；在原子吸收光谱仪上用纯水喷雾调零后，测得 a 瓶溶液吸光度为 0.263，b 瓶溶液吸光度为 0.488，已知在相同条件下测得的回归方程为 $A = 0.00546m + 0.0183$，请评价该分析方法的准确度。

解：分别将试样（a 瓶）和加标试样（b 瓶）的吸光度值代入回归方程：

试样测定值 $m_{试} = (0.263 - 0.0183)/0.00546 = 44.8(\mu g)$

加标试样测定值 $m_{加标样} = (0.488 - 0.0183)/0.00546 = 86.0(\mu g)$

加标量 $m_{标} = 20.0 \times 2.00 = 40.0(\mu g)$

加标回收率 $P = \dfrac{加标试样测定值 - 试样测定值}{加标量} \times 100\% = \dfrac{86.0 - 44.8}{40.0} \times 100\% = 103\%$

由于加标回收率接近 100%，故该分析方法可能有较高的准确度。

4.8.2.2 分析方法的精密度

分析测定的精密度通常用对样品进行多次平行测定的标准偏差（S）或相对标准偏差（RSD，亦叫变异系数 CV）来表示。若 S 或 RSD 较小，则分析测定的精密度高，重现性好。

4.9 原子荧光光谱法

原子荧光光谱法（atomic fluorescence spectrometry，AFS）是通过测定待测元素的气态原子在特定波长光激发下所产生的荧光强度进行定量分析的一种方法。原子荧光光谱法是 1964 年以后发展起来的分析方法，近年来发展较快。由于所用仪器与原子吸收光谱仪相近，故在本章介绍。

4.9.1 基本原理

4.9.1.1 原子荧光的产生与类型

当气态原子吸收特征频率的光辐射后，由基态跃迁至激发态，然后在 10^{-8} s 左右跃迁回到基态，发射出与吸收光波长相同或不同的荧光，即为原子荧光。原子荧光为光致发光，属于二次发光，当激发光停止后，荧光立即消失，

根据激发与发射过程的不同，原子荧光可分为共振荧光、非共振荧光、敏化荧光和多光子荧光四种类型，这里只介绍常见的前三种荧光。

（1）共振荧光

气态原子吸收光源中的共振线后，发射出与吸收的共振线相同波长的光称为共振荧光；若原子受热激发后处于亚稳态，再吸收光辐射至激发态，然后发射相同特征波长的次级荧光，此种荧光称为热助共振荧光。共振荧光的产生过程如图 4.19(a) 所示。例如，Zn 原子吸收 213.86 nm 的光，所发射的荧光线波长也是 213.86 nm。

（2）非共振荧光

当荧光与激发光的波长不相同时，即为非共振荧光。它分为斯托克斯（Stokes）荧光

（直跃线荧光、阶跃线荧光）和反斯托克斯（anti-Stokes）荧光。斯托克斯荧光发射光的波长比激发光的波长长，而反斯托克斯荧光发射光的波长比激发光的波长短。

① 直跃线荧光　是指原子受光辐射被激发至较高能级（或先受热激发至亚稳态，再受光激发至较高能级）后，再跃迁回到高于激发前所处的能级发射出的荧光，产生过程如图 4.19(b) 所示。例如，Pb 原子吸收 283.13 nm 的光，所发射的荧光线波长为 407.78 nm，而 Tl 原子吸收 337.6 nm 的光后，不但发射 337.6 nm 的共振荧光线，还发射 535.0 nm 的直线荧光线。

② 阶跃线荧光　是指原子受光辐射被激发到较高能级后，先以非辐射方式（碰撞、放热等）释放部分能量后回到中间能级，再回到基态的过程中发射出的荧光。例如，Na 原子吸收 330.30 nm 的光，产生 588.99 nm 的荧光线，属于此类情况；或者是原子先受光辐射激发到中间能态，再经热激发到高能态，然后回到低能态（但高于基态的能级）发射出的荧光。例如，Cr 原子吸收 359.35 nm 的光，产生 387.87 nm 的荧光线，属于此类情况。阶跃线荧光产生过程如图 4.19(c) 所示。

③ 反斯托克斯荧光　是指原子先被热激发到某一激发态，再进一步受光激发到更高能级（或先经历光激发再热激发），然后返回基态时所产生的荧光。例如，In 原子，先热激发，再吸收 451.13 nm 的光，产生 410.18 nm 的荧光线。反斯托克斯荧光产生过程如图 4.19(d) 所示。

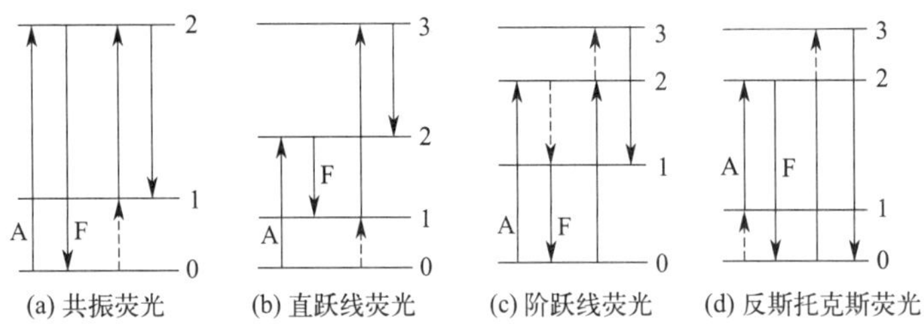

图 4.19　原子荧光的类型

A—吸收；F—荧光；虚线表示非辐射跃迁

（3）敏化荧光

受光辐射激发的原子与另一个原子碰撞时，将激发能转移给这个原子并使其激发，受碰撞被激发的原子以光辐射形式跃迁返回基态或低能级而发射出的荧光称为敏化荧光。

在上述各类原子荧光中，共振荧光的强度最大，最为常用，其次是非共振荧光，敏化荧光则很少用于原子荧光分析。

4.9.1.2　荧光猝灭与荧光量子效率

在产生荧光的过程中，处于激发态的原子除以光辐射形式释放激发能以外，还可能与其他粒子碰撞，以非辐射（热或非荧光发射）形式释放激发能，导致荧光强度减弱或消失的现象称为荧光猝灭。

单位时间内发射的荧光光子数与吸收激发光的光子数之比称为荧光量子效率。

由于受光激发的原子可能发射非共振荧光或无辐射跃迁，所以荧光量子效率一般小于 1。

4.9.1.3　原子荧光定量分析的基本原理

用高强度的待测元素的特征谱线照射试样产生的原子蒸气，其中待测元素的基态原子将吸收特征谱线的光能，由基态跃迁至激发态，然后在 10^{-8} s 左右跃迁回到基态，同时向各个方向发射出与吸收光波长相同或不同的荧光。在仪器操作条件一定的情况下，原子荧光的强度 I_i 与待测元素的浓度 c 成正比，即

$$I_i = Kc \tag{4.25}$$

用原子荧光光谱仪检测出待测元素荧光的强度，便可求得待测元素的含量，式(4.25)为原子荧光定量分析的理论依据。

4.9.2 仪器装置及仪器类型

从原理上看，原子荧光光谱法虽然属于发射光谱分析法，但所用仪器组成与原子吸收光谱仪器相近，也包括光源系统、原子化系统、分光系统、检测系统等部分，主要差异在于以下几个方面。

① 对于原子荧光光谱仪，由于测量的是向各方向发射的原子荧光，为避免光源对检测原子荧光信号的影响，其光源、原子化器与分光系统并不在一条直线上，而是成直角配置，如图 4.20 所示。

② 因为原子荧光的强度与照射的激发光强度成正比，因此仪器需使用高强度的激发光源，如高强度空心阴极灯、无极放电灯、激光或氙弧灯（连续光源），以增强荧光信号，提高测定灵敏度。

③ 对分光系统的要求不如原子吸收光谱仪高。原子荧光光谱仪甚至可以用非色散型滤光片作单色器，这主要是因为原子荧光光谱较简单，其谱线数目比原子吸收更少。

在各种原子荧光光谱仪中，单道原子荧光光谱仪应用较多，但分析效率一般。由于原子荧光仪器光源的单色器通用性、分光要求的简易性，原子荧光分析易于实现多元素测定和同时多通道分析。例如，利用两个空心阴极灯供电脉冲之间的相位差，采用一个检测器的双道原子光谱仪，使分析效率提高。再如，还有用于多元素分析的多道原子荧光光谱仪，其结构如图 4.21 所示。该仪器有 6 个不同的脉冲空心阴极灯辐射出的光聚焦于火焰上，用卡塞格伦（Cassegrain）光学系统收集立体角 0.62 sr 内的荧光辐射，将收集的荧光辐射通过一个具有 6 个滤光片的滤光器轮后，进入检测器光电倍增管，仅当放有适当的滤光片时，每个灯才能以 500 Hz 的频率发生脉冲，每种元素的调节信号在适当时间传给 6 个积分器，也可选择放大器信号以测量每种元素的原子发射信号，从而实现多元素分析。

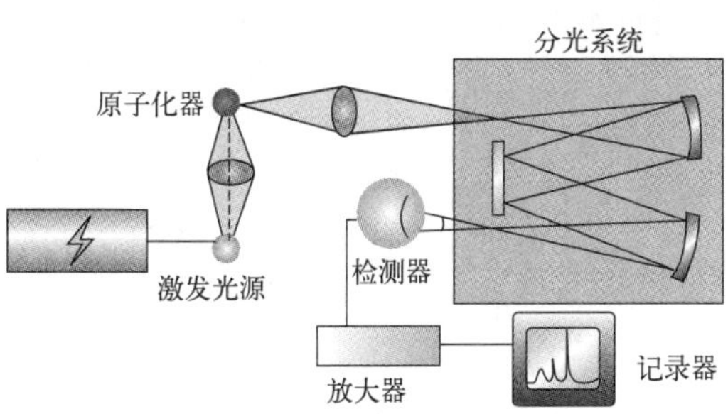

图 4.20 原子荧光光谱仪示意图

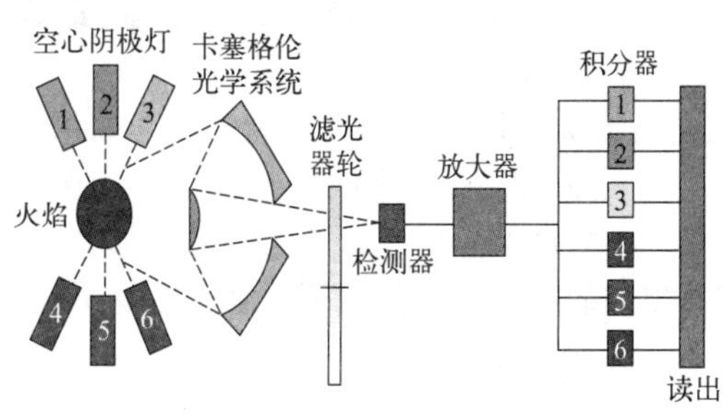

图 4.21 多元素分析的多道原子荧光光谱仪示意图

4.9.3 主要应用

原子荧光光谱法具有灵敏度高、检出限低（可达 $10^{-10} \sim 10^{-12}$ g·mL^{-1}）、谱线简单、干扰小、方法线性范围宽（可达 3～5 个数量级）、容易实现多元素同时测定等特点，对于

20 余种元素的测定优于原子吸收光谱法。不足之处是存在荧光猝灭效应和散射光干扰等问题。

目前，原子荧光光谱法已成为一种应用广泛的现代微量、痕量分析方法，已应用于以下领域：在材料科学中作高纯物质中微量元素测定；在油料工业中，作润滑油、原油、燃料油、汽油、重油等的微量元素分析；在环境保护中作环境水体、污水、废渣、大气、废气、酸雨等的监测分析；在地矿领域中作矿物、岩石、土壤等成分分析；在冶金工业中作有色金属和黑色金属及其合金成分分析；在生物医学中，作血清、血浆、血液、头发、骨骼等中的微量元素分析；等等。

●思考题及习题

1. 简述原子吸收光谱法的基本原理和主要特点。

2. 什么是原子吸收线的轮廓？表征吸收线轮廓的主要参数有哪些？哪些因素会引起吸收线变宽？

3. 在原子化温度下，原子化器中待测元素绝大多数以__________的形式存在。

4. 什么是积分吸收？什么是峰值吸收？为了测得峰值吸收，光源应该满足什么条件？

5. 原子吸收光谱仪由哪几大系统组成？各系统的作用分别是什么？

6. 简述空心阴极灯的结构和放电机理。灯电流过大或过小会造成什么后果？

7. 根据燃助比的不同，可将空气-乙炔焰分为__________焰、__________焰和__________焰三类。它们各自有什么主要特点？

8. 高温石墨炉法的主要特点是什么？用高温石墨炉测定时需依次进行__________、__________、__________和__________四步程序升温，每一步骤的作用是什么？

9. 原子吸收光谱仪单色器的性能指标有__________、__________和__________。

10. 什么是光谱通带？怎样改变光谱通带？调节狭缝宽度对单色器会产生什么影响？

11. 单色器的线色散率为 0.5 $mm \cdot nm^{-1}$，当狭缝宽度为 0.2 mm 时，单色器的光谱通带是多少？若需将光谱通带调至 0.1 nm，狭缝宽度应选多大？

12. 简述光电倍增管的工作原理。什么是光电倍增管的疲劳现象？怎样避免疲劳现象的发生？

参考答案

13. 调整原子吸收光谱仪的“负高压”起什么作用？在调整负高压时应注意什么？

14. 原子吸收光谱分析的主要干扰有哪几类？通常采用什么方法抑制干扰？

15. 采用火焰原子化法测定某水样中的 Ca 含量时：(1) 应选择什么火焰？(2) 为了防止电离干扰可以采取什么措施？(3) 如果存在共存组分 PO_4^{3-}，如何消除其干扰？

16. 原子吸收光谱仪的单色器位于原子化器之后，这是因为__________。

A. 光源为待测元素的空心阴极灯　　B. 光电倍增管的灵敏度极高

C. 待测元素基态原子通常只吸收其特征谱线　　D. 原子化器中会产生新的干扰辐射

17. 在原子吸收分析中，下述说法错误的是__________。

A. 在共振能级和基态之间跃迁而产生的原子发射线或吸收线都叫共振线

B. 在原子吸收分析的条件下，多普勒变宽是谱线变宽的主要原因

C. 雾化器的工作原理是伯努利原理

D. 加入释放剂是为了将干扰组分释放出来

18. 原子吸收光谱仪与紫外-可见分光光度计不同之处是__________。

A. 光源不同　　B. 吸收池不同　　C. 单色器位置不同　　D. 以上都是

19. 为什么要进行样品的预处理？样品预处理时有哪些注意事项？

20. 用火焰原子吸收法测定废水中的 Mn，分别取 5.00 mL 废水样置于两个 50 mL 容量瓶中，向其中一瓶加入浓度为 10.0 $\mu g \cdot mL^{-1}$ 的 Mn 标准溶液 1.00 mL，然后向两瓶中加入干扰抑制剂，用纯水稀释至刻度，用空白溶液喷雾调零，测得其吸光度分别为 0.378 和 0.635，求废水中 Mn 的浓度（$\mu g \cdot mL^{-1}$）。

21. 用石墨炉原子吸收光谱法检测食品中稀土元素镧的含量。称取样品 10.000 g，经处理后，稀释至 100 mL。取 10.00 mL 样品溶液置于 50 mL 容量瓶中，稀释至刻度。在另一个 50 mL 容量瓶中，加入 9.00 mL 样品溶液和 10.00 $\mu g \cdot mL^{-1}$ 的镧标准溶液 1.00 mL，稀释至刻度，分别测得吸光度为 0.288 和 0.626。计算该食品中镧的含量。

22. 用原子吸收法测水样中的铜，选 324.8 nm 谱线为分析线，采用标准加入法，铜标准溶液浓度为 1.00 $\mu g \cdot mL^{-1}$，各取 10.0 mL 水样分别加入不同体积的标准溶液后，稀释至 25.0 mL，测定其吸光度列入下表，求水样中的铜浓度。

编号	1	2	3	4	5
水样体积/mL	10.0	10.0	10.0	10.0	10.0
加入标准溶液体积/mL	0.00	1.00	2.00	3.00	4.00
吸光度	0.141	0.220	0.301	0.376	0.457

23. 现用甲、乙两台原子吸收光谱仪对浓度为 0.20 $\mu g \cdot mL^{-1}$ 的镁标准溶液进行测定，测得其吸光度分别为 0.044 和 0.066，求这两台仪器测定镁元素的特征浓度，并说明哪一台仪器的灵敏度更高。

24. 使火焰原子吸收光谱仪稳定工作，标尺扩展调至最大倍数，用空白溶液调零，测定浓度为 0.05 $\mu g \cdot mL^{-1}$ 的铜标准溶液的吸光度。在 15 min 之内，交替调零、测定 12 次，结果列入下表，计算铜的检出限。

编号	1	2	3	4	5	6	7	8	9	10	11	12
A	0.201	0.199	0.201	0.200	0.199	0.201	0.202	0.201	0.199	0.200	0.201	0.199

25. 用火焰原子吸收法测定自来水中的镁含量。镁标准溶液浓度为 10.0 $\mu g \cdot mL^{-1}$，用 10% $SrCl_2$ 溶液作干扰抑制剂，标准系列和试液的取液体积如下表所示。用 50 mL 容量瓶定容，然后用纯水喷雾调零，分别测定表中各溶液吸光度，并将测定结果列入表内。

编号	1	2	3	4	5	6	7
$V_{标}$/mL	0.00	1.00	2.00	4.00	8.00	0.00	1.50
$V_{自}$/mL						3.00	1.00
V_{Sr}/mL	3.00	3.00	3.00	3.00	3.00	3.00	3.00
A	0.011	0.115	0.220	0.428	0.844	0.589	0.352

（1）求自来水中的镁浓度；　　（2）评价测定方法的准确度。

26. 用火焰原子吸收法测定血清中钾的浓度（人正常血清中含 K 量为 3.5～8.5 $mmol \cdot L^{-1}$）。将 4 份 0.2 mL 血清样品分别加入 25 mL 容量瓶中，再分别加入浓度为 40 $\mu g \cdot mL^{-1}$ 的 K^+ 标准溶液，体积如下表，用去离子水稀释至刻度。测得吸光度如下：

编号	1	2	3	4
$V(K^+)$/mL	0	1.00	2.00	4.00
A	0.105	0.216	0.328	0.550

计算血清中 K 的含量，并说明是否在正常范围内。

27. 在油田开采过程中，含镉（Cd）废水若超标排放会污染土壤与水体，需严格监测。现采用原子荧光光谱法检测某油田外排废水中 Cd 的含量：在 228.8 nm 特征波长下，对 $CdCl_2$ 标准溶液及油田废水样品溶液的荧光强度进行测定，数据如下表。计算该油田废水中 Cd 的浓度。

编号	标样 1	标样 2	标样 3	标样 4	标样 5	样品
标样浓度	2.5	5.0	7.5	10.0	12.5	—
荧光强度	14.6	30.2	45.3	60.7	75.3	50.5

28. 原子荧光有哪几种类型？什么是荧光猝灭？它是如何发生的？

29. 请从原理和仪器装置两个方面比较原子荧光光谱法与原子吸收光谱法的异同点。

30. 简述原子荧光光谱法的主要特点和应用领域。

第 5 章　原子发射光谱法

课件

原子发射光谱法（atomic emission spectrometry，AES）是光谱分析中发展较早的一种分析方法。早在 19 世纪初，布鲁斯特（Brewster）等就从酒精灯的火焰中观察到了原子发射现象，并认识到原子发射光谱可以替代“烦琐的化学分析方法”。20 世纪 30 年代，罗马金（Lomakin）和赛伯（Scheibe）建立了发射光谱定量分析方法。20 世纪 60 年代后，各种新型光源和现代电子技术的应用，大大推动了发射光谱分析的发展，其应用范围也迅速扩大。

5.1　概述

原子发射光谱分析是根据待测物质的气态原子或离子被激发后所发射的特征谱线的波长及其强度来测定物质的元素组成和含量的一种分析技术。

5.1.1　基本原理

首先让试样在外界能量的作用下转变为气态原子，其次，还必须使原子被激发。通常处于基态的原子能量最低，最稳定。当原子受到外界能量（如热能、电能等）的作用时，原子中的外层电子从基态跃迁到较高能级，处于这种状态的原子称为激发态。处于激发态的原子极不稳定，经过 $10^{-9}\sim10^{-8}$ s 便回到基态或其他较低的能级，同时以辐射的形式释放出多余的能量而产生发射光谱。谱线的频率（或波长）与两能级差的关系服从普朗克公式：

$$\Delta E=E_2-E_1=h\nu=h\frac{c}{\lambda}=hc\bar{\nu} \tag{5.1}$$

式中，E_2、E_1 分别为高能级和低能级的能量；ΔE 为高能级与低能级的能量差；ν、λ 及 σ 分别为所发射电磁波的频率、波长和波数；h 为普朗克常数；c 为光在真空中的速度。

从式(5.1) 可以看出：每一条所发射的谱线都是原子在不同能级间跃迁的结果，可以用两个能级之差（ΔE）来表示。ΔE 的大小与原子结构有关。不同元素的原子，由于结构不同，可以产生一系列不同的跃迁，发射出一系列不同波长的特征谱线，谱线波长是原子发射光谱法定性分析的基础。将这些谱线按一定的顺序排列，就得到不同原子的发射光谱。物质含量愈高，原子数愈多，则谱线将愈强，故谱线强度是原子发射光谱法定量分析的基础。

5.1.2　基本方法

根据所用仪器和检测手段的不同，原子发射光谱分析可分为以下几种方法。

① 看谱分析法　利用看谱仪以眼睛观测光谱进行光谱定性及半定量分析。观测的光谱范围仅限于可见光区，因此应用范围有限，并且准确度较低，但操作简便、分析快速、设备简单，适用于现场分析。

② 摄谱分析法　采用摄谱仪照相记录光谱，然后将拍摄的光谱在映谱仪和测微光度计上进行定性和定量分析。该方法可以同时测定多种元素，灵敏度和准确度高，应用波长范围广。但该方法需经过摄谱、暗室洗相及谱线测量等多种程序，使得分析速度受到限制。

③ 火焰光度法　以火焰为光源使试样原子化和激发，然后进行分光和检测。该方法应用范围较窄，只适用于碱金属及个别碱土金属元素的分析。

④ 光电直读光谱法　以电火花和电弧为光源使试样原子化和激发，将元素特征分析线强度通过光电元件转换成电信号，以此测量待测元素的含量。该方法分析速度快，并且克服了火焰光度法只能用于少数几种元素分析的局限性，使原子发射光谱法可用于周期表中大多数元素的固体试样的快速分析，在钢铁工业中有着广泛的应用。

⑤ 等离子体原子发射光谱法　以等离子体作为激发光源并用光电倍增管作为检测器的原子发射光谱分析法，该方法具有多元素同时分析的能力，其测定元素范围广、检出限低、线性范围宽、精密度高，因此应用范围得到了迅速扩大。

5.1.3 原子发射光谱法的特点

原子发射光谱法具有以下优点：

① 选择性好。因为不同元素能辐射出不同波长的特征光谱，故在适宜的实验条件下，对复杂样品中化学性质相近的元素（如铌与钽、锆与铪、稀土元素等）可不经过化学分离就能同时和连续测定。

② 灵敏度高，检出限低。用经典光源对大多数元素的检出限可达 $0.1 \sim 1\ \mu g \cdot g^{-1}$，采用等离子体光源对大多数元素的检出限可达 $1\times10^{-3} \sim 1\times10^{-5}\ \mu g \cdot mL^{-1}$。

③ 微量分析准确度较高。采用经典光源相对误差一般为5%～10%。采用等离子体光源相对误差低于1%。

④ 线性范围宽。不仅可作微量和痕量分析，还可以作常量分析。同一元素可在较宽浓度范围内（常跨越4～6个数量级）定量分析，减少样品稀释等前处理步骤。

⑤ 分析速度快，试样消耗少。可不经过对试样的预处理，直接对固体、液体和气体试样进行多元素同时分析。可以在几分钟内给出合金中20多种金属元素的分析结果，可以在1分钟内同时测定水中48种元素的含量。样品用量一般只需要几毫克至几十毫克；对于成本高的珍贵样品，可采用激光显微光源进行不破坏样品的微区分析。

⑥ 分析对象广。除元素周期表中一些难以激发的非金属元素外，可分析70多种金属和类金属元素。

原子发射光谱法具有以下局限性：

① 主要用于金属分析，对于一些非金属元素的分析灵敏度很低。

② 只能用来确定元素组成与含量，不能给出元素存在的化合物结构、价态和状态等信息。

③ 是一种相对分析法，需要有一套标准样品作参照。由于标准样品不易配制及试样组成多样，给光谱定量分析造成一定的困难。

④ 仪器价格昂贵，运行和维护费用较高。

5.2 原子发射光谱仪

原子发射光谱仪虽然类型较多，但一般都由进样系统、激发光源、分光系统和检测系统四部分组成。它们的结构框架图如下：

进样系统 → 激发光源 → 分光系统 → 检测系统

其工作原理是：将待测试样转化为可以进入激发光源的形式后引入激发光源中；利用激

发光源的能量使试样蒸发，形成气态原子，并进一步激发产生光辐射；产生的光辐射经过分光系统后进入光电检测系统，得到按波长顺序排列的光谱并检测出谱线的强度；根据光谱中谱线的波长和强度对试样进行定性和定量分析。

5.2.1 进样系统

进样系统是原子发射光谱仪的重要组成部分，其作用是将液体、固体或气体样品高效、可重现地引入到激发光源中，是连接样品与分析仪器的“咽喉要道”，其性能直接影响检测灵敏度、准确性和分析效率。不同物态的样品需要适配差异化的进样方式。

5.2.1.1 液体样品

① 气动雾化技术　核心组件包括蠕动泵、雾化器和雾室。蠕动泵以 0.5～2 mL·min^{-1}的流速稳定输送样品溶液；同心雾化器采用伯努利原理，当氩气流速达到 0.7 L·min^{-1}时，在毛细管出口形成负压区，将液体吸入并破碎成粒径为 1～10 μm 的气溶胶，然后随载气进入激发光源。

② 超声波雾化技术　超声波雾化器利用压电晶体换能器在高频振荡下产生的驻波场，使液体破碎为均一粒径（D_{50}=3 μm），再由载气带入光源。该技术的雾化效率（98%）远高于气动雾化技术（15%～20%）。配合膜去溶装置（140 ℃加热+5 ℃冷凝），可消除水分子对等离子体的干扰。该技术目前已成功应用于生物体液（血清、尿液）中痕量重金属的直接测定。

③ 流动注射联用技术　通过六通阀注入 50～200 μL 微量样品，结合在线稀释（0.5% HNO_3 梯度混合），可将动态范围扩展至 10^{-6} 数量级（1～1000 μg/L）。该技术每小时可完成 120 次进样，相对标准偏差<1.5%，特别适合环境水样中多元素快速筛查。

此外，液体样品进样还可采用电热蒸发技术和氢化物发生技术。电热蒸发技术具有样品用量少等优点，但测定精密度不如气动雾化技术好；氢化物发生技术只适用于在酸性介质中可被 $NaBH_4$ 等强还原剂还原生成气态氢化物的元素。

5.2.1.2 固体样品

① 激光烧蚀（laser ablation，LA）技术　采用 Nd-YAG 激光器，聚焦产生脉冲能量在固体样品表面引发等离子体羽流，形成粒径<100 nm 的气溶胶颗粒。通过载气将气溶胶颗粒传输至等离子体。该技术可用于导体和非导体样品，并可进行微区分析，如半导体缺陷检测、地质薄片中稀土元素面分布分析（检出限 0.05 μg/g）、考古中青铜器锈蚀层原位检测等。

② 电热蒸发（electrothermal vaporization，ETV）技术　将固体样品置于电热蒸发器，通过程序升温分阶段挥发元素：干燥（80～120 ℃，30 s）去除水分、灰化（300～600 ℃，20 s）分解有机物、蒸发（2500 ℃，5 s）气化待测物。再用载气将待测物蒸气引入光源进行测定。该技术具有样品用量少和污染少等优点，主要用于痕量挥发元素的检测、粉末和薄膜材料的检测，如血铅快速筛查、大气颗粒物重金属直接分析（样品量<1 mg）、生物组织痕量元素测定（回收率>95%）等。

③ 辉光放电（glow discharge，GD）技术　在 0.1～10 Torr[1] 低压环境中，施加 500～1000 V 直流电压引发气体电离，Ar^+ 以 1 keV 动能轰击固体样品表面，产生原子溅射（速率 0.1～10 nm·s^{-1}）。该技术主要用于镀层/薄膜研究及块体材料的分析，如镀锌钢板锌层

---

[1] 1 Torr=133.3224 Pa。

厚度检测（0.5～20 μm 范围）、光伏材料 SiN_x 薄膜成分分析（检出限为原子分数 0.01%）等。

此外，固体样品进样还可以采用电极法、悬浮液进样法等。

5.2.1.3 气体样品

气体样品进入激发光源的方法有连续式和断续式两种。连续式气体样品进样装置主要由一些标准的气体流量控制器构成。断续式气体进样装置通常采用注射器和六通阀两种方式。用注射器进样的优点是简单，但其缺点是重现性不如六通阀好，且容易受到空气的污染。

近年来，原子发射光谱仪进样系统正朝着智能化（AI 控制进样参数优化）、微型化（微流控芯片进样）和联用化方向发展。

5.2.2 激发光源

激发光源的作用是提供试样中被测组分蒸发解离、原子化和激发所需要的能量，并使其发射特征谱线。光源的特性在很大程度上影响着分析的准确度、精密度和检出限。因此，光谱分析对激发光源的要求是：灵敏度高、稳定性好、光谱背景小、结构简单、操作安全。目前常用的激发光源一般有电弧、电火花、等离子体、激光等。

5.2.2.1 直流电弧

电弧是指一对电极在外加电压下，电极间依靠气体带电粒子（电子或离子）维持导电，产生弧光放电的现象。由直流电源维持电弧的放电称为直流电弧，其常用电压为 220～380 V，电流为 5～30 A。直流电弧基本电路如图 5.1 所示。镇流电阻 R 用来稳定和调节电流的大小。电感 L 用来减小电流的波动。G 为分析间隙，由两支电极组成，试样一般装在下电极（阳极）的凹孔内。电极通电后电极尖端被烧热而点燃电弧光源，产生高温，引起试样原子激发，发射出特征谱线。

直流电弧的弧焰温度一般可达 4000～7000 K，可使 70 多种元素激发。其优点是灵敏度高，背景小。但直流电弧的弧光稳定性差，其弧层较厚，自吸现象严重，只能作定性分析和半定量分析。

5.2.2.2 低压交流电弧

低压交流电弧工作电压为 110～220 V，使用高频高压引燃装置点弧，使其在每一交流半周时引燃一次，以维持电弧不灭，其基本电路如图 5.2 所示。

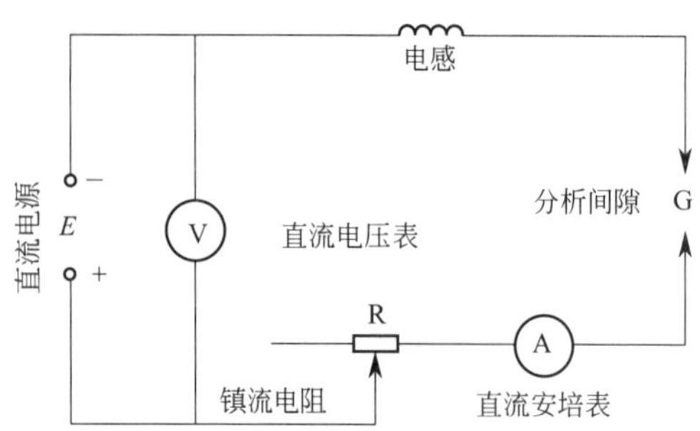

图 5.1 直流电弧发生器

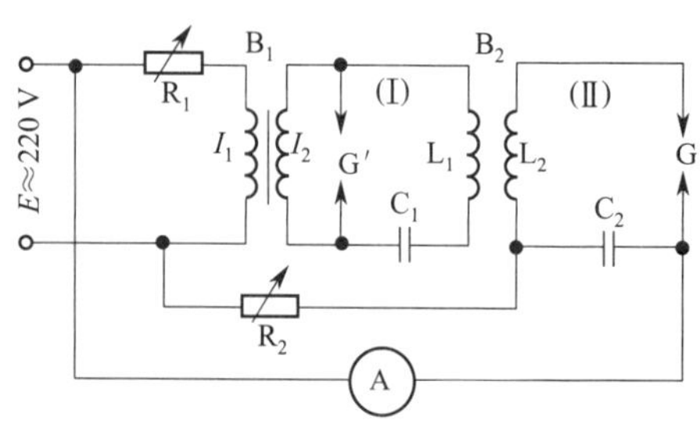

图 5.2 低压交流电弧发生器

低压交流电弧发生器由高频引弧电路（Ⅰ）与低压电弧电路（Ⅱ）组成。外电源电压经变压器 B_1 升至 2.5～3 kV，向电容器 C_1 充电，当 C_1 中所充电压达到放电盘 G′的击穿电压时，G′的绝缘空气被击穿，在振荡电路 C_1—L_1—G′中产生高频振荡，高频振荡电流经电感 L_1、L_2 耦合到低压电路中。振荡电压经高压变压器 B_2 升压达 10 kV，使分析间隙 G 的绝缘空气被击穿进行弧光放电。当电压低于维持放电所需值时，电弧将熄灭，但此时下一个交流半周又开始，重复上述过程，电弧又重新点燃，如此反复进行，使交流电弧维持不灭。

低压交流电弧激发能力较强，弧温较高（4000～8000 K），其稳定性比直流电弧高，操作简便安全，因而广泛应用于金属、合金中低含量元素的定量分析。但是低压交流电弧的分析灵敏度不如直流电弧。

5.2.2.3 高压电火花

高压电火花发生器的基本电路和工作原理与交流电弧的高频引燃电路相似，如图 5.3 所示。220 V 交流电压 E 由调节电阻 R 适当降压后，经变压器 B 产生 10～25 kV 的高压，然后通过扼流线圈 D 向电容器 C 充电，达到分析间隙 G 的击穿电压时，通过电感 L 向分析间隙 G 放电产生电火花。结束放电后，在下半周期中电容器 C 又将重新充电、放电，如此循环，以维持火花持续放电。

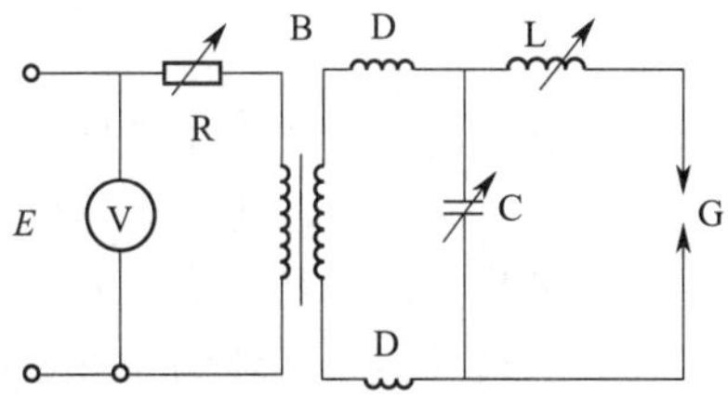

图 5.3　高压电火花发生器

高压电火花发生器产生的电火花持续时间在几微秒，在放电瞬间能量很大，所产生温度可达 10000 K 以上，具有很强的激发能力，适用于一些难激发元素的分析。电火花光源良好的稳定性和重现性适用于定量分析。但由于放电时间短、蒸发温度低，灵敏度较差。

5.2.2.4 等离子体光源

（1）电感耦合等离子体（inductively coupled plasma，ICP）光源

ICP 光源是 20 世纪 60 年代出现的一种新型的光谱激发光源，也是目前原子发射光谱法应用最广的光源。它是高频电能通过感应线圈耦合到等离子体所得到的外观上类似火焰的高频放电光源。所谓等离子体则是宏观上呈电中性的离子化气体，即具有相同正负离子浓度的气体混合物。

ICP 光源一般由高频发生器、等离子体炬管和雾化器组成。等离子体炬管是一个三层同心石英玻璃管，外层通入氩气作为冷却气，保护石英管不被烧熔；中层通入氩气起维持等离子体的作用；内层通入氩气起载入试样气溶胶的作用。试样多为溶液，在进入内层石英管前，需经气动雾化器和超声雾化器雾化为气溶胶。

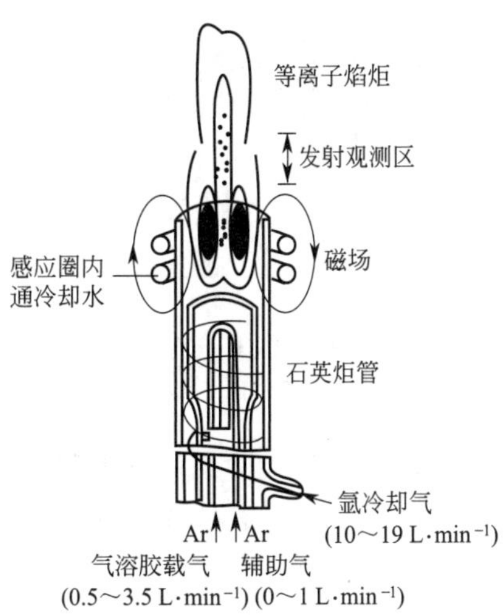

图 5.4　ICP 形成原理图

图 5.4 是 ICP 形成原理示意。当高频发生器与围绕在等离子体炬管外的负载铜管线圈（以水冷却）接通时，高频电流流过线圈，并在炬管的轴线方向形成一个高频磁场。此时，若向炬管内通入氩气（Ar），并用一感应线圈产生电火花引燃，则气体触发产生电离粒子。当这些带电粒子达到足够的电导率时，就会产生一股垂直于管轴方向的环形涡电流。这股几百安培的感应电流瞬间就将气体加热到近 10000 K 的高温，并在管口形成一个火炬状的稳定的等离子体，当载气带试样气溶胶通过等离子体时，被后者加热至 6000～7000 K 并被原子化和激发发射光谱。

ICP 光源具有十分突出的特点：光源温度高（7000～8000 K），有利于难激发元素的激发。试样气溶胶在等离子体中平均停留时间较长，可达 2～3 ms，比电弧和电火花光源（10^{-2}～10^{-3} ms）都要长得多。

由此可保证试样充分原子化，提高测定的灵敏度，消除化学干扰。ICP 光源具有“趋肤效应”，即感应电流在外表面处密度大，其表面温度高，中心温度低，中心通道进样对等离子体的稳定性影响小，可有效消除自吸现象，工作曲线线性范围变宽，可达 4～6 个数量级。此外，由于试样在惰性气氛中激发，不用电极，避免了电极污染，因而光谱背景干扰小，稳定性好。

基于上述优良分析特性，ICP 光源成为分析液体样品的最佳光源，可测定 70 多种元素，检出限可达 10^{-5}～10^{-1} $\mu g \cdot mL^{-1}$，精密度好，适于高、低、微含量金属和难激发元素的分析测定，是当前发射光谱中发展迅速、备受重视的光源。

ICP 光源的不足之处是雾化效率低，对气体和卤素等非金属的测定灵敏度还不令人满意，固体进样问题尚待解决，此外，仪器价格较贵，维护费用也较高。

（2）直流等离子体喷焰（direct current plasma jet，DCP）

DCP 是一种被气体压缩了的直流电弧，其形状类似火焰。早期的 DCP 由一个环形碳电极（阳极）和上电极（阴极）构成，其示意图如图 5.5 所示。工作时，电弧由上电极中部的喷口喷射出来，形成等离子体喷焰，从切线方向通入惰性气体（氩气或氦气）将电弧压缩获得高电流密度。试液经雾化器雾化后通过环形碳电极进入等离子体激发，产生发射光谱。

DCP 光源的激发温度可达 6000 K，基体效应和共存元素影响较小，稳定性和灵敏度较高，但光谱背景干扰较大。20 世纪 70 年代初，三电极 DCP（图 5.6）的出现解决了光谱背景干扰大这一问题。该装置有两个独立的等离子体喷焰并共用一个阴极，整体结构呈倒 Y 形。工作时，试样在两个石墨阳极间以气溶胶形式引入，在紧靠等离子体的下方蒸发、离解、原子化和激发，在这一区域观察发射光谱，可避开很强的等离子体背景，从而有效消除了光谱背景干扰。

三电极 DCP 具有良好的稳定性，仪器价格和运行维护费用比 ICP 低，可测定 50 多种元素，主要适用于难熔、难挥发元素特别是铂族和稀土元素的分析测定。

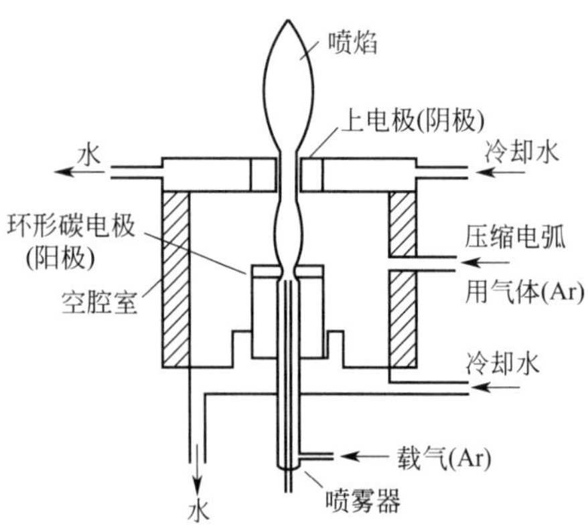

图 5.5　直流等离子体喷焰示意图

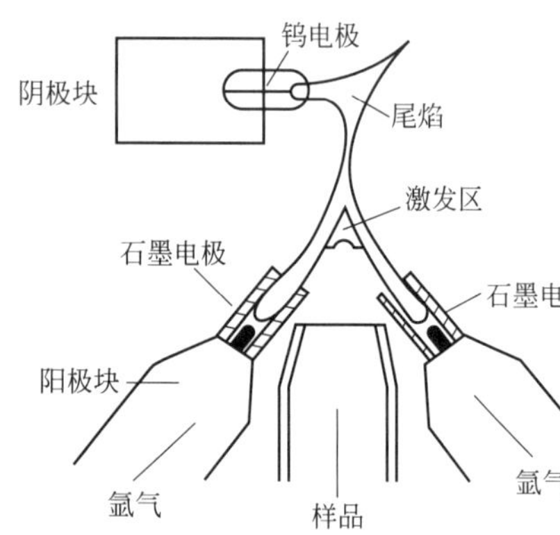

图 5.6　三电极 DCP 示意图

（3）微波等离子体（microwave plasma，MWP）

MWP 是以 2450 MHz 微波生成的等离子体，是一类具有较强激发能力的原子发射光谱光源。MWP 按能量传递方式和等离子体炬管的结构分为两大类：电容耦合微波等离子体（capacitively coupled microwave plasma，CMP）和微波诱导等离子体（microwave induced plasma，MIP）。

CMP 的炬管中心有一金属电极，在金属电极尖端产生等离子体，其背景干扰较大，电极易被污染，现阶段在 MWP 光源中不如 MIP 使用广泛。MIP 又叫无极微波谐振腔等离子体，其结构如图 5.7 所示。MIP 的石英炬管中无金属电极，工作时，通过外部的谐振腔把微波能耦合给石英管中的气流，等离子体在管内形成，在一定条件下可形成类似于 ICP 光源的环形等离子体。该装置通常以氩气、氦气或氮气为工作气；微波功率为 100～500 W。MIP 的操作功率较低，难以提供足够的能量使样品溶液充分去溶和蒸发，导致基体效应较为严重。此外，当直接注入样品溶液时，等离子体的稳定性也会受到严重的影响。因此，样品引入方面的问题使得 MIP 的使用还不如 ICP 普及。近年来，随着科学技术的进步，MIP 的样品引入技术得到了快速发展，并且 MIP 运行成本低，光谱干扰小，可同时测定金属元素和非金属元素。此外，该装置结构简单，紧凑，有发展成为便携式多元素分析仪器的良好前景。

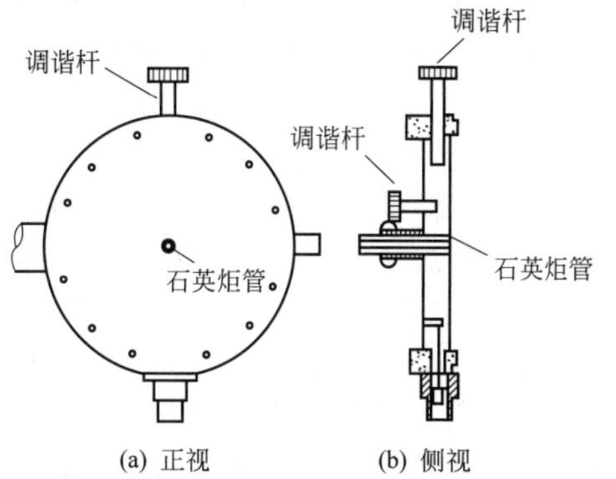

图 5.7　无极微波谐振腔等离子体

5.2.2.5　激光微探针（laser microprobe，LM）

激光具有单色性好、亮度高、方向性强等特点，可聚焦在直径为 5～50 μm 的测试位点上，焦点处的温度可达 10000 K 以上。LM 利用激光的特性，可直接通过激光产生等离子体，使样品的微小区域蒸发和激发，进而进行元素分析。

LM 检测灵敏度高（绝对灵敏度可达 10^{-12} g），无须烦琐的样品前处理过程，分析简便、快速，对样品的破坏性小，可实现微损甚至无损检测，且其激光束可控制在极小的直径范围内，使其在微区材料分析、镀层分析、薄膜分析、缺陷检测、珠宝鉴定、法医证据鉴定、粉末材料分析、合金分析等应用领域表现出明显的优势。

5.2.3　分光系统（光谱仪）

光谱仪是用来观察光源光谱的仪器，它将光源发射的电磁波分解为按一定次序排列的光谱。光谱仪有看谱镜、摄谱仪和光电直读光谱仪等三类，其中摄谱仪应用最为广泛。根据分光元件的不同，可将摄谱仪分为棱镜摄谱仪和光栅摄谱仪两大类。

5.2.3.1　棱镜摄谱仪

棱镜摄谱仪主要由照明系统、准光系统、色散系统（棱镜）和投影系统（暗箱）组成，如图 5.8 所示。

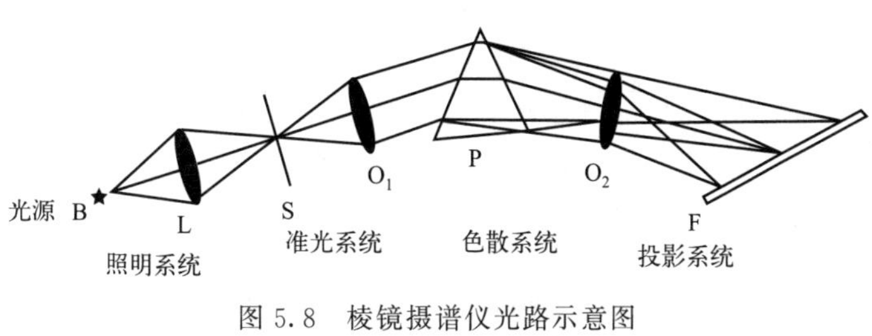

图 5.8　棱镜摄谱仪光路示意图

① 照明系统　由透镜 L 组成。透镜可分为单透镜及三透镜两类。为了使光源产生的光均匀地照明于狭缝 S，并使感光板上所得的谱线每一部分都很均匀，一般采用三透镜照明系统。

② 准光系统　包括狭缝 S 及准光镜 O_1。其作用在于把光源辐射通过狭缝 S 的光，经过准光镜 O_1 成平行光束照到棱镜 P 上。

③ 色散系统　由一个或多个棱镜组成。经过准光镜 O_1 后所得到的平行光束，照射通过棱镜 P 时，由于棱镜材料对不同波长的光的折射率不同，因而产生色散现象。

④ 投影系统　包括暗箱物镜 O_2 及感光板 F，其作用是将色散后的单色光束聚焦而形成按波长顺序排列的光谱。

5.2.3.2　光栅摄谱仪

光栅摄谱仪以衍射光栅为色散元件，利用光的衍射现象进行分光。光栅摄谱仪较棱镜摄谱仪具有更高的色散率和分辨率，且色散率基本与波长无关，更适用于一些含复杂谱线的元素如稀土元素、铀、钍等试样的分析。其不足之处在于产生的光线强度较弱以及光谱级次的重叠。图 5.9 是 WSP-1 型平面光栅摄谱仪的示意图。

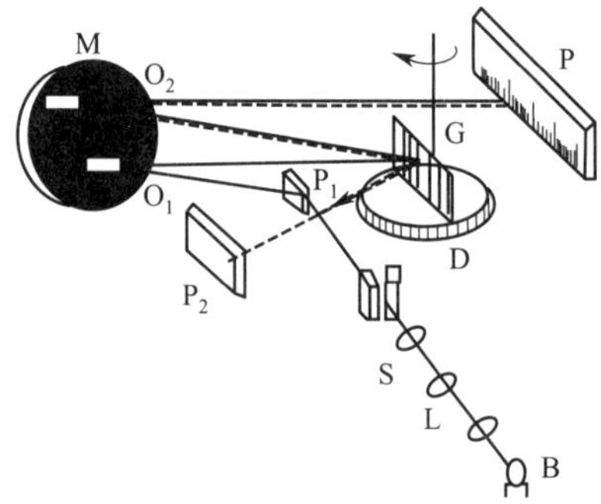

图 5.9　WSP-1 型平面光栅摄谱仪

光源 B 发出的光经三棱镜 L 及狭缝 S 投射到反射镜 P_1 上，经反射后投射至凹面反射镜 M 下方的准光镜 O_1，变为平行光，再射至平面光栅 G 上。波长愈长的光衍射角愈大，经过光栅色散后，复合光按波长顺序分开。不同波长的光由物镜 O_2 聚焦于感光板的乳剂面 P 上，得到按波长顺序展开的光谱。

5.2.4　检测系统

在原子发射光谱仪中，被检测的信号是元素的特征辐射，采用的检测器主要有感光板、光电倍增管和图像检测器等。

（1）感光板

摄谱分析法就是以感光板作为检测器。感光板是原子发射光谱仪最早使用的检测器，它具有记录器、换能器和放大器的综合功能，故一直沿用至今。

感光板主要由两部分组成：片基和感光层。片基常用平板玻璃，感光层由卤化银、明胶和增感剂组成。卤化银是感光物质，它以晶体细粒均匀分散在明胶之中，明胶作为支持剂。增感剂的作用是提高感光层的灵敏度和扩大感光波长范围。将感光板置于分光系统的焦面处，接受被分析试样的光谱的作用而感光，再经显影、定影等操作，感光层中的金属银析出，形成黑色的谱线。近年来，感光板趋于衰落，逐渐被光电倍增管取代。

（2）光电倍增管

以光电倍增管作为检测器，配以电弧或火花作激发光源，则可制成光电直读光谱仪；若以光电倍增管配以 ICP 光源，则可制成等离子体发射光谱仪。

光电倍增管是目前常用的精确测量微弱光辐射的一种灵敏检测器，其结构和原理在第 4 章中已做了详细介绍。它的主要优点是灵敏度高、线性范围宽，可以检测很微弱的光信号，且响应时间极短，约 10^{-9} s。光电倍增管的应用使原子发射光谱仪获得了一次革命性的变化。

与感光板相比，光电倍增管最大的缺点是没有空间分辨能力，要检测不同波长的光，只能用时间分辨的办法或用多个光电倍增管，这就使用色散型器件的光谱仪器较难进行同时多元素测定。

（3）图像检测器

图像检测器是一种新型固体多道型光学检测器，在 20 世纪 80～90 年代才逐渐实现商品化。目前在光谱仪器中主要有三种图像检测器：光电二极管阵列 PDA（photodiode array），电荷注入器件 CID（charge-injection device）和电荷耦合器件 CCD（charge-coupled device）。其中，CCD 在原子发射光谱仪中的应用最为广泛，该检测器是在大规模硅集成电路工艺基础上研制出的模拟集成电路芯片。它对光信号的积分与感光板情形相似，但它可以借助必要的光学和电路系统，将光谱信息进行光电转换、储存和传输，在其输出端产生波长-强度二维信号，信号经放大和计算机处理后在末端显示器上同步显示出人眼可见的谱图。

CCD 检测器不但具有光电倍增管所具有的光电直读、灵敏度高、线性范围宽等优点，而且还具有感光板同时记录多道光谱信号的能力，特别适合微弱光信号的检测。由于该检测器具有借助计算机系统快速处理光谱信息的能力，因而可极大地提高原子发射光谱法分析的速度，如采用这一检测器设计的全谱直读等离子体发射仪，可在 1 min 内完成样品中多达 70 多种元素的分析。此外，该检测器的性能稳定、体积小，比光电倍增管更加结实耐用，因此，CCD 检测器在原子发射光谱仪中有着广泛的应用前景。未来，随着量子点探测器、超快成像技术等新兴领域的突破，检测器有望在灵敏度、响应速度和抗干扰能力上进一步提升。

5.3 光谱定性分析

5.3.1 光谱定性分析的原理

由于各种元素的原子结构不同，故在光源的激发作用下，可以产生一系列不同的特征谱线。因此，可根据原子光谱中元素特征谱线的有无来确定试样中是否存在被检元素。每种元素发射的特征谱线有多有少，多的可达数千条。在分析某种元素时，并不要求把这种元素的所有谱线全部检出，通常只需要根据几条适当的灵敏线即可做出判断。如在试样光谱中检出了某元素的灵敏线，就可以确证试样中存在该元素。反之，如在试样光谱中未检出某元素的灵敏线，就说明试样中不存在被检元素，或者该元素的含量在检测灵敏度以下。这样的分析方法称为光谱定性分析法。

5.3.2 元素的灵敏线、共振线、分析线及特征线组

元素的灵敏线是指一些激发电位低、跃迁概率大的谱线，它们的相对强度大。当元素含量逐渐减小时，其中一部分灵敏度较低、强度较弱的谱线将渐次消失，最后消失的谱线称为最后线。显然，最后线一般就是该元素最灵敏的谱线。

共振线是指由激发态直接跃迁到基态时所辐射的谱线。从第一激发态直接跃至基态时所辐射的谱线称为第一共振线，理论上说，元素的第一共振线也是元素的最灵敏线和最后线。

在实际光谱分析中，由于试样一般含有多种元素，而摄谱仪的分辨率有限，元素的谱线交错重叠，因此不能仅凭一条灵敏线的出现来判断元素的存在。为了判断某元素是否存在，选作判断的谱线不仅要求灵敏度高，而且要求选择性强。这些灵敏度高、选择性强的谱线称为分析线。在定性分析时，应选用 3～5 条分析线。通常可选用元素的灵敏线作为分析线。

此外，光谱分析有时还利用元素的特征线组。元素的特征线组中各谱线激发电位相近，谱线强度接近，往往同时出现，并且有一定的特征，易于辨认。例如，镁的最灵敏线为 285.21 nm，而在实际光谱分析中，判断是否有镁存在则经常用其 5 条线组（见表 5.1）。这 5 条谱线几乎等距离排列，中间谱线强度最大，其他 4 条谱线强度相近。表 5.1 为光谱分析常用的特征线组。

表 5.1 光谱分析常用的特征线组

元素	线组波长/nm	线组
B	249.68，249.77	双线
Na	330.23，330.30	双线
Fe	301.62，301.76，301.90，302.06	四重线
Mg	279.55，280.27(离子线，Ⅱ)	双线
	277.67，277.83，277.98，278.14，278.30(原子线，Ⅰ)	五重线
Al	308.22，309.27	双线
Cu	324.75，327.40	双线

5.3.3 光谱定性分析方法

① 简项分析法 如果只需测定少数几种元素，同时这几种元素的纯物质又比较容易得到时，可采用简项分析法。该分析方法只需将试样和纯物质在完全相同的条件下摄谱于同一感光板上，然后将经过显影、定影、冲洗及干燥后的谱片放在映谱仪上对齐、放大，看所摄未知试样中是否有待分析元素的灵敏线出现，即可判断试样中是否存在该元素。当要求检出试样中存在的所有元素时，此方法则不适用，应另选光谱定性全分析法。

② 光谱定性全分析法 又称元素光谱图比较法，该方法一般以铁的光谱图作为标准，这是因为铁的光谱谱线多，在 210.0～660.0 nm 波长范围内大约有 4600 条谱线，谱线间距分配均匀，容易对比，适用面广，而且每条谱线的波长都已作了精确的测定，载于谱线表内，其定位准确。因此，可将各个元素的灵敏线按波长位置标插于铁光谱（上方）相关的位置上，制成元素标准光谱图，如图 5.10 所示。进行定性分析时，将试样与纯铁并列摄谱于同一块感光板上，然后在映谱仪上用元素标准光谱图与样品的光谱对照检查，根据试样光谱的谱线和元素标准光谱图上各元素的灵敏线相重合的情况，就可以判断有关谱线的波长及所代表的元素。这个过程中在光谱定性分析中称为译谱或识谱。

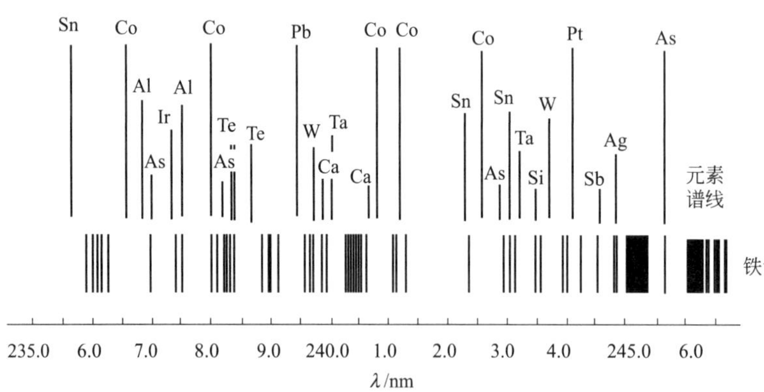

图 5.10 标准光谱图与试样光谱图的比较

在有些试样光谱中，有时出现的谱线在元素标准光谱图上并没有标出，所以无法用上述方法识别是什么元素，此时则可用波长测定法。

③ 波长测定法 原理是用比长仪准确测定出该谱线的波长，再从波长表上查出与未知谱线相对应的元素。当未知波长（λ_x）的谱线位于两已知波长（λ_1和λ_2，$\lambda_1<\lambda_2$）的铁谱线之间时，可用比长仪测定出两铁谱线之间的距离 a，再测定出未知波长谱线到任一铁谱线之间的距离 b，根据下式计算未知谱线的波长 λ_x：

$$\frac{\lambda_2-\lambda_1}{a}=\frac{\lambda_2-\lambda_x}{b}$$

$$\lambda_x=\lambda_2-\frac{b}{a}(\lambda_2-\lambda_1) \tag{5.2}$$

5.4 光谱半定量分析与定量分析

5.4.1 光谱半定量分析

在光谱分析中，有时除需确定试样中存在哪些元素外，还需对其含量迅速地做出粗略估计，这种方法称为光谱半定量分析法。光谱半定量分析法特别适合分析大批样品，例如对钢材与合金的分类、矿石品位的评定等。

光谱半定量分析法的依据是谱线的强度和谱线的出现情况与元素含量密切相关。常用的半定量分析法是谱线黑度比较法和谱线呈现法等。

5.4.1.1 谱线黑度比较法

该方法是依据样品中元素含量越高，谱线黑度越大的原理，将试样与一系列不同含量的标准样品在相同条件下摄谱于同一块光谱感光板上，然后用目视法与标准样品的对应谱线进行黑度对比，若与某标准样品的谱线的黑度相同，则表明被测试样中欲测元素的含量近似等于该标准样中待测元素的含量。例如，分析黄铜中的铅，找出样品中 Pb 的灵敏线 283.3 nm，和标准系列中 Pb 283.3 nm 的黑度进行比较，如果样品中 Pb 的这条谱线与含 Pb 0.01%标准样品的黑度相似，则此样品中 Pb 的含量约为 0.01%。

该法简便易行，其准确度取决于被测样品与标准样品基体组成的相似程度以及标准样品中待测元素含量间隔的大小。

5.4.1.2 谱线呈现法

该方法是利用某元素出现谱线数目的多少来估计元素含量。当试样中某元素含量较低时，仅出现少数灵敏线，随着该元素含量的增加，谱线的强度逐渐增强，而且谱线的数目也相应增多，一些次灵敏线与较弱的谱线将相继出现。于是可预先配制一系列浓度不同的标准样品，在一定条件下摄谱，然后根据不同浓度下所出现的分析元素的谱线及强度情况列出一张谱线出现与含量的关系表（即谱线呈现表）。以后就根据某一谱线是否出现来估计试样中该元素的大致含量。该法的优点是简便快速，但其准确度受试样组成与分析条件的影响较大。

除了上述两种常用方法外，在进行光谱半定量分析时，亦可采用均称线对法或阶梯感光板法等。

5.4.2 光谱定量分析

5.4.2.1 谱线的自吸与自蚀

在发射光谱中，谱线的辐射可以想象为是从弧焰中心辐射出来的，它将穿过整个弧层，然后向四周发射。弧焰具有一定的厚度，弧焰中心部位 a 的温度最高，边缘部位 b 的温度较低（见图 5.11）。中心区域激发态原子多，边缘区域基态原子、低能态原子比较多。由弧焰中心发射出来的辐射光，必须经过整个弧层才能射出。于是在边缘区域，同元素的基态原子或低能态原子将会对此辐射产生吸收，而使谱线中心减弱，这种现象称为元素的自吸（self absorption）。自吸与弧层厚度（原子蒸气的厚度）关系十分密切。弧层愈厚，弧层中被测元素的原子浓度愈大，自吸现象愈严重。当原子浓度低时，中心到边缘区域厚度薄，谱线不呈现自吸现象。当原子浓度增加时，中心到边缘区域厚度增大，谱线产生自吸现象，谱线强度减弱；随着原子浓度增加，自吸现象增强，直至使谱线中心强度比边缘区域的强度还低，当原子浓度继续增加至一定值时，谱线中心被完全吸收，如同出现两条谱线，这一现象称为谱线的自蚀（self reversal），如图 5.12 所示。产生自蚀的原因是发射谱线的宽度比吸收线的宽度大，谱线中心的吸收程度比边缘部分大。在谱线表中，常用 r 表示自吸谱线，用 R 表示自蚀谱线。

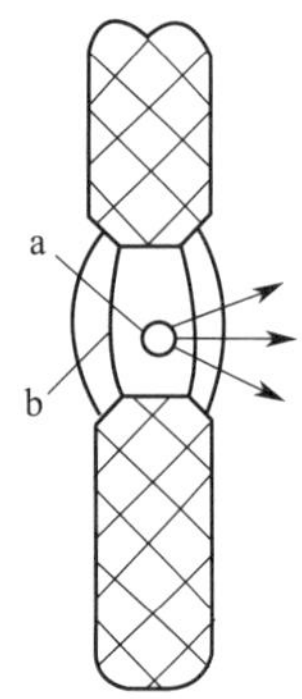

图 5.11　弧焰示意图

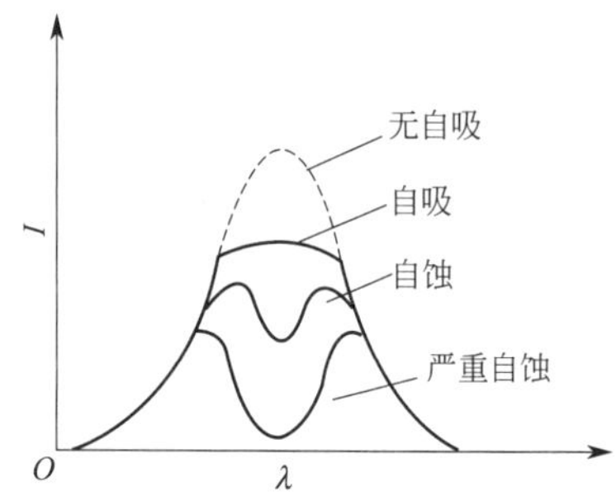

图 5.12　谱线的自吸与自蚀示意图

在光谱定量分析中，谱线强度与被测元素浓度成正比，而自吸现象严重影响谱线的强度，所以必须严格限制待测元素可供分析的含量范围。

5.4.2.2　光谱定量分析的基本关系式

进行光谱定量分析时，是以被测试样光谱中待测元素谱线强度来确定元素浓度的。元素的谱线强度 I 与该元素在试样中浓度 c 的关系可用下述经验公式表示：

$$I=ac^{b} \tag{5.3}$$

式中，a 为常数，与试样的蒸发、激发过程和试样组成有关；b 为自吸系数，随浓度 c 的增加而减小，当浓度很小而无自吸时，$b=1$。当控制在一定条件下，在一定的待测元素含量范围内时，a 和 b 才是常数。对式(5.3) 取对数得：

$$\lg I=b\lg c+\lg a \tag{5.4}$$

上式为光谱定量分析的基本关系式，即赛伯-罗马金公式。以 $\lg I$ 对 $\lg c$ 作图，所得曲线在一定浓度范围内为一直线，如图 5.13 所示。

图中曲线斜率为 b，在纵轴上的截距为 $\lg a$。由图可见，当试样浓度较高时，由于 b 不是常数，工作曲线发生弯曲。所以只有严格控制实验条件在一定的情况下，在一定的待测元素含量范围内，a 和 b 才是常数，$\lg I$ 与 $\lg c$ 之间才具有线性关系。

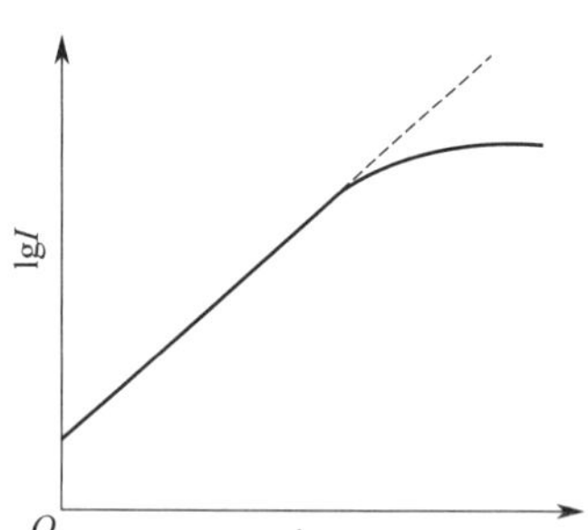

图 5.13　光谱定量分析的工作曲线

但在实际工作中，试样的蒸发、激发条件，以及试样组成、形态、含量等的任何变化，均会使参数 a 和 b 发生变化，从而直接影响谱线强度。这些变化，特别是激发温度的变化是很难控制的。因此，通常不采用测量谱线绝对强度的方法进行光谱定量分析，而是通过测量谱线相对强度的方法。

5.4.2.3 光谱定量分析的方法

(1) 内标法

内标法是由格拉赫（Gelach）于1925年首先提出来的，是光谱定量分析发展的一个重要成就。采用内标法可以减小上述因素对谱线强度的影响，从而提高光谱定量分析的准确度。内标法是一种相对强度法，它是通过分析线的相对强度与被分析元素的含量关系来进行定量分析的。首先在被测元素的谱线中选一条谱线作为分析线；其次，在待测试样中准确地加入某一种元素（内标元素），选内标元素的一条谱线作为内标线，这两条谱线组成分析线对。分析线与内标线的绝对强度的比值称为相对强度（R）。

设待测元素含量为 c_1，它的分析线强度为 I_1，根据式(5.3) 可得：

$$I_1=a_1c_1^{b_1} \tag{5.5}$$

同样，设内标元素含量为 c_2，它的分析线强度为 I_2，则有

$$I_2=a_2c_2^{b_2} \tag{5.6}$$

分析线的强度比为

$$\frac{I_1}{I_2}=\frac{a_1c_1^{b_1}}{a_2c_2^{b_2}} \tag{5.7}$$

由于 c_2 为准确加入量，b_2 也是确定值，a_1、a_2 为常数，令

$$\frac{I_1}{I_2}=R \qquad \frac{a_1}{a_2c_2^{b_2}}=a \qquad c_1=c \qquad b_1=b$$

则式(5.7) 取对数后可得内标法的基本公式：

$$\lg R=\lg\frac{I_1}{I_2}=b\lg c+\lg a \tag{5.8}$$

此式即为内标法光谱定量分析的基本关系式。

在选定的分析条件下，用二个或三个以上含有不同浓度待测元素的标样与试样在相同条件下激发得到光谱图，以 $\lg R$ 对 $\lg c$ 作标准曲线，可求出试样中待测元素的含量。

若以内标法为原理，用摄谱法进行光谱定量分析时，通常用感光板记录的谱线黑度 S 来反映谱线强度 I，谱线黑度 S 的定义为：

当一定强度的光照射至谱片时，如透过空白谱片的光强度为 I_0，透过曝光变黑部分的光强度为 I（图5.14），则

$$S=\lg\frac{I_0}{I} \tag{5.9}$$

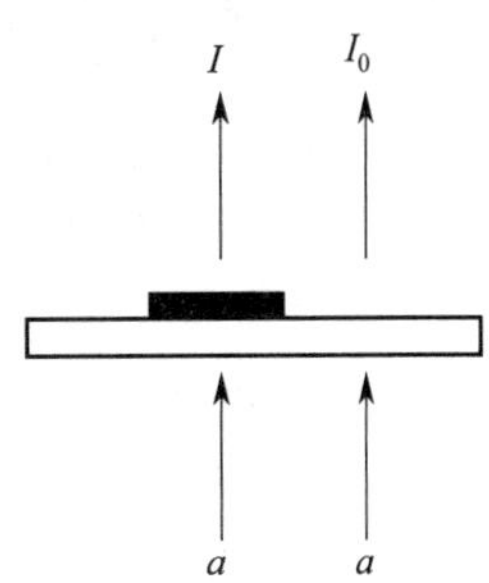

图5.14　谱线黑度

因此，当用谱线黑度 S 来反映谱线强度 I 时，二者有如下关系：

$$\Delta S=S_1-S_2=\gamma\lg\frac{I_1}{I_2}=\gamma\lg R \tag{5.10}$$

式中，ΔS 为分析线对的黑度差；γ 为感光板的反衬度，正常曝光时为一常数。将式(5.8) 代入式(5.10)，可得：

$$\Delta S=\gamma b\lg c+\gamma\lg a \tag{5.11}$$

此式是基于内标法原理以摄谱法进行光谱定量分析的基本关系式。以标准试样分析线对的黑度差 ΔS 对 $\lg c$ 作图，绘制标准曲线，在相同条件下，测定待测试样的分析线对的黑度差，代入标准曲线，查出待测试样的 $\lg c$，便可求出待测元素的含量。

金属光谱分析中的内标元素一般可直接采用基体元素。例如，分析钢铁中其他元素时，

可以选择铁为内标元素。在分析矿石时，由于其组分变化很大，且基体元素的蒸发行为与待测元素也不尽相同，因此一般不选基体元素为内标，而是通过外加一定量的其他元素。内标元素与内标线的选择原则如下：

① 内标元素在试样和标样中的含量必须相同。若内标元素是外加的，则要求待测试样中应不含或仅含极少量而可以忽略，否则式(5.11) 中 a 不能为常数。

② 内标元素和被测元素在激发光源作用下应尽可能具有相似的蒸发特性。

③ 分析线对应彼此匹配，即要求同为原子线或离子线，且两线的激发电位应相近；若用离子线组成分析线对，还要求电离电位也相近。这样的分析线对称为均称线对。

④ 若用摄谱法测量谱线强度，要求组成分析线对的两条谱线的波长尽可能靠近，以保证它们在感光板上的强度不受其他因素（如曝光时间、感光板乳剂层性质、冲洗感光板情况等）变化的影响。

⑤ 分析线与内标线均应无自吸或自吸很小，并且不受其他谱线的干扰。

例 5-1 用原子发射光谱法测定锡合金中的铅含量，以基体元素锡为内标元素，测得的实验数据如下表，求该合金中的铅含量。

测定对象	$w_{Pb}/\%$	S_{Sn} 276.1 nm	S_{Pb} 283.3 nm
标样 1	0.126	1.567	0.259
标样 2	0.316	1.571	1.103
标样 3	0.708	1.443	1.546
标样 4	1.334	0.825	1.427
合金		0.920	0.669

解： 根据上表中实验数据，计算出谱线 276.1 nm 和 283.3 nm 的黑度差 ΔS 和标准样品的 lg（$w_{Pb}/\%$），列表如下：

测定对象	$\lg(w_{Pb}/\%)$	ΔS
标样 1	−0.900	1.308
标样 2	−0.500	0.468
标样 3	−0.150	−0.103
标样 4	0.125	−0.602
合金		0.251

以 ΔS 为纵坐标，标准样品的 lg（$w_{Pb}/\%$）为横坐标绘制标准曲线如右图所示。通过标准曲线查找 $\Delta S=0.251$ 所对应的 lg（$w_{Pb}/\%$），其数值约为−0.347，由此可以换算出待测样品中的铅含量为 0.45%。

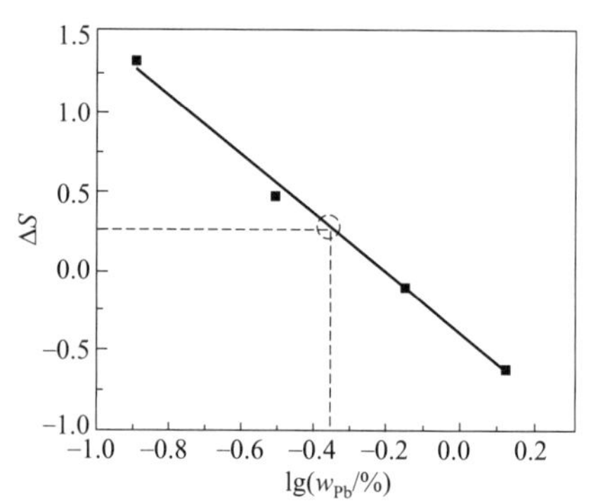

或者利用上表中数据进行线性拟合，得出其标准曲线方程 $\Delta S=-0.3896-1.8451\lg(w_{Pb}/\%)$，其线性回归系数 $R^2=0.9955$，将待测样品的 $\Delta S=0.251$ 代入该线性方程，即可求出铅含量为 0.45%。

（2）标准加入法

当没有合适的内标元素或测定低含量元素，找不到合适的基体来配制标准试样时，可采用标准加入法来进行定量分析。取若干份待测试样于容积相同的容量瓶中，设被测元素含量为 c_x，依次按一定比例加入不同含量的待测试样的标准溶液（浓度为 c_0），定容，则各容量瓶中溶液浓度分别为

$$c_x, c_x+c_0, c_x+2c_0, c_x+3c_0, c_x+4c_0, \cdots$$

在相同条件下激发光谱，然后测得不同加入量样品分析线对的强度比 R_x、R_1、R_2、R_3、R_4……在被测元素浓度很低时，自吸系数 $b=1$，分析线对强度比 $R \propto c$，以 R 对加标量 c 作图得一直线，如图 5.15 所示。将直线外延，与横坐标相交的截距的绝对值即为待测试样的浓度（图中原点到 c_x 点的距离）。

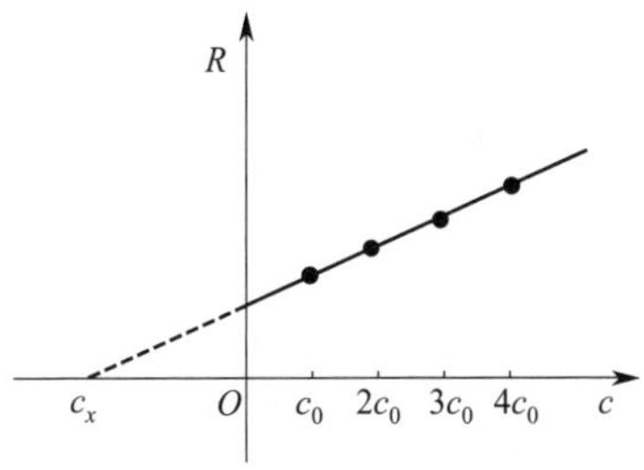

图 5.15　标准加入法

5.5　原子发射光谱法的应用及发展

5.5.1　原子发射光谱法的应用

原子发射光谱法具有不经分离即可对大量样品中多种元素进行快速分析的特点，在科学研究和生产实践的众多领域都得到了广泛的应用。

① 地质与宇宙科学　原子发射光谱法可为地质勘探、普查迅速提供可靠资料。例如，直流电弧光谱测定钨矿中的钨（W）、钼（Mo）含量，指导选矿工艺；ICP 发射光谱可以快速同时分析样品中 15 个稀土元素，评估矿床经济价值。原子发射光谱法还可以用于分析陨石中的元素成分，帮助科学家推测天体形成环境；我国嫦娥五号返回的样品中，原子发射光谱还用于测定月壤钛（Ti）、稀土元素丰度，为揭示月球演化历史提供了重要参考依据。

② 冶金、机械工业及轻化工业　原子发射光谱法可对原材料、半成品及成品进行检验，例如通过炉前快速分析，可以及时了解钢液成分，控制冶炼过程，缩短冶炼时间，提高和控制产品质量。还可以分析金属中的某些气体元素，从而判断金属的强度、脆性、抗腐蚀等性能。目前，光电直读原子发射光谱仪在炉前快速分析中已得到应用，将该仪器与生产线的信号控制系统联用，可将相应的浓度转换成各种加料装置的控制信号，从而自动地按照预先输入的合金中各种元素的含量进行冶炼。

③ 环境监测　原子发射光谱法可以快速检测工业废水中的铜、锌、铬、镉、砷、汞、硫、磷等有害元素的含量，这些元素含量也是工业废水水质的重要指标；也可用于河水等天然水源中污染物的监测。此外，还可以对大气颗粒物、土壤、海洋沉积物等环境样品中的多种元素进行测定，这对于环境化学、地球化学和海洋化学的研究及环境污染的监测等具有重要的作用。

④ 食品与医疗　原子发射光谱法在食品、化学药物以及医疗领域中微量元素的测定中得到了广泛的应用。例如，大米中的镉（Cd）、海产品中的甲基汞（CH_3Hg^+）含量的检测，食品罐头内壁涂层溶出的铅、锡（Sn）含量检测，人参、黄芪等药材中砷、汞含量的检测，等等。此外，原子发射光谱法还可以检测头发、血液、尿液等生物样品中的微量元素含量，为研究疾病与微量元素的关系提供科学的参考依据。

⑤ 材料分析　原子发射光谱法还被广泛应用于金属材料、半导体材料、激光材料、化

学试剂、高纯稀土等材料中痕量、微量和常量多元素分析。例如，多晶硅中痕量杂质（如硼、磷）的分析、手机外壳镀层的镍（Ni）含量分析、锂电池正极材料（如钴酸锂）中钴（Co）和锰（Mn）的比例分析等。

⑥ 油品分析　原子发射光谱法可以测定原油中痕量钒（V）、镍（Ni）含量（检出限可达 10^{-9} 级），从而评估其对流化催化裂化（FCC）催化剂的毒害风险；也可以快速筛查燃料油中铁（Fe）、钠（Na）等磨损金属，判断储运设备腐蚀程度；还可以测定润滑油中锌（Zn）、磷（P）、钙（Ca）等抗磨添加剂浓度，确保配方有效性；另外也可以检测在用润滑油中的铁（Fe）、铜（Cu）含量，用以诊断发动机或齿轮箱磨损状态，实现预测性维护。

原子发射光谱法的核心价值在于将元素的“化学指纹”转化为解决实际问题的科学语言，其应用已渗透至人类活动的方方面面，除了在上述领域应用外，该法在国防工业、电子工业、石油、农业等方面也有着重要地位。

5.5.2 原子发射光谱法的发展

原子发射光谱法现已发展成为仪器分析领域一种重要的多元素快速定性、定量分析方法，并在仪器技术方面日趋完善，取得了较大的研究进展。

① 光源　传统的电弧和火花光源逐渐衰落，新型的 ICP 成为原子发射光谱仪的主流光源。并且随着新的可以直接进行固体样品分析的光源（如辉光放电 GD）的出现，一种既可作固体样品成分分析，又可作表面或分层分析的新光源已现端倪。此外，其他实用光源，如微波诱导等离子体（MIP）、电容耦合微波等离子体（CMP）、激光微探针（LM）和各种串联光源如 GD-MIP、ICP-MIP、LM-MIP 也各有所长，是原子发射光谱仪光源新的研究方向。

② 进样系统　其是原子发射光谱仪的关键部位之一，随着科学技术的发展，进样技术也不断发展，除了溶液进样技术（如超声雾化法）之外，固体进样技术，如激光烧蚀固体进样、电弧气化固体进样、直接样品插入法等均取得了一定的研究进展。

③ 检测器　除了常用的光电倍增管检测器之外，光电二极管阵列（PDA）、电荷耦合器件（CCD）及电荷转移器件（CTD）等检测器近年来也被广泛应用于原子发射光谱仪中。此外，如今采用的特制全息光栅与线阵式固体检测器相结合，可达到全谱直读的功效。未来，采用新型检测器，如量子点检测器可能突破现有灵敏度极限，实现单原子检测。

④ 联用技术与人工智能　近年来，计算机控制与自动进样系统的普及以及仪器联用技术为原子发射光谱法提供了一个新的应用前景。如高效液相色谱（HPLC）与电感耦合等离子体原子发射光谱（ICP-AES）联用（HPLC-ICP-AES）可有效减少 ICP 的光谱干扰，提高选择性，并可用于元素化学形态的分析。此外，高效液相色谱、流动注射法、氢化物发生法等与原子发射光谱仪的联用还可使得样品的分离、富集、检测连续进行，实现实时、流动、瞬时追踪和在线分析。当前，人工智能算法（如卷积神经网络）在原子发射光谱分析中的应用可以自动识别重叠谱线、优化校准模型（如辅助校正基体效应），减少人工干预，提升复杂样品（如原油、合金）分析的准确性。

近年来，随着微型化、智能化技术的发展（如芯片实验室集成光谱仪），原子发射光谱仪开始进一步走向现场检测与实时监测，这也必将大大推动原子发射光谱分析测试技术的飞跃发展。

●思考题及习题

1. 何谓原子发射光谱分析法?

2. 简述原子发射光谱的分析过程。

3. 光谱定性分析的基本原理是什么?

4. 何谓元素的灵敏线、共振线、最后线、分析线?它们之间有何联系?

5. 光谱半定量分析的依据是什么?常用光谱半定量分析方法有哪些?

6. 何谓谱线的自吸与自蚀?

7. 光谱定量分析的依据是什么?为什么要采用内标法?内标元素和内标线选择的原则是什么?

8. 原子发射光谱仪由哪几大部分组成?

9. 原子发射光谱法中使用哪些光源?各有何特点?

10. 针对下列情况,提出原子发射光谱法选择光源的方案。

(1) 铁矿石中微量铅含量分析;(2) 排放污水中含量在 $x\%\sim10^{-6}\%$的十个元素定量分析;(3) 头发中重金属元素定量分析;(4) 农作物内元素的定性分析。

11. 原子发射光谱法中主要使用哪些检测器?各有何特点?

12. 简述原子发射光谱法的特点。

13. 用原子发射标准加入法测定 SiO_2 试样中微量铁的含量时,以 Fe 302.06 nm 为分析线,Si 302.00 nm 为内标线。标准系列中 Fe 的加入量 $w_{Fe}/\%$和分析线强度比 R 见下表,求试样 SiO_2 中 Fe 的质量分数。

$w_{Fe}/\%$	0	0.001	0.002	0.003
R	0.24	0.37	0.51	0.63

参考答案

14. 用原子发射光谱法测定合金钢中的锰含量时,Mn 293.93 为分析线,Fe 292.66 nm 为内标线。标准系列中 Mn 的 $w_{Mn}/\%$和测得的实验数据见下表,求该合金钢样中 Mn 的含量。

测定对象	$w_{Mn}/\%$	S_{Mn} 293.93 nm	S_{Fe} 283.3 nm
标样 1	0.105	0.238	1.516
标样 2	0.425	1.325	1.427
标样 3	0.680	1.253	1.033
合金钢样		1.027	1.509

课件

第6章 分子发光分析法

分子发光分析法（molecular luminescence analysis）是基于物质分子受激发后发射光子进行定性和定量分析的一类高灵敏度分析技术。其核心在于分子吸收能量跃迁至激发态，随后通过辐射跃迁释放光子返回基态。该方法主要包括分子荧光分析法、分子磷光分析法和化学发光分析法。分子荧光和分子磷光均属于光致发光，均是因物质分子吸收了光能而被激发发光。化学发光是在化学反应中，分子吸收化学反应释放出的能量而被激发发光。生命系统中也有化学发光，也称生物发光，则是发生在生物体内有酶类物质参加的化学发光。

分子发光分析法以其独特的光物理特性，在痕量分析及动态过程研究中展现出不可替代性，在环境监测、生物医学、材料科学等领域具有重要应用价值。

6.1 分子荧光分析法

当某些物质分子被光照射时会吸收某些波长的光，然后再发射出波长更长的光，当照射光停止时，发射光也随之消失，这种光致发射光叫作荧光。分子荧光分析法（molecular fluorescence analysis）就是利用荧光物质分子所发射的荧光的特性和强度来对其进行定性和定量分析的方法。

6.1.1 分子荧光的产生机理

分子荧光常常发生在具有某些特定结构（如含有 π-π 共轭体系）的分子中，当这些处于基态能级的分子吸收了一定频率的光之后，便被激发至其电子激发态能级中的某个振动能级，然后通过相互碰撞或和其他分子（如溶剂分子等）碰撞而消耗了这些振动能级之间的能量，急剧降至第一电子激发态的最低振动能级，这种跃迁称为无辐射跃迁，它不会发光。当第一电子激发态的最低振动能级继续下降至基态的各个不同的振动能级时，则以荧光的形式释放出能量。较高的基态振动能级的分子再经过分子间的碰撞失去部分能量回到最低基态振动能级，如图6.1所示。由于荧光的能量比激发光的能量略小，故荧光的波长稍长于激发光波长。激发光源的波长通常是在紫外区，荧光也可能在紫外区，但更多是在可见光区。相对于基态和激发态两个最低振动能级之间的跃迁所产生的荧光称为共振荧光，此时，吸收光谱与荧光光谱重叠。

从图6.1可以看出：荧光光谱的形状和激发光波长无关，这是因为荧光的产生是由第一电子激发态的最低振动能级开始的，而和荧光物质分子原来被激发至哪一个能级无关。

荧光光谱的形状和吸收光谱的形状十分相似，且互为镜像（图6.2）。因为吸收光谱反映的是第一电子激发态的能级分布情况，荧光光谱反映的是基态能级的分布情况，而基态中能级的分布和第一电子激发态中的能级分布是相似的，所以荧光光谱的形状与吸收光谱十分相似。此外，在相当于从基态中最低振动能级跃迁到第一电子激发态各振动能级而显示的吸收峰中，第一电子激发态的振动能级越高，则两者能级之差越大，即吸收峰波长越短；与此相反，在相应于由第一电子激发态最低振动能级降落到基态的各振动能级而显示的荧光峰中，基态的振动能级越高，则两个能级的差距越小，即荧光波长越长。所以前后两者不但形状相似而且互为镜像。

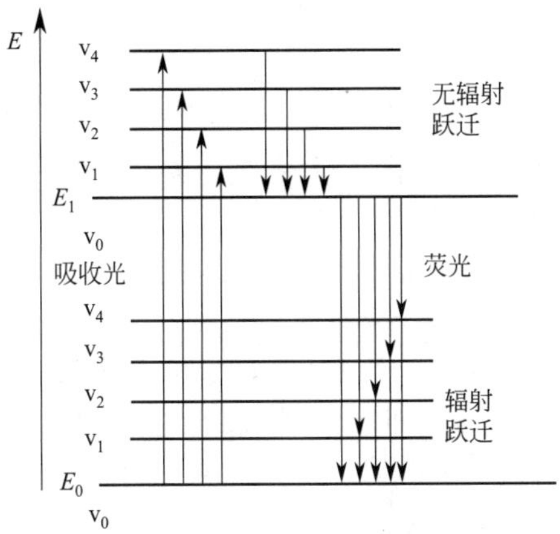

图 6.1　分子荧光光谱能级

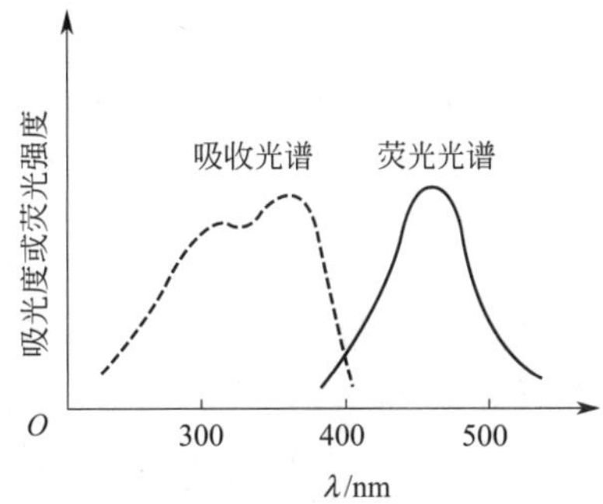

图 6.2　硫酸喹啉的荧光光谱和吸收光谱

实验发现，只有很少一部分具有某种结构的物质才会产生荧光。最强且最有用的荧光多为具有较低能量差的 $\pi\rightarrow\pi^*$ 跃迁所产生的。因此，几乎所有对分析化学有用的荧光物质都含有一个以上的芳香基团，芳环数越多，荧光越强。例如 8-羟基喹啉和桑色素都是重要的荧光物质。能产生荧光的纯无机物很少，它们在荧光分析中应用也不多。通常是利用有机配位体与金属离子形成荧光配合物进行无机离子的分析。这些配位体多为芳香族，而且芳环上往往含有两个可与金属离子形成螯合物的基团，如 C═O、—OH、—SH、—NH_2 等。

6.1.2　荧光效率与荧光强度

6.1.2.1　荧光效率

分子产生荧光的条件是分子必须有产生电子吸收光谱的特征结构和较高的荧光效率。许多物质不产生荧光，就是由于该物质吸光后的分子荧光效率不高，而将所吸收的能量消耗于与溶剂分子或其他溶质分子之间，因此无法发出荧光。荧光效率也称为荧光量子产率，它表示所发出荧光的光子数和所吸收激发光的光子数的比值。

$$荧光效率(\phi)=\frac{发出荧光的光子数}{吸收的激发光的光子数} \tag{6.1}$$

荧光效率越大，表示分子产生荧光的能力越强，ϕ 值在 0～1。喹啉的荧光强度十分稳定，可作为荧光分析的基准物质，硫酸喹啉（0.5 mol·L^{-1}）溶液的荧光效率 $\phi=0.55$。

6.1.2.2　荧光强度

（1）荧光强度与溶液浓度的关系

当一束强度为 I_0 的紫外-可见光照射于一盛有溶液浓度为 c（mol·L^{-1}）、厚度为 b（cm）的样品池时，可在吸收池的各个方向观察到荧光，其强度为 F，透过光强度为 I_t，吸收光强度为 I_a。由于激发光的一部分能透过样品池，故一般在与激发光源垂直的方向上测量荧光，如图 6.3 所示。

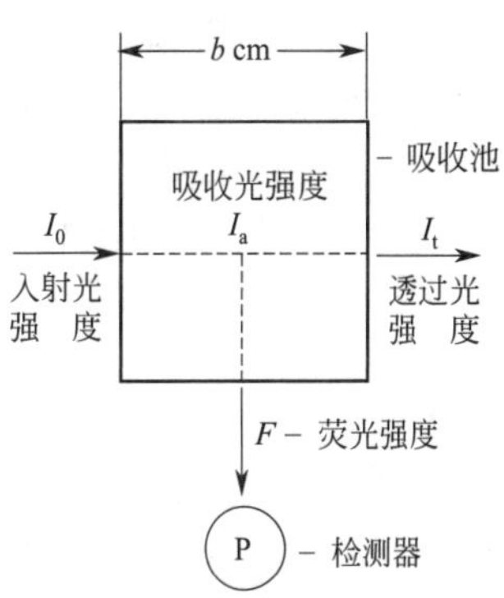

图 6.3　光吸收与荧光示意图

荧光的产生是由于物质在吸收了激发光部分能量后发射了波长相同或波长较长的光，因此，溶液的荧光强度 F 与该溶液吸收光的强度 I_a 以及荧光物质的效率 ϕ 成正比

$$F=\phi I_a \tag{6.2}$$

根据朗伯 - 比尔定律可以推导出：

$$F=2.303\phi I_0\varepsilon bc \tag{6.3}$$

当入射光强度 I_0 和 b 一定时，式(6.3) 可写成

$$F=Kc \tag{6.4}$$

即荧光强度 F 与溶液浓度 c 成正比，这是荧光分析定量的基本依据。荧光强度和溶液浓度成线性关系的成立条件为 $\varepsilon bc\leqslant 0.02$，即只限于很稀的溶液；$\phi$ 与浓度无关，为一定值，无荧光的再吸收。当溶液为高浓度时，由于存在自猝灭和自吸收等，荧光强度和浓度不再成线性关系。

从式(6.3) 可看出，由于荧光强度和入射光强度成正比，因此增强 I_0 可以提高分析灵敏度。在可见分光光度法中，当溶液浓度很稀时，吸光度 A 很小而难以测定，故其灵敏度不太高。而荧光分析法可采用足够强的光源和高灵敏度的检测放大系统，从而获得比可见分光光度法高得多的灵敏度。

(2) 影响荧光强度的因素

① 溶剂。在不同的溶剂中，荧光物质的荧光光谱的位置和强度会有显著的差异。一般情况下，荧光峰的波长随溶剂的介电常数增大而增大，强度随溶剂极性的增大而增强。有时某种物质分别在两种溶剂中均不产生荧光，而在混合溶剂中却会产生很强的荧光。

② 溶液黏度。化合物的荧光强度受溶剂黏度的影响，一般情况下，荧光强度随着介质黏度的升高而增强，这是介质黏度增加，减少了分子碰撞，从而减少了能量损失的结果。

③ 温度。荧光强度对温度较敏感，因此，荧光分析中一定要严格控制温度。一般来说，当温度升高时，绝大多数荧光物质的荧光效率降低，荧光强度减小。因为温度升高时，激发态分子与溶剂分子碰撞频率增大，增加了外转移的非辐射过程，导致溶液荧光强度下降，因此，可通过降低温度来提高荧光效率和荧光强度。

④ 溶液 pH 值。溶液 pH 值的改变会明显影响带有酸性或碱性官能团的荧光物质的荧光强度，同时也会影响那些结构随溶液 pH 值而变化的荧光物质的荧光强度。因此在荧光分析中应严格控制溶液 pH 值。

⑤ 荧光的猝灭。由荧光物质分子与溶剂分子或其他溶质分子的相互作用引起的荧光强度降低的现象称为荧光的猝灭。引起荧光猝灭的物质称为猝灭剂。荧光物质溶液浓度大时，还常发生自猝现象。

6.1.3 荧光光谱仪

荧光光谱仪通常由激发光源、单色器、样品池、检测器和记录系统等部分组成，其仪器结构组成示意如图 6.4 所示。其工作原理是：由激光光源发射出的光经第一单色器（激发单色器）分光后，得到特定波长的激发光，然后入射到样品池中，使待测荧光物质激发产生荧光。让与光源方向垂直的荧光经第二单色器（发射单色器）滤去激发光所产生的反射光、溶剂的散射光和溶液中的杂质荧光，只让待测组分的一定波长的荧光到达检测器，检测器将光信号转变成电信号，经放大后由记录系统记录并显示测定结果。

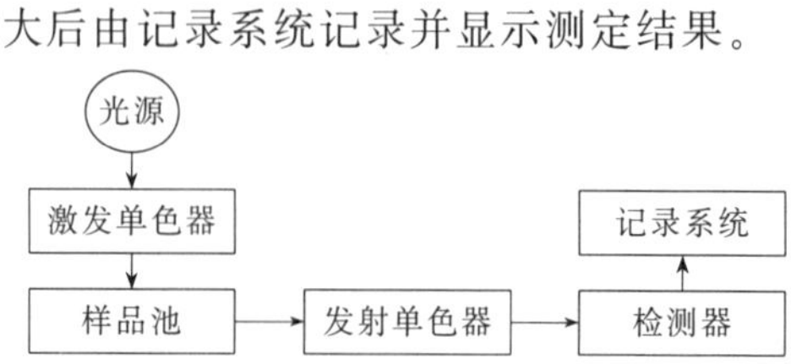

图 6.4 荧光光谱仪仪器组成示意图

6.1.3.1 激发光源

荧光测量中所用激发光源应具有足够的强度和良好的稳定性，因为光源的强度直接影响

其测定的灵敏度，而光源的稳定性则直接影响其测定的重复性。荧光光谱仪常用的激发光源有氙灯、汞灯和激光等。氙灯是荧光光谱仪中最常用的一种光源，产生强烈的连续辐射，其波长范围为 220～700 nm。高压汞灯则产生高强度线状光谱而非连续光谱，因而不能用在对入射光波长进行扫描的仪器上，常用在荧光计中，分析时常用其 365 nm、405 nm 和 436 nm 三条谱线。激光光源单色性好、光强度大，不仅可以极大地提高分析灵敏度，还可以实现单原子分析，近年来逐渐在荧光光谱仪中推广利用。

6.1.3.2 单色器

现代荧光光谱仪大都采用光栅作色散元件。一般有两个单色器，一个是激发光单色器，其作用是用于荧光激发光谱的扫描及选择激发波长，以激发样品产生荧光；另一个是发射光单色器，其作用在于滤去激发光所产生的反射光、溶剂的杂散光和溶液的杂质荧光，从而分离出荧光发射波长。

6.1.3.3 样品池

荧光分析中使用的激发光多为紫外光，并且荧光测量采用了垂直测量方式，因此样品池应选用不吸收紫外光、四面透光的石英池，形状以散射光较少的矩形为宜。对于固体试样，可将其固定在固体试样架上，呈 45°置于光源和检测器之间。

6.1.3.4 检测器

荧光的强度很弱，因此要求检测器有较高的灵敏度。因此，荧光光谱仪大多采用光电倍增管作为检测器。为了消除激发光对荧光测量的干扰，在仪器中，检测光路与激发光路是相互垂直的。新一代的荧光光谱仪（如稳态/瞬态荧光光谱仪）开始使用电荷耦合器件（CCD）或光电二极管检测器（如 InGaAs 或 InSb 检测器），可一次获得荧光二维光谱。

6.1.4 荧光分析法及其应用

荧光分析法可用于对荧光物质进行定性和定量分析。荧光定性分析可采用直接比较法，即将试样与已知物质并列于紫外光下，根据它们所发出荧光的性质、颜色和强度，来鉴定它们是否含有同一荧光物质。也可根据荧光发射光谱的特征进行定性鉴定。但由于能产生荧光的化合物占被分析物的量是相当有限的，并且许多化合物几乎在同一波长产生光致发光，所以荧光分析法较少用作定性分析。

目前荧光分析法主要运用于对无机和有机化合物的定量分析。荧光定量分析的方法主要有校正曲线法和标准对照法。

6.1.4.1 定量分析方法

（1）校正曲线法

依据荧光强度与荧光物质浓度成正比的关系，首先用已知量的标准物质经过和试样一样的处理后，配制一系列标准溶液，在一定条件下测定它们的荧光强度，绘制校正曲线。然后在相同的仪器条件下，测定未知试样的荧光强度，从校正曲线上查出它们的浓度。

（2）标准对照法

如果荧光物质的校正曲线通过零点，就可以在线性范围内用标准对照法测定含量。具体做法是：在相同条件下，测定试样溶液和标准溶液的荧光强度，由二者荧光强度的比值和标准溶液的浓度可求得试样中荧光物质的含量。

6.1.4.2 应用

（1）无机化合物的分析

无机化合物荧光分析有直接荧光法、间接荧光法、荧光猝灭法及催化荧光法等。

① 直接荧光法。无机化合物能自身产生荧光且用于测定的为数不多，主要依赖于待测元素与有机试剂所组成的能发荧光的配合物，通过检测配合物的荧光强度来测定该元素的含量。这种方法称为直接荧光法。现在可以利用有机试剂进行荧光分析的元素已达 70 多种。常用荧光法分析的元素为铍、铝、硼、镓、硒、镁、锌、镉及某些稀土元素等。

② 间接荧光法。常用于某些阴离子如 F^-、CN^- 等的分析，它们可以从某些不发荧光的金属有机配合物中夺取金属离子，而释放出能发荧光的配位体，从而测定这些阴离子的含量。

③ 荧光猝灭法。某些元素虽不与有机试剂组成会发荧光的配合物，但它们可以从其他会发荧光的金属离子-有机试剂配合物中取代金属离子或有机试剂，组成更稳定的不发荧光的配合物或难溶化合物，而导致溶液荧光强度的降低，由降低的程度来测定该元素的含量，这种方法称为荧光猝灭法。有时，金属离子与能发荧光的配体反应，生成不发荧光的配位物，导致荧光配体的荧光猝灭，同样可以测定金属离子的含量，这也属于荧光猝灭法。该法可以测定氟、硫、铁、银、钴、镍、铜、钨、钼、锑、钛等元素和氰离子。

④ 催化荧光法。某些反应的产物虽能发生荧光，但反应速度很慢，荧光微弱，难以测定。若在某些金属离子的催化作用下，反应将加速进行，利用这种催化动力学的性质，可以测定金属离子的含量。铜、铍、铁、钴、锇、银、金、锌、铅、钛、钒、锰、过氧化氢及氰离子等都曾采用这种方法测定。

（2）有机化合物的分析

① 脂肪族化合物的分析。脂肪族化合物的分子结构较为简单，本身能产生荧光的很少，如醇、醛、酮、有机酸及糖类。但也有许多脂肪族化合物与某些有机试剂反应后的产物具有荧光性质，此时就可通过测量荧光化合物的荧光强度进行定量分析。

② 芳香族化合物的分析。芳香族化合物具有共轭不饱和结构，大多能产生荧光，可以直接进行荧光测定。有时为了提高测定方法的灵敏度和选择性，还常使某些弱荧光的芳香族化合物与某些有机试剂反应生成强荧光的产物进行测定。例如，降肾上腺素经与甲醛缩合而得到强荧光产物，然后采用荧光显微法可以检测组织切片中含量低至 10^{-17} g 的降肾上腺素。此外，氨基酸、蛋白质、维生素、胺类、甾族化合物（胆固醇、激素）、药物、毒物、农药以及酶和辅酶等，这些有机化合物大多具有荧光，可用荧光分析法进行测定或研究其结构或生理作用机理。在现代的分离技术中，以荧光法作为检测手段，常可以测定这些物质的低微含量。

6.2 分子磷光分析法

分子磷光分析法（molecular phosphorescence analysis）是一种以分子磷光光谱进行定性和定量分析的方法。

6.2.1 分子磷光分析法基本原理

6.2.1.1 磷光的发光机理与特点

与荧光一样，任何发射磷光的物质也都具有两个特征光谱，即磷光激发光谱与磷光发射光谱。但磷光与荧光的发光机理、激发态寿命及发光环境不同。

当分子吸收特定波长的光后，电子从单重基态（S_0）跃迁到单重激发态的最低振动能级（S_1）。此时，两个电子的自旋方向相反。激发态的电子并不稳定。部分分子会通过系间窜跃（intersystem crossing，ISC）改变电子自旋方向，从 S_1 转入能量更低的三重激发态的最低振动能级（T_1）。此时，两个电子的自旋方向相同。电子在 T_1 停留较长时间（毫秒至秒级），最终缓慢返回 S_0，并以发光形式释放能量，这就是磷光。

磷光的主要特点如下：①磷光的波长比荧光长。这是因为分子 T_1 的能量比 S_1 低。②磷光的寿命比荧光长。因为荧光是 $S_1 \rightarrow S_0$ 跃迁产生的，这种跃迁不涉及电子自旋方向的改变，是自旋允许的跃迁，其跃迁持续时间通常为 $10^{-9} \sim 10^{-7}$ s；磷光是 $T_1 \rightarrow S_0$ 跃迁产生的，这种跃迁要求电子自旋反转，属于自旋禁阻的跃迁，其跃迁持续时间通常为 $10^{-4} \sim 1$ s，所以当激发光源关闭后，荧光会瞬间消失，而磷光则还可以持续一段时间。③重原子和顺磁性离子对磷光的寿命和辐射强度有很大影响。

6.2.1.2 低温磷光与室温磷光的测量

（1）低温磷光的测量

由于三重激发态比单重激发态的寿命长，因而激发态分子与溶剂分子或溶质分子发生碰撞而以热能的形式失去激发能的概率增大，使磷光强度减弱甚至完全消失，以至于在室温下不易观察到磷光现象。为了减少这些去激发过程，可以降低体系温度来增强磷光强度，即低温磷光。

低温磷光测量一般在液氮温度（77 K）下进行，所使用的溶剂（如 EPA，由乙醇、异戊烷和二乙醚按体积比 2∶5∶5 混合配制而成）需具有低的荧光背景，并在 77 K 的低温下具有足够的黏度以便能形成透明的刚性玻璃，以减少磷光的碰撞猝灭。此时，几乎所有处于三重激发态的分子都会发出明亮的磷光。一般，大多数具有共轭体系的环状化合物在低温下可以发出明亮的磷光。

（2）室温磷光的测量

低温测量常常受到实验操作及溶剂选择的限制，由此促进了室温磷光测量方法的建立。在固体基质或保护性介质存在下，将磷光分子的三重激发态固定以减少其无辐射失活，便可以在室温下观察到溶液中的磷光，即室温磷光，这是室温下不同多重性状态之间辐射跃迁的结果。

室温磷光分析法中常用的固体基质主要有纤维载体（滤纸、玻璃、纤维）、无机载体（氧化铝、硅胶）及有机载体（乙酸钠、聚合物、纤维素膜）等。液体基质主要有表面活性剂胶束溶液（如十二烷基硫酸盐溶液）、环糊精溶液、胶态微晶悬浊液等。根据基质的不同，室温磷光可以分为固体基质法、溶剂胶束增稳法和敏化溶液法等。

6.2.2 磷光光谱仪

磷光光谱仪的仪器组成与荧光光谱仪基本相同，主要区别在于磷光光谱仪上装有特殊的样品池，如图 6.5 所示。样品池由样品管、杜瓦瓶和磷光镜三部分组成。因为低温有利于磷光发射，因此将盛有样品的石英样品管置于装有液氮的杜瓦瓶中，使样品被液氮冷却，测得低温磷光。磷光镜由斩光器和电机组成，有转筒式和转盘式两种类型。工作时，电机带动斩光器旋转，可以交替地连通或斩断光路，使来自激发单色器的激发光交替照射到样品，由样品发射的光也交替地到达发射单色器。当激发单色器的激发光照射到样品时，样品受激发产生荧光、磷光及部分反射光，但这时样品池和发射

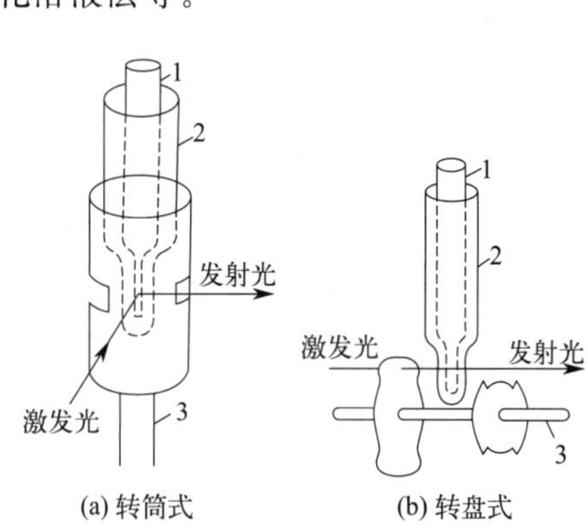

图 6.5 磷光光谱仪样品池组成示意图
1—样品管；2—杜瓦瓶；3—磷光镜

单色器间的光路被斩断，荧光、磷光以及散射光均不能进入检测器；而当来自激发单色器的激发光被斩光器斩断时，样品不再受到光的激发，荧光和反射光随之消失，而磷光尚存（寿命长），进入发射单色器，进而到达检测器。控制电机旋转速度，可以改变样品从被激发到测量的时间间隔，从而也可以测量出磷光的寿命。

6.2.3 分子磷光分析法的应用

由于能发射磷光的物质不多，并且测试部分物质的磷光信号时还需在液氮低温环境下进行，因此分子磷光分析法在应用方面远不及荧光法普遍。但是通常发射弱荧光的物质往往能发射较强的磷光，比如，含有重原子（氯或硫）的稠环芳烃通常能发射较强的磷光，而不含有重原子的这些化合物则发射的荧光强于磷光，因此，在分析对象方面，磷光分析法与荧光分析法互为补充。此外，与荧光分析法相比，磷光具有更长的发光寿命，这种时间分辨特性使其在复杂基质分析中具有突出的抗干扰能力。

目前，分子磷光分析法主要应用于稠环芳烃、有机染料、农药、医药、生物碱和植物生长激素等有机化合物的分析。例如，在环境污染物检测中，磷光分析法展现出卓越的灵敏度。室温磷光技术已成功应用于水中多环芳烃的痕量检测，检出限可达 10^{-12} mol•L^{-1}。在药物质量控制方面，低温磷光法因其高分辨率特性，成为手性药物对映体分析的理想选择。另外，分子磷光分析法还在生命科学和材料表征等领域发挥重要作用。例如，在生命科学领域，基于长寿命磷光的生物成像技术，可利用时间门控检测有效消除生物自发荧光的干扰，已实现活细胞内活性氧物种的动态监测。在功能材料表征方面，通过磷光寿命成像技术，研究者可直观解析有机电致发光材料（OLED）中激子的扩散过程。在光催化材料研究方面，磷光量子产率的精确测定可为催化剂性能的优化提供重要依据。当前，磷光分析法正朝着高灵敏、高时空分辨、智能化的方向快速发展。随着新型磷光材料的不断涌现和检测技术的持续创新，该方法在单分子检测、活体动态分析等前沿领域将发挥更重要的作用，为分析化学研究开辟新的维度。

6.3 化学发光分析法

化学发光是指在化学反应过程中由化学反应能激发物质产生的发光现象以及生物体系中有酶类物质参加的化学发光现象，后者又称生物发光。化学发光分析法（chemiluminescence analysis）是一种基于化学反应释放光信号进行分析检测的技术。

6.3.1 化学发光分析法基本原理

6.3.1.1 化学发光反应条件

在某些化学反应过程中，反应体系中的某些物质吸收化学反应释放出的化学能而被激发，在返回基态时以发光的形式释放出能量。其反应过程可表示为

$$A+B \longrightarrow C^{*}+D$$

$$C^{*} \longrightarrow C+h\nu$$

式中，A 或 B 为被测物，A 与 B 反应生成产物 C 和 D，且 C 在反应过程中获得能量，由基态跃迁至激发态生成激发态产物 C^{*}，返回基态时，发射出光量子。能够发光的化学反应和化合物并不多，能够产生化学发光的反应必须满足以下要求。

① 化学反应必须快速释放足够大的化学能，以满足发光体的电子激发需要。一般情况下，化学反应焓变（$-\Delta H$）需达到 150～400 kJ•mol^{-1}，才能在可见光范围内观察到化学

发光现象。许多氧化还原反应所提供的能量与此相当，因此大多数化学发光反应为氧化还原反应。

② 反应历程要有利于激发态产物的形成。要求化学反应可以持续进行，所产生的能量可以不断激发产生激发态产物，以维持发光一定时间。

③ 激发态分子要以辐射光子的方式返回基态，而不能以释放热量的方式返回基态，以维持较高的发光效率。

6.3.1.2 化学发光效率

化学发光反应的发光效率（ϕ_{CL}）又称为化学发光的总量子产率，取决于生成激发态产物的分子的化学激发效率（ϕ_{CE}，为生成激发态分子数与参加反应的分子数之比）和激发态分子的发光效率（ϕ_{CM}，为发光的分子数与生成激发态的分子数之比）这两个因素。可表示为

$$\phi_{CL}=\text{发光的分子数/参加反应的分子数}=\phi_{CE}\phi_{CM} \tag{6.5}$$

化学发光反应的发光效率、光辐射的能量以及光谱范围，由参加反应物质的化学反应所控制，每一个化学发光反应都具有其特征的化学发光光谱及化学发光效率。一般化学发光反应的效率都小于0.01。通常，化学发光效率越大，分析灵敏度越高。

6.3.1.3 化学发光定量分析依据

分子的化学发光强度（I_{CL}）以单位时间内发射的光子数来表示，等于单位时间内发生反应的待测物质的浓度变化 dc 与化学发光反应的发光效率（ϕ_{CL}）的乘积。

$$I_{CL}(t)=\phi_{CL}\left(\frac{dc_A}{dt}\right) \tag{6.6}$$

在化学发光反应过程中，待测物质的浓度与发光试剂相比要低得多，故可将发光试剂的浓度认为是一常数，此时发光反应可视为一级动力学反应，则有

$$\frac{dc_A}{dt}=kt \tag{6.7}$$

式中，k 为反应速率常数。由上式可知，通过测定化学发光反应过程中某时刻的化学发光强度，便可分析出其对应的待测物质的浓度。也可以将式(6.6) 进行积分，得出

$$\int I_{CL}dt=\phi_{CL}\int\left(\frac{dc_A}{dt}\right)dt=\phi_{CL}c \tag{6.8}$$

由此可见，在一定条件下，t 时间内总发光强度与待测物浓度成正比，这就是化学发光定量分析的理论依据。

6.3.2 化学发光反应的类型

6.3.2.1 气相化学发光反应

气相化学发光反应主要有 O_3、NO、S、SO_2 和 CO 的化学发光反应，多应用于监测大气中的 O_3、CO、氮氧化物及硫化物等气体。臭氧可与40余种有机化合物发生化学发光反应。例如，臭氧与 NO 的化学发光反应过程如下：

$$NO+O_3 \longrightarrow NO_2^* + O_2$$

$$NO_2^* \longrightarrow NO_2 + h\nu$$

该反应的发射光谱波长范围为600～875 nm，检出限可达 1 ng·mL^{-1}，测定范围为0.01～1000 μg·mL^{-1}。测定试样中 NO_2 含量时，可以先将 NO_2 还原为 NO，测出 NO 的总量后，从中扣除试样中原有的 NO 含量，即为 NO_2 含量。

6.3.2.2 液相化学发光反应

液相化学发光反应较多，应用范围较广。化学发光试剂是化学发光分析的基础，常用的化学发光试剂主要有鲁米诺、光泽精、洛粉碱、没食子酸、过氧草酸盐、罗丹明 6G 等；此外，化学发光反应还需要合适的氧化剂和催化剂参与。

鲁米诺是较早发现且至今仍广泛应用的一种发光试剂，其化学名称为 3-氨基苯二甲酰肼。鲁米诺体系是碱性介质中常用的一种典型的化学发光体系。在碱性水溶液中，在氧化剂 H_2O_2 作用下，经过 Fe(Ⅱ)的催化，氧化产生的化学能使氧化产物氨基邻苯二甲酸根离子激发而发光，最大发射波长为 425 nm，化学发光效率为 0.01～0.05。利用该反应，可以检测低至 10^{-8} mol•L^{-1}的 H_2O_2。

鲁米诺在碱性水溶液中与 H_2O_2 发光反应的历程为：

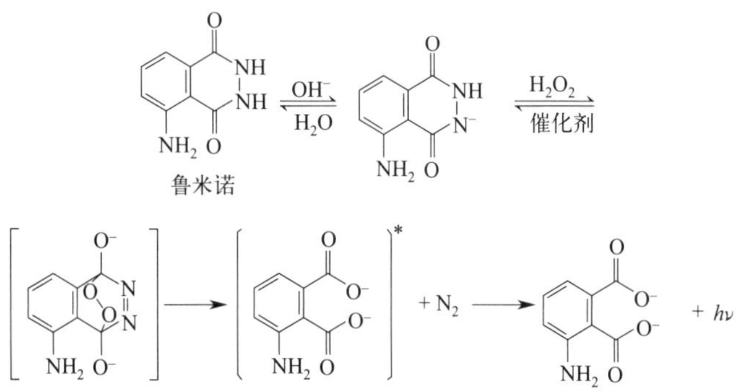

该化学发光反应速率较慢，可以加入一些痕量过渡金属离子作为催化剂，加快反应速率，增强化学发光强度。利用这一现象也可以测定某些过渡金属离子，如：Ag(Ⅰ)、Fe(Ⅱ、Ⅲ)、Co(Ⅱ)、Cu(Ⅱ)、Ni(Ⅱ)、Mn(Ⅱ)、Hg(Ⅱ)、Cr(Ⅲ)、Au(Ⅲ)、Os(Ⅲ、Ⅳ、Ⅴ)、Ru(Ⅳ)、V(Ⅳ)、Ir(Ⅳ)等，检出限为 0.01～40 μg•mL^{-1}。

罗丹明 6G (Rh 6G) 既是一种荧光染料，也是酸性介质中常用的一种典型化学发光试剂。羟自由基（•OH）是一些化学发光反应中的中间产物和氧化剂，它可以由 Fe^{3+} 和 H_2O_2 溶液在酸性环境下在线生成。•OH 可以氧化 Rh 6G 产生微弱的化学发光，进而形成 Fe(Ⅲ)-H_2O_2-Rh 6G 化学发光体系。一些物质（如苯二酚、抗坏血酸等）的加入可以增强 Fe(Ⅲ)-H_2O_2-Rh 6G 体系的发光强度，通过测量该体系的发光强度或发光总量便能检测出这些物质的含量。

6.3.2.3 生物发光反应

生物发光（bioluminescence）是生物体内酶促反应将化学能转化为光能的现象。萤火虫尾部闪烁、深海鱼类幽光等自然奇观，实则是生命进化出的精密“化学工厂”在运作。科学家受此启发，发展出灵敏度极高的生物发光分析法，现已成为生命科学、环境监测等领域的重要工具。

生物发光分析中，萤火虫发光反应的研究和应用最为普遍。该反应通常由荧光素酶（E）催化，底物荧光素（LH_2）在三磷酸腺苷（ATP）、Mg^{2+} 和 O_2 存在下发生氧化反应，产生激发态氧化荧光素，退激时释放光子（λ=450～620 nm)。其发光反应过程为：

$$ATP+LH_2+E+Mg^{2+} \longrightarrow AMP \cdot LH_2 \cdot E+MgPPi+2H^+$$

$$AMP \cdot LH_2 \cdot E+O_2 \longrightarrow [\text{氧化荧光素}]^* +AMP+CO_2+H_2O$$

$$[\text{氧化荧光素}]^* \longrightarrow \text{氧化荧光素}+h\nu$$

式中，MgPPi 为焦磷酸镁；AMP 为单磷酸腺苷。

利用上述反应最低可测定 $2\times10^{-17}\ mol\cdot L^{-1}$ 的 ATP，并可将其应用于细胞活力检测（ATP 浓度可以反映活细胞数量）、药物毒性评价（如抗癌药物对线粒体 ATP 合成的影响）以及环境微生物快速检测（水样中 ATP 含量可以指示微生物污染）等领域。

生物发光的发光效率（>50%）和特异性比化学发光高，为生化、免疫分析提供了一条新途径，使生化、免疫分析趋于痕量，特异性、灵敏度和分析速度都得以提高。

6.3.3 化学发光检测仪

化学发光检测仪比较简单，试样发光体系自身即为光源，不需要外激发光源；信号检测不存在杂散光和散射光等背景干扰，检测的是整个光谱范围内的发光总量，因此也不需要单色器分光。其仪器组成一般包括发光反应器、光检测器和数据记录与处理系统。常见的化学发光检测仪有静态注射式和流动注射式两类。如图 6.6(a) 所示，利用静态注射法将反应剂和试样在反应池中混合并随即发生发光反应，混合后需要立即测定，否则会造成光信号损失乃至全部消失，因此混合和测定均须在检测器（光电倍增管）窗口前的试样池中进行。在图 6.6(b) 所示的流动注射化学发光仪中，样品与反应剂的混合过程、反应过程以及检测过程则全部通过蠕动泵使其在流动状态下进行。

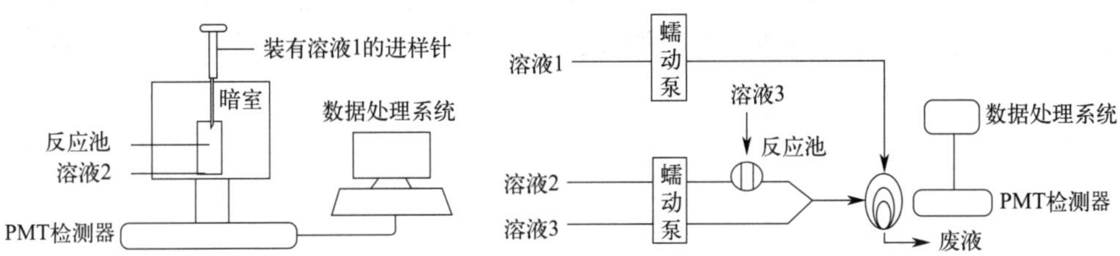

(a) 静态注射化学发光仪组成示意图　　(b) 流动注射化学发光仪组成示意图

图 6.6　化学发光检测仪组成示意图

6.3.4 化学发光分析法的应用

化学发光分析法因具有灵敏度高、检出限低、线性范围宽、设备简单、操作方便、易实现自动化、可进行快速连续的分析等特点，已被广泛应用于环境监测、生物医学、食品安全与药物分析等领域。

①在环境监测领域，化学发光分析法可测定环境水体中多种金属离子和其他有机污染物。例如，采用鲁米诺-H_2O_2 化学发光体系可检测水体中的 Co(Ⅱ)、Cu(Ⅱ)、Cr(Ⅲ) 等重金属离子；采用菲啰嗪（ferrozine）联合过氧化物酶发光体系可检测水体中 Fe(Ⅱ)/Fe(Ⅲ)；采用过氧草酸酯（TCPO）体系可检测多环芳烃（PAHs）；采用流动注射化学发光法可测定农药残留物等。

② 在生物医学领域，化学发光分析法也发挥着重要作用，可以用于活性氧检测、核酸检测以及免疫分析等多个方面。例如，黄嘌呤氧化酶在氧存在下，可以催化底物黄嘌呤发生氧化反应产生超氧阴离子（O_2^-），O_2^- 进一步与鲁米诺反应产生化学发光，机体内的超氧歧化酶可以消除 O_2^-，故能抑制鲁米诺的发光，利用此原理可间接测定超氧歧化酶；也可以利用光泽精或鲁米诺体系检测细胞内的 O_2^-、H_2O_2，研究氧化应激机制。又如，采用酶放大化学发光分析法不仅可以检测甲状腺激素、生殖激素、肿瘤标记物，还可以用于免疫过敏试验。

③在食品安全与药物分析领域，化学发光分析法也大有用武之地。例如，利用碱性鲁米诺化学发光体系检测食品中的苏丹红、三聚氰胺等非法添加剂；基于二氧化氯（ClO_2）的化学发光法可快速检测肉制品或蛋类中的抗生素残留。又如，利用钌联吡啶[$Ru(bpy)_3^{2+}$]的电化学发光（ECL）技术可以分析药物分子与DNA的相互作用开展药物代谢研究。

●思考题及习题

参考答案

1. 什么是荧光现象？产生分子荧光的条件是什么？
2. 荧光光谱仪的基本结构是怎样的？
3. 为什么分子荧光分析法的灵敏度比紫外-可见吸收光谱法高得多？
4. 为什么要在与入射光成90°的方向上检测荧光？
5. 影响荧光强度的因素有哪些？什么是荧光猝灭？在分析中如何应用荧光猝灭？
6. 荧光法定量分析的基本依据是什么？荧光法定量分析的方法有哪些？
7. 解释荧光波长通常比激发光波长长的原因。
8. 对于一个在激发的过程中吸收 5.7×10^{17} 个光子，而在产生荧光过程中发射出 3.2×10^{17} 个光子的特定反应，计算其荧光效率。
9. 试从原理、仪器组成两方面对分子荧光、磷光和化学发光进行比较。
10. 简述化学发光分析法的特点，并阐述发生化学发光反应必须具备的主要条件。

第 7 章 核磁共振波谱法

核磁共振波谱法（nuclear magnetic resonance spectroscopy，NMR）是基于外磁场中磁性原子核对射频区（4～900 MHz）电磁辐射的特征吸收而建立起来的一种分析方法，它属于吸收光谱法，不同之处在于试样必须置于强磁场中，在核磁共振条件下吸收射频辐射。以核磁共振信号强度对辐射频率（或磁场强度）所作的图即为核磁共振波谱。其中，以^{1}H 为研究对象所获谱图称为氢谱，以^{13}C 为研究对象所获谱图称为碳谱。由于物质分子的化学结构与其核磁共振信号密切相关，因此核磁共振波谱法逐渐成为研究物质分子结构的重要手段之一。本章重点讨论核磁共振氢谱的基本原理、仪器装置及分析应用，并简要介绍核磁共振碳谱。

7.1 概述

7.1.1 核磁共振波谱法发展历程

核磁共振波谱法是一种重要的物理分析方法，其发展历程充满了科学家们智慧的结晶，体现了基础物理发现向跨学科应用转化的科学范式。

早在 19 世纪末，著名物理学家 Lorentz 就发现了磁场对原子光谱的影响，这是核磁共振现象的早期线索。1924 年，Pauli 预言在外磁场中某些原子核会产生核磁共振现象。1938 年，物理学家 Rabi 在分子束实验中首次观测到核磁共振现象，揭示了原子核的磁矩特性，为此获得 1944 年诺贝尔物理学奖。1946 年，Bloch 和 Purcell 分别实现固态与液态物质的核磁共振信号检测，构建了现代核磁共振技术框架，标志着核磁共振波谱法的正式诞生，他们因这项开创性工作共同获得 1952 年诺贝尔物理学奖。此后，科学家们开始探索利用核磁共振来研究物质的结构和性质。早期的核磁共振波谱仪比较简单，只能测量氢原子核的共振信号，但即便如此，它也为化学家们提供了新的研究工具。

20 世纪 50 年代，随着电子技术和计算机技术的发展，核磁共振波谱仪的性能得到了显著提升。出现了连续波核磁共振波谱仪，能够更精确地测量核磁共振信号。化学家们利用这种仪器，开始研究有机化合物中氢原子的化学环境，通过分析氢原子的共振频率、化学位移、偶合常数等参数，推断分子的结构。这一时期，核磁共振波谱法在有机化学领域得到了广泛应用，成为研究有机分子结构的重要手段之一。

20 世纪 60 年代，傅里叶变换技术被引入核磁共振波谱法，这是核磁共振发展史上的一个重要里程碑。傅里叶变换核磁共振波谱仪能够快速、准确地获取核磁共振信号，并且具有更高的分辨率和灵敏度。这使得科学家们可以研究更复杂的分子体系，包括生物大分子，如蛋白质、核酸等。核磁共振波谱法在生物化学和分子生物学领域的应用逐渐拓展，为生命科学研究提供了强大的技术支持。

20 世纪 70 年代以后，核磁共振波谱法继续快速发展。一方面，仪器设备不断更新换代，出现了更高磁场强度的超导磁体，进一步提高了仪器的分辨率和灵敏度。另一方面，核磁共振波谱法的理论和技术也在不断创新，如二维核磁共振技术的出现，使得对复杂分子结构的解析更加准确和高效。同时，磁共振成像技术（magnetic resonance imaging，MRI）也在这一时期逐渐发展起来，它利用核磁共振原理对人体内部结构进行无创成像，为医学诊断带来了革命性的变化。

21 世纪以来，核磁共振技术持续突破，900 MHz 以上超高场仪器实现原子级分辨，固体核磁共振攻克了非晶态材料分析难题。

国产核磁共振波谱仪的研究取得了令人瞩目的进展。2024 年 8 月，我国成功攻克 14 万高斯稳态高场超导磁体这一核心关键技术，研发出我国首台 600 兆超导核磁共振波谱仪。其研发成功不仅打破了国外技术垄断，还填补了国内在该领域的空白。目前，该仪器已在国内多所高校和科研院所投入使用，并出口到十多个国家和地区。未来，国产核磁共振波谱仪有望在全球科研领域发挥更重要的作用。

如今，核磁共振波谱法已经成为化学、生物学、医学等众多学科领域不可或缺的重要分析工具。它不仅可以用于研究分子的结构和动态行为，还可以用于分析生物体内的代谢过程、药物与生物大分子的相互作用等。随着科学技术的不断进步，核磁共振波谱法还将继续发展，为人类探索自然奥秘和解决实际问题发挥更大的作用。

7.1.2 核磁共振波谱法的特点

核磁共振波谱法有以下几个显著特点：

① 高分辨结构解析能力　可通过检测原子核（如^{1}H、^{13}C）的化学位移、偶合常数及积分面积，提供分子中原子化学环境的精确信息。化学位移反映核外电子屏蔽效应，偶合常数揭示相邻核的相互作用，积分值可用于定量分析。这种“原子级”分辨率使其成为有机化合物、生物大分子（如蛋白质、核酸）结构解析的核心手段。

② 非破坏性　无须破坏样品即可完成检测，支持液体、固体（需特殊技术）及活体分析（如生物代谢研究）。样品可回收再利用，特别适合珍贵或合成难度高的化合物。

③ 可开展动态过程研究　通过测定弛豫时间（T_1、T_2）和扩散系数，可研究分子运动、构象变化及化学反应动力学（如平衡、反应速率），为溶液中的分子行为提供动态视角。

④ 应用范围广　是解析有机化合物、金属有机化合物和生物大分子结构的重要技术手段，在化学、高分子化学、石油化工、分子生物学、药学、医学等领域的研究中获得了非常广泛的应用。

核磁共振波谱法也有其局限性：

① 灵敏度较低　需较高浓度的样品（通常为毫摩尔级），对低天然丰度核（如^{13}C）或低浓度样品需长时间累加信号，实验效率低。

② 设备昂贵，维护成本高　设备价格高，多集中于大型平台，小型实验室难以负担。超导磁体需液氦维持极低温，维护费用高昂。

③ 样品限制　对于液体样品需溶于氘代溶剂以避免干扰；对于难溶物质（如高分子材料）需进行特殊处理（如高温、强溶剂）；对于固体样品，需依赖魔角旋转等技术，操作复杂；此外，顺磁性物质（如含金属配合物）会干扰磁场，导致信号展宽甚至消失。

尽管核磁共振波谱法存在以上局限性，但其非破坏性、高信息量的特点使其成为现代分析化学的核心工具之一。结合质谱、色谱等技术，核磁共振波谱法还可以为复杂体系的多维度研究提供关键支持。

7.2 核磁共振基本原理

7.2.1 原子核的自旋和磁矩

原子核是由质子和中子组成的带有正电荷的粒子，有的原子核具有自旋运动，它们在自旋运动的同时，必然会产生磁矩，并具有自旋角动量。

原子核的自旋角动量（P）是量化的，它与核的自旋量子数（I）的关系为：

$$P=\frac{h}{2\pi}\sqrt{I(I+1)} \tag{7.1}$$

式中，h 为普朗克常数。

自旋量子数 I 可以为 0、整数或半整数。I 的取值与原子质量数和原子序数的奇偶性的关系见表 7.1。

表 7.1 自旋量子数与原子质量数和原子序数奇偶性的关系

质量数	原子序数	自旋量子数 I
偶数	偶数	0
偶数	奇数	1,2,3,…
奇数	奇数或偶数	$\frac{1}{2},\frac{3}{2},\frac{5}{2}$

例如 $^{12}C_6$、$^{16}O_8$、$^{28}Si_{14}$ 等的 $I=0$，$^{2}H_1$、$^{14}N_7$ 等的 $I=1$，$^{58}Co_{27}$ 的 $I=2$，$^{10}B_5$ 的 $I=3$，$^{1}H_1$、$^{13}C_6$、$^{19}F_9$、$^{31}P_{15}$ 等的 $I=1/2$，$^{35}Cl_{17}$、$^{79}Br_{35}$ 等的 $I=3/2$；$^{17}O_8$ 的 $I=5/2$ 等。

$I=0$ 的核的 $P=0$，无自旋运动，无自旋磁矩。

$I\neq0$ 的核有自旋运动，所产生的自旋磁矩（μ）与自旋角动量（P）的关系为：

$$\mu=\gamma P \tag{7.2}$$

自旋磁矩与自旋角动量都是矢量，并且方向重合。γ 叫作磁旋比，它是核的特征常数。例如，氢核的 $\gamma=26.752\times10^{7}\ \mathrm{rad\cdot T^{-1}\cdot s^{-1}}$，$^{13}C$ 的 $\gamma=6.728\times10^{7}\ \mathrm{rad\cdot T^{-1}\cdot s^{-1}}$。

像 ^{1}H、^{13}C 之类的 $I=1/2$ 的核，其核磁共振谱线较窄，适宜于核磁共振检测，是核磁共振研究的主要对象。

7.2.2 原子核在外磁场中的自旋取向

根据量子力学理论，$I\neq0$ 的磁性核在恒定的外磁场 B_0 中，会发生自旋能级的分裂，即产生不同的自旋取向。自旋取向是量子化的，共有 $2I+1$ 种取向，每一种自旋取向代表了原子核的某一特定的自旋能量状态，可用磁量子数 m 来表示。$m=I$，$I-1$，$I-2$，…，$-I+1$，$-I$。例如，^{1}H 核的 $I=1/2$，只能有两种自旋取向，即 $m=+1/2$、$-1/2$，这说明在外磁场的作用下，^{1}H 核的自旋能级一分为二。^{14}N 核的 $I=1$，在外磁场中有三种自旋取向，即 $m=+1$、0、-1。如图 7.1 所示。

对于 $I=1/2$ 的核来说，$m=+1/2$ 时，核磁矩的能量 $E_{+1/2}=-\dfrac{\gamma hB_0}{4\pi}$，为低能级的自旋取向；

$m=-1/2$ 时，核磁矩的能量 $E_{-1/2}=\dfrac{\gamma hB_0}{4\pi}$，为高能级的自旋取向。

此二能级之间的能量差为：

$$\Delta E = E_{-1/2} - E_{+1/2} = \gamma h B_0/(2\pi) \tag{7.3}$$

此式表明，核自旋能级在外磁场 B_0 中分裂后的能级差，随 B_0 强度的增大而增大，如图 7.2 所示。

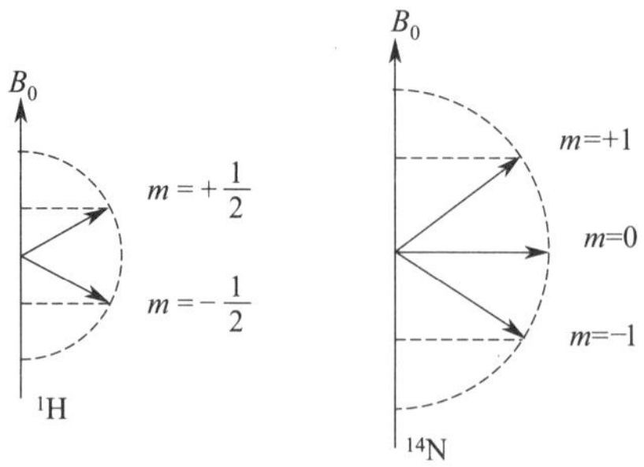

图 7.1 原子核在外磁场中的自旋取向

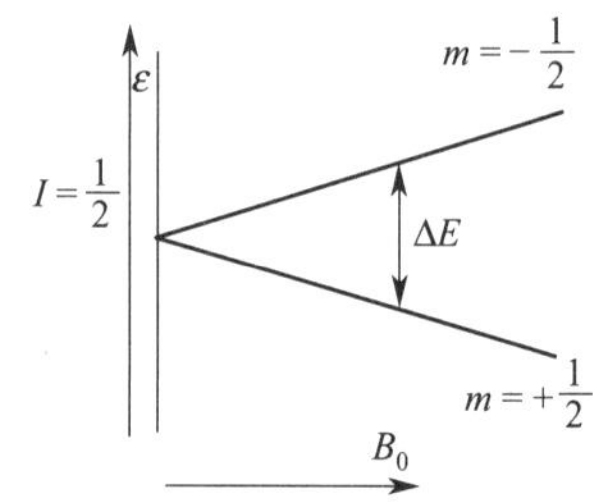

图 7.2 能级差与外磁场强度的关系

7.2.3 核磁共振

如果将 ^{1}H 或 ^{13}C 等磁性核置于外磁场 B_0 中，其自旋能级将裂分为二：低能级自旋状态（$m=+1/2$）和高能级自旋状态（$m=-1/2$）。若在与外磁场 B_0 垂直的方向上施加一个频率为 ν 的交变射频场 B_1，当 ν 的能量（$h\nu$）与两自旋能级能量差（ΔE）相等时，自旋核就会吸收交变场的能量，由低能级的自旋状态跃迁至高能级的自旋状态，产生所谓核自旋的倒转。这种现象叫核磁共振。也就是说，欲实现核磁共振必须满足条件 $h\nu=\Delta E=\gamma h B_0/(2\pi)$。因此，实现核磁共振的条件为：

$$\nu = \gamma B_0/(2\pi) \tag{7.4}$$

对于同一种核来说，磁旋比 γ 为一常数，由式(7.4) 可知，当 B_0 增大时，其共振频率 ν 也相应增加。例如，当 $B_0=1.4$ T 时，^{1}H 的共振频率 $\nu=60$ MHz；当 $B_0=2.3$ T 时，^{1}H 的共振频率 $\nu=100$ MHz。

由于不同核的 γ 不同，因此，对于不同的核，当 B_0 相同时，它们的共振频率也不相同。例如，当 $B_0=2.3$ T 时，^{1}H 与 ^{13}C 的共振频率分别为 100 MHz 和 25 MHz。

7.2.4 弛豫过程

$I=1/2$ 的原子核，如 ^{1}H 与 ^{13}C 核，在外磁场 B_0 的作用下，其自旋能级裂分为二，室温时处于低能态的核数比处于高能态的核数只多十万分之二左右，即低能态的核仅占微弱多数。因此当用适当频率的射频照射时，便能测得从低能态向高能态跃迁所产生的核磁共振信号。但是，如果随着共振吸收的产生，高能态的核数逐渐增多，直到跃迁至高能态和以辐射方式跌落至低能态的概率相等时，就不再能观察到核磁共振现象，这种状态叫作饱和。要想维持核磁共振吸收而不至于饱和，就必须让高能态的核以非辐射方式释放出能量重新回到低能态，这一过程叫作弛豫（relaxation）过程。弛豫过程包括自旋-晶格弛豫和自旋-自旋弛豫。

① 自旋-晶格弛豫（spin-lattice relaxation） 又叫纵向弛豫，它是高能态的核与液体中的溶剂分子、固体晶格等周围环境进行能量交换的过程，其实质是高能态的核将能量转移给周围分子，使周围分子产生热运动，同时自己回到低能态，结果使高能态的核数减少，低能态的核数增加。这种纵向弛豫过程所经历的时间用 T_1 表示，它与核的种类、样品状态、环

境温度等有关。T_1 愈小，纵向弛豫过程的效率愈高。一般液体样品的 T_1 较小，为 10^{-4}～10^2 s，固体样品的 T_1 较长，可达几小时甚至更长。

② 自旋-自旋弛豫（spin-spin relaxation） 又叫横向弛豫，它是自旋核之间的能量交换过程。在此过程中，高能态的自旋核将能量传递给相邻的自旋核，二者能态转换，但体系中各种能态核的总数目不变，总能量不变。横向弛豫时间用 T_2 表示，液体样品的 T_2 约为 1 s，固体或高分子样品的 T_2 较小，约为 10^{-3} s。

弛豫时间 T_1、T_2 中的较小者，决定了自旋核在某一高能态停留的平均时间。通常，吸收谱线宽度与弛豫时间成反比，而谱线太宽于分析不利。选择适当的共振条件，可以得到满足要求的共振吸收谱线。比如，固体样品的 T_2 很小，故谱线很宽，可将其制成溶液测定；黏度大的液体 T_2 较小，需适当稀释后测定等。

7.3 实现核磁共振的方法和仪器

7.3.1 实现核磁共振的方法

欲实现核磁共振，必须满足 $\nu=\gamma B_0/(2\pi)$。式中，射频频率 ν 和外磁场 B_0 为可变量，其余为常数。因此可以采用以下两种方式来实现核磁共振。

① 扫频（frequency sweep） 将样品置于强度固定不变的外磁场 B_0 中，并逐渐改变照射用的射频频率 ν，直至满足上式，产生共振为止。虽然扫频方式比较复杂，但目前不少仪器还是配有这类装置。

② 扫场（field sweep） 将样品用频率 ν 固定不变的射频照射，并缓慢改变外磁场 B_0 的强度，直至满足上式，引起共振为止。由于扫场易于控制，故一般仪器都采用扫场的方式。

7.3.2 核磁共振仪

按射频源可将核磁共振仪分为连续波核磁共振仪（continuous wave nuclear magnetic resonance spectrometer，CW-NMR）和脉冲傅里叶变换核磁共振仪（pulsed Fourier transform nuclear magnetic resource spectrometer，PFT-NMR）。

7.3.2.1 连续波核磁共振仪

CW-NMR 仪为早期通用的常规仪器，其射频频率不高。这类仪器的结构如图 7.3 所示。

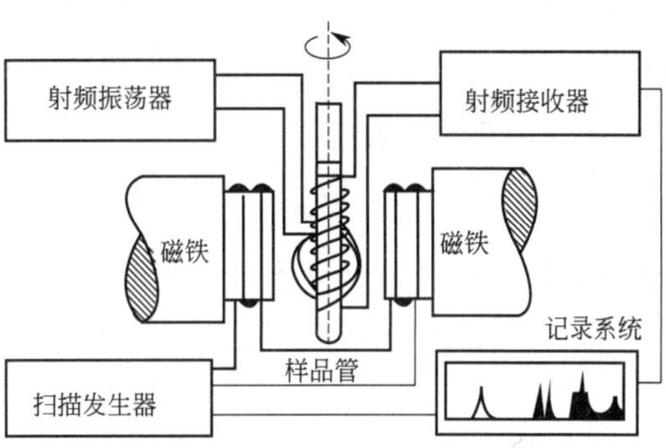

图 7.3 连续波核磁共振仪的结构

① 磁体 可分为永磁体、电磁体和超导磁体。在 NMR 中，一般用氢核的共振频率来反映仪器的场强。永磁体仪器的射频频率一般在 60 MHz 以下；电磁体仪器所对应的氢核共振频率为 60～100 MHz；低温超导装置能够获得强度高而稳定的磁场，仪器的射频频率可高达 800 MHz。要求磁体能产生均匀而稳定的磁场，其中的样品管以 40～60 周 · s^{-1} 的速度旋转，使样品感受到的磁场强度更加均匀，以防止谱线变宽。

② 射频振荡器 产生所需频率的射频，并通过射频振荡器线圈使射频作用于样品。射

频振荡器线圈安装在与外磁场垂直的方向上，其输出功率可根据需要选择。

③ 扫描发生器　可在小范围内改变外磁场的强度。通过扫场线圈使施加于样品的磁场强度由低到高变化，进行扫场，以满足核磁共振的条件。扫场速度一般为 3～10 mG·min^{-1}。

④ 射频接收器和记录系统　射频接收器线圈与振荡器线圈和扫场线圈三者相互垂直，并且水平地缠绕在样品管外面的探头上。探头位于两磁极之间，样品管可插入探头内。当样品中的磁性核发生核磁共振而吸收能量时，接收器线圈产生感应信号，输送给记录系统放大并记录下来，便得到 NMR 谱图。

此外 CW-NMR 还配有去偶仪、温度可变装置、信号累计平均仪（CAT）等扩展仪器功能的装置。这类仪器价格较低，性能稳定，操作简便，应用较广泛。但它的灵敏度低，样品用量较大（10～50 mg），测试时间较长（做一张^{1}H 谱约需 4 min），只能测定如^{1}H、^{19}F、^{31}P 等天然丰度高的核，而无法测定^{13}C 等天然丰度很低的核。

7.3.2.2 脉冲傅里叶变换核磁共振仪

PFT-NMR 在 CW-NMR 的基础上增加了脉冲程序控制器和数据采集及处理系统。脉冲程序控制器用一个周期性的脉冲方波系列来调制射频连续波，从而输出强而短的射频脉冲序列，当发射脉冲时，样品中所有的待测核都被同时激发；当脉冲终止时，及时准确地启动接收系统，接收到激发核通过弛豫过程返回到低能态时所产生的自由感应衰减（FID）信号；然后再发射下一个脉冲并同时准确关闭接收系统，重复上述过程。用计算机对自由感应衰减信号进行傅里叶变换，将其由时间域函数转换为频率域函数，就能得到人们能够识别的核磁共振谱图。

PFT-NMR 可方便地对少量样品（≤1 mg）进行 n 次累加测定，使仪器的信噪比提高 $\sqrt{n}$ 倍，同时数秒即可完成所有 FID 信号的傅里叶变换，故仪器的灵敏度很高，可以测定天然丰度极低的核。PFT-NMR 仪可以设计多种脉冲序列，完成多种 CW-NMR 无法完成的实验（如 NMR 二维谱、三维谱等），能记下瞬间信息，有利于反应动态研究，能测出弛豫时间等。总之，PFT-NMR 的性能是 CW-NMR 无法比拟的。

7.4 氢核的化学位移

在实际工作中，当用同一射频照射时，样品分子中处于不同化学环境的同种磁性核所产生的共振吸收峰将在不同磁场强度的位置出现。为什么会产生这一现象呢？

7.4.1 电子屏蔽效应

在外磁场 B_0 中，氢核外围电子在与外磁场垂直的平面上绕核旋转时，将产生一个与外磁场相对抗的感生磁场，其结果对于氢核来说，相当于产生了一种减弱外磁场的屏蔽，如图 7.4 所示。这种现象叫电子屏蔽效应（shielding effect）。

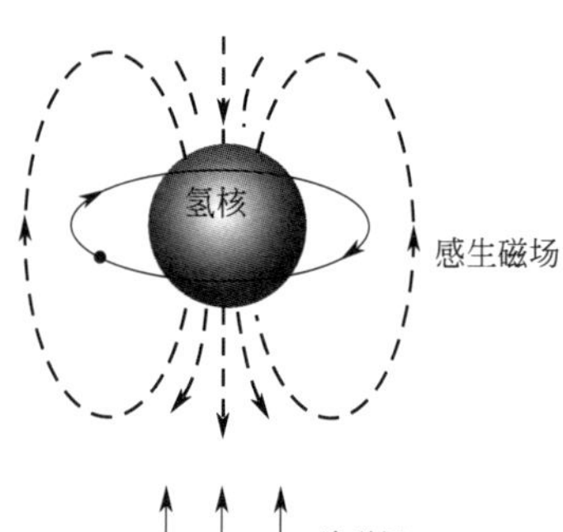

图 7.4　氢核的电子屏蔽效应示意图

感生磁场的大小与外磁场的强度成正比，用 σB_0 表示。其中 σ 叫作屏蔽常数，它反映了屏蔽效应的大小，其数值取决于氢核周围电子云密度的大小，而电子云密度的大小又和氢核的化学环境，即与之相邻的原子或原子团的亲电能力、化学键的类型等因素有关。氢核外围电子云密度越大，σ 就越大，σB_0 也越大，氢核实际感受到的有效磁场 B_{eff} 就越弱，即有：

$$B_{\text{eff}}=B_0-\sigma B_0=B_0(1-\sigma) \tag{7.5}$$

如果考虑屏蔽效应的影响，欲实现核磁共振，式(7.4）应改变为：

$$\nu=\gamma B_{\text{eff}}/(2\pi)=\gamma B_0(1-\sigma)/(2\pi) \tag{7.6}$$

所以实现核磁共振的条件应为：

$$B_0=2\pi\nu/[\gamma(1-\sigma)] \tag{7.7}$$

通常采用固定射频 ν，并缓慢改变外磁场 B_0 强度的方法来满足式(7.7)。此时 ν、γ 均为常数，所以产生共振吸收的场强 B_0 的大小仅仅取决于 σ 的大小。化合物中各种类型氢核的化学环境不同，核外电子云密度就不同，屏蔽常数 σ 也将不同，在同一频率 ν 的照射下，引起共振所需要的外磁场强度也是不同的。这样一来，不同化学环境中氢核的共振吸收峰将出现在 NMR 波谱的不同磁场强度的位置上。

7.4.2 化学位移及其表示方法

如上所述，当用同一射频照射样品时，样品分子中处于不同化学环境的同种原子的磁性核所产生的共振峰将出现在不同磁场强度的区域，这种共振峰位置的差异叫作化学位移(chemical shift)。

7.4.2.1 化学位移的表示方法

在实际工作中，要精确测定磁场强度比较麻烦，因此常将待测磁性核共振峰所在的场强 B_s 和某标准物质磁性核共振峰所在的场强 B_r 进行比较，用这个相对距离表示化学位移，并用 δ 代表：

$$\delta=(B_s-B_r)/B_r \tag{7.8}$$

由式(7.7）知，磁场强度与射频频率成正比，而测定和表示磁性核的吸收频率比较方便，故可将式(7.8）改写为：

$$\delta=(\nu_s-\nu_r)/\nu_r \tag{7.9}$$

在 NMR 中，射频一般固定，如 240 MHz、600 MHz 等，样品和标准氢核的吸收频率虽然有差异，但都在射频频率 ν 附近变化，相差仅约百万分之一。为了使 δ 的数值易于读写，将式(7.9）乘以 10^6，故上式可改写为：

$$\delta=\frac{\nu_s-\nu_r}{\nu_r}\times10^6 \tag{7.10}$$

7.4.2.2 标准样品

通常用四甲基硅烷（TMS）作为标准物质。其原因是：①TMS 分子中有 12 个处于相同化学环境的氢，其 ^{1}H NMR 信号为一尖锐的单峰，易于辨认；②Si 的电负性比 C 更小，使得 TMS 中的氢核具有较大的屏蔽效应，其共振峰位于高场区，而绝大多数有机化合物中氢核的共振峰都出现在它的左侧；③TMS 化学性质稳定，易溶于有机溶剂；④其沸点27℃，测试后容易从样品中回收。

TMS 不溶于重水，因此用重水作溶剂时，可选用 2,2-二甲基-2-硅戊烷-5-磺酸钠（简称 DSS）作标准物质，但其用量不宜过大，以免在 0.5～2.5 区间的 CH_2 共振峰干扰测定。有时也可用少量乙腈（$\delta=1.97$）或二氧六环（$\delta=3.7$）作内标物。

^{1}H 谱和 ^{13}C 谱中都规定 TMS 峰的 $\delta=0$，其左侧峰的 δ 为正值，右侧峰的 δ 为负值。

当仪器的射频分别为 100 MHz、300 MHz 和 600 MHz 时，1 个化学位移单位就相当于待测氢核共振峰与 TMS 峰之间的频率差分别为 100 Hz、300 Hz 和 600 Hz。这表明，随着仪器射频频率的增大，在 NMR 谱图中，横坐标（δ）的单位幅度（Hz）也相应增大，因此仪器分辨率提高。

例 7-1 分别用 100 MHz 和 300 MHz 的仪器测得 $CH_3CCl_2CH_2Cl$ 中的—CH_3 的氢核共振峰与 TMS 峰的频率差为 223 Hz 和 669 Hz，求该氢核的化学位移。

解：由式(7-10) 得：　$\delta = (\Delta\nu/\nu) \times 10^6$，

当 ν＝100 MHz 时，　$\delta_1 = [223/(100 \times 10^6)] \times 10^6 = 2.23$

当 ν＝300 MHz 时，　$\delta_2 = [669/(300 \times 10^6)] \times 10^6 = 2.23$　　即 $\delta_1 = \delta_2$

这表明，同一化合物中的同类氢核在不同射频频率的仪器上所测得的化学位移值相等。

7.4.3 影响氢核化学位移的因素

影响化学位移的因素很多，主要有诱导效应、共轭效应、磁各向异性效应、范德华效应、氢键效应、溶剂效应等。

① 诱导效应　与氢核相邻的电负性取代基的诱导效应，使氢核外围的电子云密度降低，屏蔽效应减弱，共振吸收峰移向低场，δ 增大。例如，随着取代基电负性的增加，下列 CH_3 的 δ 增大。

	TMS	CH_4	CH_3I	CH_3Br	CH_3Cl	CH_3OH	CH_3F
X 电负性：	1.8	2.1	2.5	2.8	3.0	3.5	4.0
δ_{CH_3}：	0	0.23	2.16	2.68	3.05	3.40	4.06

诱导效应是通过成键电子传递的，随着与电负性取代基距离的增大，其影响逐渐减弱，当 H 原子与电负性基团相隔 3 个以上的碳原子时，其影响基本上可忽略不计。

② 共轭效应　在共轭效应的影响中，通常推电子基使 δ 减小，吸电子基使 δ 增大。例如，若苯环上的氢被推电子基—OCH_3 取代后，O 原子上的孤对电子与苯环 p-π 共轭，使苯环电子云密度增大，δ 减小；而被吸电子基—NO_2 取代后，由于 π-π 共轭，使苯环电子云密度有所降低，δ 增大。

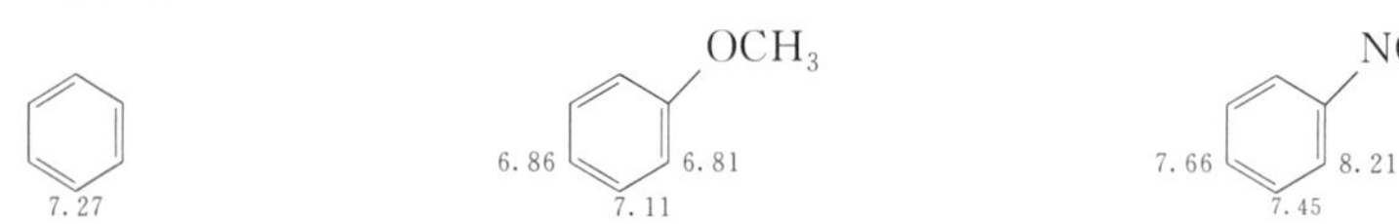

严格地说，上述各氢核 δ 的改变，是共轭效应和诱导效应共同作用的总和。

③ 磁各向异性效应（magnetic anisotropic effect）　由于与氢核相邻基团的成键电子云分布的不均匀性，产生了各向异性的感生磁场，它通过空间的传递作用影响相邻氢核。在某些地方，它与外磁场方向一致，将加强外磁场，对该处的氢核产生去屏蔽效应，使 δ 增大；在另一些地方，它与外磁场的方向相反，将削弱外磁场，对该处的氢核产生屏蔽效应，使 δ 减小。这种现象叫磁各向异性效应。

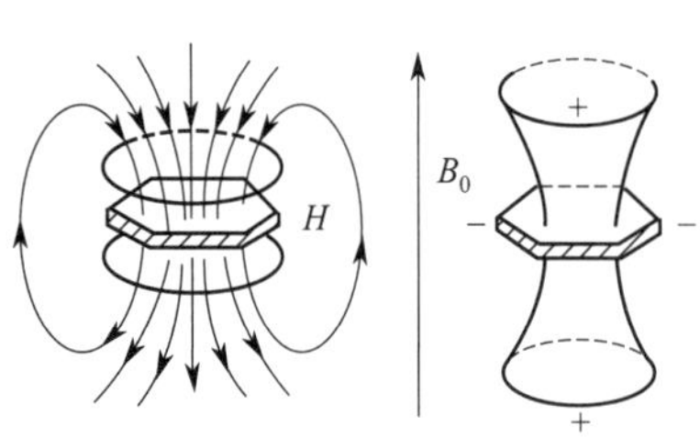

图 7.5　苯环的磁各向异性示意图

如图 7.5 所示，苯环上的大 π 键在外磁场 B_0 作用下，在环平面的上、下方形成电子环流，它所产生的感生磁场在苯环平面的上、下方与外磁场 B_0 的方向相反，削弱了外磁场，产生了屏蔽效应，故为屏蔽区，以“＋”表示；这使得位于该区的氢核的共振峰移向高场，δ 减小。而在苯环平面的周围，由于感生磁场方向与 B_0 一致，加强了外磁场，产生了去屏蔽效应，以“－”表示；这使得该区内氢核的共振峰移向低场，δ 增加至 6～9。其他芳香化合物有与苯类似的磁各向异性。

在外磁场中，C ═X 基团（X＝O、S、N）的 π 电子流绕成键平面流动，产生与苯环相似的磁各向异性。在该平面的上、下方各有一个圆锥形的屏蔽区，其他位置为去屏蔽区。因此位于去屏蔽区的烯氢的 δ 达 5.25 左右。炔烃三键的 π 电子云将围绕以 σ 键为轴的圆筒进行流动，炔氢正好位于其屏蔽区内，故炔氢的共振峰出现在高场，δ 约为 2.0。C—C 单键的 σ 电子产生的磁各向异性较弱，沿键轴的锥形区为去屏蔽区，其余为屏蔽区。

④ 范德华（van der Waals）效应　当化合物中两个氢原子的空间距离很近时，其核外电子云相互排斥，使得它们周围的电子云密度相对降低，屏蔽作用减弱，共振峰移向低场，δ 增大，这一现象称为范德华效应。

⑤ 氢键效应　当分子形成氢键后，氢核周围的电子云密度因电负性强的原子（如 O、F、N 等）的吸引而减小，产生了去屏蔽效应，从而导致氢核化学位移向低场移动，δ 增大；形成的氢键愈强，δ 增大愈显著。通常在溶液中的氢键缔合与未缔合的游离态之间会建立快速平衡，其结果使得共振峰表现为一个单峰。对于分子间氢键而言，增加样品浓度有利于氢键的形成，使氢核的 δ 变大；而升高温度则会导致氢键缔合减弱，δ 减小。对于分子内氢键来说，其强度基本上不受浓度、温度和溶剂等的影响，此时氢核的 δ 一般大于 10，例如多酚可达 10.5～16，烯醇则高达 15～19。

⑥ 质子交换的影响　与氧、硫、氮原子直接相连的氢原子较易电离，称为酸性氢核，这类化合物之间可能发生质子交换反应：

$$ROH_a + R'OH_b \rightleftharpoons ROH_b + R'OH_a$$

酸性氢核的化学位移值是不稳定的，它取决于是否进行了质子交换和交换速度的大小，通常会在它们单独存在时的共振峰之间产生一个新峰。质子交换速度的快慢还会影响吸收峰的形状。通常，加入酸、碱或加热时，可使质子交换速度大大加快。因此有助于判断化合物分子中是否存在能进行质子交换的酸性氢核。

⑦ 溶剂效应　由于溶剂的影响而使溶质的化学位移改变的现象叫溶剂效应。NMR 法一般需要将样品溶解于溶剂中测定，因此溶剂的极性、磁化率、磁各向异性等性质都会影响待测氢核的化学位移，使之改变。进行 ^1H NMR 谱分析时所用溶剂最好不含 ^1H，比如可用 CCl_4、$CDCl_3$、CD_3COCD_3、CD_3SOCD_3、D_2O 等氘代试剂。

⑧ 温度的影响　当温度的改变要引起分子结构的变化时，就会使其 NMR 谱图发生相应的改变。比如活泼氢的活泼性、互变异构、环的翻转、受阻旋转等都与温度密切相关，当温度改变时，它们的谱图都会产生某些变化。

7.4.4　各类氢核的化学位移

① 烷烃　一般地说，$\delta_{甲基} < \delta_{亚甲基} < \delta_{次甲基}$，但随着取代基的不同，它们的化学位移在某一范围内变化，单取代烷烃（RY）中甲基、亚甲基、次甲基的化学位移见表 7.2。从表中可直接查出单取代烷烃（RY）中 CH_3、CH_2 和 CH 的氢核的 δ 值。例如 CH_3Cl $\delta_{CH_3}=3.06$，$(CH_3)_2CHNH_2$ $\delta_{CH}=3.07$、$\delta_{CH_3}=1.03$ 等。而多取代烷烃中相应氢核的化学位移，可以在单取代烷烃的基础上叠加其他取代基相对于无取代时（表中 Y＝H）的增加值。

表 7.2　单取代烷烃（RY）中烷基的化学位移

取代基 Y	CH_3Y	CH_3CH_2Y		$CH_3CH_2CH_2Y$			$(CH_3)_2CHY$		$(CH_3)_3CY$
	CH_3	CH_2	CH_3	α-CH_2	β-CH_2	CH_3	CH	CH_3	CH_3
—H	0.23	0.86	0.86	0.91	1.33	0.91	1.33	0.91	0.89
—CH═CH_2	1.71	2.00	1.00				1.73		1.02
—C≡CH	1.80	2.16	1.15	2.10	1.50	0.97	2.59	1.15	1.22
—C_6H_5	2.35	2.63	1.21	2.59	1.65	0.95	2.89	1.25	1.32

续表

取代基 Y	CH_3Y	CH_3CH_2Y		$CH_3CH_2CH_2Y$			$(CH_3)_2CHY$		$(CH_3)_3CY$
	CH_3	CH_2	CH_3	α-CH_2	β-CH_2	CH_3	CH	CH_3	CH_3
—Cl	3.06	3.47	1.33	3.47	1.81	1.06	4.14	1.55	1.60
—Br	2.69	3.37	1.66	3.35	1.89	1.06	4.21	1.73	1.76
—I	2.16	3.16	1.38	3.16	1.88	1.03	4.24	1.89	1.95
—OH	3.39	3.59	1.18	3.49	1.53	0.93	3.94	1.16	1.22
—OC_6H_5	3.73	3.98	1.38	3.86	1.70	1.05	4.51	1.31	
—$OCOCH_3$	3.67	4.05	1.21	3.98	1.56	0.97	4.94	1.22	1.45
—$OCOC_6H_5$	3.88	4.37	1.38	4.25	1.76	1.07	5.22	1.37	1.58
—CHO	2.18	2.46	1.13	2.35	1.65	0.98	2.39	1.13	1.07
—$COCH_3$	2.09	2.47	1.05	2.32	1.56	0.93	2.54	1.08	1.12
—COC_6H_5	2.55	2.92	1.18	2.86	1.72	1.02	3.58	1.22	
—COOH	2.08	2.36	1.16	2.31	1.68	1.00	2.56	1.21	1.16
—CO_2CH_3	2.01	2.28	1.12	2.22	1.65	0.98	2.48	1.15	1.16
—$CONH_2$	2.02	2.23	1.13	2.19	1.68	0.99	2.44	1.18	1.22
—NH_2	2.47	2.74	1.10	2.61	1.43	0.93	3.07	1.03	1.15
—SH	2.00	2.44	1.31	2.46	1.57	1.02	3.16	1.34	1.43
—CN	1.98	2.35	1.31	2.29	1.71	1.11	2.67	1.35	1.37
—NO_2	4.29	4.37	1.58	4.28	2.01	1.03	4.44	1.53	

② 烯烃　乙烯氢 δ 约为 5.25，取代烯氢的 δ 随着烯碳上的取代基及其位置的不同而在 5.25 左右变化，为 4.5～7.5。

③ 芳香族化合物　苯氢 δ 约 7.30，取代苯芳氢的 δ 因取代基种类、位置的不同而在 7.30 左右变化，为 6.0～9.5。由于稠环芳烃的磁各向异性效应比苯的强，故位于其去屏蔽区的芳氢的化学位移值比苯的略大，在 7.4～9。

④ 活泼氢　与氧、氮、硫等原子相连的活泼氢的化学位移受氢键的形成、质子交换速度、浓度、温度和溶剂等的影响。某些活泼氢的化学位移见表 7.3。

当活泼 H 被 D 代后，原来的吸收峰消失，可以证明活泼氢的存在。

表 7.3　某些活泼氢的化学位移

化合物类型	δ	化合物类型	δ
醇	0.5～5.5	RSO_3H	11～12
酚(分子内氢键)	10.5～16	RNH_2，R_2NH	0.4～3.5
酚	4～8	$RCONH_2$，$ArCONH_2$	5～6.5
烯醇(分子内氢键)	15～19	RCONHR，ArCONHR	6～8.2
羧酸	10～13	R—SH	0.9～2.5
肟	7.4～10.2	Ar—SH	3～4

⑤ 炔类　随取代基的不同，炔氢的 δ 在 1.8～3.0 内变化，易与其他氢核吸收峰重叠。

⑥ 醛类　醛氢的 δ 变化不大，由于它在羰基的去屏蔽区内，且受氧原子诱导效应的影响，故其 δ 位于低场，为 9～10。

7.5　^{1}H NMR 谱中的自旋偶合与自旋系统

化合物 $CH_3—CH_2—\overset{\overset{O}{\|}}{C}—CH_3$ 的 ^{1}H NMR 如图 7.6 所示，图中有三组峰，分别代表了其

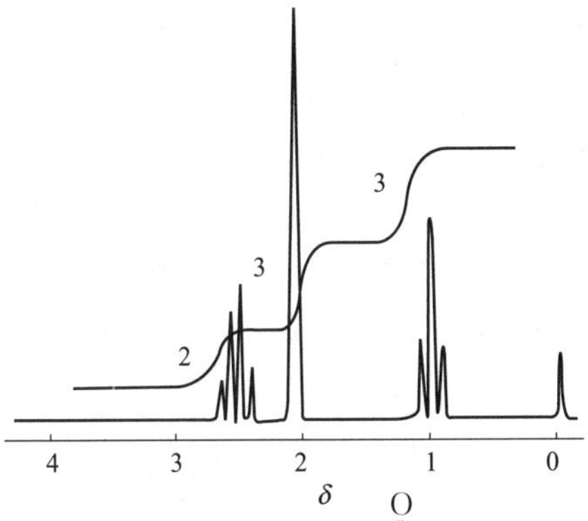

图 7.6　$CH_3—CH_2—\overset{\overset{\displaystyle O}{\|}}{C}—CH_3$ 的[1] H NMR 谱图

分子中三种类型的氢核。上部的阶梯式曲线叫积分曲线，它的每个阶梯的垂直高度的简比等于相应的每组峰所含的氢核数目之比。因此δ 2.47 处的四重峰，为亚甲基的两个 H 产生，δ 2.13 处的孤峰为与羰基相连的甲基的 3 个 H 产生，δ 1.05 处的三重峰为与亚甲基相连的甲基的 3 个 H 所产生。为什么直接相连的甲基和亚甲基的共振吸收峰会产生裂分呢？这是 CH_3 与 CH_2 中的 H 核产生了自旋偶合作用的结果。

7.5.1　自旋偶合产生的原因

分子中自旋核与自旋核之间的相互作用叫自旋偶合（spin-spin coupling）或自旋干扰，其结果会引起共振峰的裂分。自旋偶合的机理比较复杂，一种假设是自旋核在外磁场作用下产生不同的局部磁场通过空间传递而相互干扰，另一种假设是自旋核通过成键电子传递相互的干扰作用，也可能是自旋核磁矩与成键电子运动的磁场共同作用的结果。

7.5.2　偶合常数

由自旋偶合引起的裂分小峰间的距离叫偶合常数（coupling constant，J），其单位为 Hz，绝大多数^{1}H 核之间的 $J \leqslant 20$ Hz。J 的大小反映了自旋偶合核之间相互干扰的强度。J 与外磁场强度无关，与干扰核之间的键数和键的性质有关，也与取代基的电负性、立体结构、极化作用等有关，因此它是一个重要的结构参数。对于相互偶合的核来说，它们的偶合常数必然相等。

7.5.3　核的等价性和产生自旋干扰的条件

（1）磁等价核（磁全同核）

分子中若有一组自旋核，它们的化学位移相同，并且它们对组外任何一个磁性核的偶合常数相同，则这组核为磁等价核。从几何关系上看，若分子中有一组自旋核对其他组中的每个自旋核的键距和键角都相同，则这组核对其他组核的偶合常数相同，这组核即为磁等价核，否则为磁不等价核。例如，在 $CH_3—CH_2Cl$ 中，由于碳碳单键能自由旋转，CH_3 的三个 H 核的 δ 相等，它们与 CH_2 的两个 H 核的 J 也完全相等，故它们是磁等价的；同理，CH_2 的两个 H 核也是磁等价的。

（2）磁不等价核

符合下列任一条件的氢核都是磁不等价核：①化学环境不同的氢核；②与 C_{abc} 相连的 CH_2 的两个 H 核；③取代烯的同碳氢核；④构象固定在环上的 CH_2 的两个氢核；⑤邻位或对位二取代苯的芳氢核；⑥单键旋转受阻时，会使原先的快速旋转磁等价核变为磁不等价核。

（3）产生自旋干扰的条件

在哪些情况下核与核之间才能产生自旋干扰呢？①相隔单键数$\leqslant 3$ 的磁不等价氢核之间会产生自旋干扰和峰的裂分；②相隔单键数>3 的氢核之间一般不会产生自旋干扰和峰的裂分；③ 磁等价核之间不会产生自旋干扰作用；④$I=0$ 的核不会对氢核产生自旋干扰作用；⑤自旋量子数 $I>0$ 的核对相邻氢核可能产生自旋干扰和峰的裂分；⑥^{35}Cl、^{79}Br、^{127}I 等 $I>0$ 的原子，对相邻氢核具有自旋去偶作用，故不会产生对氢核的自旋干扰和峰的裂分现象。

7.5.4 自旋偶合产生的裂分小峰数目和面积比

（1）裂分小峰数目的计算

通常，若有 n 个自旋量子数为 I 的磁等价的自旋核，在外磁场中会产生 $2nI+1$ 种不同的自旋取向组合，使与其偶合的自旋核的共振峰分裂为 $2nI+1$ 个小峰。氢核的 $I=1/2$，故某组 n 个磁等价 H 核会使另一组磁等价 H 核产生 $N=n+1$ 个裂分小峰，这就是“$n+1$ 规律”。例如，CH_3—CH_2Cl 中 CH_3 的三个氢使 CH_2 的两个氢产生四重峰，而后者使前者产生三重峰，如图 7.7 所示。

当某组磁等价 H 核分别与另两组个数为 n 和 n'的磁等价 H 核偶合时，若它们的偶合常数不相等，则其裂分小峰数 $N=(n+1)(n'+1)$，例如 CH_3—CH_2—$CHCl_2$ 分子中 CH_2 氢核，被 CH_3 的三个氢核干扰，裂分为四重峰，再与 CH 的一个氢核偶合，每一小峰再被裂分为两个小峰，于是裂分小峰总数 $N=(3+1)\times(1+1)=8$。在实际测量时，由于峰的重叠或仪器分辨率的限制等原因，有时裂分小峰数目可能小于理论值。

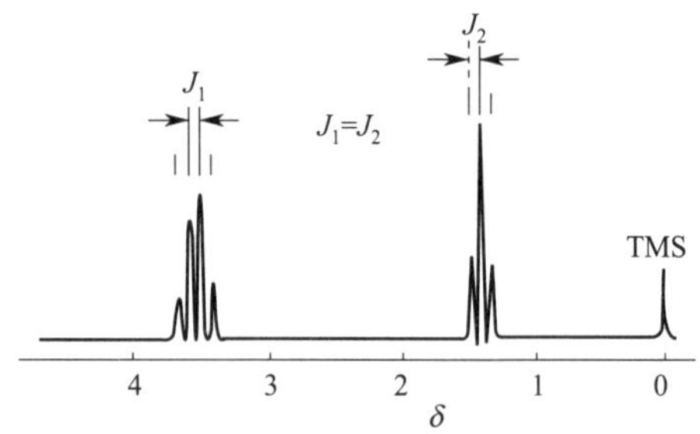

图 7.7 CH_3—CH_2Cl 的 ^{1}H NMR 谱图

（2）裂分小峰面积比的计算

当氢核只与 n 个磁等价氢核偶合时，它所产生的裂分小峰的面积比近似地等于二项式 $(a+b)^n$ 展开式的各项系数比。例如，$n=1$ 时，面积比=1∶1；$n=2$ 时，面积比=1∶2∶1；$n=3$ 时，面积比=1∶3∶3∶1；$n=4$ 时，面积比=1∶4∶6∶4∶1……

7.5.5 自旋系统的分类

分子中相互偶合的核所组成的孤立体系叫作自旋系统。其特点是系统内部的偶合核不与系统外部的任何核偶合，但在系统内部，某个核不一定与其他每一个核都偶合。一个分子中可能存在几个自旋系统。例如 CH_3—CH_2—O—CH_2—CH_2—CH_3 中氧原子的左、右两边的烷基氢核各自组成一个自旋系统。在自旋系统内，偶合核作用的强弱可以由它们的化学位移差（$\Delta\nu$/Hz）和偶合常数（J/Hz）的大小反映。

（1）低级偶合系统

如果自旋系统中偶合核的 $\Delta\nu/J>10$，表明二者干扰作用较弱，这种偶合系统叫作低级偶合系统，其谱图叫作一级谱图，它具有以下特征：①偶合产生的裂分小峰数符合“$n+1$”规律；②裂分小峰面积比大致符合二项展开式的系数比，通常内侧峰偏高，外侧峰偏低；③谱线以化学位移为中心，左右对称；④相互偶合的 H 核的偶合常数相等；⑤由谱图可直接读出 δ 和 J 的大小。

例如，化合物 $\overset{(X)}{CH_3}$—$\overset{(M)}{CH_2}$—$\overset{\overset{O}{\|}}{C}$—O—$\overset{(A)}{CH_3}$ 的 ^{1}H NMR 谱图见图 7.8。其自旋系统为 A_3—M_2X_3。A_3 为 CH_3 的三个磁等价的 H，它不与其他 H 核偶合，呈现出一个单峰；CH_3—CH_2 组成 M_2X_3 系统，CH_2 的两个 H 核与 CH_3 的三个 H 核相互偶合，分别裂分为一组四重峰和一组三重峰，二者的 J 相等。

（2）高级偶合系统

若相互偶合的 H 核的 $\Delta\nu/J<10$ 时，则它们的干扰作用比较强烈，这种偶合系统叫作

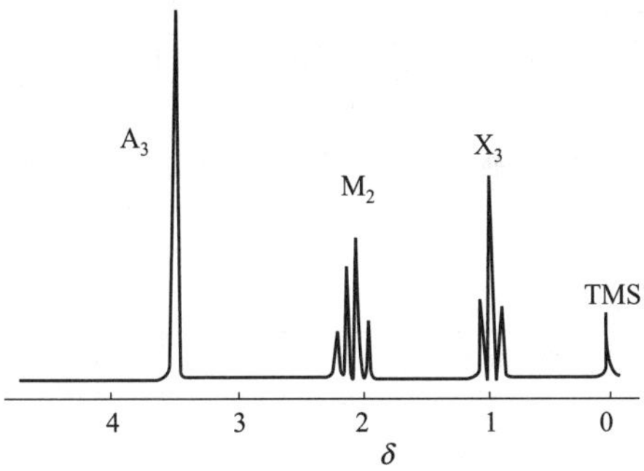

图 7.8　A_3—M_2X_3 自旋系统的^{1}H NMR 谱图

高级偶合系统，其谱图叫作二级谱图。高级偶合中涉及的 H 核通常用字母表上邻近的字母来表示，如 AB、ABC、XY、A_2B_2、AA′BB′等。在二级谱图中，一级谱图的特征均不复存在，其特征为：①裂分小峰数不符合“$n+1$”规律，通常有更多的裂分小峰；②裂分小峰的强度关系复杂，不符合二项展开式系数比规律；③裂分小峰间距不相等，δ 与 J 值均不能直接从图上读出，但可通过现代 NMR 系统软件包内的计算机程序求出。

二级谱图比一级谱图复杂，解析难度大，可采取以下简化谱图的措施：①使用高频 NMR 仪；②采用双照射自旋去偶技术；③对活泼氢进行重氢交换；④加入位移试剂等。

7.6　^{1}H NMR 谱中的偶合常数与分子结构的关系

偶合常数与分子结构直接相关，在推导化合物的结构时，常常借助于偶合常数。按照相互偶合的 H 核之间键数的多少，可将偶合作用分为偕偶（geminal coupling）、邻偶（vicinal coupling）及远程偶合（long-range coupling）三类。

7.6.1　偕偶、邻偶

偕偶为同一碳原子上的两个氢核之间的偶合，亦为经过两个单键传递的偶合，故可用^2J 表示。^2J 一般为负值，随取代基的不同，其值变化较大。例如固定在环上的 CH_2 的两个氢，都是磁不等价的，它们之间的偶合会产生峰的裂分，环丙烷 CH_2 的^2J 为 $-9.8\sim-0.5$ Hz，环氧乙烷 CH_2 的^2J 为 $+4.5\sim+6.3$ Hz，而环己烷 CH_2 的^2J 为 $-16.0\sim-11.6$ Hz。通常双键碳上的两个氢的^2J 主要受取代基的电子效应和键角等因素的影响。

邻偶是分别位于相邻的两个碳原子上的两个（或两组）的 H 核之间的偶合，它通过三个键而传递，故也叫 $J_{邻}$ 或^3J。^3J 一般为正值，其大小与化合物类型有关，也随键角和取代基的电负性不同而不同。例如，饱和化合物的^3J 为 0～18 Hz，其中开链化合物的^3J 为 6～8 Hz，取代基电负性增大可使其^3J 减小；烯氢的^3J 为几至十几 Hz，并随取代基电负性的增大而减小；烯键与取代基形成 π-π 共轭时，其^3J 增大；顺式偶合烯氢的^3J 一般小于反式偶合的；环烯的^3J 随着环的扩大而增大，如三元环烯^3J 为 0.5～1.5 Hz，而七元环烯^3J 为 9～12.5 Hz。

芳氢间的偶合常数为正值，$J_{邻}$ 为 6～9 Hz，且随环的扩大而增大；$J_{间}$、$J_{对}$ 逐渐减小，前者为 0.8～3.1 Hz，后者为 0～1.5 Hz。取代苯可能由于芳氢间的偶合而产生复杂的多重峰。

杂芳氢的偶合情况与取代苯类似，存在着 3 键、4 键和 5 键的偶合，J 的大小与杂芳氢和杂原子的相对位置有关。杂芳环的^{1}H NMR 谱比芳环的更复杂。

7.6.2　远程偶合

远程偶合是指超过三个键的偶合作用，其中往往会有 π 键体系，其偶合常数一般都很小（0～3 Hz），不易观察到。但有远程偶合作用时，相应的共振峰要变得宽、矮一些。

例如，取代苯芳氢的间位、对位偶合，芳氢与侧链的偶合，烯丙体系的跨过三个单键和一个双键的偶合，高烯丙体系的跨越四个单键和一个双键的偶合等，都属于远程偶合。此外，多炔和累积双烯体系甚至可以形成 9 键偶合（^9J 约 0.4 Hz）；当 4 个单键在同一平面中构成 W 型时，其^4J 为 1～2 Hz；折线（  ）型共轭体系中的^5J 为 0.4～2 Hz。

表 7.4 列出了某些结构类型的氢核的偶合常数。

表 7.4　一些氢核的自旋-自旋偶合常数

结构类型	J/Hz	结构类型	J/Hz
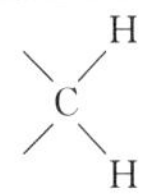	12～15	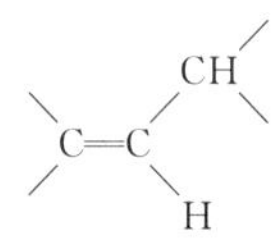	4～10
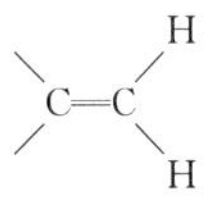	0～3	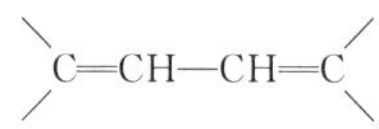	10～13
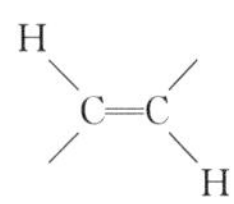	顺式 6～14 反式 11～18	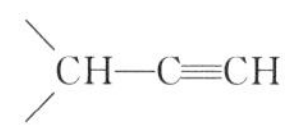	2～3
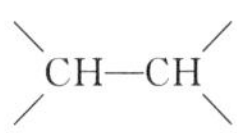 （自由旋转）	5～8	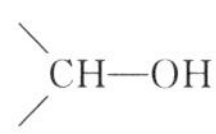（不交换）	5
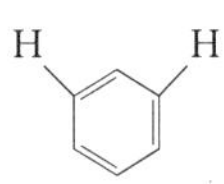	邻位 6～10 间位 2～3 对位 0～1		1～3
		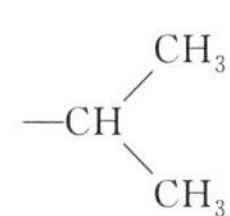	5～7
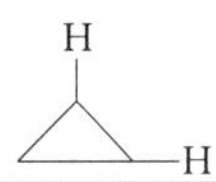	顺式 7～12 反式 4～8	—CH_2—CH_3	7

7.7　^{1}H NMR 谱的应用

7.7.1　有机化合物的结构鉴定

7.7.1.1　^{1}H NMR 谱解析的一般程序

① 首先测得化合物的分子量、分子式，并计算不饱和度。

② 由积分曲线高度比确定每组峰的 H 核数。积分曲线高度比等于每组峰所对应的 H 核数目比。若积分曲线高度简比数字之和等于分子中 H 核总数，则每一简比数字与该组峰的氢核数相等；若简比数字和等于分子中 H 核总数的 1/2，则该分子可能存在对称结构。

③ 解析不能与其他任何 H 核相互偶合的孤立甲基、亚甲基、次甲基所形成的单峰。

④ 将各组峰的化学位移与有关图表数据对照，估计可能存在的官能团。亦可由经验公式计算化学位移来加以验证。

⑤ 根据化学位移、裂分峰数目和形状、偶合常数等分析各组峰之间的关系，以确定各基团可能的键合状态和空间关系。

⑥ 连接各基团，推出可能的结构式，并验证该结构式是否合理。

7.7.1.2　^{1}H NMR 谱解析举例

例 7-2　化合物的分子式为 $C_9H_{12}O$，其^{1}H NMR 谱如下，试推断其可能的结构。

解：由分子式计算其不饱和度：$\Omega=(2\times9-12+2)/2=4$，这说明该化合物可能含有一个苯环。谱图中4组峰的积分曲线高度简比为5∶2∶2∶3，其数字之和为12，正好等于分子中H核的个数，说明这4组峰的H核数目分别为5个、2个、2个和3个；δ7.32处的孤峰对应直接与烷基相连的单取代苯的5个芳氢，苯环的不饱和度正好等于分子的不饱和度4，说明其侧链为一饱和结构；δ4.60的孤峰对应一个CH_2，其δ如此之高，表明它与电负性高的氧原子及苯环相连，即有—O—CH_2；δ3.41的四重峰应为一个连接氧原子的亚甲基，它与δ1.15处的甲基相连且相互偶合，并使甲基氢的吸收峰裂分为三重峰，两组峰的偶合常数相等，且符合"$n+1$"规则，因此有O—CH_2—CH_3结构。上述两结构单元中各原子的数目正好与分子式相等，故该化合物的结构式应为：

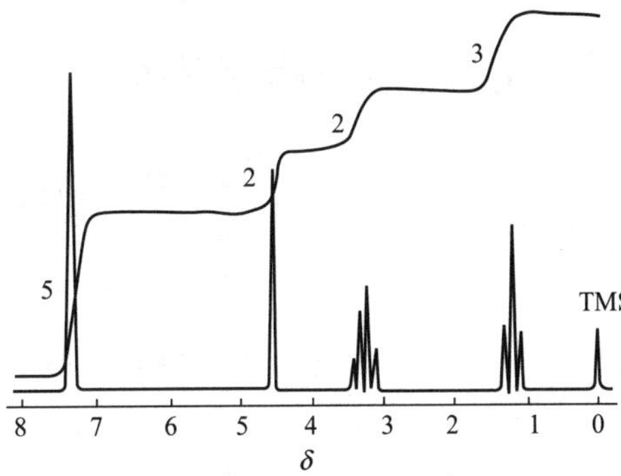

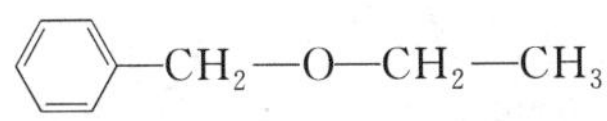

验证：该化合物的Ω为4，与计算结果相同，吸收峰与结构单元一一对应，各组H核的化学位移及偶合情况与谱图相符，故此结构式合理。

7.7.2 NMR定量分析

NMR定量分析的常用方法有内标法、外标法以及联立方程法等。定量分析的依据是NMR谱图中每组峰的积分曲线高度比即为其面积比，也等于相应的氢核数目比。

① 直接内标法　准确称取样品和内标物，溶于适当溶剂中后测定其NMR谱，由样品中待测物共振峰与内标物标准峰的积分曲线高度比，可直接求出自旋核的数目，进而推算出样品中待测物的含量。要求内标物与样品的峰不会重叠，比如在水溶液中可选用对苯二酸盐、在非水溶液中可选用二溴甲烷和1,3,5-三硝基苯，亦可选用共振峰出现在高场区的有机硅化合物作内标物。

② 图解内标法　用适当溶剂配制一系列浓度不同的待测化合物的标准溶液，每份溶液中均加入固定浓度的内标物，然后测出各标准溶液的谱图并积分，把待测化合物的某一组峰的积分面积除以内标物的标准峰面积，用面积比对浓度作一条线性的标准曲线。再向待测样品中加入与标准系列相同浓度的内标物，在相同条件下测得NMR谱图并求出待测物与内标物的相应峰的积分面积比，从标准曲线上查出与之对应的待测物的浓度。

当样品成分复杂且无适宜的内标物时，方可采用外标法，但必须严格控制操作条件。

7.7.3 ^{1}H NMR谱的其他应用

除了结构分析和定量分析之外，^{1}H NMR谱还有很多其他用途。

① 利用反应物或产物的特征峰的积分曲线高度在不同条件下的变化，进行反应动力学研究。

② 通过配合反应前后^{1}H谱的变化，可确定配合物的组成及结构。

③ 测定化合物的分子量和分子式。

④ 求异构体混合物的相对含量。

⑤ 测定混合高聚物的化学组分含量，测定共聚物的共聚比，确定高聚物的立构规整性，确定共聚物序列结构，研究高聚物的分子运动状况等。

7.8 核磁共振碳谱简介

核磁共振碳谱（^{13}C NMR 谱）的研究始于 1957 年，由于^{13}C 的天然丰度仅为 1.1%，其磁旋比仅为^{1}H 的 1/4，因此它的测定灵敏度约为^{1}H 的 1/6000，这极大地限制了碳谱的发展。直到 20 世纪 70 年代出现了脉冲傅里叶变换核磁共振仪，^{13}C NMR 谱的研究才出现了转机，并得到了非常迅速的发展。碳谱与氢谱的核磁共振基本原理是相同的，但它们之间也有一些不同的特点。

^{13}C 核在仪器中产生的信噪比（S/N）很低，必须采用脉冲傅里叶变换核磁共振技术，对样品进行多次重复扫描和信号累加，才能提高信噪比和测定灵敏度，得到质量较高的^{13}C NMR 谱图。

^{13}C 核的化学位移范围比^{1}H 谱大得多，一般在 225 以内，个别可达 600。因此化合物结构上的细微差异在^{13}C 谱上都能得到较好的反映，其分辨率比氢谱高得多。加之有多种去偶技术可供选用，使得碳谱的解析比氢谱更加简便。同时，^{13}C 谱有多种多重共振法和区别伯、仲、叔、季碳原子的方法，所以它能够提供比^{1}H 谱更丰富、更清晰的结构信息。

^{13}C 谱能提供有机化合物骨架的直接信息，包括各种碳原子之间以及碳原子与其他原子之间的连接方式、空间结构等信息，以及不含 H 的有机化合物或官能团的结构信息。^{13}C 核的纵向弛豫时间 T_1 与分子的结构和运动状态密切相关，并且比^{1}H 核的长得多，因此能被准确测定。这不仅有利于碳原子的指认和分子结构的推断，而且也能提供分子大小、分子运动的各向异性、分子内旋转、基团空间位置、分子的柔韧性、溶质与溶剂分子的缔合状况等信息。T_1 还能用于研究高聚物分子在溶液中的链段运动、交换反应，研究蛋白质、多肽和生物大分子的构型、构象，测定生物大分子的活性及运动状态，诊断人体病变，确定食品质量，等等。

^{13}C 核的化学位移（δ_C）的表示方法与氢谱相同，影响 δ_C 的因素与氢谱相似，^{13}C 的化学位移常常与该碳原子相连的氢核的化学位移有一定的相似性，即若 δ_H 位于高场（或低场），则与其相连的碳的 δ_C 也在高场（或低场）。与^{1}H 谱类似，^{13}C 谱因自旋偶合而发生峰的裂分，裂分峰数取决于偶合核的自旋量子数（I）和核数，符合 $2nI+1$ 规律。因此具有氢谱的知识更有利于对碳谱的理解。化合物 $C_6H_{12}O$ 的两种常用碳谱如图 7.9 所示。

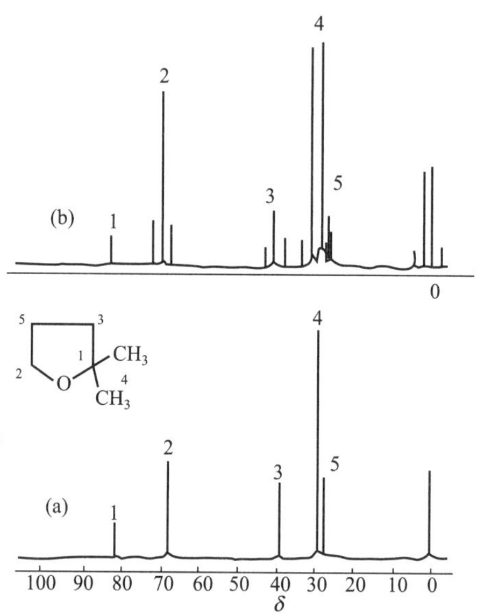

图 7.9 化合物 $C_6H_{12}O$ 的两种常用^{13}C 谱

（a）质子宽带去偶谱；（b）偏共振去偶谱

在一维 NMR 谱的基础上，Jeener 于 1971 年首先提出了二维核磁共振（two-dimensional NMR，2D NMR）谱。1976 年 Ernst 确立了 2D NMR 谱的理论基础，并和 Freeman 等为 2D NMR 谱的发展和应用做出了巨大的贡献，使之成为近代 NMR 中一种非常有用的新方法。二维核磁共振技术在蛋白质和各种天然有机化合物的结构鉴定、超分子化学研究、聚合物研究等方面发挥了极其重要的作用。但是，对于结构很复杂、分子量较大的化合物的结构解析仍然有较大的难度。

之后在二维核磁共振技术的基础上又发展了三维核磁共振（3D NMR）技术和四维核磁

共振技术，它们能更有效地解决复杂化合物产生的相关信号的重叠问题，可用于生物大分子的序列指认等结构分析，甚至能测定分子量高达数万的蛋白质的结构。

●思考题及习题

1. ^{16}O、^{1}H、^{13}C、^{12}C、^{14}N、^{19}F 等原子核哪些有自旋性质？在外磁场中它们有什么允许的自旋状态？

2. 试解释：（1）核磁共振现象；（2）弛豫现象；（3）化学位移；（4）自旋偶合；（5）$n+1$ 规律。

3. 如果振荡器的射频为 400 MHz 时，欲使^{13}C 及^{1}H 产生核磁共振信号，外加磁场强度各需多少？

4. 若 NMR 射频为 300 MHz，求与 TMS 相差 450 Hz 处的共振氢核的化学位移；若在 600 MHz 的仪器中测定，该 H 核的峰位与 TMS 之间的频率相差多少？

5. 为什么用三乙胺稀释时，$CHCl_3$ 上 H 核的 NMR 峰会向低场移动？

6. 同一基团的化学位移是否固定不变？有哪些因素影响分子中氢核的化学位移？

7. 请画出下列化合物的^{1}H NMR 草图，并说明其自旋系统。

（1）$CH_3CH_2COOCH_3$　　（2）$CH_3OC(CH_3)_3$　　（3）$CH_3CH_2CHCl_2$

8. 图（a）、（b）、（c）分别是分子式为 $C_4H_8O_2$ 的三个化合物的^{1}H NMR 谱，图中各组峰上注明的数字为其面积比，试推测其可能的结构。

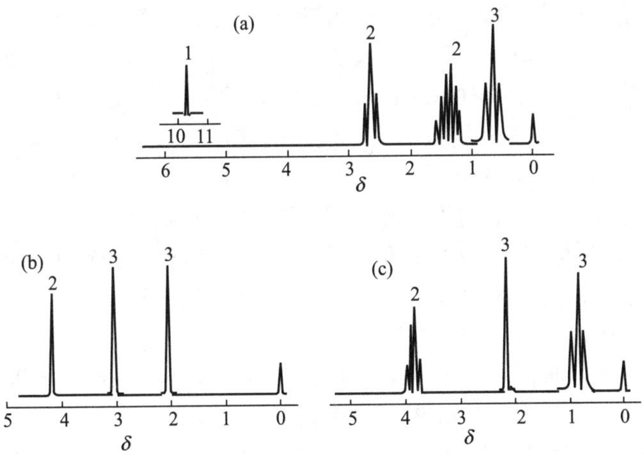

9. 有一瓶无标签化学试剂，经过元素分析确定试剂中只含有碳和氢。其^{1}H NMR 谱图如下，试推测其可能的结构。

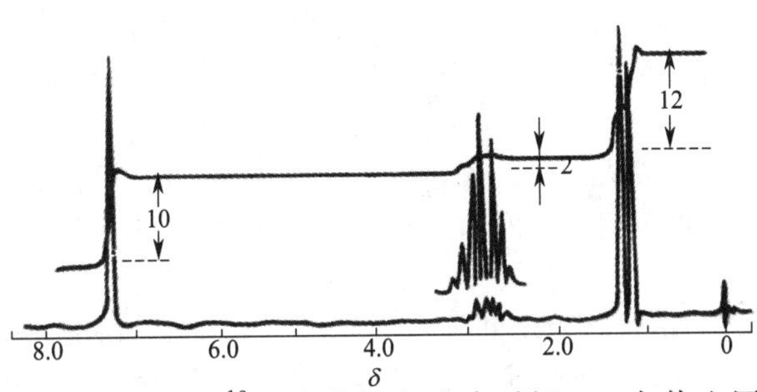

10. ^{13}C NMR 有什么主要特点？^{13}C 核的纵向弛豫时间 T_1 有什么用途？

课件

第 8 章　质谱法

质谱法（mass spectrometry，MS）是通过将待测样品转化为气态离子，然后将运动的气态离子按质荷比（m/e）的大小进行分离和检测，从而确定样品分子量、分子式或元素组成、分子结构及裂解规律的一种重要分析方法。质谱不是光谱，也不是波谱，而是带电粒子的质量谱。目前，质谱法已广泛应用于材料、石油、化工、电子、核能、冶金、医药、食品、考古、宇宙学、化学、物理等诸多领域。

8.1　质谱法概述

8.1.1　质谱法发展历程

质谱法作为现代分析化学的核心技术之一，其发展已跨越了一百多个春秋，经历了从理论探索到广泛应用的巨大变革。

1912 年，英国物理学家 Thomson 制造出第一台抛物线质谱装置（质谱仪雏形），通过电场与磁场的协同作用，成功分离了氖同位素（^{20}Ne 与 ^{22}Ne），这一发现不仅证实了同位素的存在，也开启了物质组成研究的新纪元，更为质谱技术奠定了基础。其学生 Aston 于 1919 年改进设计，研发出速度聚焦质谱仪，能精确测定 50 余种同位素质量，推动了“原子量非整数”理论的建立，并由此获得 1922 年诺贝尔化学奖。但此时期的质谱仪体积庞大（占据整个房间）、分辨率低（R 约为 100），主要服务于基础物理学研究。

1935 年，Mattauch 与 Herzog 根据他们提出的双聚焦理论，解决了离子能量分散问题，并研制出双聚焦质谱仪，使分辨率提升至 10^4，为后续核能开发提供了关键支撑，被称为质谱学发展的又一个里程碑。1953 年，德国物理学家 Paul 发明四极杆质量分析器，大幅缩小了仪器体积。同期，飞行时间（time of flight，TOF）质量分析器与扇形磁场设计逐步成熟，质谱开始应用于有机分子结构解析，并得到迅猛发展。

1957 年，气相色谱-质谱联用技术（GC-MS）出现，成为分离与鉴定环境中有机污染物、石油产品成分及农畜产品中农药和兽药残留物等复杂混合物的重要手段。1974 年傅里叶变换离子回旋共振（FT-ICR）技术的出现，将质谱分辨率推至百万级，为蛋白质研究奠定基础。20 世纪 80 年代后，新的质谱技术不断涌现，多级质谱技术（MS-MS）提高了质谱仪的结构解析能力；完善的液相色谱-质谱联用（LC-MS）技术拓宽了质谱仪的使用范围；电喷雾电离（ESI）和基质辅助激光解吸电离（MALDI）两大“软电离”技术的突破使蛋白质、核酸等生物大分子分析成为可能。质谱由此成为蛋白质组学研究的核心工具，人类首次得以系统解析蛋白质相互作用网络。2001 年《自然》杂志刊登人类蛋白质组首张质谱图谱，堪称生命科学里程碑。

进入 21 世纪以来，质谱仪技术不断创新和发展。轨道阱（orbitrap）技术的出现以及与离子淌度技术的联用，为超高分辨率质谱的发展提供了新的方向（分辨率突破百万）；基质辅助激光解吸电离-飞行时间（MALDI-TOF）成像质谱可绘制出组织中分子分布图；基于芯片的电喷雾离子化技术（on-chip ESI），使得生物样品的分析更加高效和便捷。此外，高分辨率电感耦合等离子质谱（HR-ICP-MS）技术的发展为地球化学和环境化学领域的研究提供了新的手段；而多维质谱技术则使得复杂生物样品的分析更加准确和可靠。

我国质谱技术近年来也取得了显著成就。2023 年 5 月，中国科学院近代物理研究所研发出“磁刚度识别的等时性质谱术”，精确测量了多种原子核质量，部分数据为国际首次测量。2023 年 7 月，国内首台深海质谱仪研制成功，可在深海原位检测多种气体。2023 年 11 月，国内首台紧凑型加速器质谱仪（AMS）研制成功，相关技术指标达到国际领先水平。2024 年 4 月，国内首台自主研发的高分辨傅里叶变换静电阱气质联用仪在苏州落地，这些成就标志着我国质谱技术在多个领域实现了突破和创新，正逐步走向国际舞台。

8.1.2 质谱法特点

质谱法是一种非常重要的分析技术，不仅能够用于物质的定性和定量分析，还能揭示分子的结构和反应机理，为科学研究和实际应用提供了重要的技术支持，它具有以下几个显著特点：

① 灵敏度高　绝对灵敏度可达 10^{-13}～10^{-10} g，相对灵敏度达 10^{-4}～10^{-3}。非常适合用于检测环境污染物、生物样品中的微量成分。

② 样品用量少　一般只需微克甚至更少的样品。

③ 选择性高　可以精确区分不同质量的离子，能够准确鉴定复杂混合物中的各个组分。

④ 分析速度快　可以在几分钟甚至几秒内完成分析，易于实现自动控制检测。

⑤ 信息丰富　不仅可以提供物质的分子量信息，还能通过碎片离子的分析揭示分子的结构特征。

⑥ 易与其他分析方法联用　可以与气相色谱、液相色谱、电感耦合等离子体光谱等方法联用，从而对样品实现更全面的分析。

⑦适用范围广　既可以分析气体，也可以分析液体或固体。可以应用于有机物、无机物、生物大分子等多种类型的样品分析，在化学、生物学、医学、环境科学等领域都有广泛的应用。

8.2 质谱仪及质谱表示方法

质谱仪通常由真空系统、进样系统、离子源、质量分析器、离子检测器等几部分组成，现代质谱仪还包括计算机控制及数据处理系统。

按其用途，质谱仪可分为有机质谱仪、无机质谱仪、同位素质谱仪等。它们的基本部分组成相似，但在仪器原理和应用上却有很大差异。下面以最简单的单聚焦有机质谱仪为例说明质谱仪的工作原理。

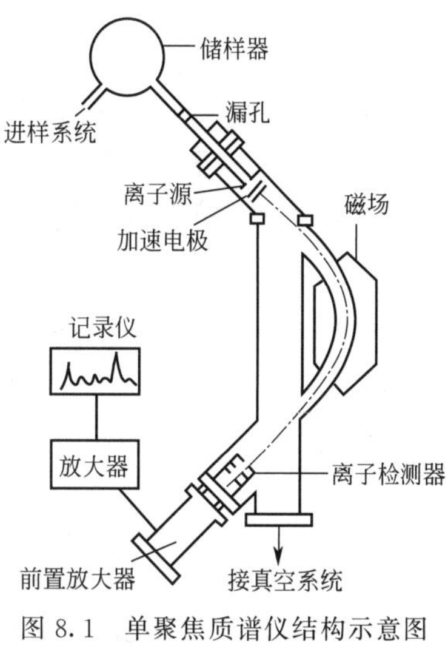

图 8.1　单聚焦质谱仪结构示意图

8.2.1 单聚焦质谱仪

扇形磁场单聚焦质谱仪基本结构如图 8.1 所示。

(1) 真空系统

质谱仪的离子源、质量分析器及检测系统都必须处于高度真空状态，否则无法正常工作。常用机械真空泵、扩散真空泵组合抽真空。

(2) 进样系统

对于气体及易挥发的液体试样，可用微量注射器注入，在储样器内汽化为蒸气，然后通过漏孔以分子流形式渗透进离子源中；对于高沸点的液体、固体，可以用探针杆直接进样，调节加热温度，使试样气化；对于有机混合物样品则可采用色-质联用法进样。

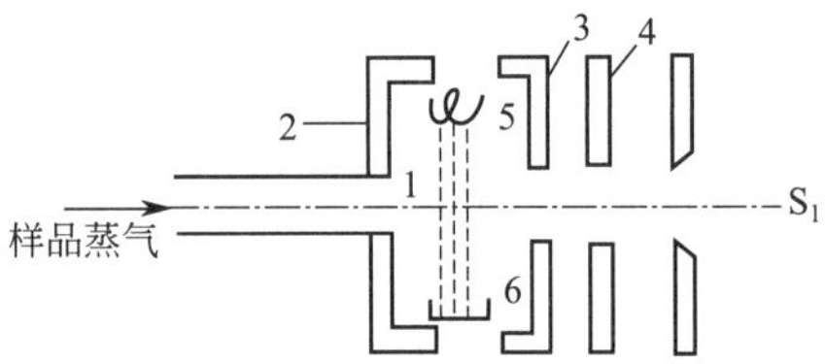

图 8.2 电子轰击离子源示意图

(3) 离子源（ion source）

离子源的作用是使样品分子转化为离子。图 8.2 为常用的电子轰击（electron impact，EI）离子源结构示意图，在其灯丝 5（负极）和正极 6 间加有 70～80 V 的电离电压，当样品蒸气从狭缝进入离子源后，受到由灯丝向正极发射的电子流 1 的轰击，形成正离子。在离子源的后墙 2 和第一加速极 3 之间有一低正电位，将正离子排斥到加速区，正离子被第一加速极 3 和第二加速极 4 之间的加速电压加速，通过狭缝 S_1 射向质量分析器。电子流的能量可通过调节电离电压的大小来控制。

电子轰击源的结构简单，易于操作，电离效率和灵敏度较高，稳定性较好，碎片离子多，结构信息丰富，但某些化合物的分子离子峰太弱。

此外还有多种不同的离子源，如场致电离源、化学电离源、场解吸电离源、快原子轰击电离源、光致电离源、电喷雾离子源、热喷雾离子源等。

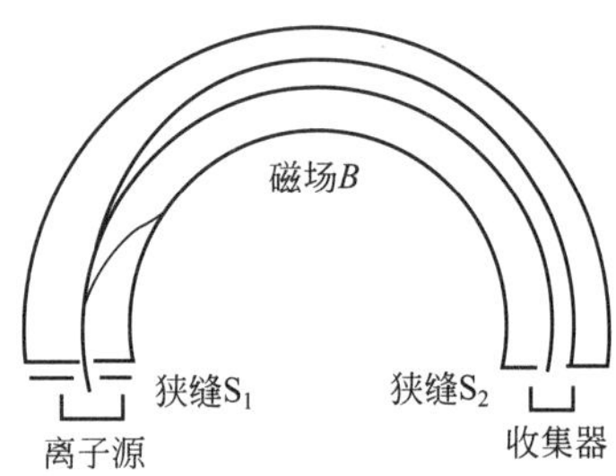

图 8.3 180°磁偏转分析器示意图

(4) 质量分析器（mass analyzer）

质量分析器位于离子源和检测器之间，其作用是将离子源中形成的正离子按质荷比（m/e）的大小分开。单聚焦质谱仪的质量分析器是一个磁分析器，它的两个磁极由铁芯弯曲而成，磁极面一般呈扇形（60°、90°）或半圆形。图 8.3 为半圆形磁场示意图。

离子源中产生的质量为 m 的正离子在加速电场的作用下获得速度 v，其动能为：

$$eU=\frac{1}{2}mv^2 \tag{8.1}$$

式中，e 为离子电荷数；U 为加速电压。

加速后的正离子经由狭缝 S_1 进入磁场的磁极间隙，受到磁场 B 的作用而做圆周运动，各种离子运动的弯曲半径与离子的质量有关。设离子做圆周运动的轨道半径为 R，则运动的离心力 $\frac{mv^2}{R}$ 必然和磁场产生的洛仑兹力 Bev 相等，故有

$$Bev=\frac{mv^2}{R} \tag{8.2}$$

合并式(8.1) 及式(8.2)，可得磁分析器质谱方程式：

$$\frac{m}{e}=\frac{B^2R^2}{2U} \tag{8.3}$$

由此式可见，离子在磁场内的运动半径 R 与 m/e、B、U 有关，在一定的 U 及 B 的条件下，只有某些具有一定质荷比 m/e 的正离子才能通过运动半径为 R 的轨道到达检测器。

如果固定 B、R，则 $m/e\propto\frac{1}{U}$，只要连续改变加速电压，进行电压扫描，就能使不同

m/e 的正离子依次到达检测器，从而得到质谱图；若固定 U、R，则 $m/e \propto B^2$，只要连续改变 B，进行磁场扫描，亦可使不同 m/e 的正离子依次到达检测器而得到质谱图。

单聚焦质谱仪的分辨率仅能达到 5000，如果在磁分析器前加一个静电分析器，便可得到双聚焦质谱仪，它的分辨率可达到 15 万。此外还有飞行时间分析器、四极滤质器、离子回旋共振分析器等多种不同原理的质量分析器，它们分别组成了具有不同特点的质谱仪。

（5）离子检测器

经过质量分析器出来的离子流仅有 $10^{-9} \sim 10^{-10}$ A，需经离子检测器接收并放大后，输送到显示单元和计算机数据处理系统，才能得出相应的质谱图和数据。常用的离子检测器有电子倍增器、Faraday 杯、闪烁计数器、隧道电子倍增器等。

图 8.4 为电子倍增器工作原理示意图。一定能量的离子束轰击阴极而溅射出电子，在正电场的作用下，电子撞击下一电极，产生了更多的二次电子，然后再依次撞击下一电极，经过 15～18 级电极的放大，电子流被放大了 $10^5 \sim 10^8$ 倍，因此电子倍增器能检测出 10^{-17} A 的微弱电流。

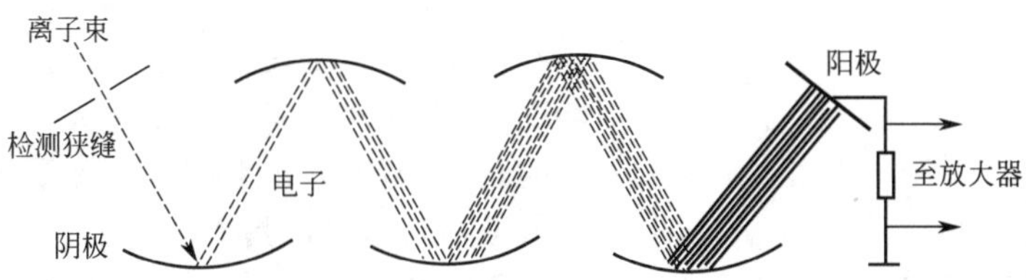

图 8.4　电子倍增器工作原理示意图

8.2.2　质谱仪的主要性能指标

① 分辨率 R　指质谱仪分离质量为 m_1 和 m_2 的两相邻质谱峰的能力。若强度近似相等的质量分别为 m_1 和 m_2 的两相邻峰正好分开，则质谱仪的分辨率为：

$$R = m/\Delta m \tag{8.4}$$

式中，$m = (m_1 + m_2)/2$；$\Delta m = m_2 - m_1$。

目前国际上规定“正好分开”的 10%谷（或 50%谷）的定义为：若两等高峰重叠后形成的谷高为峰高的 10%（或 50%），则认为两峰完全分开。但在实际测量中，很难找到两个等高并且重叠后的谷高正好为峰高的 10%（或 50%）的峰。为此，可在质谱图中选择两个相邻峰（见图 8.5），然后按下式计算分辨率：

$$R = am/(b\Delta m) \tag{8.5}$$

式中，a 为两峰之间的水平距离；b 为其中一峰在峰高 5%处的峰宽。一般分辨率在 10^3 以下的为低分辨率质谱仪，它只能分辨质量数相差为 1 的峰。分辨率在 10^4 以上的为高分辨率质谱仪，它能精确测定离子质量到几位小数。

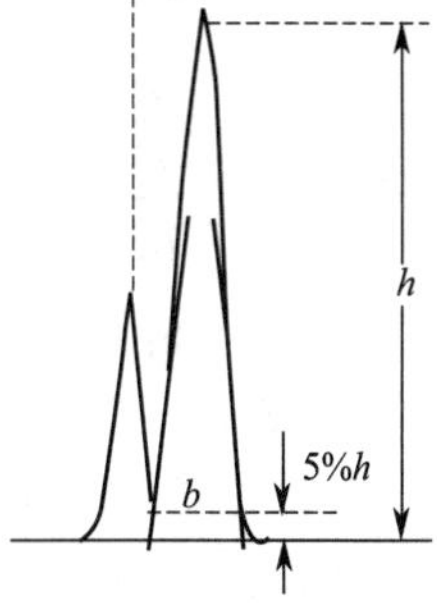

图 8.5　分辨率的计算

② 灵敏度　绝对灵敏度是指仪器能检测到的最低样品质量。相对灵敏度是指仪器能同时检测到的大组分与小组分的含量之比。分析灵敏度是指仪器输出的信号与输入仪器的样品量之比。

③ 质量范围　指仪器能够测量的样品的相对原子（或分子）质量的范围。一般用原子质量单位（atomic mass unit，即 u）表示，亦可用道尔顿 D（Dalton）表示。不同规格型号的质谱仪有不同的质量范围，例如测气体的

质谱仪为 2～100 D，有机质谱仪可达 3000 D，飞行时间质谱仪则高达 10^5 D 级。同时适当降低加速电压，可扩大质量范围。

④ 质量精度　其是质谱分析的重要依据。高分辨率质谱要求获得质谱中碎片离子和分子离子的精确质量，精度一般为 10^{-5}～10^{-6}。

8.2.3　质谱的表示方法

在质谱仪中，气体、液体或固体样品的蒸气受到一定能量的电子流轰击或强电场的作用，失去一个价电子而形成分子离子；同时，化学键也发生某些有规律的开裂，生成各种碎片离子；这些带正电荷的离子在电场和磁场的作用下，按质荷比（m/e）的大小分离、检测和记录下来，从而得到含有样品分子结构丰富信息的质谱。质谱的常见表示方法有质谱图、质谱表和元素图。

① 质谱图　记录质荷比及质谱峰强度的图谱。由质谱仪直接记录下来的图是一个个尖锐密集的峰，但在文献中多采用如图 8.6 所示的棒图。

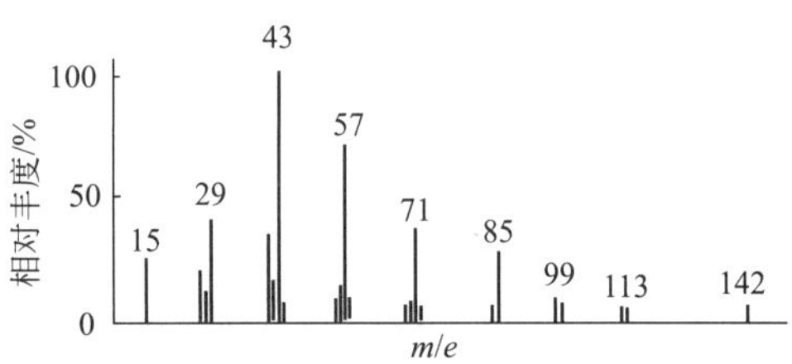

图 8.6　正癸烷的质谱图

在棒图中，横坐标表示离子的质荷比（m/e），纵坐标代表离子的相对丰度（或相对强度）。质谱峰越高，丰度越大，说明该峰所对应的正离子的稳定性越好、数量越多。谱图中的最强峰叫基峰，其丰度为 100，其余各峰的高度占基峰高度的百分数即为其相对丰度。从质谱图上可以看到许多质谱峰，这些峰包括分子离子峰、碎片离子峰、同位素离子峰、亚稳离子峰、多电荷离子峰等。对它们所包含的结构信息加以分析和提取便是质谱解析过程。

② 质谱表和元素图　质谱表是一种记录正离子的质荷比和峰强度的表格，它简单方便，但不如质谱图直观。元素图除给出正离子的质量数和峰强度外，还给出各个正离子的元素组成，因此有利于结构的推导。

8.3　质谱中的各种离子峰

8.3.1　分子离子峰

样品分子失去一个电子而形成的离子叫作分子离子，由分子离子产生的质谱峰称为分子离子峰，可以表示为 $M^{\dot{+}}$。凡是化合物具有某种能使分子离子稳定的结构因素时，其分子离子峰就强，反之就弱。有机化合物分子离子峰一般有以下由强到弱的次序：芳香族化合物＞共轭链烯＞脂环化合物＞烯烃＞直链烷烃＞酮＞胺＞醚＞羧酸＞支链烷烃＞醇。

分子离子峰是质谱图中非常重要的结构信息之一。由分子离子峰可以确定化合物的分子量和分子式，所以正确地识别分子离子峰是极其重要的。

① 最高质量峰的分析　分子离子峰似乎应对应于质谱图中最高的 m/e，但有时分子离子峰太弱而不出现，有时会产生 m/e 更高的同位素离子峰或 $M+1$ 峰，所以最高质荷比的峰不一定是分子离子峰。由于分子离子裂解出两个之上的氢原子和小于甲基的基团所需要的能量很高而不可能进行，因此如果碎片离子峰与质量数最高的峰（同位素峰除外）之间相差 3～14 个质量单位，则表示这个质量数最高的峰不是分子离子峰。

② 氮规则　通常由 C、H、O、N、S 和卤原子等组成的有机化合物，其分子量应符合

氮规则：无氮或含有偶数个氮原子的分子，其分子量为偶数；含有奇数个氮原子的分子，其分子量为奇数。例如，CH_3CH_3 的 $M=30$；$CH_3—N=N—CH_3$ 的 $M=58$；CH_3NO_2 的 $M=61$；$CH_3CH_2CH_2NH_2$ 的 $M=59$；CH_3Cl 的 $M=50$；等等。

不遵守氮规则的峰不是分子离子峰。

③ 改变实验条件　如果分子离子峰太弱，可改变某些实验条件，使分子离子峰出现或明显增强。例如可逐步降低电子轰击离子源的电子流能量，改换化学电离源或场解吸电离源，通过适当的化学反应将分子离子峰很弱的化合物转变为分子离子峰较强的化合物，等等。

8.3.2　碎片离子峰

在质谱过程中，具有过剩能量的分子离子能产生进一步的裂解，生成各种碎片离子；同时，某些碎片离子在开裂过程中还会发生重排现象。碎片离子峰反映了分子中含有易于开裂成这种碎片的结构，其相对丰度的高低则标志着该碎片离子稳定性的大小。

大量的质谱研究发现，有机化合物在质谱中的开裂与有机化合物在光、热等条件下的单分子裂解非常相似，而且对化学键稳定性的影响也相同。因此，在质谱分析中，常常应用有机化学理论来解释各种有机化合物的开裂、重排等现象。

8.3.2.1　键开裂的基本知识

① 开裂的表示方法　在开裂过程中，必然存在化学键的断裂和电子的转移。若转移了一个电子，可用“⌒”表示；若转移了两个电子，则用“⌒”表示。分子中一般容易打掉 n 电子或 π 电子，写明离子中正电荷和自由基的位置有利于判断后继开裂的方向。

② 开裂方式　分子中一个键的开裂共有三种方式。a. 均裂：一个 σ 键开裂后，形成两个碎片，每个碎片各留有一个电子。b. 异裂：一个 σ 键开裂后，两个电子都留在其中的一个碎片上。c. 半异裂：为已电离的单电子 σ 键的开裂。

8.3.2.2　影响键开裂的因素

键能的大小、开裂产物的稳定性、原子间的空间位置等均能影响键的开裂。通常键能小的键开裂所需要的能量较少，所以容易首先开裂；如果与开裂伴生的中性碎片的稳定性愈高，比如生成 H_2O、CO、CO_2、HCN、CH≡CH 等电离电势较高的小分子，则该开裂愈容易发生。例如，2-丁酮优先开裂键能较小且被羰基极化了的 α-键，然后脱去小分子 CO：

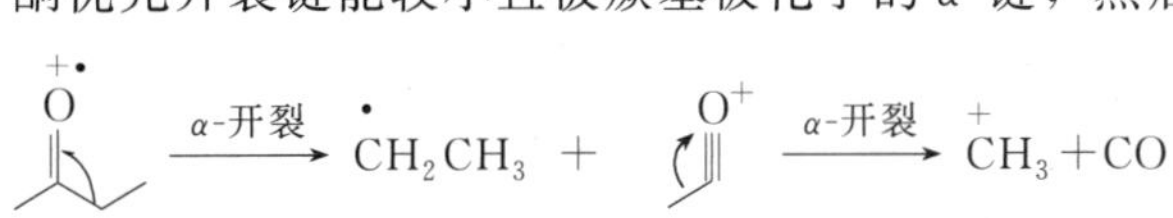

在质谱中，产物稳定的开裂容易发生，所以正离子的稳定性越高，它的丰度也就越大。

对于多官能团分子离子而言，开裂的位置还与原子间的空间位置有关，有的开裂是通过四、五、六元环的过渡态进行的。例如，卤代烷脱卤化氢的反应：

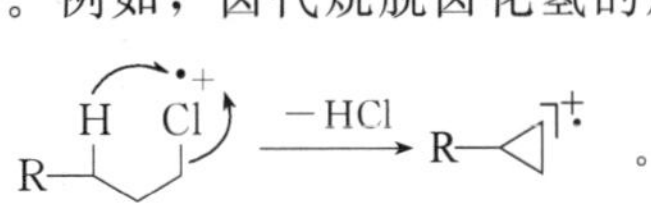

8.3.2.3　键开裂基本类型及开裂规律

正离子的开裂类型大体可分为四种：单纯开裂、重排开裂、复杂开裂和双氢重排开裂。

（1）单纯开裂

在自由基或正电荷的诱发下，一个键断裂，失去一个自由基或中性分子，生成一个奇电子正离子或偶电子正离子的裂解反应叫单纯开裂。它通常可分为自由基引发的 α、β 或 γ 键开裂，正电荷引发的 *i*-开裂，以及已经电离的 σ-开裂等三种方式。

① 自由基引发的单纯开裂　自由基有强烈的电子配对倾向，导致其邻近位置的 α、β 或 γ 键转移一个电子与其配对，生成偶电子正离子（EE^+），该键断裂，同时产生了一个新的自由基碎片。例如，下列分子离子的单纯开裂：

乙醚

2-己烯

当分子中的几个位置都可能发生同一种开裂时，失去较大基团的开裂过程总是占优势。例如，3-甲基-3-己醇分子离子的三个 β-键开裂所产生的碎片离子峰及其丰度如下：

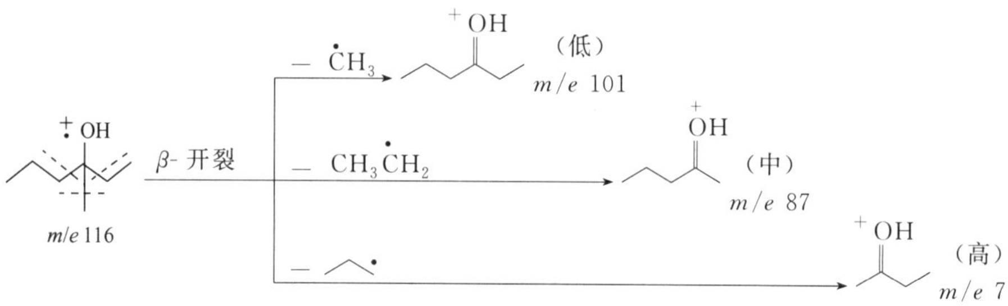

② 正电荷引发的 i-开裂　正电荷具有吸引或极化相邻成键电子的能力，导致与其相邻的 α 或 β 键转移一对电子，生成一个偶电子正离子、一个自由基碎片或中性碎片，该键断裂。

对于奇电子正离子来说，i-开裂产生一个偶电子正离子和一个自由基碎片，例如：

而偶电子正离子只能发生 i-开裂，产生一个新的偶电子正离子和一个中性碎片。如：

$$CH_3-CH_2-CH_2-\overset{+}{C}H_2 \longrightarrow CH_3-\overset{+}{C}H_2 + CH_2=CH_2$$

③ σ-开裂　为已经电离的单电子 σ-键的开裂。通常无重键的支链化合物的 σ-开裂将优先在支链处进行，取代环烷烃将在取代基所在位置处优先进行 σ-开裂。如：

$$CH_3-CH_2-\underset{}{\overset{CH_3}{\overset{|}{C}H}}+\cdot CH_2-CH_3 \xrightarrow{\sigma\text{-开裂}} CH_3-CH_2-\overset{CH_3}{\overset{|}{C}H^+} + \dot{C}H_2-CH_3$$

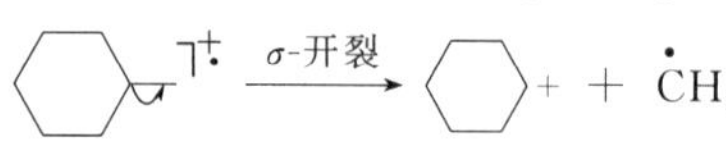

（2）重排开裂

重排开裂时分子离子或碎片离子上有两个键发生断裂，通常脱去一个中性分子，有时发生一个氢原子（或一个基团）从一个原子转移到另一个原子上，奇电子正离子（OE^+）重排后生成一个新的 OE^+；偶电子正离子（EE^+）重排开裂后产生一个新的 EE^+。环化取代重排和双氢重排不符合以上规律。重排开裂有以下几种类型。

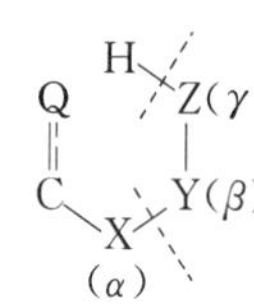

① 麦氏重排（McLafferty rearrangement）　如右所示的含有 π 体系的化合物可能发生麦氏重排。其中 Q、X、Y、Z 可以是 C、O、N、S 的任意组合。具有上述结构的烯类、羰基化合物、硫羰基化合物、亚氨基化合物、苯基化合物等都能产生麦氏重排。其过程是通过六元环过渡态，γ-H 转移到一个双键原子上，同时 β-键断裂，产生一个中性分子和一个自由基正离子。

例如，1-己烯的麦氏重排：

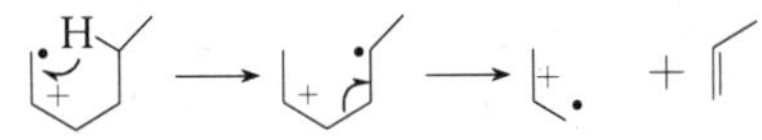

3-庚酮的麦氏重排：

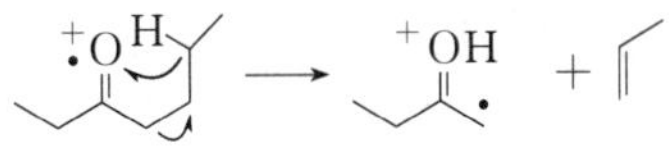

当分子中无 γ-H 存在，或有阻碍 γ-H 转移的基团时，将无法进行麦氏重排。

② 逆狄尔斯-阿尔德开裂（retro Diels-Alder fragmentation，RDA） 在质谱中，一些碎片离子是由环己烯衍生物或者含不饱和键的六元环结构裂解而形成的，好像是狄尔斯-阿尔德反应的逆反应，故称为逆狄尔斯-阿尔德开裂。其过程如下：

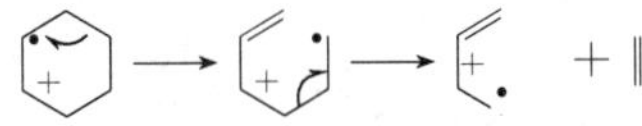

这是环己烯特征的开裂过程。在脂环化合物、生物碱、萜类、甾体及黄酮等的质谱中常能看到由这种重排所产生的碎片离子峰。萘满分子离子的逆狄尔斯-阿尔德开裂：

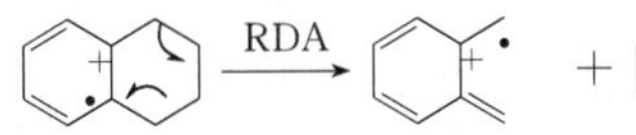

③ 醇类的脱水重排 通常醇类分子有热脱水和电子撞击诱导脱水两种脱水方式，其质谱中往往能看到分子离子脱水重排而形成的 $M-18$ 峰。

a. 热脱水。发生在电子撞击之前，它常是 1,2 位脱水，即脱去—OH 和邻位的 H，生成的烯烃可以在电子流的撞击下电离。如：

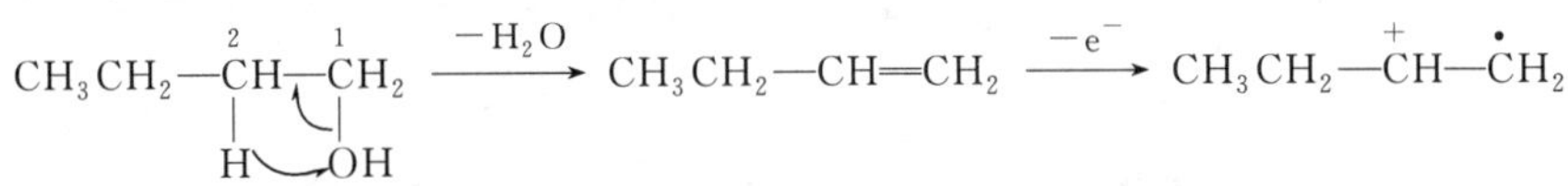

因此，醇类的质谱中很难见到分子离子峰。对于多元醇和苷类，可以看到连续脱水过程。

b. 电子撞击诱导脱水。未受到热脱水的醇类分子可因电子流撞击而电离，得到自由基正离子（OE^{+}），然后主要通过 1,4 消除作用脱去水分子（也可能进行 1,3 或 1,5 消除），产生的 $M-18$ 峰还可进一步发生 i-开裂而脱烯，形成 $M-18-28$ 峰，如：

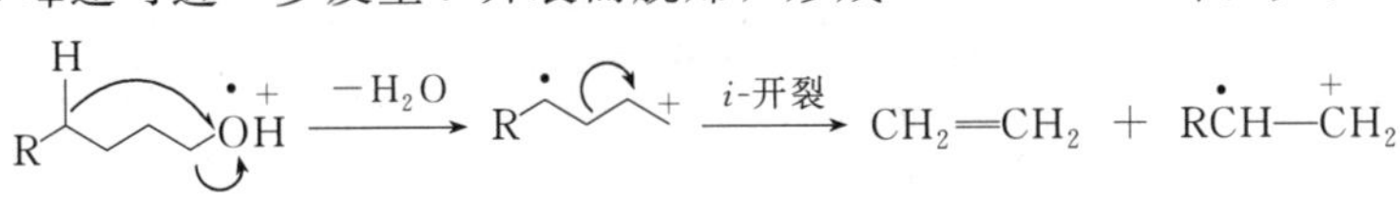

④ 卤代烃的脱卤化氢重排 卤代烃的脱卤化氢作用与醇类脱水相似，可进行 1,2 或 1,3 消除脱卤化氢。如：

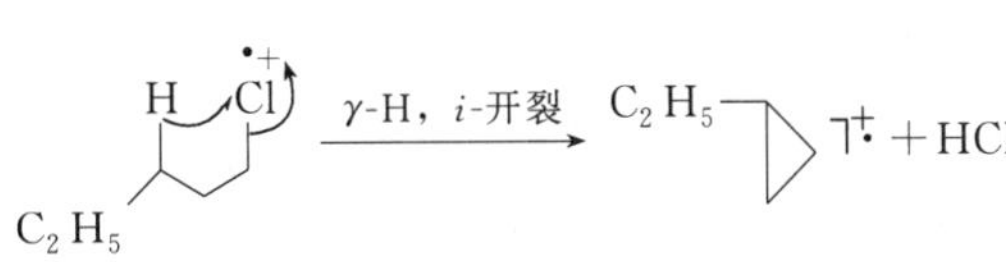

⑤ 消去重排（elimination rearrangement） 与氢重排相似，只是在反应过程中迁移的不是氢而是一种基团，同时消去 CO、CO_2、CS_2、SO_2、HCN、CH_2O、CH_3CN 等小分子或自由基碎片。例如

烷基迁移消去重排：

$$HC\equiv C-COO-CH_3]^{+\cdot} \xrightarrow{\text{消去重排}} HC\equiv C-CH_3]^{+\cdot} + CO_2$$

苯基迁移消去重排：

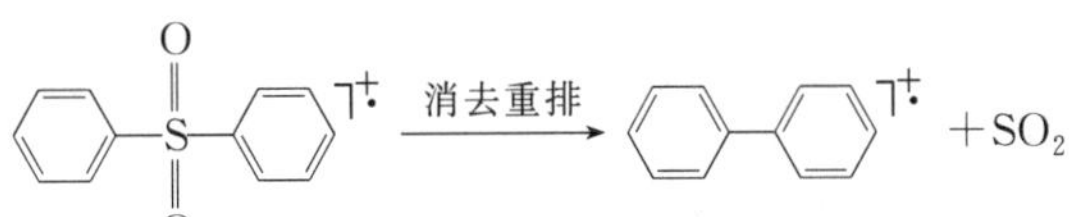

⑥ 环化取代重排（displacement rearrangement） 这是一种自由基引发的取代，在烷基迁移的同时发生了环化反应。反应可以通过 5 元或 6 元环过渡态进行。如：

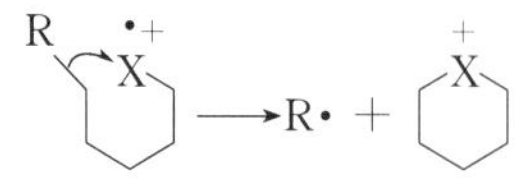

（X=Cl、Br、N 等）

（3）复杂开裂

复杂开裂常需要断裂两个以上的键，并伴有氢原子的转移，可以认为它是上述基本开裂过程的组合。比如首先进行单纯开裂，形成的碎片离子再进行重排开裂等。环醇、环卤烃、环烃胺、环酮、醚及胺类等化合物均可进行复杂开裂。例如

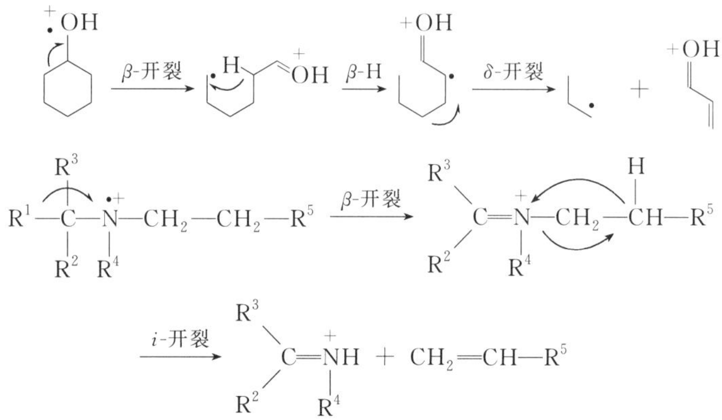

（4）双氢重排开裂

在质谱上有时会出现比单纯开裂的离子多两个质量单位的离子峰，这是由于有两个氢从脱去的基团转移到这个离子上，这称为双氢重排。容易发生这类重排的化合物有：乙酯以上的酯类、碳酸酯或相邻的两个碳原子上有适当的取代基的化合物。例如

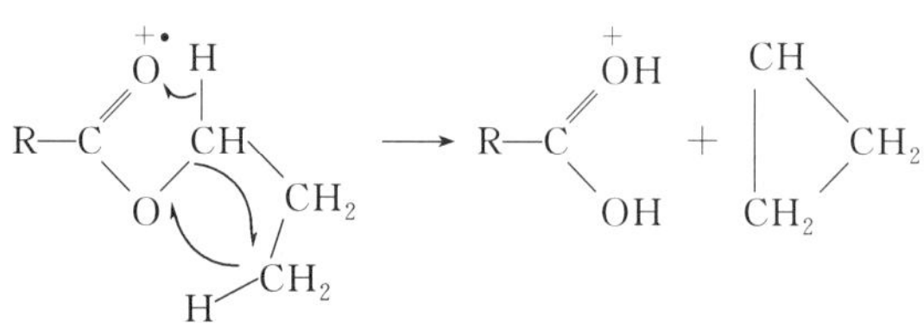

乙二醇也可以发生双氢重排开裂，即

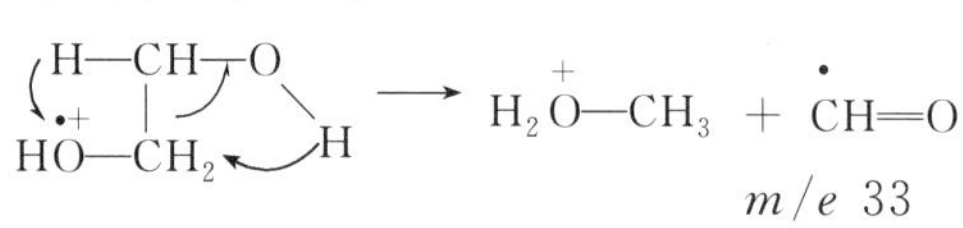

产生了 $m/e=33$ 处的强峰。

以上介绍了质谱中化合物开裂的一般规律。需要注意的是，一个化合物常常可以采取几种不同类型的开裂方式，究竟按哪种途径开裂，主要看产生的阳离子的稳定性及开裂所需能量的高低。所得阳离子越稳定、所需能量越低的开裂反应越容易进行，所生成的碎片离子的丰度也越高。

8.3.3 亚稳离子峰和多电荷离子峰

8.3.3.1 亚稳离子峰

（1）亚稳离子的形成

如果在电离室内能生成质荷比为 m_1 的正离子 m_1^+，部分 m_1^+ 在电离室中还会进一步开

裂而生成质荷比为 m_2 的正离子：$m_1^+ \to m_2^+ + m$。

若 m_1^+、m_2^+ 都能直接到达离子检测器，则它们属于稳定离子。若上述开裂过程发生在电离室至接收器的飞行途中，则生成的质量为 m_2 的正离子就称为亚稳离子，其质荷比用 m^* 来表示。m_1^+ 离子在电离室中和在飞行途中开裂都生成质量同为 m_2 的离子，但是二者的动能不同。由式(8.1) 可得，$v^2 = 2eU/m$，即在相同的加速电压 U 下，正离子运动速度的平方与其质量成反比。因此 m_1^+ 的速度 $v_1 < m_2^+$ 的速度 v_2。在进行亚稳开裂时，生成的亚稳离子的速度仍然为 v_1，其动能为 $1/2(m_2 v_1^2)$，而稳定离子 m_2^+ 的动能为 $1/2(m_2 v_2^2)$，所以亚稳离子 m^* 比稳定离子 m_2^+ 的动能小。因此在质谱图上，m^* 离子峰出现在质荷比低于 m_2 的地方，如图 8.7 所示。通常，称 m_1^+ 为母离子，m_2^+ 为子离子，m^* 为亚稳离子，三者之间有如下关系

$$m^* = \frac{m_2^2}{m_1} \tag{8.6}$$

亚稳离子 m^* 产生的峰叫作亚稳峰。

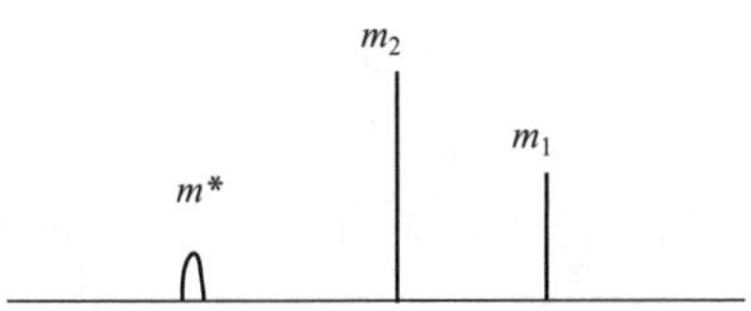

图 8.7 亚稳离子 m^* 示意图

(2) 亚稳离子峰的特征

稳定的碎片离子峰的峰形尖锐，而亚稳离子峰的峰形低钝；碎片离子峰的质荷比通常为整数，而亚稳离子峰常常要跨越 2～5 个质量单位，其质荷比往往不是整数。

(3) 亚稳离子峰的用途

如果有亚稳离子峰出现，并且在质荷比更高处有满足式(8.6) 的 m_2^+ 和 m_1^+，则证明存在母离子 m_1^+ 失去一个中性碎片而生成子离子 m_2^+ 的质谱开裂过程：

$$m_1^+ \to m_2^+ + m$$

值得注意是，并不是所有的开裂过程都会出现对应的亚稳离子峰。

8.3.3.2 多电荷离子峰

如果某些分子在离子室中失去两个或两个以上的电子，则可形成多电荷离子。其质荷比值为 $m/(2e)$ 或 $m/(ne)$ ($n>2$)。具有 π 电子系统的芳烃、杂环或高度共轭的不饱和化合物，能够失去两个电子，因此双电荷离子峰是这类化合物的特征。与亚稳离子峰不同，双电荷离子峰为强度小的尖峰。如果为奇数质量的化合物，其 $m/(2e)$ 为非整数；如果为偶数质量的化合物，它的 $m/(2e)$ 是整数，但它的同位素峰$(m+1)/(2e)$却是非整数，借此可用于与碎片离子峰相区别。

8.3.4 同位素离子峰

构成有机化合物的许多常见元素如 C、H、O、N 等都具有同位素。表 8.1 列出了某些元素同位素的天然丰度。由于同位素的存在，在质谱中会出现不同质量的同位素形成的峰，称为同位素离子峰。同位素离子峰的强度比与同位素的丰度比是相当的。C、H、O、N 的重同位素丰度很小，所以其同位素离子峰很小；而 S、Si、Cl、Br 等元素的重同位素丰度高，含有这些元素的分子离子或碎片离子的 $M+2$ 峰的强度较大。

表 8.1 某些元素同位素天然丰度

元素	丰度/%	元素	丰度/%	元素	丰度/%
^{1}H	99.985	^{2}H	0.015		
^{12}C	98.893	^{13}C	1.107		
^{14}N	99.634	^{15}N	0.366		
^{16}O	99.759	^{17}O	0.037	^{18}O	0.204
^{32}S	95.0	^{33}S	0.76	^{34}S	4.22
^{28}Si	92.21	^{29}Si	4.70	^{30}Si	3.09
^{35}Cl	75.77			^{37}Cl	24.23
^{79}Br	50.537			^{81}Br	49.463

分子离子通常是由天然丰度最高的同位素（即轻同位素）组成的离子。在分子离子峰的右边，常常伴有 m/e 高于此峰 1 个、2 个或更高质量单位的含有重同位素的同位素离子峰，分别叫 $M+1$ 峰、$M+2$ 峰等。

如果离子中含有 Cl、Br、S、Si 等元素时，在离子峰区出现的 M 峰与 $M+2$ 等峰的强度比，等于二项式 $(a+b)^n$ 展开后的各项数字比。式中 a 和 b 分别代表轻同位素和重同位素丰度比的数字，n 是分子中该元素的原子个数。

例如，$^{35}Cl:^{37}Cl\approx3:1$，即 $a=3$，$b=1$，若分子中只含一个 Cl，则有 $(a+b)^1=3+1$，因此，其质谱中可看到强度比为 3∶1 的特征二连峰。

又如，$^{79}Br:^{81}Br\approx1:1$，即 $a=1$，$b=1$，若分子中只含一个 Br，则有 $(a+b)^1=1+1$，因此，其质谱中可看到强度比为 1∶1 的特征二连峰。

当化合物分子中含有 A、D 两种不同的上述元素时，各种峰的强度比可按下式计算

$$(a+b)^m(c+d)^n$$

式中，a、b 为 A 元素同位素丰度比的数字；m 为分子中含 A 元素的原子个数；c、d 为 D 元素同位素丰度比的数字；n 为分子中含 D 元素的原子个数。

8.4 有机质谱解析

在合理的测试条件下得到了高纯度样品可靠的质谱图后，便可按下列步骤解析。

8.4.1 分子量的测定

确定了化合物的分子离子峰就确定了它的分子量。但由于某些化合物的分子离子峰很弱或不出现，加之同位素离子峰的存在，使得要正确识别质谱中的分子离子峰具有一定难度。

8.4.2 分子式的确定

8.4.2.1 同位素丰度法

该方法适用于分子量较小、分子离子峰较强的化合物的低分辨率质谱。

由于各种元素具有一定的同位素天然丰度，因此不同分子式的 $(M+1)/M$ 和 $(M+2)/M$ 的百分比将不同。据此，J. H . Beynon 等人通过详细计算，制成了如表 8.2 所示的 Beynon 表。表中列出了 C、H、O、N 四种元素的不同组合形式，及其所对应的同位素丰度百分比和精确质量（M_W）。若能正确测得分子离子峰 M 及其同位素峰 $M+1$、$M+2$ 的相对丰度，就能算出其相对丰度百分比，然后利用 Beynon 表来确定该化合物的分子式。

表 8.2　部分 Beynon 表（分子量为 150）

化合物	$M+1$	$M+2$	M_W	化合物	$M+1$	$M+2$	M_W
150				$C_7H_{10}N_4$	9.25	0.38	150.0907
$C_4H_{10}N_2O_4$	5.40	0.92	150.0641	$C_8H_6O_3$	8.86	0.95	150.0317
$C_4H_{12}N_3O_3$	5.78	0.74	150.0879	$C_8H_8NO_2$	9.23	0.78	150.0555
$C_4H_{14}N_4O_2$	6.15	0.56	150.1118	$C_8H_{10}N_2O$	9.61	0.61	150.0794
$C_5H_{12}NO_4$	6.13	0.96	150.0766	$C_8H_{12}N_3$	9.98	0.45	150.1032
$C_5H_{14}N_2O_3$	6.51	0.78	150.1005	$C_9H_{10}O_2$	9.96	0.84	150.0681
$C_5N_3O_3$	6.66	0.79	149.9940	$C_9H_{12}NO$	10.34	0.68	150.0919
$C_5H_2N_4O_2$	7.04	0.62	150.0178	$C_9H_{14}N_2$	10.71	0.52	150.1158
$C_6H_{14}O_4$	6.86	1.00	150.0892	C_9N_3	10.87	0.54	150.0093
C_6NO_4	7.02	1.01	149.9827	$C_{10}H_{14}O$	11.07	0.75	150.1045
$C_6H_2N_2O_3$	7.40	0.84	150.0065	$C_{10}H_{16}N$	11.44	0.60	150.1284
$C_6H_4N_3O_2$	7.77	0.67	150.0304	$C_{10}NO$	11.23	0.77	149.9980
$C_6H_6N_4O$	8.14	0.49	150.0542	$C_{10}H_2N_2$	11.60	0.61	150.0218
$C_7H_2O_4$	7.75	1.06	149.9953	$C_{11}H_{18}$	12.17	0.68	150.1409
$C_7H_4NO_3$	8.13	0.89	150.0191	$C_{11}H_2O$	11.96	0.85	150.0106
$C_7H_6N_2O_2$	8.50	0.72	150.0429	$C_{11}H_4N$	12.33	0.70	150.0344
$C_7H_8N_3O$	8.88	0.55	150.0668	$C_{12}H_6$	13.06	0.78	150.0470

例 8-1　某化合物的分子量为 150，在其质谱的高质量区有 m/e150、151、152 三个峰，求得其 $(M+1)/M=9.9\%$、$(M+2)/M=0.9\%$，试确定此化合物的分子式。

解：由 $(M+2)/M=0.9\%$可知，该化合物不含 S、Si、Br 和 Cl 等元素。在 Beynon 表中分子量为 150 的分子式共有 33 个，其中 $(M+1)/M$ 的百分比在 9%～11%的分子式有下列 7 个：

分子式	①$C_7H_{10}N_4$	②$C_8H_8NO_2$	③$C_8H_{10}N_2O$	④$C_8H_{12}N_3$	⑤$C_9H_{10}O_2$	⑥$C_9H_{12}NO$	⑦$C_9H_{14}N_2$
$M+1$	9.25	9.23	9.61	9.98	9.96	10.34	10.71
$M+2$	0.38	0.78	0.61	0.45	0.84	0.68	0.52

此化合物的分子量是偶数，根据氮规则，分子中不应含有奇数个氮，因此可排除第②、④、⑥式。剩下四个式子中，$M+1$ 与 9.9%最接近的是第⑤式，此式的 $M+2$ 也与 0.9%很接近，因此该化合物的分子式为 $C_9H_{10}O_2$。

8.4.2.2　高分辨率质谱法

各种元素的原子量，除 ^{12}C 外，都是非整数。例如，^{1}H 1.00783、^{16}O 15.9949、^{14}N 14.00310 等。Beynon 等利用元素的精确质量，通过计算求得分子的元素组成和对应的精确分子量。高分辨质谱仪能精确地测定分子离子或碎片离子的质荷比，误差可小于 10^{-5}。如果由质谱中得出了分子离子的精确质量，就可以直接从 Beynon 表中查出一个或少数几个对应的式子，然后从中筛选出正确的分子式。

例 8-2　用高分辨质谱仪测得某化合物的精确分子量为 150.1042，试求其分子式。

解：设仪器误差为±0.001，则该化合物可能的分子量在 150.1052～150.1032。查 Beynon 表分子量 150 栏，精确质量在此范围内的式子只有两个：① $C_8H_{12}N_3$ 150.1032 ②$C_{10}H_{14}O$ 150.1045。

根据氮规则，该化合物分子中不应含奇数个氮，故可排除①式。因此其分子式应为 $C_{10}H_{14}O$。

8.4.3　分子结构的推断

在质谱仪中，化合物按照一定的规律裂解而形成质谱，根据质谱中各种离子峰的质荷比和相对丰度，可以推断物质的组成及结构。

① 确定分子离子峰，并注意其强度与结构的关系。

② 由分子离子质荷比的奇偶性，确定分子中是否含有 N 原子。

③ 由同位素峰（$M+2$）/M 的大小，确定分子中是否含有 S、Si、Cl、Br 等原子。

④ 由分子量确定化合物的分子式，然后计算分子的不饱和度。

⑤ 解析碎片离子峰，得到一些代表分子不同部分的结构单元。

a. 求出高质量端的碎片离子与分子离子的质量差，确定从分子离子中丢失的自由基和中性碎片，了解相应的开裂过程。某些自由基和中性碎片及其分子量如下：

自由基/m	甲基/15　乙基/29　甲酰基(CHO)/29　丙基、异丙基/43　乙酰基(CH_3CO)/43
	丁基、异丁基/57　丙酰基(C_2H_5CO)/57　戊基、异戊基/71　丁酰基(C_3H_7CO)/71
中性碎片/m	CH_4/16　H_2O、NH_4/18　$CH\equiv CH$/26　HCN/27　$CH_2=CH_2$、CO、N_2/28
	CH_2O、NO/30　H_2S/34　HCl/36　丙烯/42　CO_2/44　NO_2/46　丁烯/56

b. 找出较强的碎片离子峰，注意其质荷比的大小和奇偶性，根据化合物的开裂规律，判断这些碎片离子的可能结构和来源。某些常见的碎片离子（未标出正电荷）及其质荷比（m/e）如下：

CH_3/15　$C\equiv N$/26　C_2H_4/28　C_2H_5、CHO/29　CH_2NH_2/30　CH_2OH、OCH_3/31　Cl/35
$CH_2C\equiv N$/40　C_3H_6/42　C_3H_7、$CH_3C=O$/43　CH_3CHNH_2/44　CH_3CHOH、CH_2OCH_3、CH_3CHO+H、
COOH/45　CH_2SH、CH_3S/47　C_4H_8/56　C_4H_9、$C_2H_5C=O$/57　CH_3COCH_2+H、$C_2H_5CHNH_2$/58
$CH_3COOH+H$/61　C_5H_{10}/70　C_5H_{11}、C_3H_7CO/71　$C_2H_5COCH_2+H$、$C_3H_7CHNH_2$/72　$C_3H_7OCH_2$
$COOC_2H_5$/73　C_6H_5/77　C_6H_{13}、$C_4H_9C=O$/85　ph-CH_2/91　ph-CH_2+H/92　ph-C=O、ph-CH_2CH_2/105

c. 从低质量端开始，分析质谱中是否存在特征的离子系列，由此推测出产生这些离子系列的母离子。例如，出现 15、29、43、57、71 等离子表明有正烃基存在；出现 38、39、41、50、51、52、65、77、78、79、91 等离子表明有苯核存在；出现 27、41、55、69 等离子表明有烯烃存在；出现 31、45、59、73……$M-18$ 等离子表明有脂肪醇存在；出现 30、44、58、72、86……离子表明有脂肪胺存在；酮类的麦氏重排要产生 58 或 72 或 86……离子；醛类易产生 $M-1$、29 等离子；酚易形成 $M-28$ 离子（失 CO）等。

d. 若有亚稳离子，则可利用 $m^*=m_2^2/m_1$ 确定 m_1 与 m_2 之间的关系，推断开裂过程。

⑥ 将各结构单元组合起来，得到各种可能的结构，选出合理的结构式。

⑦ 验证。按照化合物的开裂规律，判断由结构式能否得到质谱图中的各主要质谱峰。

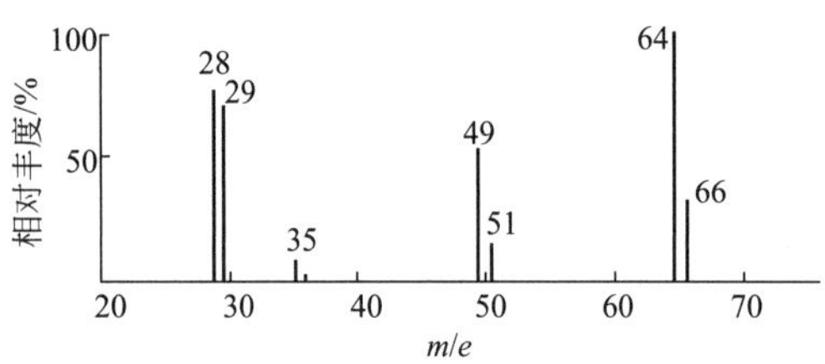

例 8-3　某化合物的质谱如图所示，m/e 64 为分子离子峰，试推测该化合物的结构。

解： 该化合物有 3∶1 的二连峰，说明含一个 Cl 原子。从 M 中减去 35，即 $64-35=29$，说明剩余结构单元为乙基。故该化合物的可能结构为 CH_3CH_2Cl。

验证：

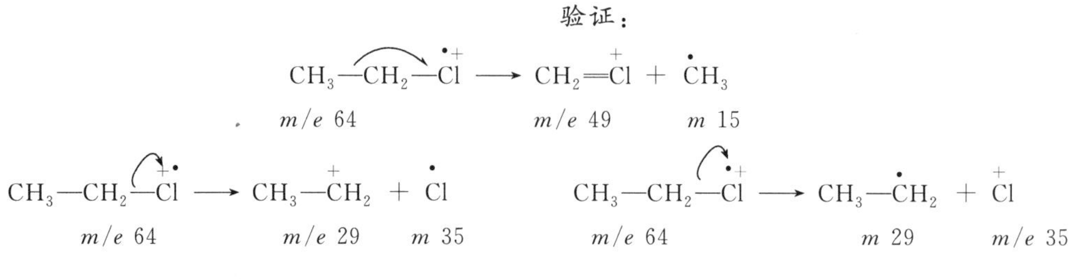

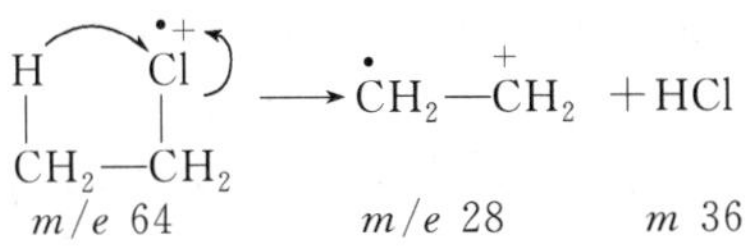

所得碎片离子与谱图相符，该结构是合理的。

例 8-4 某化合物的分子式为 $C_5H_{12}O$，其质谱如图所示，试推测其可能的结构。

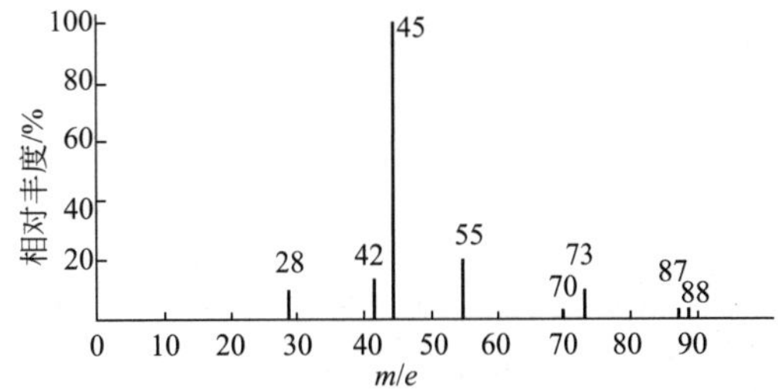

解： 由分子式计算不饱和度为 0，故此化合物为一饱和分子。其分子量为 88，分子离子峰很弱，且有脱水产生的 m/e 70、m/e 45 以及 m/e 73 系列峰，说明该化合物为脂肪醇。脂肪醇易进行 β-开裂，$88-73=15$，$88-87=1$，$88-45=43$，表明其三个 β 键开裂后分别失去 $\dot{C}H_3$、$\dot{H}$ 和 $CH_3CH_2\dot{C}H_2$，故该化合物应为：$CH_3CH_2CH_2—CH(OH)—CH_3$。

验证：

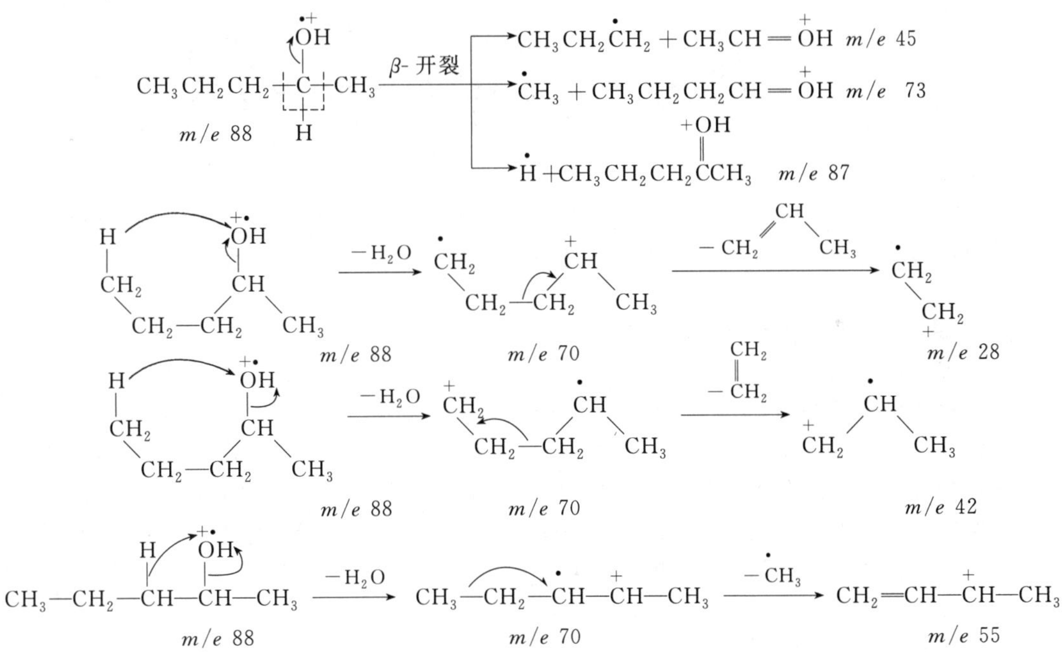

以上开裂产生的碎片离子峰与质谱图相符合，证明该结构式是合理的。

例 8-5 某化合物的红外光谱中有甲基、亚甲基的特征吸收带，在 1715 cm^{-1} 处有强吸收峰，其质谱如下所示，试确定它的结构。

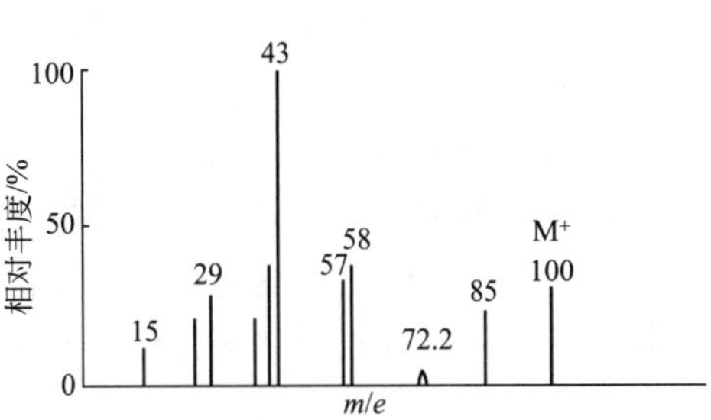

解： IR 谱中 1715 cm^{-1} 强吸收峰，应为酮羰基的特征吸收峰，加之有甲基和亚甲基，故可能为一羰基化合物。其质谱中分子离子峰的质荷比为 100，m/e 58 为脂肪酮经麦氏重排后产生的特征峰，更证实了该化合物为一脂肪酮。酮类易进

行 α-开裂，100－85＝15，说明羰基碳的一边接有一个甲基，亚稳离子峰 m^* 72.2 证实了有 M－15 的开裂过程。脱甲基后产生的 m/e 85 的正离子将进一步脱 CO(m 28)，而 85－28＝57，表明羰基碳的另一边接有一个丁基（m 57)，分子离子脱丁基自由基的 α-开裂占优势，将产生 m/e 43 的基峰。故此化合物的结构为：$CH_3-\overset{\overset{\displaystyle O}{\|}}{C}-CH_2-CH_2-CH_2-CH_3$。

验证：

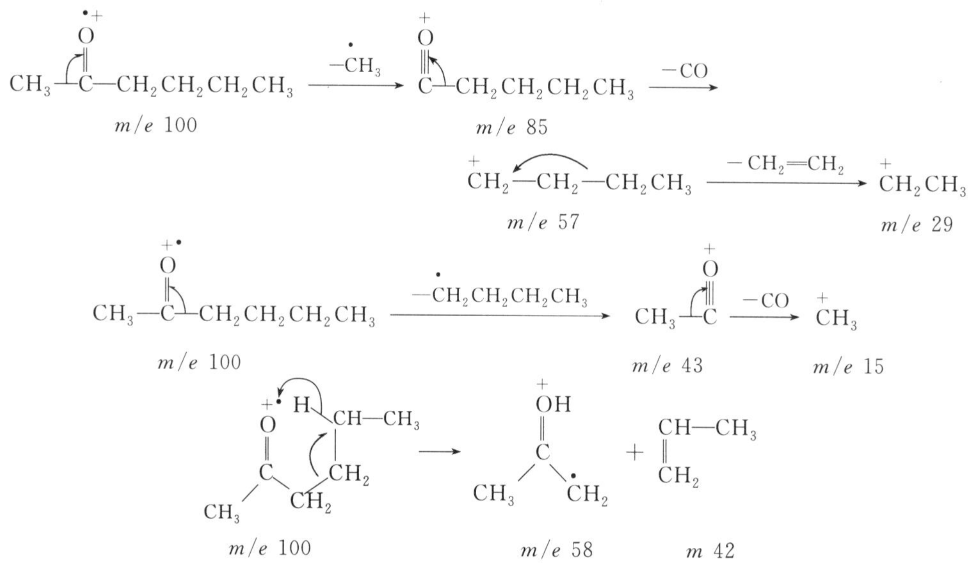

上面得到的碎片离子与谱图相符，该结构式是合理的。

8.5 其他质谱法简介

（1）火花源质谱法

火花源质谱法（SSMS）的离子源为射频火花源或低压直流电弧源，通过放电而使无机样品分子产生正离子。在质量分析器内按质荷比分离，然后在照相干板上被同时检测，或用电子倍增器依次检测。火花源质谱法主要应用于金属、半导体和绝缘体的总体痕量分析，工艺合金、地球化学和宇宙化学样品的多元素分析，生物样品和放射性材料的多元素分析及环境分析，等等。

（2）辉光放电质谱法

辉光放电质谱法使用试样为阴极的辉光放电装置作为离子源，辉光放电溅射能将构成阴极材料的原子输入等离子体，使部分溅射原子电离，进而对试样进行质谱元素分析。辉光放电质谱法能对块状金属进行快速定量、定性分析，也能对薄层、溶液残渣和压制粉末样品进行分析。辉光放电离子源与激光器联用，能大大提高其使用性能。

（3）二次离子质谱法

二次离子质谱法（SIMS）通常用双等离子枪之类的气体放电源（O_2^+、N_2^+、Ar_2^+ 等）、表面电源（Cs^+、Rb^+）或者液态金属离子发射源（Ga^+、In^+）产生能量为 0.2～30 keV 的一次离子束，经加速后聚焦在样品表面选定的区域内，轰击样品（固体或液体靶物质）表面，使表面溅射出光子、电子、离子、原子或分子等。其中溅射出的离子叫二次离子。将二次离子导入质量分析器，按质荷比大小分离；收集具有指定质荷比、动能在一定范围内的二次离子，供脉冲计数或电流测量，产生深度剖析或表面剖析曲线，或者产生表面溅射二次离子分布图像，并进行数据处理，得到二次离子质谱图。

SIMS 可分为静态 SIMS 和动态 SIMS 两种方法。前者初级电流很低，分析时只有单原子层的一部分被溅射出去，故适宜于分析非常薄的表面层和有机材料，在这种情况下，能减少有机分子的开裂。后者初级电流密度高，样品表面以每秒 0.1～100 原子层的速率被除去。该技术是深度轮廓测量的基础。

SIMS 可以分析所有的元素及其同位素，测量微区和表面区域中的同位素比；它的绝对检出限很低，为 10^2～10^6 个原子，相对检出限一般为 ng/g 级，故适宜于痕量和超痕量元素的表面分布分析；它还可以作材料表面形貌分析，对材料表面进行三维立体表征。

SIMS 主要应用领域是固体表面分析和微观结构鉴定，可分析任何类型的固体材料，比如半导体测量表征，半导体掺杂分析，绝缘体分析，冶金、陶瓷、玻璃等材料的表面结构分析，等等。

(4) 激光微探针质谱法

激光微探针质谱法（LAMS）指利用高能激光束使固体试样上一个确定的微区内的原子、分子和原子团蒸发、激发和电离，生成正离子，然后进行质谱分析。该方法既能按透射方式对薄样品进行微区分析，又能用反射方式对厚样品进行分析，在植物生物学、生物医学和环境研究等领域都有广泛的应用。

(5) 电感耦合等离子体质谱法（ICP-MS）

电感耦合等离子体具有很高的温度，是一种非常有效的离子源。在常压下引入的试样能在高温中完全蒸发和解离，产生大量的一价正离子。这种离子源为非真空的外部离子源，并处于低电位状态，因此可以配用简单的质量分析器。该方法具有极高的灵敏度，已被广泛地应用于岩样和水样中的多元素分析、生命科学样品中的痕量元素分析、同位素比测量等方面。

●思考题及习题

参考答案

1. 单聚焦质谱仪由哪些主要部分组成？它们各起什么作用？

2. 某化合物的分子离子的质荷比是偶数，这表明它有什么特点？

3. 某化合物只含有 C、H、O、N 四种元素，若其分子离子峰的 m/e 值为 201，由此可得出什么结论？

4. 请说明氯丁烷质谱中 $m/e=56$ 峰产生的开裂过程。

5. 下述各化合物，哪些能发生麦氏重排？为什么？

(1) 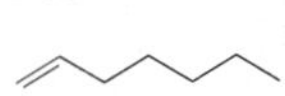　　(2) 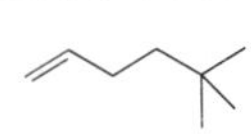

6. 图 8.8 是分子式为 $C_5H_{12}O$ 的化合物的质谱图，试确定它的结构。

7. 化合物的分子式为 $C_6H_{12}O$，其质谱图见图 8.9，试推断其可能的结构。

8. 某酯类化合物的 MS 上有 $m/e=57(100\%)$、$m/e=29(57\%)$、$m/e=43(27\%)$ 等峰，初步推断其可能为下面三个结构之一，试确定该化合物的结构，并说明理由。

A：$CH_3CH_2CH_2COOCH_2CH_3$　B：$CH_3CH_2COOCH_2CH_2CH_3$

C：$(CH_3)_2CHCOOC_2H_5$

9. 某化合物的质谱如图 8.10 所示，试解析该化合物的结构。

10. 从图 8.11 中可以看出 m/e 90、m/e 62、m/e 48 三个离子峰之间有什么关系？说明有什么开裂过程发生？

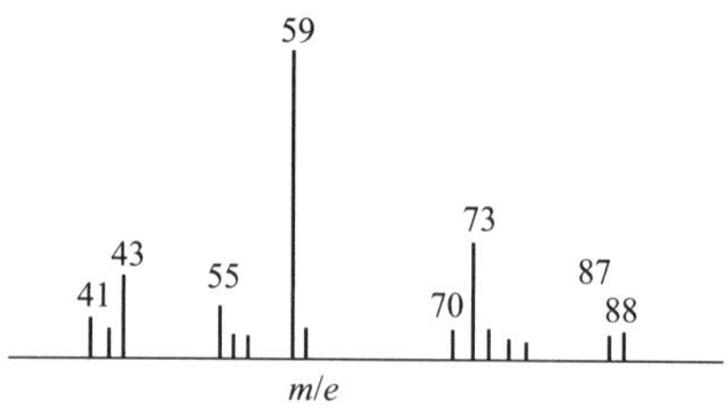

图 8.8　化合物 $C_5H_{12}O$ 的质谱图

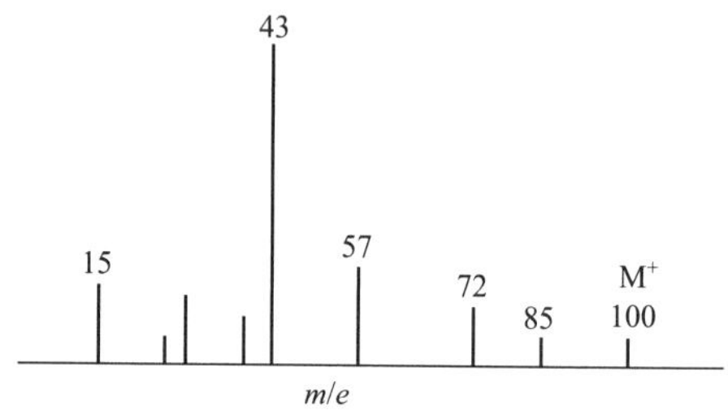

图 8.9　化合物 $C_6H_{12}O$ 的质谱图

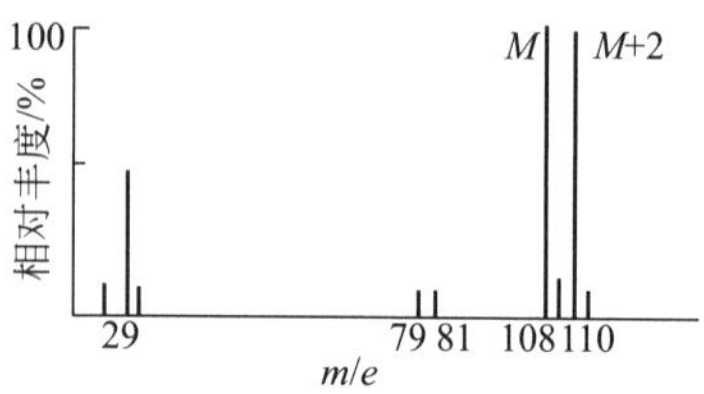

图 8.10　某化合物的质谱图

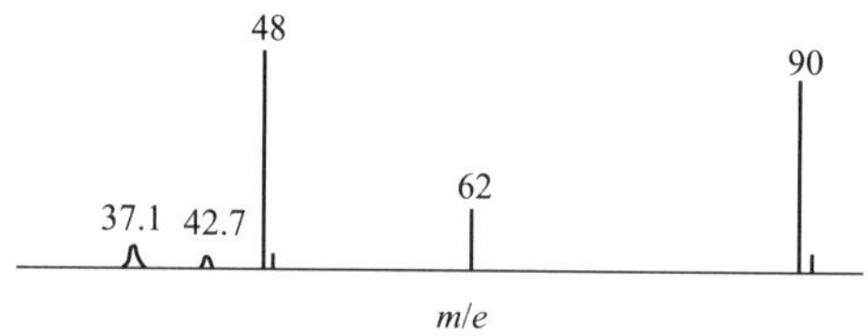

图 8.11　某化合物的质谱图

11. 某化合物分子式为 C_8H_8O，其 IR 和 MS 谱图如图 8.12 所示，请推断其结构。

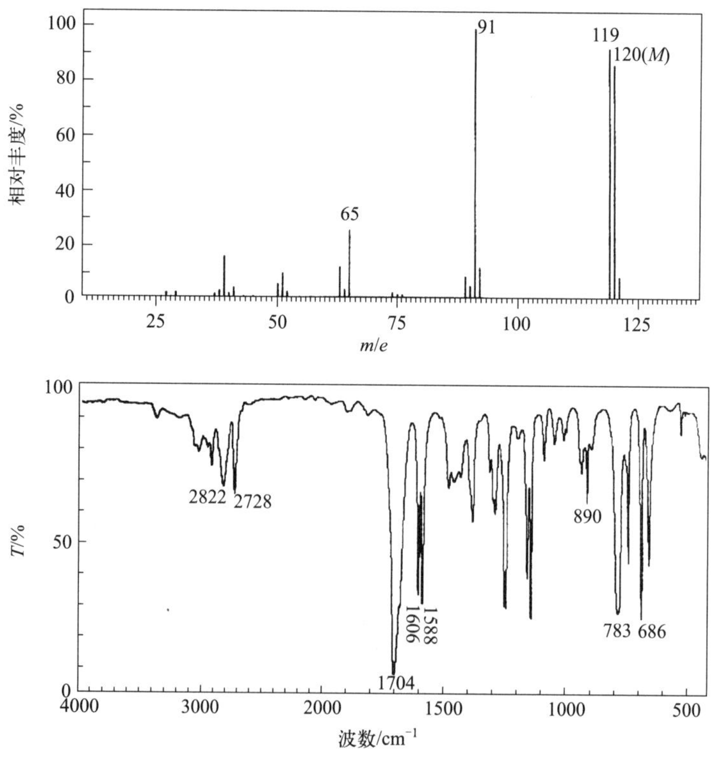

图 8.12　某化合物的红外谱图和质谱图

第 9 章　气相色谱法

气相色谱仪操作方法

9.1　色谱法概述

色谱法是当代最重要的分离分析方法之一，它能将混合物样品中的各组分一一分离，并将它们分别检测出来。据不完全统计，目前的分离分析任务超过一半都是通过色谱法完成的。经典的色谱法是俄国植物学家（M. Tswett）根据一个有趣的实验现象，在 1906 年首先提出来的。

9.1.1　茨维特实验

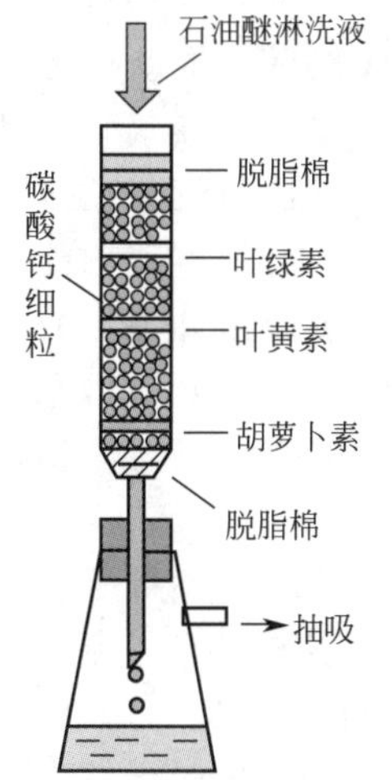

图 9.1　茨维特实验装置

为了分析菠菜绿叶色素的成分，茨维特设计了这样一个实验：取一根如图 9.1 所示的玻璃管，在下端开口处垫上一层脱脂棉，再倒入很细的碳酸钙颗粒，近满时轻轻摇紧，然后盖上一层脱脂棉，将菠菜绿叶的石油醚浸提液慢慢倒入管内，再用纯石油醚淋洗。由于比表面积很大的碳酸钙细粒对各种叶色素有不同的吸附能力，而石油醚能溶解和洗脱叶色素，因此，叶色素在随石油醚向下移动时反复地经历被碳酸钙吸附和被石油醚洗脱的分配过程。经过一段时间后，原来单一的蓝绿色浸出物逐渐变成了边界模糊的几种色带，随后各色带又逐渐地分离开来。留在最上面的是两种叶绿素，其下面是两三种叶黄素，而黄色的胡萝卜素已到达柱子的最下边。茨维特将这些不同的色带叫作色谱，把这种分离方法叫作色谱法，把这种柱子叫作色谱柱。他的这个看似简单的实验却将以前很难分离的复杂混合物轻松地分离开来了，这无疑是一个伟大的创举！就是他的这个实验奠定了色谱法的基础。

从上述实验中，可以总结出色谱法具有这样三个基本特征。①有互不相溶的两相。如碳酸钙为固相，石油醚为液相，二者互不相溶。②一相经过另一相运动。如碳酸钙固定不动，叫固定相；石油醚不断经过碳酸钙流动，叫流动相。③混合物在两相间反复分配而分离。

今天，尽管被分离的许多组分都是无色的，但人们仍沿用了色谱法这个最早的名称。

现代色谱法已经仪器化了，它有专门的进样系统，在它的分离系统之后又增加了用于检测分离后的各个组分的检测系统，以及记录显示系统和温控系统等。因此，色谱法已经成为一类既能分离混合物，又能进行定性定量分析的现代仪器分析方法。

9.1.2　色谱法的分类

如果按照两相的状态分类，则流动相（mobile phase）为液体的色谱法叫液相色谱法（liquid chromatography，LC），流动相为气体的色谱法叫气相色谱法（gas chromatography，GC）。根据其固定相（stationary phase）是液态物质还是固态物质，液相色谱又可分为液液色谱和液固色谱，气相色谱也可分为气液色谱和气固色谱。

如果按照固定相的形式分类，可将固定相装入色谱柱中的色谱法叫柱色谱法，用滤纸及其吸着水为固定相的色谱法叫纸色谱法，用涂成或压成薄层的吸附剂粉末作固定相的色谱法叫薄层色谱法等。

如果按照分离的原理分类，则利用固体吸附剂对不同组分的吸附性能的差异进行分离的色谱法叫作吸附色谱法，利用不同组分在两相中有不同的分配系数来进行分离的色谱法叫作分配色谱法，利用离子交换原理进行分离的色谱法叫作离子交换色谱法，利用多孔性凝胶对不同大小分子的渗透或排阻作用而分离的色谱法叫作凝胶渗透色谱法，等等。

9.1.3 色谱法的发展过程

茨维特是色谱法当之无愧的创始人。1941 年，英国人马丁（Martin）和辛格（Synge）利用硅胶柱分离了氨基酸混合物，建立了液液分配色谱理论，并由此荣获 1952 年的诺贝尔化学奖。1952 年，他们又创立了气液色谱法，成功地分离了脂肪酸、脂肪胺等混合物，并提出了气相色谱塔板理论。1956 年，荷兰人范第姆特（van Deemter）在塔板理论的基础上提出色谱动力学理论——速率理论，进一步奠定了气相色谱理论基础。1954 年，瑞依（Ray）首先将热导池检测器应用于气相色谱，之后气相色谱的检测方法不断发展，出现了红外检测器、热电偶检测器、氢火焰离子化检测器、电子捕获检测器等多种高灵敏度的检测器，使气相色谱仪的性能更加完善。1955 年，第一台商用气相色谱仪出世，推动气相色谱技术进入工业化应用。1956 年，美国人戈雷（Golay）发明了开口毛细管柱，使气相色谱的分离能力大大提高。1957 年，霍姆斯（Holmes）和莫雷尔（Morrell）首次将气相色谱与质谱仪联用，使其既有气相色谱对混合物的快速分离，又有质谱对分子结构的鉴定功能。20 世纪 60～70 年代，先后出现了能准确测定色谱峰面积的自动积分仪和带微型计算机的气相色谱仪；同时液相色谱又重新引起了人们的重视，出现了具有高效分离柱、高压输液泵、高灵敏检测器的高效液相色谱仪；70 年代中期，微处理器和计算机技术的引入，使液相色谱仪的自动化程度和分析精度都得到明显提高。

进入 21 世纪，新的色谱方法、理论、技术和仪器快速发展，色谱法在分离效率、灵敏度、选择性等方面都得到了进一步提升。色谱与质谱、红外光谱、核磁共振波谱、原子发射光谱等联用技术不断发展和完善，为色谱法的应用提供了更广阔的空间。

近年来，国产色谱技术也取得了显著进展。2018 年，我国突破喷射均粒树脂技术，实现了色谱填料的国产化替代。2020 年，我国成功生产出首台完全自主研发的离子色谱仪，打破了国外技术垄断。当前，随着新材料、微流控技术和人工智能的发展，色谱技术正在向芯片实验室、在线监测和智能解析方向迈进，必将继续推动分析化学向更高灵敏度、更快分析速度和更强通量能力的方向发展。

9.1.4 色谱法的特点

① 分离效能高　色谱法能高效地分离分析很复杂的混合物或性质极为相似的物质，比如同系物、异构体、同位素，以及许多具有生物活性的化合物等。

② 分析速度快　通常在一至数十分钟内便可完成一个试样的分析，获得多种组分的测定结果。

③ 分析灵敏度高　一次色谱分析仅需要 μg～ng 级的样品，一般能检测出 10^{-6}～10^{-9} 级的待测组分，若使用高灵敏度的检测器，则可检测出 10^{-11}～10^{-14} g 的物质。

④ 应用范围广　可分析气体、液体和某些固体物质，能分析大多数分子量小于 400 的有机化合物和部分无机化合物，以及某些具有生物活性的物质。目前色谱法已广泛地应用于

石油、化工、医药、卫生、生物、化学、轻工、农业、环保、刑侦、科研等许多领域中，成为必不可少的分离分析手段。

⑤ 局限性　如果没有已知纯物质的色谱图相对照，或者没有有关物质的色谱数据，单独用色谱法很难判断某一色谱峰代表什么物质。将色谱仪的高分离效能与其他定性能力极强的仪器相结合，发展色谱-质谱、色谱-红外光谱、色谱-核磁共振等联用仪器，能有效地克服这一缺点，但是联用型的仪器价格较昂贵，普及性不高。智能色谱仪试图利用计算机技术解决色谱单独定性、定结构的问题，但目前尚在研究之中。

9.2　气相色谱分析过程与原理

9.2.1　气相色谱分析流程

气相色谱是用气体作流动相的色谱法。气相色谱的流动相也叫载气，它是对样品和固定相呈惰性，专门用来载送样品的气体。常用的载气有 H_2、N_2、Ar、He 等气体。

气相色谱分析过程可以简单地概括为：载气载送样品经过色谱柱中的固定相，使样品中的各组分分离，然后再分别检出。

气相色谱分析是在气相色谱仪上进行的，该仪器的主要部件和分析流程如图 9.2 所示。

打开载气钢瓶顶部的总阀，载气经减压阀后进入净化干燥管，除去影响分析的水分和杂质；流量调节阀将载气流速调至需要值，然后由下而上地通过转子流量计，其中转子位置的高低指示出载气流速的相对大小，压力表显示出载气的柱前压力；样品由进样器快速注入气化室，其中的液体样品被瞬时气化，并由载气带入色谱柱，样品中的各组分在色谱柱内得到分离，然后随载气逐一进入检测器，经检测后放空。检测器产生的检测信号被放大器放大，最后由记录仪记录，便得到了反映样品组成及其分离状况的色谱图。图 9.2 中的虚线框内的部分需要进行温度控制。

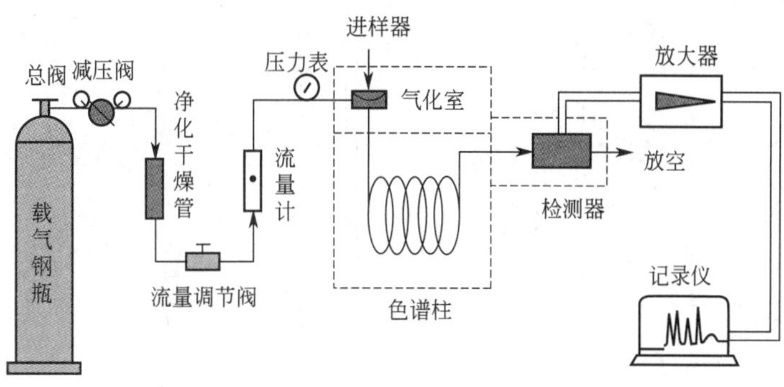

图 9.2　气相色谱分析流程示意图

由此可见，气相色谱仪由气路系统、进样系统、分离系统、检测系统、记录系统和温度控制系统等 6 大基本系统组成。下面分别简单介绍各个系统。

9.2.2　气相色谱仪的基本系统简介

(1) 气路系统

气相色谱气路系统是一个密闭的管路系统，载气在其中稳定连续地运行。它包括载气源、净化干燥器、减压阀、稳压阀、稳流阀、压力表、流量计、各种管线等。

气相色谱仪的气路分为单柱单气路和双柱双气路两种。前者如图 9.2 所示，一般适用于恒温分析。后者的结构如图 9.3 所示，由气源流出的载气经减压阀、净化器、稳压阀后，分为相等的两路，各自流经针形阀、流量计、气化室、色谱柱、检测器，然后放空。样品由其中的一个气化室注入，另一未进样的气路作为参比。这样就可以补偿载气流速波动和固定液流失等原因所引起的检测器噪声，提高了仪器的稳定性。双柱双气路的仪器既能用于恒温分析，也适用于程序升温分析。

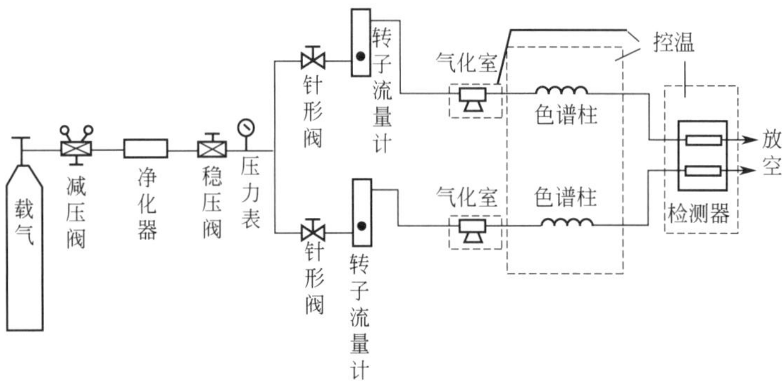

图 9.3　补偿式双柱双气路结构示意图

载气的纯度会影响仪器的灵敏度和稳定性，故应在柱前的气路中串联装有分子筛、硅胶、活性炭等吸附剂的净化干燥器，以除去载气中的水分和杂质。

载气流速是重要的操作条件之一，通常将减压阀、稳压阀、针形阀等串联使用，以获得稳定的载气流速。仪器上的转子流量计往往不太准确，需要用皂膜流量计来进行校正。

(2) 进样系统

进样系统由进样器和气化室组成。对于气体样品，可以用医用注射器或如图 9.4 所示的旋转式六通阀进样，进样量为 0.1 mL 至数毫升。对于液体样品，通常用如图 9.5 所示的微量注射器进样，进样量为 μL 级。固体样品应先用适当溶剂溶解，然后用微量注射器进样。

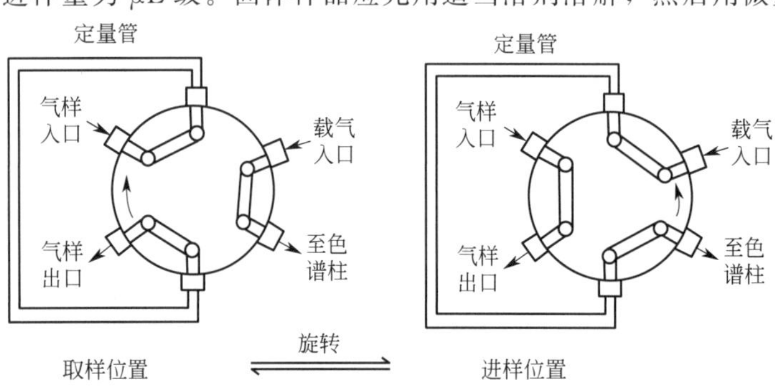

图 9.4　旋转式六通阀

气化室结构如图 9.6 所示，其作用是使液样瞬间气化，但又不会发生分解。气化室温度必须准确控制，控温范围为室温至 450 ℃左右。进样时用注射器针头直接刺穿硅橡胶密封垫，然后将样品尽快注入气化室，形成浓度集中的“样品塞”，并立即被载气带入色谱柱内。

图 9.5　微量注射器

为了消除气化室密封垫中的挥发性物质对分析测定的干扰，有的仪器在气化室密封垫下面增加了隔垫吹扫气路，由隔垫吹扫气阀控制吹扫气流量为 $1\sim3\ mL\cdot min^{-1}$，便可将这些挥发性干扰物吹出分析气路后放空。隔垫吹扫气仅仅是载气中分流出的很小的一部分。

(3) 分离系统（色谱柱）

色谱法最重要的任务——样品的分离必须在色谱柱内进行，因此色谱柱是气相色谱的心脏。它由柱管和其中的固定相组成，包括填充柱和毛细管柱两类。如图 9.7 所示，色谱柱的外形有螺旋形和 U 形两种。填充柱的内径为 2～6 mm，长为 0.5～8 m，用不锈钢、铜、玻璃或聚四氟乙烯等材料制成，管内装填颗粒状的固定相。毛细管柱由石英玻璃制成，其内径为 0.1～0.5 mm，长度为 10～100 m，盘成紧密螺旋形，其内壁经过特殊处理，涂渍了一层均匀的固定液薄膜。

色谱柱内的固定相是分离的关键。而色谱柱的温度是重要的操作条件之一，因此必须把色谱柱安装在密闭隔热且能准确控温的柱箱内。

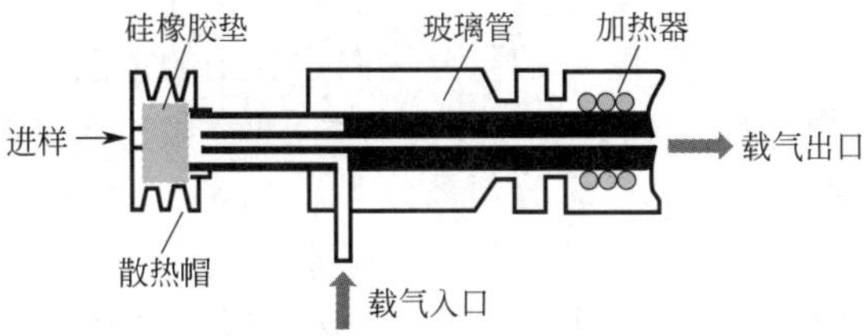

图 9.6 气化室结构示意图

图 9.7 色谱柱的形状

(4) 检测系统

检测系统由检测器及其控制装置组成。检测器是色谱仪中的一个关键部件，其作用是把被色谱柱分离开的各个组分的浓度或质量信号转变成易于测量的电信号，并输送给放大记录系统。检测器的温度对灵敏度、稳定性有一定影响，故应进行严格控制。

(5) 记录系统

记录系统包括放大器、记录仪或数据处理装置等。由于检测器产生的电信号十分微弱，所以必须用放大器放大，再由记录仪记录下代表各组分的色谱图，供定性定量分析用。使用带微机的气相色谱仪可以直接操作按色谱术语设计的键盘，来完成各种功能的色谱操作和数据的处理，并将结果直接显示和打印出来。

(6) 温度控制系统

色谱柱、气化室和检测器的温度是气相色谱分析十分重要和敏感的工作条件之一，必须对它们进行严格的控制，控温精度均为±0.1 ℃。气相色谱仪上有三套独立的自动温度控制电路及其辅助装置，分别使气化室、检测器恒定在适当温度，使柱温恒定或按程序升温。温度控制系统的主要元件有铂电阻或热电偶等热敏元件、电子放大器、可控硅电热器等，柱箱中还有排风扇等。通常用温度计和测温毫伏计来显示温度的高低。

9.2.3 气相色谱分析的基本原理

由于填充柱价格低廉、操作简单、应用普遍，所以以它为讨论的主要对象。

(1) 组分在两相间的分配

在气固色谱中，固定相是固体吸附剂，它对样品中各组分有不同的吸附能力；在气液色谱中，固定相是涂在担体表面的固定液，它对样品中各组分有不同的溶解能力。当载气将气态样品带入色谱柱并与固定相接触时，很快被固体吸附剂吸附或被固定液溶解；与此同时，由于组分分子的热运动以及载气的冲洗作用，又使得被吸附或溶解的组分分子从固定相中脱附或挥发出来，并随着载气向前移动，它们在经过固定相时，又再次被固定相吸附或溶解……随着载气的流动，组分在柱内将反复地进行吸附-脱附或溶解-挥发的分配过程。

由于各组分性质的差异，固定相对它们的吸附或溶解能力将有所不同。不易被吸附或溶解的组分，容易脱附或挥发到载气中去，因此在柱中移动的速度较快；反之，容易被吸附或溶解的组分，不易脱附或挥发到载气中去，随载气移动的速度较慢。各组分在柱内两相间经过反复多次分配之后，便能彼此分离，并先后从柱内流出。

在一定温度、压力下，组分在两相间达到分配平衡时，在固定相中的浓度与在流动相中的浓度之比叫作分配系数（partition coefficient），用 K 表示，即：

$$K = c_s / c_m \tag{9.1}$$

式中，c_s 为组分在固定相中的浓度；c_m 为组分在流动相中的浓度。

分配系数是一个重要的色谱参数，它与柱温、柱压、组分和固定相的性质等有关，而与两相的体积和组分的浓度无关。当每次达到分配平衡时，K 小的组分在固定相中的浓度小，在流动相中的浓度大，因此随载气移动得比较快；反之，K 大的组分在固定相中的浓度大，在流动相中的浓度小，因此随载气移动得比较慢。各组分在柱内反复多次分配（$10^2 \sim 10^6$ 次）后，K 小的组分先出柱，K 大的组分后出柱，这样各个组分便被分离开来了。

（2）色谱分离的基本原理

由上面的讨论可知，如果试样中的各组分在色谱两相间具有不同的分配系数，当两相做相对运动时，各组分在两相间反复多次分配，最后彼此分离。这就是色谱分离的基本原理。

实际上，分配系数相同的各个组分不能分离，它们的色谱峰彼此重叠；分配系数相差越大，各组分分离得越好，其对应的色谱峰也相距越远；如果组分在柱内的分配次数不多，则分配系数相差微小的组分之间就很难分离。因此，色谱分离的两个关键是：①各组分的分配系数不同；②组分在柱内的分配次数足够多。

当分离对象确定了以后，要想使各个组分的分配系数不同，就必须选择合适的色谱固定相；而要想使分配次数足够多，就应当选择恰当的分离操作条件，以提高色谱的柱效能和分离效能。后面将围绕这两方面的问题进行讨论。

9.3 气相色谱固定相

混合物的分离问题是气相色谱分析的关键，而分离的好坏在很大程度上又取决于固定相的选择是否恰当。气相色谱固定相种类繁多，但大致可将其分为固体固定相和液体固定相两类。

9.3.1 固体固定相

固体固定相包括固体吸附剂和聚合物固定相两类。

（1）固体吸附剂

通常是一些具有一定吸附活性的多孔性的细小的固体颗粒。比如非极性的活性炭、弱极性的氧化铝、强极性的硅胶和人工合成的分子筛等。其特点是比表面积大，吸附容量大，热稳定性好，价格便宜，制柱方便；但柱效较低，制备重现性差；在高温条件下的催化活性会干扰分析；它的吸附线性范围小，当进样量大时会出现不对称峰；对某些组分会产生永久性吸附而影响柱的分离效能；由于其微孔多而细长，且不均匀，在分离时容易出现拖尾峰。

固体吸附剂主要用于分析惰性气体，H_2、N_2、O_2、CO、CO_2 等永久性气体，气态烃类和一些低沸点的有机化合物，不适宜分析高沸点组分和活性组分。在使用之前通常要对其进行活化处理，有时也可涂少量固定液、表面活性剂、某些无机化合物等在其表面，以堵塞微孔，覆盖活性中心，进而改善其吸附性能。气固色谱常用固体吸附剂见表 9.1。

表 9.1　气固色谱常用固体吸附剂

吸附剂	化学组成及性质	使用温度/℃	分析对象	使用前活化处理方法
活性炭	C（非极性）	<200	惰性气体，N_2、CO_2、CH_4 等永久性气体，气态烃类，N_2O，等等	装柱，在 N_2 保护下加热到 140～180 ℃，活化 2～4 h
硅胶	$SiO_2 \cdot xH_2O$（氢键型）	<400	C_1 ～ C_4 烷烃，N_2O、SO_2、H_2S、COS、SF_6、CF_2Cl_2 等气体	装柱，在 200 ℃下通载气活化 2～4 h
氧化铝	Al_2O_3（弱极性）	<400	在低温下分离氢同位素，分离 C_1～C_4 烃类及有机异构体	粉碎过筛，在 600 ℃下烘烤 4 h，装柱，在高于柱温 20 ℃下通载气数小时
分子筛 A 型	$CaO \cdot Al_2O_3 \cdot 2SiO_2$（极性）	<400	惰性气体，NO、N_2O、N_2、CO、H_2、O_2、CH_4 等	粉碎过筛，在 550～600 ℃烘烤 4 h，或在 350 ℃下真空活化 2 h
分子筛 X 型	$Na_2O \cdot Al_2O_3 \cdot 3SiO_2$（极性）			
石墨化炭黑	C（非极性）	>500	烃类几何异构体、空间异构体、顺反异构体等的分离	同活性炭

（2）聚合物固定相

聚合物固定相是一类性能优异的新型固定相。例如，常用的 GDX 系列高分子多孔微球固定相是由苯乙烯为单体，二乙烯苯作交联剂，在稀释剂存在下用悬浮聚合法合成的聚合物。若在共聚交联时引入带有特种官能团的单体，就能控制其表面化学性质，达到对于不同特性的分离对象都能进行高效分离的目的。GDX 系列固定相为颗粒大小均一的微小圆球，其表面性质均匀，比表面积为 100～800 $m^2 \cdot g^{-1}$，它既可作为固体固定相直接使用，又可作为担体，在其表面涂渍固定液后再使用。

GDX 固定相的主要优点是：①能针对样品的特点选用具有不同表面特性的系列产品，从而达到最佳的分离效果；②表面性质均匀，无活性吸附中心，对极性组分也能得到峰形对称的色谱峰；③热稳定性好，能在较高的柱温下稳定工作；④机械强度较高，粒度均一，制备重现性好；⑤对过负荷恢复极快，耐腐蚀，适宜于制备色谱。

在使用 GDX-1～GDX-5 型系列固定相之前，都需要进行活化处理，即在 130 ℃通 N_2 加热 10 h，或在高于柱温下加热 4～5 h。若因静电作用而干扰装柱，可用少量丙酮润湿以消除静电影响。

9.3.2　液体固定相

在气液色谱中，主要起分离作用的是色谱柱中的固定液。但是不能将固定液直接装入填充柱中，而需要把它涂渍在一种称为担体的固体颗粒的表面上，然后再装入柱内。因此，液体固定相由固定液和担体两部分组成。

9.3.2.1　担体

担体又叫载体，它是用来承载固定液的化学惰性的多孔性固体颗粒，固定液薄而均匀地涂渍在它的表面。对担体的要求是：比表面积较大，孔径较均匀，颗粒大小适当，化学惰性好，热稳定性好，机械强度较高。常用的担体分为硅藻土类和非硅藻土类两类。

（1）硅藻土类担体

硅藻土是以硅藻遗骸为主体的硅质生物沉积岩，主要成分为非晶质二氧化硅和少量无机盐类，它的结构疏松多孔，具有良好的热稳定性、一定的吸附性和分散性。将硅藻土用不同方法煅烧，可以得到红色担体或白色担体。

红色担体是由硅藻土与黏合剂混合后在 900 ℃左右煅烧而成，因其中含有少量的氧化铁而略带红色。红色担体的特点是孔径较小（0.4～1 μm），机械强度较高，比表面积较大

（约 4 $m^2·g^{-1}$），有较多的活性吸附中心，分析极性组分时易产生拖尾峰；适合于涂渍非极性固定液；分析非极性和弱极性组分；不宜用于高温分析。

白色担体是由硅藻土与少量 Na_2CO_3 助熔剂混匀后在高于 900 ℃的温度下煅烧而成，其中的氧化铁在助熔剂的作用下与硅质反应而转化为无色的硅酸钠铁盐，因此变成了白色的多孔性颗粒。白色担体的特点是孔径较大（约 9 μm），机械强度较差，比表面积较小（约 1 $m^2·g^{-1}$），表面活性吸附中心较少，适宜于极性组分和较高温度下的分析。

硅藻土类担体表面有一定的活性吸附中心，如果固定液用量较少，在涂渍之前必须对它们进行酸洗、碱洗、硅烷化或釉化等预处理。常用硅藻土类担体的特点和用途见表 9.2。

（2）非硅藻土类担体

非硅藻土类担体种类很多，如氟担体（聚四氟乙烯小球）、玻璃微球、石英微球、高分子多孔微球、素瓷等都属于非硅藻土类担体，它们大多耐腐蚀，比表面差异大，常用于特殊分析。比如氟担体可用于强极性和腐蚀性组分分析，玻璃微球适宜于高沸点组分分析等。常用非硅藻土类担体的特点和用途见表 9.2。

表 9.2　常用气相色谱担体的特点及用途

担体名称		特　点	用　途
硅藻土类红色担体	6201 担体	具有红色担体共性	分析非极性、弱性极组分
	201 担体	具有红色担体共性	分析非极性、弱性极组分
	202 担体	具有红色担体共性	分析非极性、弱性极组分
	301 担体	经釉化处理，性能介于红色担体与白色担体之间	分析中等极性组分
硅藻土类白色担体	101 担体	具有白色担体的共性	分析极性组分、高沸点组分
	102 担体	具有白色担体的共性	分析极性组分、高沸点组分
	硅烷化 101 和 102 担体	氢键作用减弱，比表面积减小，使用温度降低	分析水、醇、酚、胺、酸等极性化合物
	405 担体	具有白色担体共性，吸附性低，催化活性小	分析高沸点、极性和易分解组分
非硅藻土类担体	玻璃微球	热稳定性好，形状规则，大小均一，机械强度高，比表面积小（约 0.02 $m^2·g^{-1}$），固定液涂量低	分析高沸点、易分解组分
	氟担体	耐腐蚀，热稳定性较好，形状规则，大小均一，比表面积大的达 12 $m^2·g^{-1}$，小的仅 0.2 $m^2·g^{-1}$	分析强极性组分、腐蚀性气体以及具有化学活性的组分
	高分子多孔微球	见 9.3.1(2)	

（3）担体的选择

在选择担体时，需要考虑待分离组分的极性和其他性质以及固定相的液担比。所谓液担比，是指在固定相中固定液与担体的质量比。液担比的范围很宽，为 0.05%～30%。

a. 如果液担比较小，则应选用比表面积较小的担体。比如，若液担比＞5%，可选用硅藻土类担体；若液担比＜5%，应选用处理过的硅胶土类担体；当液担比低至 0.05%～3%时，可选用比表面积很小的玻璃微球等担体。

b. 对于强极性组分和高沸点组分，应选用比表面积较小的担体，如玻璃微球、石英微球等。

c. 对于强腐蚀的组分，应选用耐腐蚀的担体，如氟担体、石英微球等。

9.3.2.2　固定液

气相色谱固定液主要是一些沸点较高、带有不同官能团的有机化合物，使用时要将其薄而均匀地涂渍在担体的表面。固定液有许多突出的优点，比如用量可根据情况变化，有一千余种不同特性的固定液可供分析不同对象时选择，制柱方便，柱子稳定性好，寿命长，制备重现性好等，因此得到了广泛应用。

对固定液的一般要求是：a. 选择性好，即对待分离的组分的分配系数差异较大，分离能力强。b. 沸点高，挥发性小，热稳定性好，以免在较高的柱温下因固定液流失、反应等造成色谱基线不稳、重现性差、柱寿命短等弊端。c. 化学稳定性好，即不与待测组分、载气、担体等发生不可逆的化学反应。d. 对试样中各组分有适当的溶解能力，否则固定相的保留作用太弱，各组分容易被载气迅速带走，分离效果差。

在实际工作中，可供选择的固定液很多，那么用什么原则来指导固定液的选择呢？要解决这个问题，首先必须了解组分与固定液分子之间的相互作用。

(1) 组分与固定液分子间的相互作用

在气液色谱中，要想得到较好的分离效果，最根本的一条就是要让各组分在固定液中有不同的溶解能力。各组分能溶解于固定液中，且溶解能力不同，是由于各组分和固定液分子之间存在着相互作用力，并且作用力的形式或大小各不相同。这些作用力包括定向力、诱导力、色散力、氢键力和某些特殊作用力等。

① 定向力　这是极性分子永久偶极之间的静电作用力，它仅存在于极性分子之间。在使用极性固定液时，待分离组分的极性越大，与固定液之间的定向力就越强，在固定液中的溶解度就越大，其分配系数也越大，因而在柱内的保留时间就越长。定向力的大小与柱子的热力学温度成反比，因此，使用极性固定液时，降低柱温有利于延长极性组分的保留时间。

分子的极性主要由其官能团决定，常见官能团的极性大小顺序如下：

$—CN > —NO_2 > —COCH_3 > —CHO > —Cl > —Br > —COOCH_3 > —OH > —COOH > —SCH > —OCH > —NH_2$

② 诱导力　是极性分子的永久偶极电场使另一分子产生诱导偶极，然后相互吸引的作用力。诱导力很小，且与温度无关；它既存在于极性分子与易极化的非极性分子之间，也存在于极性分子与能进一步极化的极性分子之间；极性分子的极性越大，另一分子越易被极化，则二者之间的诱导力就越大。

当分离易极化和不易极化的混合物时，诱导力的作用十分突出。比如苯和环己烷都是非极性分子，二者的沸点分别是 80.1 ℃和 80.7 ℃。若选用非极性固定液角鲨烷，很难将它们分离。如果选用中等极性的固定液邻苯二甲酸二辛酯，使易极化的苯产生了诱导偶极，二者之间的诱导力使苯在柱内的保留时间延长为不易极化的环己烷的 1.5 倍。若选用强极性的固定液 β,β'-氧二丙腈，可使苯的保留时间为环己烷的 6.3 倍，从而得到很好的分离效果。

③ 色散力　由于分子中的电子运动、原子核在零点间的振动，使分子的正、负电荷中心瞬时相对位置发生了变化，产生了快速的周期性的偶极矩，其平均值为零，在宏观上无偶极矩显示。但是瞬时偶极产生的同步电场却使周围分子的瞬时偶极加剧，并相互作用，从而产生相互吸引的色散力。色散力存在于任何分子之间，是非极性分子之间的唯一吸引力。色散力与温度无关，与相互作用的分子的电离能和极化率有关。对于非极性有机化合物来说，色散力相差不大。当使用非极性固定液时，各非极性组分按沸点顺序出柱，沸点低的先出柱，沸点高的后出柱。例如，用十六烷固定液分离石油裂解气 $C_1 \sim C_3$，其出柱顺序依次是：甲烷（−161.5 ℃）、乙烯（−104 ℃）、乙烷（−88 ℃）、丙烯（−47 ℃）、丙烷（−42.2 ℃）（括号内为沸点）。

定向力、诱导力和色散力都属于分子间的作用力，统称范德华力，它们的大小都与分子间平均距离的 6 次方成反比。因此，带有许多支链或庞大基团的组分，与固定液分子之间的范德华力必然较直链或仅有小基团的组分的小，会较快地从色谱柱中流出。

④ 氢键力　当氢原子和一个电负性较大、原子半径较小的原子 X 以共价键相结合时，它还可以与另一个电负性较大、原子半径较小的原子 Y 以静电引力的形式相互作用而形成氢键 X—H…Y，其中 X、Y 可能为 F、O、N、S 等。虚线表示氢键，X—H 叫“给氢”或“质子给予体”，Y 叫“受氢”或“质子接受体”。常见氢键的强弱次序为：

F—H…F＞O—H…O＞O—H…N＞N—H…N＞O—H…S＞N≡C—H…N

当使用含有—OH、—COOH、—COOR、—NH_2、═NH 等官能团的固定液时，对含有 F、O、N、S 等的化合物会产生明显的氢键作用，使这些组分在柱内的保留时间延长。

氢键力大于范德华力而小于化学键力，有时也认为它是一种特殊的范德华力。

⑤ 电子给予-电子接受作用力　这是一种电子亲和能大的分子与电离能小、含 π 电子体系的分子之间的作用力。例如，β,β'-氧二丙腈、四氯邻苯二甲酸酯等属于电子亲和能大的分子，而芳烃、烯烃等则属于电离能小、含 π 电子体系的分子。前者具有电子接受的性能，后者表现出电子给予的倾向。当用电子接受体固定液分离电子给予体分子时，二者之间产生的电子给予-电子接受作用力使组分在柱内的保留时间延长。

此外，还有一些特殊的作用力，比如 Ag^+ 与烯键形成的不太稳定的配合力，在某些含烯化合物的分离中也能起到重要的作用等。

值得注意的是，组分和固定液分子之间往往不只存在一种作用力，而是几种作用力兼而有之。但是常常是其中的一种作用力对两组分的分离起着控制或决定作用，在选择固定液时，必须抓住这个主要矛盾。

(2) 固定液的特征及分类

固定液种类繁多，性质各异，如果能用简单、直观而有效的方法来表示其本质的特征，就能以此为基础对它们进行恰当的分类，然后用来指导固定液的选择。

① 固定液的本质特征　固定液的特征是指它的分离特征，而分离中的一个决定性因素是组分与固定液分子之间的作用力。通常，作用力的形式和大小都与它们的极性有关。因此，极性是固定液最本质的特征，用极性可以描述和区分固定液的分离性能。

② 固定液的相对极性分类法　1959 年，罗尔施奈德（Rohrschneider）对固定液极性的标度方法作了开创性的工作。他首先提出用相对极性来表征固定液的分离特性，并以此对固定液进行分类。这种方法是取 3 根相同的柱管，分别装入角鲨烷、β,β'-氧二丙腈和待标度固定液。选用正丁烷和丁二烯为探测物质对（亦可选苯和环己烷），让它们分别通过这 3 根柱子，测出其相对保留值，然后根据规定的公式计算出待标度固定液的相对极性 P_x。

罗尔施奈德规定，非极性固定液角鲨烷的相对极性为 0，强极性的固定液 β,β'-氧二丙腈的相对极性为 100，在 0～100 间每 20 为 1 级，共分为 5 级。例如测得己二酸聚乙二醇酯的 $P_x=72$，故其相对极性级别为+4；SE-30（甲基聚硅氧烷）的 $P_x=13$，其相对极性级别为+1。非极性固定液用−1 和 0 表示，弱极性固定液为+1、+2，中等极性为+3，强极性为+4、+5。按上述方法测定出各种固定液的相对极性，然后按其极性级别的大小顺序排列成表，这样将更有利于迅速查找和选用固定液。某些常用固定液的相对极性见表 9.3。

表 9.3 气相色谱常用固定液

固定液名称	最高使用温度/℃	常用溶剂	相对极性级别	麦氏常数 X'	Y'	Z'	U'	S'	总极性	分析对象(参考)
角鲨烷	150	乙醚	0	0	0	0	0	0	0	烃类及非极性化合物
阿皮松 M	240～300	苯、氯仿	+1	31	22	15	30	40	138	各类高沸点有机化合物
L				32	22	15	32	42	143	
N				38	40	28	52	58	216	
SE-30	350	氯仿+丁醇(1∶1)	+1	15	53	44	64	41	217	非极性、弱极性有机化合物
E-301(二甲基硅橡胶)	300	氯仿+丁醇(1∶1)	+1	15	56	44	66	40	221	非极性、弱极性有机化合物
邻苯二甲酸二丁酯	100	甲醇、乙醚	+2	130	253	213	357	227	1177	烃、醇、醛、酮、酯、酸等有机化合物
邻苯二甲酸二壬酯	130	乙醚、甲醇	+2	81	183	147	231	159	801	烃、醇、醛、酮、酯、酸等有机化合物
磷酸邻三甲苯酯	100	甲醇	+3	176	321	250	374	299	1420	烃类、芳烃和酯类异构体、卤化物等
有机皂土-34	200	甲苯	+4							芳烃、二甲苯异构体等
聚乙二醇-20M	225	乙醇、氯仿、丙醇	+3	322	536	368	572	510	2308	能形成氢键的有机化合物,对芳烃和非芳烃的分离有选择性
三(2-羧乙基)膦(TCEP)	175	丙酮、氯仿	+5	593	857	752	1028	915	4145	烃类及含氧化合物衍生物等
β,β'-氧二丙腈	100	甲醇、丙酮	+5	588	848	814	1258	919	4427	极性化合物

③ 固定液的特征常数分类法　相对极性的 5 级分度法虽然简单明了，但却不能反映出待测组分与固定液分子之间的全部作用力，它只是较多地体现了分子间的诱导力，因此它所表达的极性是比较粗略的。为了更准确地反映出组分与固定液之间作用力的实际情况，20 世纪 60 年代，罗尔施奈德又提出了固定液的特征常数分类法。他选用了 5 种性质不同的物质作为探测物，然后分别通过角鲨烷标准柱和待测固定液柱，测得其保留指数，利用同一探测物在待测柱和标准柱上的保留指数差值的 1/100 来标度待测固定液的极性，可得出 5 种罗氏常数。1970 年，麦克雷诺（McReynold）改进了罗氏方法，把 5 种罗氏探测物中测定保留指数困难的乙醇、甲乙酮和硝基甲烷改为易于测定的丁醇、2-戊酮和硝基丙烷，苯和吡啶则保留不变。麦氏探测物名称、符号及特点见表 9.4。他将这些探测物分别通过待测柱和标准柱后，计算出其保留指数的差值作为相应的麦氏常数。五种麦氏常数分别代表了五种不同类型的作用力，麦氏常数的值越大，该种作用力就越大。五种麦氏常数之和称为总极性（$P_{总}$），$P_{总}$ 越大，表示固定液与探测物之间的总作用力越强，该固定液的极性就越强。麦克雷诺测定了 226 种固定液的全部麦氏常数。

表 9.4 麦氏探测物名称、符号及特点

名称	称　号	作用力特点
苯	X'	易极化物质,电子给予体
丁醇	Y'	能形成氢键物质,质子给予体
2-戊酮	Z'	能形成静电偶极作用力的物质
硝基丙烷	U'	接受电子物质,电子接受体
吡啶	S'	接受质子物质,质子接受体

④ 近邻技术分类法　沃德（S. Wold）用统计方法分析了麦克雷诺所测定的 226 种固定液的麦氏常数值，发现许多固定液具有相似性，他将特性相似的固定液分成一组，共分 16 组，组数越大的固定液极性越强；在每一组内选出一种固定液作为代表，使 226 种固定液减至 16 种，从而大大简化了固定液的选择。1973 年，李拉（Leary）运用近邻技术计算了各种固定液的差异度（D），从中优选出了分离效果好、热稳定性高、使用温度范围宽、差异度按等比增长的 12 种固定液，这样就可以用表 9.5 所列的 12 种代表性很强的优选固定液，来解决大部分气相色谱分离问题。

表 9.5　12 种优选固定液

序号	名　称	型号	麦氏总极性 $P_{总}$	差异度 D	CP 指数	最高使用温度/℃
1	角鲨烷	SQ	0	0	0	150
2	甲基硅油或甲基硅橡胶	SE-30,OV-101,SP-2100,SF-96	205～229	100	4.4～4.9	350
3	苯基(10%)甲基聚硅氧烷	OV-3	423	194	9.1	350
4	苯基(20%)甲基聚硅氧烷	OV-7	592	271	12.7	350
5	苯基(50%)甲基聚硅氧烷	DC-710,OV-17,SP-2250	827～884	377	17.8～19.0	375
6	苯基(60%)甲基聚硅氧烷	OV-22	1075	488	23.1	350
7	三氟丙基(50%)甲基聚硅氧烷	OV-210,QF-1,SP-2401	1500～1520	709	32.3～32.7	275
8	β-氰乙基(25%)甲基聚硅氧烷	XE-60	1785	821	38.4	250
9	聚乙二醇-20M	Carbowax-20M	2308	1052	49.7	225
10	聚己二酸二乙二醇酯	DEGA	2764	1259	59.5	200
11	聚丁二酸二乙二醇酯	DEGS	3504	1612	75.5	200
12	1,2,3-三(2-氰乙氧基)丙烷	TCEP	4145	1885	89.3	175

20 世纪 70 年代，国外开始用 CP 指数来表示商品固定液的极性。角鲨烷的 CP 指数为 0，极性最强的固定液（$P_{总}=4644$）的 CP 指数为 100，其他固定液的 CP 指数等于其总极性与 4644 的百分比，即 $CP_i=(P_{总,i}/4644)\times 100$ 。通常 CP 指数越大，固定液的极性就越强。

除了以上分类方法外，还可根据固定液的化学结构类型，将具有相同官能团的固定液归为一类，比如将固定液分成烃类、聚硅氧烷类、醇类、醚类、酯类和聚酯类、腈和腈醚类等。这种分类法便于按组分与固定液的“相似相溶”原则来指导选择固定液，也易于从化学结构上了解固定液的分离特征。

(3) 固定液的选择

在实际工作中，可参考文献资料和个人经验来选择固定液，选择时常常运用“相似性原理”，即如果组分和固定液分子在官能团、化学键、极性或其他化学性质等方面具有某些相似性，则它们之间的作用力大，组分在固定液中的溶解度大，组分的分配系数大，保留时间长。反之，则保留时间短，然后通过实验对比来确定。选择固定液时常见以下几种情况。

a. 分离非极性组分，可选用非极性固定液。由于有机化合物的色散力相差不大，故按组分的沸点由低到高的顺序出柱。

b. 分离中等极性的组分，可选用中等极性固定液。其保留作用是色散力和诱导力引起的。沸点相似的组分，易极化的后出柱；沸点不同的组分，沸点低的先出柱。

c. 分离极性组分，可选用极性固定液。主要由定向力的大小决定出柱的先后。极性小的组分与固定液分子间的定向力小，保留时间短；反之，极性大的组分的保留时间长。但同时也要考虑到分子的极化性和分子体积大小的影响。例如用强极性固定液聚乙二醇-600（$P=+4$，$P_{总}=2646$）分析乙醛和丙烯醛混合物，极性较小的乙醛先出柱。

d. 分离极性和非极性混合组分，可选用极性固定液。一般不易极化的非极性组分按沸点顺序先出柱，而极性组分或易被极化的非极性组分则因有额外的定向力或诱导力作用而后出柱。例如，若用非极性固定液分离丁烷（沸点为−0.5 ℃）、丁烯（沸点为−6.5 ℃）、丁二烯（沸点为−4 ℃）的混合物，按沸点顺序分离，丁烯先出柱，丁二烯次之，丁烷最后出柱。若用极性固定液，丁二烯易被极化，产生的诱导力最大，故最后出柱，而丁烷不被极化，最先流出。

e. 分离能形成氢键的组分，可选用极性或氢键型固定液。此时保留作用主要是氢键力造成的，易形成氢键的组分后流出，不易形成氢键的组分先流出。

f. 对于复杂样品的分离，可选用特殊固定液或混合固定液。混合固定液的方法有以下三种：先混合，后涂渍；先涂渍，后混合；分别涂渍、装柱，然后将各柱串联。

g. 对于性质不明的未知样品，可试用五种优选固定液。即让样品分别通过 SE-30、OV-17、QF-1、PEG-20M 和 DEGS 等五根柱子，观察其分离情况，然后再选用极性适当的固定液。

9.4 气相色谱理论基础

9.4.1 气相色谱保留值

① 色谱流出曲线　在用色谱法进样分析时，试样中的各个组分经色谱柱分离后，随载气依次进入检测器，被转换为电信号，然后由记录系统放大和记录下来，得到如图 9.8 所示的反映组分产生的信号随时间变化的曲线，这就是色谱流出曲线，也叫作色谱图。它的纵坐标表示组分产生的以 mV 为单位的信号；横坐标表示时间，有时也表示载气流过的体积或记录仪的走纸长度，因为它们和时间成正比。在理想的情况下，一个组分的色谱峰基本上是对称的，可以作为正态分布处理。气相色谱流出曲线是确定组分保留值、评价柱效能和分离效能的依据，也是色谱定性、定量分析的依据。

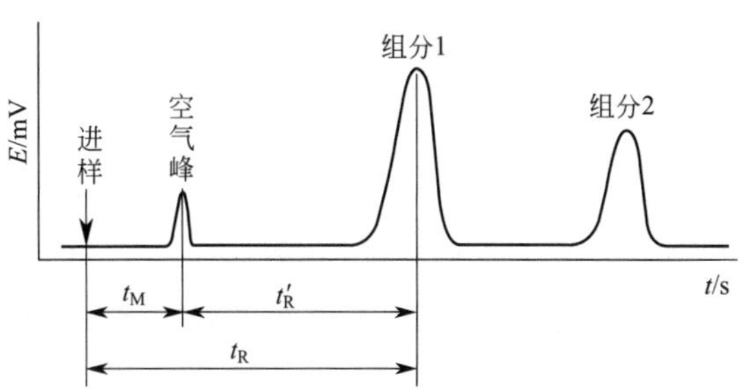

图 9.8　气相色谱流出曲线

当气路中只有载气通过时，记录仪所记录的曲线叫基线。它是仪器各种杂散信号的记录，反映了实验条件的稳定程度，稳定的基线是一条平直的线。如果实验条件不稳定，基线就会产生波动或漂移。只有基线稳定后，仪器才能正常进行分析工作。

② 保留时间（t_R）　从进样开始到柱后出现待测组分浓度最大值所需要的时间叫保留时间，如图 9.8 中的 t_R。当固定相、柱温、载气流速和其他操作条件不变时，一种组分只有一个特定的保留时间，它是色谱定性分析的基础数据，它所对应的记录仪走纸距离称为保留距离（d_R）。

③ 死时间（t_M） 指不与固定相作用的气体（如空气等）从进样开始到柱后出现浓度最大值所需要的时间，如图 9.8 中的 t_M。它近似为载气流过色谱柱所需要的时间。它反映了柱内气相所占体积的大小，与待测组分的性质无关。对于热导池检测器，可用空气进样测定 t_M；对于氢火焰离子化检测器，可用甲烷进样测定近似的 t_M。

④ 调整保留时间（t'_R） 如图 9.8 所示，t'_R 是指扣除了死时间后的保留时间，即：

$$t'_R = t_R - t_M \tag{9.2}$$

式中，t'_R 是由组分与固定相之间相互作用而引起的组分在柱内滞留的时间；同时，组分在柱内气相所占的空间内运行还要消耗时间 t_M，这两部分时间之和便是组分的保留时间 t_R。由于 t'_R 扣除了与组分性质无关的 t_M，所以将它作为定性的依据比 t_R 更合理。

⑤ 保留体积（V_R） 从进样开始到柱后出现组分浓度最大值时，载气所流过的体积叫保留体积，即在保留时间 t_R 内流经色谱柱的载气体积，用 V_R 表示。其计算公式为：

$$V_R = F_0 t_R \tag{9.3}$$

式中，F_0 为柱后出口处载气的体积流速，$mL \cdot min^{-1}$。V_R 校正了由载气流速变化所引起的保留时间的改变，其大小与载气流速无关。

⑥ 死体积（V_M） 在死时间内通过色谱柱的载气体积叫死体积，也是从气化室起到检测器出口为止的整个管路中的空隙体积，它近似地反映了柱内气相所占体积的大小，与待测组分的性质无关。

$$V_M = F_0 t_M \tag{9.4}$$

⑦ 调整保留体积（V'_R） 扣除了死体积后的保留体积叫调整保留体积，它等于在调整保留时间内流过色谱柱的载气体积，其计算式为：

$$V'_R = F_0 t'_R \tag{9.5}$$

同样 V'_R 也与载气流速无关，它比 V_R 更能合理地体现组分的保留特性。

⑧ 相对保留值（r_{21}） 如图 9.8 所示，组分 2 对组分 1 的调整保留值之比叫作相对保留值 r_{21}，即：

$$r_{21} = \frac{t'_{R2}}{t'_{R1}} = \frac{V'_{R2}}{V'_{R1}} \tag{9.6}$$

它反映了固定相对二组分保留行为的差别，其重要特点是只与柱温和固定相性质有关，因此消除了某些操作条件（如柱形、载气流速、固定液流失等）对保留值的影响。相对保留值是气相色谱定性指标之一，它比绝对保留值更可靠。色谱手册上收集了许多物质的相对保留值数据供人们查用。通常，式(9.6) 中的脚码 1 表示标准物，脚码 2 表示被测物。

⑨ 保留指数（I） 在色谱定性时，为了克服绝对保留值过分依赖实验条件，相对保留值中标准物与待测组分的调整保留值相差较远时测得的结果误差较大的缺点，科瓦茨（Kovats）于 1958 年提出了保留指数的概念。大量实验结果表明，正构烷烃同系物的调整保留值的对数与其所含的碳原子数之间存在着线性关系。因此他规定正构烷烃的保留指数为其碳原子数的 100 倍，待测组分的保留指数用两个峰位紧靠它的相邻的正构烷烃来标度。即待测组分 x 的调整保留值正好在二相邻正构烷烃的调整保留值之间：

$$t'_R(z) \leqslant t'_R(x) \leqslant t'_R(z+1)$$

式中，z 和 $z+1$ 为正构烷烃的碳原子数。那么可以用下式计算待测组分的保留指数：

$$I_x = 100\left[\frac{\lg t'_R(x) - \lg t'_R(z)}{\lg t'_R(z+1) - \lg t'_R(z)} + z\right] \tag{9.7}$$

也可以用调整保留体积 V'_R 或调整保留距离 d'_R 来代替 t'_R 进行计算。

由此可见，某组分的保留指数就相当于某一假想的正构烷烃的保留指数，这一假想的正构烷烃的碳原子数在两个相邻的真正的正构烷烃之间，其保留指数也等于100乘以此假想的碳原子数。例如，乙酸正丁酯的 $I=775.6$，它的保留指数就相当于有7.756个碳原子的正构烷烃的保留指数。

例 9-1 使用邻苯二甲酸二异癸酯柱，柱温100 ℃，测得正己烷、正庚烷和某化合物的调整保留距离分别为 $d'_{己}=61.0$ mm，$d'_{庚}=137.0$ mm，$d'_{x}=114.5$ mm，试计算该化合物的保留指数 I_x，并确定它为什么物质。

解：
$$I_x=100\times\left(\frac{\lg 114.5-\lg 61.0}{\lg 137.0-\lg 61.0}+6\right)=677.8$$

查色谱文献中的使用相同固定相和柱温的化合物的保留指数值，与 $I_x=677.8$ 相接近的化合物为苯，因此待测化合物即为苯。

在程序升温的条件下，柱温变化会引起死时间的改变，无法用统一的 t_M 来确定 t'_R，因此计算保留指数时，应将调整保留值换为保留值，即

$$I_{PT}=100\times\left[\frac{\lg t_R(x)-\lg t_R(z)}{\lg t_R(z+1)-\lg t_R(z)}+z\right] \tag{9.8}$$

保留指数的大小仅仅与柱温和固定相的性质有关，而与其他实验条件无关，它的准确度和重现性都比较好，所以它是目前公认的保留值中最有价值的表达形式。

9.4.2 色谱峰宽度

图9.9显示了一个标准的色谱峰，从峰顶到基线的高度叫峰高，如图中的 h 所示。色谱峰宽度又叫区域宽度，是评价柱效能和色谱定量的重要参数，有以下三种表达形式。

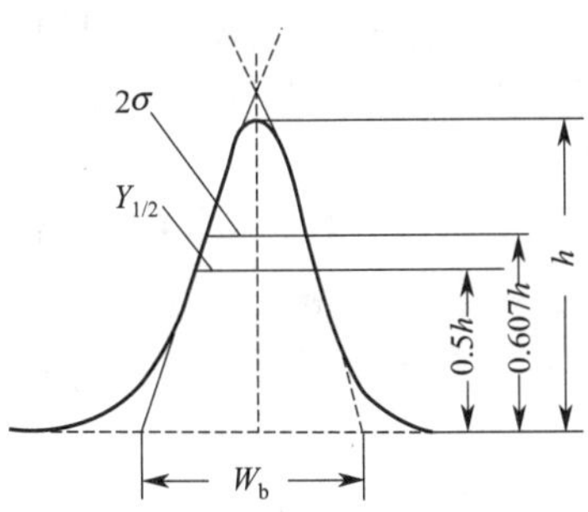

图 9.9 色谱峰宽度的表示方法

① 标准偏差（σ） 色谱峰两边拐点间距离的一半，即 $0.607h$ 处的色谱峰宽度的一半等于标准偏差（σ）。

② 半峰宽（$Y_{1/2}$） 在峰高一半处色谱峰的宽度叫半峰宽（$Y_{1/2}$）。它与标准偏差的关系为：

$$Y_{1/2}=2\sigma\sqrt{2\ln 2}=2.354\sigma \tag{9.9}$$

③ 峰底宽（W_b） 由色谱峰两侧拐点处所作的切线与基线的交点间的距离叫峰底宽，也叫基线宽度或基底宽度，用 W_b 表示。它与 σ、$Y_{1/2}$ 的关系如下：

$$W_b=4\sigma=1.699Y_{1/2} \tag{9.10}$$

在上述三种表达形式中，$Y_{1/2}$ 最易测量，所以应用最多。

9.4.3 分配比与相比

分配比（partition ratio）又叫容量比或容量因子，它是指在一定温度、压力下，组分在两相间达到分配平衡时，在固定相中的质量 p 和流动相中的质量 q 之比，即：

$$k=p/q \tag{9.11}$$

分配比与分配系数 K 的关系是：

$$K=\frac{c_S}{c_M}=\frac{p/V_S}{q/V_M}=k\,\frac{V_M}{V_S}=k\beta \tag{9.12}$$

式中，V_M 为色谱柱内流动相体积；V_S 为色谱柱中固定相体积（在气液色谱中，V_S 为柱内固定液体积；在气固色谱中，V_S 为吸附剂表面容量）。V_M/V_S 叫相比（phase ratio），用 β 表示。它是色谱柱型和结构的重要参数，填充柱 β 为6～35，毛细管柱 β 为50～1500。

分配系数是组分在两相中的浓度比，分配比则是组分在两相中分配总量之比。它们都与

组分和固定相的性质有关，也与柱温、柱压有关。但分配系数与两相体积无关，而分配比却与两相的体积比有关。在表征组分的分离行为时，K 与 k 都能说明组分与固定相之间作用力的大小，可以认为二者是等效的。即 k 值越大，组分与固定相之间的作用力越大，保留时间越长。可以推导出 k 与保留时间的关系为：

$$k=t'_{\mathrm{R}}/t_{\mathrm{M}} \tag{9.13}$$

因此，由色谱图中的调整保留时间和死时间便可方便地求出组分在柱内的分配比。

由于 $t'_{\mathrm{R}}=t_{\mathrm{R}}-t_{\mathrm{M}}$，代入式(9.13)，可得：

$$t_{\mathrm{R}}=t_{\mathrm{M}}(1+k) \tag{9.14}$$

9.4.4 塔板理论

在气相色谱中，各组分在固定相和流动相之间进行反复多次分配而分离。为了使这个反复分配的问题简化，使它更直观、更形象，在建立色谱理论时，马丁（Martin）和辛格（Synge）等人就将色谱的分离过程比拟为人们早已熟悉的化工中的分馏过程。他们借用处理分馏过程的概念、理论和方法来处理色谱过程，从而建立起了气液色谱的塔板理论（plate theory）。

（1）塔板理论的假设

塔板理论将连续的色谱过程简化为许多小段平衡过程的重复，把色谱柱比作分馏塔，柱内有许多想象的完全相同的塔板。每一塔板的一部分为载气所占据，其体积叫板体积；另一部分为固定相所占据。载气不是连续地而是脉冲式地进入色谱柱内，每次进入一个板体积；组分在每一塔板里的气相和液相之间能瞬时达成一个分配平衡；分配系数是恒定的，与组分在塔板中的浓度无关。不考虑组分在柱内运行时纵向扩散的影响。所有组分浓度以起始塔板中的浓度为基准，经过许多个塔板后，分配系数小即挥发性大的组分先从柱内流出。由于柱内塔板数很多，致使分配系数仅有微小差别的各组分也能得到很好的分离。

（2）理论塔板高度（H）和理论塔板数（n）

在色谱柱内每达成一次分配平衡所需要的柱长叫作理论塔板高度（H，height equivalent to a theoretical plate），它即是每一个想象中的塔板的高度，单位为 mm。

设色谱柱长为 L(mm)，则可求出柱内有多少个想象的塔板，即理论塔板数（n，number of theoretical plates）：

$$n=L/H \tag{9.15}$$

n 也是组分在整个色谱柱内能达到分配平衡的次数。当 L 一定时，理论塔板数越多，理论塔板高度就越小。n 可以由保留时间（t_{R}）和色谱峰宽度（$Y_{1/2}$ 或 W_{b}）求出：

$$n=5.54\left(\frac{t_{\mathrm{R}}}{Y_{1/2}}\right)^2=16\left(\frac{t_{\mathrm{R}}}{W_{\mathrm{b}}}\right)^2 \tag{9.16}$$

计算时 t_{R} 与 $Y_{1/2}$、W_{b} 都应用相同的单位，计算结果一般可保留两位有效数字。

由式(9.16)、式(9.15) 可看出，色谱峰的 t_{R} 越长，或 $Y_{1/2}$、W_{b} 越窄，n 越大，H 越小，组分在柱内达到分配平衡的次数就越多，色谱柱的柱效能似乎就越高。然而在实际工作中发现，有时计算出的 n 很大，H 很小，但真正的柱效能却并不高，特别是对于那些流出较早的组分，表现尤为突出。这是因为式(9.16) 的 t_{R} 中包含了未对组分起保留作用的死时间 t_{M}，对于流出较早的组分，t_{M} 在 t_{R} 中所占的比例较大，因此计算出来的 n 值比实际情况大得多。为了能恰如其分地反映出柱效的高低，应将 t_{M} 扣除后用调整保留时间 t'_{R} 计算。

（3）柱效能指标

在计算塔板数时，若扣除了 t_{M} 影响，则可得到有效塔板数（$n_{有效}$）和有效塔板高度（$H_{有效}$）：

$$n_{有效}=5.54\left(\frac{t'_R}{Y_{1/2}}\right)^2=16\left(\frac{t'_R}{W_b}\right)^2 \tag{9.17}$$

$$H_{有效}=\frac{L}{n_{有效}} \tag{9.18}$$

由于 $n_{有效}$ 和 $H_{有效}$ 能较好地反映实际柱效能的高低，因此可将它们作为柱效能指标。若组分的 t'_R 越长，峰形越窄，其 $n_{有效}$ 就越大，$H_{有效}$ 就越小，柱效也就越高。值得注意的是，$n_{有效}$ 和 $H_{有效}$ 所表示的仅仅是色谱柱对特定组分柱效的高低，在计算柱效时，还必须说明是对什么组分而言的。通常，色谱柱的柱效越高，固定相对该组分的作用就越显著，所得色谱峰就越窄，因而对分离就越有利。但是对某一组分柱效的高低并不能反映各组分的分离情况，$n_{有效}$ 和 $H_{有效}$ 不是衡量分离程度的指标。

例 9-2 组分 a 的色谱图如下，①求该组分的分配比；②若该组分的分配系数为 53.8，则该色谱柱的相比为多少？③色谱柱对组分 a 的柱效是多少？

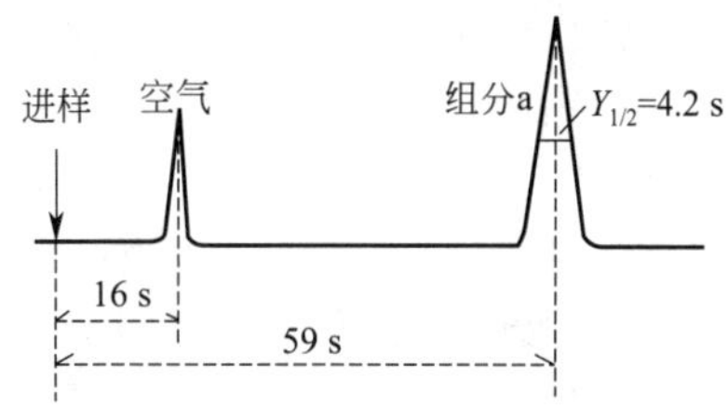

解：①由谱图可知组分 a 的保留时间 $t_R=59$ s，死时间 $t_M=16$ s，分配比 $k=\frac{t'_R}{t_M}=\frac{t_R-t_M}{t_M}=\frac{59-16}{16}=2.7$

② 相比 $\beta=K/k=53.8/2.7=20$

③ 色谱柱对组分 a 的柱效 $n_{有效}=5.54(t'_R/Y_{1/2})^2=5.54\times(43/4.2)^2=5.8\times10^2$

(4) 塔板理论的局限性

塔板理论是建立在理想化的色谱分离过程基础上的，尽管它在解释流出曲线的形状和保留值、计算塔板数和塔板高度、评价柱效能的高低等方面是成功的，然而它将复杂的色谱过程简化为一个理想的分配过程，它的一些假设，比如“组分能在两相间瞬时达到分配平衡”“分配系数与浓度无关”“纵向扩散可以忽略”“载气以板体积为单位脉冲式输入”等与实际情况明显不符，因此不可避免地存在着一定的局限性。比如，它不能说明色谱操作条件影响塔板高度的原因，不能解释塔板数为什么会随载气流速而变化等。

为了更好地解释色谱过程和指导色谱操作，1956 年，荷兰科学家范第姆特等人在塔板理论的基础上，提出了色谱动力学理论——速率理论。

9.4.5 速率理论

速率理论（rate theory）吸取了塔板理论的有益成果——塔板高度的概念，并赋予板高（H）新的意义——色谱峰形展宽的量度。它将影响板高的各种因素综合起来考虑，并明确指出，扩散和传质运动控制着柱效的高低。它以方程的形式概括了影响板高的三个因素：涡流扩散项、分子扩散项和传质阻力项。范氏方程表达简式为：

$$H=A+B/\bar{u}+C\bar{u} \tag{9.19}$$

式中，A 为涡流扩散项；$B/\bar{u}$ 为分子扩散项；$C\bar{u}$ 为传质阻力项；$\bar{u}$ 为载气在柱内的平均线速度，$cm\cdot s^{-1}$，$\bar{u}=L/t_M$。

这三项都会使板高增加，峰形展宽，柱效降低。下面分别讨论各项的物理意义，以便找出影响板高的色谱操作条件。

9.4.5.1 涡流扩散项 A

在填充柱内，载有组分分子的气流碰到固定相颗粒时，会不断改变前进的方向，从而使组分分子在气相中形成紊乱的“涡流”状的运动。同时，由于固定相颗粒大小的差别和填充疏密程度的不同，使得同时进入柱中的组分分子可能经过不同长度的路径流出柱子，这种现象叫作多路效应，如图 9.10 所示。其结果使色谱峰形展宽，板高（H）增大，柱效降低。

图 9.10　涡流扩散示意图

涡流扩散项（eddy diffusion term）A 与固定相颗粒大小和形状、填充疏密程度有关，而与载气流速无关，其值由下式确定：

$$A = 2\lambda d_p \tag{9.20}$$

式中，λ 为填充不规则因子；d_p 为固定相颗粒的平均粒径。

显然，固定相颗粒细小均匀，填充紧密一致，可以有效降低 λ 和 d_p，从而减小 A，降低 H，提高柱效。对于一根装好的色谱柱，A 为常数。

9.4.5.2　分子扩散项（纵向扩散项）$B/\overline{u}$

组分是瞬间进入色谱柱内的，最初像一个样品“塞子”，存在于柱端，在“塞子”的前后存在着显著的浓度差，当组分随载气运动时，必然产生沿色谱柱的纵向扩散，使峰形展宽，H 增大，柱效降低。分子扩散系数 B 由下式确定：

$$B = 2\gamma D_g \tag{9.21}$$

式中，γ 为弯曲因子；D_g 为组分分子在气相中的扩散系数，$cm^2 \cdot s^{-1}$。

γ 与填充物颗粒有关，填充物颗粒会阻挡组分分子的纵向扩散，使扩散路径发生弯曲，从而减弱了扩散运动。填充柱的 $\gamma<1$，而空心毛细管柱的 $\gamma=1$。D_g 与组分和载气的性质、柱温、柱压等因素有关。组分分子量越大，其 D_g 就越小；D_g 与载气分子量的平方根成反比，用轻载气（H_2、He 等）会增大 D_g，用重载气（N_2、Ar 等）能减小 D_g；D_g 随柱温升高而明显增大，随柱压增大而有所减小。

分子扩散项（longitudinal diffusion term）$B/\overline{u}$ 与组分分子在柱内的停留时间有关，载气流速 $\overline{u}$ 越小，停留时间越长，分子扩散就越严重。反之，当 $\overline{u}$ 很大时，$B/\overline{u}$ 很小，它对峰形的展宽就可以忽略。

综上所述，采用重载气、适当降低柱温、提高载气线速度等，可以降低分子扩散项，减小 H，提高柱效。

9.4.5.3　传质阻力项 $C\overline{u}$

物质在相际之间的转移过程叫传质过程。传质阻力项（resistance of mass transfer term）包括气相传质阻力项和液相传质阻力项，即 $C\overline{u}=C_g\overline{u}+C_l\overline{u}$，式中的 C_g 为气相传质阻力系数，C_l 为液相传质阻力系数。

① 气相传质阻力系数　C_g 表示组分从气相移动到固定相表面进行浓度分配时所受到的阻力，C_g 越大，气相传质过程所需要的时间越长，峰形展宽也越大。对于填充柱，有

$$C_g = \frac{0.01k^2}{(1+k)^2}\frac{d_p^2}{D_g} \tag{9.22}$$

式中，k 为分配比。C_g 与分配比、固定相粒径 d_p、组分的气相扩散系数 D_g 有关。a. 采用粒度小的固定相能显著降低 C_g；b. 用轻载气、提高柱温能增大 D_g，减小 C_g；c. 提高柱温、减少固定液用量可减小 k 和 $k^2/(1+k)^2$，从而降低 C_g，减小板高，提高柱效。

② 液相传质阻力系数　C_l 是指组分从气液界面移动到液相内部，达到分配平衡，然后又返回到气液界面的传质过程中所受到的阻力。C_l 越大，这一过程所需要的时间越长，当

组分重新返回到气相时，就必然与原来在气相中的组分相距越远，从而使峰形展宽越大。

$$C_1=\frac{2}{3}\frac{k}{(1+k)^2}\frac{d_f^2}{D_1} \tag{9.23}$$

式中，d_f 为固定相的液膜厚度；D_1 为组分分子在液相中的扩散系数。显然，a. 降低固定液用量，采用比表面积较大的担体，能降低液膜厚度，减小 C_1；b. 但固定液用量减少会使 k 减小，$k/(1+k)^2$ 增大，导致 C_1 增大；c. 提高柱温，可增大 D_1，减小 C_1，但柱温升高又会使 k 减小而增大 C_1。因此，选择恰当的固定液用量和适当的柱温，能获得较小的 C_1，从而降低板高，提高柱效。

一般来说，当固定液含量较高，液膜较厚，载气流速适中时，$C_1\overline{u}$ 项对板高的影响显著，而 $C_g\overline{u}$ 项的影响可以忽略；但当采用液担比低的柱子、进行载气流速很高的快速分析时，$C_g\overline{u}$ 项对板高的影响将大大增加，甚至会变成主要的控制因素。

综上所述，可以得到如下的范第姆特方程（或速率方程）：

$$H=2\lambda d_p+\frac{2\gamma D_g}{\overline{u}}+\left[\frac{0.01k^2}{(1+k)^2}\frac{d_p^2}{D_g}+\frac{2k}{3(1+k)^2}\frac{d_f^2}{D_1}\right]\overline{u} \tag{9.24}$$

它表明了固定相粒度、填充均匀程度、柱型和柱径、载气流速和种类、固定相性质和液膜厚度、柱温等条件对柱效的影响，它对于色谱分离操作条件的选择具有重要的指导意义。

9.4.6 色谱分离效能指标——分离度

色谱理论和实践中的一个中心问题是混合物的分离问题。然而在讨论这一问题时，首先需要确定相邻两色谱峰分离程度的标准。

9.4.6.1 两峰完全分离的条件

在色谱分析中，对于难分离的物质对 A、B 的色谱峰，一般有这样几种情况。

① 两峰完全重叠　如图 9.11(a) 所示，说明色谱的分离操作条件极差。

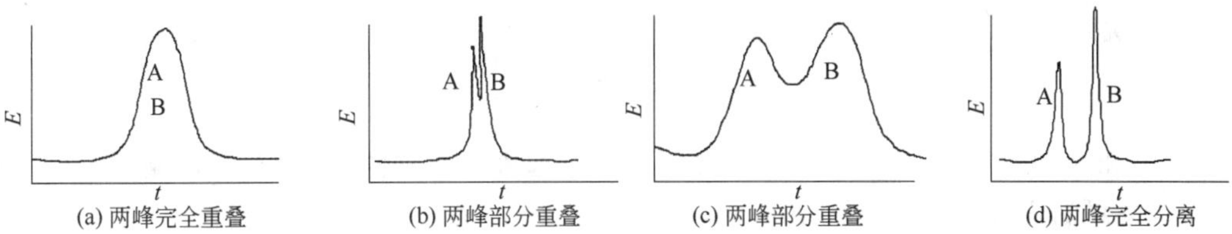

图 9.11　二组分色谱分离的几种情况

② 两峰部分重叠　二峰之间的距离太近造成了如图 9.11(b) 所示的部分重叠，因此要想分开它们，就必须使二者的峰间距足够大。峰间距即二组分的保留时间之差（$t_{R2}-t_{R1}$），而组分的保留时间是由组分与固定相之间作用力的大小所决定的，作用力大，表明组分在固定相中的溶解或吸附能力强，则分配系数 K 大，保留时间长。因此这是一个组分在两相间进行浓度分配的色谱热力学问题。在组分和柱温等操作条件一定的情况下，K 的大小主要取决于固定相的性质。

在图 9.11(c) 中，尽管 A、B 的峰间距很大，却仍然部分重叠，这是因为此二峰都很宽。因此，要想两峰完全分离，还必须让它们的峰形足够窄。色谱峰的展宽主要受组分在柱内的扩散和传质运动的影响，属于色谱动力学问题，它基本上取决于柱温、载气流速、固定相粒度、固定液膜厚度等分离操作条件。

③ 两峰完全分离　由上述讨论可知，两峰完全分离的条件是：a. 峰间距足够大；b. 峰形足够窄。如图 9.11(d) 所示，只有同时满足这两个条件，两组分才能完全分离。

9.4.6.2 分离度

（1）分离度的定义

分离度（resolution）R 又叫分辨率，是确定色谱图中相邻二峰分离程度的指标。考虑到二峰完全分离的条件，将分离度 R 定义为相邻二峰保留值之差与其平均峰宽的比值，即：

$$R=\frac{t_{R2}-t_{R1}}{\frac{1}{2}(W_{b2}+W_{b1})} \tag{9.25}$$

由此可知，R 的分子项为二峰保留时间之差，即峰间距的大小，它反映了二组分在两相间分配情况的差别，体现了色谱分离的热力学因素；分子项越大，K 值差别越大，越有利于分离。R 的分母项为二组分色谱峰的平均峰宽，峰形的宽窄与组分在柱内的扩散、传质等运动过程有关，体现了色谱分离的动力学因素；分母项越小，峰宽越窄，柱效能就越高，越有利于分离。因此，R 全面考虑了两峰完全分离的两个条件，反映了色谱分离的热力学因素和动力学因素，体现了色谱柱对物质对的直接分离效果，是色谱柱总分离效能的指标。

（2）R 大小与分离程度

R 为多大时，二峰才能完全分离呢？对于两个等面积对称峰来说，当 $R=0.8$ 时，二组分的分离程度为 89%；当 $R=1.0$ 时，其分离程度为 98%；当 $R=1.5$ 时，其分离程度可达 99.7%。因此，通常认为 $R\geqslant 1.5$ 时，二组分的色谱峰完全分离。

（3）R 与 $n_{有效}$ 的关系

设两相邻色谱峰的峰底宽近似相等，即 $W_{b1}\approx W_{b2}$，代入式(9.25)，得：

$$R=\frac{t_{R2}-t_{R1}}{W_{b2}}=\frac{t'_{R2}-t'_{R1}}{W_{b2}},\ W_{b2}=\frac{t'_{R2}-t'_{R1}}{R}$$

又 $$n_{有效}=16\left(\frac{t'_{R2}}{W_{b2}}\right)^2=16\left(\frac{t'_{R2}R}{t'_{R2}-t'_{R1}}\right)^2=16R^2\left(\frac{t'_{R2}/t'_{R1}}{t'_{R2}/t'_{R1}-1}\right)^2$$ 因为：$r_{21}=\frac{t'_{R2}}{t'_{R1}}$

代入上式，可得：

$$n_{有效}=16R^2\left(\frac{r_{21}}{r_{21}-1}\right)^2 \tag{9.26}$$

$$R=\frac{1}{4}\sqrt{n_{有效}}\frac{r_{21}-1}{r_{21}} \tag{9.27}$$

式(9.26) 和式(9.27) 将 $n_{有效}$、r_{21} 与 R 三者联系起来了，只要已知 $H_{有效}$，便能求出欲达到一定分离度所需要的柱长（L）：

$$L=n_{有效}H_{有效}=16R^2\left(\frac{r_{21}}{r_{21}-1}\right)^2H_{有效} \tag{9.28}$$

由此可知，柱长与 R^2 成正比。适当增加柱长，能有效地提高难分离物质对的分离度。

（4）半宽分离度 R'

由于半峰宽 $Y_{1/2}$ 比峰底宽 W_b 更易于测量，因此可用半峰宽代替峰底宽来评价二峰分离的程度。

$$R'=\frac{t_{R2}-t_{R1}}{\frac{1}{2}[Y_{1/2(1)}+Y_{1/2(2)}]} \tag{9.29}$$

式中，R'为半宽分离度。R'与 R 的物理意义是一致的，但数值不同，二者的关系为：

$$R'=1.699R \quad 或 \quad R=0.589R' \tag{9.30}$$

例 9-3 从色谱图中得知二组分的色谱峰的 $t_{R1}=27$ s，$t_{R2}=32$ s，$W_{b1}=5.0$ mm，$W_{b2}=10.3$ mm，记录仪的走纸速度为 2.5 mm·s^{-1}，求此二峰的分离度。此二峰是否能完全

分离？

解： $W_{b1}=5.0/2.5=2.0(\mathrm{s})$　　　$W_{b2}=10.3/2.5=4.1(\mathrm{s})$

$R=2(t_{R2}-t_{R1})/(W_{b1}+W_{b2})=2\times(32-27)/(2.0+4.1)=1.6$

因为 $R>1.5$，故此二峰能完全分离。

9.5 分离操作条件的选择

气相色谱的分离操作条件包括载气流速与种类、柱温、固定液种类和用量、担体种类和粒度、柱长、柱径和柱型、进样量和进样时间、气化室温度等，可以用速率理论方程来指导分离操作条件的选择。

9.5.1 载气流速的选择

载气流速会影响柱效能、分离效能和分析时间。由 $H=A+B/\bar{u}+C\bar{u}$ 可知，涡流扩散项与载气流速无关，分子扩散项与载气流速成反比，传质阻力项与载气流速成正比。以板高为纵坐标、载气平均线速度 $\bar{u}$ 为横坐标对上述三项分别作图，见图 9.12。其中 $H_1=A$ 是一条水平直线；$H_2=B/\bar{u}$ 为一条反比例双曲线；$H_3=C\bar{u}$ 为一条斜率为 C 的经过原点的直线。此三项之和等于板高，即 $H=H_1+H_2+H_3$，因此总的结果为图上部的曲线。该曲线的最低点所对应的载气流速为最佳流速 $\bar{u}_{opt}$，在此流速下，板高最小，柱效最高。

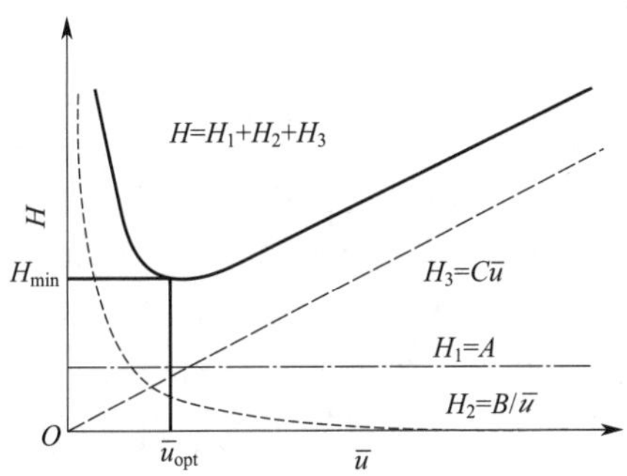

图 9.12　板高与载气流速的关系

从图 9.12 可看出，当 $\bar{u}$ 很低时，$B/\bar{u}$ 项对 H 的贡献最大；而 $\bar{u}$ 很高时，$C\bar{u}$ 项对 H 影响突出。为了缩短分析时间，通常使载气流速略大于 $\bar{u}_{opt}$。在快速色谱法中，载气流速则要大大高于 $\bar{u}_{opt}$。此时，$B/\bar{u}$ 对 H 的影响可以忽略，欲降低 H，主要考虑 $C\bar{u}$ 项的影响。

在实际工作中，一般用体积流速（$\mathrm{mL\cdot min^{-1}}$）表示载气的流量。对于填充柱，用 N_2 作载气时，流量可取 20～60 $\mathrm{mL\cdot min^{-1}}$；用 H_2 作载气时，流量可选 40～90 $\mathrm{mL\cdot min^{-1}}$。

9.5.2 载气种类的选择

由于载气分子量的平方根近似与组分的气相扩散系数 D_g 成反比，当 $\bar{u}$ 较小时，$B/\bar{u}$ 对 H 影响大，故采用重载气（N_2、Ar）有利于减小 D_g，降低 H；当 $\bar{u}$ 较大时，$C\bar{u}$ 对 H 影响大，故采用轻载气（H_2、He）有利于增大 D_g，减小气相传质阻力系数 C_g，降低 H。在快速色谱分析中，通常采用液担比低、载气流速高的条件，此时固定液层很薄，气相传质阻力项 $C_g\bar{u}$ 比液相传质阻力项 $C_l\bar{u}$ 对板高的影响大得多，选用轻载气能明显提高柱效。

此外，载气种类还应适应检测器的特点。比如用热导池检测器时选用 H_2 比 N_2 作载气灵敏度高得多，而用氢火焰离子化检测器时则最好选用 N_2 作载气等。

9.5.3 担体表面性质和粒度的选择

比表面积较大和孔径分布均匀的担体，有利于固定液在其表面形成薄而均匀的液膜，从而使 d_f 减小，C_l 降低，柱效提高。担体粒度细小均匀，可以减小填充不规则因子 λ，降低 A，也能显著减小 C_g；同时还可以降低液膜厚度 d_f，减小 C_l，从而能明显降低 H，提高柱效。

但是如果担体粒度过于细小，柱内阻力将变得很大，必须大大提高柱压才能保证获得适当的载气流速。这样的后果是容易引起管线接头漏气，从而无法正常工作。对于填充柱，担体粒度范围约为 20 目，一般取 60～80 目或 80～100 目为宜。

9.5.4 固定液及其用量的选择

固定液的性质和用量会直接影响分配比 k、液膜厚度 d_f 和液相扩散系数 D_l，由于分配系数 K 与 k 有关，故也会影响 K 的大小。通常要求固定液能使样品中各组分均有不同的较大的分配系数，对担体有良好的浸润性，同时还要求固定液沸点高、稳定性好等。

减小液担比可以降低 d_f，减小 C_l，提高柱效；同时也有利于缩短分析时间，在较低温度下分析沸点较高的组分。但液担比越低，柱负荷越小，进样量也需相应减少；液担比太低还可能无法覆盖担体的所有表面，从而出现担体吸附现象，直接对分离的效果产生不良影响。一般填充柱的液担比为 0.5%～30%。

9.5.5 柱温的选择

柱温是气相色谱分析中十分重要的操作条件之一，对分离效果和分析速度有明显影响。k、K、D_g、D_l 等参数都直接与柱温有关。升高柱温可增大 D_g、D_l，故能降低 C_g、C_l，提高柱效；但同时又会加剧纵向扩散，使柱效降低。因此在升高柱温的同时，适当提高载气流速，可以使纵向扩散项对板高的影响减弱，传质阻力项对板高的影响增强，达到提高柱效的目的。升高柱温还会使组分在液相中的溶解度降低，k 和 K 减小，保留时间变短。但是如果柱温太高，则 r_{21} 变小，R 下降，从而使柱子的选择性变差；而柱温太低，则 t_R 增大，W_b 变宽，柱效降低，R 下降。由此可见，柱温太高或太低都不利于分析，只有选择适当的柱温，才能达到很好的分离效果。在实际工作中，常常采用较低的固定液用量和较低的柱温。较低的固定液用量能使液膜变薄，从而显著减小液相传质阻力，提高柱效和缩短分析时间；但同时也会使 k 减小而导致 C_l 上升。而较低的柱温能使组分的 k 和 K 增大，有利于降低 C_l，提高柱的选择性。在选择柱温时，还应注意以下几点。

① 柱温必须在固定液的最高使用温度之下，否则固定液会挥发损失。

② 组分在柱内不会冷凝，也不会分解，且各组分的分离效果好，分析时间较短。

③ 经验表明，当待测组分沸点为 300～400 ℃时，可选液担比＜3%，柱温为 200～250 ℃；当沸点为 200～300 ℃时，可选液担比 5%～10%，柱温为 150～200 ℃；当沸点为 100～200 ℃时，可选液担比 10%～15%，柱温为 80～150 ℃；对于低沸点组分和气态组分，液担比一般为 15%～25%，柱温通常选在其沸点或沸点以上，以便在室温或 50 ℃左右分析。

④ 对于宽沸程样品，宜采用程序升温，即使柱温按预定的升温程序变化，以便兼顾高、中、低沸点各组分的分离效果，缩短分析时间，提高

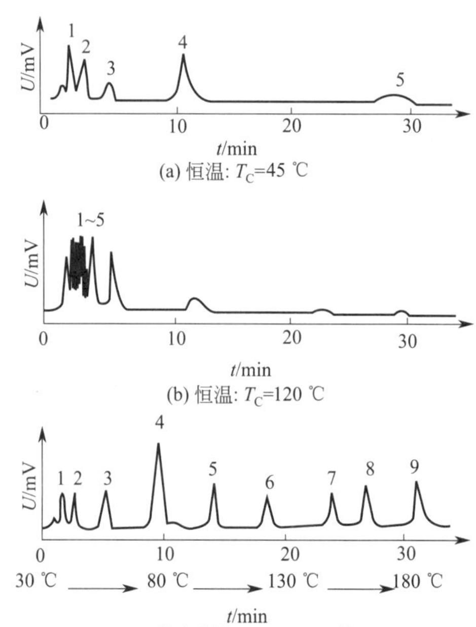

图 9.13 恒温分析与程序升温分析的比较

柱效，使不同沸点的组分都能在适当的温度下分离。恒温分析与程序升温分析的比较见图9.13。图中各峰所对应的组分1为丙烷（-42 ℃）、2为丁烷（-0.5 ℃）、3为戊烷（36 ℃）、4为己烷（68 ℃）、5为庚烷（98 ℃）、6为辛烷（126 ℃）、7为溴仿（150.5 ℃）、8为间氯甲苯（161.6 ℃）、9为间溴甲苯（183 ℃）。图（a）柱温很低，5个低沸点组分尚可分离，但中沸点以上组分难以出峰；图（b）柱温较高，低沸点峰密集，难辨认，高沸点组分难出峰；图（c）程序升温速率5 ℃/min，低、中、高沸点组分分离良好。

9.5.6 柱长、柱内径、柱型的选择

由于$R \propto \sqrt{L}$，故增加柱长L，有利于分离，但增加柱长，会增加柱成本，延长分析时间，增大柱内阻力，因此应在保证分离良好前提下尽可能缩短柱长，常用填充柱长为1～3 m。

柱内径太大，不易填充均匀，导致柱效下降；柱内径太小，固定相填充太少，分离效果差。填充柱的内径一般取2～4 mm为宜。

太弯曲的柱子不易填充均匀，并导致气流路径复杂、曲折，载气线速度变化大，从而使柱效降低，分离效果变差。一般而言，柱子的曲率半径越小，分离效果越差。

9.5.7 进样量和进样时间的选择

气相色谱分析的进样量应控制在峰高或峰面积与进样量成线性关系的范围内。若进样量太大，会出现重叠峰、平顶峰，无法进行正常分析；若进样量太小，则有的组分不能出峰。进样量通常由实验效果来确定，液样一般取0.1～5 μL，气样一般取0.1～10 mL。

进样时间必须很快，最好在0.5 s内完成，形成浓度集中的“试样塞子”。如果进样速度慢，试样的起始宽度增大，峰形会严重展宽，影响分离效果，甚至还会产生不出峰的现象。

9.5.8 气化室温度的选择

只有把气化室控制在适当的温度下，液体样品进入气化室后才能被瞬时气化，但又不会分解。一般气化室温度比柱温高30～100 ℃。同时，当进样量较大时，气化温度宜高些；进样量较小时，气化温度可低些。如果气化不良，会使色谱峰变成前沿平坦后沿陡峭的展宽的伸舌峰，不利于分离。因此，在保证样品不分解的前提下，气化室温度略高一些更好。

9.6 气相色谱检测器

检测器是色谱仪中最重要的部件之一。只有依靠检测器才能将色谱柱分离开来的各个组分信号转换为电信号，然后放大、记录下来，得到作为定性定量分析依据的色谱图。

9.6.1 气相色谱检测器的分类

（1）按响应值与组分浓度或质量的关系分类

根据响应值与组分浓度或质量的关系可将检测器分为浓度型检测器和质量型检测器。

① 浓度型检测器　能检测出载气中组分浓度的瞬间变化，其响应信号与组分浓度成正比；当进样量一定时，峰面积随流速增加而减小，峰高基本不变。热导池检测器、电子捕获检测器等非破坏型检测器都属于浓度型检测器。

② 质量型检测器　能检测出载气中组分质量流速的变化，其响应信号和单位时间内进

入检测器的组分的质量成正比；当进样量一定时，峰高随流速的增加而增大，峰面积基本不变。氢火焰离子化检测器、火焰光度检测器等都属于质量型检测器。

（2）按检测方法和原理分类

这种分类方法的优点是易于掌握检测器的主要特点。其分类情况见表 9.6。

表 9.6 常见气相色谱检测器分类

检测方法	工作原理	检 测 器	应 用 范 围
物理常数法	热导系数差异	热导池检测器(TCD)	所有能气化的物质
	气体密度差异	气体密度天平(GDB)	所有能气化的物质
气相电离法	火焰电离	氢火焰离子化检测器(FID)	有机化合物
	核辐射电离	电子捕获检测器(ECD)	含强电负性元素的化合物
光度法	分子发射	火焰光度检测器(FPD)	含硫、磷的化合物
	原子吸收	原子吸收检测器(AAD)	多种元素
电化学法	电导变化	电导检测器(ELCD)	含卤素、硫、氮的化合物

9.6.2 检测器的主要性能指标

检测器的主要性能指标有稳定性、灵敏度、检测限、响应时间和线性范围等。

9.6.2.1 稳定性

通常用噪声和漂移两个指标来衡量检测器的稳定性。

① 噪声　色谱基线反映了实验条件的稳定性，由各种原因引起的基线波动叫基线噪声。这种波动是一种无论有无组分流出都存在的背景信号，它可分为长期噪声和短期噪声。短期噪声是频率比色谱峰快得多的来回摆动的信号，而长期噪声的出现频率与色谱峰相当。两种噪声如图 9.14(a)、(b)所示。噪声带用峰对峰的两条平行线来确定，其间的距离为噪声 N(mV)。检测器的噪声电平 N_D 用下式求出：

$$N_D = NA \tag{9.31}$$

式中，A 为衰减倍数。噪声电平越大，检测器的稳定性越差。

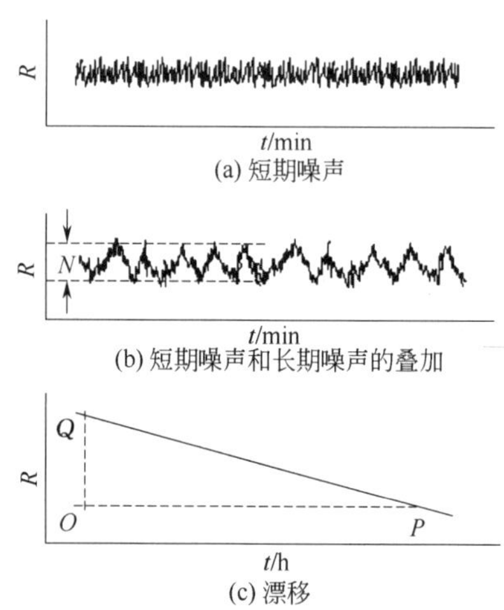

图 9.14 噪声和漂移

② 漂移　基线随时间单向缓慢的变化叫作基线漂移，如图 9.14(c)所示。漂移值通常由 1h 内基线位置的变动来计算。从起点 Q 作垂直线，从终点 P 作水平线，二线相交于 O 点，则检测器的漂移值 $D_r = \frac{OQ}{OP}$，单位为 $mV \cdot h^{-1}$。

③ 噪声和漂移的原因　事实上，噪声和漂移除了与检测器性能有关外，还与多种实验操作条件联系紧密。比如，数据处理和记录系统可能产生电子噪声或机械噪声；加热检测器、通气、通电或点燃火焰等可能产生操作噪声；电源电压波动、载气不纯、气路漏气、固定液流失等也会产生噪声。而漂移与仪器的某些单元不稳定有关。比如，检测器、气化室、色谱柱的温度单向变动，仪器预热不够，载气流速不稳，固定液流失均可能引起漂移。

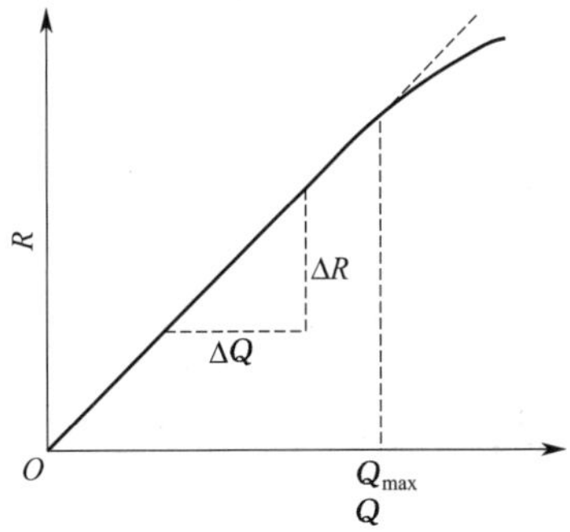

图 9.15　检测器响应信号与进样量的关系

9.6.2.2　灵敏度（响应值或应答值）

当一定量的样品进入检测器后，会产生一定的响应信号，用响应信号 R 对进样量 Q 作图，便可得到如图 9.15 所示的直线。该直线的斜率就是检测器的灵敏度（sensitivity），用 S 表示：

$$S=\frac{\Delta R}{\Delta Q} \tag{9.32}$$

如果进样量太大，R-Q 关系曲线将发生弯曲，将弯曲的那点所对应的进样量叫最大进样量，用 $Q_{\max}$ 表示。

当检测系统的所有操作条件都固定不变时，在一定的进样量范围内，色谱峰面积与进样量成正比。其比例常数即为灵敏度。对于 i 组分，灵敏度的通式为

$$S_i=A_i/m_i \tag{9.33}$$

9.6.2.3　检测限

检测限 D（detection limit）又叫敏感度、检出限。对于浓度型检测器来说，检测限是指检测器恰能产生与噪声相区别的样品信号时，进入检测器的样品浓度。而对于质量型检测器来说，检测限是指检测器恰能产生与噪声相区别的样品信号时，单位时间内进入检测器的样品质量。在色谱法中，一般认为与噪声恰能区别的样品信号至少应等于噪声信号的两倍。

因此浓度型检测器的检测限 D_c（$\mathrm{mg \cdot mL^{-1}}$）为：

$$D_c=\frac{2N}{S} \tag{9.34}$$

式中，S 为检测器的灵敏度。

而质量型检测器的检测限 D_m（$\mathrm{g \cdot s^{-1}}$）为：

$$D_m=\frac{2N}{S} \tag{9.35}$$

常用检测器的检测限见表 9.7。检测限越小，能检测出的样品量越低，仪器的性能越好。

表 9.7　常用检测器的检测限

检　测　器	检　测　限	代表组分
热导池	$5\times10^{-10}\ \mathrm{g \cdot mL^{-1}}$	丙烷
氢火焰离子化	$10^{-12}\ \mathrm{g \cdot s^{-1}}$	丙烷
电子捕获	$10^{-12}\ \mathrm{mol \cdot mL^{-1}}$	六六六
火焰光度	$10^{-12}\ \mathrm{g(S) \cdot s^{-1}}$ $2\times10^{-12}\ \mathrm{g(P) \cdot s^{-1}}$	噻吩 三丁基磷酸酯

9.6.2.4　响应时间

响应时间 τ（response time）是指从组分进入检测器至产生 63%的响应信号时所需要的时间。它主要是检测器对输出信号所产生的滞后时间。τ 越小越好，氢火焰离子化检测器或电子捕获检测器的 τ 约为 10^{-3} s，能满足快速色谱分析和毛细管柱色谱分析的要求；而普通热导池检测器的 τ 约 0.5 s，只适合于一般的色谱分析。

9.6.2.5　线性范围

色谱定量分析要求检测器的响应信号和进样量之间成线性关系。当检测器的响应信号与进样量成线性关系时，最大进样量和最小进样量之比叫线性范围（linear range）。线性范围

越大，检测器的性能越好。在一般情况下，热导池检测器和氢火焰离子化检测器的线性范围分别为 10^5 和 10^7。

9.6.3 热导池检测器

早在 1921 年，热导池就被用来检测气体的热导系数。1954 年，瑞依（Ray）首先将热导池运用于气相色谱仪，使色谱法产生了质的飞跃，成为既能分离混合物，又能进行定性定量分析的现代分析仪器。由于它结构简单、性能稳定、线性范围宽、对所有能气化的物质都有响应、不破坏样品、可与其他检测器联用、价格低廉等，所以至今仍是应用十分广泛的检测器之一。热导池检测器（thermal conductivity detector，TCD）由热导池和检测电路组成。

9.6.3.1 热导池的结构

热导池由池体和热敏元件组成。

（1）池体

池体通常用不锈钢或铜块制成，外形为立方体或圆柱体。池体大则热容量大，热稳定性好，但占据空间大。池体上钻有 2 个或 4 个大小、形状完全相同的孔道，这些孔道是气路的一部分，称为池体积，其中装有热敏元件。普通 TCD 的池体积为 100～800 μL，仅适用于填充柱色谱。近年来发展了适用于痕量快速分析的微热导池（μ-TCD），其池体积为数微升至数十微升，有的甚至低至 0.2 μL，μ-TCD 也适用于毛细管柱色谱。按照孔道形状和气流流经热敏元件的方式不同，池体可分为直通式、扩散式和半扩散式三种类型，如图 9.16 所示。直通式的响应时间短，灵敏度高，但受气流波动影响大；扩散式的响应慢、灵敏度低，但受气流波动影响小；而半扩散式的性能则介于二者之间。一般普通型 TCD 多采用半扩散式，而 μ-TCD 多采用直通式或准直通式。几种 μ-TCD 池体结构如图 9.17 所示。

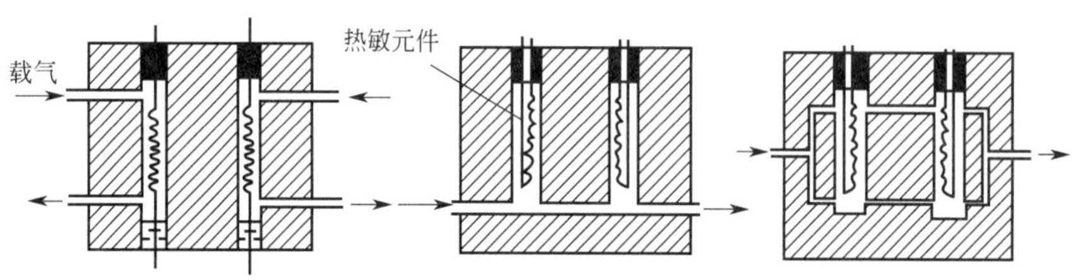

(a) 直通式　(b) 扩散式　(c) 半扩散式

图 9.16　μ-TCD 池体的类型

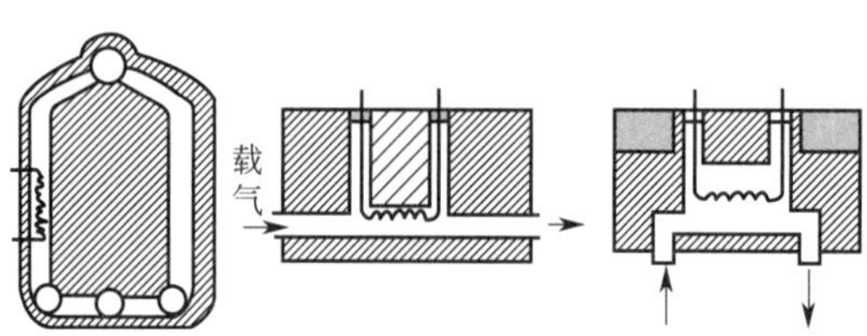

(a) 射流调制式　(b) 直通式　(c) 准直通式

图 9.17　μ-TCD 的池体结构

（2）热敏元件

热敏元件一般为热丝或热敏电阻，它们的电阻值会随温度而变化。要求其机械强度高，温度系数大，对载气和各种组分呈惰性，能适应环境温度和样品浓度的较大变化。商品 TCD 中常用很细的钨丝、铼-钨丝、铁-镍丝等作热丝，一般制成螺旋形，焊接在金属支架上，再放入池体的孔道中。不同类型的支架见图 9.18。TCD 中很少使用热敏电阻。有两根热丝的热导池叫双臂热导池，其中一臂为参比池，另一臂为测量池。有四根热丝的热导池叫四臂热导池，其中两臂为参比池，两臂为测量池。热导池结构如图 9.19 所示。

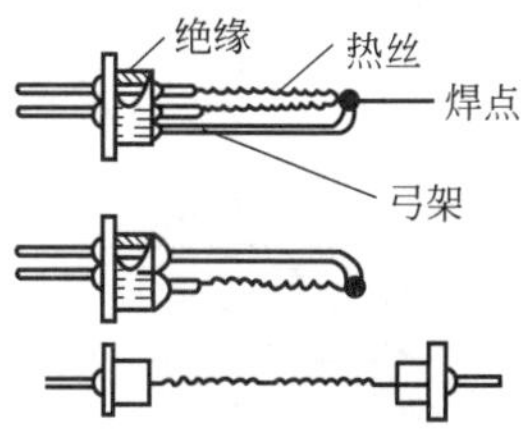

图 9.18 不同类型的热丝固定架

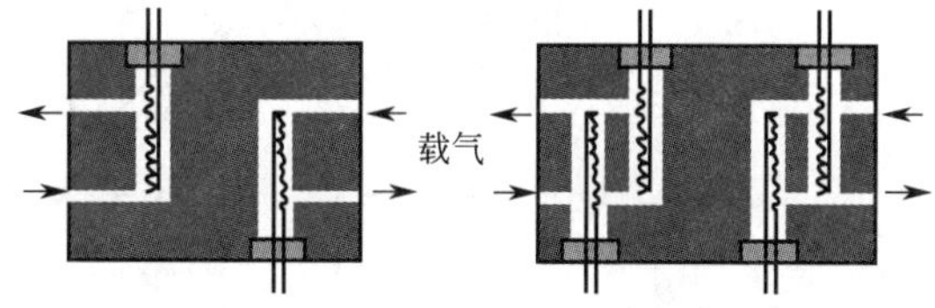

(a) 双臂热导池　(b) 四臂热导池

图 9.19 热导池结构示意图

9.6.3.2 TCD 的检测原理

（1）热导系数（λ）

若物体内的各部分温度不同，从高温处向低温处将有热量的传递，这一现象叫热传导。热导系数（λ）就是反映物体热传导能力的物理量，λ 越大，热传导能力越强。热导池作为检测器，就是基于不同气体或蒸气具有不同的热导系数这一特点。某些气体或蒸气的热导系数见表 9.8。在热导池中，热传递的主要形式为气体传导和强制对流。

表 9.8 某些气体或蒸气的热导系数 单位：$J \cdot cm^{-1} \cdot ℃^{-1} \cdot s^{-1}$

气 体	$\lambda \times 10^5$		气 体	$\lambda \times 10^5$	
	0 ℃	100 ℃		0 ℃	100 ℃
氢	174.4	224.3	甲烷	30.2	45.8
氦	146.2	175.6	乙烷	18.1	30.7
氧	24.8	31.9	丙烷	15.1	26.4
空气	24.4	31.5	甲醇	14.3	23.1
氮	24.6	31.5	乙醇	—	22.3
氩	16.8	21.9	丙酮	10.1	17.6

（2）TCD 的工作原理

以图 9.20 所示的双臂热导池检测器桥电路为例，来说明 TCD 的工作原理。在 TCD 的两池孔内装入完全相同的热丝，组成参比臂和测量臂；另取两只完全相同的电阻 R_1 和 R_2，将它们与热丝连接成惠斯登电桥。仪器工作时，热丝被恒定的电流加热，载气以稳定的速度流经池孔。未进样时，两池孔通过等速的载气，从两热丝上带走相同的热量，两热丝的温度相同，电阻值相等，即 $R_{参}=R_{测}$。又由于 $R_1=R_2$，故有：

$$R_1R_{参}=R_2R_{测}$$

电桥满足“两对臂阻值的乘积相等”的平衡条件，a、b 两端的电位相等，无信号电压输出，记录仪仅仅走基线。

当进样后，纯载气仍然通过参比臂，载气与组分的混合气体则通过测量臂，由于组分和载气的热导系数不同，因此气流从测量臂热丝上带走的热量将会改变，进而引起该热丝温度的变化，其电阻值也将改变为 $R_{测}+\Delta R$，但是参比臂的温度和电阻值仍然不变，于是：

$$R_1R_{参}\neq R_2(R_{测}+\Delta R)$$

电桥平衡被破坏，a、b 之间有不平衡电压输出。在检测器的线性范围内，输出电压的大小随组分及其浓度不同而异，组分与载气的热导系数相差越大，组分在载气中的浓度越大，输出的信号电压就越大。记录仪将此电压放大并记录下来，便得到该组分的色谱图。

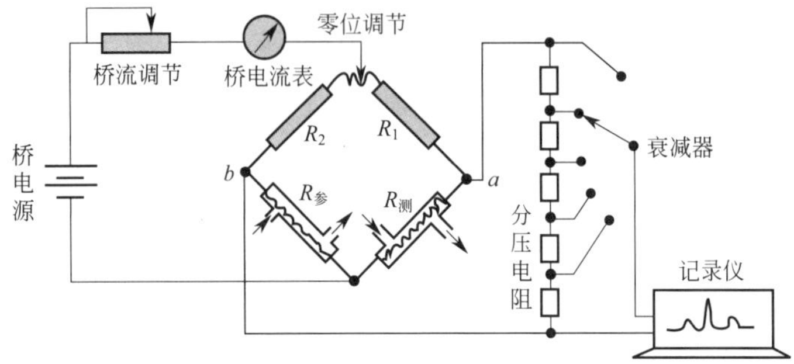

图 9.20　双臂热导池检测器桥电路示意图

如果信号强度太大，将超出记录仪的满标量程，这时可以使用衰减器减小信号幅度。衰减器由在 a、b 之间连接的一系列分压电阻和一个转换开关构成。根据串联电阻的分压原理，转动转换开关，便可使输出信号电压被衰减为 1/2，1/4，1/8，…，1/256，然后再输送给记录仪。

四臂热导池的桥电路基本不变，只是将固定电阻 R_1、R_2 也都换成了热丝，并且让两对臂为测量臂，另两对臂为参比臂。四臂热导池的灵敏度比双臂热导池的高一倍。

9.6.3.3　TCD 操作条件的选择

热导池检测器的操作条件主要有桥电流、池体温度、载气等，如果条件选择恰当，检测器便能稳定地工作，并具有较高的灵敏度。

① 桥电流（$I_{桥}$）　当增加 $I_{桥}$时，热丝温度将上升，它与环境之间的温差变大，这时气流更容易将热丝上的热传导出去，热丝的温度和电阻值的变化会更灵敏，从而使检测器的灵敏度提高。从理论上已证明，灵敏度 $S \propto I_{桥}^3$，因此增加 $I_{桥}$ 能显著提高灵敏度。但是若 $I_{桥}$ 太大，热丝温度过高，就会产生很大的热噪声，使基线抖动，甚至烧断热丝。如果使用热导系数较大的载气，更容易带走热丝上的热量，即使桥电流较高，也不会影响检测器的稳定性。所以用 H_2 作载气时，$I_{桥}$ 可选 150～200 mA；而用 N_2 作载气时，$I_{桥}$ 只能选 100～150 mA。

② 池体温度（$T_{池}$）　适当降低 $T_{池}$，可以提高检测器的灵敏度。这是因为当 $T_{池}$ 降低后，热丝和池壁的温差增大，热丝上的热量更易被气流带走，从而提高了灵敏度。但 $T_{池}$ 过低，会引起一些高沸点组分在池内冷凝，影响分析结果，故 $T_{池}$ 通常需大于柱温。

气相色谱仪中有一套自动控制池体温度的恒温装置，使 $\Delta T_{池} \leqslant 0.1$ ℃。

③ 载气　由 TCD 的检测原理可知，载气与组分的热导系数相差越大，TCD 的灵敏度就越高。从表 9.8 可看出，除了 H_2 和 He 的热导系数比较大之外，其他气体或蒸气的热导系数都较小，并且与 N_2 的相差不多。因此选用 H_2 或 He 比选用 N_2 作载气的灵敏度高得多，前者的灵敏度比后者约高 100 倍。故使用热导池检测器时常常选用 H_2 作载气。

9.6.3.4　TCD 操作注意事项

a. 防止 H_2 载气泄漏，避免爆炸事故。柱箱内的管线接头不能漏气，尾气应用管线通往室外。仪器预热时可将 H_2 流量调至 5～10 mL·min^{-1}，以免造成浪费。

b. 防止烧断热丝。应采取以下措施：开机时要先通载气，后开桥电流；关机时应先关桥电流，后关载气。桥电流不宜调得太大。在更换新的气化室密封垫时，要先关断桥电流。更换新柱后，先不要与 TCD 连接，待通入载气将柱内微尘吹净后再接，以免微尘堵塞池孔而影响传热，进而烧坏热丝。

c. 防止热丝变质：防止空气漏入气路系统而使热丝氧化；防止腐蚀性样品腐蚀热丝；防止高沸点组分在池孔内冷凝。否则会产生过度噪声，导致基线波动，仪器无法正常工作。

d. 净化载气。使用分子筛、活性炭、硅胶等吸附剂净化载气，也是对热丝的保护。

e. 对于四臂热导池，应接双柱以平衡桥路。

9.6.3.5 单热丝射流调制式 TCD 简介

近年，惠普公司利用射流技术，推出了新颖的单热丝射流调制式微热导池检测器，其工作原理如图 9.21 所示。

该 TCD 的池体为一块不锈钢长方体，内有环形的气流通道。左通道的体积约为 35 μL，其内悬挂着一条阻值约为 100 Ω 的铼钨丝，右通道比左通道略粗。下方的“1”为毛细管柱后流出物和尾吹气入口，“2”“3”为切换气（或调制气）入口。柱后流出物和尾吹气以一定的流速进入池孔，它的流动方向完全受切换气控制。图 9.21(a) 为参比测量示意图，假如切换气以 30 $mL\cdot min^{-1}$ 流速从入口“2”进入时，入口“3”关闭，其中 20 $mL\cdot min^{-1}$ 通过热丝，另外 10 $mL\cdot min^{-1}$ 切换气与柱后流出物及尾吹气一起通过右侧通道，然后都从排气口“4”排出，此时热丝仅仅产生由切换气引起的参比信号。图 9.21(b) 为测量示意图，当切换气从入口“3”进入时，入口“2”关闭，切换气主要经右侧通道后排出，柱后流出物和尾吹气以及少量切换气从左侧通道经热丝后流出，此时热丝产生样品测量信号。如此反复切换，每 0.1 s 切换一次，每秒切换 10 次，其中有 5 次产生参比信号，5 次产生样品信号。把热丝连接为惠斯登电桥的一个桥臂，组成恒丝温检测电路，再用电子线路扣除参比测量值的影响，并将输出的脉冲式色谱信号解调为正常的色谱峰信号，经放大、记录后便能得到样品的气相色谱图。

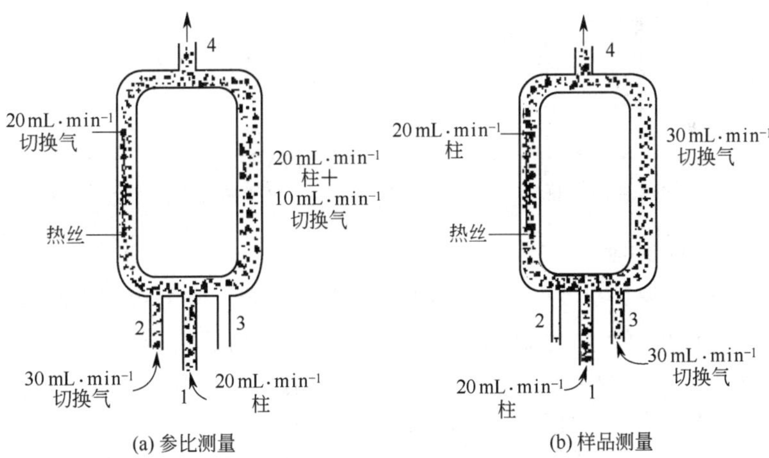

图 9.21 单热丝射流调制式热导池检测器示意图

1—柱后流出物及尾吹气入口；2、3—调制气入口；4—排气口

与一般 TCD 相比，这种微型 TCD 有许多突出的优点：①只用一根铼钨热丝，故不必考虑多条热丝之间的阻值匹配问题。②切换气以 10 次/s 的频率切换，使得每 0.2 s 便产生一个参比信号和样品信号，此速度远远大于柱温和检测器温度的波动速度，故它对温度波动不敏感，表现出极低的噪声和漂移。③仅需一根色谱柱即可，不需另配参比柱。④池体积很小，约 35 μL，响应很快。⑤灵敏度很高，检测限可达 4×10^{-10} $g\cdot mL^{-1}$。⑥线性范围可达 10^6 数量级。⑦可直接与 0.20 mm 毛细管柱配合使用。

9.6.4 氢火焰离子化检测器

1957 年发明的氢火焰离子化检测器（flame ionization detector，FID），是目前应用最广泛的检测器之一。其特点是灵敏度高、响应时间短、线性范围宽、结构简单、性能稳定。

9.6.4.1 FID 的结构

如图 9.22 所示，氢火焰离子化检测器由离子头、离子室组成，此外还必须有供气管线。离子室为一不锈钢圆筒，它包括空气入口、载气和燃气（H_2）入口、气体出口等，顶部有不锈钢罩。它可以防止外界气流扰动火焰，避免灰尘进入离子头内，并可屏蔽外部电磁场的干扰。离子头位于离子室内，是 FID 的核心部件，它由石英玻璃（或不锈钢）喷嘴、圆环状的铂丝发射极（极化极）、圆筒状的不锈钢收集极以及点火器组成。收集极在发射极的上方，点火器在喷嘴附近，有时也用发射极兼作点火器。

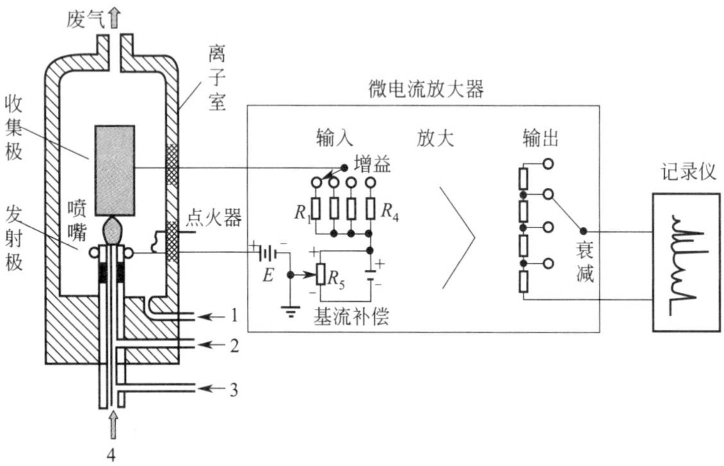

图 9.22 氢火焰离子化检测器结构及原理示意图

1—空气入口；2—H_2 入口；3—尾吹气入口；4—载气＋组分（来自色谱柱）

9.6.4.2 FID 的检测原理

如图 9.22 所示，载气（N_2）和氢气混合后从喷嘴喷出，空气由侧面的管道引入。用点火器点燃氢气，产生约 2100 ℃的高温火焰。进样后，载气携带样品流经色谱柱，分离后的待测组分在火焰中离子化而生成正离子及电子，当发射极和收集极之间加有 100～350 V 的直流极化电压时，由于电场的作用，正离子移向收集极，电子移向发射极，于是在电路中产生微电流，此微电流与单位时间内进入火焰中的碳原子数成正比。微电流通过高电阻（R_1～R_4）后产生较大的电压降，然后由放大器放大，经衰减器控制衰减倍数后输出给记录仪，从而得到反映组分质量随时间变化的色谱图。当仅有载气从柱后流出时，虽然 N_2 不会被电离，但载气中的有机杂质和流失的固定液在火焰中也会生成正、负离子和电子，它们同样会在电路中产生非常微弱的电流，这种电流称为基流。只要载气流速和柱温等条件不变，基流的大小也不会改变。若载气流速小、纯度高、柱温低、固定液不易流失，基流就低，反之就高。基流会影响微量组分的测定，通过调节电位器 R_5 加上一个反向补偿电压，使流经输入电阻的基流被完全抵消，这叫"基流补偿"。一般在进样前均应进行基流补偿，将记录仪的基线调零，然后再进样分析。

9.6.4.3 离子化机理

有机化合物在氢火焰中首先进行热裂解，然后与外界扩散进来的氧发生化学电离反应，这是目前公认的离子化机理。

① 氢火焰的结构　如图 9.23 所示，FID 的氢火焰是一种扩散型火焰。柱后流出的载气和组分与氢气相混合后从火焰内部流出，助燃气（空气）从火焰周围向火焰内部扩散。火焰最下层为混合气体预热区，内焰为富氢区，外焰为富氧区，它们之间为过渡区，其中有一薄层为 H、O 化学计量反应区，它的温度最高。在火焰的不同层次和高度，火焰的温度不同，发生的火焰化学反应和火焰电离反应也有所不同。

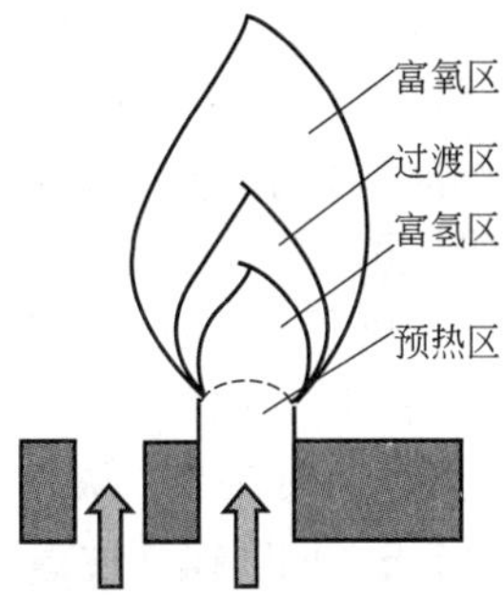

图 9.23　氢火焰结构示意图

② 化学电离过程　1996 年，T. Holm 等人研究了有机物在火焰中的反应产物后指出，在火焰下部的富氢区，烃类首先产生热氢解作用，形成甲烷、乙烯、乙炔的混合物，其中的不饱和烃进一步加氢形成饱和烃。在低于 600 ℃的温度下，饱和烃发生 C—C 键断裂，最后都转化成甲烷，其中约百万分之一能再转化成 CH·。然后 CH 与氧在过渡区发生化学电离反应，生成正碳离子和电子：

$$2CH\cdot + O_2 \longrightarrow 2CHO^+ + 2e^-$$

CHO^+ 和水蒸气反应：

$$CHO^+ + H_2O \longrightarrow CO + H_3O^+$$

在化学电离中产生的正离子和电子，在外电场的作用下分别向收集极和发射极移动，从而在外电路中产生与进入检测器的碳原子数成比例的微电流。

在氢火焰中，对于含杂原子的有机化合物来说，不与杂原子相连的碳的反应与烃类相同，而与杂原子相连的碳的转化产物则可能是甲烷或 CO、HCN、卤化氢等其他化合物。

③ FID 的检测对象　由于化学电离是在氢火焰中进行的，所以 FID 只对电离电势低于 H_2 的有机物产生响应，它能高灵敏度地检测出绝大多数能气化的有机物。但是对于那些在火焰中不能进行化学电离的无机化合物、稀有气体、永久性气体和水分等都不能产生响应信号。FID 已被广泛应用于化学、化工、轻工、地矿、医药、农药、法医鉴定、食品和环境科学等许多领域，进行各种样品中有机成分的常量、微量和痕量分析。

9.6.4.4　操作条件的选择

① 载气　其种类及其流量对正离子的形成和移动都有一定影响，进而会影响到 FID 的灵敏度。N_2、Ar、H_2、He 等都可作载气，但一般用 N_2 作载气效果最好，应用最多。通常根据“既要分离效果好，又要分析时间短”两个要求来选择载气流速。

② 氢气　燃气（H_2）的流速直接影响火焰的温度和稳定程度。适当加大氢气流速能大大提高分析灵敏度；但流速太高时，热噪声增大，引起基线剧烈波动而无法正常分析；若流速太低，则火焰温度降低，灵敏度下降，甚至还会熄火。当用 N_2 作载气时，有一个最佳的 N_2、H_2 流量比，此时 FID 的灵敏度最高，稳定性最好。一般适宜的 $N_2 : H_2 \approx (1:1) \sim (1:1.5)$。

③ 空气　除了助燃外，空气中的氧还直接参与化学电离反应，而有助于微电流的形成；同时，空气还有清扫燃烧所产生的 CO_2、CO、H_2O 等废气的作用。当空气流量很小时，灵敏度很低，随着流量升高，灵敏度上升很快。但是当空气流量增至 250～400 $mL\cdot min^{-1}$ 时，灵敏度趋于稳定，不再随流量增大而增加。一般选氢气与空气流量比为 1∶10。

④ N_2、H_2 和空气的纯度　必须保证 N_2、H_2 和空气的纯度和管路清洁，如果气体中含有微量有机杂质或机械杂质，将使 FID 噪声增大，基线明显波动，甚至出现假峰；同时也会加速固定液流失，缩短柱寿命。在做常量分析时，要求各种气体的纯度在 99.9% 以上；但若做痕量分析，则纯度都必须大于 99.999%，并且空气中的总烃浓度应小于 0.1 $\mu L\cdot L^{-1}$。

市售的超纯 N_2 发生器和超纯 H_2 发生器可以满足 FID 痕量分析的要求。

⑤ 极化电压　施加于发射极和收集极之间的电压叫极化电压。当极化电压很小时，灵敏度随之升高而迅速增大，但当超过 50 V 后，再继续升高极化电压，对离子流形成的影响明显减弱，并逐渐趋于一个饱和值。为了保证离子运动速度，极化电压一般取 100～350 V。

⑥ 离子室温度　如果离子室温度低于 80 ℃，燃烧所产生的水蒸气就会在离子室内凝聚成水，使 FID 的噪声增加，灵敏度下降。升高离子室温度，FID 灵敏度略有增加。为了确保检测器正常工作，要求离子室温度必须≥120 ℃。

9.6.4.5　FID 操作注意事项

① 注意防止因氢气漏入柱箱而引起爆炸　措施是：未接色谱柱时，不能通氢气；在卸柱前必须先关 H_2；若双 FID 只用其中一个时，必须将另一个 FID 用闷头螺丝堵死。

② 防烫伤　在工作时 FID 的外壳温度一般在 120 ℃以上，故皮肤不要直接接触。

③ 点火　FID 的温度升至 120 ℃以上时，才能按动点火键点火；点火困难主要是各气体流量不妥所致，可按说明书进行调节。适当增大 H_2 流量，有利于点火。若已点燃火，在较高灵敏度档时，改变 H_2 流速，记录笔将有移动；把玻璃板或金属板置于 FID 废气出口，将能观察到凝聚的细小水珠，否则需再次点火。

④ 定期清洗喷嘴和电极　经过一段时间的工作后，各种燃烧产物会沾污 FID 中的喷嘴和电极，使其灵敏度下降、噪声和漂移增大。因此应该定期对它们进行清洗。

⑤ 电极的绝缘性　收集极和发射极必须对地绝缘良好，其电阻值应在 10^{14} Ω 以上，否则会引起较大的基线偏移。

⑥ 注意 FID 的线性范围　在一般情况下，FID 的线性范围高达 10^7，但用填充柱分析高浓度样品时，流出快、浓度高的组分可能会超过其线性范围的上限，从而产生较大的误差；若使用毛细管柱，由于其柱容量小，进样量很小，线性范围会变得很窄，甚至低至 10^2，这可能会带来分析误差。

9.6.5　电子捕获检测器

电子捕获检测器（electron capture detector，ECD）是一种高选择性、高灵敏度的检测器，它只对分子中含有电负性较强的元素的组分产生响应，而且元素的电负性愈强，组分产生的响应信号愈大，检测器的灵敏度愈高。因此它特别适宜于分析含有卤素、氧、氮、硫、磷的物质，检测限可达 5×10^{-15} g•mL^{-1}。

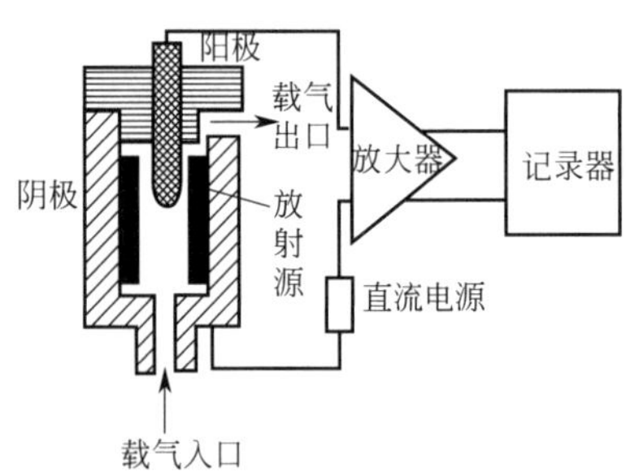

图 9.24　电子捕获检测器示意图

图 9.24 为同轴电极电子捕获检测器示意图。检测器中有一个辐射高能电子流——β 射线的圆筒状的放射源（如氚-钛源、氚-钪源、^{63}Ni 源等）作为负极，另有一不锈钢正极。在两极间施加直流电压或脉冲直流电压。当载气（N_2）通过检测器时，受 β 射线的辐射而电离：

$$N_2 \xrightarrow{\beta\text{射线}} N_2^+ + e^-$$

生成的 N_2^+ 和慢速低能电子分别向负极和正极移动，在电路中形成约 10^{-8} A 的饱和基流。当含有电负性较强的元素的组分 AB 随载气进入检测器后，就会捕获慢速低能电子而生成负离子并放出能量：

$$AB + e^- \longrightarrow AB^- + E_1$$

$$AB + e^- \longrightarrow A + B^- + E_2$$

生成的负离子极易与载气正离子复合而生成中性分子：

$$B^- + N_2^+ \longrightarrow N_2 + B$$

$$AB^- + N_2^+ \longrightarrow N_2 + AB$$

其结果使检测器的基流下降，产生负峰。负峰的大小与组分浓度成正比。

ECD 常用超纯 N_2 作载气，载气中即使有痕量的 O_2、H_2O 等物质，也会大大降低基流，减小灵敏度，增大背景噪声。为得到较高基流，载气流速应为 50～100 mL·min^{-1}，若分离时需要较低流速（30～60 mL·min^{-1}），则应在柱后通入“补加气”。

ECD 的线性范围较小，为 10^2～10^4。为获得好的分析效果，进样量必须选择适当，要求组分产生的峰高不超过基流的 30%。高浓度样品必须稀释后再进样。

使用 ECD 时应注意不能超过放射源的最高使用温度。同时要严格管理，杜绝放射源对人体和环境的危害。在实际工作中，ECD 已成功地应用于多卤化物、多硫化物、多环芳烃、金属离子有机化合物、酚类、酞酸酯类、农药等方面的分析，在大气、水中痕量污染物分析中得到了广泛应用。近年出现了能与毛细管柱很好匹配的 μ-ECD，其体积很小，性能稳定，线性范围大于 5×10^4，最高操作温度高达 400 ℃，是气相色谱中灵敏度最高的检测器。

9.6.6 火焰光度检测器

火焰光度检测器（flame photometric detector，FPD）是一种高灵敏度、高选择性的检测器，它只对含硫、磷的有机物产生响应，适用于有机硫、有机磷农药的分析及其他微量含硫、磷的有机物分析。

如图 9.25 所示，FPD 由火焰燃烧系统和特征发射光检测系统两部分组成。火焰燃烧系统由进气管线、富氢火焰喷嘴、遮光罩、气体出口等组成。在喷嘴的上方装有收集极的仪器，还能够同时得到 FID 信号。特征发射光检测系统由石英片、滤光片、光电倍增管、高压电源、放大器和记录器等组成。

在富氢火焰中，含硫、磷的有机物燃烧后分别发射出特征的蓝紫色光（$\lambda_{max}=394$ nm）和绿色光（$\lambda_{max}=526$ nm），如图 9.26 所示。经相应滤光片滤光后，再由光电倍增管进行光电转换，然后放大、记录，从而检测出硫、磷的含量。

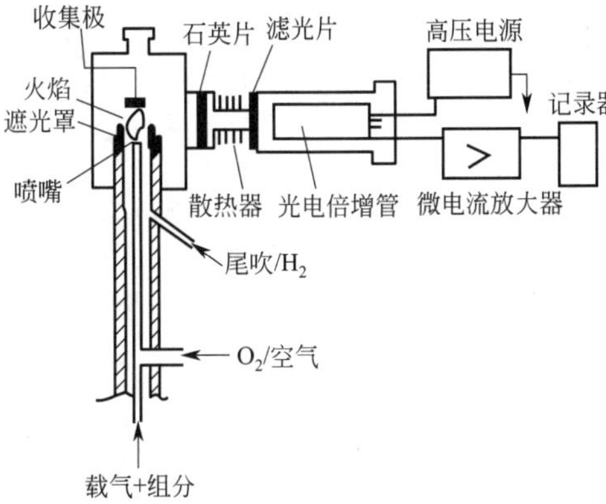

图 9.25 火焰光度检测器示意图

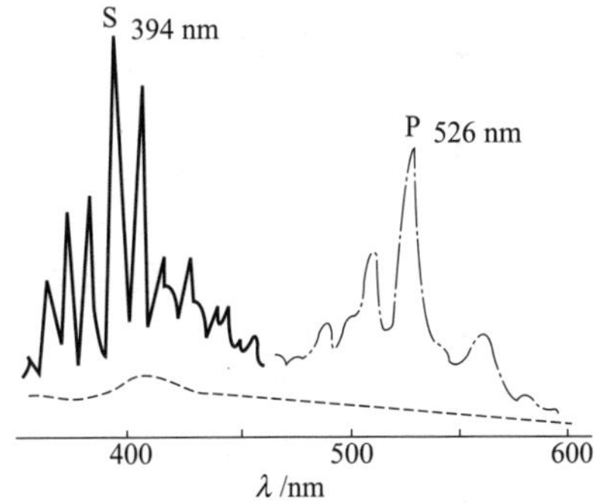

图 9.26 S、P 在富氢焰中的特征发射光谱

在分析时应首先让含有机样品的载气（N_2）和空气（或纯氧）混合均匀后进行燃烧反应，然后再从火焰外层通入氢气，以进行还原，并使硫、磷原子在高温下发射出特征谱线。

当载气流量最佳时，适当增大 H_2 流量，火焰温度将随之升高；空气流量调至最佳时，检测器的灵敏度最高。同时要注意：①防止氢气泄漏；②检测器温度应大于 100 ℃，以免内部积水；③不要直接触摸石英片、滤光片和光电倍增管的进光表面；④不能让光电倍增管接收强光；⑤在更换滤光片及打开检测器盖前，必须首先关闭 FPD 控制单元的开关；⑥在使用一段时间之后，应对喷嘴、石英窗等进行清洗，以免降低分析灵敏度。

9.7 气相色谱定性分析方法

对于气相色谱来说，定性分析的目的就是要确定谱图中某些色谱峰所代表的组分。其依据是在一定的色谱条件下色谱柱对样品中各个组分均有确定的保留行为，因此可以用保留参数作为色谱定性的指标。然而不同的物质在相同条件下有可能产生相似或相同的保留参数，所以不能仅仅根据保留值来对完全未知的样品准确定性。

在实际工作中，首先应明确分析目的，了解样品来源、用途、性质，查阅有关文献资料，对样品成分做出初步判断，并进行必要的预处理，然后再用下述方法进行色谱定性分析。

9.7.1 纯物质对照法

若有适当的纯物质，则可采用下述简单实用的纯物质与待测组分对照的方法定性。

① 比较保留值定性法　在固定相和操作条件严格不变的情况下，每一种组分都有一定的保留时间 t_R 和保留体积 V_R，在相同的色谱条件下如果测得样品组分的 t_R 或 V_R 与纯物质的相同，则可初步确定它们为同一物质；若不同，则可肯定该组分不是此纯物质。

② 加入纯物质法　如果样品比较复杂，流出曲线中色谱峰多而密，用上述方法确定保留时间就可能不太准确。这时可在样品中加入一定量的纯物质，然后将在同样条件下得到的谱图与原样品的谱图相对照，若发现某组分的峰高增加，表示样品中可能有这种纯物质存在，若谱图中产生了新峰，则说明样品中无此纯物质。

③ 双柱定性法　由于两种不同物质在同一色谱柱上有时可能产生相似或相同的保留值，因此上述两种定性方法所得结果都不太可靠。采用“双柱定性法”可较好地克服这一缺点。“双柱定性法”是取两根不同极性的色谱柱，分别用上述方法测定样品组分和纯物质的保留值，若在两根柱上二者的保留值都相等，则说明二者很可能是同一物质，否则就不是同一物质。这是因为两种不同物质很难在两根极性不同的柱子上都具有相同的保留值。

9.7.2 文献保留数据定性法

① 相对保留值（r_{21}）定性法　r_{21} 是两种物质的调整保留值之比，它仅仅与柱温和固定相的性质有关，色谱文献上记载了许多物质的相对保留值。在作定性分析时，可在样品中加入文献规定的标准物质，然后在规定的柱温下通过规定的固定相，测得组分对标准物质的 r_{21}，然后与文献上的数据相对照，若二者相同或非常接近，便可初步确定该组分即为文献上的对应物质。

② 保留指数（I）定性法　利用纯物质对照法定性有时要受到纯物质来源的限制，并且必须在固定相和所有操作条件严格不变的情况下分析，而要做到这一点是比较困难的。利用相对保留值定性的主要缺点是同一标准物质不可能兼顾到样品中的各个组分，如果标准物质与待测组分的调整保留值相差较大，则求出的 r_{21} 误差较大，定性的可靠性减小。然而保留指数却没有这些缺点，它能很客观地反映出物质在固定液上的保留行为，具有重现性好、标准统一、温度系数小的特点，加之它只与柱温和固定相有关，不受其他操作条件的影响，分析条件比较宽松，所以是国际上公认的最好的定性分析指标，并被广泛采用。

色谱文献上收集了大量物质的保留指数，在分析样品时，可按文献所述的固定相和柱温条件测定出待测组分的保留指数，然后与文献值相比较，若二者相同或非常接近，则它们便是同一物质。

9.7.3 与其他仪器联用定性

色谱法的分离能力很强，但其定性鉴定的能力因受到多种因素的制约而效果欠佳。质谱、红外光谱、核磁共振波谱等仪器对纯物质的定性鉴定能力很强，却无法直接对复杂混合物进行定性鉴定。如果将色谱仪与这些仪器联用，就能取长补短，达到很好的分析效果。目前比较成功的联用仪器是气相色谱-质谱联用仪、气相色谱-傅里叶变换红外光谱联用仪、液相色谱-核磁共振联用仪、气相色谱-发射光谱联用仪等。这些仪器是最强有力的定性鉴定工具，它们由计算机控制，能方便地设置操作条件，控制分析过程，快速地处理数据并对各组分的结构进行检索。

9.7.4 结合化学反应定性

带有某些官能团的化合物能与一些特征试剂反应，导致该化合物的色谱峰从原来的位置上消失，或提前、延后出峰。比较反应前后的谱图，便可初步确定样品中的官能团。例如，醇类、酚类与乙酸酐反应，生成相应的乙酸酯，挥发性增加而提前出峰；羧酸与氧化锌反应，原来的色谱峰消失；卤代烷与乙醇-硝酸银反应生成白色沉淀，原来的峰完全消失等。通常可将特征试剂制成预柱，也可以用内径 6～10 mm 的粗色谱柱分离试样，用冷阱收集流出的各组分，然后再用分类试剂进行定性分析。

9.7.5 利用检测器的选择性帮助定性

某些具有很高选择性的色谱检测器，有助于样品的定性分析。例如，氢火焰检测器对大多数有机物响应明显，而对无机气体、水分等则无响应；火焰光度检测器只对含硫、磷的化合物有响应；电子捕获检测器只对含电负性强的元素的化合物有很高的灵敏度等。利用检测器的选择性可以粗略地估计出试样中组分的类别，对进一步准确定性有一定帮助。

9.8 气相色谱定量方法

气相色谱定量分析的依据是当操作条件一定时，某组分的质量或浓度与它在检测器中所产生的响应信号（峰面积）成正比，即

$$m_i = f_i A_i \tag{9.36}$$

此式为气相色谱定量分析的基本关系式。式中，m_i 为 i 组分的质量；f_i 为 i 组分的绝对校正因子，它在一定条件下为一常数；A_i 为 i 组分的峰面积。

可见在进行色谱定量分析时需要解决以下三个问题：a. 准确测量被测组分的峰面积；b. 求出待测组分的校正因子；c. 选择具体的定量分析方法。下面分别解决这三个问题。

9.8.1 峰面积的测量

峰面积（A）是色谱定量的基本参数，应尽量准确测量。一般有以下几种测定方法。

① 峰高乘以半峰宽法　对于峰形对称的较宽的色谱峰，可采用峰高乘以半峰宽法。其实际峰面积为：

$$A = 1.065hY_{1/2} \tag{9.37}$$

在做相对计算时，系数 1.065 可以略去。

② 峰高乘以平均峰宽法　对于不对称的色谱峰可采用此法。即在峰高的 0.15 和 0.85 倍处分别测出峰宽 $Y_{0.15}$ 和 $Y_{0.85}$，取其算术均值作为平均峰宽，然后用下式计算峰面积：

$$A=h(Y_{0.15}+Y_{0.85})/2 \tag{9.38}$$

③ 峰高乘以保留时间法　此法适用于同系物的峰和半峰宽很窄的峰。实验证明，在一定操作条件下，同系物的半峰宽与其保留时间成正比，即 $Y_{1/2}=at_R$，式中 a 为比例常数。

故 $A=1.065hY_{1/2}=1.065hat_R$，将所有的常数合并为 b，得

$$A=bht_R \tag{9.39}$$

在做相对计算时，常数 b 可以约掉，故可直接用 ht_R 表示峰面积。

④ 自动积分仪法　用数字自动积分仪测量峰面积快速、准确，线性范围宽，对小峰和不对称峰也能得到较准确的结果，并能自动给出每一峰的保留时间、峰面积和各峰面积的总和。

当前，各种带微机的色谱仪都能方便地选择分析方法和分析条件，自动控制操作过程，迅速处理分析数据，自动显示保留时间、峰面积及其测定结果，使定量分析的灵敏度、精确度、稳定性和自动化程度都得到大大提高。

⑤ 用峰高代替峰面积定量　近年来，气相色谱倾向于采用液担比低、载气流速高的快速分析法，所得色谱峰很窄，难以准确测定峰面积。由于在固定的操作条件下，在一定的进样量范围内，很窄的对称峰的半峰宽可以认为是不变的，由式(9.37) 可知，此时 $A\propto h$，故组分质量 $m_i \propto h_i$，因此，可以用峰高代替峰面积定量，特别是痕量组分的分析，峰高法也能达到较高的准确度。

9.8.2 定量校正因子

色谱定量的依据是在一定条件下，组分的峰面积与其进样量成正比。但是相同质量的不同物质在同一检测器中往往会产生不同大小的峰面积，因此不能直接用峰面积来计算样品中各组分的含量，而必须将测得的峰面积经定量校正因子（quantitative calibration factor）校正后再使用。

(1) 绝对校正因子和绝对响应值

由式(9.36) 可求出绝对校正因子：

$$f_i=m_i/A_i \tag{9.40}$$

绝对校正因子的倒数叫绝对响应值 S_i，也就是式(9.33) 中的灵敏度：

$$S_i=1/f_i=A_i/m_i \tag{9.41}$$

绝对校正因子 f_i 表示了单位峰面积所代表组分的质量，也叫绝对质量校正因子。如果以物质的量 n_i 来计算，则得到绝对摩尔校正因子：

$$f_{n,i}=\frac{n_i}{A_i}=\frac{m_i/M_i}{A_i}=f_i/M_i \tag{9.42}$$

式中，M_i 为 i 组分的摩尔质量。

由式(9.40) 知，要求出绝对校正因子 f_i，就必须准确地知道进样量 m_i 和峰面积 A_i，但是 m_i 却往往难以准确得知。如果用相对校正因子定量，则可解决这一困难。

(2) 相对校正因子和相对响应值

待测组分 i 与标准物 s 的绝对校正因子之比，叫待测组分的相对校正因子，即

$$f'_i=\frac{f_i}{f_s}=\frac{m_i/A_i}{m_s/A_s}=\frac{A_s m_i}{A_i m_s} \tag{9.43}$$

也可用同样的方法求出相对摩尔校正因子或相对体积校正因子，但应用最广泛的还是相对质量校正因子 f_i'。

f_i' 的测量是否准确，会直接影响定量分析的准确性，因此要求使用色谱纯试剂或纯度在 99%以上的试剂，并且称量必须准确。具体方法是：分别准确称取纯待测组分 m_i g 和标准物 m_s g，将二者混合均匀，进样后从色谱图中得到对应的峰面积为 A_i 和 A_s，代入式(9.43) 便可计算出待测组分的 f_i'。由于待测组分与标准物混合均匀，无论进样量是大是小，它们的质量比 m_i/m_s 始终为一常数，不影响计算结果，故测定时不必准确知道进样量。

相对响应值 S_i' 与相对校正因子 f_i' 的关系如下：

$$S_i'=1/f_i'=\frac{A_i m_s}{A_s m_i} \tag{9.44}$$

若采用峰高定量法，则可用上述方法测量出峰高，然后计算峰高相对校正因子 f_i''：

$$f_i''=\frac{h_s m_i}{h_i m_s} \tag{9.45}$$

相对校正因子和相对响应值都只与待测组分、标准物和检测器有关，而与固定相和色谱操作条件无关，因此是能通用的常数。

9.8.3 常用定量方法

色谱定量方法有归一化法、内标法、外标法等，它们有各自的特点和适用条件。

9.8.3.1 归一化法

用归一化法（normallization method）定量的前提是样品中的所有组分都能出峰。设样品中有 n 个组分，它们的质量分别为 m_1，m_2，…，m_n，进样后测得对应的色谱峰面积为 A_1，A_2，…，A_n，则其中任一组分 i 的含量为：

$$w_i=\frac{m_i}{m_1+m_2+\cdots+m_n}\times 100\%=\frac{f_iA_i}{f_1A_1+f_2A_2+\cdots+f_nA_n}\times 100\%$$

将分子分母同除以标准物的绝对校正因子 f_s，得：

$$w_i=\frac{f_i'A_i}{\sum f_i'A_i}\times 100\% \tag{9.46}$$

当满足峰高定量的条件时，可用峰高校正因子 f_i'' 定量：

$$w_i=\frac{f_i''h_i}{\sum f_i''h_i}\times 100\% \tag{9.47}$$

归一化法的优点是简单、准确、不必精确进样；其缺点是无论求样品中哪一个组分的含量，都必须测出样品中所有组分的峰面积或峰高，以及它们的相对校正因子。

例 9-4 测得混合气体的色谱数据如下表所示，求各组分的含量。

组分	乙烯	乙烷	丙烯	丙烷
A/mm^2	178	85.3	231	56.6
f'	1.00	1.05	1.28	1.36
衰减	1/32	1/8	1/8	1/8

解：用归一化法定量，各组分的数据必须是在相同的条件下所得，因此应将表中各组分的衰减程度调至相同。故有：

$\sum f_i'A_i=1.00\times 178\times 32+1.05\times 85.3\times 8+1.28\times 231\times 8+1.36\times 56.6\times 8=9394$

各组分的含量为：

$$w_{乙烯}=\frac{f'_{乙烯}A_{乙烯}}{\sum f'_iA_i}\times100\%=1.00\times178\times32\times100\%/9394=60.63\%$$

$$w_{乙烷}=1.05\times85.3\times8\times100\%/9394=7.63\%$$

$$w_{丙烯}=1.28\times231\times8\times100\%/9394=25.18\%$$

$$w_{丙烷}=1.36\times56.6\times8\times100\%/9394=6.56\%$$

9.8.3.2 内标法

当试样中某些组分不能出峰，或者只需要求出试样中部分组分的含量时，可以采用内标法（internal standard method）定量。它又可以分为单点内标法和内标标准曲线法。

（1）单点内标法

准确称取样品 W(g)、内标物 m_s(g)，将二者混合均匀，进样后从色谱图中测出待测组分 i 和内标物 s 的峰面积分别为 A_i 和 A_s。设 W(g) 样品中 i 组分的质量为 m_i(g)，因为 $m_i=f_iA_i$，$m_s=f_sA_s$，故 $\frac{m_i}{m_s}=\frac{f_iA_i}{f_sA_s}$。若选 s 为标准物，则 $f'_i=f_i/f_s$，故有：

$$\frac{m_i}{m_s}=f'_i\frac{A_i}{A_s} \tag{9.48}$$

$$m_i=f'_i\frac{A_im_s}{A_s}$$

于是，i 组分的含量为：

$$w_i=f'_i\frac{A_im_s}{A_sW}\times100\% \tag{9.49}$$

哪些物质可以作为内标物呢？首先，样品中不含这种物质；其次它能和样品互溶，且峰形对称、峰位独立于待测组分的峰位附近。内标物的加量一般与待测组分的质量相近。

由于内标物与样品混合均匀后，无论进样量多少，它们的质量比都不变，因此单点内标法不必精确控制进样量；其操作条件不太严格，有一定的准确度；但是每次分析都要准确称取样品和内标物，还必须求出待测组分的相对校正因子，故不利于快速分析。为了减少称量和计算上的麻烦，提高分析结果的准确度，可采用内标标准曲线法。

（2）内标标准曲线法Ⅰ（面积比对质量比作图法）

由式(9.48)可知，组分 i 和内标物 s 的质量比与它们的峰面积比成正比，因此，用 A_i/A_s 对 m_i/m_s 作图，可得一条经过原点的直线，其斜率为 $1/f'_i$。

具体做法是：准确称取一系列 m_i/m_s 递增的 i 和 s 的纯物质，将它们分别混匀后得到内标标准系列，然后依次进样，从色谱图上求出对应的 A_i/A_s，再以 A_i/A_s 对 m_i/m_s 作图，便得到如图 9.27 所示的内标标准曲线。

分析样品时，先准确称取样品 W(g) 和内标物 m_s(g)，混合均匀，然后在与标准曲线相同的条件下进样，从色谱图中量取待测组分 i 与内标物的峰面积分别为 A_x 和 A_s，由 A_x/A_s 值在标准曲线上查出对应的质量比 $m_x/m_s=Q$，则 $m_x=Qm_s$，于是 i 组分的含量为：

$$w_i=\frac{Qm_s}{W}\times100\% \tag{9.50}$$

这一方法的优点在于不必精确控制进样量，不需要求出 f'_i，比单点内标法准确度高，有利于进行批量样品的快速分析。

（3）内标标准曲线法Ⅱ（面积比对百分比作图法）

在式(9.49)中，若固定样品的质量 W 和加入的内标物的质量 m_s 不变，则 $f'_i \frac{m_s}{W} \times 100\%$ 为一常数 k，因此该式可简化为：

$$w_i = k \frac{A_i}{A_s} \tag{9.51}$$

用 A_i/A_s 对 w_i 作图，便能得到一条如图 9.28 所示的经过原点的直线。

在作标准曲线时，先将待测组分的纯物质配制成浓度递增的标准溶液，然后依次取固定量的标准溶液和固定量的内标物混合均匀后进样，从色谱图上测量出相应的 A_i 和 A_s，求出各个 A_i/A_s 值，再与对应的标准溶液含量 w_i 作图。分析样品时，取如上所述的相同量的样品和内标物，混匀后在与上述实验相同的条件下进样，从色谱图上测得待测组分与内标物的峰面积分别为 A_x 和 A_s，由 A_x/A_s 值从标准曲线上可以直接查出待测组分的含量。

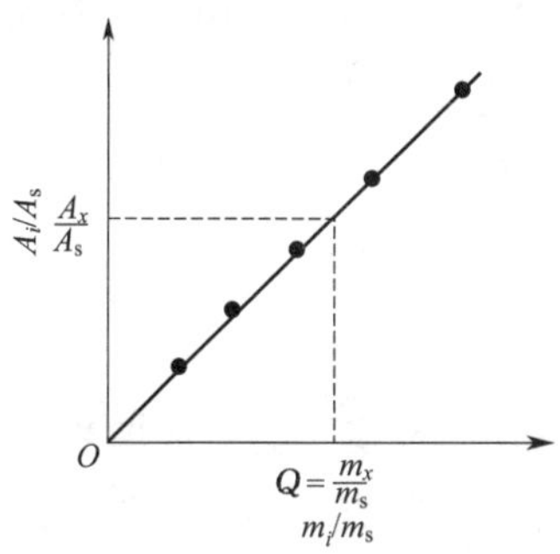

图 9.27 A_i/A_s-m_i/m_s 内标标准曲线

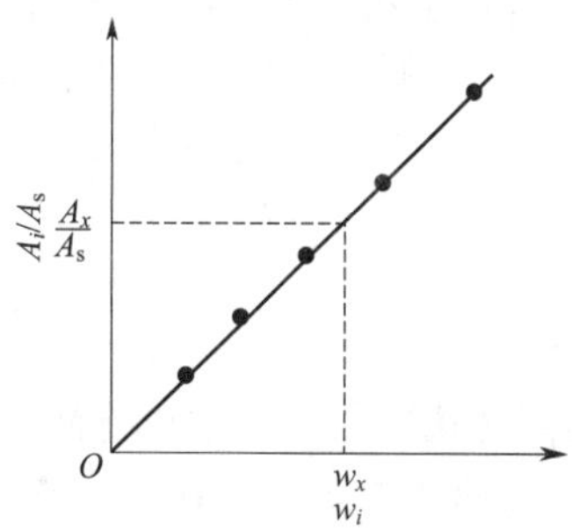

图 9.28 A_i/A_s-w_i 内标标准曲线

该方法特别适合于一般液体样品的常规分析，这时用体积代替称量，操作更加简便快速。该方法不必严格控制进样量，不必求出待测组分的相对校正因子，比单点内标法更准确。

例 9-5 欲用 GC 法测定某试样中 a 组分的含量，先准确称取内标物 s 和 a 的纯物质，配制成内标标准系列，进样得色谱图，其数据见下表。

编　号	内标物 s		组分 a	
	质量/g	峰面积/cm^2	质量/g	峰面积/cm^2
1	0.0455	165	0.0325	13.2
2	0.0460	131	0.0620	20.6
3	0.0407	156	0.0848	38.3
4	0.0413	147	0.1191	49.1

再称取样品 5.119 g，加入内标物（s）0.0421 g，混匀后在相同条件下进样，量得内标物 s 峰面积为 128 cm^2，a 组分峰面积为 38.1 cm^2，求试样中 a 组分的含量。

解：根据表中数据计算出对应的面积比和质量比，列表如下：

A_a/A_s	0.080	0.157	0.246	0.334
m_a/m_s	0.71	1.35	2.08	2.88

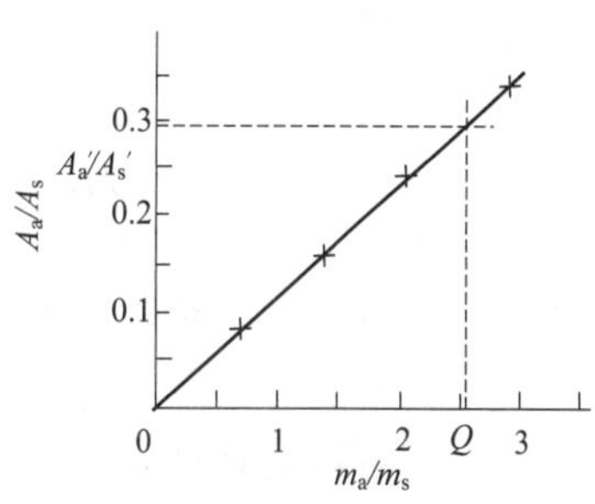

作 A_a/A_s-m_a/m_s 关系曲线，由加标样品谱图测得 a、s 的峰面积，可得：

$$A_a'/A_s' = 38.1/128 = 0.298$$

从内标标准曲线上查得对应的 $Q = m_a'/m_s' = 2.54$，故样品中 a 组分的含量为

$$w_a = \frac{Qm_s'}{W} \times 100\% = \frac{2.54 \times 0.0421}{5.119} \times 100\% = 2.09\%$$

9.8.3.3 外标法（external standard method, 或绝对法或已知样校正法）

假设进样量为 W g，其中待测组分质量为 m_i g，由 $m_i = f_i A_i$，可得 $w_i = \frac{m_i}{W} \times 100\% = \frac{f_i A_i}{W} \times 100\%$，当进样量 W 一定时，$\frac{f_i}{W} \times 100\%$为一常数 a，故有：

$$w_i = aA_i \tag{9.52}$$

这说明，在进样量固定不变的情况下，待测组分的含量与其峰面积成正比。

① 单点校正法　如果事先知道待测组分的大致浓度范围，则可采用单点校正法定量。具体做法是：配制一个与样品中待测组分浓度很接近的标准样，设其百分含量为 w_s，然后分别取相同体积的标准样和样品，进样分析，测得相应色谱峰为 A_s 和 A_x，由式(9.52)可得：

$$\frac{w_x}{w_s} = \frac{A_x}{A_s} \qquad 故 \quad w_x = \frac{A_x}{A_s} w_s$$

此法简便快速，不必求出待测组分的校正因子，但有时可能会带来大的误差。

② 外标标准曲线法　首先取待测组分 i 的纯物质加入稀释剂配制成浓度递增的标准样系列，分别取相同体积进样，得到一一对应的峰面积，然后用 A_i 对 w_i 作图，可得外标标准曲线。分析样品时，在与作标准曲线完全相同的条件下，取与标准样相同体积的样品注入色谱仪，从色谱图上测出待测组分的峰面积 A_x，然后从标准曲线上查出 A_x 所对应的 i 组分的含量（w_x）。

外标标准曲线法的特点是操作简单，计算方便，不必求出待测组分的校正因子，不加内标物。但它定量的准确性主要取决于重复进样的准确性和操作条件的稳定性。用待测组分的标准样定期对标准曲线进行校正，可以减小分析误差。

外标法常常用于气体样品的定量分析，如车间废气分析、天然气分析等。这是因为气体分析的进样量大，重复进样较准确，不会引起较大的分析误差。

9.8.3.4 用峰高代替峰面积定量

值得注意的是，当色谱峰都是很窄的对称峰，满足峰高定量的条件时，在上述各种色谱定量方法中均可用峰高代替峰面积定量。这样将使数据处理更加简便。

例 9-6　已知 CO_2 气体标准系列的体积分数 φ 分别为 80.0%、60.0%、40.0%、20.0%，取一定体积进样后测得其对应的色谱峰高依次为 99.6 mm、75.0 mm、49.8 mm、25.1 mm；在相同条件下，注入同样体积的气样，测得其中 CO_2 峰高为 57.4 mm，求该气样中 CO_2 的体积分数。

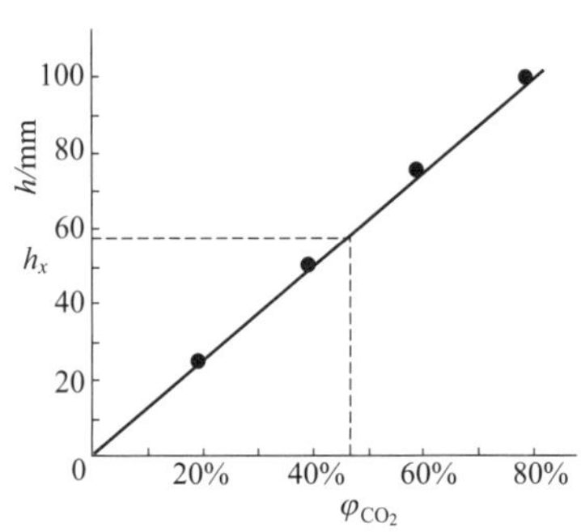

解： 利用给出的数据，作峰高 h 对 φ_{CO_2} 的关系曲线如右。

从标准曲线上查出 $h_x = 57.4$ mm 所对应的 φ_{CO_2} 值为 46.1%，故气样中 CO_2 的体积分数为 46.1%。

9.9 毛细管气相色谱法

用内径仅 0.1～0.5 mm、长度达 10～300 m 的毛细管柱代替填充柱的气相色谱法叫作毛细管气相色谱法（capillary gas chromatography，CGC），它具有填充柱气相色谱法所无法比拟的极高的柱效能和分离效能。

9.9.1 毛细管气相色谱法的发展过程

针对组分在填充柱中会产生明显的峰形扩展、柱效降低以及分离效能难以提高的问题，美国科学家戈雷（Golay）首先提出了采用极细极长的空心毛细管柱来代替填充柱的开创性设想。他于 1957 年用塑料或不锈钢等材料拉制成内径为零点几毫米、长度数十米以上的毛细管，在其内壁涂渍一层极薄而均匀的固定液膜，并解决了进样和检测中出现的新问题，使气相色谱分离复杂混合物的能力得到了大幅度的提高。1960 年发明了玻璃毛细管拉制机后，玻璃成为了主要的柱材料。1979 年研制出了机械强度高，有弹性、柱壁惰性和热稳定性很好的弹性石英毛细管柱，它是迄今为止应用最广泛的柱材料。它的问世，开创了气相色谱发展的新局面。制作石英毛细管柱要求石英原料中杂质含量必须小于 10^{-6}，拉制温度应为 1800～2200 ℃，拉制后必须立即在其外表面涂上一层耐高温的聚酰胺或聚酰亚胺的保护涂料，或者涂上金属铝，以增强其机械强度；同时还需对毛细管的内表面进行酸、碱腐蚀或固体盐类沉着等处理，以增加其表面的粗糙度和润湿性，从而有利于固定液的涂渍成膜。当前，已经开发了填充毛细管柱、开管毛细管柱等多种柱型供人们选用，它们为石油天然气原料和产品分析、生物样品、环境污染物等组成复杂的有机物混合物分析研究做出了巨大的贡献。

9.9.2 毛细管色谱柱的类型

毛细管柱可分为填充型和开管型两大类。

（1）填充毛细管柱

先在玻璃管内疏松地填入适当的色谱担体，再在高温下拉制成毛细管，然后在管内涂渍固定液，所得到的色谱柱叫填充毛细管柱。由于其柱效不太高，目前已应用不多。

（2）开管毛细管柱

① 涂壁开管柱（wall coated open tubular column，WCOT）　将聚硅氧烷类或聚乙二醇-20M 等固定液薄而均匀地涂渍在经过处理的毛细管的内表面，形成 0.1～1.5 μm 的液膜，即得到涂壁开管柱。这是应用最广泛的毛细管柱。

② 担体涂渍开管柱（support coated open tubular column，SCOT）　先在毛细管内壁涂一层粒径小于 2 μm 的色谱担体，然后再在多孔的担体表面涂渍固定液，如此制得的担体涂渍开管柱的固定液膜较厚，柱容量较高。

③ 多孔层开管柱（porous layer open tubular column，PLOT）　直接在毛细管的内壁上均匀地涂一层多孔性固体吸附剂微粒而制得，它相当于气固色谱开管毛细管柱。

④ 交联型开管柱　在适当的温度下，利用交联剂使固定液与毛细管内表面基团发生交联反应，从而被牢固地固定在毛细管内壁，所得到的交联型开管柱具有耐高温、稳定性好、柱效能高、分离能力强、柱寿命长等优点，因而得到迅速发展和广泛应用。

⑤ 化学键合开管柱　利用化学反应使具有特殊官能团的固定液分子与处理后的毛细管内表面的硅醇基团形成化学键，从而使毛细管柱具有很高的热稳定性和良好的分离特性。

9.9.3 毛细管柱速率理论方程

1958 年戈雷提出了毛细管柱速率理论方程：

$$H=B/\overline{u}+C_{g}\overline{u}+C_{l}\overline{u}=\frac{2D_{g}}{\overline{u}}+\frac{r^{2}(1+6k+11k^{2})}{24D_{g}(k+1)^{2}}\overline{u}+\frac{2kd_{f}^{2}}{3(k+1)^{2}D_{l}}\overline{u} \tag{9.53}$$

式中，$B/\overline{u}$ 为分子扩散项；$C_g\overline{u}$ 为气相传质阻力项；$C_l\overline{u}$ 为液相传质阻力项；$\overline{u}$ 为载气线速度；r 为毛细管柱半径；d_f 为液膜厚度；D_g 为气相扩散系数；D_l 为液相扩散系数；k 为分配比。

将此式与填充柱色谱的范氏方程式(9.24) 相比较，由于在开管毛细管柱中只有一个流路，因此不存在范氏方程中的涡流扩散项 A；两个方程的分子扩散项的区别在于毛细管柱的弯曲因子 $\gamma=1$，而填充柱的 $\gamma<1$；二者的气相传质阻力项的主要差别在于毛细管柱半径 r 代替了填充柱中的固定相颗粒直径 d_p。二者的液相传质阻力项基本相当。

9.9.4 毛细管气相色谱的主要特点

（1）柱效能和分离效能高

毛细管柱的柱效能和分离效能远远高于填充柱，其原因是：①毛细管柱的内径很细，为 0.1～0.5 mm，仅为填充柱的 1/10 左右，而柱半径 $r^2 \propto C_g$，故能大大降低气相传质阻力，提高柱效；②毛细管柱对载气的阻力很小，因此它的柱长可以是填充柱的十倍至数十倍，而增加柱长，既能提高柱的总塔板数，也能提高分离度；③与填充柱相比，开管毛细管柱内无固定相颗粒，气流阻力小，无涡流扩散的影响，故能有效降低板高；④固定液用量少，固定液膜很薄，使得 C_l 明显减小，柱效大大提高。因此毛细管柱的塔板数能高达 3000～4000 m^{-1}，柱的总塔板数可达 10^6 以上，其柱效能是填充柱的 100 倍左右。图 9.29 为毛细管柱与填充柱分离低沸点烷烃的比较，可以看出，前者出峰迅速、峰形尖锐狭窄，分离良好；而后者出峰时间长，峰形较差，甚至出现了低矮的拖尾峰。

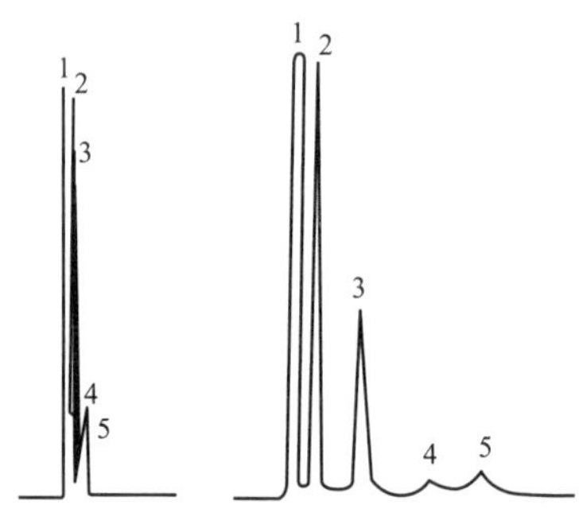

图 9.29 毛细管柱与填充柱的分离比较

1—甲烷；2—乙烷；3—丙烷；4—异丁烷；5—正丁烷

（2）相比 β 高，柱阻力小，分析速度快，有利于高沸点组分分析

毛细管柱的固定液用量很少，V_M 很大，相比 β 比填充柱高得多，柱阻力很小，有利于实现快速分析；同时也有利于在较低柱温下分析高沸点组分。

（3）稳定性好、信噪比高

由于固定液用量少，液膜薄、操作温度低，因此固定液流失量很少，在用程序升温分析宽沸程样品时的稳定性好，基线漂移小，噪声低，信噪比高。在进行痕量分析时，特别是对于在填充柱分析中易形成拖尾峰的极性组分（如酚、酸、胺等），用惰性内壁的石英毛细管柱能得到很好的分离效果。

（4）进样量小，需分流进样

毛细管柱的固定液用量少，柱容量小，进样量必须很小，一般为 10^{-2}～10^{-3} μL，因此一般不能直接进样，而须采用分流技术进样，让大部分样品从旁路放空，极小部分进入毛细管分离。毛细管柱色谱进样量极少，这决定了它只能配备高灵敏度的检测器使用，比如 FID、ECD、FPD 等。由于毛细管柱内径小，如果柱端接头、进样器、检测器等的死体积大，就会使样品在这些部分扩散而影响毛细管柱的分离效能和柱效能，因此毛细管柱色谱对死体积有严格的限制。

(5) 载气流速低，需引入尾吹气

毛细管柱色谱的载气流速很低，若直接进入检测器，会使样品峰形变宽，因此必须在柱尾端引入尾吹气，以加快流速，改善峰形。由于载气流速很低，故当毛细管柱与质谱联机时，易于实现组分与载气的分离。

9.9.5 毛细管柱色谱仪的基本系统

毛细管柱色谱和填充柱色谱在仪器基本系统上是一致的，只是它们的气路系统和进样系统上有某些差异。图 9.30 是毛细管柱色谱的气路系统和进样系统示意图。

(1) 气路系统

由于毛细管柱的内径很小，所以载气的体积流量很低，为 0.5～3 mL·min^{-1}，仅是填充柱的十分之一至几十分之一。很低的柱后流速会导致色谱峰变宽，柱效能降低。为解决这一问题，可在毛细管柱尾端引进尾吹气，以加快毛细管柱后流速，改善色谱峰形。对 FID 检测器来说，尾吹气流量以 30～50 mL·min^{-1}为宜。载气流量的变化将影响检测器的灵敏度、线性范围和基线稳定性。通常，柱温对载气流速的影响很大，入口压力和大气压力的波动也会影响载气流速。

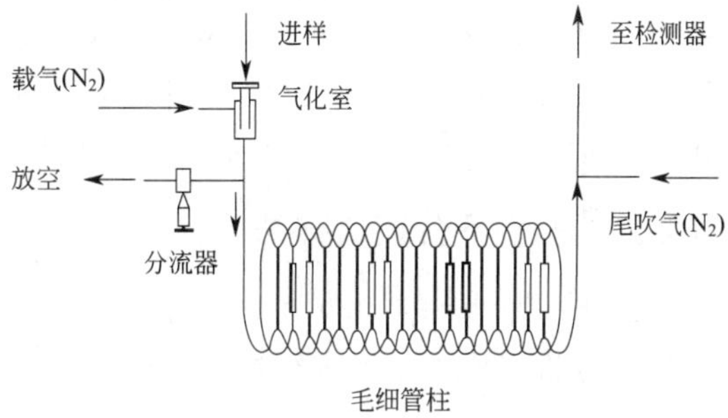

图 9.30 毛细管柱色谱的气路系统和进样系统

(2) 进样系统

由于毛细管柱内径很细，固定液膜很薄，柱容量很小，因而进样量必须很小，而要重现性较好地直接注入 0.01～0.2 μL 的样品是不可能的。采用如图 9.30 所示的分流进样法能较好地解决此问题。通常用微量注射器进样 1～2 μL，气化后分为两路，绝大部分样品通过分流器放空，只有小部分样品随载气进入色谱柱。这两部分的比例称分流比，其计算公式为：

$$\text{分流比} = \frac{\text{柱流量}}{\text{分流出口流量}} \tag{9.54}$$

改变分流器上的阻尼管孔径大小及长度可调节分流比的大小。分流进样的速度随进样量的大小应有所变化。一般地说，若进样量小于 1 μL 时，进样速度为 0.5～1 μL·s^{-1}；若分流进样量大于 1 μL 时，进样速度则可稍慢一些。

由于分流进样简便易行，因而得到了广泛的应用。但是它所存在的“分流歧视问题”却使它不能很好地适用于痕量组分以及要求很高的定量分析。所谓分流歧视是指在一定分流比的条件下，样品中的不同组分在分流点被分流的比例并不相同，使得进入色谱柱的那部分样品的组成不同于原始样品，从而引起测定误差的现象。分流歧视主要是样品中沸点不同的各组分气化的快慢不同，在载气中的扩散速度也不同等原因引起的。同时它也与分流器的设计和质量、气化室的温度、色谱柱的安装、分流比的大小等有关。

为了克服分流进样法的缺点，又发展了不分流进样技术、冷柱头进样技术等。当样品浓度小于 0.3 mg·L^{-1}时，若用氢火焰检测器，就不能采用分流法进样。

进行痕量分析时还应注意注射器和气化室密封垫的污染问题。通常，体积小于 100 μL 的注射器很难直接用溶剂清洗干净，因此最好用热处理法清洗；而气化室密封垫在使用之前应在 300 ℃左右的温度下进行处理，让污染成分挥发。此外，在密封垫的下面引入隔垫吹扫气亦能有效地消除密封垫所产生的污染。

毛细管柱色谱目前已广泛应用于各种复杂混合物的分离分析，其效果是填充柱色谱所无法相比的，尽管它的价格昂贵得多，但是在很多分析领域仍然大有取代填充柱色谱之势。

9.10 气相色谱常用的进样方法简介

自从气相色谱问世以来，它就处在不断的发展变化之中。新的想法、新的固定相、新的色谱柱、新的检测器和新的仪器系统不断出现，新的探索、新的尝试不断进行，新的看法、新的理论不断产生和完善，使得气相色谱的分析对象迅速增加，应用范围日益扩大，分析速度、灵敏度、稳定性、选择性、分离效能越来越高。当然，这些成就的取得，也与进样方法的发展密不可分。下面简单介绍 GC 进样方法。

9.10.1 直接进样法

该方法是直接用注射器或进样阀将样品注入气化室内，然后由载气将气化后的样品带入色谱柱内进行分离。通常填充柱色谱都采用这一进样方法。对于大口径毛细管柱（内径≥0.5 mm）色谱来说，可以把柱管接在填充柱进样口，并且它的载气流速可高达 20 mL·min^{-1}，因此也可采用直接进样法，但进样量应≤1 μL，进样速度也应略慢一些。

9.10.2 分流/不分流进样法

纯粹的分流进样法如 9.9.5 节所述。不少气相色谱仪同时有分流/不分流进样口，因此可以根据分析需要方便地进行这两种进样方式的转换。图 9.31 为分流/不分流进样示意图。

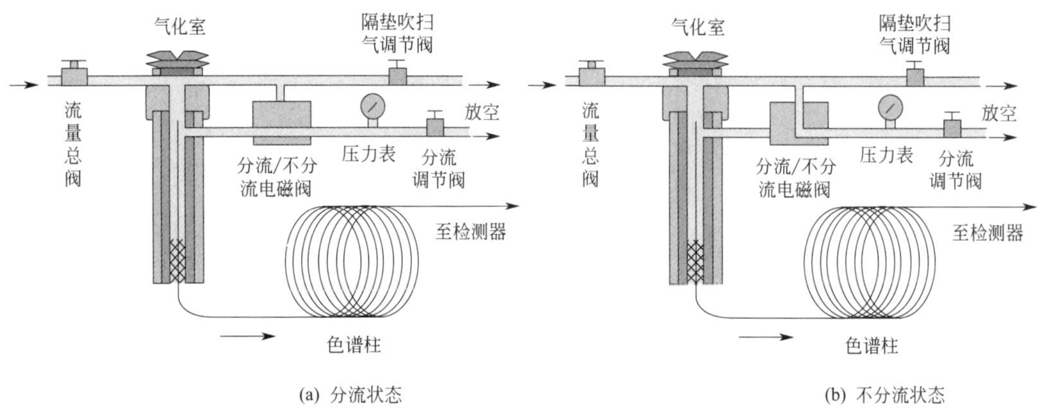

图 9.31 分流/不分流进样示意图

① 分流进样　当仪器处于分流状态［图 9.31(a)］时，流量总阀控制载气总流量，进入气化室后分成两部分，极少部分为隔垫吹扫气，经吹扫气调节阀后放空；大部分作为载气，与注入气化室的样品混合。其后又分为两部分，小部分进入色谱柱，大部分进入分流口，经分流调节阀后放空。

② 不分流进样　将分流气路的电磁阀关闭，进样口即处于不分流状态［图 9.31(b)］，此时与载气混匀的样品将全部进入色谱柱。对于毛细管柱来说，尽管该方法的灵敏度高，无分流歧视现象，但是它对操作条件要求很高，容易产生溶剂的拖尾峰等，所以应用不如分流进样广泛。

9.10.3 顶空进样法

顶空进样法即顶空气相色谱法，是一种灵敏度很高的痕量分析方法，它可分为静态顶空气相色谱法和动态顶空气相色谱法两类。

① 静态顶空气相色谱法（static headspace-gas chromatography，HS-GC） 该方法是将液体或固体待测物置于密闭容器中，当达到气液或气固平衡后，在容器顶部空间抽取气体成分注入气相色谱仪进行分析的一种特殊的分析技术。该方法的理论依据是在一定条件下，待测组分在气-液或气-固两相中存在着分配平衡，因而气相的组成能间接地反映出液相或固相样品中的成分。除了常规静态顶空技术之外，近年还发展了全蒸发顶空技术、化学反应顶空技术、示踪顶空技术、多次顶空抽提技术等。

商品化的自动顶空取样器具有自动瓶温控制、自动摇瓶、多次重复顶空取样以及时间控制等功能，使得待测样品在顶空瓶中的两相平衡易于在优化的条件下进行，也能方便地模拟所期望的化学反应，扩展分析对象，大大提高了分析灵敏度和准确度。

② 动态顶空气相色谱法 该方法是在容器中连续地通入氦气等惰性气体，让样品中的挥发性组分随惰性气体一起逸出，然后由吸附性捕集器将惰性气体中的样品成分浓缩富集，再解吸进样分析，因此又叫吹扫-捕集（purge and trap）分析法。此方法可将挥发性待测组分全部吹出，浓缩富集，因此灵敏度比静态顶空法更高，但仪器也更复杂。

顶空进样的主要优点是大大减少了复杂样品的基体成分对分析的干扰，省略或简化了样品预处理的步骤，拓宽了气相色谱分析的应用范围。

9.10.4 裂解进样法

气相色谱具有很强的分离能力和很高的分析灵敏度，但是它只适用于分子量较小、沸点较低的物质，而不能分析分子量较大的有机化合物及高分子化合物。将热裂解进样技术和气相色谱相结合的裂解气相色谱法（PGC）克服了上述不足，大大拓宽了气相色谱的分析范围。这一方法的原理是：在一定的温度、压力和环境条件下，高分子及各种有机化合物的热裂解过程将遵循一定的规律进行，即特定的样品有其特征的热裂解产物。通过对热裂解产物的气相色谱分析，就可以了解原始样品的组成、结构和性质。

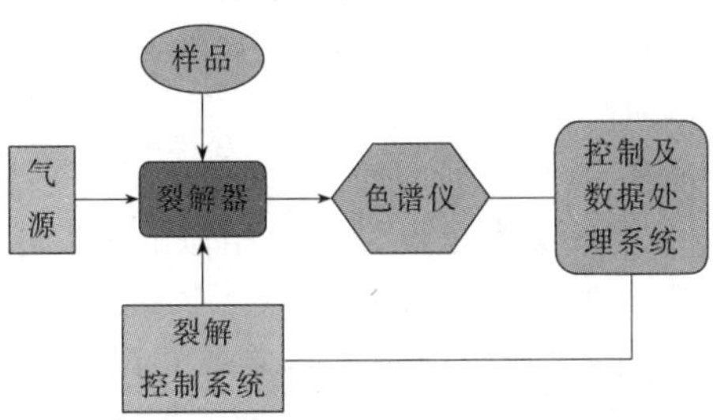

图 9.32 热裂解分析示意图

图 9.32 为 PGC 分析示意图，将待测样品置于裂解器内，在严格控制的条件下加热，使之迅速裂解成可挥发的小分子化合物，然后将裂解产物转入色谱柱内进行分离分析。热裂解温度必须精确控制，控温范围是室温至 1500 ℃，并要求有很高的控温重现性。

热裂解器分为连续式和间歇式两类。前者包括微炉裂解器、管炉裂解器等，后者包括热丝（带）裂解器、激光裂解器等。加热方式有电阻加热式、感应加热式和辐射加热式等。

PGC 的主要分析对象是天然和合成高分子、生物大分子和分子量较高的各种有机化合物。它的应用领域包括聚合物材料的分析鉴定和结构表征、高分子的热分解机理和热加工过程研究、环境化学、天然产物化学、生命科学和医药学、土壤化学、地矿与资源化学、食品化学、司法鉴定以及文物鉴定等。

9.10.5 固相微萃取法

1989 年，由加拿大 Waterloo 大学 Belardi 与 Pawliszyn 首创的固相微萃取（solid phase microextraction，SPME）技术是一项以固相萃取为基础的集萃取富集、解萃进样于一体的新型的样品预处理和进样技术。它采用一个类似于微量注射器的特殊装置，先从样品中萃取分离出待测组分，然后直接向气相色谱（GC）或高效液相色谱（HPLC）进样分析。

（1）SPME装置及工作原理

SPME装置见图9.33，它主要由推杆、手柄筒、Z形支点、支撑推杆旋钮、可调针深度规、空心针、萃取头等组成。其操作过程分为萃取和解萃进样两个步骤。

① 萃取过程　将萃取器的不锈钢空心针插入样品瓶内，然后压下推杆，使萃取头从空心针内伸出，暴露于样品之中。萃取头纤维通常由熔融石英拉制而成，其表面涂渍有聚二甲基硅氧烷、聚丙烯酸酯或聚乙二醇等气相色谱固定液。若萃取涂层对待测组分有一定的溶解能力，则经过一段时间后，待测组分便在样品和萃取涂层之间达成分配平衡。放开推杆，已萃取了待测组分的萃取头缩回到起保护作用的空心针内，拔出空心针，便完成了萃取过程。SPME的萃取方法有直接法和顶空法两种。将萃取头暴露于空气或水中，对其中的有机污染物直接萃取采样的方法叫直接法。而对于固体样品和污染严重的废水，则应将萃取头置于样品上方密闭的顶空采样，这种方法叫顶空法，它能萃取各种样品中的挥发性有机污染物。

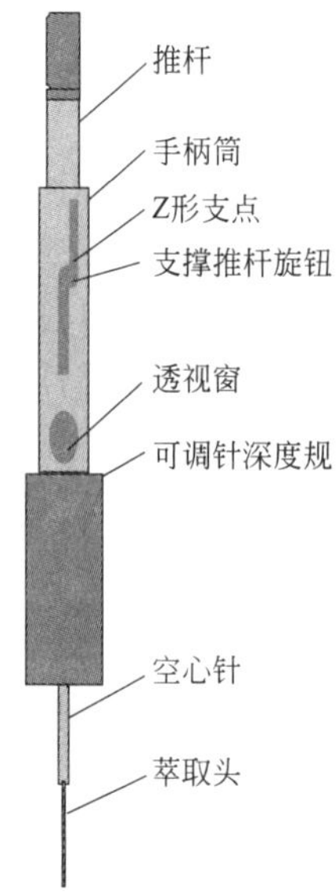

图9.33　固相微萃取器示意图

② 解萃进样过程　当采用SPME-GC联用法时，可将已完成萃取的萃取器空心针头插入GC气化室中，压下推杆，伸出萃取头，萃取涂层中的被萃组分在气化室的高温条件下挥发出来，随载气进入色谱柱进行分离分析。若采用SPME-HPLC联用法，则需用微量溶剂洗涤萃取纤维，使其中的被萃组分洗脱出来，再进行后继分析。

从萃取到解萃分析一般需要数分钟至数十分钟，整个过程无溶剂或仅用微量溶剂，减少了环境污染，降低了分析成本，提高了色谱分析的柱效能、分离效能和分析灵敏度。SPME操作简单方便，适用于野外采样，可有效地防止样品在运输和保存中的变质和沾污问题。

（2）提高SPME效率的措施

为了提高固相微萃取效率，可采取以下措施。a. 选择与待测组分极性相似的固定液作萃取涂层，并适当增加萃取纤维长度和涂层厚度，但同时应延长萃取时间。b. 加热样品，以提高待测组分的挥发度，加快传质速度，缩短平衡时间。但温度过高会使分配系数下降，萃取量降低。c. 不断搅拌样品，以提高待测组分的扩散速度，缩短萃取时间。d. 减小顶空体积，以增大顶空中挥发性组分的浓度。e. 在水样中加入NaCl、Na_2SO_4等盐类，能增大溶液的离子强度，减小有机组分的溶解度，提高萃取效率。f. 对某些有机组分（如脂肪酸及其盐），控制溶液酸度能减小其溶解度，从而达到提高萃取效率的目的。

（3）SPME的应用

SPME通常需要与GC或HPLC联用，进行气体、液体或固体样品中的挥发性、半挥发性有机物的分析。应用领域涉及环境监测、食品检验、药物检验、生物医学及天然产物分析等。例如，运用SPME与色谱联用技术，已成功地检测出了大气、水体和土壤中的痕量有机污染物，包括苯系物、多环芳烃、多氯代苯、脂肪酸、酚类、除草剂、杀虫剂、卤代烃和其他烃类等。此外，还成功地检测了饮料中的咖啡因、水果中的香味成分、食品中的风味物质、香油精等。对生物体内的有机汞、血液中的药物、血清蛋白、植物体内的单萜、空气中昆虫信息素等也能有效地检测。近年来，SPME与傅里叶变换红外光谱仪（FTIR）、紫外-可见分光光度计、电感耦合等离子体质谱仪（ICP-MS）及拉曼光谱仪等联用的研究工作也时有报道，同时在SPME新型萃取头、新型涂层和提高萃取富集倍数等方面的研究亦取得了可喜的进展。

●思考题及习题

1. 色谱法是怎样分类的？什么是气固色谱？什么是气液色谱？

2. 简述气相色谱的分析流程。气相色谱仪有哪些基本系统？各有什么作用？

3. 简要说明气相色谱的分配过程。什么是分配系数？它与哪些因素有关？简述色谱分离的基本原理。

4. GC 固体固定相有几种类型？它们各有什么主要特点？

5. GC 液体固定相由什么组成？什么是 GC 担体？试比较红色担体和白色担体的性能。

6. 什么是液担比？怎样选择 GC 担体？

7. 组分和固定液分子间的作用力在色谱分离中起什么作用？固定液最本质的特征是什么？为什么？

8. 用强极性固定液分离苯（沸点 80.1 ℃）和环己烷（沸点 80.8 ℃）的混合物，对分离起主要作用的力是________。

A. 氢键力　　B. 定向力　　C. 色散力　　D. 诱导力

参考答案

9. 固定液最常用的分类方法有哪些？你认为哪种方法更合理？

10. 什么是“相似性原理”？怎样根据分离对象选择适当的 GC 固定液？

11. 什么是 GC 流出曲线？它在 GC 分析中有什么作用？GC 基线能说明什么问题？

12. GC 保留值有哪些？哪种保留值的稳定性和重现性最好？哪种保留值的稳定性和重现性最差？

13. 什么是分配比？它与分配系数和相比有什么关系？

14. 什么是柱效能指标？怎样衡量柱效的高低？柱效高是否表明分离好？

15. 请写出范氏方程的表达简式并说明其中每一项的意义。

16. 升高 GC 柱温度，会使________。

A. 涡流扩散项增大　　B. 分子扩散项增大

C. 气相传质阻力项减小　　D. 液相传质阻力项增大

17. 固定相填充的均匀程度主要影响________。

A. 涡流扩散项　　B. 分子扩散项　　C. 液相传质阻力项　　D. 气相传质阻力项

18. 两种组分的色谱峰完全分离的条件是什么？它们与什么因素有关？

19. 分离度 R 和相对保留值这两个参数中哪一个更能说明二组分的分离情况？为什么？

20. 选择柱温时应注意什么？什么是程序升温？它有什么优点？

21. 简述 TCD 和 FID 的工作原理。它们的检测对象是什么？怎样选择适当的操作条件？

22. GC 定性分析的依据是什么？有哪些主要的 GC 定性方法？哪一种方法最可靠？怎样提高 GC 定性能力？

23. GC 定量分析的依据是什么？为什么要用相对校正因子？在什么情况下可以不用校正因子？

24. GC 定量方法有哪些？它们各有什么优缺点和适用范围？哪些方法不必准确进样？

25. 毛细管柱色谱有什么特点？毛细管柱色谱与填充柱色谱仪器系统有什么差别？

26. 常用的气相色谱进样方法有哪些？它们各有什么适用条件和优缺点？

27. 简述固相微萃取技术的工作原理和应用特点。

28. 二组分的色谱图如下所示，记录仪走纸速度为 1 $cm \cdot min^{-1}$：(1) 求二组分色谱峰的 r_{21} 和 R。(2) 如果 GC 柱长为 1.0 m，求该柱对组分 1 的有效塔板高度。

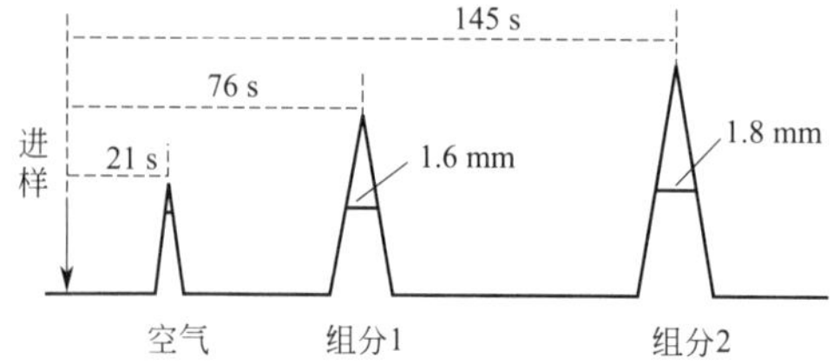

29. 若二组分的 $r_{21}=1.16$，柱的 $H_{有效}=1.0$ mm，需要多长的色谱柱才能将此二组分完全分离？

30. 丙烯、丁烯混合样品的 GC 数据如下：

组分	保留时间/min	峰底宽/min
空气	0.11	0.09
丙烯	1.05	0.17
丁烯	1.37	0.23

计算：(1) 丁烯在 GC 柱上的分配比。

(2) 丙烯和丁烯的分离度。

31. 将化合物 a 与正二十四烷和正二十五烷混匀后进样作 GC 分析，测得 a、$n\text{-}C_{24}H_{50}$、$n\text{-}C_{25}H_{52}$ 的调整保留时间分别为 10.20 min、9.81 min、11.56 min，计算化合物 a 的保留指数。

32. 用 GC 分析石油裂解气，各组分峰面积和校正因子见下表。其中前四个组分的“衰减档”为 1/4，其余的组分均未衰减，求各组分的含量。

出峰次序	空气	甲烷	CO_2	乙烯	乙烷	丙烯	丙烷
A/cm^2	34.0	214	4.50	278	77.0	250	47.3
f'	0.840	0.740	1.00	1.00	1.05	1.28	1.36

33. 称取含有甲酸、乙酸、丙酸、微量水和苯等物质的试样 1.055 g，加入内标物环己酮 0.1907 g，混合均匀后，吸取此试液 3 μL 进样分析，将从所得色谱图上测得的各酸及内标物的峰面积和从手册上查得的相对响应值列入下表，求试样中甲酸、乙酸、丙酸的含量。

项目	甲酸	乙酸	环己酮	丙酸
峰面积 A/cm^2	14.8	72.6	133	42.4
响应值 S'	0.261	0.562	1.00	0.938

34. 称取苯、甲苯、乙苯、邻二甲苯的纯物质，混匀后在一定条件下进样，得色谱图，将各组分质量及色谱峰的峰高列入下表，以苯为标准物，求各组分的峰高相对校正因子。

项目	苯	甲苯	乙苯	邻二甲苯
质量/g	0.5968	0.5477	0.6123	0.6689
峰高/mm	180.4	84.5	45.6	50.1

35. 为监控汽油中甲醇掺混量，采用气相色谱外标标准曲线法对其进行定量分析，先配制一系列甲醇标准溶液，取一定体积进样后测得峰面积如下表。

编号	1	2	3	4
甲醇浓度/($g\cdot L^{-1}$)	0.50	1.00	2.00	4.00
峰面积 A/cm^2	32	65.2	128	255

再取待测汽油样品 10.00 mL，用正己烷稀释至 50.00 mL，按照与测定甲醇标准溶液相同的操作条件，取同样体积稀释后的汽油样品进样，测得其甲醇峰面积为 156 cm^2。求原汽油样品中甲醇的质量浓度（单位：$g\cdot L^{-1}$）。

第 10 章　高效液相色谱法

课件

流动相为液体的色谱称为液相色谱。20 世纪 70 年代初，吉丁斯（J. C. Giddings）将气相色谱速率理论引入到液相色谱，并在速率理论的指导下，对经典液相色谱作了重大改进，采用了高压泵、高效固定相和高灵敏度检测器，发展了高效液相色谱法（high performance liquid chromatography，HPLC），目前此法已成为现代仪器分析中最重要的分离分析方法之一。

10.1　概述

10.1.1　高效液相色谱法的特点

与经典液相色谱相比，高效液相色谱提高了柱效，加快了分析速度，实现了自动化检测，其主要特点如下。

① 高压　为提高柱效，高效液相色谱固定相颗粒极细，填充十分紧密，载液流经色谱柱时受到的阻力很大，为了能较快地通过色谱柱，必须对载液施加 15～35 MPa 甚至高达 50 MPa 的高压，这对高压输液系统、色谱柱的耐压能力都提出了更高的要求。

② 高速　由于采用了高压泵输送流动相、梯度洗脱装置及检测器在柱后直接检测流出液成分等手段，因此，高效液相色谱法完成分析所需时间通常为数分钟至数十分钟，比经典液相色谱法要快得多。

③ 高效　经典液相色谱的柱效为 10～100 m^{-1}，而高效液相色谱由于使用了高效固定相，其柱效可高达 10^4～10^6 m^{-1}；同时，计算机技术的引入，也使分离操作和数据处理效率大大提高。

④ 高灵敏度　高效液相色谱采用了高灵敏度的检测器，大大提高了检测灵敏度。如荧光检测器检出限可低至 10^{-11} g。此外，其进样量也很少，用微升级的样品便可进行全分析。

⑤ 应用范围广　既能分析一般化合物，也能分析沸点高、热稳定性差和具有生理活性的物质，还能分析离子型化合物和高聚物，弥补气相色谱的局限性。此外，还适宜于制备高纯试剂。

由于高效液相色谱法具有以上特点，20 世纪 70 年代以来，它得到了迅速发展，已广泛应用于化学、食品、生物、医药、石化、环保等领域。高效液相色谱与其他仪器的联用是一个重要的发展方向，例如 HPLC-MS 联用、HPLC-IR 联用、HPLC-NMR 联用等都得到了迅速发展。

10.1.2　高效液相色谱法与气相色谱法的比较

高效液相色谱法与气相色谱法的基本概念和理论基本一致，但高效液相色谱法所用的流动相、固定相、分析对象、仪器设备和操作条件等与气相色谱法不同。

① 流动相　气相色谱中的流动相是载气，它对组分和固定相呈惰性，是专门用来载送样品的气体。因此在气相色谱中，只有固定相能与组分分子作用。而在高效液相色谱中，流动相（载液）对组分分子有一定的亲和作用，它能与固定相争夺组分分子，因而增大了分离的选择性；另外，气相色谱载气的种类少，而高效液相色谱可供选择的载液种类较多，并可灵活地调节其极性、离子强度或 pH 值，为选择最佳分离条件提供了极大的方便。

② 固定相　气相色谱分离的选择性主要通过选用不同的固定相来实现，所以促进了种

类繁多的气相色谱固定相的开发研究。迄今已有数百种气相色谱固定相可供选择使用，而常用的高效液相色谱固定相仅有十几种。故高效液相色谱的分离选择性在很大程度上要通过选用不同的流动相来改变。在实际分析中，气相色谱一般是选定一种载气，然后通过改变固定相及操作参数（柱温和载气流速等）来优化分离，而高效液相色谱则是选定固定相后，通过改变流动相的种类和组成以及操作参数（柱温和流动相流速等）来达到优化分离的目的。此外，气相色谱固定相粒径较大，为 70～250 μm，而高效液相色谱固定相粒径较小，一般为 3～30 μm。高效液相色谱的柱效比气相色谱高得多。

③ 分析对象　气相色谱的分析对象是在操作温度下能气化而不分解的物质，而对于高沸点化合物、热不稳定化合物、离子型化合物及高聚物的分离分析较为困难。据统计，在目前已知的有机物中，只有大约 20%能用气相色谱分析；而高效液相色谱不受分析对象沸点和热稳定性的限制，它非常适合分子量较大、难气化、不易挥发或对热敏感的物质、离子型化合物及高聚物的分离分析，因此，大约 80%的有机化合物都可以用高效液相色谱进行分离分析。

④ 分离温度　气相色谱一般在高于室温下分离，最高可达 300～400 ℃。而高效液相色谱的分离温度一般为室温或略高于室温，较低的操作温度有利于色谱分离条件的选择。

⑤ 色谱柱　气相色谱柱较长较粗，如填充柱内径 2～6 mm，长 1～10 m；毛细管柱内径 0.1～0.5 mm，长 10～100 m。而高效液相色谱柱较短较细，如常规柱长一般为 15～30 cm，内径 1～6 mm；高速柱长约 3.3 m，内径约 4.6 mm；微径柱长 1 m；开管毛细柱长 5 m，内径 0.01 mm。

⑥ 流动相驱动力　气相色谱一般采用高压载气，而高效液相色谱常采用高压泵。

此外，为了提高分离效能，缩短分析时间，气相色谱常采用程序升温的办法，而高效液相色谱则采用梯度洗脱方式。

当然，高效液相色谱也有自身的缺点，如尚缺乏通用的检测器，仪器比较复杂、昂贵，流动相消耗大且有毒性者居多，分析成本较高，分析生物大分子和无机离子较困难，等等。

10.2 高效液相色谱仪

高效液相色谱仪主要由高压输液系统、进样系统、分离系统、检测系统四大部分组成。此外，还需配备梯度洗脱、自动进样、馏分收集及数据处理等装置。图 10.1 是高效液相色谱流程示意图。其工作过程为：贮液器中的载液经高压泵输送到色谱管路中，试样由进样器注入流动相，流经色谱柱进行分离，分离后的各组分由检测器检测，输出的信号由记录仪记录下来，即得到液相色谱图。

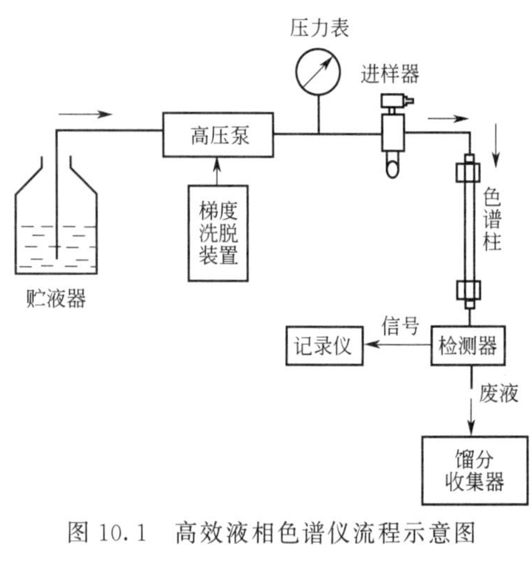

图 10.1　高效液相色谱仪流程示意图

10.2.1 高压输液系统

高压输液系统由贮液器、高压泵、过滤器、阻尼器、梯度洗脱装置及压力表等组成。

① 贮液器　用来贮装载液，一般由玻璃、不锈钢或聚四氟乙烯制成，容量为 1～2 L。贮液器应带有脱气装置，以便有效地脱除溶于载液中的气体，从而避免基线噪声增大和基线不稳的情况

发生。脱气方法有真空减压法、超声脱气法和通氦脱气法等。

② 高压泵　由于高效液相色谱柱柱径较细，固定相颗粒细小，再加上液体黏度较大，故柱内阻力较大。因此必须选用流速恒定、压力平稳、无脉动、流量可调节的高压泵输送载液，才能达到快速分离的目的。一般要求泵的输出压力为 15～50 MPa。

高压输液泵根据其排液性质可分为恒压泵和恒流泵两大类。恒流泵的特点是在一定的操作条件下，输出的流量恒定，柱阻力或流动相黏度改变只引起柱前压力的变化，往复式柱塞泵、注射式螺旋泵属于此类。目前，绝大多数高效液相色谱所采用的是往复式柱塞泵。因为它液缸容积小，易于清洗和更换溶剂，特别适合梯度洗脱。而恒压泵的特点是输出的压力恒定，而流量则随色谱系统阻力的变化而变化，不适于梯度洗脱，它逐渐被恒流泵所取代。

③ 梯度洗脱装置　梯度洗脱是将两种或两种以上不同性质但可以互溶的溶剂，随时间改变而按一定比例混合，以连续改变色谱柱中载液的极性、离子强度或 pH 值等，从而改变被测组分的保留值，提高分离效率，加快分析速度，使样品中各组分都能在最佳的分离条件下出峰。同时，它还可以改善峰形、提高分辨能力、降低检出限和提高定量分析的精度。梯度洗脱特别适合于样品中组分 k 值范围很宽的复杂样品的分析。

梯度洗脱可以采用在常压下预先按一定的程序将溶剂混合后再用泵输入色谱柱的低压梯度，也称外梯度；也可以将溶剂用高压泵增压后输入色谱系统的梯度混合室，混合后再送入色谱柱，即所谓高压梯度或内梯度系统。

梯度洗脱的作用和气相色谱中的程序升温非常类似（见图 10.2），不同的是气相色谱中的程序升温是通过程序改变柱温，而高效液相色谱中的梯度洗脱是通过改变流动相组成、极性、pH 值和离子强度来达到改变 k 的目的。

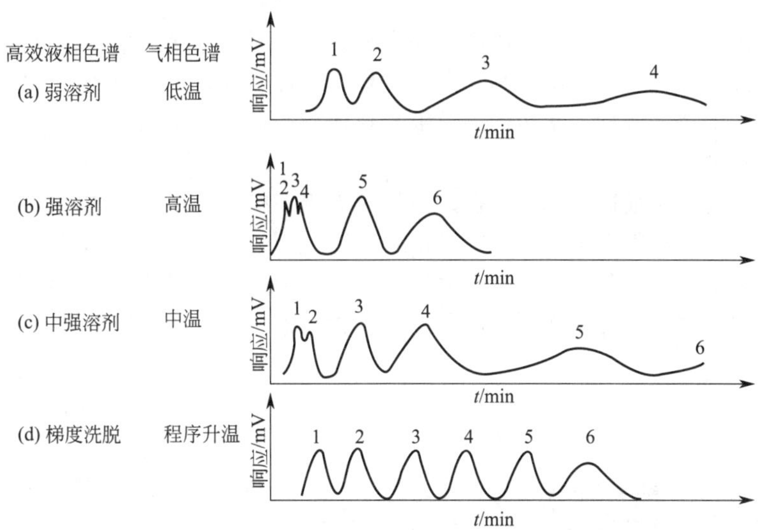

图 10.2　高效液相色谱梯度洗脱与气相色谱程序升温的比较

(a) 弱溶剂时，k 大的组分未流出；(b) 强溶剂时，k 小的组分分不开；

(c) 中等强度 k 小的组分 1、2 分不开；k 大的组分未流出；

(d) 梯度洗脱，各组分都得到良好的分离

10.2.2 进样系统

进样系统是将待分析样品有效地注入色谱柱内进行分离的装置，要求进样器耐高压，耐

腐蚀，重复性好，死体积小，保证中心进样，进样时色谱系统压力、流量波动小，便于实现自动化等。常用的进样方式有以下三种。

① 注射器进样　与气相色谱相似，将微量注射器的针尖穿过进样器的弹性隔膜垫片，然后迅速将样品注入柱床顶端。这种进样方式获得的柱效很高，且价格低、操作方便；缺点是进样的重现性较差，隔膜垫片使用次数有限，操作压力不能过高，一般应小于 10 MPa。注射器进样装置见图 10.3。

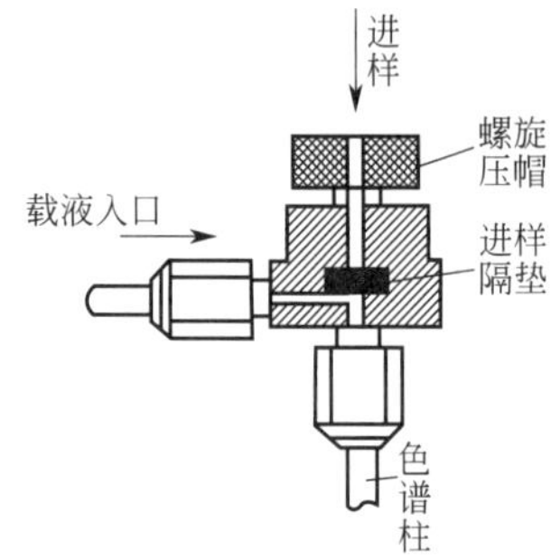

图 10.3　注射器进样装置

② 六通阀进样　六通高压微量进样阀可直接用于 35～40 MPa 高压下的进样，由于进样体积由定量管计量，因此进样量准确，重现性好，目前几乎取代了注射器进样。

③ 自动进样器　高效液相色谱还可用自动进样器进行批量进样，操作者只需将样品按顺序装入贮样装置，计算机可自动控制定量阀，取样、进样、复位、清洗和样品盘转动等一系列操作全部按预定程序自动进行。该方法适合于大量样品的分析，节省人力，可实现自动化。

10.2.3　分离系统

分离系统包括色谱柱、恒温器和连接管等部件。对色谱柱的要求是：分离效率高、柱容量大、分析速度快。为此，色谱柱管常采用内径为 1～6 mm、长度为 10～50 cm、内壁抛光的不锈钢直管制成，柱内装填有高效微粒固定相。色谱柱通常由专门的厂家生产提供。

10.2.4　检测系统

检测器的作用是将色谱柱中流出的样品组分含量随时间变化的信号转化为易于测量的电信号。理想的检测器应具有灵敏度高、重现性好、线性范围宽、响应快、死体积小以及对温度和流量变化不敏感等特性。常用的高效液相色谱检测器有以下几种。

(1) 紫外检测器

紫外检测器是使用最广泛的检测器，适用于有紫外吸收物质的检测，这种检测器灵敏度高，线性范围宽，检测下限可达 10^{-10} g•mL^{-1}，对温度和流速不敏感，适于梯度洗脱。

紫外检测器的原理是基于待测组分对特定波长紫外光的选择性吸收，组分浓度与吸光度的关系服从比尔定律。紫外检测器分为固定波长检测器、可变波长检测器和光电二极管阵列快速扫描检测器。

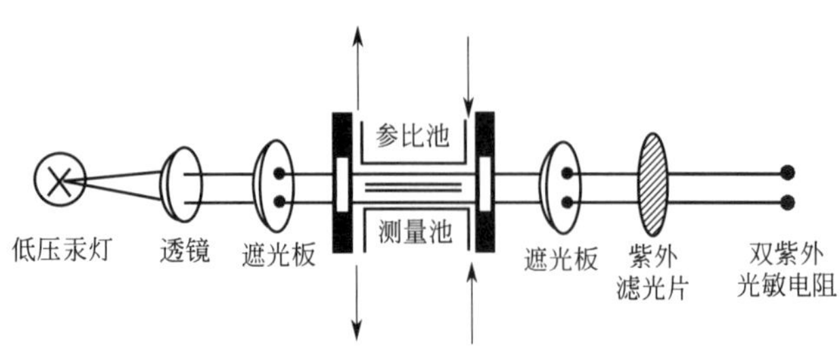

图 10.4　双光路紫外检测器光路示意图

固定波长检测器通常用低压汞灯作光源，波长一般为 254 nm。光源所发射的其他波长的光通过滤光片消除。

图 10.4 是一种双光路紫外检测器光路图。光源常采用低压汞灯，透镜将光源射来的光束变成平行光，经过遮光板后变成两条细小的平行光束，分别通过测量池与参比池，紫外滤光片滤掉非单色光，然后照射到两个紫外光敏电阻上，将此双紫外光敏电阻接入惠斯登电桥，根据输出信号差进行检测。测量池体积在 5～10 μL，光路长 5～10 mm，其结构形式常采用 H 形或 Z 形。光电转换元件也可采用光电管或光电倍增管。

可变波长检测器采用氘灯和钨灯组合光源，波长在 190～800 nm 范围内可调，从而增加了检测器的灵敏度和选择性。该检测器不仅能进行定量检测，还能在组分通过流通池时，短时间中断液流进行快速扫描，从而得到组分的紫外吸收光谱，为定性分析提供信息，或据此选择最佳检测波长，扩大了检测器的应用范围。

随着光电二极管阵列元件和计算机技术的发展，出现了光电二极管阵列快速扫描检测器，简称二极管阵列式检测器。这种检测器可对每个洗脱组分进行光谱扫描，经计算机处理后，得到吸光度、波长、保留时间的三维光谱-色谱图。其中吸收光谱用于定性分析和鉴别峰的纯度，色谱用于定量分析，并且这种检测器还可避免由于波长选择不合适而漏检被测组分，以及定量处理中响应值小的麻烦。

(2) 荧光检测器

荧光检测器对待测组分所产生的荧光进行检测，是一种选择性检测器，它适合于稠环芳烃、氨基酸、蛋白质、维生素、胺类等荧光物质的测定。这种检测器灵敏度极高，其检出限可达 10^{-12}～10^{-13} g•mL^{-1}，比紫外检测器低 2～3 个数量级，适合于痕量分析，而且可用于梯度洗脱。其不足之处是使用范围有一定的局限性。

(3) 示差折光检测器

示差折光检测器是基于不同的物质具有不同的折射率进行检测的。该检测器以纯溶剂作参比，连续监测柱后洗脱物折射率的变化，并根据变化的差值确定样品各组分的含量。凡是具有与流动相折射率不同的组分，均可使用这种检测器。示差折光检测器的优点是通用性强，操作简便；缺点是灵敏度较低，检测下限约为 10^{-7} g•mL^{-1}，不能做痕量分析。此外，由于洗脱液组成的变化会使折射率变化很大，而且检测器对温度和流速变化特别敏感，因此该检测器不适用于梯度洗脱。

(4) 蒸发光散射检测器

蒸发光散射检测器是一种通用型检测器。这种检测器适用于挥发性低于流动相的任何样品组分，但要求流动相中不能含有缓冲盐。蒸发光散射检测器被认为是示差折光检测器的新型替代品，主要用于测定不产生荧光又无紫外吸收的有机物，如糖类、高级脂肪酸、磷脂、维生素、甘油三酯等化合物。

(5) 电化学检测器

电化学检测器是基于电化学分析法而设计的，该类检测器一般有两种类型：一种是根据溶液的导电性质，通过测定离子溶液电导率的大小测定离子浓度；另一种是根据待测物质在电解池中工作电极上所发生的氧化-还原反应，通过电位、电流和电量的测量，确定待测物质的浓度。

电化学检测器对无紫外吸收或不能发生荧光，但具有电活性的物质都可以检测。目前电化学检测器主要有电导、安培、极谱和库仑 4 种。其中电导检测器是离子交换色谱中使用最广泛的检测器。

10.3 液相色谱速率理论

液相色谱的基本概念及理论基础与气相色谱相似，但它们的流动相不同。二者流动相的性质有明显的差别，液体的扩散系数只有气体的万分之一至十万分之一，液体的黏度比气体大几十至几百倍，而密度为气体的一千倍左右。这些性质的差别将影响组分在色谱两相中的扩散和传质运动，进而明显地影响色谱的分离分析过程，所以在描述两种色谱的速率理论时会有所不同。

由吉丁斯（Giddings）、斯奈德（Snyder）等人提出的液相色谱速率理论方程如下：

$$H=H_{ed}+H_{id}+H_{m}+H_{sp}=2\lambda d_{p}+\frac{C_{d}D_{m}}{u}+\left(\frac{C_{m}d_{p}^{2}}{D_{m}}+\frac{C_{sm}d_{p}^{2}}{D_{m}}+\frac{C_{s}d_{f}^{2}}{D_{s}}\right)u \quad (10.1)$$

式中，H_{ed} 为涡流扩散项；H_{id} 为分子扩散项；H_{m} 为流动相传质阻力项；H_{sp} 为固定相传质阻力项。

此式与气相色谱范氏方程的形式是一致的，其主要区别在于分子扩散项可以忽略不计，影响板高的主要因素是传质阻力项。根据速率理论，可对色谱峰展宽及分离的影响因素讨论如下。

（1）涡流扩散项

$$H_{ed}=2\lambda d_{p} \quad (10.2)$$

式中每一个符号的含义与气相色谱相同，减小固定相粒度、柱子填充均匀，均有利于提高柱效。

（2）分子扩散项

$$H_{id}=\frac{C_{d}D_{m}}{u} \quad (10.3)$$

式中，C_{d} 叫填充系数，在一定条件下为常数；D_{m} 为组分在流动相中的扩散系数，它比气相扩散系数小 4～5 个数量级，当载液流动的线速度 $u>0.5\ cm\cdot s^{-1}$时，H_{id} 项通常可以忽略不计。

（3）固定相传质阻力项

$$H_{sp}=\frac{C_{s}d_{f}^{2}}{D_{s}}u \quad (10.4)$$

H_{sp} 是由试样分子从流动相进入固定液内进行传质引起的。传质过程取决于固定液的液膜厚度 d_{f}、试样分子在固定液内的扩散系数 D_{s} 以及与分配比 k 有关的系数 C_{s}。由式（10.4）可知，对由固定相传质所引起的峰扩展，应从改善传质，加快溶质分子在固定相上的解吸过程着手加以解决。

（4）流动相传质阻力项

流动相传质阻力项 H_{m} 包括在流动相流动区域内的传质阻力项 H_{mp} 和在流动相滞留区内的传质阻力项 H_{sm} 两种形式。

① H_{mp}　当流动相流过色谱柱内的填充物时，处于同一横截面上所有分子的流速并不相同，由于摩擦作用，靠近填充物颗粒的流动相流速比流路中间的稍慢一些，从而引起板高的变化，导致峰展宽。H_{mp} 与线速度 u、固定相粒度 d_{p} 以及试样分子在流动相中的扩散系数 D_{m} 的关系可表示为：

$$H_{mp}=\frac{C_{m}d_{p}^{2}}{D_{m}}u \quad (10.5)$$

式中，C_{m} 为一常数，是分配比 k 的函数，其值取决于柱直径、形状和填充状况。当柱填料填充均匀紧密时，C_{m} 降低。

② H_{sm}　由于固定相的多孔性，会造成某部分流动相滞留在固定相微孔内停滞不动。流动相中的试样分子要与固定相进行质量交换，必须先从流动相扩散到滞留区。若固定相的微孔小而深，传质速度就慢，对峰形扩展影响就大，柱效就低。固定相的粒度愈小，微孔孔径愈大，传质速率就愈快，柱效就高。所以改进固定相结构是提高柱效的有效途径。滞留区传质阻力项为：

$$H_{sm}=\frac{C_{sm}d_p^2}{D_m}u \tag{10.6}$$

式中，C_{sm} 是一常数，它与颗粒微孔中被流动相所占据部分的分数以及分配比 k 有关。

(5) 提高柱效的方法

综上所述，影响板高的主要因素是传质阻力项。为提高柱效可采用以下几种方法。

a. 采用粒度小而均匀、孔穴较浅的固定相担体，这是提高液相色谱柱效最有效的途径。

b. 采用低黏度溶剂作流动相，以减小在柱内的流动阻力。

c. 适当降低流动相流速，但流速太低会增大分子扩散项和减慢分析速度。

d. 适当提高柱温，以降低流动相黏度，增大扩散系数，但柱温过高会降低分离度。

此外，还应注意色谱柱外各种因素引起的峰形柱外展宽。柱前展宽主要由进样器死体积和进样时液流的扰动而产生的扩散所引起，它会造成峰形不对称和展宽；若将试样直接注入柱顶端填料中心之内 1～2 mm 处，就能显著提高柱效，改善峰的对称性。柱后展宽主要由连接管、检测器流通池死体积引起，尽量减小这些死体积，可减小色谱峰的柱后展宽。

10.4 高效液相色谱法的分类

根据分离机理的不同，可将高效液相色谱法分为液-液分配色谱法、液-固吸附色谱法、离子交换色谱法、离子对色谱法、离子色谱法和空间排阻色谱法等。

10.4.1 液-液分配色谱法

(1) 分离原理

液-液分配色谱法（liquid-liquid partition chromatography）的流动相和固定相都是液体，且互不相溶，两者之间有一个明显的分界面。当试样溶于流动相后，在色谱柱内经过分界面进入固定相中，试样中各组分在两相间进行分配，当达到平衡时，各组分的分配服从分配定律，即：

$$K=\frac{c_s}{c_m}=k\frac{V_m}{V_s} \tag{10.7}$$

式中，K 为分配系数；k 为分配比；c_s 和 c_m 为组分在固定相和流动相中的浓度；V_s 和 V_m 为固定相和流动相在柱中所占的体积。

液-液分配色谱法的分离顺序取决于分配系数的大小，分配系数 K（或分配比 k）大的组分，保留值大，后出柱。与气相色谱不同的是，流动相的性质和种类对 K 有较大的影响。根据固定液和流动相的极性不同，液-液分配色谱法又分为正相液-液色谱法和反相液-液色谱法。

① 正相液-液色谱法　指固定液极性大于流动相极性的色谱法。组分的分配系数 K 与其极性有关，极性越大 K 越大。正相液-液色谱法中，固定相常选用极性固定相，如硅胶、氧化铝、羟基、氨基或氰基键合固定相；流动相一般以正己烷或环己烷等非极性溶剂作为基础溶剂，为洗脱极性较强的溶质，可在其中加入氯仿、四氢呋喃、甲醇、乙醇等极性调节剂。正相色谱主要用于分离极性较强的化合物，如脂肪酸、甾醇类、类脂化合物、磷脂类化合物等有机物。

② 反相液-液色谱法　指固定液极性小于流动相极性的色谱法。反相液-液色谱法也多以硅胶为基质，但通常在其表面将各种不同疏水基团通过化学反应键合到硅胶表面的游离羟基

上（如在硅胶表面上键合 C_{18} 烷基的非极性固定相，十八烷基硅烷键合相）。反相液-液色谱法中常用的流动相有水、甲醇和四氢呋喃等，其中水是流动相的主体，有机溶剂为改性剂。通常用水-甲醇作流动相时，样品中极性强的组分先流出，随后是极性较弱的组分。这种色谱方法是目前应用最多、最有效的液相色谱法，适于分离芳烃、稠环芳烃及烷烃等非极性或弱极性化合物。

（2）液-液分配色谱固定相

液-液色谱固定相由担体和固定液组成。将固定液机械地涂渍在担体上的固定相如今已经很少使用，而近年发展起来的新型化学键合固定相却得到日益广泛的应用。键合固定相是利用特定的化学反应，把各种不同的有机基团以化学键的形式连接到担体表面的游离羟基上而制得的。形成化学键合相必须具备两个条件：一是担体表面应有某种活性基团（如硅胶表面的硅醇基）；二是固定液应有与担体表面发生化学反应的官能团。键合固定相的化学稳定性和热稳定性好，使用过程中固定液不会流失，在 pH 2～8 的溶液中不变质，选择性好，有利于梯度洗脱，它的使用极大改善了固定相的柱效能和分离性能。

键合固定相简称键合相，它既可用于正相液-液色谱，也可用于反相液-液色谱。极性键合相一般都用于正相液-液色谱，分离极性的物质；非极性键合相多用于反相液-液色谱，分离非极性物质；对于极性较大、用正相液-液色谱法分离所需时间较长的化合物，亦可改用反相液-液色谱法分离，以缩短分析时间。

由于液相色谱中流动相参与选择作用，流动相极性的微小变化都会使组分的保留值出现较大的改变，因此在液-液色谱中，只需用几种极性不同的固定液即可，其中常用的有β,β'-氧二丙腈（ODPN）、聚乙二醇（PEG）、十八烷（ODS）和角鲨烷等。

（3）液-液色谱流动相

高效液相色谱流动相一般由洗脱剂和调节剂两部分组成。前者的作用是将试样溶解和分离；后者则用以调节前者的极性和强度，以改变组分在柱中的移动速度和分离状态。理想的流动相应符合以下条件：对试样有适当的溶解度，以防在柱头产生沉淀；与固定相不互溶，不与试样发生化学反应；应与所用检测器相匹配；黏度应较小，以获得较高的柱效；纯度高，毒性小，价格便宜，不污染环境和腐蚀仪器。

在液-液色谱中，流动相与固定相的极性必须有很大差异，才能减小固定相的溶解度，因此应根据固定相的极性来选择合适的溶剂作流动相，以提高液相色谱的分离效果。

（4）应用

液-液色谱法对极性化合物和非极性化合物都能达到满意的分离效果。特别是有着优良分离性能的化学键合相的出现，使液-液色谱法的应用得到了迅速的发展。键合相液-液色谱法尤其对同系物有着良好的分离性能。当前除极少数色谱系统外，液-液色谱法已经基本上被键合相色谱法所取代。

10.4.2 液-固吸附色谱法

1906 年由 Tswett 所创立的液-固吸附色谱法（liquid-solid adsorption chromatography）是最古老的色谱法。其固定相为固体吸附剂，它是根据各组分在固定相上吸附能力的差异来进行分离的。

（1）分离原理

流动相分子进入色谱柱后，便以单分子层形式占据吸附剂表面的活性中心。当试样中组分分子被溶剂带入色谱柱时，由于吸附剂对溶剂和各组分分子的吸附能力不同，于是各组分分子和溶剂分子在吸附剂表面活性中心发生竞争吸附。如果对流动相分子的吸附能力更强，被吸附的组分分子将相应减少，其 K 值小，保留时间短；而当对组分分子的吸附能力强时，则吸附剂活性中心所吸附的组分分子将相应地增多，其 K 值大，保留时间长。由此可使具有不同吸附能力的组分分子得以分离。

（2）液-固色谱固定相

液-固色谱固定相分为极性和非极性两大类。极性吸附剂常见的有硅胶、氧化铝、分子筛及聚酰胺等，非极性吸附剂最常见的是活性炭。

极性吸附剂可进一步分为酸性吸附剂和碱性吸附剂。酸性吸附剂包括硅胶和硅酸镁等，碱性吸附剂有氧化铝、氧化镁和聚酰胺等。酸性吸附剂适于分离碱性物质，如脂肪胺和芳香胺。碱性吸附剂则适合于分离酸性物质，如酚、羧酸和吡咯衍生物等。

吸附剂的结构类型主要以薄壳型硅胶和全多孔型硅胶为主。这是因为该结构的吸附剂粒度小，在柱内填充均匀，且具有大的孔径和浅的孔道，可改善传质过程和提高柱效。

（3）液-固色谱流动相

溶剂的极性是选择流动相的重要依据。选择液-固色谱流动相时，应使其极性与试样极性一致。为了获得合适的溶剂极性，常采用两种或两种以上不同极性的溶剂按一定的比例混合后使用，如果样品中各组分的分配比相差较大，则可采用梯度洗脱。常用液-固色谱流动相溶剂极性的顺序如下：

水＞乙酸＞乙腈＞甲醇＞乙醇＞丙醇＞丙酮＞二氧六环＞四氢呋喃＞甲乙酮＞正丁醇＞乙酸乙酯＞乙醚＞异丙醚＞二氯甲烷＞氯仿＞溴乙烷＞苯＞甲苯＞四氯化碳＞二硫化碳＞环己烷＞石油醚＞正戊烷。

（4）应用

液-固色谱法是基于吸附剂对溶剂和各组分分子吸附能力的不同而完成对各组分的分离，具有不同官能团的有机化合物具有不同的吸附性能。因此液-固色谱法可实现对不同类型的有机化合物的分离分析。此外，当组分分子结构与吸附剂表面活性中心的几何结构相适应时，也易被吸附。因此，吸附色谱还适宜于分离几何异构体。

10.4.3 离子交换色谱法

（1）分离原理

离子交换色谱法（ion-exchange chromatography）是以离子交换树脂作为固定相的色谱法。当流动相带着组分离解生成的离子通过固定相时，树脂上具有的可交换的离子基团与具有同号电荷的组分离子进行可逆交换，达到交换平衡。阴阳离子的交换平衡可表示为：

阴离子交换　$R^+Y^- + X^- \rightleftharpoons R^+X^- + Y^-$　　$K_{X^-Y^-} = \dfrac{[R^+X^-][Y^-]}{[R^+Y^-][X^-]}$

阳离子交换　$R^-Y^+ + X^+ \rightleftharpoons R^-X^+ + Y^+$　　$K_{X^+Y^+} = \dfrac{[R^-X^+][Y^+]}{[R^-Y^+][X^+]}$

式中，$K_{X^-Y^-}$ 和 $K_{X^+Y^+}$ 分别是阴、阳离子反应的平衡常数；R^+、R^- 为离子交换树脂上的离子基；Y^+、Y^- 为树脂上可交换的离子团（配衡离子）；X^-、X^+ 为被分析的组分离子。

由于不同物质在溶剂中解离后，对离子交换中心具有不同的亲和力，因此具有不同的平衡常数。平衡常数 K 值越大，表示组分与离子交换树脂亲和力越强，则该组分在柱中停留时间越长，其保留值也越大；反之，平衡常数 K 值越小，表示组分与离子交换树脂亲和力越弱，在柱中停留时间较短，其保留值也较小。由此可见，离子交换色谱是根据组分离子对树脂亲和力的不同而得以分离的。

(2) 离子交换色谱固定相

离子交换色谱固定相为离子交换树脂，通常有以下两种形式。

① 薄膜型和表层多孔型交换树脂　薄膜型树脂是以薄壳玻璃珠为担体，在其表面涂一层树脂薄层构成的表面层离子交换树脂。表层多孔型树脂是在惰性固体核表面上先覆盖一层微球硅胶，然后用机械的方法或化学键合的方法，在微球硅胶上涂上一层很薄的树脂膜。这两种树脂具有不溶胀、机械强度高、耐压、传质速度快、柱效高等优点，但由于其交换层较薄、柱容量低，使进样量受到限制。

② 全多孔型离子交换树脂　根据离子基所带电荷的不同，可分为阳离子交换树脂和阴离子交换树脂。阳离子交换树脂离子基荷负电，用于分离阳离子。阳离子交换树脂又分为强酸性和弱酸性两种，如磺酸型—SO_3H 和羧酸型—COOH。阴离子交换树脂离子基荷正电，用于分离阴离子。阴离子交换树脂也分为强碱性和弱碱性两种，如季铵盐型—NR_3 和氨基型—NH_2。表 10.1 列出了四种离子交换树脂的类型及其应用示例。

表 10.1　离子交换树脂的类型及应用

树脂分类	树脂基质	有效 pH 值范围	色谱分析应用
强酸型阳离子交换树脂	磺化聚苯乙烯	1～14	阳离子分类分离，无机离子，镧系化合物，维生素B，肽，氨基酸
弱酸型阳离子交换树脂	羧酸聚甲醛，丙烯酸酯	5～14	阳离子分类分离，生物化学分离，过渡性元素，氨基酸，有机碱，抗生素
强碱型阴离子交换树脂	季铵聚苯乙烯	0～12	阴离子分类分离，卤素，生物碱，维生素 B，配合物，脂肪酸
弱碱型阴离子交换树脂	叔胺聚苯乙烯或酚-甲醛	0～9	各种金属配阴离子的分类分离，不同价的阴离子氨基酸，维生素

全多孔型离子交换树脂有较高的柱容量，对温度的稳定性好。其主要缺点是在水或有机溶剂中发生溶胀，不能承受高压，传质速率慢，柱效较低。

(3) 离子交换色谱流动相

离子交换色谱一般以各种盐类的缓冲水溶液作流动相，通过调节和改变流动相的 pH 值、缓冲液的类型（提供用于平衡的反离子）、离子强度以及加入少量有机溶剂、配位剂等方式来改变离子交换剂的选择性，使待测样品达到良好的分离效果。

(4) 应用

离子交换色谱主要用来分离离子或可离解的化合物，常用于无机离子和生物物质的分离，例如碱金属、碱土金属、稀土金属等金属离子混合物的分离，性质相近的镧系和锕系元素的分离；食品添加剂及污染物的分析；氨基酸、蛋白质、糖类、核糖核酸、药物等样品的分离。

10.4.4　空间排阻色谱法

空间排阻色谱法（steric exclusion chromatography）又叫凝胶渗透色谱法，是以具有一定孔径分布的凝胶为固定相的色谱法。根据流动相类型不同，可分为以有机溶剂为流动相的凝胶渗透色谱和以水溶液为流动相的凝胶过滤色谱。与其他色谱法所不同的是，空间排阻色谱法不是根据试样组分与两相之间的相互作用力不同来进行分离的，而是按照组分分子的尺寸大小和形状的差别来进行分离的。

(1) 分离原理

空间排阻色谱法的分离过程类似于分子筛的筛分过程，但凝胶的孔径比分子筛大得多，为数纳米至数百纳米。当试样组分进入色谱柱后，随流动相在凝胶外部间隙以及凝胶孔穴旁流过。大的组分分子由于不能进入孔穴而被全部排斥，所以最先流出；小的组分分子由于能渗到所有凝胶孔穴中而形成全渗透，所以最后流出；中等大小的组分分子则可渗到较大的孔穴中，但受到较小孔穴的排斥，所以介于上述两种组分之间流出。由此可见，排阻色谱法的分离是建立在溶质分子尺寸大小的基础上的。而分子尺寸一般随分子量的增加而增大，所以洗脱体积又是试样组分相对质量的函数。

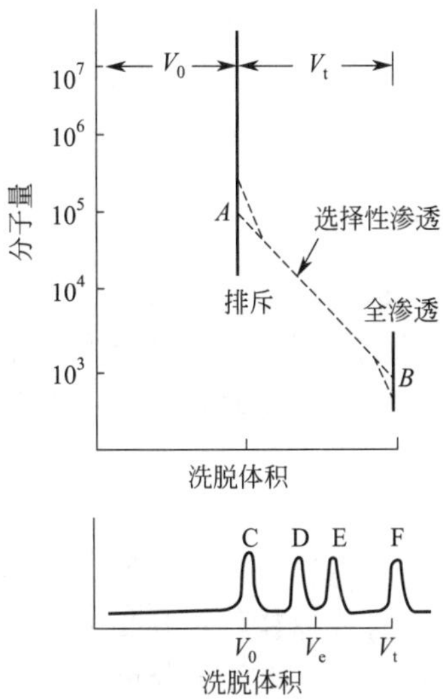

图 10.5 空间排阻色谱分离示意图

图 10.5 是空间排阻色谱分离示意图。图中上半部分表示洗脱体积和组分分子量之间的关系，下半部分为各组分的洗脱曲线。图中 A 点所对应的分子量（10^5）即为凝胶的排斥极限，凡是比 A 点对应的分子量大的分子，均被排斥于所有的胶孔之外，因而它们将以一个单一的谱峰 C 出现，在保留体积 V_0 时一起被洗脱。显然，V_0 是柱中凝胶颗粒之间的体积。随固定相不同，排斥极限范围为 $400 \sim 60 \times 10^6$。图 10.5 中 B 点所对应的分子量（10^3）即为凝胶的渗透极限，凡是比 B 点对应的分子量小的分子都可以完全渗入凝胶孔穴中，因而这些组分也将以一个单一的谱峰 F 在保留体积 V_t 时被洗脱。分子量介于上述两个极限之间的组分，将按分子量降低的次序被先后洗脱，从而得到分离。通常，将 $V_0 < V_e < V_t$ 这一范围称为分级范围。此外，对于分子量相同而形状不同的分子，结构紧密的比结构疏松的较先流出。

空间排阻色谱法主要用来获得分散性聚合物的分子量分布情况。在选择色谱柱固定相时，应使待分离的试样粒子的分子量落在固定相的分级范围之内。

(2) 空间排阻色谱固定相

孔径大小和分布是空间排阻色谱固定相最重要的参数，它表明可分离的溶质分子量的范围。理想的固定相应有确定范围的孔径分布，能承受高压，能被流动相浸润，吸附性小。一般来说，空间排阻色谱法固定相可分为以下三类。

① 软质凝胶　如葡萄糖凝胶、琼脂糖凝胶、聚丙烯酰胺凝胶等，适用于水为流动相。此类凝胶柱具有较高的分离能力和较大的柱容量，但其渗透性较差，承受压力低，只适用于常压下低流速的分离与分析。

② 半硬质凝胶　目前应用最多。该凝胶强度较高，可耐较高压力，渗透性好，柱效高，但只适用于非极性有机流动相，且流速不宜太高，不能随意更换溶剂，也不宜长期在高温条件下使用。

③ 硬质凝胶　如多孔硅胶和多孔玻璃等。该凝胶的优点是骨架坚硬，强度高，可耐高压，渗透性好，无溶胀性，流动相可为水或非水溶剂，性能稳定，适应于较高流速下工作。

(3) 空间排阻色谱流动相

在空间排阻色谱中，选择流动相不是为了控制分离，而仅仅是作为试样的担体。所以其流动相应能溶解试样，能浸润固定相，但不应与试样或固定相发生任何相互作用，即不存在吸附或分配作用。此外，还要求其黏度和毒性低、沸点要比柱温高 20～50 ℃、能与检测器匹配等。常用的流动相有四氢呋喃、十氢化萘、氯仿、二甲基甲酰胺和水等。

（4）应用

空间排阻色谱法具有分析时间短、峰形窄、灵敏度高等优点，主要用于分离生物大分子和高聚物（分子量在 $2\times10^3\sim2\times10^6$）等，若条件适当，也可分离分子量低至 100 的化合物。由于一些高聚物的分子量的变化是连续的，故用空间排阻色谱不能将其逐一分离，但却可以测定其分子量的分布（分级）状况。

10.5 高效液相色谱分析方法的建立

10.5.1 了解样品信息和分析目的

在分析样品之前首先要了解样品信息，包括样品的大概组成、浓度范围、组分的物理性质和紫外光谱图等。然后根据分析目的（如定性、定量，或单组分、多组分分析等）选择适当的分析方法。

10.5.2 样品预处理

在高效液相色谱法中，对大多数样品进行分析时，都需经称重或稀释。一般要求样品溶液尽可能与流动相的组成接近，即最好用流动相溶解或稀释样品。当要求定量分析的精密度很高时，还需注意稀释所带来的误差。许多样品都存在背景干扰，还有些样品中有损坏色谱柱的成分。通常在分析前，对这些样品进行预处理，如液液萃取、液固萃取、提取、蒸馏等。

10.5.3 选择合适的分析方法

高效液相色谱法的各种方法都有其自身特点和应用范围，通常，一种方法的应用范围是有限的，但各种方法往往相互补充。应根据分离分析目的、试样的性质和量多少、现有设备条件等选择最合适的分离方法。一般可根据试样的分子量大小、溶解度及分子结构等进行分离方法初步选择。

对于分子量较低（小于 200）、挥发性较好、加热又不易分解的试样，可以选择气相色谱进行分析。分子量在 200～2000 的试样，可用液-固吸附、液-液分配、离子交换等色谱法，以及由此派生出的离子色谱法和离子对色谱法。分子量大于 2000 的试样，则可用空间排阻色谱法。

对于能溶于水并能离解的试样，可采用离子交换色谱法。溶于水而不能离解的试样或溶于醇类（甲醇、乙醇）的试样，宜采用反相液-液色谱法；能溶于二氯甲烷或氯仿的试样，宜采用正相液-液色谱法；能溶于烃类（如苯、异辛烷）的试样，可采用液-固色谱法；对于分子尺寸大小有差别的试样，则可采用空间排阻色谱法。

运用红外光谱，可以预先简单判断分子存在什么官能团，然后决定采用什么分析方法。例如，对于异构体的分离，可采用液-固吸附色谱法；具有不同官能团的化合物、同系物的分离，可采用液-液分配色谱法；对于酸碱化合物、离子型化合物或能与其相互作用的化合物（如配位体及有机螯合剂），首先考虑采用离子交换色谱法，其次也可采用液-液分配色谱法；对于高分子聚合物，可采用空间排阻色谱法。

现将色谱选择分离类型的原则列于表 10.2 中。

表 10.2　分离类型的选择

- 试样
  - 分子量＞2000
    - 水溶性——空间排阻色谱，水为流动相
    - 非水溶性——空间排阻色谱，非水流动相
  - 分子量＜2000
    - 非水溶性
      - 多官能团化合物、异构体——液-固吸附色谱
      - 同系物、K 值不同的化合物——正相或反相液-液色谱
      - 分子量大小不同——空间排阻色谱
    - 水溶性，可离解
      - 碱性化合物——阳离子交换色谱
      - 酸性化合物——阴离子交换色谱
    - 水溶性，不离解
      - 反相液-液色谱
      - 空间排阻色谱，水为流动相
    - 水溶性，离子与非离子——离子对色谱

10.5.4　样品的检测

紫外检测器是高效液相色谱最常用的检测器，在分析样品时，应首先了解样品的紫外谱图。根据紫外谱图可以选出最佳检测波长。紫外检测器一般只能检测含有共轭不饱和键的化合物。若被测化合物没有足够的紫外生色团，应考虑荧光、示差折光、电化学检测器等。

10.5.5　操作中的注意事项

① 流动相　要保持流动相清洁，必要时应重新蒸馏或过滤。在流动相进入色谱柱之前应脱气和过滤，避免堵塞泵内或污染色谱柱的柱头。

② 样品的净化预处理　对于组成未知的复杂样品，若直接进入色谱柱，可能使色谱柱污染而失效。通常在分离柱前加一小段与分离柱填料相同的保护柱，延长色谱柱的使用寿命，但富集在保护柱中的杂质，可能随流动相缓慢流出而污染样品。为此对样品先做适当的净化预处理是必要的。样品的净化预处理方法可用经典的柱色谱法，对样品按极性大小做组分预分离。操作虽然麻烦，但通常净化效果很好。

③ 最大样品量　样品量对谱图宽度和保留值有一定的影响，对于长度为 25 cm 的柱子，在一般操作条件下最大允许样品量约为 0.1 mg，此时不会明显地改变分离情况。

④ pH 值范围　一般反相烷基键合固定相要求在 pH＝2～8 使用，pH＞8.5 会引起基体硅胶溶解。

⑤ 缓冲溶液要求　缓冲溶液在 pH＝2～8 之间要有很大的缓冲容量，背景小，与有机溶剂互溶，这样可提高平衡速度，可掩蔽吸附剂表面上的硅醇基，分离极性和离子性化合物时选用具有一定 pH 值的缓冲溶液是必要的。缓冲溶液中盐的浓度应适当，以避免出现分叉峰和不对称峰。

⑥ 系统的压力　一般高效液相色谱仪器可承受 30～40 MPa 的压力。但由于长期在高压状态下工作，泵、进样阀、密封垫的寿命将缩短，因此工作压力应小于泵的最大允许压力的 50%，最好低于 15 MPa。应注意随着色谱柱的使用，微粒物质会逐步堵塞柱头而使柱压升高。

⑦ 色谱柱清洗　应每日用强溶剂冲洗，并用梯度洗脱除去每次进样分析的定期流出物。

10.6　高效液相色谱定性和定量方法

对色谱柱分离后的组分进行定性和定量分析是色谱分析过程中的一个重要环节。上章介绍的气相色谱法的定性和定量方法基本上都可以作为高效液相色谱法的定性和定量方法，但高效液相色谱法也有一些特殊的定性和定量分析方法。

10.6.1 定性方法

与气相色谱法相比，高效液相色谱法定性的难度更大。高效液相色谱法过程中影响待测组分迁移的因素较多，同一组分在不同色谱条件下的保留值可能相差很大。即便在相同的操作条件下，同一组分在不同色谱柱上的保留值也可能有很大差别。因此，在高效液相色谱法分析过程中，对定性分析方法提出了更高的要求。

① 利用检测器的选择性进行定性　将经色谱柱分离后的样品引入并联或串联的几种不同检测器，根据它们不同的检测性能，视其出峰情况可以初步判别出未知化合物的具体类别。

② 反相色谱中的“a、C”指数定性　在以硅胶为固定相的反相色谱中，待测组分保留值与流动相组成关系式中的系数能够反映待测组分的结构特征，因此可用于待测组分的辅助定性。

反相色谱中有机调节剂的浓度 c 与待测组分的分配比 k 之间满足对数线性关系，可表示为：

$$\ln k = a + Cc \tag{10.8}$$

式中，a、C 分别为与流动相性质、固定相性质有关的常数。

基于式(10.8)，卢佩章等列出了 460 种化合物在 C_{18} 柱上不同条件下的 a、C 指数，并提出了不同柱系统、不同冲洗剂浓度组成时，a、C 指数之间的换算方法。在相同的色谱条件下，如果样品中某一组分的 a、C 指数与某已知标样相同，即可认定两者为同一种化合物。

此外，待测组分的分配比 k 作为一种结构型物性参量，其对数值与同系物碳数 n 之间存在良好的线性关系。

$$\ln k = a + bn \tag{10.9}$$

式中，a、b 为常数。对于包含同系物组分的样品，如果已知部分同系物在色谱图中的位置，此时，可以根据碳数规律来推测其他同系物组分。

近年来，一系列推测保留值变化与待测组分分子结构关系的软件被发展，可用于辅助定性，但精度仍十分有限。高效液相色谱法定性的方法仍有待改进。

10.6.2 定量方法

高效液相色谱法定量的依据是被测组分的质量或浓度与检测器的响应值（峰高或峰面积）成正比。气相色谱法中的定量分析方法都能适用于高效液相色谱法，下面主要介绍高效液相色谱法的另外两种定量分析方法。

① 标准加入法　采用标准加入法的校正标准液应该在空白基体中制备，以便对实际样品提供最好的校正。例如，对于药物中有效成分的测定，基体可以选用不含药物的本底来配制。在此情况下，标准加入法可以用来绘制定量校正曲线。痕量分析时标准加入法有较多应用，如废水中五氯苯酚（PCP）的分析（见图 10.6）。

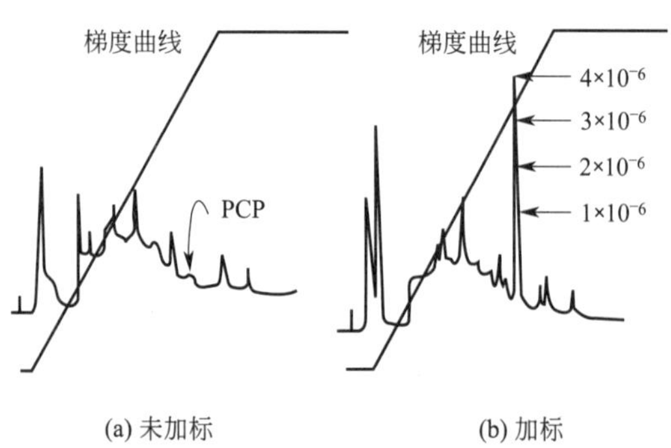

图 10.6　废水样品中五氯苯酚（PCP）的分析

② 痕量组分定量分析方法　与混合物中主成分的定量检测目的不同，痕量分析需要解

决的问题是准确测定出混合物中一种或几种痕量组分的浓度，所以，在进行痕量组分定量分析时，为最大限度地消除干扰并得到最高的准确度，痕量组分峰必须与邻近峰完全分开；当痕量组分峰较主成分先流出且两峰靠得很近时，可得到较精确的测量结果。相反，当痕量组分峰在主成分峰拖尾的边缘上洗脱时，将难以精确定量。通常痕量测定精度一般只要求为5%～15%。

痕量组分定量分析常采用峰高定量法。这种方法受峰重叠影响较小，准确度和精度都很高。采用等度洗脱的分离模式，通过外标校正法定量：在空白溶液（无分析物的基体）中加入不同量的校正标准物，进样分析，进而作出校正曲线。理想的校正曲线应该能外延至纵坐标的零点。如果外延至零点以下，说明在分离过程中已有部分样品损失。如果校正线外延至零点以上，说明有样品中的其他组分产生干扰或基线干扰。在痕量分析中，大多数系统分析物的绝对回收率应不低于75%。当回收率太低或不稳定时，可选择适当的内标来改善痕量分析的精度。此外，当无法得到空白样品时，也可采用标准加入法来进行痕量组分定量分析。

10.7 超临界流体色谱法

超临界流体色谱法（supercritical fluid chromatography，SFC）是以超临界流体作为流动相的色谱法。

10.7.1 超临界流体的性质

超临界流体是指在超过临界温度和临界压力时物质的一种特殊状态，此时物质既不是气态，也不是液态，其性质介于气体和液体之间，它具有与气体相近的低黏度、与液体接近的高密度以及介于气、液之间的扩散系数等特点（表10.3），故其渗透能力很强。

超临界流体的密度受温度和压力的双重影响。通过程序改变来调节其密度，进而可调节和改善组分的分离效果，这类似于气相色谱中的程序升温以及液相色谱中的梯度洗脱。近年来发展起来的程序升压超临界流体色谱法，正是基于调节系统压力来改变超临界流体密度的。

表10.3 超临界流体与其他流体的物理性质比较

物理性质	气体	超临界流体	液体
密度/($g \cdot cm^{-3}$)	$(0.6 \sim 2) \times 10^{-3}$	0.2～0.5	0.6～2
扩散系数/($cm^2 \cdot s^{-1}$)	0.1～0.4	$10^{-3} \sim 10^{-4}$	$(0.2 \sim 2) \times 10^{-5}$
黏度/($Pa \cdot s$)	$(1 \sim 3) \times 10^{-5}$	$(1 \sim 3) \times 10^{-5}$	$(0.2 \sim 3) \times 10^{-3}$

10.7.2 固定相和流动相

用于超临界流体色谱法的流动相有CO_2、N_2O、NH_3、甲醇、乙醇、乙醚等流体。其中，CO_2无色、无味、无毒、价廉、易得，且是各类有机物的良好溶剂，在紫外区无吸收，最为常用。它的临界温度为31.3℃，临界压力为7.4 MPa，密度为0.468 $g \cdot cm^{-3}$。

超临界流体色谱法可以分为填充柱超临界流体色谱法和毛细管柱超临界流体色谱法。其固定相可以选用固体吸附剂（如硅胶），也可以是键合在载体（或毛细管壁）上的高聚物，还可以使用液相色谱的柱填料。超临界流体色谱法主要是基于组分在两相间的吸附与脱附作用，或者基于组分在两相中的分配系数不同来实现分离，通过调节流动相的压力（进而调节流动相的密度），可以调整组分的保留值。

10.7.3 超临界流体色谱法的特点和应用

超临界流体色谱法可分析气相色谱法不适宜的高沸点、热不稳定及分子量较高的样品，且具有比高效液相色谱法更高的柱效和分离速度。它的工作压力高达 7～45 MPa，柱温可至 250 ℃左右，其操作过程可由压力和温度程序变化而控制。

超临界流体色谱法是气相色谱法和高效液相色谱法的重要补充和发展，常用于药物、环境有机污染物、食品及天然产物等的分离分析。例如，在中药成分分析中，许多中药的有效成分具有复杂的化学结构和较高的分子量，传统的气相色谱难以对其进行有效分离，而超临界流体色谱法则可以很好地解决这一问题。它可以将中药提取物中的不同成分进行分离，帮助人们更好地了解中药的作用机制和质量控制。

总之，超临界流体色谱法以其独特的优势，在多个领域都有着重要的应用，但其流动相种类不多，对极性化合物的分离分析效果欠佳。

10.8 高速逆流色谱法

高速逆流色谱法（high speed countercurrent chromatography，HSCCC）属于无固态单体的液-液分配色谱法。其原理是利用两种互不相溶的液体（通常是有机相和水相）作为固定相和流动相。在高速运动时，样品中各组分利用两相间的密度、界面张力等物理性质的差异，完成在两相间的对流分配，最终各组分根据其在互不相溶的两相中的分配系数不同而实现分离。

高速逆流色谱由恒流泵、进样器、柱系统、检测系统和数据处理系统组成。仪器价格和运行成本较低，工作压力较低，性能稳定，操作方便，可实现 mg～g 级样品的分离纯化。

高速逆流色谱法具有许多独特的优势：①无固体支持体。与传统的柱色谱不同，高速逆流色谱没有固体支持体，因此不会出现样品吸附、拖尾等现象，分离效果更加理想。②高分辨率。由于其基于液-液分配原理，故对复杂样品的分离能力很强，尤其适合分离天然产物中的活性成分。③环保性。使用的溶剂相对较少，且可以回收利用，对环境更加友好。④可用于生物大分子、手性化合物、天然产物、药物、环境样品等的分离分析。⑤制备少量纯物质（小于 1 g）比高效液相色谱法有效和经济。

10.9 高效毛细管电泳

电泳是指带电粒子在外电场的作用下，向与其所带电荷相反的电极迁移的现象，利用这种现象对物质进行分离分析的方法叫电泳法。毛细管电泳（capillary electrophoresis，CE），又称高效毛细管电泳（HPCE）或毛细管电分离法（CESM），是一类以高压直流电场为驱动力、以毛细管为分离通道，依据试样中各组分之间淌度和分配行为上的差异而实现分离、分析的新型液相分离技术。经典电泳法最大的局限性在于存在焦耳热，只能在低电场强度下操作，直接影响了其分离效率和分析速度的提高。为解决这一问题，人们进行了多方探索。1981 年，乔根森（Jorgenson）和卢卡奇（Lukacs）使用内径 75 μm 的石英毛细管进行电泳，成功地对丹酰化氨基酸进行了高效、快速分离，峰形对称，获得了 $4\times10^5\ m^{-1}$ 理论塔板的高效率，并阐述了相关理论，创立了现代的毛细管电泳。

如今，高效毛细管电泳法可与气相色谱法、高效液相色谱法相媲美，成为现代分离科学的重要组成部分。

10.9.1 仪器装置

高效毛细管电泳仪的基本组成为：高压电源、毛细管柱、进样系统、检测器、两个贮液器和控制及数据处理系统。其仪器装置如图 10.7 所示。

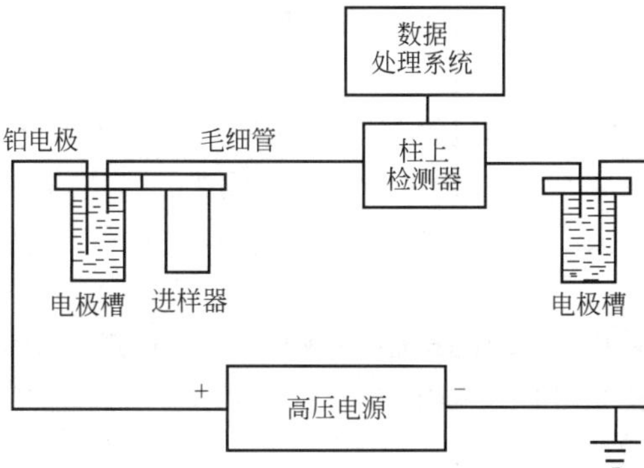

图 10.7 高效毛细管电泳仪基本结构示意图

毛细管柱分别置于缓冲溶液中，毛细管内充满相同的缓冲溶液。两个缓冲溶液应保持在同一水平面，柱两端插入液面下同一深度。毛细管柱一端作为进样端，一端连接在线检测器。当电源接通后，电泳开始，各组分离子都向出口端运动，当这些离子通过检测器时，随即被检测出并通过数据处理系统记录下来。其形式与色谱图完全一样，呈现出一系列的峰形。每一个峰代表至少一种物质。从电泳开始到峰顶的时间定义为迁移时间，是该物质的特征数据，可用此表征该物质。但很多不同的物质具有相同的迁移时间，所以它不是唯一的表征。峰高或峰面积代表该物质的量，据此可进行定量分析。此外，与色谱法一样，高效毛细管电泳法还可以根据峰形计算分离度和理论塔板数等。

（1）高压电源

工作电压是影响柱效、分离度和分析时间的重要参数，应合理选择。在毛细管电泳中常用的高压电源一般为 30 kV，电流为 200～300 μA，稳定、连续可调的直流电源，具有恒压、恒流和恒功率输出。为保证迁移时间的重现性，输出电压应稳定在±1%以内。为方便操作，电源极性要容易转换。

（2）毛细管柱

毛细管电泳的分离和检测过程均在毛细管内完成，所以说毛细管是毛细管电泳的核心部件之一。一般来说，理想的毛细管柱应是化学和电惰性的，能透过可见光和紫外线，强度高，柔韧性和绝缘性好，经久耐用和价格便宜。

毛细管的内径越小，溶液径向越均匀，分离效率也较高，但会造成进样、检测及清洗上的困难。目前采用的毛细管柱长度一般为 10～100 cm、内径为 25～100 μm，最常用的是 50 μm。常用的毛细管为用高纯石英拉制的圆柱形毛细管，这是因为其具有良好的光学性质（能透过紫外线），石英表面有硅醇基团，能产生吸附和形成电渗流。

（3）进样系统

毛细管的容量很小，只允许进 nL 级的溶液。进样量稍大就会使毛细管过载，使谱带展宽而大大降低分离效率。为减小进样引起的谱带展宽现象，一般采用无死体积的进样方法。常用的进样方式有以下两种。

① 压差法进样　又叫流动法进样，它要求毛细管中的介质具有流动性。具体做法是将进口端插入试样溶液，并在进口端施加约 5.0 kPa 的压力或在出口端抽真空。通常最简单的做法是抬高进样端液面，降低出口端缓冲液槽位置，靠虹吸作用将试样吸入。通过控制两端的压力差和进样时间即可控制进样量。

② 电动进样　将毛细管进口端与高压电极一起插入试样溶液中，然后在准确时间内施加高电压（一般为 5 kV），试样因电迁移和电渗透作用定量地进入管内。电动进样的动力是电场强度，所以，一般通过控制电场强度和进样时间来控制进样量。该进样方式结构简单，

易于实现自动化。

（4）检测器

由于高效毛细管电泳仪进样量很小，所以对检测器的灵敏度要求很高。为实现既能对溶质作灵敏检测，又不致使谱带展宽，通常采用柱上检测。目前，最常用的检测器主要是紫外检测器，其他还有荧光检测器、电化学检测器以及各种以激光为光源的检测器等。

由于多数有机分子和生物分子在 210 nm 附近有很强的吸收，使得紫外检测器接近于通用检测器。高效毛细管电泳仪紫外检测器与高效液相色谱仪所用的基本相同，只是因为光程（毛细管内径）太短，要求光敏元件的灵敏度更高或是光源更强。紫外检测器的结构简单，操作方便，检出限为 10^{-16}～10^{-14} mol。若配合二极管阵列检测，还可得到有关溶质的光谱信息。

荧光检测器用于高效毛细管电泳仪时，通常采用激光光源即激光诱导荧光（LIF）检测器，其光源细而强度高，再配上电荷耦合器材，甚至可以检测出单个 DNA 分子，其检出限为 10^{-20}～10^{-18} mol，是高效毛细管电泳仪最灵敏的检测器之一。

电化学检测器可分为安培检测器和电导检测器，其检出限分别为 10^{-19}～10^{-18} mol 和 10^{-16}～10^{-15} mol。电化学检测器适合于吸光系数小的无机离子和有机小分子，在生物医学研究中具有重要的应用前景。

10.9.2 分离原理

在高效毛细管电泳仪中，常用的毛细管为用高纯石英拉制的毛细管，而石英毛细管其化学成分为 SiO_2，但表面的硅原子与水接触后会生成硅羟基—Si—OH，当 pH＞3 时，石英毛细管内表面的硅羟基开始部分离解成—Si—O^- 阴离子，从而使毛细管内表面带负电，—Si—O^- 和电解质溶液接触后通过静电引力将阳离子吸引到管壁附近从而形成双电层，在高压电场的作用下，双电层中的水合阳离子层引起溶液在毛细管内整体向阴极流动，从而形成了电渗流（electroosmotic flow，EOF）。带电粒子在毛细管内的迁移速度等于其电泳速度与电渗流速度的矢量和。带正电荷的粒子的电泳方向与电渗流方向一致，故其迁移速度最快而最先流出；中性粒子的电泳速度为“零”，其迁移速度等于电渗流速度；带负电荷的粒子的电泳方向与电渗流方向相反，然而由于电渗流速度通常比电泳速度大，故其向负极迁移的速度最慢，在中性粒子之后流出。这样，各种粒子因迁移速度的不同而得到了分离。

10.9.3 毛细管电泳的特点

① 灵敏度高。如用紫外检测器，其检出限可达 10^{-16}～10^{-14} mol。

② 毛细管柱处理步骤简单，价格较低，为色谱柱的 10%～20%。

③ 实验成本低，消耗少。毛细管电泳的进样量一般为 nL 级或 ng 级，分离在水介质中进行，消耗的大多数是价格较低的无机盐类。

④ 分离效率高、分析速度快。每米毛细管柱的理论塔板数为几十万，高者可达几百万乃至几千万，有利于生物大分子的分离。此外，由于毛细管能抑制溶液对流，并具有良好的散热性，允许在很高的电场下进行电泳，因此可在很短时间内完成高效分离。如通过毛细管电泳法可在 4.1 min 内将碱金属和镧系元素的 24 种阳离子完全分离。

⑤ 对样品预处理简单，应用范围广。无机物、有机物、离子或电中性分子，都可用一根毛细管进行分离，仅需改变所用缓冲溶液，而不需要像高效液相色谱那样更换柱内固定相。

10.9.4 毛细管电泳的分离模式

按照毛细管内的分离介质和分离原理的不同，高效毛细管电泳目前有以下 6 种主要的分离模式。

（1）毛细管区带电泳

毛细管区带电泳（capillary zone electrophoresis，CZE）是高效毛细管电泳中最简单、应用最广泛、最基本的分离模式，是其他各种操作模式的基础。毛细管区带电泳的迁移时间 t、理论塔板数 n 和分离度 R 可分别表示如下：

$$t=\frac{L_{\mathrm{d}}L_{\mathrm{t}}}{(\mu_{\mathrm{ep}}+\mu_{\mathrm{eo}})V} \tag{10.10}$$

式中，μ_{ep} 为电泳淌度；μ_{eo} 为电渗淌度；V 为外加电压；L_{d} 为从进样到检测器间的毛细管长度；L_{t} 为毛细管总长度。

$$n=\frac{(\mu_{\mathrm{ep}}+\mu_{\mathrm{eo}})V}{2D} \tag{10.11}$$

式中，D 为溶质的扩散系数。

$$R=0.177(\mu_1-\mu_2)\sqrt{\frac{V}{D(\bar{\mu}_{\mathrm{ep}}+\mu_{\mathrm{eo}})}} \tag{10.12}$$

式中，μ_1、μ_2 分别为两溶质的电泳淌度；$\bar{\mu}_{\mathrm{ep}}$ 为两溶质的平均电泳淌度。

由式（10.11）可知，毛细管区带电泳的 n 与溶质的扩散系数 D 成反比，而高效液相色谱的 n 与 D 成正比，这意味着对于扩散系数较小的生物大分子而言，毛细管区带电泳的柱效比高效液相色谱高得多。毛细管区带电泳比高效液相色谱有更高的分离能力，主要由下述两个因素决定：一是毛细管区带电泳在进样端和检测时均没有高效液相色谱那样的死体积存在；二是毛细管区带电泳用电渗流作为流体前进的驱动力，整个流体呈扁平形的塞流式，使溶质区带在毛细管内不易扩散，而高效液相色谱用压力驱动，使柱中流体呈抛物线形，导致溶质区带扩散，柱效下降。

毛细管区带电泳分离是基于各组分的净电荷与其质量比（荷质比）的差异而实现的，其分离介质通常为电解质水溶液，有时也加入某些有机溶剂或添加剂来改善分离效果。影响分离的因素主要有溶液组成和 pH 值、外加电压、温度等。目前还发展了直接用乙腈、甲醇、甲酰胺等有机物作溶剂的非水毛细管区带电泳。

毛细管区带电泳主要应用于氨基酸、肽、蛋白质、多种离子和带电粒子的分离分析，还可用于对映体拆分和构象分析等。

（2）毛细管凝胶电泳

毛细管凝胶电泳（capillary gel electrophoresis，CGE）是指毛细管内充有凝胶或其他筛分介质，试样中各组分按照其分子量的大小进行分离的电泳方法。

凝胶具有三维网状结构，起类似分子筛的作用。在电场力推动作用下，试样中各组分流经筛分介质时，其运动受到介质的阻碍。大分子受到的阻力大，迁移慢，小分子在毛细管中受到的阻力小，迁移快，从而使大小不同的分子得到分离。常用凝胶是交联聚丙烯酰胺凝胶（PAG）、琼脂糖等。但毛细管凝胶电泳的柱制备较困难，柱寿命较短。为解决这一难题，发展了“无胶筛分”技术。

“无胶筛分”技术以低黏度的线型聚合物（如未交联的聚丙烯酰胺、聚乙二醇、葡聚糖等）代替高黏度的凝胶，同样具有分子筛的作用，制柱更为简单方便。毛细管凝胶电泳主要用于蛋白质、寡聚核苷酸、核糖核酸、DNA 片段的分离和测序以及聚合物酶链反应产物分析等。

（3）毛细管胶束电动色谱

毛细管胶束电动色谱（micellar electrokinetic capillary chromatography，MECC）的突出特点是不仅可以分离离子型化合物，而且还能分离中性分子。其做法是在电泳缓冲溶液中加入表面活性剂，如十二烷基硫酸钠（SDS），当溶液中表面活性剂浓度超过临界胶束浓度（CMC）时，就会聚集形成内部疏水（内部为疏水烷基）、外部带负电荷的球形胶束，在外电场的作用下，胶束相向阳极移动，但它的移动速度比同向缓冲液的电渗流速度慢，这样就形成了一个快速移动的缓冲相和慢速移动的胶束相。这里胶束相的作用相当于色谱固定相，因此又称为“准固定相”。当被测样品进入毛细管后，中性溶质按其亲水性的不同，在胶束相和缓冲水相之间进行分配。亲水性弱的溶质，分配在胶束中多，迁移时间长；亲水性强的溶质，分配在缓冲液中多，迁移时间短。从而使亲水性稍有差异的中性物质在电泳中彼此分离。

毛细管胶束电动色谱主要用于中小分子、中性化合物、手性对映体和药物等的分离分析。

（4）毛细管等电聚焦

毛细管等电聚焦（capillary isoelectric focusing，CIEF）是一种在毛细管中根据等电点的差别分离生物分子的电泳技术。等电点是指两性物质以电中性状态存在时的 pH 值。当直流高压加在充有两性电解质溶液的毛细管两端时，在毛细管内将建立起一个由阳极到阴极逐步升高的 pH 值梯度，不同等电点的蛋白质在电场的作用下将迁移至管内 pH 值等于其等电点的位置，形成各自的狭窄的聚焦带而彼此分离。

毛细管等电聚焦常用于测定蛋白质的等电点、分离异构体等。

（5）毛细管等速电泳

毛细管等速电泳（capillary isotachophoresis，CITP）采用淌度最高的前导电解质和淌度最低的尾随电解质，将各组分按淌度的大小次序依次夹在其间，以同一速度移动，从而实现分离。该方法常常作为其他毛细管电泳分离模式的柱前浓缩手段，以提高其分析的灵敏度。

（6）毛细管电色谱

毛细管电色谱（capillary electrochromatography，CEC）是把毛细管电泳和毛细管液相色谱结合起来的一种新型分离分析技术。它是将高效液相色谱固定相填充或涂渍到毛细管中，以样品与固定相之间的相互作用为分离基础，加上电压，以电渗流为流动相驱动力的色谱过程。毛细管电色谱将高效毛细管电泳的高效与高效液相色谱的高选择性紧密结合，既能分离离子型化合物，又能分离电中性物质，对复杂的混合物样品具有强大的分离能力，具有广泛的应用前景。

随着毛细管电色谱理论、技术的不断完善，近年来还发展了亲和毛细管电泳、免疫毛细管电泳等模式。而微型化的毛细管电泳芯片是高效毛细管电泳发展的一个重要趋向，是当前研究的热点之一。它是在常规高效毛细管电泳原理和技术的基础上，利用微型制造技术，在厘米级的玻璃或石英芯片上刻蚀出管道和其他功能单元，通过各种管道网路、反应器、检测单元等的设计和布局，实现样品的进样、反应、分离和检测功能。因此，微型化的毛细管电泳芯片是一种多功能化的快速、高效、低耗的微型实验装置。目前已在这种芯片上成功地分离分析了氨基酸、血清蛋白、生长激素、寡核苷酸、金属离子、药物、脑啡肽等多种样品。随着人们对毛细管电色谱研究的不断深入，毛细管电色谱的应用将更加广泛。

10.10 固相萃取

固相萃取（solid phase extraction，SPE）是20世纪70年代发展起来的一种样品预处理技术，由液固萃取和液相色谱技术相结合发展而来，主要用于样品分析前的分离、纯化和浓缩。

10.10.1 固相萃取原理

固相萃取相当于一个一次性使用的液相色谱柱，其分离过程和机理、固定相和溶剂的选择等方面都与高效液相色谱有许多相似之处，但其柱床很短，固定相粒径较大（约40 μm），柱效比高效液相色谱低得多，仅为10～50个塔板，适宜分离保留值相差很大的化合物。与传统的液-液萃取相比，由于固相萃取采用了高效、高选择性的固定相和简单实用的装置，故能显著地减少溶剂用量，降低对溶剂纯度的要求，提高了分离效率，缩短了分离时间，降低了分离成本。经固相萃取处理过的样品可以直接进行气相色谱、液相色谱、红外光谱、紫外光谱、原子吸收光谱、质谱和核磁共振等分析。

10.10.2 固相萃取装置

固相萃取装置主要有固相萃取柱、固相萃取盘和辅件构成。

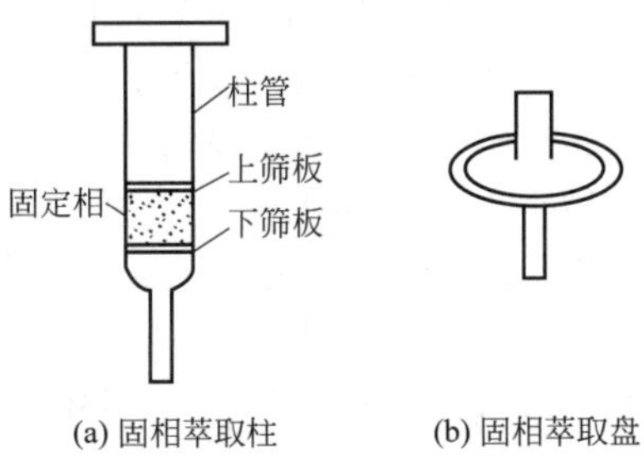

图 10.8 固相萃取装置示意图

① 固相萃取柱 柱径一般只有几毫米，柱管材料可以是玻璃的，也可以是用聚丙烯、聚乙烯、聚四氟乙烯等塑料的，还可以是不锈钢制成的。其结构示意图如图10.8(a)所示，小柱下端有一孔径为20 μm的烧结筛板，用以支撑吸附剂。筛板一般用聚丙烯、聚四氟乙烯、不锈钢或钛等材料制成。如自制固相萃取小柱没有合适的烧结筛板时，也可以用填充玻璃棉来代替筛板，起到既能支撑固体吸附剂，又能让液体流过的作用。在筛板上填装一定量的固定相（100～1000 mg，视需要而定），然后在固定相上再加一块筛板，以防止加样品时破坏柱床（没有筛板时也可以用玻璃棉代替）。目前已有各种规格的、装有各种固定相的固相萃取小柱出售，使用起来十分方便。固定相种类很多，主要有C_{18}、C_8、氰基、氨基、苯基、双醇基固定相，活性炭、硅胶、氧化铝、硅酸镁等吸附剂固定相以及GDX系列聚合物固定相、离子交换树脂固定相、凝胶固定相等。

② 固相萃取盘 主体为混有固定相细粒的聚四氟乙烯纤维或玻璃纤维所制成的圆盘，如图10.8(b)所示，盘厚度约为1 mm，其中固定相质量为30 mg～10 g。它的结构紧密，在萃取时不会形成沟流渗漏。由于盘的直径大、厚度薄，故允许试液快速通过，适宜于富集水中的痕量污染物。在低流量萃取时，试液和溶剂借助于重力通过固相萃取柱（盘），为了增大流量，可采用注射器加压或抽滤等方法，但流量不宜过高，否则会降低萃取效果。

③ 辅件 一般有真空系统、真空泵、吹干装置、惰性气源、大容量采样器和缓冲瓶等。

10.10.3 固相萃取操作步骤

固相萃取操作包括活化固定相、加样、干扰物洗脱、待测组分的收集4个步骤。

① 活化固定相 在萃取样品之前，首先用适当溶剂淋洗固相萃取柱（盘），以除去固定

相中的某些杂质，同时使固定相溶剂化，从而提高萃取重现性。

② 加样　将液态或溶解后的固态样品倒入活化后的固相萃取小柱，然后利用抽真空、加压或离心的方法使样品进入吸附剂。

③ 干扰物洗脱　在样品进入固定相，目标化合物被吸附后，可先用适当的溶剂将干扰杂质洗脱下来，而待测组分仍然得以保留在固定相上。可以通过调节清洗溶剂的组成、强度和体积，来尽可能多地除去干扰杂质。

④ 待测组分的收集　用最小体积的适当溶剂将固定相中萃取的待测组分完全洗脱下来，并收集待用，淋洗和洗脱同前所述一样，可采用抽真空、加压或离心的方法使淋洗液或洗脱液流过吸附剂。如果在选择吸附剂时，选择对待测组分吸附很弱或不吸附，而对干扰化合物有较强吸附的吸附剂时，也可让待测组分先淋洗下来加以收集，而使干扰化合物保留（吸附）在吸附剂上，两者得到分离，但这种做法不能富集待测组分。在多数情况下是使待测组分保留在吸附剂上，最后用强溶剂洗脱，这样更有利于样品的净化。

在固相萃取分析过程中，洗脱剂的组成和强度对萃取分离的效果有显著影响。对于水样，萃取效果可通过穿透容量来评价，其含义为每克固定相所能富集的待测组分的质量。固相萃取的关键是选择固定相、溶剂和萃取条件，通常可参照高效液相色谱法的思路进行选择。

10.10.4　固相萃取应用

由于固相萃取主要用于样品分析前的分离、纯化和浓缩，所以应用固相萃取处理试样的目的主要有以下几点：除去干扰物以净化试样；富集待测组分，以提高分析灵敏度；变换试样溶剂，使之与分析方法相匹配；原位衍生；试样脱盐；便于试样的储存和运送等。

目前，固相萃取在医药、食品、环境、商检、化工等领域得到了广泛应用，建立了许多可靠的分析方法。国内主要应用为水中多环芳烃（PAHs）和多氯联苯（PCBs）等有机物质的分析，饮用水及食品中农药和除草剂残留的分析，抗生素分析，临床药物的分析。例如，用 C_{18} 固定相分离富集饮用水或废水中的卤代烃、多环芳烃、联苯胺、杀虫剂、除草剂和其他多种有机污染物，用改性硅胶固定相净化多种有机磷农药。总之，随着固相萃取固定相性能和柱材料的改进以及自动化装置的完善，其萃取效率进一步提高，固相萃取的应用范围将更加广泛。

●思考题及习题

参考答案

1. 与气相色谱法相比，高效液相色谱法有哪些优点和不足？

2. 高效液相色谱中影响色谱峰形展宽的因素有哪些？如何减小色谱峰形展宽？如何提高柱效？

3. 什么是梯度洗脱？适用于哪些样品的分析，它与气相色谱法中的程序升温有何异同？

4. 高效液相色谱有几种主要类型？其分离原理是什么？各适宜分离什么物质？

5. 什么是化学键合固定相？它的优点是什么？

6. 什么是正相液-液色谱？什么是反相液-液色谱？

7. 指出下列物质在正相液-液色谱中的出峰顺序。

(1) 苯、乙醚、正己烷　　　　(2) 乙醚、乙酸乙酯、硝基丁烷

8. 指出下列各种色谱法最适宜分离的物质。

(1) 气相色谱　(2) 正相色谱　(3) 反相色谱　(4) 离子交换色谱　(5) 空间排阻色谱。

9. 分离 C_4H_9COOH 和 $C_5H_{11}COOH$ 使用下列哪种色谱？(　　)

A. 排阻色谱　　B. 液固色谱　　C. 阳离子交换色谱　　D. 阴离子交换色谱

10. 对聚苯乙烯分子量进行分级分析时，应采用下列哪一种色谱方法？(　　)

A. 空间排阻色谱法　B. 液-固色谱法　　C. 液-液色谱法　　D. 离子交换色谱法

11. 液-液分配色谱法中的反相液-液色谱法，其固定相、流动相和分离化合物的性质分别为（　　）。

A. 极性、非极性和极性　　B. 非极性、极性和离子化合物

C. 极性、非极性和非极性　　D. 非极性、极性和非极性

12. 分配色谱法和化学键合相色谱法中，选择不同类别的溶剂（分子间作用力不同），以改善分离度，主要是为（　　）。

A. 增加保留时间　B. 增大容量因子　C. 提高分配系数　　D. 提高色谱柱柱效能

13. 某炼油厂欲用高效液相色谱仪监测润滑油基础油中的抗氧剂 2,6-二叔丁基对甲酚（DBPC）含量，浓度范围在 10～100 $mg \cdot L^{-1}$。以下检测器中配置最为合适的是（　　）。

A. 示差折光检测器 B. 紫外检测器　　C. 火焰离子化检测器　　D. 电导检测器

14. 在液相色谱中，常用作固定相，又可用作键合相基体的物质是（　　）。

A. 活性炭　　B. 分子筛　　C. 氧化铝　　D. 硅胶

15. 在液相色谱中，以缓冲液为流动相的是（　　）。

A. 液-固吸附色谱　B. 离子交换色谱　C. 凝胶色谱　　D. 化学键合相色谱

16. 在采用凝胶渗透色谱分析石油沥青的四组分（饱和分、芳香分、胶质、沥青质）分子量分布时，（　　）最符合其分离原理。

A. 选用极性较强的乙腈-水作为流动相，以利于强极性组分分离

B. 选用孔径较小的凝胶柱，以提高对低分子量化合物的分离度

C. 分离过程中需频繁改变流动相比例，以洗脱不同极性组分

D. 必须严格控制柱温在 200 ℃以上，以降低石油样品的黏度

17. 在反相键合色谱法中固定相与流动相的极性关系是（　　）。

A. 固定相的极性＜流动相的极性　　B. 固定相的极性＞流动相的极性

C. 固定相的极性＝流动相的极性　　D. 不能确定，需视组分性质而定

18. 某炼油厂欲采用离子交换色谱法监测循环冷却水中的有机胺类缓蚀剂（如吗啉、环己胺）浓度，其色谱峰出现严重拖尾。以下措施中最有可能改善峰形的是（　　）。

A. 将检测器从电导检测器改为紫外检测器

B. 在流动相中加入三乙胺作为竞争离子，并调节 pH 为弱酸性

C. 提高柱温至 150 ℃以上

D. 改用孔径更大的体积排阻色谱柱

19. 与普通紫外检测器相比，二极管阵列式检测器具有哪些优点？

20. 利用高效液相色谱内标法测定生物碱样品中黄连碱和小檗碱的含量，称取内标物、黄连碱和小檗碱对照品各 0.2500 g 配制成混合溶液，测得峰面积分别为 450.0 $mV \cdot min^{-1}$、430.0 $mV \cdot min^{-1}$ 和 512.5 $mV \cdot min^{-1}$。称取 0.3000 g 内标物和 0.5120 g 样品，同时制成混合溶液后，在相同的色谱条件下，测得内标物、黄连碱和小檗碱的峰面积分别为 520.0 $mV \cdot min^{-1}$、462.5 $mV \cdot min^{-1}$ 和 567.5 $mV \cdot min^{-1}$，计算样品中黄连碱和小檗碱的质量分数。

21. 什么是超临界流体？简述超临界流体色谱法（SFC）的特点。

22. 简述高速逆流色谱法（HSCCC）的工作原理和应用领域。

23. 试分别叙述高效毛细管电泳、固相萃取的工作原理和应用领域。

课件

第 11 章　电化学分析法

电化学分析法（electrochemical analysis）是根据电化学基本原理和实验技术，利用物质的电学及电化学性质对物质进行定性和定量分析的方法。它通常是以待测试样溶液作电解质溶液，选择适当的电极，构成一个化学电池（电解池或原电池），然后根据化学电池的电流、电位、电导、电量等物理量与待测组分之间的内在联系，以实现分析测试的目的。电化学分析法与光谱分析法、色谱分析法一起构成了现代仪器分析的三大重要支柱。

11.1　电化学分析法概述

11.1.1　电化学分析法的分类

电化学分析法按测量方式不同可分为三种类型。

第一类是根据待测试液的浓度与某一电参数，如电流、电位、电导、电量等之间的关系来求得分析结果。这一类方法是电化学分析的最主要类型，它包括电导分析、电位及离子选择性电极分析、库仑分析、伏安分析及极谱分析等。

第二类是通过测量某一电参数突变来指示滴定分析终点的方法，又称为电滴定分析法，它包括电导滴定、电位滴定、电流滴定等。

第三类是通过电极反应使试液中某一试样转化为固相（金属或金属氧化物），然后由工作电极上析出的固相的质量来确定待测组分的量。这类方法属于电解分析法，故称为电重量分析法，它也是分析化学中一种重要的分离手段。

11.1.2　电化学分析法的特点

与其他仪器分析法相比较，电化学分析法具有以下一些特点。

① 准确度高　各种电化学分析法的准确度都能满足对常量、微量和痕量组分测定的要求，且重现性和稳定性都较好。

② 灵敏度高　一般电化学分析法测定各种组分的适宜浓度为 10^{-4}～10^{-8} $mol \cdot L^{-1}$。而离子选择电极法的检出限可达 10^{-8} $mol \cdot L^{-1}$，极谱或伏安分析法检测下限甚至可低至 10^{-10}～10^{-12} $mol \cdot L^{-1}$。

③ 选择性好　通过选择合适的电极材料和电化学方法，可以实现对特定物质的选择性测定。例如，离子选择性电极对特定离子具有高度的选择性响应，能够从复杂的溶液体系中准确测定目标离子的浓度。在极谱分析中，不同的物质在电极上发生还原反应的电位不同，通过控制电位，可以实现对特定物质的选择性测定。

④ 可进行活体分析或原位分析　电化学分析法可以直接在样品的原始环境中进行分析，不需要对样品进行复杂的分离和提取。例如，在生物医学研究中，通过将超微型电极植入生物体内，可以实时监测细胞内原生质的组成或组织中的化学物质浓度变化。在环境监测中，也可以将电极放置在水体或土壤中，直接测量其中的污染物浓度。

⑤ 仪器简单，成本低，操作简便，易于实现自动化　与许多现代仪器分析方法相比较，

电分析化学法所需仪器设备都比较简单，价格也较低廉，仪器的调试和操作也都比较简便，且测定过程中得到的是电信号，所以易于使用计算机进行控制而实现分析测试的自动化。

⑥ 应用广泛　凡具有某些电化学性质的无机或有机物，或经过化学处理而具有某些电化学性质的物质，均可应用电化学分析法对其进行成分分析或作某些化学特性的研究。

在上述各类方法中，除电导分析法外都涉及电极反应，但无论哪种电分析化学法都离不开化学电池和一些有关电化学的基础知识。本章将着重讨论几种常用的电化学分析法。

11.1.3　电化学分析法的应用

电化学分析法是仪器分析的重要组成部分之一，近年来，随着科学技术和经济的发展，电化学分析法得到了不断的丰富和完善，它们已在以下领域得到了广泛的应用：①化学平衡常数测定；②化学反应机理研究；③化学工业生产流程中的分析监测与自动控制；④食品分析检验，环境分析与监测；⑤生命科学的研究、生物和药物分析；⑥医学检验，疾病的预防、诊断、治疗，活体分析和监测。

11.1.4　电位分析法的基本原理

电位分析法（potential analysis）是通过测定电极电位来定量分析被测离子浓度或活度的电化学分析方法。按应用方式不同，电位分析法可分为直接电位法（direct potentiometry）和电位滴定法（potentiometric titration），前者根据电极电位与溶液中电活性物质的活度有关的原理，通过测量溶液的电动势，根据能斯特方程计算被测物质的含量；后者则采用电位测量装置指示滴定分析过程中被测组分的浓度变化，通过记录或绘制滴定曲线来确定滴定终点。

电极反应可写成：$Ox+ne^- \rightleftharpoons Red$

与溶液中对应离子活度间的关系及由能斯特方程得到电极电位 E 与溶液中对应离子活度间的关系为：

$$E=E^{\ominus}_{Ox/Red}+\frac{RT}{nF}\ln\frac{a_{Ox}}{a_{Red}} \tag{11.1}$$

式中，$E^{\ominus}_{Ox/Red}$为标准电极电位；R 为气体常数，$8.314\ J\cdot mol^{-1}\cdot K^{-1}$；$T$ 为热力学温度，K；n 为反应中电子转移数；F 为法拉第常数，$96485\ C\cdot mol^{-1}$；a_{Ox}、a_{Red} 为反应中氧化态和还原态的活度。

将这些常数代入上式中，并将自然对数换算成常用对数，25℃时

$$E=E^{\ominus}_{Ox/Red}+\frac{0.0592V}{n}\lg\frac{a_{Ox}}{a_{Red}} \tag{11.2}$$

对于金属基电极来说，还原态是固体纯金属，它的活度是一常数，定为1，则上式可简化为：

$$E=E^{\ominus}_{Ox/Red}+\frac{0.0592V}{n}\lg a_{Ox} \tag{11.3}$$

由式(11.3)可见，测定电极电位就可测定离子的活度（或浓度），这就是直接电位法的理论依据。

实际工作中通常测定的是浓度，但能斯特方程中采用的是活度。这是因为电解质电离产生的离子间存在库仑力相互作用，导致溶液即使在较低浓度下仍显著偏离理想状态，因此需引入活度进行校正。例如 $0.01\ mol\cdot L^{-1}$的 $ZnSO_4$ 溶液，它的有效浓度只有实际浓度的39%。活度和浓度的关系为

$$a=\gamma c \tag{11.4}$$

式中，a 为活度；γ 为活度系数；c 为浓度。

γ 通常小于1，它表示实际溶液与理想溶液之间偏差大小。对于强电解质溶液，当溶液的浓度极稀时，离子间的相互作用趋于零，这时活度系数可视为1，活度即可认为等于浓度。

鉴于目前尚无法配制标准活度溶液，实际应用中通常控制标准溶液与被测溶液的离子强度相等。在此条件下，两者的活度系数可视为相同，故可用浓度代替活度进行计算。

如果在滴定分析过程中，在滴定容器内浸入一对适当的电极，则在化学计量点附近可以观察到电极电位的突变（电位突跃），根据电位突跃可以确定滴定终点，这就是电位滴定法的原理。电位滴定法不需要准确地测量电极电位值，因此溶液温度等的影响并不重要。

11.2 电极与电极类别

在电化学分析中，电极是将溶液中的浓度或活度信息转变成电信号的一种传感器或提供电子交换的场所。电极的种类较多，按电极在测量过程中的作用分为参比电极和指示电极；按工作性质可分为工作电极和辅助电极；按电极特性又分为惰性电极、金属电极、膜电极（离子选择性电极）、微电极、化学修饰电极等。

11.2.1 参比电极与指示电极

当进行电化学分析时，一般需要两支电极，一支用来指示待测溶液中离子活度的变化，称为指示电极（indicating electrode）；另一支电极则在测量电极电位时提供电位标准，称为参比电极（reference electrode）。参比电极和指示电极主要用于测定过程中溶液本底浓度不发生变化的体系，如电位分析。

11.2.1.1 参比电极

参比电极是测量电池电动势的基准，要求具有可逆性好、电位恒定和电极电位重现性好、使用寿命长等条件，通常具有以下几种。

（1）标准氢电极

标准氢电极（standard hydrogen electrode，SHE）是测定所有电极电极电位的参比电极，其结构如图11.1所示。标准氢电极是将铂片上镀上一层疏松多孔的铂黑，以提高对氢的吸收量。将其插入氢离子活度为 $1.00\ mol \cdot L^{-1}$ 的溶液中，在玻璃管中通入压力为101.325 kPa的氢气，使氢气不断冲打到铂片上。其电极反应为

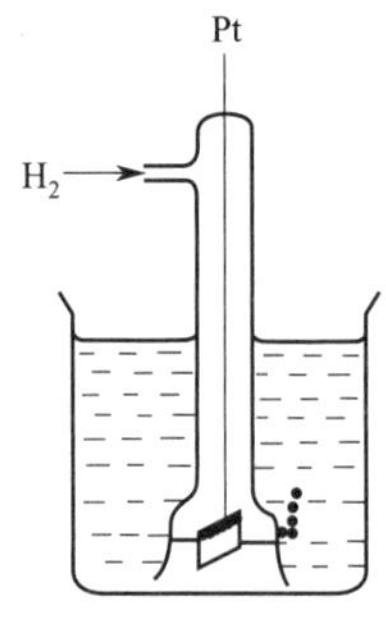

图11.1 标准氢电极结构示意图

$$H^{+}(aq, a=1.00\ mol \cdot L^{-1}) + e^{-} \rightleftharpoons \frac{1}{2}H_2(101.325\ kPa)$$

半电池符号为 $Pt, H_2(p) \mid H^{+}(aq, a=1.00\ mol \cdot L^{-1})$

规定在任何温度下，标准氢电极的电极电位为零。由于氢电极在实际工作中使用时需要使用氢气，应用不方便，故较少使用。

（2）甘汞电极

甘汞电极是金属汞和甘汞（Hg_2Cl_2）及氯化钾（KCl）溶液组成的电极，该电极是目前应用最广的参比电极，其结构示意图如图11.2所示。甘汞电极由两个玻璃套管组成。内套管封接一根铂丝，铂丝插入纯汞中（厚度为0.5～1 cm），汞下装有甘汞和汞的糊状物（Hg_2Cl_2-Hg）；外套管装入KCl溶液，电极下端与待测试液接触处是熔接陶瓷芯或玻璃砂芯等多孔物质或是一条毛细管通道。外套管上有支管用于注入KCl溶液。支管及电极下端有橡胶帽保护。

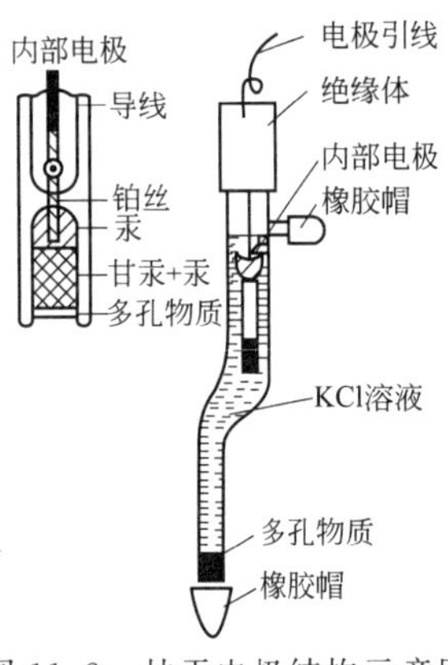

图11.2 甘汞电极结构示意图

甘汞电极的半电池符号为 Hg,Hg_2Cl_2(s) | KCl

电极反应为
$$Hg_2Cl_2+2e^- \rightleftharpoons 2Hg(l)+2Cl^-$$

其电极电位能斯特方程（25℃）表达式为

$$E(Hg_2Cl_2/Hg)=E^{\ominus}(Hg_2Cl_2/Hg)-0.0592\ V\lg a_{Cl^-} \tag{11.5}$$

由式(11.5)可以看出，当温度一定时，甘汞电极的电极电位主要取决于 a_{Cl^-}，a_{Cl^-} 又取决于 KCl 溶液的浓度。当使用温度和 a_{Cl^-} 一定时，其电极电位为定值，如表 11.1 所示，故甘汞电极可以作为参比电极使用。

表 11.1　25 ℃时甘汞电极的电极电位（对 SHE）

名　称	KCl 溶液浓度	电极电位 E/V
0.1 $mol \cdot L^{-1}$甘汞电极	0.1 $mol \cdot L^{-1}$	+0.3365
标准甘汞电极（NCE）	1.0 $mol \cdot L^{-1}$	+0.2828
饱和甘汞电极（SCE）	饱和溶液	+0.2438

由于 KCl 的溶解度随温度而变化，所以甘汞电极的电极电位还随温度的不同而不同。当温度不是 25℃时，应对表 11.1 中所列的电极电位进行温度校正，对于饱和甘汞电极，t ℃时的电极电位为

$$E_t=0.2438-7.6\times10^{-4}(t-25) \tag{11.6}$$

在使用甘汞电极时应注意，其使用温度不宜高于 75 ℃。

(3) 银-氯化银电极

银-氯化银电极是将银丝镀上一层 AgCl 沉淀，然后将其浸在一定浓度的 KCl 溶液中所构成的，其结构示意图如图 11.3 所示。

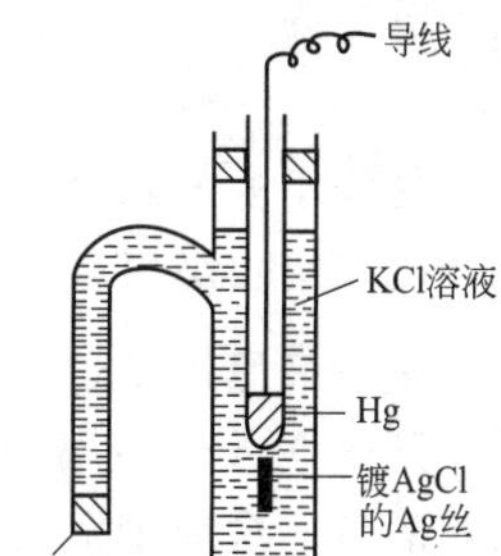

图 11.3　银-氯化银电极结构示意图

其半电池符号为　Ag,AgCl(s) | KCl

电极反应为　$AgCl+e^- \rightleftharpoons Ag+Cl^-$

其电极电位能斯特方程（25 ℃）表达式为

$$E(AgCl/Ag)=E^{\ominus}(AgCl/Ag)-0.0592\ V\lg a_{Cl^-} \tag{11.7}$$

当温度一定时，银-氯化银电极的电极电位主要取决于 a_{Cl^-}，25℃时，不同浓度 KCl 溶液的银-氯化银电极如表 11.2 所示。

表 11.2　25℃时 Ag-AgCl 电极的电极电位（对 SHE）

名　称	KCl 溶液浓度	电极电位 E/V
0.1 $mol \cdot L^{-1}$ Ag-AgCl 电极	0.1 $mol \cdot L^{-1}$	+0.2880
标准 Ag-AgCl 电极	1.0 $mol \cdot L^{-1}$	+0.2883
饱和 Ag-AgCl 电极	饱和溶液	+0.2000

同甘汞电极一样，如果实际使用温度不是 25 ℃，就必须对表中所列电极电位进行温度校正。t ℃时的标准银-氯化银电极电位为

$$E_t=0.2223-6\times10^{-4}(t-25) \tag{11.8}$$

银-氯化银电极是重现性最好的参比电极，常在 pH 玻璃电极和其他各种离子选择性电极中用作内参比电极。此外，银-氯化银电极的温度滞后效应非常小，可在温度高于 80℃的体系中使用。

(4) 双液接参比电极

双液接参比电极常用于电动势的精确测定，可防止样品溶液对参比电极内充液的污染，并可降低液接电位。常用的双液接参比电极主要有双液接银-氯化银电极和双液接饱和甘汞电极。

11.2.1.2 指示电极

指示电极是指对溶液中参与电极反应的离子的活度或不同氧化态离子的活度能产生能斯特响应的电极，其通过测定电池的电动势或在外加电压下测定流过电解池的电流，即可得知溶液中某种离子的浓度。指示电极对被测物质的指示是有选择性的，一种指示电极往往只能指示一种物质的浓度。理想的指示电极对离子浓度变化响应快、重现性好。

满足以上要求的指示电极主要有金属电极和离子选择性电极，依据指示电极的结构和原理不同，将其分为以下几类。

（1）第一类电极

第一类电极是指金属及该金属离子溶液组成的电极，可用通式 $M|M^{n+}$ 表示。这类电极结构简单，只有一个相界面，其电极反应为

$$M^{n+}+ne^{-}\rightleftharpoons M$$

其电极电位能斯特方程（25 ℃）表达式为

$$E(M^{n+}/M)=E^{\ominus}(M^{n+}/M)+\frac{0.0592\ V}{n}\lg a_{M^{n+}} \tag{11.9}$$

即当温度一定时，该类电极的电极电位主要取决于金属阳离子活度 $a_{M^{n+}}$。金属银浸入硝酸银溶液中构成的 $Ag\text{-}AgNO_3$ 电极（银电极）是第一类电极的典型例子，其在 25 ℃时的电极电位为

$$E=0.799+0.0592\ V\lg a_{Ag^{+}} \tag{11.10}$$

易溶于汞的软金属 Ag、Pb、Cd、Cu、Bi、Tl、Zn、Sn 及 Hg 等均可构成第一类电极。

（2）第二类电极

第二类电极是指金属及其金属难溶盐饱和溶液组成的电极，可用通式 $M|MX|X^{n-}$ 表示，其中 MX 是金属 M 的难溶盐。这类电极主要用于电位恒定的参比电极，具有金属与金属难溶盐、金属难溶盐与溶液之间两个相界面。常见的有甘汞电极和银-氯化银电极。

（3）第三类电极

第三类电极是指金属与两种具有共同阴离子或配合剂的难溶盐或难解离的配合离子组成的电极，可用通式 $M|MX|NX|N^{n-}$ 表示，其中 MX 是难溶或难解离化合物，这类电极一般有三个界面。

例如，草酸根离子能与银离子和钙离子生成草酸银和草酸钙难溶盐，在草酸银和草酸钙饱和的含有钙离子的溶液中，用银电极可以指示钙离子的活度。

半电池符号为　　$Ag|Ag_2C_2O_4, CaC_2O_4, Ca^{2+}$

电极反应为　　$Ag_2C_2O_4+Ca^{2+}+2e^{-}\rightleftharpoons 2Ag+CaC_2O_4$

银电极电位由下式确定

$$E=E^{\ominus}_{Ag^{+}/Ag}+\frac{RT}{F}\ln a_{Ag^{+}} \tag{11.11}$$

从难溶盐的溶度积得

$$a_{Ag^{+}}=\left(\frac{K_{sp_1}}{a_{C_2O_4^{2-}}}\right)^{\frac{1}{2}} \tag{11.12}$$

$$a_{C_2O_4^{2-}}=\frac{K_{sp_2}}{a_{Ca^{2+}}} \tag{11.13}$$

代入式(11.11)得

$$E = E^{\ominus}_{Ag^+/Ag} + \frac{RT}{2F}\ln\frac{K_{sp_1}}{K_{sp_2}} + \frac{RT}{2F}\ln a_{Ca^{2+}} \tag{11.14}$$

$$= E' + \frac{RT}{2F}\ln a_{Ca^{2+}} \tag{11.15}$$

其中，$E' = E^{\ominus}_{Ag^+/Ag} + \frac{RT}{2F}\ln\frac{K_{sp_1}}{K_{sp_2}}$ (11.16)

此外，汞电极也属于第三类电极。

(4) 零类电极

零类电极又称惰性电极，一般是通过将 Pt、Au、石墨等惰性材料浸入含有一种元素的两种不同价态离子的溶液中所制成的。此类电极本身不参与氧化还原反应，只起贮存和传导电子的作用，但是能反映出氧化还原反应中氧化态和还原态浓度比值的变化。例如，将 Pt 丝插入 Fe^{3+} 和 Fe^{2+} 混合溶液中所构成的电极就是惰性电极，其半电池符号为

$$Pt|Fe^{3+}, Fe^{2+}$$

电极反应为 $Fe^{3+} + e^- \rightleftharpoons Fe^{2+}$

电极电位能斯特方程（25 ℃）表达式为

$$E = E^{\ominus}_{Fe^{3+}/Fe^{2+}} + 0.0592\ \text{V}\lg\frac{a_{Fe^{3+}}}{a_{Fe^{2+}}} \tag{11.17}$$

该电极能反映出溶液中 $a_{Fe^{3+}}/a_{Fe^{2+}}$（或浓度）比值的变化，故常应用于氧化还原电位滴定中。

(5) 离子选择性电极

离子选择性电极是一种电化学传感器，又称膜电极，其特点是仅对溶液中的特定离子有选择性响应。自从 1966 年弗兰德和罗斯用氟化镧单晶制成性能良好的氟离子选择性电极以后，离子选择性电极便得到了迅速的发展，并成为目前应用最广泛的一类电极。迄今已经研制了数十种离子选择性电极。

离子选择性电极的关键部分是一个称为敏感膜的元件，所谓敏感膜是指一个能分开两种电解质溶液并能对某类物质有选择性响应的连续层。不同的离子选择性电极的构造随敏感膜的不同而略有不同，但一般都由敏感膜及其支持体、内参比溶液（含有与待测离子相同的离子）、内参比电极等组成，如图 11.4 所示。在离子选择性电极中，目前应用最广泛的是 pH 玻璃电极。图 11.5 是 pH 玻璃电极的构造。

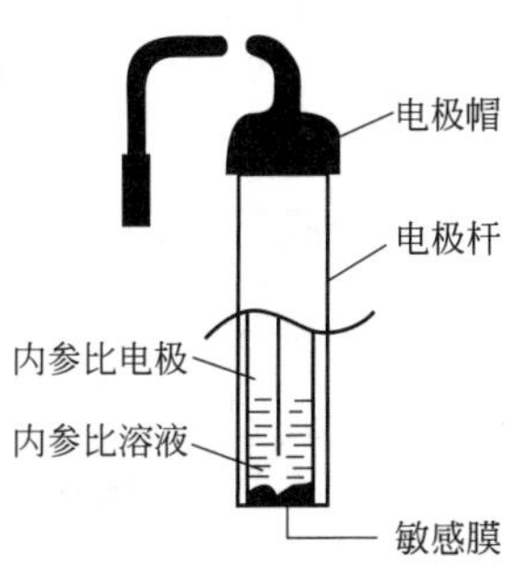

图 11.4　离子选择性电极结构示意图

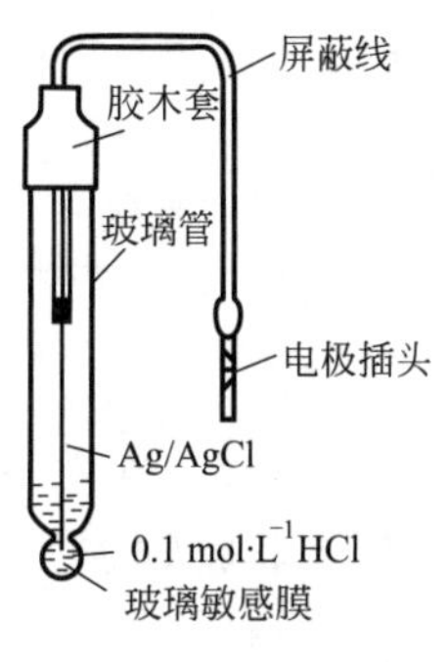

图 11.5　pH 玻璃电极结构示意图

用离子选择性电极测定有关离子，一般都是基于内部溶液与外部溶液之间的电位差，即所谓膜电位。对于一般离子选择性电极来说，产生膜电位主要是溶液中的离子与电极膜上的

离子之间发生交换作用的结果。玻璃电极膜电位的产生是一个典型的例子。

玻璃是一种固体溶液，在短程内是有序的，具有网状结构。纯 SiO_2 石英玻璃的结构如图 11.6(a) 所示，即 Si(Ⅳ) 与四个氧以共价键结合形成四面体构型，硅与硅之间以氧桥键相连，没有可供离子交换的点位，对各种离子没有响应。当引入碱金属或碱土金属氧化物于石英玻璃内时，一价的碱金属离子取代了晶格中的部分 Si(Ⅳ)，引起原结构断裂，其结构如图 11.6(b) 所示，此结构体对体积小的正电荷质子 H^+ 具有很强的亲和力，对 pH 值有很好的响应。

(a)纯 SiO_2 石英玻璃结构　　(b)M^+ 取代晶格中部分 Si(Ⅳ)后的石英玻璃结构

图 11.6　石英玻璃结构示意图

在使用玻璃膜电极前，必须将其在水中浸泡足够长的时间，使其表面充分溶胀，形成一层很薄的(10^{-4}～10^{-5} mm)硅酸层，此时，才能对 H^+ 响应。当玻璃膜与水溶液接触时，其中 M^+（Na^+）被 H^+ 交换，形成 $\equiv SiO^- H^+$。膜内表面与内部溶液接触，同样形成上述水化层。但若内部溶液与外部溶液（试液）的 pH 值不同，则将影响 $\equiv SiO^- H^+$ 的解离平衡：

$$\equiv SiO^- H^+ \text{（表面）} + H_2O \text{（溶液）} \rightleftharpoons \equiv SiO^- \text{（表面）} + H_3O^+$$

所以在膜内、外的固-液界面上的电荷分布是不同的，使得跨越膜的两侧具有一定的电位差，这个电位差称为膜电位。由此可见，离子选择性电极不同于金属基电极，其电位并不是由氧化还原反应（电子的得失）所形成的。这可通过图 11.7 说明。

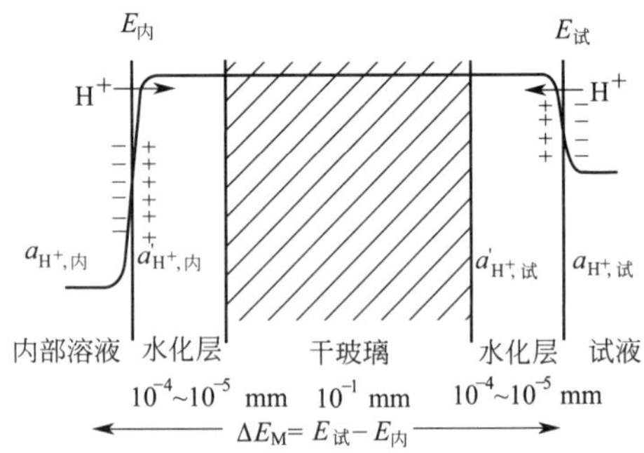

图 11.7　玻璃电极膜电位形成示意图

由图 11.7 可知，若膜的内、外侧水化层与溶液间的界面电位分别为 $E_{内}$ 和 $E_{试}$，膜两边溶液的 H^+ 活度为 $a_{H^+,内}$ 及 $a_{H^+,试}$，与溶液接触的两水化层的 H^+ 活度分别为 $a'_{H^+,内}$ 和 $a'_{H^+,试}$，则膜电位

$$\Delta E_M = E_{试} - E_{内} \tag{11.18}$$

根据热力学理论，两界面电位为：

$$E_{试} = k_1 + \frac{RT}{F}\ln\frac{a_{H^+,试}}{a'_{H^+,试}} \tag{11.19}$$

$$E_{内} = k_2 + \frac{RT}{F}\ln\frac{a_{H^+,内}}{a'_{H^+,内}} \tag{11.20}$$

若溶胶层内外表面的性质相同，溶胶层表面上可被 H^+ 占据的点位数目相同，则 $k_1 = k_2$。另外，若表面上原有 M^+ 全部为 H^+ 所取代，则 $a'_{H^+,内} = a'_{H^+,试}$。膜电位只取决于 $a_{H^+,内}$ 和 $a_{H^+,试}$：

$$\Delta E_M = \frac{RT}{F}\ln\frac{a_{H^+,试}}{a_{H^+,内}} \tag{11.21}$$

由于 $a_{H^+,内}$ 为一常数，式（11.21）可写作：

$$\Delta E_{M}=K+\frac{RT}{F}\ln a_{H^{+},试} \qquad (11.22)$$

此式说明，在一定温度下 pH 玻璃电极的膜电位与试液的 pH 值成线性关系。

与玻璃电极类似，各种离子选择性电极的膜电位在一定条件下遵守能斯特方程。对阳离子有响应的电极，膜电位为：

$$\Delta E_{M}=K+\frac{2.303RT}{nF}\ln a_{阳离子} \qquad (11.23)$$

对阴离子有响应的电极，膜电位为：

$$\Delta E_{M}=K-\frac{2.303RT}{nF}\ln a_{阴离子} \qquad (11.24)$$

式(11.23)、式(11.24)即为离子选择性电极测定离子活度的定量关系式。式中的 K 与感应膜、内部试液等有关。对同类电极，它的每一支电极的 K 值也可能不相同。测定时要注意条件需控制一致，K 值才能视为常数。

11.2.2 工作电极与辅助电极

在库仑、电重量与伏安分析中，电极通常都称为工作电极和辅助电极（对电极）。其中，库仑分析和电重量分析的共同特征是待测离子在工作电极上析出，溶液浓度随之改变；而伏安分析则通过微量的电化学反应进行测定，通常不改变溶液浓度。

11.2.2.1 工作电极

工作电极是电化学分析中的核心电极，它直接参与电化学反应，是分析者关注的重点。在电化学分析过程中，待测物质在工作电极表面发生氧化或还原反应，从而产生电流信号。工作电极的材料和表面特性对分析结果有重要影响。常见的工作电极材料包括铂、金、银、碳等。例如，在极谱分析中，常用的滴汞电极（DME）就是一种典型的工作电极。汞滴具有良好的电化学活性和可更新的表面，能够提供清晰的极谱波形，用于测定多种金属离子和有机物。

11.2.2.2 辅助电极

辅助电极的作用是维持电解池中的电流回路，确保电化学反应的顺利进行。辅助电极本身不参与主要的电化学反应，但它的存在使得电流能够通过电解质溶液流向工作电极。辅助电极通常选择化学稳定性好、电化学惰性强的材料，如铂电极或石墨电极。在三电极体系中，工作电极电位由参比电极精确控制，而辅助电极仅承担电荷传输功能，辅助电极与工作电极之间的电流大小相等、方向相反，从而保证了电解池中的电流平衡。例如，在循环伏安法中，铂电极常被用作辅助电极，它能够稳定地传导电流，确保工作电极上的电化学反应正常进行。

11.2.3 极化电极与去极化电极

在涉及电极反应，且测量过程中电极上有电流流过的电化学分析中，还将电极区分为极化电极与去极化电极。

11.2.3.1 极化电极

极化电极是指在电化学反应过程中，电极电位发生显著变化的电极。当电流通过电极时，电极电位会偏离其平衡电位，这种偏离现象称为极化。极化电极的电位变化是由电极反应的速率与电子传递速率之间的不匹配导致的。例如，在电解过程中，如果电流密度较大，电极反应速率跟不上电子传递速率，电极电位就会发生极化。极化电极的电位变化可以通过测量电流-电位曲线来研究，这对于理解电极反应的动力学特性非常重要。例如，在研究金属腐蚀过程中，通过测量极化曲线可以确定腐蚀电流密度和腐蚀速率。

11.2.3.2 去极化电极

去极化电极是指在电化学反应过程中，电极电位能够迅速恢复到接近其平衡电位的电极。去极化现象通常是由于电极表面的反应产物被及时移除，或者电极表面的反应速率与电子传递速率相匹配，使得电极电位能够保持相对稳定。例如，在一些快速的电化学反应中，如果反应产物能够迅速扩散离开电极表面，电极电位就不会发生显著的极化。去极化电极的研究对于提高电化学反应效率和设计高效的电极材料具有重要意义。例如，在燃料电池中，通过优化电极材料和催化剂，可以减少电极极化，提高电池的性能。

11.2.4 微电极与化学修饰电极

11.2.4.1 微电极

微电极是指尺寸非常小的电极，通常直径在微米甚至纳米级别。微电极具有许多独特的优点，例如快速的响应时间、高空间分辨率和低检出限。微电极的表面积与体积比非常大，它能够快速响应电化学反应，并且可以在非常小的空间范围内进行测量。例如，在生物医学研究中，微电极可以用于实时监测细胞内化学物质浓度变化；在环境监测中，微电极可以用于检测水体中的微量污染物。微电极的制备方法多种多样，包括光刻技术、化学蚀刻和纳米材料合成等。随着微纳加工技术的发展，微电极的应用前景将越来越广阔。

11.2.4.2 化学修饰电极

化学修饰电极是指通过化学方法在电极表面引入特定的化学物质或功能基团，进而改变电极的表面性质和电化学行为。化学修饰可以提高电极的选择性、灵敏度和稳定性。例如，通过在电极表面修饰一层选择性吸附膜，可以实现对特定离子或分子的选择性检测。在生物传感器中，化学修饰电极可以用于检测生物分子，如葡萄糖、蛋白质和 DNA 等。化学修饰的方法包括自组装单分子层、聚合物涂层、纳米材料修饰等。例如，通过在电极表面修饰一层纳米金颗粒，可以提高电极的电化学活性和催化性能。化学修饰电极在生物医学、环境监测、食品安全等领域具有广泛的应用前景。此外，将微电极制成化学修饰电极，也将发挥更为显著的作用。

11.3 电位分析方法

11.3.1 直接电位法

直接电位法（direct potentiometry）又称离子选择性电极法，利用膜电极把被测离子的活度表现为电极电位；在一定离子强度时，活度又可转换为浓度，而实现分析测定。它是近年来迅速发展的一种快速分析方法。从理论上讲，只要将指示电极与参比电极一起浸入被测溶液中，就能组成原电池，并可测量出其电动势。对于常用的各种离子选择性电极，原电池的电动势与待测离子的活度关系如下：

$$E=K-\frac{2.303RT}{nF}\lg a_{阴离子} \tag{11.25}$$

$$E=K+\frac{2.303RT}{nF}\lg a_{阳离子} \tag{11.26}$$

式中，K 的数值取决于温度、膜的特性、内参比液、内外参比电极的电位及液接电位等。其数值在一定实验条件下为常数。

式(11.25)、式(11.26)说明，工作电池的电动势在一定实验条件下与待测离子活度的对数成线性关系。因此，通过测量电池的电动势可测定待测离子的活度。

在电位分析法中，各种氧化还原电对的标准电位相距较小，在不同介质条件下，其条件电位又变化较大。因此，不同电位往往相互交错，所以电位分析法难以用于定性分析。在定量分析中，通常有以下几种定量分析方法。

(1) 标准曲线法

标准曲线法是较常用的定量方法之一。具体做法是：用待测离子的纯物质配制一系列不同浓度的标准溶液，加入总离子强度调节缓冲液及必要的干扰抑制剂，以保持溶液离子强度的相对稳定（使活度系数恒定，膜电位与 $\lg c_i$ 成线性关系），插入指示电极和参比电极，测量出各溶液的电动势 E_i，得到 E_i-$\lg c_i$ 校正曲线。按相同方法制备未知试液，在相同条件下测量其电动势 E_x，从校正曲线上即可查出与 E_x 对应的浓度 c_x。

标准曲线法的特点是操作简单，计算方便，适合于大批组成简单或基本恒定的试样分析。

(2) 标准加入法

标准曲线法虽然操作简单，但它要求标准溶液与待测试液的离子强度和组成相近，否则将会由活度系数值发生变化而引起误差。特别是当组分比较复杂时，用标准曲线法定量误差很大。此时，采用标准加入法可在一定程度上减小此误差。

标准加入法是将小体积的标准溶液加到已知体积的未知试样中。根据加标试样前后电池电动势的变化计算试液中被测离子的浓度。

具体做法是：先测量未知溶液（设浓度为 c_x）的电动势 E_x，取体积为 V_0 的未知溶液，向其中加入浓度为 c_s、体积为 V_s 的标准溶液，则此溶液的浓度 c'_x 为：

$$c'_x=\frac{c_xV_0+c_sV_s}{V_s+V_0} \tag{11.27}$$

再测量其电动势 E'_x。根据能斯特方程，对阳离子有

$$E_x=K+\frac{2.303RT}{nF}\lg(\gamma_x c_x) \tag{11.28}$$

$$E'_x=K+\frac{2.303RT}{nF}\lg(\gamma'_x c'_x) \tag{11.29}$$

式中，γ_x 和 γ'_x 分别为加入标准溶液前后被测离子的活度系数。当 c_s 约为 c_x 的 100 倍，V_s 约为 $1\%V_0$，而且试液中有大量惰性电解质时，可认为加入标准溶液前后试液的离子强度保持不变，$\gamma_x=\gamma'_x$，则两次测得的电动势的差值为：

$$\Delta E=E'_x-E_x=\frac{2.303RT}{nF}\lg\frac{c'_x}{c_x} \tag{11.30}$$

由于 $V_0\gg V_s$，可认为溶液的体积基本不变，则加入标准溶液后试样浓度增量 Δc 为：

$$\Delta c=c'_x-c_x=\frac{V_sc_s}{V_0+V_s}\approx\frac{V_sc_s}{V_0} \tag{11.31}$$

结合式(11.30)和式(11.31)得：

$$\Delta E=\frac{2.303RT}{nF}\lg\left(1+\frac{\Delta c}{c_x}\right) \tag{11.32}$$

$$令\ S=\frac{2.303RT}{F},得\ \Delta E=\frac{S}{n}\lg\left(1+\frac{\Delta c}{c_x}\right) \tag{11.33}$$

$$c_x = \Delta c(10^{n\Delta E/S} - 1)^{-1} \tag{11.34}$$

当温度一定时，S 为一常数，Δc 由式（11.31）可求得，若 $n=1$，只需令 V_0、c_s 和 V_s 为定值，则 Δc 为常数，此时，c_x 仅与 ΔE 有关。于是可预先计算出 c_x 作为 ΔE 的函数的数值，分析时按测得的 ΔE 值直接求出 c_x。标准加入法准确度较高，适合于组成较为复杂、份数不多的试样的分析。

（3）格氏作图法

格氏作图法是由格兰（G. Gran）于 1952 年提出的一种利用图解法求待测离子浓度的作图方法。格氏作图法又称多次标准加入法，其基本实验方法与标准加入法基本相同，差别在于多次加入标准溶液和多次测量电动势。格氏作图法特别适合于测定组分复杂的低浓度样品。

其具体做法是：设待测离子浓度为 c_x，体积为 V_0，标准溶液的浓度为 c_s，$\sum V_i$ 为第 i 次加入标准溶液后试液中加入标准溶液的总体积。对阳离子，电动势 E_i 与 c_x 和 c_s 关系可表示为：

$$E_i = K + \frac{S}{n}\lg\left(\gamma'\frac{c_x V_0 + c_s\sum V_i}{V_0 + \sum V_i}\right) \tag{11.35}$$

将上式整理移项得：

$$(V_0 + \sum V_i)10^{nE_i/S} = 10^{nK/S}\gamma'(c_x V_0 + c_s\sum V_i)$$

当活度系数变化很小时，式中 $10^{nK/S}\gamma' = 常数 = L$，则

$$(V_0 + \sum V_i)10^{nE_i/S} = L(c_x V_0 + c_s\sum V_i) \tag{11.36}$$

式(11.36)即为格氏作图法的基本关系式。在测定时，通常向试液中连续加入 4～5 次标准溶液，每加一次标准溶液，测一次 E_i 值，再计算出每次的 $(V_0 + \sum V_i)10^{nE_i/S}$，以它为纵坐标、$\sum V_i$ 为横坐标作图（见图 11.8），得一直线，将直线外延至与横坐标相交于 V_e（为负值），在此点，纵坐标为 0，即

$$(V_0 + \sum V_i)^{10nE_i/S} = 0$$

由式(11.36)得 $L(c_x V_0 + c_s\sum V_i) = 0$

用求得的 V_e 代替 $\sum V_i$，则有 $c_x V_0 + c_s V_e = 0$

求得：

$$c_x = \frac{-c_s V_e}{V_0} \tag{11.37}$$

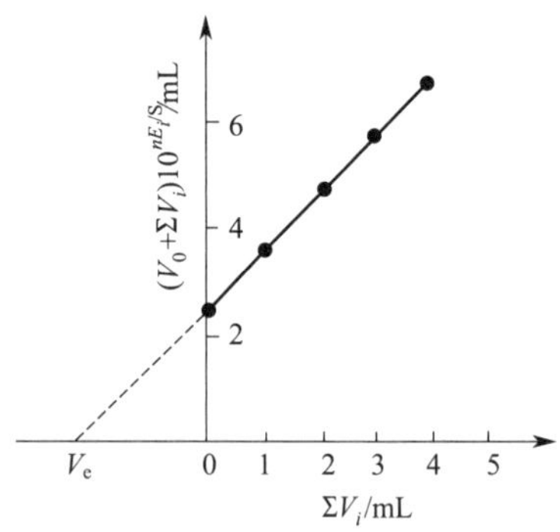

图 11.8　格氏作图法

若用市售的半对数格氏坐标纸作图，将更加方便。

11.3.2　间接电位法（电位滴定法）

间接电位法又称电位滴定法（potentiometric titration），它是根据指示电极电位在滴定过程中的变化来确定滴定终点的分析方法。电位滴定法可用于浑浊、有色、荧光溶液的滴定分析，也可用于非水介质的滴定分析。

（1）电位滴定法基本装置及原理

电位滴定法主要有手动电位滴定装置和自动电位滴定装置两种类型，如图 11.9 所示，前者通过手动控制滴加速度，绘制滴定曲线。后者则通过电磁阀来进行自动滴定，并自动记录滴定曲线。

电位滴定法的基本原理是：进行电位滴定时，在待测溶液中插入指示电极和参比电极组成工作电池，随着滴定剂的加入，由于发生滴定反应，待测离子或与之有计量关系的离子浓度不断变化，指示电极电位也随之发生相应的变化，在化学计量点附近离子浓度发生突跃，

从而引起电位突跃。因此，通过测定电池电动势就可以确定滴定终点。由此可以看出，与直接电位法不同，电位滴定法不是以某一确定的电位值为计量依据。因此，在一定测定条件下，许多因素（如溶液的温度、液体接界电位、不对称电位、离子活度系数）对电位测量结果的影响相对很小。

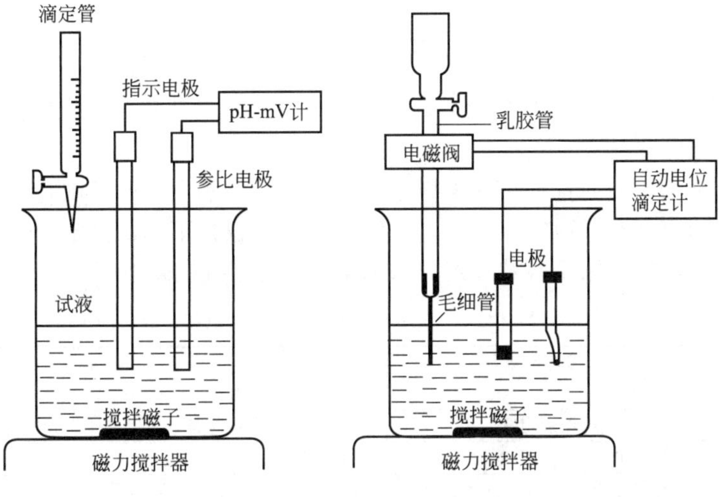

(a) 手动电位滴定装置　　(b) 自动电位滴定装置

图 11.9　电位滴定装置示意图

（2）确定滴定终点的方法

在电位滴定过程中，每滴加一次滴定剂，需测量一次电动势，直至超过化学计量点为止。而在接近化学计量点附近时，则应每滴加 0.1～0.2 mL 滴定剂就需测量一次电动势。由此可得到一系列滴定剂用量（V）和对应的电动势（E）数据。

在电位滴定中，通常有下列 3 种确定滴定终点的方法。

① E-V 曲线法　当滴定的 E-V 曲线是对称的 S 形曲线时，曲线上具有最大斜率的转折点即为滴定终点，这时可作两条与滴定曲线相切的 45°倾斜的直线，它们的等分线与曲线的交点即为滴定终点，如图 11.10(a)所示。

② 一级微商法　对滴定突跃不十分显著的体系，用 E-V 曲线难以判断滴定终点，这时可用 $\Delta E/\Delta V$-V 曲线来确定滴定终点。用 $\Delta E/\Delta V$ 值对 V 作图，可得一呈现尖峰状的曲线，曲线的最高点所对应的滴定体积即为滴定终点，如图 11.10(b)所示。用此法确定终点较为准确，但手续较烦琐，且峰尖是由实验点的连线外推得到的，所以也会导致一定的误差。

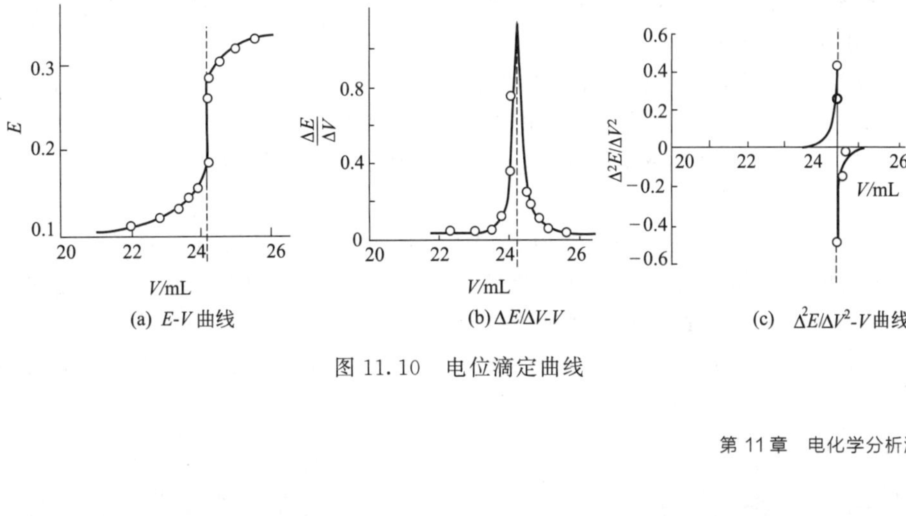

(a) E-V 曲线　　(b) $\Delta E/\Delta V$-V　　(c) $\Delta^2E/\Delta V^2$-V 曲线

图 11.10　电位滴定曲线

③ 二级微商法　由 $\Delta E/\Delta V\text{-}V$ 曲线确定滴定终点是依据一级微商的极大点是终点，那么二级微商 $\Delta^2 E/\Delta V^2=0$ 时就是滴定终点。例如对应于 24.30mL，计算方法如下：

$$\frac{\Delta^2 E}{\Delta V^2}=\frac{\left(\frac{\Delta E}{\Delta V}\right)_{24.35\,\text{mL}}-\left(\frac{\Delta E}{\Delta V}\right)_{24.25\,\text{mL}}}{V_{24.35\,\text{mL}}-V_{24.25\,\text{mL}}}=\frac{0.83-0.39}{24.35-24.25}=4.4$$

依次可算出各点的二级微商，然后作出 $\frac{\Delta^2 E}{\Delta V^2}\text{-}V$ 曲线图，由 $\frac{\Delta^2 E}{\Delta V^2}=0$ 所对应的 V 即为滴定终点，如图 11.10(c)所示。与一级微商法相比，二级微商法确定滴定终点更准确。

(3) 电极的选择

对于电位滴定法，如何选择指示电极是关键，选择指示电极的原则是既能对被滴定物质有响应，又能对滴定剂有响应。在进行电位滴定时，需根据不同的滴定方法或不同的金属离子选择不同的指示电极。用于各种滴定方法的电极列于表 11.3。

表 11.3　用于各种滴定方法的电极

滴定方法	参比电极	指示电极
酸碱滴定	甘汞电极	玻璃电极、锑电极
沉淀滴定	甘汞电极，玻璃电极	银电极，硫化银薄膜电极等离子选择性电极
氧化还原滴定	甘汞电极，钨电极，玻璃电极	铂电极
配位滴定	甘汞电极	铂电极，汞电极，银电极，氟离子、钙离子等离子选择性电极

11.3.3 影响电位分析法的因素

以离子选择性电极测量试液的离子浓度时，需要考虑影响电极电位的各种因素（如电极性能、测量系统、温度、溶液组成等），并通过一系列的条件实验，来确定最佳的实验操作条件。现讨论影响测定因素的主要几个方面。

① 温度　其不仅会影响标准曲线的斜率和截距，也会影响参比电极电位、液接电位等，因此在整个测定过程中应保持恒温，以提高测定的准确度。

② 溶液的 pH 值　溶液酸度对离子选择性电极的响应有一定的影响，例如在使用氟离子电极时，酸度过高或过低都将影响测定；测定一价阳离子的玻璃电极（如钠离子电极），一般都对 H^+ 敏感。因此常需加入缓冲剂以使待测溶液维持在一个适当的 pH 值范围内。

③ 共存离子　除溶液中 H^+ 与 OH^- 对测定有影响外，其他共存离子的存在也会影响测定结果。一方面，某些共存离子能直接影响电极电位，例如，用 Ag_2S 晶体膜电极测定 CN^- 时，硫离子会产生干扰；另一方面，某些共存离子能影响待测离子在溶液中的状态，例如，用氟电极测氟时，Fe^{3+}、Al^{3+} 会与 F^- 生成配离子，从而降低 F^- 的浓度，使分析结果偏低。此外，有的共存离子还可能会使电极的响应时间增加。因此，在测定之前应采取掩蔽、分离等措施消除干扰。

④ 待测离子的浓度　离子选择性电极可以检测的线性范围一般为 $10^{-1}\sim10^{-6}$ mol·L^{-1}。检测下限主要取决于组成电极敏感膜的活性物质的性质。例如，沉淀膜电极所能测定的离子活度不能低于沉淀本身溶解而产生的离子的活度。同时共存离子的干扰和 pH 值等因素也会影响测定的线性范围。

⑤ 响应时间　所谓响应时间是指电极浸入试液起至获得稳定电位所需的时间。各种电极都有一定的响应时间，它是电极的一个重要参数，尤其是在进行连续自动测定时，必须考虑响应时间这一因素。一般来说，响应时间主要与以下几个因素有关。

a. 通过搅拌可加快待测离子到达电极表面的速率，从而缩短响应时间。在烧杯中测定时，一般都用电磁搅拌器搅拌，以加速离子的扩散，保持电极表面与溶液本体一致。搅拌速度的选择以不引起平衡电位的波动为原则。

b. 通常待测离子活度愈小，响应时间愈长，对于接近检测极限的极稀溶液，其响应时间有时长达 1h 左右，使电极在此情况下的应用受到限制。

c. 当待测溶液中含有较多非干扰离子时，该溶液离子强度较大，这时其响应时间较短。

d. 在保证良好的力学性能的条件下，膜愈薄，表面粗糙度愈低，其响应时间愈短。

⑥ 迟滞效应　又称电极存储效应，是指电极在测定前接触的试液成分对测定结果的影响。它是电位法分析的重要误差来源之一，可通过固定电极测定前的预处理条件来消除此误差。

11.4 极谱分析法

11.4.1 概述

极谱法与伏安法是由捷克化学家海洛夫斯基（J. Heyrovsky）于 1922 年建立的，它们都是利用浓差极化现象，以小面积的工作电极与大面积的参比电极组成电解池，电解被分析物质的稀溶液，根据电解过程中所得到的电流 - 电压曲线来进行分析的。

极谱法与伏安法的区别在于所用工作电极不同，极谱法用滴汞电极或其他表面周期性更新的液体电极作工作电极，而伏安法则用固体电极或表面静止的电极作工作电极。

近年来，在经典极谱法的基础上发展了示波极谱、方波极谱、脉冲极谱、催化极谱等现代极谱法，使得极谱分析法的检出限由 $10^{-3}\sim10^{-6}$ mol·L^{-1}降至 $10^{-10}\sim10^{-12}$ mol·L^{-1}，从而成为一类适合于微量和痕量组分分析的方法。

11.4.2 极谱法的装置

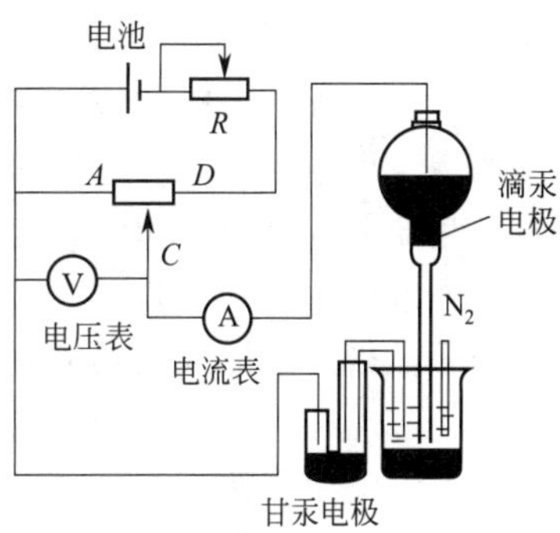

图 11.11　极谱分析装置示意图

极谱分析法的过程是一种在特殊条件下进行的电解过程。极谱分析的基本装置如图 11.11 所示。向电解池中插入两支电极。一支是具有较大面积的汞池电极，它和电池的正极相连。另一支是有规则的滴落汞滴的电极，称为滴汞电极，它和电池的负极相连（通常作阴极），采用滴汞电极的目的是使电极表面保持新鲜状态，避免电解过程中可能析出的金属残留在电极表面从而引起电极表面性质的改变。

滴汞电极表面积较小，在电解过程中电流密度较大，使电极周围液层的离子浓度与总体溶液的离子浓度相差较大，形成浓差极化，故滴汞电极称为极化电极，其电极电位随外加电压的变化而发生很大变化，而其电流变化却很小。大面积的甘汞电极在电解时的电流密度较小，不易发生浓差极化，故叫去极化电极。其电极电位随外加电压的改变而改变极小，而其电流变化却很大。

极谱法所用电池可表示如下：

$$\text{汞滴} \mid \text{试液(含支持电解质)} \parallel \text{KCl(饱和)} \mid Hg_2Cl_2 \mid Hg$$

分析时，以试液作为电解溶液（并含有通常要求的其他相应试剂），调整汞柱高度，使汞滴以每 3～4 s 1 滴的速度滴下，以滴汞电极为阴极、甘汞电极为阳极进行电解。加在电解池两极间的电压可通过改变电位器 AD 上的 C 点的位置来调节。当 C 点在 AD 上自左向右均匀移动时，工作电池施加给两极上的电压逐渐增大。在此过程中，C 点的每一个位置都可以从电流表 A 和电压表 V 上测得相应的电流 i 和电压 U 值，从而可绘制出 i-U 曲线，该曲线呈锯齿状，如图 11.12 所示，称为极谱波。根据极谱波可对被测物质进行定性定量分析。

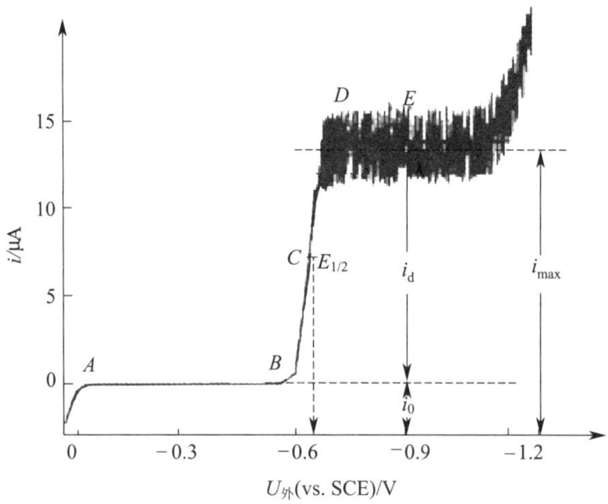

图 11.12　Cd^{2+} 的极谱波

11.4.3　极谱法的基本原理

现以测定 5×10^{-4} mol•L^{-1}的 $CdCl_2$ 溶液（其中含已除氧的 0.1 mol•L^{-1}KCl 及少量动物胶）为例来说明极谱分析法的基本原理。以每 3～4 s 1 滴的滴加速度滴加汞液，移动接触点 C，使两电极上的电压自零逐渐增加。在外加电压未达到 Cd^{2+} 的分解电压时，滴汞电极电位较 Cd^{2+} 的析出电位为正，电极表面没有 Cd^{2+} 还原，此时应该没有电流，但实际上仍有微小的电流通过电流表，该电流称为残余电流或背景电流，即图 11.12 中 AB 段。它包括溶液中的微量可还原杂质和未除净的微量氧在滴汞电极上还原产生的电解电流以及滴汞电极充放电引起的电容电流。

当外电压增加到 Cd^{2+} 的分解电压时，滴汞电极电位变负到 Cd^{2+} 的析出电位，Cd^{2+} 开始在滴汞电极上还原成金属镉并与汞结合生成镉汞齐：

$$Cd^{2+}+2e^{-}+Hg \rightleftharpoons Cd(Hg)$$

此时，电解池中开始有 Cd^{2+} 的电解电流通过，即图 11.12 中的 B 点。此后，电压的微小增加就会引起电流的迅速增加，即图中的 BD 段。当外加电压增加到一定数值时，由于发生浓差极化而使电流不再随外加电压的增加而增加，即图中的 DE 段，此时的电流称为极限电流。由极限电流减去残余电流后的电流称为扩散电流（i_d），这是由于滴汞面积较小，反应开始后，电极表面的 Cd^{2+} 浓度会迅速降低，溶液本体中的 Cd^{2+} 开始向电极表面扩散，在电极上发生反应而产生的电流。根据测定的数据可以绘制电流外加电压图。

在极谱分析中，主要观察极化电极（发生浓差极化的电极）在改变电位时相应的电流变化情况，因此电流-滴汞电极电位曲线更重要。若以饱和甘汞电极（SCE）为阳极（其电位为 E_{SCE}），滴汞电极（de）为阴极（电位为 E_{de}），则它们与外加电压 U 的关系为

$$U=E_{SCE}-E_{de}+iR \tag{11.38}$$

由于通过电解池的极谱电流一般很小（通常只有几个微安），并且总电阻 R 也很小，故 iR 值可忽略，则

$$U=E_{SCE}-E_{de} \tag{11.39}$$

通常在电解过程中，阳极电极电位 E_{SCE} 保持不变，用 E_{de}(vs. SCE) 表示相对于饱和甘汞电极的滴汞电极电位，则有

$$U=-E_{de}(\text{vs. SCE}) \tag{11.40}$$

由式（11.40）可知，通常情况下滴汞电极的电位完全受外加电压控制，因此，$i\text{-}E_{de}$ 曲线与 $i\text{-}U$ 曲线几乎重合，此曲线即所谓的极谱波。波的高度（扩散电流 i_d）与 Cd^{2+} 的浓度有关，因而可作为定量分析的基础。电流等于扩散电流一半时（图 11.12 中 C 点）的滴汞电极的电位称为半波电位 $E_{1/2}$，在一定条件下不同物质有不同的 $E_{1/2}$，这是极谱定性分析的依据。

11.4.4 极谱定量分析

（1）尤考维奇方程式

如前所述，扩散电流 i_d 是极谱分析法定量的基础，即扩散电流与电活性物质浓度之间的数学关系及影响扩散电流的因素是建立定量分析方法首先需要解决的问题。1934 年尤考维奇（D. Ilkovic）导出了扩散电流与其影响因素之间的关系式：

$$i_d=607nD^{1/2}m^{2/3}t^{1/6}c \tag{11.41}$$

式中，i_d 为平均扩散电流，μA；n 为电极反应中转移的电子数；D 为被测物质在溶液中的扩散系数，$cm^2 \cdot s^{-1}$；m 为滴汞的流速，$mg \cdot s^{-1}$；t 为滴汞周期，s；c 为被测物质的浓度，$mmol \cdot L^{-1}$。

式(11.41)称为尤考维奇方程式。该式定量地阐明了扩散电流与浓度的关系。在一定条件下，n、D、m、t 均为常数，于是可将这些常数合并为一个常数 K（$K=607nD^{1/2}m^{2/3}t^{1/6}$，称为尤考维奇常数)。则式（11.41）可写成

$$i_d=Kc \tag{11.42}$$

即在一定范围内，扩散电流与被测物质浓度成正比，这是极谱分析法定量的基础。

在实际分析中，通常以极谱图上的波高 h 表示扩散电流的大小。故式(11.42)可写成

$$h=Kc \tag{11.43}$$

如此，扩散电流的测量，就是测量极谱波的相对波高（通常以毫米或格数表示），而不必计算扩散电流的绝对值。波高可从极谱图上测出。

（2）定量分析方法

在极谱定量分析法中，常采用一般仪器分析所通用的直接比较法、标准曲线法或标准加入法进行定量分析。

① 直接比较法　在相同实验条件下，分别测定浓度为 c_s 的标准溶液的扩散电流 i_s（或波高 h_s）与未知试液的扩散电流 i_x（或波高 h_x），则未知试液中被测物质的浓度 c_x 可由下式计算：

$$c_x=\frac{i_x}{i_s}c_s=\frac{h_x}{h_s}c_s \tag{11.44}$$

直接比较法只适合单个或少数试样的分析，并且只有在未知试液和标准溶液基体完全匹配的条件下，才能获得准确的测量结果。

② 标准曲线法　这是最常用的基本分析方法，用纯的被测物质配制一系列含有不同浓度的标准溶液，在相同实验条件下，分别测定各标准液的扩散电流（波高），绘制扩散电流（波高）对浓度的标准工作曲线。在相同条件下测定未知试液的扩散电流（波高），从标准曲

线上用内插法求出未知试液中被测物的浓度。此方法具有简便、快速的分析特点，适用于大批量试样的分析，准确度也比直接比较法高。

③ 标准加入法　直接比较法和标准曲线法都存在一个明显的缺点，即在测定复杂样品时存在较大的误差，这时可采用标准加入法。

具体做法是：先取 V_0 mL 的未知试液，设其浓度为 c_x，测得扩散电流（波高）为 h_x；然后，在未知试液中加入已知浓度为 c_s 的标准溶液 V_s mL，在相同条件下测得扩散电流（波高 H）。则有

$$h_x = Kc_x; \qquad H = K\left(\frac{V_0c_x + V_sc_s}{V_0 + V_s}\right)$$

由以上二式求得

$$c_x = \frac{V_sc_sh_x}{(V_0 + V_s)H - V_0h_x} \tag{11.45}$$

标准加入法的准确度较高，因为它两次作极谱图的条件是相同的。

11.4.5 极谱分析法的应用

极谱分析法是 20 世纪电化学发展中最大的成果。极谱分析法自 1925 年诞生以来，在短短的几十年里，其应用范围已大大扩展，只要能在滴汞电极上起反应的物质，原则上都可用极谱分析法进行直接或间接的测定。比如可以用极谱分析法测定 Cr、Mn、Fe、Co、Ni、Cu、Zn、Cd、In、Tl、As、Sn、Pb、Bi 等金属元素和 Cl^-、Br^-、I^-、O、S、Se、Te 等非金属元素，也能用极谱法对醛类、酮类、不饱和酸类、醌类、糖类、硝基类、亚硝基类、偶氮类、维生素、抗生素、生物碱等具有电活性的有机与生物物质进行分析测定。

如今，极谱法不仅广泛应用于痕量组分分析，还成为了一种电化学基本理论研究的重要手段。

11.5 库仑分析法

11.5.1 概述

根据被测物质在电解过程中在电极上发生电化学反应所消耗的电量来求得被测物质含量的分析方法，称为库仑分析法。库仑分析法可分为控制电位库仑分析法与控制电流库仑分析法（库仑滴定法）。不论哪种库仑分析法，都要求在工作电极上除被测定物质外，没有其他任何电极反应发生，电流效率必须是 100%，这是库仑分析法的先决条件。库仑分析法的理论基础是法拉第定律。

11.5.2 法拉第定律

法拉第定律描述了电解过程中电极析出物质的质量与通过电解池的电量之间的关系，可用数学式表示为：

$$m = \frac{M}{nF}it \tag{11.46}$$

式中，m 为电极上析出物质的质量，g；M 为电解析出物质的摩尔质量，$g \cdot mol^{-1}$；F 为法拉第常数，96485 $C \cdot mol^{-1}$；i 为电解电流强度，A；t 为电解时间，s。

法拉第定律是自然科学中具有普遍性的定律之一，它不受温度、压力、电解质浓度、电极材料和形状、溶剂性质等因素的影响。

11.5.3 控制电位库仑分析法

（1）基本原理

控制电位库仑分析法是根据被测物质在电解过程中所消耗的电量来求其含量的方法，其中被控制的量是电位。这是基于不同金属离子具有不同的分解电压，要使不同离子在电解分析中选择性析出，就必须控制其阴极电位。图 11.13 是控制电位库仑分析法基本装置示意图。在电解过程中，将工作电极电位调节到一个所需要的数值并保持恒定，使被测物质以100％的电流效率进行电解，当电解电流降到零时，指示被测物质已被电解完全。用与之串联的库仑计记录电解过程中消耗的电量，则可由法拉第定律计算出被测物质的含量。常用的工作电极有铂、银、汞、碳电极。

（2）库仑计

进行库仑分析，必须准确地测量电量。电量测量的准确度是决定分析准确度的重要因素之一。测量电量通常采用库仑计，它是库仑分析装置的一个重要部件。库仑计可分为化学库仑计（包括重量库仑计、体积库仑计、滴定库仑计、库仑式库仑计）、电动机械库仑计和电子库仑计三类。

① 化学库仑计　本身是个电解池，它是最基本、最简单而又准确的库仑计。其中较常用的为体积库仑计和库仑式库仑计两种。

体积库仑计是基于测量电解过程中析出的气体体积来计算电量的，如氢-氧库仑计（见图 11.14）、氢-氮库仑计等。氢-氧库仑计为在一恒温电解管中，内充 $0.5\ mol \cdot L^{-1}$ 的 K_2SO_4 电解液，电解时在阳极析出氧，阴极析出氢，产生的气体使计量管中的液面上升，电解前后计量管中液面之差即为氢氧气体的总体积。在标准状态下，每库仑电量析出 0.1741 mL 氢氧混合气体，这种库仑计的优点是简单、实用，能测定 10 C 以上的电量，且准确度较高，相对误差为±0.1％；缺点是灵敏度不高。

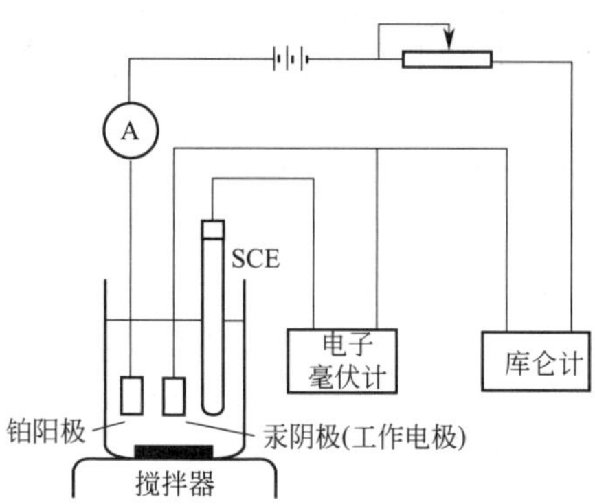

图 11.13　控制电位库仑分析法基本装置

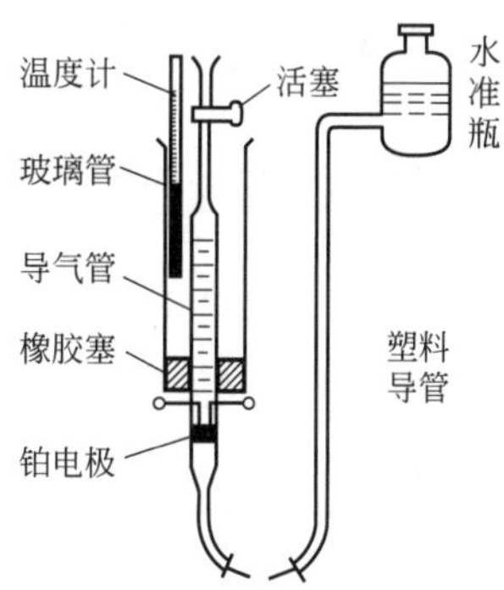

图 11.14　氢-氧库仑计结构示意图

库仑式库仑计是先将待测金属离子在库仑计电解池中电解沉积，然后把电极反向，在恒电流下阳极溶出，溶出完了电位出现敏锐的突跃。根据溶出时间和恒电流强度的乘积可求出待测物质所消耗的电量。此种库仑计可测的最低电量为 0.015 C，相对误差不超过±0.1 ％。

② 电动机械库仑计　又称电机积分仪，它是在一个直流积分电机上并联一个标准电阻，电解电流通过标准电阻产生电压降，电机转速与电压降成线性函数，根据电机转数可以得到电流和时间的积分，求出电量。这种库仑计可以直接显示电解过程中所消耗的电量值，精度

可达 0.01～0.111 μC，相对误差为±0.2 %，适用于常规的自动分析。

③ 电子库仑计　又称电子电流积分仪，是让电解电流通过一个标准固定电阻产生电压降，电压-频率转换器将电压转换为频率。频率的交换速率与电压成正比，亦即与电解电流成正比，因此，根据频率脉冲计数，便可得到 i-t 积分，从而求出电解时消耗的总电量。这种库仑计准确度高、精密度好，使用方便，可用于自动控制分析。

(3) 特点及应用

控制电位库仑分析法是控制在一定的工作电极电位下进行的，其灵敏度和准确度较高，能测量微克级的物质，最低能测到 0.1 μg，相对误差为 0.1 %～0.5 %，该方法不要求被测物质在电极上沉积为金属或难溶化合物，因此可用于测定进行均相电极反应的物质，特别适用于有机物的分析、混合物质的分析或一种物质的几种氧化态的混合物的测定。一些控制电位库仑分析的应用实例见表 11.4。

表 11.4　控制电位库仑分析应用实例

被测元素	电极反应	电极	电解质及浓度 $c/(mol \cdot L^{-1})$	电位/V	测定范围质量 m/mg
Bi	Bi(Ⅲ)+3e$^-$ ⟶ Bi	Hg	酒石酸钠,0.4;酒石酸氢钠,0.1;NaCl,0.1～0.3	−0.35	13～105
Cr	Cr(Ⅵ)+3e$^-$ ⟶ Cr(Ⅲ)	Pt	H_2SO_4,0.25	+0.10	1～700
Cu	Cu(Ⅱ)+2e$^-$ ⟶ Cu	Hg	酒石酸钠,0.4;酒石酸氢钠,0.1;NaCl,0.1～0.3	−0.24	6～75
Ni	Ni(Ⅱ)+2e$^-$ ⟶ Ni	Hg	吡啶,1.0;Cl$^-$,0.3～0.5	−0.95	10～100
Pb	Pb(Ⅱ)+2e$^-$ ⟶ Pb	Hg	HCl,1.0	−0.70	5～50
Cl$^-$	Ag+Cl$^-$ ⟶ AgCl+e$^-$	Ag	HAc,0.1;NaAc,0.1;$Ba(NO_3)_2$,5%	+0.25	0.25～80

控制电位库仑分析法需要复杂的实验仪器，杂质和背景电流的影响不易消除，电解耗时较长，这是这种方法的不足之处。

11.5.4　控制电流库仑分析法（库仑滴定法）

(1) 方法原理及装置

控制电流库仑分析法又称库仑滴定法。该方法是在控制电解电流的基础上，在特定的电解液中，以电极反应的产物作为滴定剂与被测物质定量作用，借助于指示剂或电化学方法确定滴定终点，根据到达终点时产生滴定剂所耗的电量通过法拉第定律计算出被测物质的含量。

例 11-1　用库仑滴定法测定水中的酚，取 100 mL 水样，酸化后加入 KBr，电解产生的 Br_2 同酚发生如下反应：

$$C_6H_5OH + 3Br_2 \longrightarrow Br_3C_6H_2OH\downarrow + 3HBr$$

通过的恒电流为 15.0 mA，经 500 s 到达滴定终点，求水样中酚的含量，以 $mg \cdot L^{-1}$ 表示。

解： 设 100 mL 水样中酚的含量为 c，已知 $i=15.0$ mA$=0.015$ A，$t=500$ s，由反应式知 $n=6$，酚的摩尔质量 $M=94$ g·mol^{-1}。代入式（11.46）可得：

$$m=\frac{M}{nF}it=\frac{94}{6\times96485}\times0.015\times500=1.22\times10^{-3}(g)$$

$$c=\frac{m}{V}=\frac{1.22\times10^{-3}}{100}=12.2(mg \cdot L^{-1})$$

在库仑滴定过程中，要保证有较高的准确度，关键在于在恒电流下电解，并确保电流效率为 100%且指示终点准确。为了防止可能产生的干扰反应，可将阳极置于多孔套筒中，使阳极和阴极分开。库仑滴定装置如图 11.15 所示，包括试剂发生系统和指示系统两部分。前者的作用是提供要求的恒电流，产生滴定剂，并准确记录滴定时间等。后者的作用是准确判断滴定终点。

(2) 指示滴定终点的方法

能否准确地指示终点是影响库仑滴定准确度的一个重要因素。原则上普通滴定分析中指示终点的方法均可用于库仑滴定，如化学指示剂法、电位法、电流法等。

① 化学指示剂法　普通滴定分析中所用的化学指示剂，如甲基橙、酚酞、百里酚蓝等，均可用于库仑滴定中。

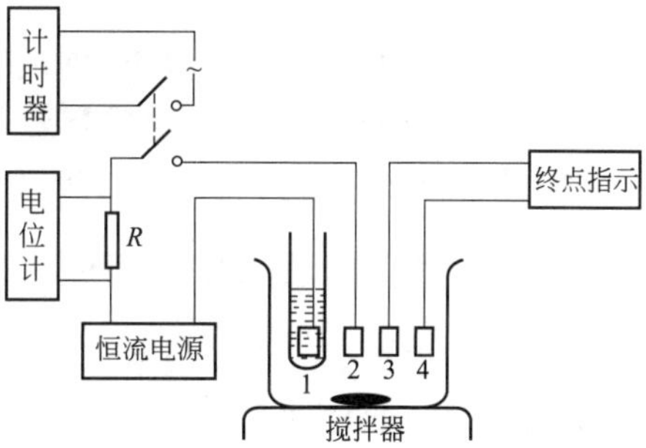

图 11.15　库仑滴定装置

1—辅助电极；2—工作电极；3,4—指示电极

以肼的测定为例。当电解液中有肼和大量 KBr 时，可以用电解产生的 Br_2 去滴定肼，加入甲基橙作为指示剂，其电极反应为：

铂阴极：$2H^+ + 2e^- = H_2$　　　铂阳极：$2Br^- = Br_2 + 2e^-$

电极上产生的 Br_2 与溶液中的肼发生下列反应：

$$NH_2\text{-}NH_2 + 2Br_2 = N_2 + 4HBr$$

在滴定终点时，过量的 Br_2 可使甲基橙褪色，此时停止电解。

此外，用电解产生的 I_2 去滴定 As^{3+} 时，可用淀粉指示剂；用于酸碱库仑滴定时，可用酸碱指示剂等。该法指示终点简单方便，但当测定毫克级以下的物质时，因其变色范围宽、分析误差大，因此较少使用。

② 电位法　与电位滴定法相同，库仑滴定也可用电位法来指示滴定终点。例如，测定钢铁中的碳时，可以采用库仑滴定的方法，用电位法确定终点，其方法原理如下：

钢样在 1200 ℃ 左右通氧灼烧，试样中的碳经氧化后产生 CO_2，导入置有高氯酸钡溶液的电解池中，CO_2 被吸收，发生下列反应：

$$Ba(ClO_4)_2 + H_2O + CO_2 = BaCO_3\downarrow + 2HClO_4$$

由于生成高氯酸，溶液浓度的酸度发生变化，在电解池中，用一对铂电极为工作电极及辅助电极，电解时阴极上产生氢氧根离子：

$$2H_2O + 2e^- = H_2 + 2OH^-$$

氢氧根离子与高氯酸反应，使溶液恢复到原来的酸度为止，根据消耗的电量可求得碳的含量。

仪器采用玻璃电极为指示电极，饱和甘汞电极为参比电极，指示溶液 pH 值的变化。

此外，指示终点的方法还有电流法、电导法及光度法等。

(3) 特点及应用

① 精密度和准确度较高　库仑滴定法常用于常量组分及微量物质的分析，相对误差约为 0.5%。如采用精密库仑滴定法，由计算机程控确定滴定终点，准确度可达 0.01%。

② 操作简便　库仑滴定法不需要配制标准溶液，使用的试样量比常量法少 1～2 个数量级。易实现自动化测量。

③ 适用面广　由于库仑滴定法所用的滴定剂是由电解产生的，边产生边滴定，所以可以使用如 Cl_2、Br_2、Cu^+ 等不稳定的滴定剂，由此可扩大滴定分析的应用范围。控制电位的方法也能用于库仑滴定，以提高选择性，扩大其应用范围。

此外，普通滴定分析中的各类滴定，如酸碱滴定、氧化还原滴定、沉淀滴定和配合滴定等都可以用于库仑滴定。

11.6 电导分析法

电解质溶液能导电，当溶液中离子浓度发生变化时，其导电能力亦随之改变。通过测量电解质溶液的电导值来确定物质含量的分析方法称为电导分析法（conductometric analysis）。电导分析法包括直接电导法和电导滴定法。

11.6.1 电导分析法的基本原理

当两个铂电极插入电解质溶液中，并在两电极上施加一定的电压，此时就有电流流过回路。电流是电荷的移动，在金属导体中靠自由电子的定向移动，而在电解质溶液中是由正离子和负离子向相反方向迁移来共同形成的。

（1）电导和电导率

电解质溶液的导电能力用电导 G 来表示，其值与电阻 R 成倒数关系，即

$$G=\frac{1}{R} \tag{11.47}$$

G 的单位为西门子（S），$1\ S=1\ \Omega^{-1}$。

给定的条件（温度、压力等）下，对于一个均匀的导体，其电阻或电导的大小与其长度 L 和截面积 A 有关。为了便于各种导体导电能力的比较，类似于电阻率提出了电导率的概念，即

$$G=\kappa\frac{A}{L} \tag{11.48}$$

式中，κ 为电导率，$S\cdot cm^{-1}$；A 是截面积，cm^2；L 是导体的长度，cm。

对电解质溶液，电导率相当于 $1cm^3$ 溶液在距离为 1cm 的两电极间的电导。电导率和电阻率互为倒数关系。

（2）摩尔电导率

对同一电解质，解离形成的离子的价数是固定的，而离子浓度和离子的迁移速率都与溶液浓度有关，因此电导率取决于电解质溶液的浓度。为了考虑浓度的影响，并比较各种电解质的导电能力，提出了摩尔电导率的概念。

摩尔电导率是含有 1mol 电解质的溶液，在距离为 1cm 的两电极间所具有的电导。摩尔电导率与电导率的关系为

$$\Lambda_m=\kappa V \tag{11.49}$$

式中，Λ_m 为摩尔电导率，$S\cdot cm^2\cdot mol^{-1}$；$V$ 为含有 1 mol 溶质的溶液体积，mL。

$$V=1000/c \tag{11.50}$$

式中，c 为溶液的物质的量浓度，$mol\cdot L^{-1}$。

由上述可知，电导率是指一定体积（$1\ cm^3$）溶液的电导，其中电解质含量可以不同；而摩尔电导率是指含有一定量溶质（1 mol）溶液的电导，溶液的体积可以不同。

（3）无限稀释时的摩尔电导率

当电解质溶液的浓度降低时，其摩尔电导率将增大。这是因为离子移动时常受到周围相反电荷离子的影响，使其速度减慢。当溶液无限稀释时，这种影响减至最小，摩尔电导率达到一最大的极限值，此值称为无限稀释时的摩尔电导率，以 Λ_0 表示。

电解质溶液无限稀释时的摩尔电导率，是溶液中所有离子无限稀释时的摩尔电导率的总和，即

$$\Lambda_0 = \sum \Lambda_0^+ + \sum \Lambda_0^- \tag{11.51}$$

式中，Λ_0^+ 和 Λ_0^- 分别表示无限稀释时正负离子的摩尔电导率。

在一定的温度和一定的溶剂中，无限稀释时的离子摩尔电导率是一个定值，与溶液中其他共存离子无关。

11.6.2 电导的测量方法

电导是电阻的倒数，因此测量溶液的电导实际上就是测量它的电阻。经典的测量电阻的方法采用惠斯登电桥平衡法，其线路结构如图 11.16 所示。

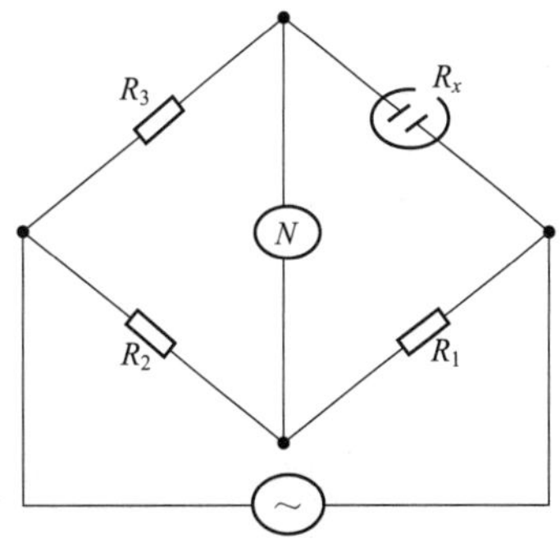

图 11.16 惠斯登电桥平衡法测量电导

图中，R_1、R_2、R_3 和 R_x 构成惠斯登电桥，由可调标准电阻 R_1、R_2 组成比例臂，构成 R_1/R_2 不同比值；R_3 为精密可变电阻；待测溶液置于有两个铂电极的电导池中，其电阻为 R_x。施加交流电压后，调节 R_1/R_2 和 R_3 至电桥平衡，使示波器 N 为零，此时

$$R_x = \frac{R_1}{R_2} \times R_3 \tag{11.52}$$

从 R_1/R_2 的比值及 R_3 读数即可求得 R_x，进而根据式(11.47)求算电导 G。

以上即为溶液电导的测量方法。如要求用电导率表示，则可根据下式进行换算

$$\kappa = G\frac{L}{A} \tag{11.53}$$

对于一定的电极，L/A 是一常数，用 θ 表示，称为电导池常数，单位是 cm^{-1}。此时，式(11.53)可表示为

$$\kappa = G\frac{L}{A} = G\theta \tag{11.54}$$

电导池常数直接测定比较困难，通常是用已知电导率的标准 KCl 溶液来测定。

在实际应用中，大多数电导仪都是直读式，这有利于快速测量和连续自动测量。

11.6.3 电导分析方法及其应用

11.6.3.1 直接电导法

（1）定量方法

直接根据溶液的电导来确定待测物质含量的方法称为直接电导法（direct conductance method），该方法是利用溶液电导与溶液中离子浓度成正比的关系进行定量分析的，即

$$G = Kc \tag{11.55}$$

式中，K 与实验条件有关，当实验条件一定时为一常数。

直接电导法中重要的定量方法有标准曲线法、直接比较法和标准加入法，其中前两种方法与极谱法中相对应的定量方法的公式基本一致，只是将扩散电流 i（波高 h）换成电导 G 即可。下面主要介绍标准加入法。

先测定待测试液的电导 G_1，再向待测试液中加入已知量的标准溶液（约为待测试液体积的 1/100），然后再测量电导 G_2，根据式（11.55)有

$$G_1 = Kc_x \text{ 和 } G_2 = K\frac{V_x c_x + V_s c_s}{V_x + V_s}$$

式中，c_s 和 c_x 分别为标准溶液和待测试液中被测物质的浓度；V_x 和 V_s 分别为待测试

液和加入的标准溶液体积。将两式相除，并令 $V_x+V_s\approx V_x$，整理后得

$$c_x=\frac{G_1}{G_2-G_1}\frac{V_s c_s}{V_x} \tag{11.56}$$

（2）直接电导法的应用

直接电导法所需仪器简单、操作容易、灵敏度高，在环境监测与卫生检验中得到了广泛的应用。

① 水质纯度监测　由于纯水中的主要杂质是一些可溶性的无机盐类物质，它们在水中以离子状态存在，所以通过测定水的电导率检验水的纯度，并以电导率作为水质纯度的指标。这种方法常用于实验室和环境水的监测。不同来源的水的电导率如图 11.17 所示。

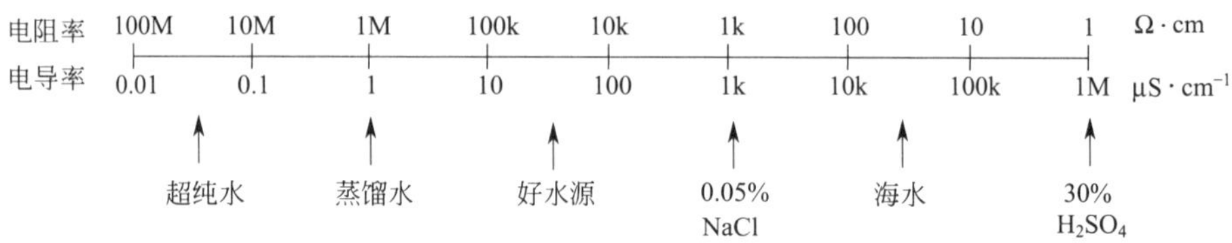

图 11.17　不同来源的水的电导率

② 大气污染物监测　可以利用气体吸收装置，将大气污染物中的 SO_2、CO、CO_2 及 N_xO_y 等气体通过一定的吸收液吸收，通过测定反应前后吸收液电导率的变化间接得出大气中污染气体的浓度。

③ 作色谱检测器　在所有离子色谱的商品仪器中，电导测定装置是唯一被普遍采用的首选通用检测器。其灵敏度高，可检至μg 级甚至 ng 级。

电导法还可用于钢材中碳硫含量的测定、水中溶解氧的测定、工业流程控制等领域。

11.6.3.2　电导滴定法

电导滴定法（conductometric titration）是根据滴定过程中被滴定溶液电导的突变来确定滴定终点，然后根据到达滴定终点时所消耗滴定剂的体积和浓度求出待测物质的含量。

当滴定反应产物的电导与反应物的电导存在差异时，在滴定过程中，随着反应物和产物浓度的改变，被滴定溶液的电导将随之改变，在化学计量点时滴定曲线出现转折点，可指示滴定终点。如 NaOH 滴定 HCl（如图 11.18 所示），H^+ 和 OH^- 的电导率都很大，而 Na^+、Cl^- 及产物 H_2O 的电导率都很小。滴定开始前，由于 H^+ 的浓度很大，故溶液的电导也大；随着滴定反应的进行，溶液中的 H^+ 被 Na^+ 替代，使溶液的电导下降，在化学计量点（V_{cp}）时电导最小；此后，由于 OH^- 过量，溶液电导又增大。

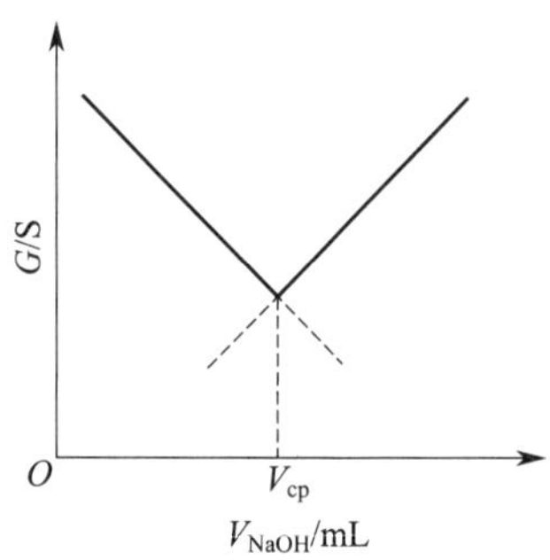

图 11.18　NaOH 滴定 HCl 电导滴定曲线

电导滴定法一般用于酸碱滴定和沉淀滴定。其优点是可用于很稀的溶液、有色溶液及反应不完全体系的滴定；普通滴定分析或电位滴定无法进行的极弱的酸或碱（电离常数 $K=10^{-10}$），如硼酸、苯酚、对苯二酚等，弱酸盐或弱碱盐，以及强、弱混合酸的滴定也可用电导滴定法。

●思考题及习题

1. 电位分析法是根据什么原理进行测定的？

2. 何谓指示电极？何谓参比电极？试举例说明其作用。

3. 金属电极和离子选择性薄膜电极，它们界面电位的形成有何不同？

4. 在极谱分析中所用的电极，为什么一个电极的面积应该很小，而参比电极则应具有大面积？

5. 在极谱分析中，为什么要加入大量支持电解质？加入电解质后电解池的电阻将降低，但电流不会增大，为什么？

6. 以电解法分离金属离子时，为什么要控制阴极的电位？

7. 库仑分析法的基本依据是什么？为什么说电流效率是库仑分析的关键问题？

8. 试述库仑滴定的基本原理。

9. 用 pH 玻璃电极为指示电极，以 0.2 $mol \cdot L^{-1}$ NaOH 滴定 0.2 $mol \cdot L^{-1}$ C_6H_5COOH，滴定至 1/2 化学计量点时测得溶液的 pH 值为 4.18，试计算 C_6H_5COOH 的 pK_a。

10. 用 pH 玻璃电极测定 pH=5 的溶液，测得电池电动势 E 为+0.0435 V；测定另一未知试液时测得 E 为+0.0145 V，已知电极的电极系数为每 pH 值 58.0 mV，试计算未知溶液的 pH 值。

11. 称取钢样 2.500 g，将其中的铬氧化为 $Cr_2O_7^{2-}$ 后取 0.1000 $mol \cdot L^{-1}$ $FeSO_4$ 标准溶液以铂指示电极用电位滴定法滴定之。记录的数据如下：

V/mL	18.00	19.00	19.10	19.15	19.20	20.15	22.15	24.15
E/mV	887	886	885	884	505	495	480	475

试作出其 E-V、$\dfrac{\Delta E}{\Delta V}$-$V$ 及 $\dfrac{\Delta^2 E}{\Delta V^2}$-$V$ 曲线，求出其 $V_{终}$ 并计算出钢样中铬的含量。

12. 3.000 g 锡矿试样以 Na_2O_2 熔融后溶解，将溶液转移至 250 mL 容量瓶中，稀释至刻度。吸取稀释后的试液 25 mL，进行极谱分析，测得扩散电流为 24.9 μA。然后在此液中加入 5 mL 浓度为 6.0 $mmol \cdot L^{-1}$ 的锡标准溶液，测得扩散电流为 28.3 μA。计算矿样中锡的质量分数。

13. 溶解 0.2 g 含镉试样，测得其极谱波的波高为 41.7 mm，在同样实验条件下测得含镉 150 μg、250 μg、350 μg 及 500 μg 的标准溶液的波高分别为 19.3 mm、32.1 mm、45.0 mm 及 64.3 mm。计算试样中镉的质量分数。

14. 在一硫酸铜溶液中，浸入两个铂片电极，接上电源，使之发生电解反应。这时在两铂片电极上各发生什么反应？写出反应式。若通过电解池的电流强度为 24.75 mA，通过电流时间为 284.9 s，在阴极上应析出多少毫克铜？

15. 10.00 mL 浓度约为 0.01 $mol \cdot L^{-1}$ 的 HCl 溶液，以电解产生的 OH^- 滴定此溶液，用 pH 计指示滴定时 pH 值的变化，当到达终点时，通过电流的时间为 6.90 min，滴定时电流强度为 20 mA，计算此 HCl 溶液的浓度。

16. 以氟离子选择性电极和 SCE 放入 0.0010 $mol \cdot L^{-1}$ 的氟离子标准溶液中，测得 E=-0.159 V；放入含 F^- 试液中，测得 E'=-0.212V，计算试液中 F^- 的浓度。

17. 将 Ca^{2+} 电极和 SCE 置于 100 mL Ca^{2+} 试液中，测得 E=0.418 V；加入 2.00 mL 0.221 $mol \cdot L^{-1}$ Ca^{2+} 标准溶液后，测得 E'=0.433 V，求试液中 Ca^{2+} 的浓度。

18. 电导分析法有哪些方法？各有什么应用？

课件

第 12 章　流动注射分析法

12.1　概　　述

在化学分析过程中，最古老、最基本的手工分析法通常需要经过取样、加试剂、混合、反应、稀释、定容、测定等一系列烦琐的化学分析过程，才能获得单个静态的数据，该方法费时费力，效率不高，分析速度慢，而且分析结果的准确性完全依赖于操作人员的技术水平和工作态度。为了克服以上缺点，许多年来，人们一直在寻求一种方式来替代这些工作。比如早期设计的通过机械装置连续自动完成各种操作步骤的机械式程序分析仪，20 世纪 50 年代建立的连续流动法（continuous flow method，CFM）等。直到 1975 年丹麦分析化学家茹奇卡（Ruzicka）和汉森（Hansen）在连续流动分析的基础上，吸收了高效液相色谱的某些特点，提出了一种非平衡状态下用于定量测定的自动分析技术——流动注射分析法（flow injection analysis，FIA），使分光光度分析、荧光分析、电化学分析实现管道化、连续化、自动化，将自动分析技术推上一个崭新阶段。

流动注射分析法的主要特点可以概括如下：

a. 设备简单，操作方便。

b. 分析准确度和精密度较高。以光度检测法为例，在正常的浓度测量范围内，相对标准偏差（RSD）一般小于 2%。

c. 分析速度快。采样频率至少 100 次•h^{-1}，最高可达 720 次•h^{-1}。

d. 试剂和试样用量少。每次分析试剂用量≤0.5 mL，每次注入试样量为 1～200 μL（通常为 25 μL），比传统手工操作节省试样和试剂 90%以上。

e. 可联用性强。易于与多种检测手段联用，如离子电极、电导仪、分光光度计、荧光分光光度计、原子吸收光谱仪等，易于实现自动连续分析。

f. 应用范围广。目前广泛应用于化学、化工、工业、农业、地质、冶金、环保、医学等许多领域。

流动注射分析法主要适用于大批样品的重复项目的连续测定，对少数样品多个项目的测定不如间歇式的程序自动分析，因而其灵活性较差。

12.2　流动注射分析法的基本原理

最简单的流动注射分析系统主要由蠕动泵、进样阀、反应盘管和检测器组成，如图 12.1 所示。流动注射分析过程是在一个管路系统中提供流速恒定的载流（由水和反应试剂组成），分析时将一定体积的液体试样间歇地注射到载流中，形成一个“试样塞”，然后被载流推动进入反应管道，“试样塞”在向前流动过程中，通过对流和扩散作用，被分散为一个具有浓度梯度的试样带，然后与载流中的某些组分发生化学反应，形成某种可以检测的物质，并随载流进入检测器产生检测信号，连续地检测和记录这些信号（吸光度、电极电位或其他检测参数），便构成了一种动态的自动化分析技术。这就是流动注射分析法的基本原理。

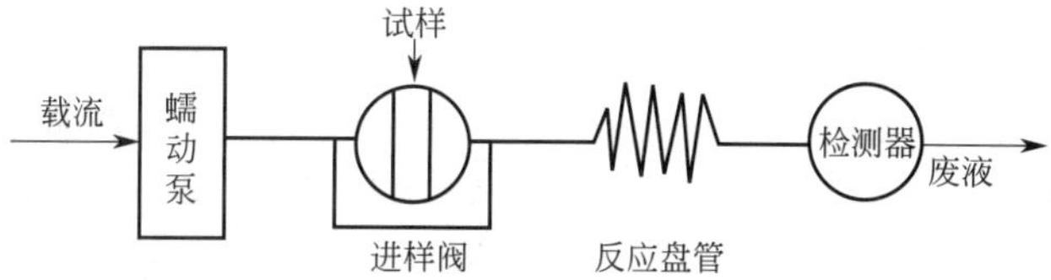

图 12.1　简单流动注射分析系统

典型的流动注射分析检测信号呈尖峰形，如图 12.2 所示。图中 t_R 为保留时间，h 为峰高，A 为峰面积。保留时间 t_R 表示由注入试样到出峰最高点所需要的时间，它反映了流动注射分析系统的响应情况。在载流流速一定和流经的各部件体积固定的条件下，保留时间 t_R 为一确定值，具有高度重现性。峰高 h 指试样峰的最高点到基线的距离，它与试样浓度成正比，这是定量的依据。

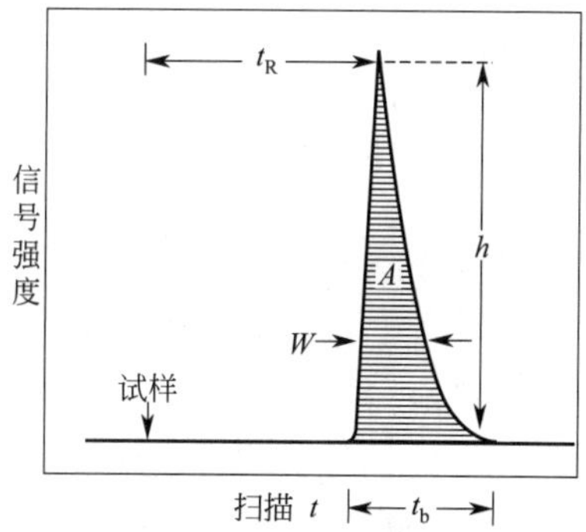

图 12.2　流动注射分析检测信号峰

12.2.1　基本理论基础

在传统手工操作方法和间隔式连续流动方法过程中，由于过程的无法精确控制特性，为了保持过程的可重复性，都特别强调要达到物理与化学平衡的观念，极力追求平衡的实现。而在流动注射分析过程中，连续过程使其完全能够保证混合过程与反应时间的高度重现性和可控性，在混合、反应稀释等过程中并非达到了完全的平衡，体现的是在非平衡状态下高效率地完成试样的在线处理与测定，突出了非平衡态理念。因此方肇伦院士建议将流动注射分析法定义为“在热力学非平衡条件下将待测物区带（或其反应产物）连续重现地引入检测系统的流动分析方法”。由此可见，流动注射分析法不单纯体现在技术上的创新，在理论上也颠覆了传统观念。

一般认为，从试样注入流动注射分析系统开始，到完成分析为止，试样液、试剂液、载流之间经历了一个复杂过程：物理混合过程，即分散混合过程，它是基于载流、试样液和试剂液三者间相互扩散和对流的过程；化学反应动力学过程，即试剂液与被测物进行化学反应的过程；能量转换过程，即检测器将反应产物特性转换为电信号并由显示仪表显示的过程。

（1）物理混合过程

在流动注射分析过程中，当试样以“试样塞”的形式注入反应管道后，“试样塞”被分子扩散或对流扩散推着向前流动。“试样塞”在进行过程中，其分子与载流之间将产生分子扩散或对流扩散，总称分散。

① 对流　由于管道中心部分与靠近管壁处的液体流速不同，会产生对流。对流使试样的前沿和后尾形成指向前进方向的抛入面，导致信号峰出现较长的拖尾。

② 扩散　由于“试样塞”会与载流形成一定的浓度梯度，从而会产生分子浓差扩散，扩散使试样区域形成中心浓度高、四周浓度低的“团状”轮廓，是对对流的有效修正。

③ 分散度　流动注射分析检测器所响应的峰形取决于对流和扩散的综合作用。这两种过程的作用强度取决于载流速度、管径、保留时间、扩散系数等因素。当注入手段、管径、试样特性等条件确定后，这两种过程就主要由载流速度决定：流速快则对流作用强，流速慢则扩散作用显著。

为了说明流动注射分析过程中的对流与扩散的程度，提出了分散度 D 的概念，其定义为试样溶液原始浓度 c_0 与试样分散后通过检测器所记录的最大浓度 c_d 之比，即：

$$D=\frac{c_0}{c_d} \tag{12.1}$$

分散度 D 不仅描述了原来试样的稀释程度，而且还表明了试样同载流中试剂混合的比例关系。通常根据不同分析目的和检测方法将分散度分为低（$D=1\sim3$）、中（$D=3\sim10$）、高（$D>10$）三种情况，并据此设计各种不同的流动注射分析体系，以适应各种分析方法的需要，例如：对于不涉及太多化学反应的电导、pH 值、离子选择性电极等检测常采用低分散度；对于化学反应较快的比色和分光光度检测多采用中分散度，以使试样在管道中有足够的反应时间；对于需要与载流界面形成扩散浓度梯度变化以区别试样中多种待测组分，需高度稀释或进行滴定分析，则要求选用高分散度。

流动注射分析法的分散度主要受进样体积、反应管道长度、管道内径、载流平均流速（或流量）等因素的影响。分散度 D 与载流平均流速和管道长度成正比，与进样体积成反比。

（2）化学反应动力学过程

由于流动注射分析法无须混合分散和化学反应完全，因而很少研究化学反应本身，而注重化学反应与检测响应的关系。在流动注射分析法中，物理混合和化学反应的动力学过程是同时发生的，为了既能达到较小分散度，提高进样效率，又有足够的保留时间，使反应能进行到一定的程度，通常可改变管长、调节流速甚至采用停留技术。目前趋向使用低流速和短管长，因为增长管长使分散度增大，而降低流速，则可使分散度减少。

（3）能量转换过程

能量转换过程是通过检测器来完成的。检测器能将试样和试剂反应产物的特性或试样本身的特性转换成电信号。如光学检测器由分光光度计中的光电池或光电管完成；电学检测器则由传感器如离子选择性电极等来完成。最常用的是比色分析和离子选择性电极法。

12.2.2 试样检测

流动注射分析法体现的是在非平衡状态下高效率地完成试样的在线处理与测定，突出了非平衡态理念。即在流动注射分析过程中，混合、反应稀释等过程中并非达到了完全的平衡，但是在固定的停留时间、固定的温度、固定的分散度下，使标准和试样的流动注入条件保持一致，就能计算出试样的浓度。

图 12.3 为流动注射分析测定微量 Cl^- 的记录曲线，在含 Cl^- 的溶液中能发生如下反应：

$$Hg(SCN)_2+2Cl^- \longrightarrow HgCl_2+2SCN^-$$

$$2SCN^-+Fe^{3+} \longrightarrow Fe(SCN)_2^+\text{（红色）}$$

即 Cl^- 使硫氰酸汞中释放出 SCN^-，通过测定 SCN^- 与 Fe^{3+} 生成的红色配离子的吸光度就可确定试液中 Cl^- 的含量。为实现流动注射分析，可采用图 12.1 所示的最简单的流动注射分析系统。测定时，将 $Hg(SCN)_2$、$Fe(NO_3)_3$ 以及甲醇溶于一定量水中作载流连续泵入系统中，流速为 0.8 mL·min^{-1}。一定量（30 μL）的标准溶液或试液由进样阀快速注入系统中，然后在分光光度计的微量流通池（体积约 18 μL）中于 480 nm 处连续测定并记录流通液的吸光度。由于吸光度与氯离子浓度成正比，从而可以测定试样中 Cl^- 含量。图 12.3 是注入 7 个不同浓度氯离子溶液

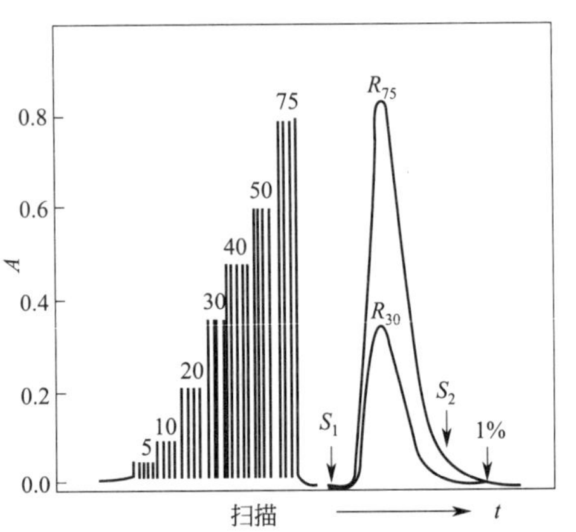

图 12.3 流动注射分析法测定微量 Cl^- 的记录曲线

A—吸光度；t—扫描时间；R—记录曲线

(5～75 μg•g^{-1}) 所得的记录曲线。每种溶液注入 4 次，共 28 次，耗时 13 min，平均分析速率 130 样•h^{-1}。图中右侧所示 R_{30} 和 R_{75} 的快速扫描曲线表明，当在 S_2 点注入的下一个试样到达流通池时，在 S_1 点注入的前一个试样（两次注入的时间差约 28 s）在流通池中的残留溶液将少于 1%。这一系统已应用于污水及血液中 Cl^- 的常规测定。

12.3 流动注射分析仪

流动注射分析仪通常由载流驱动系统、进样系统、混合反应系统和检测记录系统组成。

12.3.1 载流驱动系统

在流动注射分析中，载液的流动、试样和试剂的输送是靠蠕动泵实现的，它是流动注射分析的心脏部件。蠕动泵的工作原理如图 12.4 所示。它是利用金属滚筒挤压塑料弹性泵管来驱动液体流动的。将压盖抬起，把一条或多条弹性泵管放在金属滚筒上面，放下压盖，调节固定好压盖与滚筒之间的距离，使胶管在滚筒的压迫下被分成一段一段，当滚筒转动时，被封闭在泵管两个挤压点之间的空气被压出管道，从而形成负压，当滚筒转动速度足够快时，就能将载液或试液提升上来，使其在管道中连续流动。当泵速和泵管孔径一定时，管内液体的流速将基本达到恒定。在开泵几分钟后测定流出液体的体积和时间，可确定其管内液体流速的大小。

蠕动泵结构简单，使用方便，流速易于控制，能瞬间停止和启动，内存体积小。试液只在泵管内流动，不易被污染，易于清洗。此外，蠕动泵还能一泵多用，在压盖和滚筒之间可放置多条泵管，可使一台蠕动泵同时输出几路泵管中的不同液体。蠕动泵的主要缺点是液流会有微小脉动，增加滚筒数目和转速能减少脉动；由于惯性，使得停止和启动控制不能非常准确；泵管和滚筒之间的快速摩擦会产生静电脉冲，可能对离子电极测定产生一定的干扰。此外，泵管在使用某些有机溶剂作为载流时也受到一定限制。

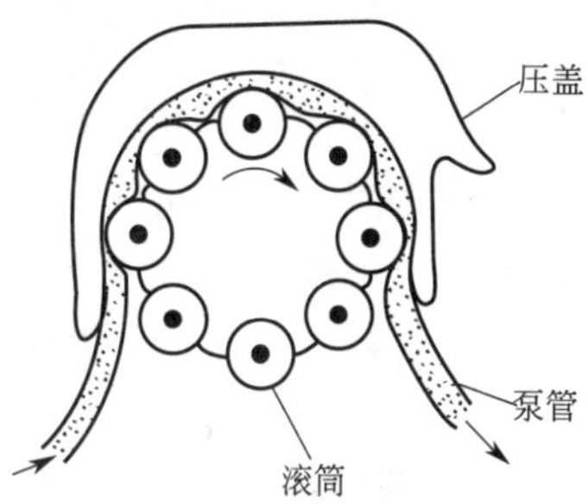

图 12.4 蠕动泵工作原理图

12.3.2 进样系统

试样注入是流动注射分析的重要操作，它应满足下列要求：注入的试样应当“嵌入”载流，形成完整的试样带；注入试样量重现性好；注入装置的死体积小；注入试样时，应对载流的流动状态没有太大扰动。

流动注射分析有两种简单的注入试样方式，一种是注射器注入，另一种是六通阀注入。

①注射器注入　早期的流动注射分析进样方式，其特点是设备简单，但其定量的准确性与取样的重复性和进样速度等均与实验技巧有关，并且进样频率较低，故目前已较少使用。

② 六通阀注入　在流动注射分析中，目前使用最普遍的进样装置为六通阀。它具有结构简单、操作方便和重现性好等优点。六通阀的进样原理和色谱中的六通阀一样。只是流动注射分析工作是在常压状态下，故在其流路中所使用的六通阀制作相对简单，对其密封性要求也不高，一般使用聚四氟乙烯制作阀芯，故其价格较低。目前，根据需要已制成了多通道、多层的旋转式进样阀。

12.3.3 混合反应系统

混合反应系统的作用是使注入的“试样塞”在其中分散成“试样带”，以便与载流中的试剂发生化学反应而生成可检测物质。该系统由反应管、功能组合块等组成。从进样点到检测器的全部管路容积称为环体积，是决定试样带分散度与反应时间的关键参数。其中，按反应管形状的不同，反应管可分为直管式、盘结式或编结式三种类型，其中以盘结式反应管（反应盘管）较为常用。反应盘管是由一定长度的缠绕紧密的聚四氟乙烯或聚乙烯、聚丙烯管制成，最常用盘管内径为 0.5 mm。对高分散度的试样可用较大的管径（0.75 mm），对低分散度的试样则可用较小的管径（0.3 mm）。在严格的流动注射体系中应保持传输管道内径均一，安装时必须将盘管和连接管牢固地固定在支架上，使流路形状保持不变，如图 12.5 所示。为了方便地组成流动注射分析流程，仪器装有功能组合块。它是一种流路分支集合装置，是用有机玻璃或聚四氟乙烯制成。此外，仪器还装有恒温水浴，以控制反应温度。水温可在 10～100 ℃范围内选择。

12.3.4 检测记录系统

检测记录系统包括检测器和记录仪。流动注射分析仪使用的检测手段异常广泛，可根据需要而采用不同的检测记录系统，几乎现有定量分析仪器的检测器，如各类光学检测器、电化学检测器等都可用作流动注射分析仪的检测器。其中大部分需要有流通池，试样带在流经流通池的瞬间进行动态检测。此外，也可将流动注射分析仪与一些大型分析仪器联用，可将分析仪器看作流动注射分析仪的检测器，或将流动注射分析仪看作是分析仪器的进样稀释装置，如流动注射-原子吸收装置、流动注射-等离子体原子发射装置等。

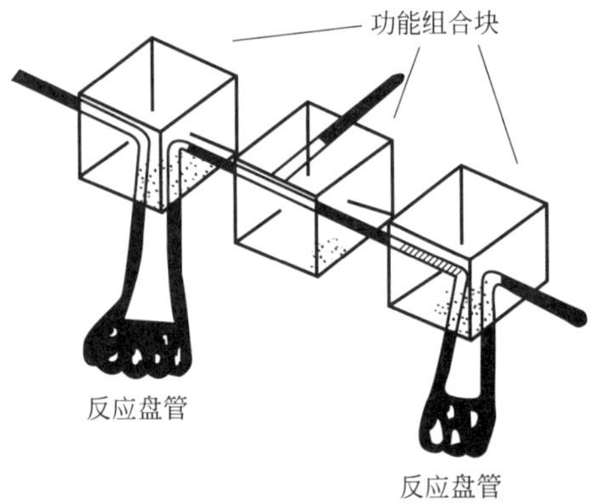

图 12.5 反应盘管和功能组合块

记录仪是流动注射分析仪不可缺少的部件，它不仅能提供分析结果，而且还可以记录峰形，以便及时发现操作中存在的问题。

此外，为了满足流动注射分析仪小型化的需要，已经设计和制造出了多种微管路流动注射分析仪系统。

12.4 流动注射分析法的应用

流动注射分析法自 1975 年问世以来，由于它许多突出的优点，尤其是和其他技术联用，易于实现自动连续分析，使得该技术在许多领域得到了广泛的应用。

① 环境监测　流动注射分析法在环境监测中发挥着重要作用，可用于检测水体中的重金属离子、有机污染物、营养盐等。例如，检测水体中的亚硝酸根离子，通过流动注射分析法，将水样与显色剂混合后，利用光度检测器测定其吸光度，可以快速、准确地检测出亚硝酸根的浓度。这种方法具有灵敏度高、样品消耗少、分析速度快等优点，能够满足环境监测中对大量水样快速分析的需求，特别是在线样品的分析监测，准确快速，已列入国家环境监测标准方法。

② 食品分析　在食品工业中，流动注射分析法可用于检测食品中的营养成分、添加剂、农药残留等。例如，检测食品中的维生素 C 含量，通过流动注射分析法，将样品与反应试剂混合后，通过电化学检测器测定其氧化还原电流，从而快速测定维生素 C 的含量。这种方法不仅操作简便，而且能够实现高通量分析，适用于食品质量控制和安全检测。

③ 临床检验　流动注射分析法在临床检验中也有广泛应用，可用于检测血液、尿液等生物样品中的各种生化指标。例如，检测血液中的葡萄糖含量，通过流动注射分析法，将血

样与酶试剂混合后，利用酶促反应产生的信号变化进行检测。这种方法具有快速、准确、自动化程度高等优点，能够满足临床检验中对快速诊断的需求。

④ 药物分析　在药物研发和生产过程中，流动注射分析法可用于药物成分的定量分析、药物代谢研究等。例如，检测药物中的有效成分含量，通过流动注射分析法，将药物样品与适当的溶剂混合后，利用高效液相色谱检测器进行定量分析。这种方法能够实现高灵敏度和高选择性的检测，对于药物质量控制和研发具有重要意义。

⑤ 工业过程控制　流动注射分析法还可应用于工业生产过程中的质量控制和过程监测。例如，在化学工业中，检测生产过程中的中间体和最终产品的纯度，通过流动注射分析法，将样品与适当的试剂混合后，利用光度或电化学检测器进行分析。这种方法能够实现在线监测，及时发现生产过程中的异常情况，保证产品质量。

●思考题及习题

参考答案

1. 什么是流动注射分析？它与传统分析方法的根本区别是什么？

2. 流动注射分析的主要特点有哪些？

3. 流动注射分析的基本原理是什么？

4. 为什么说流动注射分析过程是一种非平衡过程？

5. 从试样注入流动注射分析系统开始，到完成分析为止，试样液、试剂液、载流之间经历了哪几个过程？

6. 分散度是如何定义的？根据不同分析目的和检测方法可将分散度分为哪三种情况？影响分散度的因素主要有哪些？

7. 流动注射分析仪的基本装置有哪些？各起什么作用？

8. 流动注射分析法与高效液相色谱法的分析过程有哪些异同？

9. 与传统手工湿化学法相比，流动注射分析法在化工废水 COD 日常监测中最突出的优势是（　　）。

A. 检测限低至 $\mu g \cdot L^{-1}$ 级，无须稀释

B. 样品与试剂消耗量减少 90%以上，分析频率达 60～180 样 $\cdot h^{-1}$

C. 可完全消除氯离子干扰，无须加入掩蔽剂

D. 所有反应均达 100%化学平衡，准确度最高

10. 采用流动注射分析法检测天然气田水中 HCO_3^- 浓度时，选用溴甲酚绿作为显色剂，当样品环体积从 100 μL 减小至 50 μL（其他条件不变），则检测峰的最高吸光度（　　）。

A. 增大　　B. 减小　　C. 不变　　D. 与样品浓度无关

11. 某炼油厂采用流动注射分析法测定汽油中微量硫醇（强还原性物质），为避免样品与载流过早混合导致硫醇氧化，应优先调整的参数是（　　）。

A. 增大样品环体积　B. 减小载流流速　C. 缩短反应管长度　D. 降低反应温度

12. 水样中的微量铁可采用邻菲罗啉分光光度法测定（基本原理见本书第 2 章），请每 3～4 个同学为一小组，充分讨论后，设计一个流动注射光度分析法测定水样中微量铁的方案，并画出有关流路。

13. 根据自己所学知识，针对自己感兴趣的某一分析过程，设计一种流动注射分析测定的方法。

第 13 章　热分析法

热分析法（thermal analysis，TA）是在程序控制温度下，测量物质的物理性质随温度变化的函数关系的一类动态跟踪测量技术。它可以研究样品的晶型转变、熔融、冷却、升华、吸附、脱附等物理变化以及脱水、分解、氧化、还原等化学变化。其主要特点有：①样品用量少，一般只需几毫克甚至更少；②灵敏度高，现代仪器可检测出微克级质量变化（±0.1 μg）和毫焦级热量变化；③信息丰富，可同时测定多种热效应，如热焓、比热容、热扩散系数等；④适用范围广，涵盖无机材料、高分子、药物、纳米材料等固态、液态和凝胶体系；⑤易于与质谱、红外光谱等其他分析技术联用，实现更复杂的分析；⑥分析结果受实验条件的影响较大，如试样量和尺寸、温度变化速率、试样所处环境（如惰性气氛、真空、氧化性气氛、还原性气氛等）。

热分析法具有其他分析方法不可替代的作用，形成了与其他分析方法并列且互为补充的一类仪器分析方法。热分析法的种类较多，表 13.1 给出了按所测物理量对热分析法所做的分类。其中，热重分析法（thermogravimetric analysis，TGA）、差热分析法（differential thermal analysis，DTA）和差示扫描量热法（differential scanning calorimetry，DSC）的应用最为广泛，本章仅介绍这三种方法。

表 13.1　热分析法的分类

测定的物理量	方法名称	简称	测定的物理量	方法名称	简称
质量	热重分析法	TGA	尺寸 力学量	热膨胀法	
	等压质量变化测定			热机械分析	TMA
	逸出气检测	EGD		动态热机械法	DMA
	逸出气分析	EGA	声学量	热发声法	
	放射热分析			热传声法	
	热微粒分析		光学量	热光学法	
温度	升温曲线分析		磁学量	热磁学法	
	差热分析法	DTA			
热量	差示扫描量热法	DSC			
	调制式差示扫描量热法	MDSC			

13.1　热重分析法

热重分析法是在程序控温下借助热天平以获得物质质量与温度关系的一种技术。

13.1.1　热重分析仪

用于热重分析的仪器是热天平（热重分析仪）。热天平是连续记录质量与温度函数关系的仪器，一般由微量天平、加热炉、程序控温系统与数据记录系统几部分组成，其结构如图 13.1 所示。

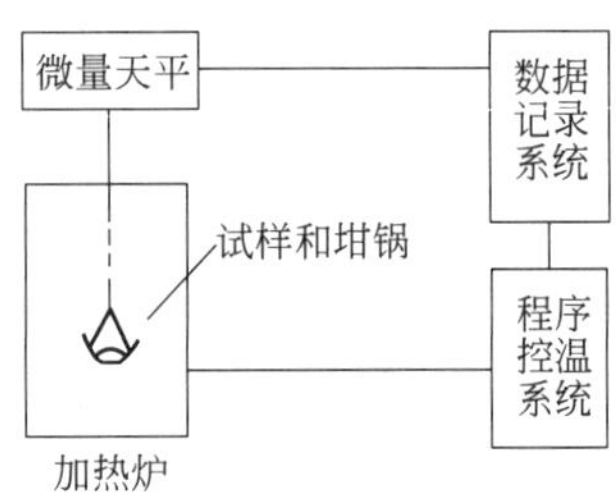

图 13.1　热天平的基本结构

热天平测定样品质量变化的方法有变位法和零位法两种。其中变位法是利用质量变化与天平梁倾斜成正比的关系，用直接差动变压器控制检测质量变化。而零位法是靠电磁作用力使因质量变化而倾斜的天平梁恢复到原来的平衡位置（即零位），施加的电磁力与质量变化成正比，而电磁力的大小与方向是通过调节转换机构中线圈中的电流实现的，因此检测此电流值即可知质量变化。

13.1.2 热重分析数据的表示方法

热重分析得到的是程序控制温度下物质质量与温度关系的曲线，即热重曲线（TG 曲线）。曲线的横坐标为温度（℃或 K），纵坐标为质量或失重百分数（g 或%）。典型的 TG 曲线如图 13.2 所示。图中 T_i 为起始温度，即累计质量变化达到热天平可以检测时的温度。T_f 为终止温度，即质量变化达到最大时的温度。图中，AB、CD 称为基线或平台，是 TG 曲线上质量基本不变的部分。若样品初始质量为 m_0，失重后样品质量为 m_1，则失重百分数为 $(m_0-m_1)\times100\%/m_0$，若为多步失重，将会出现多个平台。根据 TG 曲线上各步失重量可以计算出各步的失重分数，从而判断样品的热分解机理和各步的分解产物。

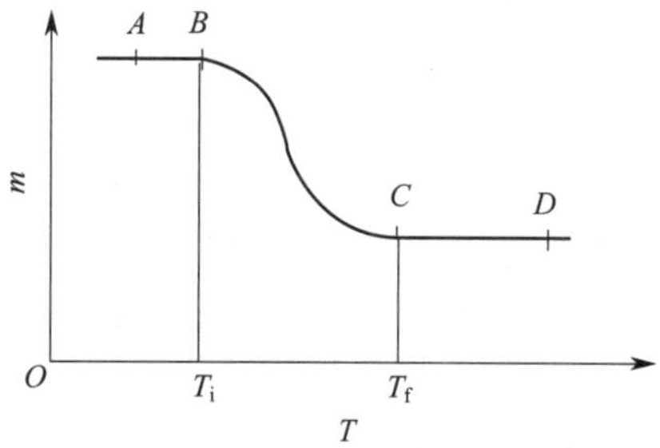

图 13.2　固体热分解反应的 TG 曲线

对 TG 曲线进行一次微分，就能得到微商热重曲线（DTG 曲线），该曲线反映试样质量的变化速率（dm/dt 或 dm/dT）和时间 t 或温度 T 的关系，即失重速率。DTG 曲线是一个峰形曲线，DTG 曲线与 TG 曲线的对应关系是：TG 曲线上的一个台阶，在 DTG 曲线上是一个峰，DTG 曲线上的峰数与 TG 曲线的台阶数相等，DTG 曲线峰面积则与失重量成正比，由此可进行定量分析。图 13.3 是 $CaC_2O_4\cdot H_2O$ 的 TG 和 DTG 曲线。由 TG 曲线可以看出，在 100～226 ℃ $CaC_2O_4\cdot H_2O$ 失去结晶水，在 226～346 ℃出现平台，对应组分为 CaC_2O_4；在 346～420 ℃ CaC_2O_4 分解失去 CO，在 420～660 ℃出现平台，对应组分为 $CaCO_3$；在 660～840 ℃ $CaCO_3$ 分解失去 CO_2，在 840～980 ℃出现平台，对应组分为 CaO。图中 DTG 曲线在 140 ℃、450 ℃、780 ℃出现了三个峰，分别对应 $CaC_2O_4\cdot H_2O$ 三个失重阶段的温度。

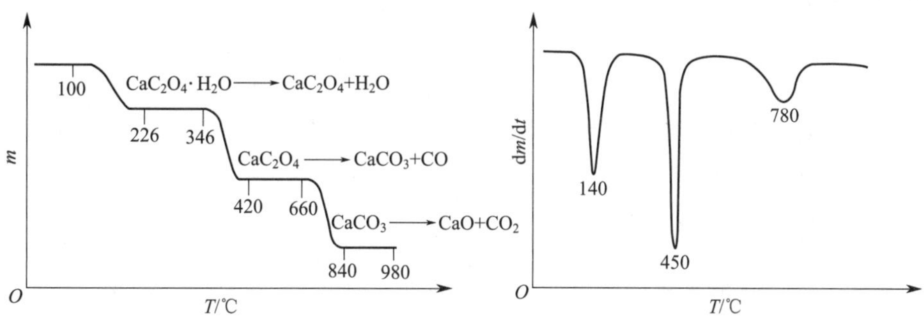

图 13.3　水合草酸钙的 TG 和 DTG 曲线

13.1.3 影响热重分析的主要因素

影响热重分析的主要因素包括仪器的操作条件、环境气氛及样品因素等。

（1）升温速率

升温速率是对热重分析影响很大的一个因素。升温速率越快，温度滞后越严重，起始温

度 T_i 和终止温度 T_f 都越高，温度区间也越宽，曲线的分辨力下降，会丢失某些中间产物的信息，如对含水化合物选择慢速升温可以检出分步失水的一些中间物。因此，热重分析时不宜采用过快的升温速率。对传热性能较差的高分子样品，一般设置 5～10 ℃·min^{-1}，对传热性能好的无机物、金属样品可设置 10～20 ℃·min^{-1}。

（2）炉内气氛

热重分析时，为使热天平获得理想的结果，需要气氛控制系统，为样品提供真空、反应和保护气氛。热天平周围气氛的改变对 TG 曲线的影响较大。尤其是在动态气氛中进行热重测定时，气体流速、气体纯度、进气温度等对 TG 曲线都有影响。通常情况下，气流速度大，对传热和逸出气体扩散都有利。由于气氛对实验结果有影响，因此需注明气氛条件，如静态或动态、气氛的种类及气氛的流量。

（3）坩埚材料

热重分析所用的坩埚，在材质方面要求耐高温，对样品、中间产物、最终产物和气氛均呈惰性。常用的有铂金、陶瓷、石英坩埚等。坩埚的大小、质量和几何形状对热重分析也有影响。在实验时，应根据样品的性质选用不同材质的坩埚。

（4）样品因素

样品量不宜过多，一般取用 2～5 mg，当样品量大时，由于热传导，在样品内部会形成温度梯度，并且样品量越大，在内部的温差就越大，甚至样品产生的热效应会使样品温度偏离线性程序升温，使 TG 曲线发生变化。此外样品粒度对热传导和气体的扩散也有着较大的影响。通常情况下，样品粒度越小，反应面积越大，反应更易进行，反应也越快，TG 曲线的 T_i 和 T_f 都越低，反应区间变窄，从而改变 TG 曲线的形状。

（5）挥发物的再冷凝

样品分解过程中产生的挥发物可凝缩在称重系统的较冷部分。比如对砷黄铁矿 FeAs 进行热重测量时，冷凝在支持器较冷部位的 As_2O_3 在继续升温的情况下又会挥发，因此造成 TG 曲线的重复性差。气体流速不同会使得挥发产物冷凝到支持器的不同部位，可通过设置屏板来防止在支持器上的冷凝作用。

13.1.4 热重分析法的应用

热重分析法能精确测定物质的质量变化及变化的速率。许多物质在加热过程中会在某温度下发生分解、脱水、氧化、还原和升华等物理化学变化而出现质量变化，发生质量变化的温度和质量变化百分数随着物质结构和组成而异，因此，可通过热重分析法来研究物质的热变化过程，如样品的组成、热稳定性、热分解温度、热分解产物和热分解动力学等。目前，热重分析法已成为一种很重要的分析手段，广泛应用于无机物、有机物及聚合物的热分解，无机及有机物的脱水和吸湿，石油、煤、木材的热释过程，矿物质的煅烧和冶炼，金属及其氧化物的氧化与还原，金属在高温下受各种气体的腐蚀过程，物质组成与化合物组分的测定，爆炸材料的研究，催化活性研究，吸附和解吸，比表面积的测定，固态反应，升华过程，液体的蒸馏和汽化，反应动力学研究，新化合物的发现等方面。

13.2 差热分析法

差热分析法是在程序控制温度下，测量物质和参比物之间的温度差与温度关系的一种热分析技术。由于试样和参比物之间的温度差主要取决于试样的温度变化，因此就其本质来说，差热分析是一种主要与焓变测定有关并借此了解物质有关性质的技术。

13.2.1 差热分析仪

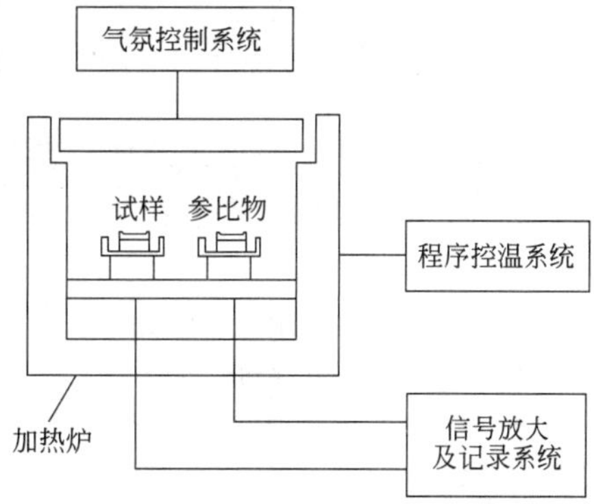

图 13.4 差热分析仪示意图

差热分析仪主要由加热炉、程序控温系统、气氛控制系统、信号放大及记录系统等部分组成，其示意图如图 13.4 所示。样品和参比物在加热炉中于相同条件下被加热或冷却，炉温由控温热电偶监控。样品和参比物的温差一般由两支反向连接的差示热电偶进行测定，热电偶的两个接点分别位于装样品和参比物的坩埚底部。由于热电偶的电动势与样品和参比物的温差 ΔT 成正比，温差电动势经放大器放大后由记录系统将 ΔT 记录下来，同时记下样品的温度 T，由此得到差热曲线（DTA 曲线）。

13.2.2 DTA 曲线

将在实验温区内热稳定的参比物（即不发生任何热效应的物质，如 $\alpha\text{-}Al_2O_3$）和样品分别放入两个坩埚，置于加热炉中线性升温。如在升温过程中样品无热效应，则样品与参比物之间的温差 ΔT 为零；如果样品在某温度下有热效应，则样品温度上升的速度会发生变化，与参比物相比会产生温度差 ΔT 不为零，将 T 和 ΔT 转变为电信号，放大后经记录系统记录下来，即得到 ΔT 随温度 T 的变化关系曲线，即 DTA 曲线。

DTA 曲线提供的信息主要有峰的位置、峰的面积、峰的形状和个数。典型的 DTA 曲线如图 13.5 所示。物质的热效应（吸热或放热）体现在峰的方向上，峰向上表示放热反应，向下表示吸热反应；不同物质的热性质不同，其相应的 DTA 曲线上峰的位置、个数和形状就不一样，据此可以对物质进行定性分析；峰的面积与反应热和反应物的含量有关，据此可进行定量分析；峰的尖锐程度与反应速率有关，反应速率越快峰越尖锐；反之，峰越圆滑。两种或多种不相互反应的物质的混合物，其 DTA 曲线为各自 DTA 曲线的叠加。图 13.6 为聚合物的典型 DTA 曲线，图中曲线上的峰反映了聚合物在加热过程中所出现的玻璃化转变、结晶、熔融、氧化、分解五个过程及吸热、放热现象。

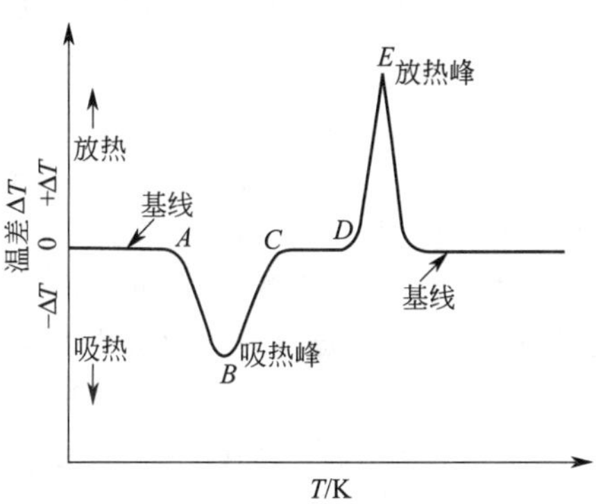

图 13.5 典型的 DTA 曲线

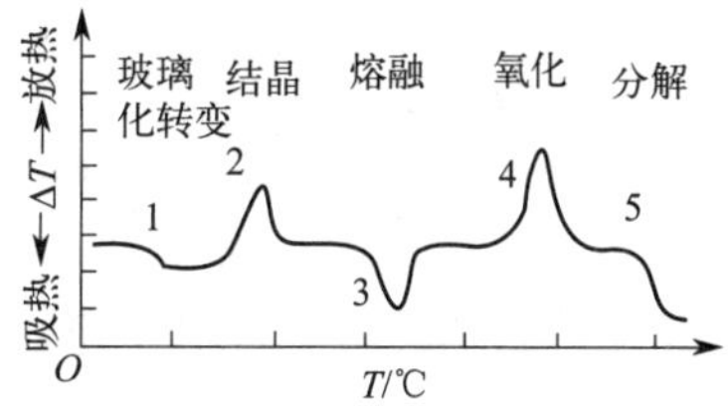

图 13.6 聚合物的典型 DTA 曲线

13.2.3 影响 DTA 曲线的主要因素

DTA 曲线的峰形、峰位和峰面积等受多种因素影响，大体可分为仪器因素和操作因素。

① 仪器因素　指与差热分析仪有关的影响因素，主要包括：加热炉的结构与尺寸，坩

埚材料、大小及形状，热电偶性能及位置，等等。

② 操作因素　指操作者对样品与仪器操作条件选取不同而对分析结果的影响，主要有以下几方面：

样品粒度：影响峰形和峰值，尤其是有气体参与的反应；

参比物与样品的对称性：包括用量、密度、粒度、比热容及热传导等，两者都应尽可能一致，否则可能出现基线偏移、弯曲，甚至造成缓慢变化的假峰；

记录纸速：不同的纸速使峰形不同；

升温速率：影响峰形与峰位；

样品用量：过多则会影响热效应温度的准确测量，妨碍两相邻热效应峰的分离等；

气氛：其对差热分析的影响由气氛与试样变化的关系决定，实验时，通过组合、选择或改变气氛组成、压力和温度，可达到预期实验目的。

13.2.4　差热分析法的应用

差热分析是应用最广泛和研究得最多的一种热分析方法。利用差热分析可以研究样品的分解或挥发，这和热重分析类似，但差热分析还可以研究那些不涉及重量变化的物理变化，如结晶过程、相变、固态均相反应及降解等。在以上这些变化中，由于吸热或放热反应使样品与参比物之间产生温差，由此可鉴别是吸热还是放热反应，也可以用来鉴别未知物相，或测量发生相变时所损失或增加的热量。

通过比较未知物与已知物的 DTA 曲线，还可以对未知物进行定性分析；通过测量在曲线突变时吸收或放出的热量可以进行定量分析。差热分析还可用于有机物和药物工业中产品纯度的分析，可以对塑料工业废水中所含不同高聚物进行指印分析及工业控制，如测定烧结、熔融和其他热处理过程中的化学变化，可以鉴别不同类型的合成橡胶及合金组成。此外，差热分析还可用于催化剂活性研究等方面。

13.3　差示扫描量热法

差示扫描量热法是在程序控温下，测量输入给样品和参比物的功率差与温度关系的一种技术。其测量方法分为功率补偿型和热流型，两者分别测量输入试样和参比物的功率差及试样和参比物的温度差，测得的曲线称为 DSC 曲线。

13.3.1　差示扫描量热仪

差示扫描量热仪主要由加热炉、程序控温系统、气氛控制系统、信号放大器、记录系统等部分组成。其与差热分析仪的主要区别在于差示扫描量热仪中样品和参比物各自装有单独的加热器，而差热分析仪中样品和参比物均采用同一加热器。图 13.7 为功率补偿型差示扫描量热仪的样品支持器和加热控制回路示意图。整个仪器由两个交替工作的控制回路组成。其中一个为平均温度控制回路，其作用是使样品和参比物在预定的温度下升温和降温；另一个为差示温度控制回路，其作用为当样品由于吸热或放热反应与参比物之间产生温度差时，确保输入功率得到调整以消除这一差别，以保持试样和参比物支持器的温度差为零。

13.3.2　DSC 曲线

DSC 曲线一般以样品与参比物的热流率 dH/dt（单位时间样品热焓的变化）为纵坐标，

以时间（t）或温度（T）为横坐标，即 dH/dt-t（或 T）曲线。图 13.8 为典型的 DSC 曲线。图中向上的峰为放热峰，向下的峰为吸热峰，曲线离开基线的位移即代表样品放热或吸热的速率（$mJ \cdot s^{-1}$），而曲线中峰或谷包围的面积即代表热量的变化，因而差示扫描量热法可以直接测量样品在发生物理或化学变化时的热效应。

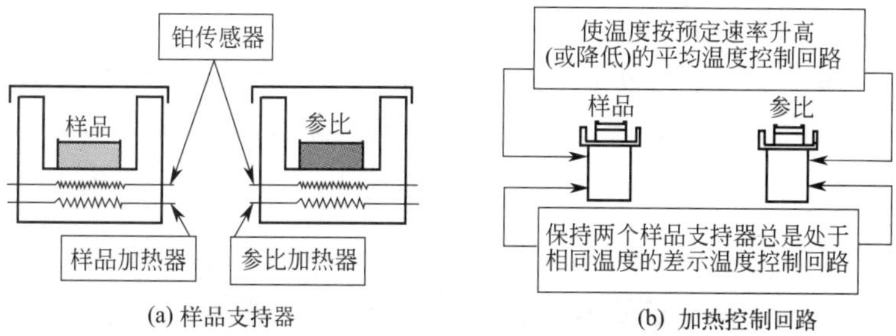

图 13.7　功率补偿型 DSC 仪的样品支持器和加热控制回路

13.3.3　影响 DSC 曲线的主要因素

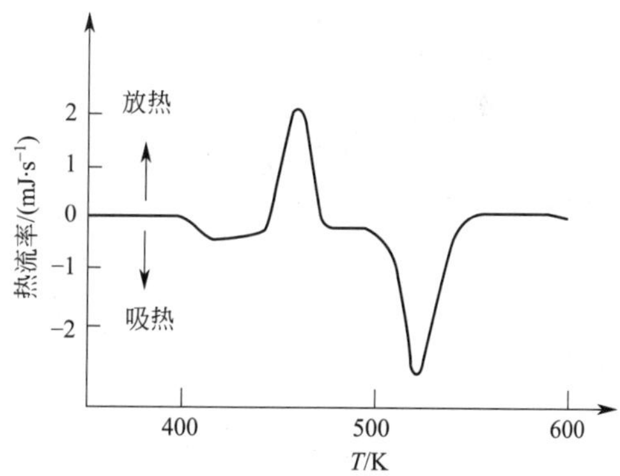

图 13.8　典型的 DSC 曲线

① 样品因素　试样用量不宜过多，否则会使试样内部传热慢、温度梯度大，并可能导致峰形扩大、分辨率降低。试样粒度对 DSC 曲线的影响较复杂，通常由于大颗粒的热阻较大而使试样的熔融温度和熔融焓偏低，但是当结晶试样研磨成细颗粒时，往往会由晶体结构的畸变和结晶度的下降而导致类似的结果。此外，为了获得比较精确的峰温值，还应减小试样的厚度。

② 升温速率　主要影响 DSC 曲线的峰温和峰形，通常升温速率越快，峰温越高、峰形越大且越尖锐。升温速率对温度的影响在很大程度上与试样种类和转变的类型密切相关。

③ 实验气氛　对 DSC 曲线的影响较显著，气氛性质不同，峰的起始温度、峰温和热焓值都将不同。比如，由于氦气的热导性约为空气的 5 倍，温度响应就相对较慢，因而氦气中测得的起始温度和峰温都比较低。

13.3.4　差示扫描量热法的应用

差示扫描量热法与差热分析法的主要区别在于前者测定的是保持样品与参比物的温度差为零的热流率 dH/dt，后者测定的是样品与参比物之间的温度差 ΔT。差热分析法的测量温度范围为 $-175 \sim 2400$ ℃，而差示扫描量热法的测量范围为 $-175 \sim 700$ ℃，后者在低温下分辨能力高且灵敏度相对较高。由于差示扫描量热法的出现，差热分析法主要用于高温、高压以及腐蚀性材料的研究。而差示扫描量热法除了不能测量腐蚀性材料外，既可替代差热分析法，也可定量地测定各种热力学参数，特别适用于高分子、液晶、食品工业、医药和生物化学等领域的研究工作。近年来，差示扫描量热法在高聚物中的应用日趋广泛，包括结晶度的测定、结晶速度的分析、成分检测、氧化诱导期的测定、固化反应的动力学研究、取向度的估算、玻璃化转变的研究等。

●思考题及习题

参考答案

1. 什么是热重分析法？影响热重分析的主要因素有哪些？

2. DTG 曲线与 TG 曲线有何对应关系？

3. 简述差热分析的基本原理。

4. 比较差示扫描量热法与差热分析法的相同点和不同点。

5. 查阅文献资料，举例说明各种热分析法的特点和测试曲线的分析方法。

6. 某炼化厂实验室需对催化裂化催化剂上的积炭量进行快速质检，要求 TG 分析时间小于 35 min。已知样品量为 10 mg，积炭量约 3%(质量分数)，以下参数中最合理的是（　　）。

A. 升温速率 50 ℃ · min^{-1}，空气气氛，终点 800 ℃

B. 升温速率 5 ℃ · min^{-1}，氮气气氛，终点 600 ℃

C. 升温速率 20 ℃ · min^{-1}，空气气氛，终点 700 ℃

D. 升温速率 2 ℃ · min^{-1}，氦气气氛，终点 500 ℃

7. 在天然气水合物（可燃冰）的稳定性研究中，需测定其在不同压力下的分解温度及分解过程中的热量变化，以评估开采可行性，应选用的热分析技术是（　　）。

A. 常压 DSC　　　　B. 高压 DSC

C. 常压 TG　　　　D. 热重-差热联用(TG-DTA)

8. 为测定某样品中的钙和钡含量，将 0.6025 g 样品溶解，加入草酸将 Ca^{2+} 和 Ba^{2+} 沉淀为 $CaC_2O_4 \cdot H_2O$ 和 $BaC_2O_4 \cdot H_2O$。随后将沉淀进行热重分析，在 320～400 ℃分解后得产物的质量为 0.5713 g，在 580～620 ℃分解后得残留物的质量为 0.4673 g 。求样品中钙和钡的含量。

9. 下图是 $CuSO_4 \cdot 5H_2O$ 的 TG 曲线和 DTG 曲线，请写出图（a）各平台上的产物，并说明图（b）中的三个峰对应的温度分别对应于 $CuSO_4 \cdot 5H_2O$ 的哪几个失水阶段。

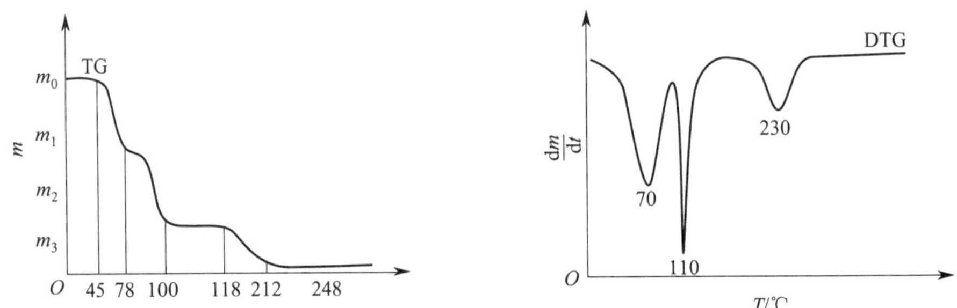

(a)　　　　(b)

10. 每 4～6 个同学为一小组，每组选择一种热分析法，设计一个自己感兴趣的与生活相关的较小的研究项目，充分讨论后，写出研究方案。与老师和其他小组同学一起讨论交流，修改完善方案后实施。一周后各组在全班做实验结果答辩，老师和其他同学都是评委，最后投票排出各组的名次。

第 14 章　其他常用现代仪器分析方法简介

现代仪器分析来源于物理学、化学、电子学、数学、计算机科学、化学计量学等学科的先进理论和方法，它与微电子技术、计算机技术、机械技术、激光技术、分子束技术、核技术等密切相关，包括多种先进的仪器分析方法以及这些方法的组合。它不仅是分析测试的重要手段，而且是科学研究的强大工具。它的应用范围非常广泛，涉及物理、化学、材料、生物、医学、食品、环境等许多领域，遍及人们的衣食住行、国民经济的各行各业、国防建设的各个方面，它已经成为衡量科技水平和国力强弱的重要标志之一。仪器分析方法种类繁多，上述章节仅仅容纳了其中最常用的一小部分。下面再简略地介绍一些其他常用仪器分析方法。

14.1　X 射线衍射分析

1895 年，德国物理学家伦琴（W. Röntgen）发现了具有特别强穿透力的 X 射线，开辟了物质分析测试方法的新篇章。1901 年伦琴因 X 射线的发现被授予首次诺贝尔物理学奖。1912 年德国物理学家劳厄（M. von Laue）等人发现了 X 射线在晶体中的衍射从而证明了 X 射线是电磁波。1913 年英国物理学家布拉格父子（W. H. Bragg，W. L. Bragg）提出了著名的布拉格方程并首次测定了 NaCl 等的晶体结构，开始了利用 X 射线进行晶体结构分析的历史。经过一百多年的发展，X 射线衍射（X-ray diffraction，XRD）分析技术已成为了精确进行物相分析的技术。

X 射线是一种电磁波，具有波动性和粒子性的特征。X 射线的波长在 0.01～10 nm 的范围，在 X 射线衍射分析中所用波长一般为 0.05～0.25 nm，该波长范围与晶面间距接近，且能穿透晶体，当其照射到晶体上时会产生散射、干涉、衍射现象。与可见光（热光源）的产生是由大量分子、原子在热激发下向外辐射电磁波的结果不同，X 射线主要由高速电子轰击金属靶材时动能转化，同时金属靶材原子内电子跃迁所产生，而用于晶体衍射的则是后者，即金属靶材产生的特征 X 射线。

14.1.1　基本原理

固态物质分为晶体和非晶体两种状态。非晶体物质其内部原子、分子、离子的排列没有规则，如玻璃、沥青、橡胶等。而晶体物质内部的原子、分子、离子在空间内则按照一定规律周期性地重复排列，如食盐、冰糖等。

当 X 射线照射到晶体上时，由于晶体各晶面间距与入射 X 射线波长具有相同数量级，其内部束缚较紧的电子受迫振动并发射出与 X 射线波长相同的相干散射波，成为周期性散射源。这些散射波之间的相位差相同，因而在空间产生干涉，在某些方向上加强，在另一些方向上减弱，从而形成了衍射波。衍射波具有两个特征：衍射方向和衍射强度。这两个特征包含了物质大量的结构和物相信息，是 X 射线衍射分析的主要研究对象。

（1）衍射方向

将晶体转化为空间点阵结构，如图 14.1 所示，其展示了晶体对 X 射线的衍射。假设一束平行 X 射线以 θ 角入射到晶体中，照射到晶体的各原子面上，并在该晶面上产生反射。任选两个相邻的晶面 A 和 B，其反射线光程差如下：

$$\delta = ML + LN = 2d\sin\theta \qquad (14.1)$$

此时干涉一致加强的条件为 $\delta = n\lambda$，将其代入公式(14.1)得

$$2d\sin\theta = n\lambda \qquad (14.2)$$

式中，d 为晶面间距；θ 为入射线或反射线与衍射晶面之间的夹角，称为掠射角或布拉格角；n 为整数，称衍射级数；λ 为入射线波长。

公式(14.2)即布拉格方程，为了便于揭示衍射现象提出了干涉面的概念，将常用的布拉格方程的形式变为

$$2d_{hkl}\sin\theta = \lambda \qquad (14.3)$$

式中，d_{hkl} 为干涉面（hkl）的面间距。也就是说，任何一组晶面的 n 级衍射都有一组干涉面的一级衍射与其相对应。

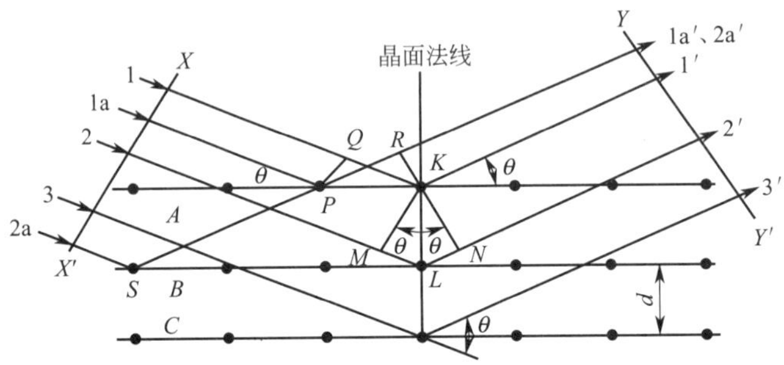

图 14.1 晶体对 X 射线的衍射

布拉格方程的物理意义在于：当波长为 λ 的 X 射线以 θ 角入射到晶面间距为 d 的平面点阵（hkl）上时，若相邻晶面反射线间的光程差 $2d\sin\theta$ 恰好等于入射线波长 λ，则会发生衍射。由于 X 射线的衍射方向恰好等于晶面对入射线的反射，因此 X 射线衍射类似于光的反射，但是晶面对 X 射线的反射并不是任意的，只有当 λ、d 和 θ 三者之间满足布拉格方程时才能发生。

布拉格方程是 X 射线在晶体中产生衍射必须满足的基本条件，它反映了衍射线方向（用 θ 描述）与晶面间距（用 d 代表）之间的关系。由布拉格方程可知，衍射发生的必要条件是 $n\lambda \leqslant 2d$（通常取一级衍射 $n=1$）。因此，X 射线波长 λ 应与晶面间距 d（10^{-10} m 量级）相近。若 λ 过小，衍射角 θ 将整体减小，导致衍射峰密集重叠，难以用常规角分辨技术准确测定。在 X 射线衍射仪中，常用的金属靶材有 Cu、Mo、Co、Fe，不同的靶材产生的特征 X 射线波长不同，其中 Cu 靶的应用最为广泛，波长为 0.154 nm。

（2）衍射强度

X 射线衍射强度，在衍射图中即是衍射峰的高低。衍射强度的绝对值测量既困难又毫无意义，所以衍射强度往往用同一衍射图中各衍射线强度（积分强度或峰高）的相对比值，即相对强度来表示。布拉格方程反映了晶胞的形状和大小，但不能反映晶体中原子的种类、分布和它们在晶胞中的位置，这些都涉及衍射强度。在进行物相定量分析、固溶体有序度测定、内应力及结构测定等 X 射线衍射分析时，都必须进行衍射强度的准确测定。

14.1.2 X 射线衍射仪

X 射线衍射仪主要由 X 射线发生器、测角仪、辐射探测器、程序控制和数据处理五个

部分组成。

普遍采用的 X 射线源由高压发生器与 X 射线管组成，其产生的 X 射线辐射能满足衍射工作对 X 射线源的基本要求，即稳定性高、强度大、光谱纯净和适用性好，设备较简便，易于普遍采用。

测角仪是整个衍射仪的核心部分，包括精密的机械测角器、样品架、狭缝、滤光片或单色仪等。测角仪按放置方式不同，可分为卧式、立式和卧式立式两用三种。按驱动方式分为 θ 与 2θ 分别驱动、θ 与 2θ 按 1∶2 速度联动驱动、试样不动而光源-探测器做 θ-θ 反向联动驱动三种，各适用于不同的场合。

探测器是用来记录 X 射线衍射强度的，是衍射仪中不可或缺的重要部件之一。它通过换能器和脉冲形成电路，换能器将 X 射线光子能量转化为电流，脉冲形成电路再将电流转变为电压脉冲，并被计数装置所记录。X 射线探测器主要有正比计数器（PC）、闪烁计数器（SC）、位置灵敏正比计数器（位敏计数器、PSPC、PSC 或 PSD）和锂漂移硅半导体探测器［Si(Li) 探测器］等多种。其中正比计数器和闪烁计数器是最常用的探测器。

14.1.3 XRD 的应用

XRD 在材料分析与研究工作中具有广泛的用途，是研究物质物相和晶体结构的主要方法。这里只介绍 XRD 在物相分析、点阵常数精确测定、宏观应力测定等方面的应用。

（1）物相分析

物相分析包括物相定性分析和定量分析，这里只介绍定性分析。

组成物质的各种相都具有各自特定的晶体结构（点阵类型、晶胞形状与大小及各自的结构基元等），因而具有各自的 X 射线衍射花样特征，衍射线分布位置与强度有着特殊的规律性。对于多相物质，其衍射花样则由其各组成相的衍射花样简单叠加而成。物相定性分析的目的是判定物质中的物相组成，即确定物质中所包含的结晶物质以何种结晶状态存在。在物相定性分析时，一般通过测定晶体的衍射角再根据布拉格方程获得晶面间距 d，再估计出各衍射线的相对强度，最后与标准衍射花样进行比较鉴别。标准衍射花样图片由粉末衍射标准联合会（JCPDS）这一国际组织所收集、校订，他们将各种物质的衍射数据编制成卡片出版，这些卡片被称为 PDF 卡或 JCPDS 卡。

（2）点阵常数的精确测定

点阵常数是晶体物质的主要结构参数，它与晶体中原子间的结合能直接相关；点阵常数的变化反映了晶体成分、受力状态及其空位浓度等的变化。点阵常数的测定在研究固态相变（如过饱和固溶体的分解）、确定固溶体类型、测定固溶体溶解度曲线、测定热膨胀系数等方面都得到了应用。由于点阵常数随各种条件变化而变化的数量级很小（约为 10^{-5} nm），因而对点阵常数应进行精确测定。点阵常数由已知指标的晶面间距来计算，晶面间距 d 的测定准确度又取决于衍射角的测定准确度。因此，精确测定点阵常数，首先要对晶面间距测定中的系统误差进行分析。

（3）宏观应力的测定

残余应力是一种内应力，是指产生应力的各种外部因素（外力、温度变化、冷热加工过程等）去除后，由于形变、体积变化不均匀等残留在物体内部并自身保持平衡的应力。残余应力分为宏观应力和微观应力，这里只介绍宏观应力。宏观应力指在物体宏观体积范围内存在并平衡的应力，如表面和内部、截面变化处、不均匀变形或温度变化的部位等。此类应力的平衡遭到破坏时，宏观体积会发生变化，其衍射效应是使衍射线位移。X 射线测定宏观应力是一种间接方法，先测量应变，再借助材料的弹性特征参量确定应力。

14.2 X射线荧光光谱法

如果用单色X射线照射试样时，在试样原子内层电子被激发为自由电子的同时，外层电子填补空位产生二次特征X射线（荧光X射线），根据特征X射线的波长、强度的不同，可以对试样进行定性或定量分析，这就是X射线荧光光谱法（X-ray fluorescence spectrometry，XRF）。

XRF能对原子序数为11～92的元素进行多元素同时定性、定量分析，可对各种形态的样品进行无损分析，其分析灵敏度高，应用范围广。

14.3 X射线光电子能谱

X射线光电子能谱（X-ray photoelectron spectroscopy，XPS）是目前应用十分广泛的表面分析方法之一，主要用于分析表面化学元素的组成、化学态及其分布，特别是元素的氧化态和表面化学环境。它是一种具有高灵敏度、所需样品试样量少且对样品无损的检测方法。由于XPS对化学分析最有用，故被称为化学分析用电子能谱（electron spectroscopy for chemical analysis，ESCA）。1954年瑞典的物理学家凯•西格巴恩(K. Siegbahn）等人开始建立了X射线光电子能谱法，ESCA这个词也是由他们所首创的，西格巴恩本人因此于1981年获诺贝尔物理学奖。

14.3.1 基本原理

XPS是基于光电效应的分析方法。当一定能量的单色X射线照射到样品表面，和待测物质发生作用时，光子将全部能量转移给样品原子中的某一轨道电子，可以使该电子克服原子核的束缚逸出而发射出来成为光电子。此时光子的一部分能量用来克服轨道电子的结合能，其余的能量便成为发射出的光电子所具有的动能和原子的反冲能。该过程的能量转换可表示如下：

$$h\nu=E_k+E_b+E_r \tag{14.4}$$

式中，$h\nu$ 为光子的能量；E_k 为光电子的动能；E_b 为电子电离能（结合能）；E_r 为原子的反冲动能。

其中 E_r 很小，可以忽略。对于固体样品，计算结合能的参考点不是选真空中的静止电子，而是选用费米能级（即在绝对零度时，固体能带中充满电子的最高能级)，由内层电子跃迁到费米能级消耗的能量为结合能 E_b，由费米能级进入真空成为自由电子所需的能量为功函数 Φ，剩余的能量成为自由电子的动能 E_k，故公式(14.4）又可表示为：

$$h\nu=E_k+E_b+\Phi \tag{14.5}$$

或

$$E_b=h\nu-E_k-\Phi \tag{14.6}$$

仪器材料的功函数 Φ 为定值，入射光子能量是已知的，因此，如果测出电子的动能 E_k，便可得到样品中某一轨道电子的结合能。各种原子、分子的不同轨道电子的能量是量子化的，因此各能级所发射光电子的动能是不连续的，并且不同轨道电子的光致电离概率也各不相同。通过测定样品产生的光电子能量，把不同动能的光电子分别计数，以电子结合能为横坐标、相对强度为纵坐标作图，便可得到分立的、强度各异的、具有特征形状的谱带——光电子能谱。从中可以了解样品中元素的组成和含量。

元素所处的化学环境不同，其结合能会有微小的差别，这种由化学环境不同引起的结合能的微小差别叫化学位移，由化学位移的大小可以确定元素所处的状态。例如，某元素原子失去电子成为正离子后，其结合能会增加；如果得到电子成为负离子，则结合能会降低。因此，利用化学位移值可以分析元素的化合价和存在形式，此即 XPS 定性分析。根据具有某种能量的光电子的数量，便可知道某种元素在表面的含量，此即 XPS 定量分析。

14.3.2 XPS 仪器

XPS 仪器由激发源（X 光源）、样品室系统、电子能量分析器、检测器、真空系统以及扫描记录系统等部分组成。

① X 光源　能量范围为 0.1～10 keV，常用 Mg 或 Al 的 K_α 线，也有 Na、Ag、Cu 的 K_α 线作为光源的。入射的 X 射线一般都要经过单色器使之成为单色的靶线，并减弱连续 X 射线造成的连续背底，以提高信噪比和分辨率。

② 电子能量分析器　可测量样品发射的光子能量分布。现在的商品仪器绝大多数都采用静电场式能量分析器。其原理是基于静电偏转原理，使具有一定动能的电子经过分析器后被电子倍增管检测。常用半球形静电式偏转型能量分析器。

③ 检测器　X 射线光电子能谱分析中所能测到的光电子流仅为 10^{-13}～10^{-19} A，因此必须采用单通道电子倍增器或多通道检测器。

④ 真空系统　为了减少电子在运动过程中与残留气体分子发生碰撞而损失信号强度，光源、样品室、分析器和检测器都必须在高真空条件下工作。通常要求真空度在 1.33×10^{-6} Pa。

14.3.3 XPS 的应用

XPS 是一种表面分析方法，能提供样品表面的元素组成、含量与形态等信息，其信息深度为 1～10 nm。若采用离子剥离手段，利用 XPS 则可以实现对样品的深度分析。各种元素都有特征的电子结合能，因此在能谱图中出现特征谱线，可以根据这些特征谱线对氢和氦之外的所有元素进行定性和定量分析，并且可以鉴定元素的化学价态和化学结构。此外，XPS 仪器易与电子显微镜联用，能提供更为丰富的微区表面信息。但 XPS 谱图伴线较多，解析较难。

XPS 已广泛应用于聚合物材料、半导体材料、电极材料、超导材料等材料科学的研究，各种催化剂的研发，金属腐蚀工艺、陶瓷工艺探究，生物大分子及量子化学基础理论的研究。

14.4 紫外光电子能谱

紫外光电子能谱（ultraviolet photoelectron spectroscopy，UPS）与 XPS 的原理相同，但紫外光的能量低于 X 射线，只能让原子的价电子产生光电子，因此 UPS 能反映出样品分子的电离能（价电子的结合能）、振动和转动能级的结构。通常用远紫外光作为激发源，由于其单色性比 X 射线好得多，所以 UPS 的分辨率远高于 XPS。UPS 中谱带的形状往往反映了分子轨道的键合性质。UPS 是研究固体表面电子结构和基本吸附参数的重要技术之一。

14.5 俄歇电子能谱

俄歇电子能谱（Auger electron spectroscopy，AES）是基于俄歇现象的分析方法。当用 X 射线或电子束轰击固体样品时，样品原子内层的一个电子在被逐出的同时产生了一个空穴，而原子外层的电子会跃向内层的空穴，并释放出能量。该能量又使同层或更高一层的另一电子电离，这个被电离的电子就是俄歇电子，此时原子呈双电离状态。由此可见，俄歇电子的产生涉及始态和终态的两个空穴、三个电子和至少两个电子能级，故俄歇电子峰可用三个电子轨道符号来表示，如 KLL、LMM、KLM 等。对于仅有 K 电子层的 H、He 原子来说，不可能产生俄歇电子。俄歇过程是无辐射跃迁，它受轨道中的空穴及其周围的电子云的相互作用的静电效应的控制，无严格的选择定则。俄歇电子的动能只与电子在原子中所处的能级和仪器的功函数 Φ 有关，与激发源的能量无关。用能谱仪可以测量出俄歇电子的能量，对照俄歇电子能量表，便能确定样品表面的成分。

AES 除了能标识固体表面的元素种类之外，还能反映电荷转移、价电子谱和等离子激发等三类化学效应。其谱图具有特征性，可用于原子序数为 3～33 的轻元素定性定量分析。其分析速度快，对固体表面很敏感，可作表面污染分析、薄膜材料分析、半导体材料检验、催化剂活性研究、量子力学理论研究等，亦能跟踪离子刻蚀作样品的深度剖析。

电子能谱仪是基于光电效应和电子能量分析技术，通过测量低能电子来研究物质元素、化学态及电子结构的精密仪器，它包括 X 射线光电子能谱仪、紫外光电子能谱仪、俄歇电子能谱仪。这三种仪器都由激发光源、样品室系统、电子能量分析器、检测器、放大系统、真空系统和计算机等组成。其差别在于它们的激发光源不同。将这些不同的激发光源（如 X 射线枪、单色 X 射线枪、紫外光枪、电子枪等）组装到一起，其余部分通用，就成为电子能谱仪，实现对材料的微观表征。

14.6 透射电子显微镜法

显微镜按照显微原理进行分类可分为光学显微镜与电子显微镜。光学显微镜采用可见光作照明源，用玻璃透镜来聚焦光和放大图像。它的最大分辨率大约是 0.2 μm，小于 0.2 μm 的物体的观测必须使用其他波长小于光波长的照明源。除了电磁波外，在物质波中，电子波不仅具有短波长，而且存在使之发生折射聚焦的物质，所以电子波可以作为照明光源。它可以分辨比光学显微镜所能分辨的最小物体还要小 1000 倍的物体。

1932 年，德国科学家 E. Ruska 等人制作了第一台电子透射显微镜，并用它观察了金和铜的表面图像，但是这台透射电镜的放大倍数才 12 倍，分辨率和光学显微镜差不多。1934 年分辨率提高到 50 nm。1940 年第一批商品电子显微镜问世，可观察 10 nm 以下尺寸的物质，这使电子显微镜进入实用阶段。20 世纪 70 年代迎来了直接二维晶格纹像和结构像的高潮，形成高分辨电子显微术。目前，透射电子显微镜（transmission electron microscope，TEM）的分辨率已优于 0.3 nm，晶格分辨率达到 0.1～0.2 nm，操作高度自动化，成为了材料学、化学、物理学等相关的许多科学领域的重要分析工具。

14.6.1 TEM 的工作原理与构造

TEM 是一种用高速电子束作光源，用电磁场作透镜的高分辨率、高放大倍数的电子光学仪器。选区电子衍射技术的应用，使得微区形貌与微区晶体结构分析结合起来，再配以能谱或波谱进行微区成分分析，得到全面的信息。当高速电子束经聚光镜会聚后照射到试样上的某一待观测区域上，入射电子与试样物质发生散射作用，由于试样很薄（50～100 nm），绝大部分电子能穿透试样，其强度分布与所观察试样区的形貌、组织、结构一一对应。透射出的电子经过放大后透射到荧光屏上，于是荧光屏上就显示出与试样形貌、组织、结构相对应的图像。样品致密区域电子散射多，透射电子少，图像较暗；稀疏区域反之。

TEM由电子光学系统、真空系统、电子系统组成，其中电子光学系统是TEM的核心，包括照明系统（电子枪、聚光镜、样品室）、成像系统（物镜、中间镜、投影镜）、观察和记录系统（观察室、照相及自动曝光装置）。真空系统包括机械泵、油扩散泵、分子泵、管道及自动阀门系统、预抽室、真空干燥器、真空检测系统等。

14.6.2 TEM的样品制备技术

对于TEM来说，一个重要的工作就是制备样品。TEM的样品一般置于ϕ2～3 mm的铜网上，样品厚度则与样品的材料及加速电压有关，一般在100 nm左右。TEM只能研究固体样品，样品中如含有水分或易挥发物质，需预先处理。由于电子与物质有很强的相互作用，极大地限制了电子束的穿透能力，因此透射电镜的样品必须足够薄，同时又不能在制样过程中对样品结构造成重大损伤。

（1）粉末颗粒样品制备技术

对于陶瓷、矿物、粉末等样品，如果需要研究它们的物相或颗粒形貌，可以采取粉末法制备样品。通常把原始样品放入玛瑙研钵中，加入水或溶剂，用研磨棒将样品研磨为细小颗粒。搅拌溶液，使样品粉末在溶液中能够较均匀地悬浮或用超声波搅拌器进行搅拌。然后，用滴管把悬浮液放一滴在粘附有支持膜的样品铜网上，静置干燥后即可供观察。如溶液中样品浓度过低，一次滴加效果不佳，可重复滴加数次，直至样品含量适于观察。为了防止粉末被电子束打落污染镜筒，可在粉末上再喷一层薄碳膜，使粉末夹在两层膜中间。

支持膜要有一定强度，对电子透明性好，并且不显示自身的结构，常用的有火棉胶膜、碳增强火棉胶膜、碳膜等。火棉胶膜的制备方法是将一滴火棉胶的醋酸异戊酯溶液（浓度1%～2%）滴在蒸馏水表面上，在水面上即形成厚度为20～30 nm的薄膜，将膜捞在网上即可。

粉末法制备样品简单、快捷，但对样品造成了破坏。

（2）直接薄膜样品制备技术

将样品直接制成100～200 nm薄膜，观察其形貌及结晶性质，制膜方法有如下几种。

① 真空蒸发法　在真空蒸发设备中，将被研究材料蒸发并形成薄膜，被研究材料可以是金属或有机物。

② 溶液凝固（结晶）法　用适当浓度的溶液滴在某种光滑表面上，待溶液蒸发后，溶质凝固成膜。

③ 离子轰击减薄法　为了保持样品原有的物相和结构，可使用离子减薄法对样品进行制备。将氩气离子化后在电场中加速轰击样品表面使样品减薄，直到适于透射电镜观察。此法适用于金属和非金属样品，尤其是对高聚物、陶瓷、矿物等不能用电解抛光减薄的试样。离子减薄还可以用于直径为微米级的纤维和粉末材料的减薄。另外，如果金属试样电解抛光后发生腐蚀，进行离子减薄2～10 min会有明显效果。

离子减薄技术可以用于制备许多种材料的TEM样品，是一般材料科学TEM样品制备不可缺少的技术手段。其主要缺点是对于经验较少的普通操作人员，样品制备周期比较长，另外对于有些样品，如高分子材料，其辐照损伤比较严重。

④ 超薄切片法　对于不耐离子辐射的样品，特别是生物、高分子等比较软的样品，可使用超薄切片机将样品直接切割为可供TEM观察的薄片。试样经预处理后，用环氧树脂或有机玻璃包埋，然后将包埋块放在超薄切片机上用金刚石刀切成50～60 nm厚的切片，再捞在铜网上。超薄切片是等厚样品，衬度很小，还要用“染色”办法来增加衬度，即将某种重金属原子选择性地引入试样的不同部位，以提高衬度。

⑤ 金属薄片制备法　金属材料一般是大块的，先从大块材料上切割厚度为 0.5 mm 的薄片，用机械研磨或化学抛光法将薄片减薄至 0.1 mm，再用电解抛光减薄法或离子减薄法制成厚度小于 500 nm 的薄膜。这时薄膜不可能是均匀的，从电镜中选择对电子束透明的区域进行形貌和结构分析。电解抛光设备简单，操作方便。

（3）复型技术

为观察大块材料的表面形貌，可采用复型技术，即制作表面显微组织浮雕的复型膜然后放在透射电镜中观察。其原理与侦破案件时用石膏复制罪犯鞋底花纹相似。制备复型所用的材料应具备以下条件。

① 复型材料本身必须是非晶态材料　晶体在电子束照射下，某些晶面将发生布拉格衍射，衍射产生的衬度会干扰复型表面形貌的分析。

② 复型材料的粒子尺寸必须很小　复型材料的粒子越小，分辨率就越高。例如，用碳作复型材料时，碳粒子的直径很小，分辨率可达 2 nm 左右。如用塑料作复型材料时，由于塑料分子的直径比碳粒子大得多，因此它只能分辨直径比 10～20 nm 大的组织细节。

③ 复型材料应具备耐电子轰击的性能　即在电子束照射下能保持稳定，不发生分解和破坏。

真空蒸发形成的碳膜和通过浇铸蒸发而成的塑料膜都是非晶体薄膜，它们的厚度又都小于 100 nm。在电子束照射下也具备一定的稳定性，因此符合制造复型的条件。

目前，主要采用的复型方法是：一级复型法、二级复型法和萃取复型法三种。

14.6.3　TEM 的应用

TEM 的基本功能之一就是观察样品的形貌。所谓观察形貌是指观察样品的大小、厚薄以及形状。这一功能与光学显微镜十分相似，但其分辨率远远高于光学显微镜，可直接观察纳米级颗粒的形貌。它在生物、高分子材料、无机非金属材料等方面有比较广泛的应用。

TEM 的另一项最基本的功能就是利用电子衍射技术进行晶体的物相分析。众所周知，许多物质都有所谓同素异形体，即在相同的化学组分条件下，可以出现多种晶体结构。比如常见的碳元素，除了无定形结构外，还可以形成石墨、金刚石以及 C_{60} 等多种晶体。利用 TEM 的电子衍射功能，在一些情况下可以很容易地对这些同素异形体加以区分。

除以上两个最基本的应用之外，TEM 还在晶体结构确定、缺陷分析上进行应用。在装配有能谱仪（EDS）或电子能量损失光谱仪（EELS）附件的 TEM 上，还可以进行样品的成分分析、元素分布分析、化学态分析。如今，TEM 已成为材料、物理、化学等领域不可或缺的科研工具之一。

14.7　扫描电子显微镜法

扫描电子显微镜（scanning electron microscope，SEM）由 Zworykin 在 1942 年提出，是继 TEM 之后发展起来的一种电子显微镜。SEM 的成像原理和 TEM 不同，它是以电子束作为照明源，把聚焦得很细的电子束以光栅状扫描方式照射到试样上，产生多种信号，包括二次电子、背散射电子和特征 X 射线，然后加以收集和处理从而获得微观形貌放大像。最初分辨率只做到 1 μm 左右，后来在缩小初级束斑和应用电子倍增器改进信噪比方面做了一些工作，使分辨率达到 50 nm，但图像噪声仍较大。1960 年 Everhart 和 Thornley 应用闪烁体把二次电子信号转化为光信号，经光导管传至光电倍增器放大输出，使 SEM 的信噪比大大提高，可以分辨很弱的对比度。1965 年第一台 SEM 商品的问世极大地推动了这种仪器的应用。现在商用的

SEM 分辨率在 1～3 nm，功能日益完善。SEM 主要用于观察固体厚试样的表面形貌，具有很高的分辨力和连续可调的放大倍数。与光学显微镜和 TEM 相比，SEM 的景深大，视场调节范围很宽，适合观察表面凹凸不平的厚试样，得到的图像富有立体感。

14.7.1 SEM 的工作原理与构造

SEM 主要由电子光学系统、信号收集及显示系统、真空系统和电源系统组成，结构原理如图 14.2 所示。在高电压作用下，由热阴极电子枪发射的能量为 5～35 keV 的电子经过阴极、栅极、阳极之间的电场聚焦与加速，在栅极与阳极之间形成高能量的电子束斑。在电磁透镜的作用下使电子束斑成为具有一定能量、束流强度和束斑直径的微细电子束，在扫描线圈的驱动下，在试样表面以一定时间、空间顺序做栅网式扫描。聚焦电子束与试样相互作用，在试样上激发出各种物理信号，信号的强度与试样的表面特征（形貌、成分、结构等）相关，试样表面不同的特征信号经检测、放大、成像，用于各种微观分析。

14.7.2 SEM 的样品制备

① 对金属和陶瓷等块状样品，只需将它们切割成大小合适的尺寸，用导电胶将其粘贴在电镜的样品座上即可直接进行观察。为防止假象的存在，放试样之前应先将试样用丙酮或酒精等进行清洗。必要时用超声波振荡，或进行表面抛光。

② 对颗粒及细丝状样品，应先在一个干净的金属片上涂抹导电涂料，然后把粉末样品贴在上面，或将粉末样品混入包埋树脂等材料中，然后使其硬化而将样品固定。若样品导电性差，还应加覆导电层。

③ 对于非导电性样品，如塑料、矿物质等，要先对样品进行喷镀导电层处理，通常采用二次电子发射系数较高的金、银或碳膜作导电层，膜厚控制在 20 nm 左右。

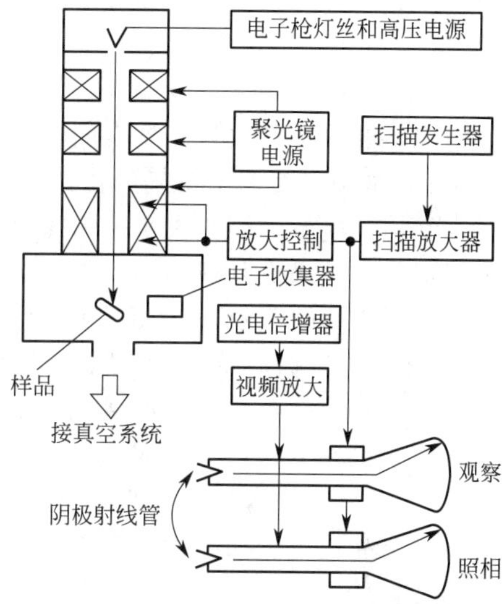

图 14.2 SEM 构造示意图

④ 断口样品可直接进行观察分析。若断口表面存在油污和锈斑，可对断口进行清洗或用醋酸纤维薄膜或胶带纸干剥几次。

14.7.3 SEM 的应用

SEM 景深长、视野大、立体感强，可用于观察样品的表面形貌、断口形貌、抛光腐蚀后的金相组织，烧结样品的自然表面分析及断裂过程的动态原位观察等，能够真实地反映样品表面凹凸不平的形貌特征。SEM 还可与电子能谱仪、波谱仪、电子背散射衍射仪相结合，构成电子微探针，用于物质化学成分和物相分析。在生命科学、材料科学、纺织科学、地质学、考古学、医学、生物学、化学等领域，SEM 已得到广泛应用。

14.8 扫描隧道显微镜

用扫描隧道显微镜（scanning tunnel microscope，STM）来研究物体表面的原理是量子隧道效应。STM 的特点是不用光源和透镜，其显微部分是一枚极细的针尖达原子线度的探针。将探针和样品表面作为两个电极，当样品与针尖的距离非常近时（<1 nm），在外加电场的作用下，电子会穿过两个电极之间的绝缘层，从一个电极流向另一个电极，形成“隧道电流”，这种现象叫作隧道效应。隧道电流（I）对电极间距（s）非常敏感，间距改变一个原子的直径，隧道电流将会变化1000倍。

通常，在样品的表面有一表面势垒阻止样品内部的电子向外运动。表面内的电子能够穿过这一表面势垒，到达表面外，形成一层电子云。该电子云的密度随着与表面距离的增大而按指数规律迅速减小，其纵向和横向分布由样品表面的微观结构决定。STM就是通过显示这层电子云的分布状态而获得样品表面的微观结构的。

工作时，应先将探针推向样品，直至二者的电子云略有重叠。此时在探针和样品间加上电压，电子便会通过电子云形成隧道电流。由于电子云密度随距离迅速变化，故隧道电流对针尖与表面的距离极其敏感。当探针在样品表面上方全面横向扫描时，根据隧道电流的变化，利用一反馈装置控制针尖与表面的距离保持恒定，将针尖扫描和起伏运动的数据送入计算机进行处理，就能在荧光屏或绘图机上显示出样品表面的三维图像。此图像可放大一亿倍以上。

STM仪器由主体探头、成像系统、电子控制系统、计算机控制系统、图像采集和处理系统组成。要求探针尖与样品表面的距离小于1 nm，并且必须保证其稳定性和精确度小于0.01 nm，故应具有高度精确的探针驱动头，整个设备应具有防止外界振动的优异性能。利用压电晶体的电致伸缩性质来控制探针尖的精确定位和微小步进移动，并采用弹簧支架和涡电流阻尼的方法来排除外界振动的干扰。

基于I与s的关系，SEM有两种扫描模式。

① 守恒电流扫描模式　利用电子反馈线路控制I恒定不变，用压电陶瓷材料控制针尖在样品表面扫描，探针的起伏变化反映了样品表面的起伏变化。记录显示其运动轨迹，即可得到样品表面态的密度分布或原子排列的图像。

② 守恒高度扫描模式　即控制探针尖的高度守恒扫描，记录隧道电流I的变化，得到样品表面态密度的分布。适宜于表面起伏不大的样品。其扫描速度快，可减少噪声和热漂移对信号的影响。

STM的特点：其分辨本领达原子级，纵向分辨本领为千分之几纳米，在真空中的横向分辨本领一般可达0.6～1.2 nm，当电极间距仅为一个原子时，可达0.2 nm；在常压空气中工作时，其分辨本领有所下降；能实时获得空间中样品表面的三维图像；可得到单原子层表面的局部结构，而不是体相的平均性质；在真空、大气、常温、常压、低温等不同的条件下均能工作；样品可浸于水、电解质溶液、液氮、液氦等中观察，无须特殊设备；可研究样品表面的电子结构；对样品无损测量。

STM主要应用于材料科学、表面科学、纳米科学、微电子学、超分子化学、分子器件、分子结构、催化反应、隧道电流引发的某些反应等领域的研究以及生物样品的分析。

STM的弱点是探针扫描速度有限，测量效率较其他显微技术低；不能做到像电子显微镜那样的大范围连续变焦；定位和寻找特征结构比较困难；扫描探针显微镜对样品表面的粗糙度有较高的要求，如果被测样品表面的起伏超出了扫描器的伸缩范围，就会导致系统失常甚至损坏探针；由于系统是通过检测探针对样品进行扫描时的运动轨迹来推知其表面形貌，因此，探针的几何宽度、曲率半径及各向异性都会引起成像的失真。

在STM的基础上，近年陆续发展了原子力显微镜（AFM）、扫描力显微镜（SFM）、发射电子辐射显微技术（BEEM）、电化学扫描隧道显微镜（SECTM）、高温与低温及可变温显微技术、皮秒光激发的超速时间分辨率技术、STM与其他仪器联用技术等。

14.9 原子力显微镜

原子力显微镜（atomic force microscopy，AFM）是在扫描隧道显微镜（STM）的基础上发展起来的。AFM 与 STM 的最大差别在于它并非利用电子隧道效应，而是利用原子之间范德华力的变化来显现样品的表面特性。

AFM 通常用氮化硅作为一个灵敏的弹性微悬臂，在其尖端有一个用来在样品上扫描的很细很尖的探针。假设有两个原子，一个是在微悬臂的探针尖端，另一个是在样品的表面，它们之间的作用力会随距离的改变而变化。当原子与原子很接近时，彼此电子云的排斥力作用大于原子核与电子云之间的吸引力作用，其合力表现为排斥力作用；反之若两原子分开到一定距离时，其电子云的排斥力作用小于彼此原子核与电子云之间的吸引力作用，故其合力表现为吸引力作用。AFM 就是利用微小探针与待测物原子之间的这种交互作用力的微妙变化，来显现样品表面原子的外貌。

在 AFM 中，根据利用原子间的斥力或吸引力的方式的不同，发展出了三种操作模式。

① 接触模式　利用原子间斥力的变化而产生样品表面轮廓，其探针与样品表面的距离为 0.1～1 nm，适用于硬质材料。

② 非接触模式　利用原子间吸引力的变化而产生样品表面轮廓，其探针与样品表面的距离为 5～10 nm，适用于易碎、柔软或黏性样品。

③ 轻敲模式　通过探针以接近共振频率周期性振动与样品表面短暂接触，随后迅速脱离，结合了接触模式与非接触模式两者的优势，对样品适应性更强。

AFM 仪器系统由力检测部分、位置检测部分、反馈系统三个部分组成。

在 AFM 的系统中，使用一个灵活的微悬臂来感应针尖与样品之间的交互作用力，该作用力随样品表面形态而变化，它会使微悬臂随之摆动。将一束激光照射在微悬臂的末端，当微悬臂摆动时，会使反射激光的位置改变而造成偏移量，用激光检测器记录此偏移量，同时将此信号传递给反馈系统，以利于系统做适当的调整，然后将样品的表面特征以影像的方式显现出来。原子级的表面形态记录是 AFM 特有的性能。

AFM 的应用领域与 STM 类似。

AFM 和 STM 都属于扫描探针显微镜（scanning probe microscope，SPM）。扫描探针显微技术包括表 14.1 中的几种方法。

表 14.1　几种扫描探针显微技术

名称	简称	检测信号	分辨率/nm
扫描隧道显微镜	STM	探针-样品间的隧道电流	0.1
原子力显微镜	AFM	探针-样品间的原子作用力	0.1
横向力显微镜	LFM	探针-样品间相对运动横向作用力	0.1
磁力显微镜	MFM	磁性探针-样品间的磁力	10
静电力显微镜	EFM	带电荷探针-带电样品间静电力	1
近场光学显微镜	SNOM	光探针接收到样品近场的光辐射	100

SPM 是近年发展起来的新型表面分析仪器，是综合运用光电子技术、激光技术、微弱信号检测技术、精密机械设计和加工、自动控制技术、数字信号处理技术、应用光学技术、计算机高速采集和控制技术、高分辨图形处理技术等现代科技成果的光、机、电一体化的高科技产品。SPM 的分辨率极高（原子级分辨率），可实时、实空间、原位成像，对样品无特殊要求，不受其导电性、干燥度、形状、硬度、纯度等限制，可在大气、常温、低温、高温环境甚至是

溶液中成像，同时具备纳米操纵及加工功能，系统及配套装置相对简单，价格相对低廉，因此已广泛应用于纳米科技、材料科学、物理、化学和生命科学等领域，并取得许多重要成果。

14.10 电子顺磁共振波谱法

电子顺磁共振波谱法（electron paramagnetic resonance，EPR）也叫电子自旋共振法（electron spin resonance，ESR），是磁共振技术的一种，是唯一可直接检测和研究含有未成对电子的顺磁性物质的波谱学技术。

在外磁场中，电子自旋能级会产生裂分，若在与外磁场垂直的方向上对电子自旋体系施加一个适当频率的微波辐射场，就会发生能量向电子的转移，使其从低能级的自旋状态跃迁至高能级的自旋状态，即产生了电子顺磁共振。用检测器检测出外磁场中的顺磁性物质所产生的微波辐射吸收信号，便能得到电子顺磁共振波谱。大多数分子的电子数是偶数，其电子自旋是配对的，互相抵消了磁效应，故不会观察到电子顺磁共振现象。但有未成对电子的化合物会产生 EPR 效应，并且未成对电子的自旋可与分子内邻近的自旋核相互偶合，产生类似于核与核的自旋偶合，导致单个吸收峰裂分为多条谱线，其裂分峰数目符合 $2In+1$ 规律，在 EPR 谱中常常能发现超精细结构，从而提供了更多的分子结构信息。

EPR 可测定具有未成对电子结构的自由基（包括单基、双基或多基、三重态分子）、特定价态的过渡金属离子和稀土金属离子以及固体材料中的掺杂、固体晶格缺陷等；能提供某些分子中的电子结合信息；可用于研究高分子材料聚合机理和催化剂催化机理、研究蛋白质和细胞膜的动态和静态信息、测定细胞内的氧分子浓度和变化规律、进行生物样品和疾病研究等。

14.11 太赫兹时域光谱法

太赫兹波（terahertz wave，简称 THz）是指频率在 0.1～10 THz（1 THz＝10^{12} Hz）范围内的电磁波，介于微波与红外光之间。太赫兹时域光谱法（terahertz time-domain spectroscopy，THz-TDS）是近年来发展起来的一种先进的光谱分析技术，它利用太赫兹波段的电磁波与物质相互作用产生的光谱信息，来研究物质的结构和性质。这种方法在材料科学、生物医学、化学分析和工业检测等多个领域展现出了巨大的应用潜力。

14.11.1 太赫兹时域光谱法基本原理

太赫兹时域光谱法的基本原理是利用超短激光脉冲激发产生太赫兹脉冲，然后通过探测太赫兹脉冲与样品相互作用后的时域信号，经过傅里叶变换得到样品的频域光谱信息。主要过程如下。

（1）太赫兹脉冲的产生

常见的太赫兹脉冲产生方法有光电导天线法、光整流法和等离子体法等。以光电导天线法为例，当超短激光脉冲（通常为飞秒激光）照射到光电导材料（如低掺杂的半导体材料）上时，会在光电导材料中激发产生光电导载流子。这些载流子在外部电场的作用下运动，从而在天线结构上产生瞬态电流。根据麦克斯韦方程，瞬态电流会激发出太赫兹脉冲。产生的太赫兹脉冲具有宽带频谱特性，其频率范围和脉冲形状取决于光电导材料的特性、电极结构以及激光脉冲的参数。

（2）太赫兹脉冲的探测

太赫兹脉冲的探测主要采用光电导探测法。在光电导探测器中，同样利用超短激光脉冲作为探测光。当太赫兹脉冲与探测光同时作用于光电导探测器的光电导材料时，太赫兹脉冲的电场会调制光电导材料中的载流子浓度，从而改变光电导材料的光电导特性。通过测量光电导探测器两端的光电流变化，可以获取太赫兹脉冲的时域波形信息。由于太赫兹脉冲的频率较高，其时域波形通常是一个包含多个振荡周期的脉冲序列，通过傅里叶变换可以将时域波形转换为频域光谱，进而得到样品的吸收光谱、折射率等信息。

（3）样品与太赫兹脉冲的相互作用

当太赫兹脉冲通过样品时，会发生透射、反射和吸收等现象。对于透射式测量，太赫兹脉冲的振幅和相位会发生变化，这些变化与样品的光学性质（如吸收系数、折射率）密切相关。通过比较样品存在和不存在时的太赫兹脉冲时域波形，可以提取出样品的光谱信息。对于反射式测量，太赫兹脉冲在样品表面和内部界面处发生反射，反射光的强度和相位也包含了样品的结构和成分信息。通过对反射光的分析，可以实现对样品表面和界面特性的研究。

14.11.2 太赫兹时域光谱仪构造

近年来，太赫兹时域光谱仪已经实现了商业化，包含我国在内的全球多家企业开始生产商用设备。太赫兹时域光谱仪主要由光源、太赫兹脉冲产生单元、样品传输与测量单元、太赫兹脉冲探测单元及数据采集与处理系统组成。

① 光源　一般采用钛宝石激光器、固体激光器等，是产生超短激光脉冲的关键部件。这些激光器能够产生具有高能量、短脉冲宽度（飞秒量级）和特定波长（如 800 nm 左右）的激光脉冲。激光脉冲的参数（如脉冲宽度、重复频率、能量等）直接影响太赫兹脉冲的产生和探测性能，因此对光源的稳定性、可调谐性等要求较高。

② 太赫兹脉冲产生单元　主要包括光电导天线、光整流晶体等产生元件以及相应的电极结构和光学聚焦系统。光电导天线通常由金属电极和光电导材料组成，通过优化电极形状和尺寸可以提高太赫兹脉冲的产生效率和方向性。光整流晶体则利用非线性光学效应将激光脉冲转换为太赫兹脉冲，需要选择合适的晶体材料以实现高效的光整流过程。光学聚焦系统用于将激光脉冲聚焦到产生元件上，以提高激光能量的利用率和太赫兹脉冲的强度。

③ 样品传输与测量单元　样品传输装置根据测量方式（透射或反射）和样品类型（固体、液体、气体等）而有所不同。对于透射测量，通常采用样品架或样品池将样品固定在太赫兹光路中，使太赫兹脉冲能够顺利通过样品。对于反射测量，需要设计合适的样品支撑结构和反射光收集装置。此外，样品传输单元还需要具备良好的稳定性，以确保测量过程中样品位置的精确控制，避免因样品位置变化导致的测量误差。

④ 太赫兹脉冲探测单元　探测单元的核心是光电导探测器，其结构与产生单元中的光电导天线类似，但需要根据探测要求进行优化设计。探测器的性能（如灵敏度、响应速度、噪声水平等）直接影响仪器的测量精度和分辨率。除了光电导探测器外，探测单元还包括信号放大电路、滤波电路等电子学部件，用于对探测到的微弱信号进行放大和处理，以便后续的数据采集和分析。

⑤ 数据采集与处理系统　数据采集卡用于将探测器输出的模拟信号转换为数字信号，并存储在计算机中。数据处理软件则负责对采集到的时域波形数据进行傅里叶变换、光谱校正、背景扣除等一系列处理操作，最终得到样品的光谱信息。

14.11.3 太赫兹时域光谱法的特点

① 非破坏性与安全性　太赫兹波光子能量极低（约 4.14 meV），不足可见光的千分之一，更远低于生物组织的电离阈值（12.5 eV），可实现对生物样本的无损检测。加之非接触

式测量方式，完全避免了物理损伤或化学污染风险。

② 穿透性　太赫兹波对塑料、陶瓷、纸张等非极性材料具有良好的穿透性，在安检、无损检测等领域应用广泛。

③ 指纹特性　太赫兹光子能量对应于分子振动、转动能级，分子间振动、晶体晶格振动及弱相互作用在太赫兹波段通常会呈现出独特的吸收峰（“指纹谱”），由此可区分化学结构相似的化合物（如药物多晶型、同分异构体）。

④ 宽频带特性　太赫兹时域光谱仪能够覆盖从亚毫米波到远红外波段的宽广频率范围，通常可达到 0.1～5 THz 甚至更宽。这一宽频带特性使得它能够获取丰富的光谱信息，对于研究物质在不同频率下的响应特性非常有利。

⑤ 高时间分辨率　结合飞秒激光技术和时域测量原理，可实现皮秒（10^{-12} s）级时间分辨。这种高时间分辨率使得仪器能够精确地捕捉到太赫兹脉冲在物质中的传播过程以及与物质相互作用的瞬态过程。例如，在研究超快物理现象，如载流子动力学、相变过程等时，能够清晰地分辨出不同时间尺度上的物理变化，为深入理解物质的动态特性提供有力支撑。

⑥ 模块化与灵活性　支持透射、反射、成像等多种模式，可扩展为多场景应用（如生物检测、工业成像）。

⑦ 局限性　太赫兹波对极性物质（如水）穿透性差。其波长较长，其成像时空间分辨率不高。此外，太赫兹探测器的灵敏度也较低，难以用于痕量检测。

14.11.4　太赫兹时域光谱法的应用

① 材料科学　在材料科学领域，太赫兹时域光谱法可用于研究材料的电学和光学性质。例如，通过测量半导体材料对太赫兹波的吸收和折射率变化，可以获取载流子浓度、迁移率等关键参数。对于新型材料，如二维材料、纳米复合材料和超材料，太赫兹时域光谱法能够揭示其在太赫兹波段的电磁响应特性，帮助研究人员优化材料的制备工艺和提高性能。

② 生物医学　太赫兹时域光谱法在生物医学领域具有独特的优势。生物大分子（如蛋白质、核酸等）在太赫兹波段表现出特征吸收光谱，这些光谱信息与分子的结构和功能密切相关。例如，通过分析生物大分子的太赫兹光谱，可以实现对蛋白质构象变化的检测，为研究生物分子的动态行为提供重要依据；此外，还可用于生物组织的成像，能够无损地检测组织中的水分含量和成分分布，为疾病诊断提供新的手段。

③ 化学分析　在化学分析中，太赫兹时域光谱法可用于检测和识别各种化学物质。由于太赫兹波对极性分子和含水物质具有很强的吸收特性，它能够快速识别和定量分析化学样品中的成分。例如，在药物研发中，可以用于检测药物成分的纯度和结构，帮助研究人员优化药物配方；此外，还可用于环境监测，检测大气中的污染物和有害气体。

④ 工业检测　在工业领域，太赫兹时域光谱法可用于无损检测和质量控制。例如，在食品工业中，可以快速检测食品中的水分含量、成分分布以及是否存在污染物，确保食品的质量和安全；在制药工业中，可用于检测药品的成分和纯度，确保药品的质量符合标准；此外，还可用于检测材料的内部结构缺陷，如裂纹、孔洞等，为工业生产提供重要的质量保障。

太赫兹时域光谱法凭借无损、高时间分辨率、指纹识别等优势，在分析化学及相关领域展现出不可替代性。随着科学技术的不断发展，太赫兹时域光谱法将在更多领域发挥更加重要的作用，为科学研究和工业生产提供有力支持。

●思考题及习题

1. X射线衍射仪的工作原理是什么？举例说明其用途。

2. 电子能谱仪包括哪三种仪器？它们各有什么特点？

3. 分析XPS的工作原理，举例说明其用途。

4. TEM主要由几大系统构成？

5. TEM有哪些应用？

6. SEM主要有哪些应用？

7. 什么是隧道效应？扫描隧道显微镜的工作原理是什么？它主要应用于哪些领域？有什么优缺点？

8. 原子力显微镜的基本原理与扫描隧道显微镜的有什么不同？简述其工作过程。

9. 简述电子顺磁共振波谱法原理和特点，并说明它主要应用于哪些方面。

10. 简述太赫兹时域光谱仪的基本组成。

11. 太赫兹时域光谱法在材料科学中的应用有哪些？该方法有何局限性？

12. 现有一块FeWMo合金，在一定条件下发生了严重腐蚀，请选用适当的仪器分析方法对腐蚀产物进行形貌、成分、晶体结构和元素价态分析，并简要说明选择该方法的主要依据。

参考文献

[1] 朱鹏飞，陈集．仪器分析教程．2版．北京：化学工业出版社，2016.

[2] 吴硕，刘志广．仪器分析．4版．大连：大连理工大学出版社，2024.

[3] 周云，仪器分析．北京：科学出版社，2024.

[4] 李丽华，吴同．仪器分析．3版．武汉：华中科技大学出版社，2024.

[5] 吴婷，杜一平．现代仪器分析方法．3版．上海：华东理工大学出版社，2024.

[6] 尚庆坤，朱连德，齐斌，等．仪器分析．北京：科学出版社，2023.

[7] 张新祥，李美仙，李娜，等．仪器分析教程．3版．北京：北京大学出版社，2022.

[8] 董慧茹，王志华，杨屹，等．仪器分析．4版．北京：化学工业出版社，2022.

[9] 张寒琦．仪器分析．3版．北京：高等教育出版社，2020.

[10] 张威．仪器分析．2版．北京：化学工业出版社，2020.

[11] 武汉大学．仪器分析．5版．北京：高等教育出版社，2019.

[12] 张晓芳，朱碧琳，李炜，等．表面活性剂-膜富集-紫外可见漫反射光谱法测定水中的痕量铅．光谱学与光谱分析，2015，35（07）：1944-1948.

[13] 田丹碧．仪器分析．2版．北京：化学工业出版社，2015

[14] 杨根元．实用仪器分析．4版．北京：北京大学出版社，2010.

[15] 邱雁．漫反射光谱的理论与应用研究［D］．上海：同济大学，2007.

[16] 曾泳淮，林树昌．分析化学（仪器分析部分）．2版．北京：高等教育出版社，2004.

[17] 朱明华．仪器分析．3版．北京：高等教育出版社，2000.

[18] 赵瑶兴，孙祥玉．光谱解析与有机结构鉴定．2版．合肥：中国科学技术大学出版社，2003.

[19] 陈洁，宋启泽．有机波谱分析．北京：北京理工大学出版社，1996.

[20] 宁永成．有机化合物结构鉴定与有机波谱学．4版．北京：科学出版社，2018.

[21] Kellner R，Mermet J M，Otto M，et al. 分析化学．李克安，金钦汉，译．北京：北京大学出版社，2001.

[22] 刘密新，罗国安，张新荣，等．仪器分析．2版．北京：清华大学出版社，2002.

[23] 刘约权．现代仪器分析．北京：高等教育出版社，2001.

[24] 魏培海，曹国庆．仪器分析．北京：高等教育出版社，2007.

[25] Robinson J W，Skelly-Frame E M，Frame Ⅱ G M. Undergraduate Instrumental Analysis. 6 th ed. New York：Marcel Dekker Inc，2005.

[26] Skoog D A，Holler F J，Crouch S R. Principles of Instrumental Analysis. 7 th ed. Boston：Cengage Learning，2017.

[27] 张祥民．现代色谱分析．上海：复旦大学出版社，2004.

[28] 吴烈钧．气相色谱检测方法．北京：化学工业出版社，2000.

[29] 王俊德，商振华，郁蕴璐．高效液相色谱法．北京：中国石化出版社，1992.

[30] 孟令芝，龚淑玲，何永炳，等．有机波谱分析．4版．武汉：武汉大学出版社，2016.

[31] 许金生．仪器分析．南京：南京大学出版社，2002.

[32] 司文会．现代仪器分析．北京：中国农业出版社，2005.

[33] 夏立娅．仪器分析．北京：中国计量出版社，2008.

[34] 邹红梅，伊冬梅．仪器分析．银川：宁夏人民出版社，2007.

[35] 祁景玉．现代分析测试技术．上海：同济大学出版社，2006.

[36] 丘利，胡玉和．X射线衍射技术及设备．2版．北京：冶金工业出版社，2001.

[37] 黄新民，解挺．材料分析测试方法．北京：国防工业出版社，2006.

[38] 周玉，武高辉．材料分析测试技术：材料X射线衍射与电子显微分析．2版．哈尔滨：哈尔滨工业大学出版社，2007.

[39] 齐海群．材料分析测试技术．北京：北京大学出版社，2011.

[40] 袁存光，祝优珍，田晶，等．现代仪器分析．北京：化学工业出版社，2012.

[41] 王斌，陈集，饶小桐．现代分析测试方法．北京：石油工业出版社，2008.

[42] 许景周，张希成．太赫兹科学技术和应用．北京：北京大学出版社，2007.

[43] 刘龙海，严德贤．太赫兹时域光谱技术及应用．上海：上海科学技术出版社，2023.